gongbu-haja 저

다락원

    손해평가사는 농작물재해보험에 가입한 농지 또는 과수원이 재해로 인하여 피해를 입은 경우, 피해사실을 확인하고, 보험가액 및 손해액을 평가하는 업무를 하는 사람입니다. 우리나라에서는 2015년부터 손해평가사 국가자격제도를 도입해서 운영 중에 있습니다.

    손해평가사 자격증은 공인중개사 자격증과 함께 대표 노후 대비 자격증으로, 정년을 앞둔 50 ~ 60대뿐 아니라 일찍 불안한 노후 대비를 하고자 하는 30 ~ 40대 사이에서 해마다 그 인기가 높아지고 있습니다. 2019년 4천 명이 채 되지 않던 1차 시험 응시자 수가 2020년 8천 명을 넘어섰고, 2024년에는 1만 5천 명이 넘는 등 폭발적인 증가세를 보이고 있습니다.

    정부에서는 농가를 보호하고, 안정적인 식량자원 확보를 위해서 해마다 농작물재해보험에 대한 지원을 늘려가고 있습니다. 또한, 코로나19로 인해 식량자원의 중요성에 대한 인식이 국가별로 더욱더 강화되고 있어, 우리나라에서도 정부 및 지방자치단체의 지원은 계속해서 늘어날 것으로 예상되고 있습니다.
따라서, 손해평가사가 담당할 업무도 증가될 것입니다. 그 이유는 첫째, 농작물재해보험에 가입 가능한 품목 수가 확대되고 있습니다. 기존에는 농작물재해보험에 가입할 수 없었던 품목들도 매년 신규로 추가되고 있습니다. 둘째, 농작물재해보험에 가입하는 가입농가 수도 해마다 급격하게 늘어나고 있습니다. 셋째, 기존에는 손해평가사가 담당하지 않던 조사 업무들도 점차 손해평가사들이 담당하고 있기 때문입니다.

    손해평가사 시험은 1차 객관식(4지 택일형)과 2차 주관식(단답형 및 서술형)으로 이루어져 있습니다. 1차 시험은 주어진 선택지 중에서 답을 선택하는 객관식이며, 합격률이 60 ~ 70% 정도이며 일정 시간을 투자해서 공부한다면 상대적으로 어렵지 않게 합격할 수 있습니다. 하지만 2차 시험은 주관식으로 내용을 서술하거나 계산을 해서 답을 써내야 하기 때문에 해마다 차이는 있지만 합격률은 10% 정도로, 상당한 노력과 시간 투자를 요합니다.

1차 시험은 제1과목 '상법(보험편)', 제2과목 '농어업재해보험법령', 제3과목 '농학개론 중 재배학 및 원예작물학'으로 이루어져 있습니다. 매 과목 40점 이상 득점하고 3과목의 평균이 60점 이상이면 합격입니다. 해마다 적지 않은 수험생들이 1차 시험 공부에 불필요한 시간 낭비를 하거나 불합격하는 경우가 있습니다. 그 이유는 바로 학습전략이 잘못되었기 때문입니다. 앞서 말씀드린 것처럼 1차 시험은 매 과목 40점 이상, 평균 60점만 넘으면 합격하는 시험입니다. 만점이나 고득점을 받아야 합격하는 시험이 아닙니다. 따라서, 이번에 출간하는 〈원큐패스 손해평가사 1차 핵심이론+기출문제〉는 손해평가사 1차 시험 공부를 효율적으로 할 수 있도록 매 과목 시험에 나오는 내용들로만 구성하였습니다. 1과목, 2과목은 해당 조문들만 제대로 공부하면 90점 이상 고득점을 받을 수 있고, 3과목의 경우에도 최소 60점 이상 받을 수 있도록, 매년 또는 격년으로 출제되는 내용들과 아직 출제되지는 않았지만 출제가 예상되는 중요 핵심내용들로만 구성하였습니다. 또한, 혼자서 공부하는 데에 어려움이 있는 수험생들을 위해서 네이버 카페(카페명 : 손해평가사 카페)cafe.naver.com/sps2021과 유튜브 채널 "손해평가사"를 운영하고 있습니다. 네이버 카페와 유튜브 채널을 이용하셔서 보다 효율적인 학습이 되기를 바라며 이 책을 보시는 수험생 여러분의 합격을 기원합니다.

네이버 카페 "손해평가사 카페" 카페지기
유튜브 채널 "손해평가사" 운영자

gongbu-haja

시험 안내

🌾 손해평가사 및 시험 접수

- 농작물재해보험에 가입한 농지 또는 과수원이 자연재해로 병충해, 화재 등의 피해를 입은 경우, 피해 사실을 확인하고, 보험가액 및 손해액을 평가하는 일을 수행하는 자격시험이다.
- 시험 접수 : 큐넷(www.q-net.or.kr)에서 접수

🌾 응시자격, 응시료, 시험 일정

- 응시자격 : 제한 없음 [단, 부정한 방법으로 시험에 응시하거나 시험에서 부정한 행위를 해 시험의 정지/무효 처분이 있는 날부터 2년이 지나지 아니하거나, 손해평가사의 자격이 취소된 날부터 2년이 지나지 아니한 자는 응시할 수 없음 – 「농어업재해보험법」 제11조의4 제4항)]
- 응시료 : 1차 20,000원 / 2차 33,000원
- 시험일정

구 분	접수 기간	시험 일정	합격자 발표
2025년 11회 1차	2025년 4월 말경	2025년 6월경	2025년 7월경
2025년 11회 2차	2025년 7월 말경	2025년 8월 말경	2025년 11월경

🌾 시험과목 및 배점

구 분	시험과목	문항수	시험시간	시험방법
1차 시험	1. 상법(보험편) 2. 농어업재해보험법령 3. 농학개론 중 재배학 및 원예작물학	과목별 25문항 (총 75문항)	90분	객관식 4지 택일형
2차 시험	1. 농작물재해보험 및 가축재해보험의 이론과 실무 2. 농작물재해보험 및 가축재해보험 손해평가의 이론과 실무	과목별 10문항	120분	단답형, 서술형

※ 1차·2차 시험 100점 만점으로 하여 매 과목 40점 이상과 전 과목 평균 60점 이상 득점한 사람을 합격자로 결정

🌾 기타

- 농업정책보험금융원에서 자격증 신청 및 발급 업무 수행

🌱 시험 범위에 해당하는 내용 수록 + 핵심이론 유튜브 온라인 무료 동영상 강의

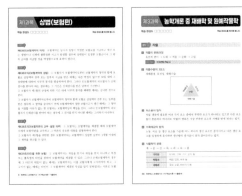

- 출제 경향 분석을 통해 핵심내용만을 엄선하였으며, 중요한 부분은 별도로 표시하였다.
- 혼자서 공부하는 데에 어려움이 있는 수험생들을 위해, 시험 범위에 해당하는 이론 부분에 대해 저자의 핵심이론 유튜브 온라인 무료 동영상 강의를 수록하였다.

🌱 기출문제 풀이를 통한 실전 실력 체크

- 최신 개정 내용을 반영하여 출제 오류 부분을 수정한 기출문제 10회분을, 시험에 앞서 실제시험과 유사한 환경에서 시간을 재며 스스로 풀어봄으로써, 실전 시험 준비도를 체크할 수 있도록 구성하였다.

🌱 빈출개념 요약노트 무료 다운로드

- 마무리 학습으로 중요내용을 확인할 수 있도록 과목별로 반복 출제되는 개념(빈출 문제 포함)을 정리한 빈출개념 요약노트를 무료 다운받을 수 있도록 하였다.

※ QR을 스캔하시면 빈출개념 요약노트를 다운받을 수 있음

※ 손해평가사카페(http://cafe.naver.com/sps2021)에도 자료 탑재 되어 있음

차례

학습 완성도 ☐☐☐☐☐☐   학습 완성도를 체크해 봅니다.

조문 1

제638조(보험계약의 의의) 보험계약은 당사자 일방이 약정한 보험료를 지급하고 재산 또는 생명이나 신체에 불확정한 사고가 발생할 경우에 상대방이 일정한 보험금이나 그 밖의 급여를 지급할 것을 약정함으로써 효력이 생긴다.

조문 2

제638조의2(보험계약의 성립) ① 보험자가 보험계약자로부터 보험계약의 청약과 함께 보험료 상당액의 전부 또는 일부의 지급을 받은 때에는 다른 약정이 없으면 30일 내에 그 상대방에 대하여 낙부의 통지를 발송하여야 한다. 그러나 인보험계약의 피보험자가 신체검사를 받아야 하는 경우에는 그 기간은 신체검사를 받은 날부터 기산한다.
② 보험자가 제1항의 규정에 의한 기간 내에 낙부의 통지를 해태한 때에는 승낙한 것으로 본다.
③ 보험자가 보험계약자로부터 보험계약의 청약과 함께 보험료 상당액의 전부 또는 일부를 받은 경우에 그 청약을 승낙하기 전에 보험계약에서 정한 보험사고가 생긴 때에는 그 청약을 거절할 사유가 없는 한 보험자는 보험계약상의 책임을 진다. 그러나 인보험계약의 피보험자가 신체검사를 받아야 하는 경우에 그 검사를 받지 아니한 때에는 그러하지 아니하다.

조문 3

제638조의3(보험약관의 교부·설명 의무) ① 보험자는 보험계약을 체결할 때에 보험계약자에게 보험약관을 교부하고 그 약관의 중요한 내용을 설명하여야 한다.
② 보험자가 제1항을 위반한 경우 보험계약자는 보험계약이 성립한 날부터 3개월 이내에 그 계약을 취소할 수 있다.

조문 4

제639조(타인을 위한 보험) ① 보험계약자는 위임을 받거나 위임을 받지 아니하고 특정 또는 불특정의 타인을 위하여 보험계약을 체결할 수 있다. 그러나 손해보험계약의 경우에 그 타인의 위임이 없는 때에는 보험계약자는 이를 보험자에게 고지하여야 하고, 그 고지가 없는 때에는 타인이 그 보험계약이 체결된 사실을 알지 못하였다는 사유로 보험

자에게 대항하지 못한다.

② 제1항의 경우에는 그 타인은 당연히 그 계약의 이익을 받는다. 그러나 손해보험계약의 경우에 보험계약자가 그 타인에게 보험사고의 발생으로 생긴 손해의 배상을 한 때에는 보험계약자는 그 타인의 권리를 해하지 아니하는 범위안에서 보험자에게 보험금액의 지급을 청구할 수 있다.

③ 제1항의 경우에는 보험계약자는 보험자에 대하여 보험료를 지급할 의무가 있다. 그러나 보험계약자가 파산선고를 받거나 보험료의 지급을 지체한 때에는 그 타인이 그 권리를 포기하지 아니하는 한 그 타인도 보험료를 지급할 의무가 있다.

조문 5

제640조(보험증권의 교부) ① 보험자는 보험계약이 성립한 때에는 지체없이 보험증권을 작성하여 보험계약자에게 교부하여야 한다. 그러나 보험계약자가 보험료의 전부 또는 최초의 보험료를 지급하지 아니한 때에는 그러하지 아니하다.

② 기존의 보험계약을 연장하거나 변경한 경우에는 보험자는 그 보험증권에 그 사실을 기재함으로써 보험증권의 교부에 갈음할 수 있다.

조문 6

제641조(증권에 관한 이의약관의 효력) 보험계약의 당사자는 보험증권의 교부가 있는 날로부터 일정한 기간 내에 한하여 그 증권내용의 정부에 관한 이의를 할 수 있음을 약정할 수 있다. 이 기간은 1월을 내리지 못한다.

조문 7

제642조(증권의 재교부청구) 보험증권을 멸실 또는 현저하게 훼손한 때에는 보험계약자는 보험자에 대하여 증권의 재교부를 청구할 수 있다. 그 증권작성의 비용은 보험계약자의 부담으로 한다.

조문 8

제643조(소급보험) 보험계약은 그 계약전의 어느 시기를 보험기간의 시기로 할 수 있다.

조문 9

제644조(보험사고의 객관적 확정의 효과) 보험계약 당시에 보험사고가 이미 발생하였거나 또는 발생할 수 없는 것인 때에는 그 계약은 무효로 한다. 그러나 당사자 쌍방과 피보험자가 이를 알지 못한 때에는 그러하지 아니하다.

`조문 10`

제646조(대리인이 안 것의 효과) 대리인에 의하여 보험계약을 체결한 경우에 대리인이 안 사유는 그 본인이 안 것과 동일한 것으로 한다.

`조문 11`

제646조의2(보험대리상 등의 권한) ① 보험대리상은 다음 각 호의 권한이 있다.

> 1. 보험계약자로부터 보험료를 수령할 수 있는 권한
> 2. 보험자가 작성한 보험증권을 보험계약자에게 교부할 수 있는 권한
> 3. 보험계약자로부터 청약, 고지, 통지, 해지, 취소 등 보험계약에 관한 의사표시를 수령할 수 있는 권한
> 4. 보험계약자에게 보험계약의 체결, 변경, 해지 등 보험계약에 관한 의사표시를 할 수 있는 권한

② 제1항에도 불구하고 보험자는 보험대리상의 제1항 각 호의 권한 중 일부를 제한할 수 있다. 다만, 보험자는 그러한 권한 제한을 이유로 선의의 보험계약자에게 대항하지 못한다.
③ 보험대리상이 아니면서 특정한 보험자를 위하여 계속적으로 보험계약의 체결을 중개하는 자는 제1항 제1호(보험자가 작성한 영수증을 보험계약자에게 교부하는 경우만 해당한다) 및 제2호의 권한이 있다.
④ 피보험자나 보험수익자가 보험료를 지급하거나 보험계약에 관한 의사표시를 할 의무가 있는 경우에는 제1항부터 제3항까지의 규정을 그 피보험자나 보험수익자에게도 적용한다.

`조문 12`

제647조(특별위험의 소멸로 인한 보험료의 감액청구) 보험계약의 당사자가 특별한 위험을 예기하여 보험료의 액을 정한 경우에 보험기간중 그 예기한 위험이 소멸한 때에는 보험계약자는 그 후의 보험료의 감액을 청구할 수 있다.

`조문 13`

제648조(보험계약의 무효로 인한 보험료반환청구) 보험계약의 전부 또는 일부가 무효인 경우에 보험계약자와 피보험자가 선의이며 중대한 과실이 없는 때에는 보험자에 대하여 보험료의 전부 또는 일부의 반환을 청구할 수 있다. 보험계약자와 보험수익자가 선의이며 중대한 과실이 없는 때에도 같다.

조문 ⑭

제649조(사고발생 전의 임의해지) ① 보험사고가 발생하기 전에는 보험계약자는 언제든지 계약의 전부 또는 일부를 해지할 수 있다. 그러나 제639조의 보험계약의 경우에는 보험계약자는 그 타인의 동의를 얻지 아니하거나 보험증권을 소지하지 아니하면 그 계약을 해지하지 못한다.

② 보험사고의 발생으로 보험자가 보험금액을 지급한 때에도 보험금액이 감액되지 아니하는 보험의 경우에는 보험계약자는 그 사고발생 후에도 보험계약을 해지할 수 있다.

③ 제1항의 경우에는 보험계약자는 당사자 간에 다른 약정이 없으면 미경과보험료의 반환을 청구할 수 있다.

조문 ⑮

제650조(보험료의 지급과 지체의 효과) ① 보험계약자는 계약체결후 지체없이 보험료의 전부 또는 제1회 보험료를 지급하여야 하며, 보험계약자가 이를 지급하지 아니하는 경우에는 다른 약정이 없는 한 계약성립후 2월이 경과하면 그 계약은 해제된 것으로 본다.

② 계속보험료가 약정한 시기에 지급되지 아니한 때에는 보험자는 상당한 기간을 정하여 보험계약자에게 최고하고 그 기간 내에 지급되지 아니한 때에는 그 계약을 해지할 수 있다.

③ 특정한 타인을 위한 보험의 경우에 보험계약자가 보험료의 지급을 지체한 때에는 보험자는 그 타인에게도 상당한 기간을 정하여 보험료의 지급을 최고한 후가 아니면 그 계약을 해제 또는 해지하지 못한다.

조문 ⑯

제650조의2(보험계약의 부활) 제650조 제2항에 따라 보험계약이 해지되고 해지환급금이 지급되지 아니한 경우에 보험계약자는 일정한 기간 내에 연체보험료에 약정이자를 붙여 보험자에게 지급하고 그 계약의 부활을 청구할 수 있다. 제638조의2의 규정은 이 경우에 준용한다.

조문 ⑰

제651조(고지의무 위반으로 인한 계약해지) 보험계약 당시에 보험계약자 또는 피보험자가 고의 또는 중대한 과실로 인하여 중요한 사항을 고지하지 아니하거나 부실의 고지를 한 때에는 보험자는 그 사실을 안 날로부터 1월 내에, 계약을 체결한 날로부터 3년 내에 한하여 계약을 해지할 수 있다. 그러나 보험자가 계약당시에 그 사실을 알았거나 중대한 과실로 인하여 알지 못한 때에는 그러하지 아니하다.

조문 ⑱

제651조의2(서면에 의한 질문의 효력) 보험자가 서면으로 질문한 사항은 중요한 사항으로 추정한다.

조문 ⑲

제652조(위험변경증가의 통지와 계약해지) ① 보험기간 중에 보험계약자 또는 피보험자가 사고발생의 위험이 현저하게 변경 또는 증가된 사실을 안 때에는 지체없이 보험자에게 통지하여야 한다. 이를 해태한 때에는 보험자는 그 사실을 안 날로부터 1월 내에 한하여 계약을 해지할 수 있다.

② 보험자가 제1항의 위험변경증가의 통지를 받은 때에는 1월 내에 보험료의 증액을 청구하거나 계약을 해지할 수 있다.

조문 ⑳

제653조(보험계약자 등의 고의나 중과실로 인한 위험증가와 계약해지) 보험기간 중에 보험계약자, 피보험자 또는 보험수익자의 고의 또는 중대한 과실로 인하여 사고발생의 위험이 현저하게 변경 또는 증가된 때에는 보험자는 그 사실을 안 날부터 1월 내에 보험료의 증액을 청구하거나 계약을 해지할 수 있다.

조문 ㉑

제654조(보험자의 파산선고와 계약해지) ① 보험자가 파산의 선고를 받은 때에는 보험계약자는 계약을 해지할 수 있다.

② 제1항의 규정에 의하여 해지하지 아니한 보험계약은 파산선고 후 3월을 경과한 때에는 그 효력을 잃는다.

조문 ㉒

제655조(계약해지와 보험금청구권) 보험사고가 발생한 후라도 보험자가 제650조, 제651조, 제652조 및 제653조에 따라 계약을 해지하였을 때에는 보험금을 지급할 책임이 없고 이미 지급한 보험금의 반환을 청구할 수 있다. 다만, 고지의무(告知義務)를 위반한 사실 또는 위험이 현저하게 변경되거나 증가된 사실이 보험사고 발생에 영향을 미치지 아니하였음이 증명된 경우에는 보험금을 지급할 책임이 있다.

조문 ㉓

제656조(보험료의 지급과 보험자의 책임개시) 보험자의 책임은 당사자 간에 다른 약정이 없으면 최초의 보험료의 지급을 받은 때로부터 개시한다.

조문 ㉔

제657조(보험사고발생의 통지의무) ① 보험계약자 또는 피보험자나 보험수익자는 보험사고의 발생을 안 때에는 지체없이 보험자에게 그 통지를 발송하여야 한다.
② 보험계약자 또는 피보험자나 보험수익자가 제1항의 통지의무를 해태함으로 인하여 손해가 증가된 때에는 보험자는 그 증가된 손해를 보상할 책임이 없다.

조문 ㉕

제658조(보험금액의 지급) 보험자는 보험금액의 지급에 관하여 약정기간이 있는 경우에는 그 기간 내에 약정기간이 없는 경우에는 제657조 제1항의 통지를 받은 후 지체없이 지급할 보험금액을 정하고 그 정하여진 날부터 10일 내에 피보험자 또는 보험수익자에게 보험금액을 지급하여야 한다.

조문 ㉖

제659조(보험자의 면책사유) ① 보험사고가 보험계약자 또는 피보험자나 보험수익자의 고의 또는 중대한 과실로 인하여 생긴 때에는 보험자는 보험금액을 지급할 책임이 없다.

조문 ㉗

제660조(전쟁위험 등으로 인한 면책) 보험사고가 전쟁 기타의 변란으로 인하여 생긴 때에는 당사자 간에 다른 약정이 없으면 보험자는 보험금액을 지급할 책임이 없다.

조문 ㉘

제661조(재보험) 보험자는 보험사고로 인하여 부담할 책임에 대하여 다른 보험자와 재보험계약을 체결할 수 있다. 이 재보험계약은 원보험계약의 효력에 영향을 미치지 아니한다.

조문 ㉙

제662조(소멸시효) 보험금청구권은 3년간, 보험료 또는 적립금의 반환청구권은 3년간, 보험료청구권은 2년간 행사하지 아니하면 시효의 완성으로 소멸한다.

조문 30

제663조(보험계약자 등의 불이익변경금지) 이 편의 규정은 당사자 간의 특약으로 보험계약자 또는 피보험자나 보험수익자의 불이익으로 변경하지 못한다. 그러나 재보험 및 해상보험 기타 이와 유사한 보험의 경우에는 그러하지 아니하다.

조문 31

제664조(상호보험, 공제 등에의 준용) 이 편(編)의 규정은 그 성질에 반하지 아니하는 범위에서 상호보험(相互保險), 공제(共濟), 그 밖에 이에 준하는 계약에 준용한다.

조문 32

제665조(손해보험자의 책임) 손해보험계약의 보험자는 보험사고로 인하여 생길 피보험자의 재산상의 손해를 보상할 책임이 있다.

조문 33

제666조(손해보험증권) 손해보험증권에는 다음의 사항을 기재하고 보험자가 기명날인 또는 서명하여야 한다.

1. 보험의 목적
2. 보험사고의 성질
3. 보험금액
4. 보험료와 그 지급방법
5. 보험기간을 정한 때에는 그 시기와 종기
6. 무효와 실권의 사유
7. 보험계약자의 주소와 성명 또는 상호

7의2. 피보험자의 주소, 성명 또는 상호

8. 보험계약의 연월일
9. **보험증권의 작성지**와 그 작성년월일

조문 34

제667조(상실이익 등의 불산입) 보험사고로 인하여 상실된 피보험자가 얻을 이익이나 보수는 당사자 간에 다른 약정이 없으면 보험자가 보상할 손해액에 산입하지 아니한다.

조문 35

제668조(보험계약의 목적) 보험계약은 금전으로 산정할 수 있는 이익에 한하여 보험계약의 목적으로 할 수 있다.

조문 36

제669조(초과보험) ① 보험금액이 보험계약의 목적의 가액을 현저하게 초과한 때에는 보험자 또는 보험계약자는 보험료와 보험금액의 감액을 청구할 수 있다. 그러나 보험료의 감액은 장래에 대하여서만 그 효력이 있다.

② 제1항의 가액은 계약당시의 가액에 의하여 정한다.

③ 보험가액이 보험기간 중에 현저하게 감소된 때에도 제1항과 같다.

④ 제1항의 경우에 계약이 보험계약자의 사기로 인하여 체결된 때에는 그 계약은 무효로 한다. 그러나 보험자는 그 사실을 안 때까지의 보험료를 청구할 수 있다.

조문 37

제670조(기평가보험) 당사자 간에 보험가액을 정한 때에는 그 가액은 사고발생시의 가액으로 정한 것으로 추정한다. 그러나 그 가액이 사고발생시의 가액을 현저하게 초과할 때에는 사고발생시의 가액을 보험가액으로 한다.

조문 38

제671조(미평가보험) 당사자 간에 보험가액을 정하지 아니한 때에는 사고발생 시의 가액을 보험가액으로 한다.

조문 39

제672조(중복보험) ① 동일한 보험계약의 목적과 동일한 사고에 관하여 수개의 보험계약이 동시에 또는 순차로 체결된 경우에 그 보험금액의 총액이 보험가액을 초과한 때에는 보험자는 각자의 보험금액의 한도에서 연대책임을 진다. 이 경우에는 각 보험자의 보상책임은 각자의 보험금액의 비율에 따른다.

② 동일한 보험계약의 목적과 동일한 사고에 관하여 수개의 보험계약을 체결하는 경우에는 보험계약자는 각 보험자에 대하여 각 보험계약의 내용을 통지하여야 한다.

③ 제669조 제4항의 규정은 제1항의 보험계약에 준용한다.

조문 40

제673조(중복보험과 보험자 1인에 대한 권리포기) 제672조의 규정에 의한 수개의 보험계약을 체결한 경우에 보험자 1인에 대한 권리의 포기는 다른 보험자의 권리의무에 영향을 미치지 아니한다.

조문 41

제674조(일부보험) 보험가액의 일부를 보험에 붙인 경우에는 보험자는 보험금액의 보험가액에 대한 비율에 따라 보상할 책임을 진다. 그러나 당사자 간에 다른 약정이 있는 때에는 보험자는 보험금액의 한도내에서 그 손해를 보상할 책임을 진다.

조문 42

제675조(사고발생 후의 목적멸실과 보상책임) 보험의 목적에 관하여 보험자가 부담할 손해가 생긴 경우에는 그 후 그 목적이 보험자가 부담하지 아니하는 보험사고의 발생으로 인하여 멸실된 때에도 보험자는 이미 생긴 손해를 보상할 책임을 면하지 못한다.

조문 43

제676조(손해액의 산정기준) ① 보험자가 보상할 손해액은 그 손해가 발생한 때와 곳의 가액에 의하여 산정한다. 그러나 당사자 간에 다른 약정이 있는 때에는 그 신품가액에 의하여 손해액을 산정할 수 있다.
② 제1항의 손해액의 산정에 관한 비용은 보험자의 부담으로 한다.

조문 44

제677조(보험료체납과 보상액의 공제) 보험자가 손해를 보상할 경우에 보험료의 지급을 받지 아니한 잔액이 있으면 그 지급기일이 도래하지 아니한 때라도 보상할 금액에서 이를 공제할 수 있다.

조문 45

제678조(보험자의 면책사유) 보험의 목적의 성질, 하자 또는 자연소모로 인한 손해는 보험자가 이를 보상할 책임이 없다.

조문 46

제679조(보험목적의 양도) ① 피보험자가 보험의 목적을 양도한 때에는 양수인은 보험계약상의 권리와 의무를 승계한 것으로 추정한다.

② 제1항의 경우에 보험의 목적의 양도인 또는 양수인은 보험자에 대하여 지체없이 그 사실을 통지하여야 한다.

조문 47

제680조(손해방지의무) ① 보험계약자와 피보험자는 손해의 방지와 경감을 위하여 노력하여야 한다. 그러나 이를 위하여 필요 또는 유익하였던 비용과 보상액이 보험금액을 초과한 경우라도 보험자가 이를 부담한다.

조문 48

제681조(보험목적에 관한 보험대위) 보험의 목적의 전부가 멸실한 경우에 보험금액의 전부를 지급한 보험자는 그 목적에 대한 피보험자의 권리를 취득한다. 그러나 보험가액의 일부를 보험에 붙인 경우에는 보험자가 취득할 권리는 보험금액의 보험가액에 대한 비율에 따라 이를 정한다.

조문 49

제682조(제3자에 대한 보험대위) ① 손해가 제3자의 행위로 인하여 발생한 경우에 보험금을 지급한 보험자는 그 지급한 금액의 한도에서 그 제3자에 대한 보험계약자 또는 피보험자의 권리를 취득한다. 다만, 보험자가 보상할 보험금의 일부를 지급한 경우에는 피보험자의 권리를 침해하지 아니하는 범위에서 그 권리를 행사할 수 있다.

② 보험계약자나 피보험자의 제1항에 따른 권리가 그와 생계를 같이 하는 가족에 대한 것인 경우 보험자는 그 권리를 취득하지 못한다. 다만, 손해가 그 가족의 고의로 인하여 발생한 경우에는 그러하지 아니하다.

조문 50

제683조(화재보험자의 책임) 화재보험계약의 보험자는 화재로 인하여 생길 손해를 보상할 책임이 있다.

조문 **51**

제684조(소방 등의 조치로 인한 손해의 보상) 보험자는 화재의 소방 또는 손해의 감소에 필요한 조치로 인하여 생긴 손해를 보상할 책임이 있다.

조문 **52**

제685조(화재보험증권) 화재보험증권에는 제666조에 게기한 사항외에 다음의 사항을 기재하여야 한다.

> 1. **건물을 보험의 목적으로 한 때에는 그 소재지, 구조와 용도**
> 2. **동산을 보험의 목적으로 한 때에는 그 존치한 장소의 상태와 용도**
> 3. **보험가액을 정한 때에는 그 가액**

조문 **53**

제686조(집합보험의 목적) 집합된 물건을 일괄하여 보험의 목적으로 한 때에는 피보험자의 가족과 사용인의 물건도 보험의 목적에 포함된 것으로 한다. 이 경우에는 그 보험은 그 가족 또는 사용인을 위하여서도 체결한 것으로 본다.

조문 **54**

제687조(동전) 집합된 물건을 일괄하여 보험의 목적으로 한 때에는 그 목적에 속한 물건이 보험기간중에 수시로 교체된 경우에도 보험사고의 발생 시에 현존한 물건은 보험의 목적에 포함된 것으로 한다.

농어업재해보험법령

학습 완성도 ☐☐☐☐☐☐ 　　　　　　　　　　　　학습 완성도를 체크해 봅니다.

01 ◎ 농어업재해보험법

조문 ①

제1조(목적) 이 법은 농어업재해로 인하여 발생하는 농작물, 임산물, 양식수산물, 가축과 농어업용 시설물의 피해에 따른 손해를 보상하기 위한 농어업재해보험에 관한 사항을 규정함으로써 농어업 경영의 안정과 생산성 향상에 이바지하고 국민경제의 균형 있는 발전에 기여함을 목적으로 한다.

조문 ②

제2조(정의) 이 법에서 사용하는 용어의 뜻은 다음과 같다.

1. "농어업재해"란 농작물·임산물·가축 및 농업용 시설물에 발생하는 **자연재해·병충해·조수해(鳥獸害)·질병 또는 화재**(이하 "농업재해"라 한다)와 양식수산물 및 어업용 시설물에 발생하는 **자연재해·질병 또는 화재**(이하 "어업재해"라 한다)를 말한다.
2. "농어업재해보험"이란 농어업재해로 발생하는 **재산 피해**에 따른 손해를 보상하기 위한 보험을 말한다.
3. "보험가입금액"이란 보험가입자의 재산 피해에 따른 손해가 발생한 경우 **보험에서 최대로 보상할 수 있는 한도액**으로서 보험가입자와 보험사업자 간에 약정한 금액을 말한다.
4. "보험료"란 보험가입자와 보험사업자 간의 약정에 따라 **보험가입자가 보험사업자에게 내야** 하는 금액을 말한다.
5. "보험금"이란 보험가입자에게 재해로 인한 재산 피해에 따른 손해가 발생한 경우 보험가입자와 보험사업자 간의 약정에 따라 **보험사업자가 보험가입자에게** 지급하는 금액을 말한다.
6. "시범사업"이란 농어업재해보험사업(이하 "재해보험사업"이라 한다)을 전국적으로 실시하기 전에 보험의 효용성 및 보험 실시 가능성 등을 검증하기 위하여 **일정 기간 제한된 지역에서** 실시하는 보험사업을 말한다.

조문 ③

제2조의2(기본계획 및 시행계획의 수립·시행) ① 농림축산식품부장관과 해양수산부장관은 농어업재해보험(이하 "재해보험"이라 한다)의 활성화를 위하여 제3조에 따른 농업재해보험심의회 또는 「수산업·어촌 발전 기본법」 제8조 제1항에 따른 중앙수산업·어촌정책심의회의 심의를 거쳐 재해보험 발전 기본계획(이하 "기본계획"이라 한다)을 5년마다 수립·시행하여야 한다.

② 기본계획에는 다음 각 호의 사항이 포함되어야 한다.

> 1. 재해보험사업의 발전 방향 및 목표
> 2. 재해보험의 종류별 가입률 제고 방안에 관한 사항
> 3. 재해보험의 대상 품목 및 대상 지역에 관한 사항
> 4. 재해보험사업에 대한 지원 및 평가에 관한 사항
> 5. 그 밖에 재해보험 활성화를 위하여 농림축산식품부장관 또는 해양수산부장관이 필요하다고 인
>   정하는 사항

③ 농림축산식품부장관과 해양수산부장관은 기본계획에 따라 매년 재해보험 발전 시행계획(이하 "시행계획"이라 한다)을 수립·시행하여야 한다.

④ 농림축산식품부장관과 해양수산부장관은 기본계획 및 시행계획을 수립하고자 할 경우 제26조에 따른 통계자료를 반영하여야 한다.

⑤ 농림축산식품부장관 또는 해양수산부장관은 기본계획 및 시행계획의 수립·시행을 위하여 필요한 경우에는 관계 중앙행정기관의 장, 지방자치단체의 장, 관련 기관·단체의 장에게 관련 자료 및 정보의 제공을 요청할 수 있다. 이 경우 자료 및 정보의 제공을 요청받은 자는 특별한 사유가 없으면 그 요청에 따라야 한다.

⑥ 그 밖에 기본계획 및 시행계획의 수립·시행에 필요한 사항은 대통령령으로 정한다.

제2조의3(재해보험 등의 심의) 재해보험 및 농어업재해재보험(이하 "재보험"이라 한다)에 관한 다음 각 호의 사항은 제3조에 따른 농업재해보험심의회 또는 「수산업·어촌 발전 기본법」 제8조 제1항에 따른 중앙 수산업·어촌정책심의회의 심의를 거쳐야 한다.

> 1. 재해보험에서 보상하는 재해의 범위에 관한 사항
> 2. 재해보험사업에 대한 재정지원에 관한 사항
> 3. 손해평가의 방법과 절차에 관한 사항
> 4. 농어업재해재보험사업(이하 "재보험사업"이라 한다)에 대한 정부의 책임범위에 관한 사항
> 5. 재보험사업 관련 자금의 수입과 지출의 적정성에 관한 사항
> 6. 그 밖에 제3조에 따른 농업재해보험심의회의 위원장 또는 「수산업·어촌 발전 기본법」 제8조
>   제1항에 따른 중앙 수산업·어촌정책심의회의 위원장이 재해보험 및 재보험에 관하여 회의에
>   부치는 사항

조문 ④

제3조(농업재해보험심의회) ① 농업재해보험 및 농업재해재보험에 관한 다음 각 호의 사항을 심의하기 위하여 농림축산식품부장관 소속으로 농업재해보험심의회(이하 이 조에서 "심의회"라 한다)를 둔다.

1. 제2조의3 각 호의 사항
2. 재해보험 목적물의 선정에 관한 사항
3. 기본계획의 수립·시행에 관한 사항
4. 다른 법령에서 심의회의 심의사항으로 정하고 있는 사항

② 심의회는 위원장 및 부위원장 각 1명을 포함한 21명 이내의 위원으로 구성한다.
③ 심의회의 위원장은 농림축산식품부차관으로 하고, 부위원장은 위원 중에서 호선(互選)한다.
④ 심의회의 위원은 다음 각 호의 어느 하나에 해당하는 사람 중에서 농림축산식품부장관이 임명하거나 위촉하는 사람으로 한다. 이 경우 다음 각 호에 해당하는 사람이 각각 1명 이상 포함되어야 한다.

1. 농림축산식품부장관이 재해보험이나 농업에 관한 학식과 경험이 풍부하다고 인정하는 사람
2. 농림축산식품부의 재해보험을 담당하는 3급 공무원 또는 고위공무원단에 속하는 공무원
3. 자연재해 또는 보험 관련 업무를 담당하는 기획재정부·행정안전부·해양수산부·금융위원회· 산림청의 3급 공무원 또는 고위공무원단에 속하는 공무원
4. 농림축산업인단체의 대표
5. 삭제

⑤ 제4항 제1호의 위원의 임기는 3년으로 한다.
⑥ 심의회는 그 심의 사항을 검토·조정하고, 심의회의 심의를 보조하게 하기 위하여 심의회에 다음 각 호의 분과위원회를 둔다.

1. 농작물재해보험분과위원회
2. 임산물재해보험분과위원회
3. 가축재해보험분과위원회
4. 삭제
5. 그 밖에 대통령령으로 정하는 바에 따라 두는 분과위원회

⑦ 심의회는 제1항 각 호의 사항을 심의하기 위하여 필요한 경우에는 농업재해보험에 관하여 전문지식이 있는 자, 농업인 또는 이해관계자의 의견을 들을 수 있다.
⑧ 제1항부터 제7항까지에서 규정한 사항 외에 심의회 및 분과위원회의 구성과 운영 등에 필요한 사항은 대통령령으로 정한다.

조문 **5**

제4조(재해보험의 종류 등) 재해보험의 종류는 농작물재해보험, 임산물재해보험, 가축재해보험 및 양식수산물재해보험으로 한다. 이 중 농작물재해보험, 임산물재해보험 및 가

축재해보험과 관련된 사항은 농림축산식품부장관이, 양식수산물재해보험과 관련된 사항은 해양수산부장관이 각각 관장한다.

조문 ⑥

제5조(보험목적물) ① 보험목적물은 다음 각 호의 구분에 따르되, 그 구체적인 범위는 보험의 효용성 및 보험 실시 가능성 등을 종합적으로 고려하여 제3조에 따른 농업재해보험심의회 또는 「수산업·어촌 발전 기본법」 제8조 제1항에 따른 중앙수산업·어촌정책심의회를 거쳐 농림축산식품부장관 또는 해양수산부장관이 고시한다.

> 1. 농작물재해보험 : 농작물 및 농업용 시설물
> 1의2. 임산물재해보험 : 임산물 및 임업용 시설물
> 2. 가축재해보험 : 가축 및 축산시설물
> 3. 양식수산물재해보험 : 양식수산물 및 양식시설물

② 정부는 보험목적물의 범위를 확대하기 위하여 노력하여야 한다.

조문 ⑦

제6조(보상의 범위 등) ① 재해보험에서 보상하는 재해의 범위는 해당 재해의 발생 빈도, 피해 정도 및 객관적인 손해평가방법 등을 고려하여 재해보험의 종류별로 대통령령으로 정한다.
② 정부는 재해보험에서 보상하는 재해의 범위를 확대하기 위하여 노력하여야 한다.

조문 ⑧

제7조(보험가입자) 재해보험에 가입할 수 있는 자는 농림업, 축산업, 양식수산업에 종사하는 개인 또는 법인으로 하고, 구체적인 보험가입자의 기준은 대통령령으로 정한다.

조문 ⑨

제8조(보험사업자) ① 재해보험사업을 할 수 있는 자는 다음 각 호와 같다.

> 2. 「수산업협동조합법」에 따른 **수산업협동조합중앙회**(이하 "수협중앙회"라 한다)
> 2의2. 「산림조합법」에 따른 **산림조합중앙회**
> 3. 「보험업법」에 따른 **보험회사**

② 제1항에 따라 재해보험사업을 하려는 자는 농림축산식품부장관 또는 해양수산부장관과 재해보험사업의 약정을 체결하여야 한다.

③ 제2항에 따른 약정을 체결하려는 자는 다음 각 호의 서류를 농림축산식품부장관 또는 해양수산부장관에게 제출하여야 한다.

1. 사업방법서, 보험약관, 보험료 및 책임준비금산출방법서
2. 그 밖에 대통령령으로 정하는 서류

④ 제2항에 따른 재해보험사업의 약정을 체결하는 데 필요한 사항은 대통령령으로 정한다.

조문 **10**

제9조(보험료율의 산정) ① 제8조 제2항에 따라 농림축산식품부장관 또는 해양수산부장관과 재해보험사업의 약정을 체결한 자(이하 "재해보험사업자"라 한다)는 재해보험의 보험료율을 객관적이고 합리적인 통계자료를 기초로 하여 보험목적물별 또는 보상방식별로 산정하되, 다음 각 호의 구분에 따른 단위로 산정하여야 한다.

1. 행정구역 단위 : 특별시·광역시·도·특별자치도 또는 시(특별자치시와 「제주특별자치도 설치 및 국제자유도시 조성을 위한 특별법」 제10조 제2항에 따라 설치된 행정시를 포함한다)·군·자치구. 다만, 「보험업법」 제129조에 따른 보험료율 산출의 원칙에 부합하는 경우에는 자치구가 아닌 구·읍·면·동 단위로도 보험료율을 산정할 수 있다.
2. 권역 단위 : 농림축산식품부장관 또는 해양수산부장관이 행정구역 단위와는 따로 구분하여 고시하는 지역 단위

② 재해보험사업자는 보험약관안과 보험료율안에 대통령령으로 정하는 변경이 예정된 경우 이를 공고하고 필요한 경우 이해관계자의 의견을 수렴하여야 한다.

조문 **11**

제10조(보험모집) ① 재해보험을 모집할 수 있는 자는 다음 각 호와 같다.

1. 산림조합중앙회와 그 회원조합의 임직원, 수협중앙회와 그 회원조합 및 「수산업협동조합법」에 따라 설립된 수협은행의 임직원
2. 「수산업협동조합법」 제60조(제108조, 제113조 및 제168조에 따라 준용되는 경우를 포함한다)의 공제규약에 따른 공제모집인으로서 수협중앙회장 또는 그 회원조합장이 인정하는 자
2의2. 「산림조합법」 제48조(제122조에 따라 준용되는 경우를 포함한다)의 공제규정에 따른 공제모집인으로서 산림조합중앙회장이나 그 회원조합장이 인정하는 자
3. 「보험업법」 제83조 제1항에 따라 보험을 모집할 수 있는 자

② 제1항에 따라 재해보험의 모집 업무에 종사하는 자가 사용하는 재해보험 안내자료 및 금지행위에 관하여는 「보험업법」 제95조·제97조, 제98조 및 「금융소비자 보호에 관한 법률」 제21조를 준용한다. 다만, 재해보험사업자가 수협중앙회, 산림조합중앙회인 경우에는

「보험업법」 제95조 제1항 제5호를 준용하지 아니하며, 「농업협동조합법」, 「수산업협동조합법」, 「산림조합법」에 따른 조합이 그 조합원에게 이 법에 따른 보험상품의 보험료 일부를 지원하는 경우에는 「보험업법」 제98조에도 불구하고 해당 보험계약의 체결 또는 모집과 관련한 특별이익의 제공으로 보지 아니한다.

조문 ⑫

제10조의2(사고예방의무 등) ① 보험가입자는 재해로 인한 사고의 예방을 위하여 노력하여야 한다.

② 재해보험사업자는 사고 예방을 위하여 보험가입자가 납입한 보험료의 일부를 되돌려줄 수 있다.

조문 ⑬

제11조(손해평가 등) ① 재해보험사업자는 보험목적물에 관한 지식과 경험을 갖춘 사람 또는 그 밖의 관계 전문가를 손해평가인으로 위촉하여 손해평가를 담당하게 하거나 제11조의2에 따른 손해평가사(이하 "손해평가사"라 한다) 또는 「보험업법」 제186조에 따른 손해사정사에게 손해평가를 담당하게 할 수 있다.

② 제1항에 따른 손해평가인과 손해평가사 및 「보험업법」 제186조에 따른 손해사정사는 농림축산식품부장관 또는 해양수산부장관이 정하여 고시하는 손해평가 요령에 따라 손해평가를 하여야 한다. 이 경우 공정하고 객관적으로 손해평가를 하여야 하며, 고의로 진실을 숨기거나 거짓으로 손해평가를 하여서는 아니 된다.

③ 재해보험사업자는 공정하고 객관적인 손해평가를 위하여 동일 시·군·구(자치구를 말한다) 내에서 교차손해평가(손해평가인 상호 간에 담당지역을 교차하여 평가하는 것을 말한다. 이하 같다)를 수행할 수 있다. 이 경우 교차손해평가의 절차·방법 등에 필요한 사항은 농림축산식품부장관 또는 해양수산부장관이 정한다.

④ 농림축산식품부장관 또는 해양수산부장관은 제2항에 따른 손해평가 요령을 고시하려면 미리 금융위원회와 협의하여야 한다.

⑤ 농림축산식품부장관 또는 해양수산부장관은 제1항에 따른 손해평가인이 공정하고 객관적인 손해평가를 수행할 수 있도록 연 1회 이상 정기교육을 실시하여야 한다.

⑥ 농림축산식품부장관 또는 해양수산부장관은 손해평가인 간의 손해평가에 관한 기술·정보의 교환을 지원할 수 있다.

⑦ 제1항에 따라 손해평가인으로 위촉될 수 있는 사람의 자격 요건, 제5항에 따른 정기교육, 제6항에 따른 기술·정보의 교환 지원 및 손해평가 실무교육 등에 필요한 사항은 대통령령으로 정한다.

조문 14

제11조의2(손해평가사) 농림축산식품부장관은 공정하고 객관적인 손해평가를 촉진하기 위하여 손해평가사 제도를 운영한다.

조문 15

제11조의3(손해평가사의 업무) 손해평가사는 농작물재해보험 및 가축재해보험에 관하여 다음 각 호의 업무를 수행한다.

> 1. 피해사실의 확인   2. 보험가액 및 손해액의 평가   3. 그 밖의 손해평가에 필요한 사항

조문 16

제11조의4(손해평가사의 시험 등) ① 손해평가사가 되려는 사람은 농림축산식품부장관이 실시하는 손해평가사 자격시험에 합격하여야 한다.

② 보험목적물 또는 관련 분야에 관한 전문 지식과 경험을 갖추었다고 인정되는 대통령령으로 정하는 기준에 해당하는 사람에게는 손해평가사 자격시험 과목의 일부를 면제할 수 있다.

③ 농림축산식품부장관은 다음 각 호의 어느 하나에 해당하는 사람에 대하여는 그 시험을 정지시키거나 무효로 하고 그 처분 사실을 지체없이 알려야 한다.

> 1. 부정한 방법으로 시험에 응시한 사람
> 2. 시험에서 부정한 행위를 한 사람

④ 다음 각 호에 해당하는 사람은 그 처분이 있은 날부터 2년이 지나지 아니한 경우 제1항에 따른 손해평가사 자격시험에 응시하지 못한다.

> 1. 제3항에 따라 정지·무효 처분을 받은 사람
> 2. 제11조의5에 따라 손해평가사 자격이 취소된 사람

⑤ 제1항 및 제2항에 따른 손해평가사 자격시험의 실시, 응시수수료, 시험과목, 시험과목의 면제, 시험방법, 합격기준 및 자격증 발급 등에 필요한 사항은 대통령령으로 정한다.

⑥ 손해평가사는 다른 사람에게 그 명의를 사용하게 하거나 다른 사람에게 그 자격증을 대여해서는 아니 된다.

⑦ 누구든지 손해평가사의 자격을 취득하지 아니하고 그 명의를 사용하거나 자격증을 대여받아서는 아니 되며, 명의의 사용이나 자격증의 대여를 알선해서도 아니 된다.

조문 ⑰

제11조의5(손해평가사의 자격취소) ① 농림축산식품부장관은 다음 각 호의 어느 하나에 해당하는 사람에 대하여 손해평가사 자격을 취소할 수 있다. 다만, 제1호 및 제5호에 해당하는 경우에는 자격을 취소하여야 한다.

> 1. 손해평가사의 자격을 거짓 또는 부정한 방법으로 취득한 사람
> 2. 거짓으로 손해평가를 한 사람
> 3. 제11조의4 제6항을 위반하여 다른 사람에게 손해평가사의 명의를 사용하게 하거나 그 자격증을 대여한 사람
> 4. 제11조의4 제7항을 위반하여 손해평가사 명의의 사용이나 자격증의 대여를 알선한 사람
> 5. 업무정지 기간 중에 손해평가 업무를 수행한 사람

② 제1항에 따른 자격취소 처분의 세부기준은 대통령령으로 정한다.

조문 ⑱

제11조의6(손해평가사의 감독) ① 농림축산식품부장관은 손해평가사가 그 직무를 게을리하거나 직무를 수행하면서 부적절한 행위를 하였다고 인정하면 1년 이내의 기간을 정하여 업무의 정지를 명할 수 있다.
② 제1항에 따른 업무정지 처분의 세부기준은 대통령령으로 정한다.

조문 ⑲

제11조의7(보험금수급전용계좌) ① 재해보험사업자는 수급권자의 신청이 있는 경우에는 보험금을 수급권자 명의의 지정된 계좌(이하 "보험금수급전용계좌"라 한다)로 입금하여야 한다. 다만, 정보통신장애나 그 밖에 대통령령으로 정하는 불가피한 사유로 보험금을 보험금수급계좌로 이체할 수 없을 때에는 현금 지급 등 대통령령으로 정하는 바에 따라 보험금을 지급할 수 있다.
② 보험금수급전용계좌의 해당 금융기관은 이 법에 따른 보험금만이 보험금수급전용계좌에 입금되도록 관리하여야 한다.
③ 제1항에 따른 신청의 방법·절차와 제2항에 따른 보험금수급전용계좌의 관리에 필요한 사항은 대통령령으로 정한다.

제11조의8(손해평가에 대한 이의신청) ① 제11조 제2항에 따른 손해평가 결과에 이의가 있는 보험가입자는 재해보험사업자에게 재평가를 요청할 수 있으며, 재해보험사업자는 특별한 사정이 없으면 재평가 요청에 따라야 한다.
② 제1항의 재평가를 수행하였음에도 이의가 해결되지 아니하는 경우 보험가입자는 농림

축산식품부장관 또는 해양수산부장관이 정하는 기관에 이의신청을 할 수 있다.

③ 신청요건, 절차, 방법 등 이의신청 처리에 관한 구체적인 사항은 농림축산식품부장관 또는 해양수산부장관이 정하여 고시한다.

조문 20

제12조(수급권의 보호) ① 재해보험의 보험금을 지급받을 권리는 압류할 수 없다. 다만, 보험목적물이 담보로 제공된 경우에는 그러하지 아니하다.

② 제11조의7 제1항에 따라 지정된 보험금수급전용계좌의 예금 중 대통령령으로 정하는 액수 이하의 금액에 관한 채권은 압류할 수 없다.

조문 21

제13조(보험목적물의 양도에 따른 권리 및 의무의 승계) 재해보험가입자가 재해보험에 가입된 보험목적물을 양도하는 경우 그 양수인은 재해보험계약에 관한 양도인의 권리 및 의무를 승계한 것으로 추정한다.

조문 22

제14조(업무 위탁) 재해보험사업자는 재해보험사업을 원활히 수행하기 위하여 필요한 경우에는 보험모집 및 손해평가 등 재해보험 업무의 일부를 대통령령으로 정하는 자에게 위탁할 수 있다.

조문 23

제15조(회계 구분) 재해보험사업자는 재해보험사업의 회계를 다른 회계와 구분하여 회계처리함으로써 손익관계를 명확히 하여야 한다.

조문 24

제17조(분쟁조정) 재해보험과 관련된 분쟁의 조정(調停)은 「금융소비자 보호에 관한 법률」 제33조부터 제43조까지의 규정에 따른다.

조문 25

제18조(「보험업법」 등의 적용) ① 이 법에 따른 재해보험사업에 대하여는 「보험업법」 제104조부터 제107조까지, 제118조 제1항, 제119조, 제120조, 제124조, 제127조, 제128조, 제131조부터 제133조까지, 제134조 제1항, 제136조, 제162조, 제176조 및 제181조 제1항을 적용한다. 이 경우 "보험회사"는 "보험사업자"로 본다.

② 이 법에 따른 재해보험사업에 대해서는 「금융소비자 보호에 관한 법률」 제45조를 적용한다. 이 경우 "금융상품직접판매업자"는 "보험사업자"로 본다.

조문 26

제19조(재정지원) ① 정부는 예산의 범위에서 재해보험가입자가 부담하는 보험료의 일부와 재해보험사업자의 재해보험의 운영 및 관리에 필요한 비용(이하 "운영비"라 한다)의 전부 또는 일부를 지원할 수 있다. 이 경우 지방자치단체는 예산의 범위에서 재해보험가입자가 부담하는 보험료의 일부를 추가로 지원할 수 있다.

② 농림축산식품부장관·해양수산부장관 및 지방자치단체의 장은 제1항에 따른 지원 금액을 재해보험사업자에게 지급하여야 한다.

③ 「풍수해·지진재해보험법」에 따른 풍수해·지진재해보험에 가입한 자가 동일한 보험목적물을 대상으로 재해보험에 가입할 경우에는 제1항에도 불구하고 정부가 재정지원을 하지 아니한다.

④ 제1항에 따른 보험료와 운영비의 지원 방법 및 지원 절차 등에 필요한 사항은 대통령령으로 정한다.

조문 27

제20조(재보험사업) ① 정부는 재해보험에 관한 재보험사업을 할 수 있다.

② 농림축산식품부장관 또는 해양수산부장관은 재보험에 가입하려는 재해보험사업자와 다음 각 호의 사항이 포함된 재보험 약정을 체결하여야 한다.

> 1. 재해보험사업자가 정부에 내야 할 **보험료**(이하 "재보험료"라 한다)에 관한 사항
> 2. 정부가 지급하여야 할 **보험금**(이하 "재보험금"이라 한다)에 관한 사항
> 3. 그 밖에 재보험수수료 등 재보험 약정에 관한 것으로서 **대통령령으로 정하는 사항**

③ 농림축산식품부장관은 해양수산부장관과 협의를 거쳐 재보험사업에 관한 업무의 일부를 「농업·농촌 및 식품산업 기본법」 제63조의2 제1항에 따라 설립된 농업정책보험금융원에 위탁할 수 있다.

조문 28

제21조(기금의 설치) 농림축산식품부장관은 해양수산부장관과 협의하여 공동으로 재보험사업에 필요한 재원에 충당하기 위하여 농어업재해재보험기금(이하 "기금"이라 한다)을 설치한다.

조문 29

제22조(기금의 조성) ① 기금은 다음 각 호의 재원으로 조성한다.

1. 제20조 제2항 제1호에 따라 받은 **재보험료**
2. 정부, 정부 외의 자 및 다른 기금으로부터 받은 **출연금**
3. **재보험금의 회수 자금**
4. **기금의 운용수익금과 그 밖의 수입금**
5. 제2항에 따른 **차입금**
6. 「농어촌구조개선 특별회계법」 제5조 제2항 제7호에 따라 농어촌구조개선 특별회계의 농어촌 특별세사업계정으로부터 받은 **전입금**

② 농림축산식품부장관은 기금의 운용에 필요하다고 인정되는 경우에는 해양수산부장관과 협의하여 기금의 부담으로 금융기관, 다른 기금 또는 다른 회계로부터 자금을 차입할 수 있다.

조문 30

제23조(기금의 용도) 기금은 다음 각 호에 해당하는 용도에 사용한다.

1. 제20조 제2항 제2호에 따른 **재보험금의 지급**
2. 제22조 제2항에 따른 **차입금의 원리금 상환**
3. 기금의 관리·운용에 **필요한 경비**(위탁경비를 포함한다)의 지출
4. 그 밖에 농림축산식품부장관이 해양수산부장관과 협의하여 재보험사업을 유지·개선하는 데에 필요하다고 인정하는 경비의 지출

조문 31

제24조(기금의 관리·운용) ① 기금은 농림축산식품부장관이 해양수산부장관과 협의하여 관리·운용한다.
② 농림축산식품부장관은 해양수산부장관과 협의를 거쳐 기금의 관리·운용에 관한 사무의 일부를 농업정책보험금융원에 위탁할 수 있다.
③ 제1항 및 제2항에서 규정한 사항 외에 기금의 관리·운용에 필요한 사항은 대통령령으로 정한다.

조문 32

제25조(기금의 회계기관) ① 농림축산식품부장관은 해양수산부장관과 협의하여 기금의 수입과 지출에 관한 사무를 수행하게 하기 위하여 소속 공무원 중에서 기금수입징수관,

기금재무관, 기금지출관 및 기금출납공무원을 임명한다.

② 농림축산식품부장관은 제24조 제2항에 따라 기금의 관리·운용에 관한 사무를 위탁한 경우에는 해양수산부장관과 협의하여 농업정책보험금융원의 임원 중에서 기금수입담당임원과 기금지출원인행위담당임원을, 그 직원 중에서 기금지출원과 기금출납원을 각각 임명하여야 한다. 이 경우 기금수입담당임원은 기금수입징수관의 업무를, 기금지출원인행위담당임원은 기금재무관의 업무를, 기금지출원은 기금지출관의 업무를, 기금출납원은 기금출납공무원의 업무를 수행한다.

조문 ③③

제25조의2(농어업재해보험사업의 관리) ① 농림축산식품부장관 또는 해양수산부장관은 재해보험사업을 효율적으로 추진하기 위하여 다음 각 호의 업무를 수행한다.

> 1. 재해보험사업의 관리·감독
> 2. 재해보험 상품의 연구 및 보급
> 3. 재해 관련 통계 생산 및 데이터베이스 구축·분석
> 4. 손해평가인력의 육성
> 5. 손해평가기법의 연구·개발 및 보급

② 농림축산식품부장관 또는 해양수산부장관은 다음 각 호의 업무를 농업정책보험금융원에 위탁할 수 있다.

> 1. 제1항 제1호부터 제5호까지의 업무
> 2. 제8조 제2항에 따른 재해보험사업의 약정 체결 관련 업무
> 3. 제11조의2에 따른 손해평가사 제도 운용 관련 업무
> 4. 그 밖에 재해보험사업과 관련하여 농림축산식품부장관 또는 해양수산부장관이 위탁하는 업무

③ 농림축산식품부장관은 제11조의4에 따른 손해평가사 자격시험의 실시 및 관리에 관한 업무를 「한국산업인력공단법」에 따른 한국산업인력공단에 위탁할 수 있다.

조문 ③④

제26조(통계의 수집·관리 등) ① 농림축산식품부장관 또는 해양수산부장관은 보험상품의 운영 및 개발에 필요한 다음 각 호의 지역별, 재해별 통계자료를 수집·관리하여야 하며, 이를 위하여 관계 중앙행정기관 및 지방자치단체의 장에게 필요한 자료를 요청할 수 있다.

1. 보험대상의 현황
2. 보험확대 예비품목(제3조 제1항 제1호에 따라 선정한 보험목적물 도입예정 품목을 말한다)의 현황
3. 피해 원인 및 규모
4. 품목별 재배 또는 양식 면적과 생산량 및 가격
5. 그 밖에 농림축산식품부장관 또는 해양수산부장관이 필요하다고 인정하는 통계자료

② 제1항에 따라 자료를 요청받은 경우 관계 중앙행정기관 및 지방자치단체의 장은 특별한 사유가 없으면 요청에 따라야 한다.
③ 농림축산식품부장관 또는 해양수산부장관은 재해보험사업의 건전한 운영을 위하여 재해보험 제도 및 상품 개발 등을 위한 조사·연구, 관련 기술의 개발 및 전문인력 양성 등의 진흥 시책을 마련하여야 한다.
④ 농림축산식품부장관 및 해양수산부장관은 제1항 및 제3항에 따른 통계의 수집·관리, 조사·연구 등에 관한 업무를 대통령령으로 정하는 자에게 위탁할 수 있다.

조문 35

제27조(시범사업) ① 재해보험사업자는 신규 보험상품을 도입하려는 경우 등 필요한 경우에는 농림축산식품부장관 또는 해양수산부장관과 협의하여 시범사업을 할 수 있다.
② 정부는 시범사업의 원활한 운영을 위하여 필요한 지원을 할 수 있다.
③ 제1항 및 제2항에 따른 시범사업 실시에 관한 구체적인 사항은 대통령령으로 정한다.

조문 36

제28조(보험가입의 촉진 등) 정부는 농어업인의 재해대비의식을 고양하고 재해보험의 가입을 촉진하기 위하여 교육·홍보 및 보험가입자에 대한 정책자금 지원, 신용보증 지원 등을 할 수 있다.

조문 37

제28조의2(보험가입촉진계획의 수립) ① 재해보험사업자는 농어업재해보험 가입 촉진을 위하여 보험가입촉진계획을 매년 수립하여 농림축산식품부장관 또는 해양수산부장관에게 제출하여야 한다.
② 보험가입촉진계획의 내용 및 그 밖에 필요한 사항은 대통령령으로 정한다.

조문 38

제29조(보고 등) 농림축산식품부장관 또는 해양수산부장관은 재해보험의 건전한 운영과 재해보험가입자의 보호를 위하여 필요하다고 인정되는 경우에는 재해보험사업자에

게 재해보험사업에 관한 업무 처리 상황을 보고하게 하거나 관계 서류의 제출을 요구할 수 있다.

조문 39

제29조의2(청문) 농림축산식품부장관은 다음 각 호의 어느 하나에 해당하는 처분을 하려면 청문을 하여야 한다.

> 1. 제11조의5에 따른 **손해평가사의 자격취소**
> 2. 제11조의6에 따른 **손해평가사의 업무정지**

조문 40

제30조(벌칙) ① 제10조 제2항에서 준용하는 「보험업법」 제98조에 따른 금품 등을 제공(같은 조 제3호의 경우에는 보험금 지급의 약속을 말한다)한 자 또는 이를 요구하여 받은 보험가입자는 3년 이하의 징역 또는 3천만 원 이하의 벌금에 처한다.
② 다음 각 호의 어느 하나에 해당하는 자는 1년 이하의 징역 또는 1천만 원 이하의 벌금에 처한다.

> 1. 제10조 제1항을 위반하여 모집을 한 자
> 2. 제11조 제2항 후단을 위반하여 고의로 진실을 숨기거나 거짓으로 손해평가를 한 자
> 3. 제11조의4 제6항을 위반하여 다른 사람에게 손해평가사의 명의를 사용하게 하거나 그 자격증을 대여한 자
> 4. 제11조의4 제7항을 위반하여 손해평가사의 명의를 사용하거나 그 자격증을 대여받은 자 또는 명의의 사용이나 자격증의 대여를 알선한 자

③ 제15조를 위반하여 회계를 처리한 자는 500만 원 이하의 벌금에 처한다.

조문 41

제31조(양벌규정) 법인의 대표자나 법인 또는 개인의 대리인, 사용인, 그 밖의 종업원이 그 법인 또는 개인의 업무에 관하여 제30조의 위반행위를 하면 그 행위자를 벌하는 외에 그 법인 또는 개인에게도 해당 조문의 벌금형을 과(科)한다. 다만, 법인 또는 개인이 그 위반행위를 방지하기 위하여 해당 업무에 관하여 상당한 주의와 감독을 게을리하지 아니한 경우에는 그러하지 아니하다.

조문 42

제32조(과태료) ① 재해보험사업자가 제10조 제2항에서 준용하는 「보험업법」 제95조를 위반하여 보험안내를 한 경우에는 1천만 원 이하의 과태료를 부과한다.

② 재해보험사업자의 발기인, 설립위원, 임원, 집행간부, 일반간부직원, 파산관재인 및 청산인이 다음 각 호의 어느 하나에 해당하면 500만 원 이하의 과태료를 부과한다.

> 1. 제18조 제1항에서 적용하는 「보험업법」 제120조에 따른 책임준비금과 비상위험준비금을 계상하지 아니하거나 이를 따로 작성한 장부에 각각 기재하지 아니한 경우
> 2. 제18조 제1항에서 적용하는 「보험업법」 제131조 제1항·제2항 및 제4항에 따른 **명령을 위반**한 경우
> 3. 제18조 제1항에서 적용하는 「보험업법」 제133조에 따른 **검사를 거부·방해 또는 기피한** 경우

③ 다음 각 호의 어느 하나에 해당하는 자에게는 500만 원 이하의 과태료를 부과한다.

> 1. 제10조 제2항에서 준용하는 「보험업법」 제95조를 위반하여 보험안내를 한 자로서 재해보험사업자가 아닌 자
> 2. 제10조 제2항에서 준용하는 「보험업법」 제97조 제1항 또는 「금융소비자 보호에 관한 법률」 제21조를 위반하여 보험계약의 체결 또는 모집에 관한 금지행위를 한 자
> 3. 제29조에 따른 보고 또는 관계 서류 제출을 하지 아니하거나 보고 또는 관계 서류 제출을 거짓으로 한 자

④ 제1항, 제2항 제1호 및 제3항에 따른 과태료는 농림축산식품부장관 또는 해양수산부장관이, 제2항 제2호 및 제3호에 따른 과태료는 금융위원회가 대통령령으로 정하는 바에 따라 각각 부과·징수한다.

---

02 ⊙ 농어업재해보험법 시행령

조문 43

제1조(목적) 이 영은 「농어업재해보험법」에서 위임된 사항과 그 시행에 필요한 사항을 규정함을 목적으로 한다.

조문 44

제2조(위원장의 직무) ① 「농어업재해보험법」(이하 "법"이라 한다) 제3조에 따른 농업재해보험심의회(이하 "심의회'라 한다)의 위원장(이하 "위원장"이라 한다)은 심의회를 대표하며, 심의회의 업무를 총괄한다.

② 심의회의 부위원장은 위원장을 보좌하며, 위원장이 부득이한 사유로 직무를 수행할 수 없을 때에는 그 직무를 대행한다.

조문 45

제3조(회의) ① 위원장은 심의회의 회의를 소집하며, 그 의장이 된다.

② 심의회의 회의는 재적위원 3분의 1 이상의 요구가 있을 때 또는 위원장이 필요하다고 인정할 때에 소집한다.

③ 심의회의 회의는 재적위원 과반수의 출석으로 개의(開議)하고, 출석위원 과반수의 찬성으로 의결한다.

조문 46

제3조의2(위원의 해촉) 농림축산식품부장관은 법 제3조 제4항 제1호에 따른 위원이 다음 각 호의 어느 하나에 해당하는 경우에는 해당 위원을 해촉(解囑)할 수 있다.

1. 심신장애로 인하여 직무를 수행할 수 없게 된 경우
2. 직무와 관련된 비위사실이 있는 경우
3. 직무태만, 품위손상이나 그 밖의 사유로 인하여 위원으로 적합하지 아니하다고 인정되는 경우
4. 위원 스스로 직무를 수행하는 것이 곤란하다고 의사를 밝히는 경우

조문 47

제4조(분과위원회) ① 법 제3조 제6항 제5호에 따른 분과위원회는 농업인안전보험분과위원회로 한다.

② 법 제3조 제6항 각 호에 따른 분과위원회(이하 "분과위원회"라 한다)는 다음 각 호의 구분에 따른 사항을 검토·조정하여 심의회에 보고한다.

1. **농작물재해보험분과위원회** : 법 제3조 제1항에 따른 심의사항 중 농작물재해보험에 관한 사항
2. **임산물재해보험분과위원회** : 법 제3조 제1항에 따른 심의사항 중 임산물재해보험에 관한 사항
3. **가축재해보험분과위원회** : 법 제3조 제1항에 따른 심의사항 중 가축재해보험에 관한 사항
4. 삭제
5. **농업인안전보험분과위원회** : 「농어업인의 안전보험 및 안전재해예방에 관한 법률」 제5조에 따른 심의사항 중 농업인안전보험에 관한 사항
6. 삭제
7. 삭제

③ 분과위원회는 분과위원장 1명을 포함한 9명 이내의 분과위원으로 성별을 고려하여 구성한다.

④ 분과위원장 및 분과위원은 심의회의 위원 중에서 전문적인 지식과 경험 등을 고려하여 위원장이 지명한다.

⑤ 분과위원회의 회의는 위원장 또는 분과위원장이 필요하다고 인정할 때에 소집한다.

⑥ 제1항부터 제5항까지에서 규정한 사항 외에 분과위원장의 직무 및 분과위원회의 회의에 관해서는 제2조 제1항 및 제3조 제1항·제3항을 준용한다.

조문 **48**

제5조(수당 등) 심의회 또는 분과위원회에 출석한 위원 또는 분과위원에게는 예산의 범위에서 수당, 여비 또는 그 밖에 필요한 경비를 지급할 수 있다. 다만, 공무원인 위원 또는 분과위원이 그 소관 업무와 직접 관련하여 심의회 또는 분과위원회에 출석한 경우에는 그러하지 아니하다.

조문 **49**

제6조(운영세칙) 제2조, 제3조, 제3조의2, 제4조 및 제5조에서 규정한 사항 외에 심의회 또는 분과위원회의 운영에 필요한 사항은 심의회의 의결을 거쳐 위원장이 정한다.

조문 **50**

제8조(재해보험에서 보상하는 재해의 범위) 법 제6조 제1항에 따라 재해보험에서 보상하는 재해의 범위는 별표 1과 같다.

[별표 1] 재해보험에서 보상하는 재해의 범위(제8조 관련)

재해보험의 종류	보상하는 재해의 범위
1. 농작물·임산물 재해보험	**자연재해, 조수해(鳥獸害), 화재** 및 보험목적물별로 농림축산식품부장관이 정하여 고시하는 **병충해**
2. 가축 재해보험	**자연재해, 화재** 및 보험목적물별로 농림축산식품부장관이 정하여 고시하는 **질병**
3. 양식수산물 재해보험	**자연재해, 화재** 및 보험목적물별로 해양수산부장관이 정하여 고시하는 **수산질병**

비고 : 재해보험사업자는 보험의 효용성 및 보험 실시 가능성 등을 종합적으로 고려하여 위의 대상 재해의 범위에서
다양한 보험상품을 운용할 수 있다.

조문 **51**

제9조(보험가입자의 기준) 법 제7조에 따른 보험가입자의 기준은 다음 각 호의 구분에 따른다.

> 1. 농작물재해보험 : 법 제5조에 따라 농림축산식품부장관이 고시하는 농작물을 재배하는 자
> 1의2. 임산물재해보험 : 법 제5조에 따라 농림축산식품부장관이 고시하는 임산물을 재배하는 자
> 2. 가축재해보험 : 법 제5조에 따라 농림축산식품부장관이 고시하는 가축을 사육하는 자
> 3. 양식수산물재해보험 : 법 제5조에 따라 해양수산부장관이 고시하는 양식수산물을 양식하는 자

조문 **52**

제10조(재해보험사업의 약정체결) ① 법 제8조 제2항에 따라 재해보험 사업의 약정을 체결하려는 자는 농림축산식품부장관 또는 해양수산부장관이 정하는 바에 따라 재해보험사업 약정체결신청서에 같은 조 제3항 각 호에 따른 서류를 첨부하여 농림축산식품부장관 또는 해양수산부장관에게 제출하여야 한다.
② 농림축산식품부장관 또는 해양수산부장관은 법 제8조 제2항에 따라 재해보험사업을 하려는 자와 재해보험사업의 약정을 체결할 때에는 다음 각 호의 사항이 포함된 약정서를 작성하여야 한다.

> 1. 약정기간에 관한 사항
> 2. 재해보험사업의 약정을 체결한 자(이하 "재해보험사업자"라 한다)가 준수하여야 할 사항
> 3. 재해보험사업자에 대한 재정지원에 관한 사항
> 4. 약정의 변경·해지 등에 관한 사항
> 5. 그 밖에 재해보험사업의 운영에 관한 사항

③ 법 제8조 제3항 제2호에서 "대통령령으로 정하는 서류"란 정관을 말한다.

④ 제1항에 따른 제출을 받은 농림축산식품부장관 또는 해양수산부장관은 「전자정부법」 제36조 제1항에 따른 행정정보의 공동이용을 통하여 법인 등기사항증명서를 확인하여야 한다.

제11조(변경사항의 공고) 법 제9조 제2항에서 "대통령령으로 정하는 변경이 예정된 경우" 란 다음 각 호의 어느 하나에 해당하는 경우를 말한다.

> 1. 보험가입자의 권리가 축소되거나 의무가 확대되는 내용으로 보험약관안의 변경이 예정된 경우
> 2. 보험상품을 폐지하는 내용으로 보험약관안의 변경이 예정된 경우
> 3. 보험상품의 변경으로 기존 보험료율보다 높은 보험료율안으로의 변경이 예정된 경우

조문 (53)

제12조(손해평가인의 자격요건 등) ① 법 제11조에 따른 손해평가인으로 위촉될 수 있는 사람의 자격요건은 별표 2와 같다.

② 재해보험사업자는 제1항에 따른 손해평가인으로 위촉된 사람에 대하여 보험에 관한 기초지식, 보험약관 및 손해평가요령 등에 관한 실무교육을 하여야 한다.

③ 법 제11조 제5항에 따른 정기교육에는 다음 각 호의 사항이 포함되어야 하며, 교육시간은 4시간 이상으로 한다.

> 1. 농어업재해보험에 관한 기초지식
> 2. 농어업재해보험의 종류별 약관
> 3. 손해평가의 절차 및 방법
> 4. 그 밖에 손해평가에 필요한 사항으로서 농림축산식품부장관 또는 해양수산부장관이 정하는 사항

④ 제3항에서 규정한 사항 외에 정기교육의 운영에 필요한 사항은 농림축산식품부장관 또는 해양수산부장관이 정하여 고시한다.

[별표 2] 손해평가인의 자격요건(제12조 제1항 관련)

재해보험의 종류	손해평가인의 자격요건
농작물 재해보험	1. 재해보험 대상 농작물을 **5년 이상** 경작한 경력이 있는 **농업인** 2. **공무원**으로 농림축산식품부, 농촌진흥청, 통계청 또는 지방자치단체나 그 소속기관에서 농작물재배 분야에 관한 연구·지도, 농산물 품질관리 또는 농업 통계조사 업무를 **3년 이상** 담당한 경력이 있는 사람 3. **교원**으로 **고등학교**에서 농작물재배 분야 관련 과목을 **5년 이상** 교육한 경력이 있는 사람 4. **조교수 이상**으로「고등교육법」제2조에 따른 학교에서 농작물재배 관련학을 **3년 이상** 교육한 경력이 있는 사람 5.「보험업법」에 따른 보험회사의 임직원이나「농업협동조합법」에 따른 중앙회와 조합의 임직원으로 영농 지원 또는 보험·공제 **관련 업무를 3년 이상** 담당하였거나 **손해평가 업무를 2년 이상** 담당한 경력이 있는 사람 6.「고등교육법」제2조에 따른 학교에서 농작물재배 **관련학을 전공**하고 농업전문 **연구기관** 또는 연구소에서 **5년 이상** 근무한 **학사학위 이상** 소지자 7.「고등교육법」제2조에 따른 **전문대학에서 보험 관련 학과를 졸업**한 사람 8.「학점인정 등에 관한 법률」제8조에 따라 전문대학의 보험 관련 학과 졸업자와 같은 수준 이상의 학력이 있다고 인정받은 사람이나「고등교육법」제2조에 따른 학교에서 **80학점**(보험 관련 과목 학점이 **45학점 이상**이어야 한다) 이상을 이수한 사람 등 제7호에 해당하는 사람과 **같은 수준 이상의 학력이 있다고 인정**되는 사람 9.「농수산물 품질관리법」에 따른 **농산물품질관리사** 10. 재해보험 대상 농작물 분야에서「국가기술자격법」에 따른 **기사 이상**의 자격을 소지한 사람

임산물 재해보험	1. 재해보험 대상 임산물을 **5년 이상** 경작한 경력이 있는 **임업인**
	2. **공무원**으로 농림축산식품부, 농촌진흥청, 산림청, 통계청 또는 지방자치단체나 그 소속기관에서 임산물재배 분야에 관한 연구·지도 또는 임업 통계조사 업무를 **3년 이상** 담당한 경력이 있는 사람
	3. **교원**으로 **고등학교**에서 임산물재배 분야 관련 과목을 **5년 이상** 교육한 경력이 있는 사람
	4. **조교수 이상**으로 「고등교육법」 제2조에 따른 학교에서 임산물재배 관련학을 **3년 이상** 교육한 경력이 있는 사람
	5. 「보험업법」에 따른 보험회사의 임직원이나 「산림조합법」에 따른 중앙회와 조합의 임직원으로 산림경영 지원 또는 보험·공제 **관련 업무**를 **3년 이상** 담당하였거나 **손해평가 업무를 2년 이상** 담당한 경력이 있는 사람
	6. 「고등교육법」 제2조에 따른 학교에서 임산물재배 **관련학을 전공**하고 임업전문 **연구기관** 또는 연구소에서 **5년 이상** 근무한 **학사학위 이상** 소지자
	7. 「고등교육법」 제2조에 따른 **전문대학에서 보험 관련 학과를 졸업**한 사람
	8. 「학점인정 등에 관한 법률」 제8조에 따라 전문대학의 보험 관련 학과 졸업자와 같은 수준 이상의 학력이 있다고 인정받은 사람이나 「고등교육법」 제2조에 따른 학교에서 **80학점**(보험 관련 과목 학점이 **45학점 이상**이어야 한다) 이상을 이수한 사람 등 제7호에 해당하는 사람과 **같은 수준 이상의 학력이 있다고 인정**되는 사람
	9. 재해보험 대상 임산물 분야에서 「국가기술자격법」에 따른 **기사 이상**의 자격을 소지한 사람
가축 재해보험	1. 재해보험 대상 가축을 **5년 이상** 사육한 경력이 있는 **농업인**
	2. **공무원**으로 농림축산식품부, 농촌진흥청, 통계청 또는 지방자치단체나 그 소속기관에서 가축사육 분야에 관한 연구·지도 또는 가축 통계조사 업무를 **3년 이상** 담당한 경력이 있는 사람
	3. **교원**으로 **고등학교**에서 가축사육 분야 관련 과목을 **5년 이상** 교육한 경력이 있는 사람
	4. **조교수 이상**으로 「고등교육법」 제2조에 따른 학교에서 가축사육 관련학을 **3년 이상** 교육한 경력이 있는 사람
	5. 「보험업법」에 따른 보험회사의 임직원이나 「농업협동조합법」에 따른 중앙회와 조합의 임직원으로 영농 지원 또는 보험·공제 **관련 업무**를 **3년 이상** 담당하였거나 **손해평가 업무를 2년 이상** 담당한 경력이 있는 사람
	6. 「고등교육법」 제2조에 따른 학교에서 가축사육 **관련학을 전공**하고 축산전문 **연구기관** 또는 연구소에서 **5년 이상** 근무한 **학사학위 이상** 소지자
	7. 「고등교육법」 제2조에 따른 **전문대학에서 보험 관련 학과를 졸업**한 사람
	8. 「학점인정 등에 관한 법률」 제8조에 따라 전문대학의 보험 관련 학과 졸업자와 같은 수준 이상의 학력이 있다고 인정받은 사람이나 「고등교육법」 제2조에 따른 학교에서 **80학점**(보험 관련 과목 학점이 **45학점 이상**이어야 한다) 이상을 이수한 사람 등 제7호에 해당하는 사람과 **같은 수준 이상의 학력이 있다고 인정**되는 사람
	9. 「수의사법」에 따른 **수의사**
	10. 「국가기술자격법」에 따른 **축산기사 이상**의 자격을 소지한 사람

양식 수산물 재해보험	1. 재해보험 대상 양식수산물을 **5년 이상** 양식한 경력이 있는 **어업인** 2. **공무원**으로 해양수산부, 국립수산과학원, 국립수산물품질관리원 또는 지방자치단체에서 수산물양식 분야 또는 수산생명의학 분야에 관한 연구 또는 지도업무를 **3년 이상** 담당한 경력이 있는 사람 3. **교원**으로 **수산계 고등학교**에서 수산물양식 분야 또는 수산생명의학 분야의 관련과목을 5년 이상 교육한 경력이 있는 사람 4. **조교수 이상**으로 「고등교육법」 제2조에 따른 학교에서 수산물양식 관련학 또는 수산생명의학 관련학을 **3년 이상** 교육한 경력이 있는 사람 5. 「보험업법」에 따른 보험회사의 임직원이나 「수산업협동조합법」에 따른 수산업협동조합중앙회, 수협은행 및 조합의 임직원으로 수산업지원 또는 보험·공제 **관련 업무를 3년 이상** 담당하였거나 **손해평가 업무를 2년 이상** 담당한 경력이 있는 사람 6. 「고등교육법」 제2조에 따른 학교에서 수산물양식 관련학 또는 수산생명의학 **관련학을 전공**하고 수산전문 **연구기관** 또는 연구소에서 **5년 이상** 근무한 **학사학위** 소지자 7. 「고등교육법」 제2조에 따른 **전문대학에서 보험 관련 학과를 졸업**한 사람 8. 「학점인정 등에 관한 법률」 제8조에 따라 전문대학의 보험 관련 학과 졸업자와 같은 수준 이상의 학력이 있다고 인정받은 사람이나 「고등교육법」 제2조에 따른 학교에서 **80학점**(보험 관련 과목 학점이 **45학점 이상**이어야 한다) 이상을 이수한 사람 등 제7호에 해당하는 사람과 **같은 수준 이상의 학력이 있다고 인정**되는 사람 9. 「수산생물질병 관리법」에 따른 **수산질병관리사** 10. 재해보험 대상 양식수산물 분야에서 「국가기술자격법」에 따른 **기사 이상**의 자격을 소지한 사람 11. 「농수산물 품질관리법」에 따른 **수산물품질관리사**

조문 54

제12조의2(손해평가사 자격시험의 실시 등)　① 법 제11조의4 제1항에 따른 손해평가사 자격시험(이하 "손해평가사 자격시험"이라 한다)은 매년 1회 실시한다. 다만, 농림축산식품부장관이 손해평가사의 수급(需給)상 필요하다고 인정하는 경우에는 2년마다 실시할 수 있다.
② 농림축산식품부장관은 손해평가사 자격시험을 실시하려면 다음 각 호의 사항을 시험실시 90일 전까지 인터넷 홈페이지 등에 공고해야 한다.

1. 시험의 일시 및 장소
2. 시험방법 및 시험과목
3. 응시원서의 제출방법 및 응시수수료
4. 합격자 발표의 일시 및 방법
5. 선발예정인원(농림축산식품부장관이 수급상 필요하다고 인정하여 선발예정인원을 정한 경우만 해당한다)
6. 그 밖에 시험의 실시에 필요한 사항

③ 손해평가사 자격시험에 응시하려는 사람은 농림축산식품부장관이 정하여 고시하는 응시원서를 농림축산식품부장관에게 제출하여야 한다.

④ 손해평가사 자격시험에 응시하려는 사람은 농림축산식품부장관이 정하여 고시하는 응시수수료를 내야 한다.

⑤ 농림축산식품부장관은 다음 각 호의 어느 하나에 해당하는 경우에는 제4항에 따라 받은 수수료를 다음 각 호의 구분에 따라 반환하여야 한다.

1. 수수료를 과오납한 경우 : 과오납한 금액 전부
2. 시험일 20일 전까지 접수를 취소하는 경우 : 납부한 수수료 전부
3. 시험관리기관의 귀책사유로 시험에 응시하지 못하는 경우 : 납부한 수수료 전부
4. 시험일 10일 전까지 접수를 취소하는 경우 : 납부한 수수료의 100분의 60

조문 55

제12조의3(손해평가사 자격시험의 방법) ① 손해평가사 자격시험은 제1차 시험과 제2차 시험으로 구분하여 실시한다. 이 경우 제2차 시험은 제1차 시험에 합격한 사람과 제12조의5에 따라 제1차 시험을 면제받은 사람을 대상으로 시행한다.

② 제1차 시험은 선택형으로 출제하는 것을 원칙으로 하되, 단답형 또는 기입형을 병행할 수 있다.

③ 제2차 시험은 서술형으로 출제하는 것을 원칙으로 하되, 단답형 또는 기입형을 병행할 수 있다.

조문 56

제12조의4(손해평가사 자격시험의 과목) 손해평가사 자격시험의 제1차 시험 과목 및 제2차 시험 과목은 별표 2의2와 같다.

[별표 2의2] 손해평가사 자격시험의 과목(제12조의4 관련)

구분	과목
1. 제1차 시험	가. 「상법」 보험편 나. 농어업재해보험법령(「농어업재해보험법」, 「농어업재해보험법 시행령」 및 농림축산식품부장관이 고시하는 손해평가 요령을 말한다) 다. 농학개론 중 재배학 및 원예작물학
2. 제2차 시험	가. 농작물재해보험 및 가축재해보험의 이론과 실무 나. 농작물재해보험 및 가축재해보험 손해평가의 이론과 실무

조문 57

제12조의5(손해평가사 자격시험의 일부 면제) ① 법 제11조의4제2항에서 "대통령령으로 정하는 기준에 해당하는 사람"이란 다음 각 호의 어느 하나에 해당하는 사람을 말한다.

> 1. 법 제11조제1항에 따른 **손해평가인으로** 위촉된 기간이 **3년 이상**인 사람으로서 손해평가 업무를 수행한 경력이 있는 사람
> 2. 「보험업법」 제186조에 따른 **손해사정사**
> 3. 다음 각 목의 기관 또는 법인에서 **손해사정 관련 업무에 3년 이상** 종사한 경력이 있는 사람
>   가. 「금융위원회의 설치 등에 관한 법률」에 따라 설립된 **금융감독원**
>   나. 「농업협동조합법」에 따른 **농업협동조합중앙회**. 이 경우 법률 제10522호 농업협동조합법 일부개정법률 제134조의5의 개정규정에 따라 농협손해보험이 설립되기 전까지의 농업협동조합중앙회에 한정한다.
>   다. 「보험업법」 제4조에 따른 허가를 받은 **손해보험회사**
>   라. 「보험업법」 제175조에 따라 설립된 **손해보험협회**
>   마. 「보험업법」 제187조 제2항에 따른 **손해사정을 업(業)으로 하는 법인**
>   바. 「화재로 인한 재해보상과 보험가입에 관한 법률」 제11조에 따라 설립된 **한국화재보험협회**

② 제1항 각 호의 어느 하나에 해당하는 사람에 대해서는 손해평가사 자격시험 중 제1차 시험을 면제한다.

③ 제2항에 따라 제1차 시험을 면제받으려는 사람은 농림축산식품부장관이 정하여 고시하는 면제신청서에 제1항 각 호의 어느 하나에 해당하는 사실을 증명하는 서류를 첨부하여 농림축산식품부장관에게 신청해야 한다.

④ 제3항에 따른 면제 신청을 받은 농림축산식품부장관은 「전자정부법」 제36조 제1항에 따른 행정정보의 공동이용을 통하여 신청인의 고용보험 피보험자격 이력내역서, 국민연금 가입자가입증명 또는 건강보험 자격득실확인서를 확인해야 한다. 다만, 신청인이 확인에 동의하지 않는 경우에는 그 서류를 첨부하도록 해야 한다.

⑤ 제1차 시험에 합격한 사람에 대해서는 다음 회에 한정하여 제1차 시험을 면제한다.

조문 58

제12조의6(손해평가사 자격시험의 합격기준 등) ① 손해평가사 자격시험의 제1차 시험 합격자를 결정할 때에는 매 과목 100점을 만점으로 하여 매 과목 40점 이상과 전 과목 평균 60점 이상을 득점한 사람을 합격자로 한다.

② 손해평가사 자격시험의 제2차 시험 합격자를 결정할 때에는 매 과목 100점을 만점으로 하여 매 과목 40점 이상과 전 과목 평균 60점 이상을 득점한 사람을 합격자로 한다.

③ 제2항에도 불구하고 농림축산식품부장관이 손해평가사의 수급상 필요하다고 인정하여 제12조의2 제2항 제5호에 따라 선발예정인원을 공고한 경우에는 매 과목 40점 이상을 득

점한 사람 중에서 전(全) 과목 총득점이 높은 사람부터 차례로 선발예정인원에 달할 때까지에 해당하는 사람을 합격자로 한다.

④ 제3항에 따라 합격자를 결정할 때 동점자가 있어 선발예정인원을 초과하는 경우에는 해당 동점자 모두를 합격자로 한다. 이 경우 동점자의 점수는 소수점 이하 둘째 자리(셋째 자리 이하 버림)까지 계산한다.

⑤ 농림축산식품부장관은 손해평가사 자격시험의 최종 합격자가 결정되었을 때에는 이를 인터넷 홈페이지에 공고하여야 한다.

조문 **59**

제12조의7(손해평가사 자격증의 발급) 농림축산식품부장관은 손해평가사 자격시험에 합격한 사람에게 농림축산식품부장관이 정하여 고시하는 바에 따라 손해평가사 자격증을 발급하여야 한다.

조문 **60**

제12조의8(손해평가 등의 교육) 농림축산식품부장관은 손해평가사의 손해평가 능력 및 자질 향상을 위하여 교육을 실시할 수 있다.

조문 **61**

제12조의9(손해평가사 자격취소 처분의 세부기준) 법 제11조의5 제1항에 따른 손해평가사 자격취소 처분의 세부기준은 별표 2의3과 같다.

[별표 2의3] 손해평가사 자격취소 처분의 세부기준(제12조의9 관련)

1. 일반기준

> 가. 위반행위의 횟수에 따른 행정처분의 가중된 처분기준은 **최근 3년간** 같은 위반행위로 행정처분을 받은 경우에 적용한다. 이 경우 기간의 계산은 위반행위에 대해 행정처분을 받은 날과 그 처분 후에 다시 같은 위반행위를 하여 적발된 날을 기준으로 한다.
> 나. 가목에 따라 가중된 행정처분을 하는 경우 가중처분의 적용 차수는 그 위반행위 전 행정처분 차수(가목에 따른 기간 내에 행정처분이 둘 이상 있었던 경우에는 높은 차수를 말한다)의 다음 차수로 한다.
> 다. 위반행위가 둘 이상인 경우로서 그에 해당하는 각각의 처분기준이 다른 경우에는 그 중 **무거운 처분기준**에 따른다.

2. 개별기준

위반행위	근거 법조문	처분기준 1회 위반	처분기준 2회 이상 위반
가. 손해평가사의 자격을 거짓 또는 부정한 방법으로 취득한 경우	법 제11조의5 제1항 제1호	자격취소	
나. 거짓으로 손해평가를 한 경우	법 제11조의5 제1항 제2호	**시정명령**	**자격취소**
다. 법 제11조의4 제6항을 위반하여 다른 사람에게 손해평가사의 명의를 사용하게 하거나 그 자격증을 대여한 경우	법 제11조의5 제1항 제3호	자격취소	
라. 법 제11조의4 제7항을 위반하여 손해평가사 명의의 사용이나 자격증의 대여를 알선한 경우	법 제11조의5 제1항 제4호	자격취소	
마. 업무정지 기간 중에 손해평가 업무를 수행한 경우	법 제11조의5 제1항 제5호	자격취소	

조문 62

제12조의10(손해평가사 업무정지 처분의 세부기준) 법 제11조의6 제1항에 따른 손해평가사 업무정지 처분의 세부기준은 별표 2의4와 같다.

[별표 2의4] 손해평가사 업무정지 처분의 세부기준(제12조의10 관련)

1. 일반기준

> 가. 위반행위의 횟수에 따른 행정처분의 가중된 처분기준은 **최근 3년간** 같은 위반행위로 행정처분을 받은 경우에 적용한다. 이 경우 기간의 계산은 위반행위에 대해 행정처분을 받은 날과 그 처분 후에 다시 같은 위반행위를 하여 적발된 날을 기준으로 한다.
> 나. 가목에 따라 가중된 행정처분을 하는 경우 가중처분의 적용 차수는 그 위반행위 전 행정처분 차수(가목에 따른 기간 내에 행정처분이 둘 이상 있었던 경우에는 높은 차수를 말한다)의 다음 차수로 한다.
> 다. 위반행위가 둘 이상인 경우로서 그에 해당하는 각각의 처분기준이 다른 경우에는 그 중 **가장 무거운 처분기준**에 따르고, **가장 무거운 처분기준의 2분의 1까지 그 기간을 늘릴 수 있다.** 다만, 기간을 늘리는 경우에도 법 제11조의6 제1항에 따른 업무정지 기간의 **상한을 넘을 수 없다.**
> 라. 농림축산식품부장관은 다음의 어느 하나에 해당하는 경우에는 제2호에 따른 처분기준의 **2분의 1의 범위에서 그 기간을 줄일 수 있다.**
>   1) 위반행위가 **사소한 부주의나 오류**로 인한 것으로 인정되는 경우
>   2) 위반의 내용·정도가 **경미하다고** 인정되는 경우
>   3) 위반행위자가 법 위반상태를 **바로 정정하거나 시정하여 해소한** 경우
>   4) **그 밖에** 위반행위의 내용, 정도, 동기 및 결과 등을 고려하여 업무정지 처분의 기간을 줄일 필요가 있다고 인정되는 경우

2. 개별기준

위반행위	근거 법조문	처분기준		
		1회 위반	2회 위반	3회 이상 위반
가. 업무 수행과 관련하여 「개인정보 보호법」, 「신용정보의 이용 및 보호에 관한 법률」 등 **정보 보호와 관련된 법령을 위반**한 경우	법 제11조의6 제1항	업무정지 6개월	업무정지 1년	업무정지 1년
나. 업무 수행과 관련하여 보험계약자 또는 보험사업자로부터 **금품 또는 향응을 제공받은 경우**	법 제11조의6 제1항	업무정지 6개월	업무정지 1년	업무정지 1년
다. 자기 또는 자기와 생계를 같이 하는 4촌 이내의 친족(이하 "이해관계자"라 한다)이 **가입한 보험계약에 관한 손해평가를 한 경우**	법 제11조의6 제1항	업무정지 3개월	업무정지 6개월	업무정지 6개월
라. 자기 또는 이해관계자가 **모집한 보험계약에 대해 손해평가를 한 경우**	법 제11조의6 제1항	업무정지 3개월	업무정지 6개월	업무정지 6개월
마. 법 제11조 제2항 전단에 따른 **손해평가 요령을 준수하지 않고 손해평가를 한 경우**	법 제11조의6 제1항	경고	업무정지 1개월	업무정지 3개월
바. **그 밖에** 손해평가사가 그 직무를 게을리하거나 직무를 수행하면서 부적절한 행위를 했다고 인정되는 경우	법 제11조의6 제1항	경고	업무정지 1개월	업무정지 3개월

조문 63

제12조의11(보험금수급전용계좌의 신청 방법·절차 등) ① 법 제11조의7 제1항 본문에 따라 보험금을 수급권자 명의의 지정된 계좌(이하 "보험금수급전용계좌"라 한다)로 받으려는 사람은 재해보험사업자가 정하는 보험금 지급청구서에 수급권자 명의의 보험금수급전용계좌를 기재하고, 통장의 사본(계좌번호가 기재된 면을 말한다)을 첨부하여 재해보험사업자에게 제출해야 한다. 보험금수급전용계좌를 변경하는 경우에도 또한 같다.

② 법 제11조의7 제1항 단서에서 "대통령령으로 정하는 불가피한 사유"란 보험금수급전용계좌가 개설된 금융기관의 폐업·업무정지 등으로 정상영업이 불가능한 경우를 말한다.

③ 재해보험사업자는 법 제11조의7 제1항 단서에 따른 사유로 보험금을 이체할 수 없을 때에는 수급권자의 신청에 따라 다른 금융기관에 개설된 보험금수급전용계좌로 이체해야 한다. 다만, 다른 보험금수급전용계좌로도 이체할 수 없는 경우에는 수급권자 본인의 주민등록증 등 신분증명서의 확인을 거쳐 보험금을 직접 현금으로 지급할 수 있다.

조문 64

제12조의12(보험금의 압류 금지) 법 제12조 제2항에서 "대통령령으로 정하는 액수"란 다음 각 호의 구분에 따른 보험금 액수를 말한다.

> 1. 농작물·임산물·가축 및 양식수산물의 재생산에 직접적으로 소요되는 비용의 보장을 목적으로 법 제11조의7 제1항 본문에 따라 보험금수급전용계좌로 입금된 보험금 : 입금된 보험금 전액
> 2. 제1호 외의 목적으로 법 제11조의7 제1항 본문에 따라 보험금수급전용계좌로 입금된 보험금 : 입금된 보험금의 2분의 1에 해당하는 액수

조문 65

제13조(업무 위탁) 법 제14조에서 "대통령령으로 정하는 자"란 다음 각 호의 자를 말한다.

> 1. 「농업협동조합법」에 따라 설립된 지역농업협동조합·지역축산업협동조합 및 품목별·업종별협동조합
> 1의2. 「산림조합법」에 따라 설립된 지역산림조합 및 품목별·업종별산림조합
> 2. 「수산업협동조합법」에 따라 설립된 지구별 수산업협동조합, 업종별 수산업협동조합, 수산물가공 수산업협동조합 및 수협은행
> 3. 「보험업법」 제187조에 따라 손해사정을 업으로 하는 자
> 4. 농어업재해보험 관련 업무를 수행할 목적으로 「민법」 제32조에 따라 농림축산식품부장관 또는 해양수산부장관의 허가를 받아 설립된 비영리법인

조문 66

제15조(보험료 및 운영비의 지원) ① 법 제19조 제1항 전단 및 제2항에 따라 보험료 또는 운영비의 지원금액을 지급받으려는 재해보험사업자는 농림축산식품부장관 또는 해양수산부장관이 정하는 바에 따라 재해보험 가입현황서나 운영비 사용계획서를 농림축산식품부장관 또는 해양수산부장관에게 제출하여야 한다.

② 제1항에 따른 재해보험 가입현황서나 운영비 사용계획서를 제출받은 농림축산식품부장관 또는 해양수산부장관은 제9조에 따른 보험가입자의 기준 및 제10조 제2항 제3호에 따른 재해보험사업자에 대한 재정지원에 관한 사항 등을 확인하여 보험료 또는 운영비의 지원금액을 결정·지급한다.

③ 법 제19조 제1항 후단 및 같은 조 제2항에 따라 지방자치단체의 장은 보험료의 일부를 추가 지원하려는 경우 재해보험 가입현황서와 제9조에 따른 보험가입자의 기준 등을 확인하여 보험료의 지원금액을 결정·지급한다.

조문 67

제16조(재보험 약정서) 법 제20조 제2항 제3호에서 "대통령령으로 정하는 사항"이란 다음 각 호의 사항을 말한다.

1. 재보험수수료에 관한 사항
2. 재보험 약정기간에 관한 사항
3. 재보험 책임범위에 관한 사항
4. 재보험 약정의 변경·해지 등에 관한 사항
5. 재보험금 지급 및 분쟁에 관한 사항
6. 그 밖에 재보험의 운영·관리에 관한 사항

조문 68

제17조(기금계정의 설치) 농림축산식품부장관은 해양수산부장관과 협의하여 법 제21조에 따른 농어업재해재보험기금(이하 "기금"이라 한다)의 수입과 지출을 명확히 하기 위하여 한국은행에 기금계정을 설치하여야 한다.

조문 69

제18조(기금의 관리·운용에 관한 사무의 위탁) ① 농림축산식품부장관은 해양수산부장관과 협의하여 법 제24조 제2항에 따라 기금의 관리·운용에 관한 다음 각 호의 사무를 「농업·농촌 및 식품산업 기본법」 제63조의2에 따라 설립된 농업정책보험금융원에 위탁한다.

1. 기금의 관리·운용에 관한 회계업무
2. 법 제20조 제2항 제1호에 따른 재보험료를 납입받는 업무
3. 법 제20조 제2항 제2호에 따른 재보험금을 지급하는 업무
4. 제20조에 따른 여유자금의 운용업무
5. 그 밖에 기금의 관리·운용에 관하여 농림축산식품부장관이 해양수산부장관과 협의를 거쳐 지정하여 고시하는 업무

② 제1항에 따라 기금의 관리·운용을 위탁받은 농업정책보험금융원(이하 "기금수탁관리자"라 한다)은 기금의 관리 및 운용을 명확히 하기 위하여 기금을 다른 회계와 구분하여 회계처리하여야 한다.
③ 제1항 각 호의 사무처리에 드는 경비는 기금의 부담으로 한다.

조문 70

제19조(기금의 결산) ① 기금수탁관리자는 회계연도마다 기금결산보고서를 작성하여 다

음 회계연도 2월 15일까지 농림축산식품부장관 및 해양수산부장관에게 제출하여야 한다.

② 농림축산식품부장관은 해양수산부장관과 협의하여 기금수탁관리자로부터 제출받은 기금결산보고서를 검토한 후 심의회의 심의를 거쳐 다음 회계연도 2월 말일까지 기획재정부장관에게 제출하여야 한다.

③ 제1항의 기금결산보고서에는 다음 각 호의 서류를 첨부하여야 한다.

1. 결산 개요
2. 수입지출결산
3. 재무제표
4. 성과보고서
5. 그 밖에 결산의 내용을 명확하게 하기 위하여 필요한 서류

조문 71

제20조(여유자금의 운용) 농림축산식품부장관은 해양수산부장관과 협의하여 기금의 여유자금을 다음 각 호의 방법으로 운용할 수 있다.

1. 「은행법」에 따른 은행에의 예치
2. 국채, 공채 또는 그 밖에 「자본시장과 금융투자업에 관한 법률」 제4조에 따른 증권의 매입

조문 72

제21조(통계의 수집·관리 등에 관한 업무의 위탁) ① 농림축산식품부장관 또는 해양수산부장관은 법 제26조 제4항에 따라 같은 조 제1항 및 제3항에 따른 통계의 수집·관리, 조사·연구 등에 관한 업무를 다음 각 호의 어느 하나에 해당하는 자에게 위탁할 수 있다.

1. 「농업협동조합법」에 따른 농업협동조합중앙회
1의2. 「산림조합법」에 따른 산림조합중앙회
2. 「수산업협동조합법」에 따른 수산업협동조합중앙회 및 수협은행
3. 「정부출연연구기관 등의 설립·운영 및 육성에 관한 법률」 제8조에 따라 설립된 연구기관
4. 「보험업법」에 따른 보험회사, 보험요율산출기관 또는 보험계리를 업으로 하는 자
5. 「민법」 제32조에 따라 농림축산식품부장관 또는 해양수산부장관의 허가를 받아 설립된 비영리법인
6. 「공익법인의 설립·운영에 관한 법률」 제4조에 따라 농림축산식품부장관 또는 해양수산부장관의 허가를 받아 설립된 공익법인
7. 농업정책보험금융원

② 농림축산식품부장관 또는 해양수산부장관은 제1항에 따라 업무를 위탁한 때에는 위탁받은 자 및 위탁업무의 내용 등을 고시하여야 한다.

조문 73

제22조(시범사업 실시) ① 재해보험사업자는 법 제27조 제1항에 따른 시범사업을 하려면 다음 각 호의 사항이 포함된 사업계획서를 농림축산식품부장관 또는 해양수산부장관에게 제출하고 협의하여야 한다.

> 1. 대상목적물, 사업지역 및 사업기간에 관한 사항
> 2. 보험상품에 관한 사항
> 3. 정부의 재정지원에 관한 사항
> 4. 그 밖에 농림축산식품부장관 또는 해양수산부장관이 필요하다고 인정하는 사항

② 재해보험사업자는 시범사업이 끝나면 지체없이 다음 각 호의 사항이 포함된 사업결과보고서를 작성하여 농림축산식품부장관 또는 해양수산부장관에게 제출하여야 한다.

> 1. 보험계약사항, 보험금 지급 등 전반적인 사업운영 실적에 관한 사항
> 2. 사업 운영과정에서 나타난 문제점 및 제도개선에 관한 사항
> 3. 사업의 중단·연장 및 확대 등에 관한 사항

③ 농림축산식품부장관 또는 해양수산부장관은 제2항에 따른 사업결과보고서를 받으면 그 사업결과를 바탕으로 신규 보험상품의 도입 가능성 등을 검토·평가하여야 한다.

조문 74

제22조의2(보험가입촉진계획의 제출 등) ① 법 제28조의2 제1항에 따른 보험가입촉진계획에는 다음 각 호의 사항이 포함되어야 한다.

> 1. 전년도의 성과분석 및 해당 연도의 사업계획
> 2. 해당 연도의 보험상품 운영계획
> 3. 농어업재해보험 교육 및 홍보계획
> 4. 보험상품의 개선·개발계획
> 5. 그 밖에 농어업재해보험 가입 촉진을 위하여 필요한 사항

② 재해보험사업자는 법 제28조의2 제1항에 따라 수립한 보험가입촉진계획을 해당 연도 1월 31일까지 농림축산식품부장관 또는 해양수산부장관에게 제출하여야 한다.

조문 75

제22조의3(고유식별정보의 처리) ① 재해보험사업자는 법 제7조에 따른 재해보험가입자 자격 확인에 관한 사무를 수행하기 위하여 불가피한 경우 「개인정보 보호법 시행령」 제19조 제1호에 따른 주민등록번호가 포함된 자료를 처리할 수 있다.

② 재해보험사업자(법 제8조 제1항 제3호에 따른 보험회사는 제외한다)는 「상법」제639조에 따른 타인을 위한 보험계약의 체결, 유지·관리, 보험금의 지급 등에 관한 사무를 수행하기 위하여 불가피한 경우 「개인정보 보호법 시행령」제19조 제1호에 따른 주민등록번호가 포함된 자료를 처리할 수 있다.

③ 농림축산식품부장관(법 제25조의2 제2항 및 제3항에 따라 농림축산식품부장관의 업무를 위탁받은 자를 포함한다)은 다음 각 호의 사무를 수행하기 위하여 불가피한 경우 「개인정보 보호법 시행령」제19조 제1호에 따른 주민등록번호가 포함된 자료를 처리할 수 있다.

> 1. 법 제11조의4에 따른 손해평가사 자격시험에 관한 사무
> 2. 법 제11조의5에 따른 손해평가사의 자격취소에 관한 사무
> 3. 법 제11조의6에 따른 손해평가사의 감독에 관한 사무
> 4. 법 제25조의2 제1항 제1호에 따른 재해보험사업의 관리·감독에 관한 사무

조문 76

제22조의4(규제의 재검토) ① 농림축산식품부장관 또는 해양수산부장관은 제12조 및 별표 2에 따른 손해평가인의 자격요건에 대하여 2018년 1월 1일을 기준으로 3년마다(매 3년이 되는 해의 1월 1일 전까지를 말한다) 그 타당성을 검토하여 개선 등의 조치를 하여야 한다.

조문 77

제23조(과태료의 부과기준) 법 제32조 제1항부터 제3항까지의 규정에 따른 과태료의 부과기준은 별표 3과 같다.

[별표 3] 과태료의 부과기준(제23조 관련)

1. 일반기준

> 농림축산식품부장관, 해양수산부장관 또는 금융위원회는 위반행위의 정도, 위반횟수, 위반행위의 동기와 그 결과 등을 고려하여 개별기준에 따른 해당 과태료 금액을 **2분의 1**의 범위에서 줄이거나 늘릴 수 있다. 다만, 늘리는 경우에도 법 제32조 제1항부터 제3항까지의 규정에 따른 과태료 금액의 **상한을 초과할 수 없다.**

2. 개별기준

위반행위	해당 법 조문	과태료
가. 재해보험사업자가 법 제10조 제2항에서 준용하는 「보험업법」 제95조를 **위반하여 보험안내를 한 경우**	법 제32조 제1항	1,000만 원
나. 법 제10조 제2항에서 준용하는 「보험업법」 제95조를 **위반하여 보험안내를 한 자로서 재해보험사업자가 아닌 경우**	법 제32조 제3항 제1호	500만 원
다. 법 제10조 제2항에서 준용하는 「보험업법」 제97조 제1항 또는 「금융소비자 보호에 관한 법률」 제21조를 **위반하여 보험계약의 체결 또는 모집에 관한 금지행위를 한 경우**	법 제32조 제3항 제2호	**300만 원**
라. **재해보험사업자의 발기인, 설립위원, 임원, 집행간부, 일반 간부직원, 파산관재인 및 청산인이 법 제18조 제1항에서 적용하는 「보험업법」 제120조에 따른 책임준비금 또는 비상위험준비금을 계상하지 아니하거나 이를 따로 작성한 장부에 각각 기재하지 아니한 경우**	법 제32조 제2항 제1호	500만 원
마. **재해보험사업자의 발기인, 설립위원, 임원, 집행간부, 일반 간부직원, 파산관재인 및 청산인이 법 제18조 제1항에서 적용하는 「보험업법」 제131조 제1항·제2항 및 제4항에 따른 명령을 위반한 경우**	법 제32조 제2항 제2호	**300만 원**
바. **재해보험사업자의 발기인, 설립위원, 임원, 집행간부, 일반 간부직원, 파산관재인 및 청산인이 법 제18조 제1항에서 적용하는 「보험업법」 제133조에 따른 검사를 거부·방해 또는 기피한 경우**	법 제32조 제2항 제3호	200만 원
사. 법 제29조에 따른 **보고 또는 관계 서류 제출을 하지 아니하거나 보고 또는 관계 서류 제출을 거짓으로 한 경우**	법 제32조 제3항 제3호	**300만 원**

03 📍 농업재해보험 손해평가요령

조문 78

제1조(목적) 이 요령은 「농어업재해보험법」 제11조 제2항에 따른 손해평가에 필요한 세부사항을 규정함을 목적으로 한다.

조문 79

제2조(용어의 정의) 이 요령에서 사용하는 용어의 정의는 다음 각호와 같다.

1. "손해평가"라 함은 「농어업재해보험법」(이하 "법"이라 한다) 제2조 제1호에 따른 피해가 발생한 경우 법 제11조 및 제11조의3에 따라 손해평가인, 손해평가사 또는 손해사정사가 그 피해사실을 확인하고 평가하는 일련의 과정을 말한다.
2. "손해평가인"이라 함은 법 제11조제1항과 「농어업재해보험법 시행령」(이하 "시행령"이라 한다) 제12조 제1항에서 정한 자 중에서 재해보험사업자가 위촉하여 손해평가업무를 담당하는 자를 말한다.
3. "손해평가사"라 함은 법 제11조의4 제1항에 따른 자격시험에 합격한 자를 말한다.
4. "손해평가보조인"이라 함은 제1호에서 정한 손해평가 업무를 보조하는 자를 말한다.
5. "농업재해보험"이란 법 제4조에 따른 농작물재해보험, 임산물재해보험 및 가축재해보험을 말한다.

조문 80

제3조(손해평가의 업무) ① 손해평가 시 손해평가인, 손해평가사, 손해사정사는 다음 각호의 업무를 수행한다.

1. 피해사실 확인
2. 보험가액 및 손해액 평가
3. 그 밖에 손해평가에 관하여 필요한 사항

② 손해평가인, 손해평가사, 손해사정사는 제1항의 임무를 수행하기 전에 보험가입자("피보험자"를 포함한다. 이하 동일)에게 손해평가인증, 손해평가사자격증, 손해사정사등록증 등 신분을 확인할 수 있는 서류를 제시하여야 한다.

조문 81

제4조(손해평가인 위촉) ① 재해보험사업자는 법 제11조 제1항과 시행령 제12조 제1항에 따라 손해평가인을 위촉한 경우에는 그 자격을 표시할 수 있는 손해평가인증을 발급하여야 한다.

② 재해보험사업자는 피해 발생 시 원활한 손해평가가 이루어지도록 농업재해보험이 실시되는 시·군·자치구별 보험가입자의 수 등을 고려하여 적정 규모의 손해평가인을 위촉할 수 있다.

③ 재해보험사업자 및 법 제14조에 따라 손해평가 업무를 위탁받은 자는 손해평가 업무를 원활히 수행하기 위하여 손해평가보조인을 운용할 수 있다.

조문 82

제5조(손해평가인 실무교육) ① 재해보험사업자는 제4조에 따라 위촉된 손해평가인을 대상으로 농업재해보험에 관한 기초지식, 보험상품 및 약관, 손해평가의 방법 및 절차 등 손해평가에 필요한 실무교육을 실시하여야 한다.

③ 제1항에 따른 손해평가인에 대하여 재해보험사업자는 소정의 교육비를 지급할 수 있다.

조문 83

제5조의2(손해평가인 정기교육) ① 법 제11조 제5항에 따른 손해평가인 정기교육의 세부 내용은 다음 각 호와 같다.

1. **농업재해보험에 관한 기초지식** : 농어업재해보험법 제정 배경·구성 및 조문별 주요내용, 농업재해보험 사업현황
2. **농업재해보험의 종류별 약관** : 농업재해보험 상품 주요내용 및 약관 일반 사항
3. **손해평가의 절차 및 방법** : 농업재해보험 손해평가 개요, 보험목적물별 손해평가 기준 및 피해유형별 보상사례
4. **피해유형별 현지조사표 작성 실습**

② 재해보험사업자는 정기교육 대상자에게 소정의 교육비를 지급할 수 있다.

조문 84

제6조(손해평가인 위촉의 취소 및 해지 등) ① 재해보험사업자는 손해평가인이 다음 각 호의 어느 하나에 해당하게 되거나 위촉당시에 해당하는 자이었음이 판명된 때에는 그 위촉을 취소하여야 한다.

> 1. 피성년후견인
> 2. 파산선고를 받은 자로서 복권되지 아니한 자
> 3. 법 제30조에 의하여 벌금 이상의 형을 선고받고 그 집행이 종료(집행이 종료된 것으로 보는 경우를 포함한다)되거나 집행이 면제된 날로부터 2년이 경과되지 아니한 자
> 4. 동 조에 따라 위촉이 취소된 후 2년이 경과하지 아니한 자
> 5. 거짓 그 밖의 부정한 방법으로 제4조에 따라 손해평가인으로 위촉된 자
> 6. 업무정지 기간 중에 손해평가업무를 수행한 자

② 재해보험사업자는 손해평가인이 다음 각 호의 어느 하나에 해당하는 때에는 6개월 이내의 기간을 정하여 그 업무의 정지를 명하거나 위촉 해지 등을 할 수 있다.

> 1. 법 제11조 제2항 및 이 요령의 규정을 위반 한 때
> 2. 법 및 이 요령에 의한 명령이나 처분을 위반한 때
> 3. 업무수행과 관련하여 「개인정보보호법」, 「신용정보의 이용 및 보호에 관한 법률」 등 정보보호와 관련된 법령을 위반한 때

③ 재해보험사업자는 제1항 및 제2항에 따라 위촉을 취소하거나 업무의 정지를 명하고자 하는 때에는 손해평가인에게 청문을 실시하여야 한다. 다만, 손해평가인이 청문에 응하지 아니할 경우에는 서면으로 위촉을 취소하거나 업무의 정지를 통보할 수 있다.

④ 재해보험사업자는 손해평가인을 해촉하거나 손해평가인에게 업무의 정지를 명한 때에는 지체없이 이유를 기재한 문서로 그 뜻을 손해평가인에게 통지하여야 한다.

⑤ 제2항에 따른 업무정지와 위촉 해지 등의 세부기준은 [별표 3]과 같다.

⑥ 재해보험사업자는 「보험업법」 제186조에 따른 손해사정사가 「농어업재해보험법」등 관련 규정을 위반한 경우 적정한 제재가 가능하도록 각 제재의 구체적 적용기준을 마련하여 시행하여야 한다.

[별표 3] 업무정지·위촉해지 등 제재조치의 세부기준

1. 일반기준

> 가. 위반행위가 둘 이상인 경우로서 각각의 처분기준이 다른 경우에는 그 중 무거운 처분기준을 적용한다. 다만, 각각의 처분기준이 업무정지인 경우에는 무거운 처분기준의 2분의 1까지 가중할 수 있으며, 이 경우 업무정지 기간은 6개월을 초과할 수 없다.
> 나. 위반행위의 횟수에 따른 제재조치의 기준은 최근 1년간 같은 위반행위로 제재조치를 받는 경우에 적용한다. 이 경우 제재조치 기준의 적용은 같은 위반행위에 대하여 최초로 제재조치를 한 날과 다시 같은 위반행위로 적발한 날을 기준으로 한다.
> 다. 위반행위의 내용으로 보아 고의성이 없거나 특별한 사유가 인정되는 경우에는 그 처분을 업무정지의 경우에는 2분의 1의 범위에서 경감할 수 있고, 위촉해지인 경우에는 업무정지 6개월로, 경고인 경우에는 주의 처분으로 경감할 수 있다.

2. 개별기준

위반행위	근거조문	처분기준		
		1차	2차	3차
1. 법 제11조 제2항 및 이 요령의 규정을 위반한 때	제6조 제2항 제1호			
1) 고의 또는 중대한 과실로 손해평가의 신뢰성을 크게 약화 시킨 경우		위촉해지		
2) 고의로 진실을 숨기거나 거짓으로 손해평가를 한 경우		위촉해지		
3) 정당한 사유없이 손해평가반구성을 거부하는 경우		위촉해지		
4) 현장조사 없이 보험금 산정을 위해 손해평가행위를 한 경우		위촉해지		
5) 현지조사서를 허위로 작성한 경우		위촉해지		
6) 검증조사 결과 부당·부실 손해평가로 확인된 경우		경고	업무정지 3개월	위촉해지
7) 기타 업무수행상 과실로 손해평가의 신뢰성을 약화시킨 경우		주의	경고	업무정지 3개월
2. 법 및 이 요령에 의한 명령이나 처분을 위반한 때	제6조 제2항 제2호	업무정지 6개월	위촉해지	
3. 업무수행과 관련하여 「개인정보보호법」, 「신용 정보의 이용 및 보호에 관한 법률」 등 정보보호 와 관련된 법령을 위반한 때	제6조 제2항 제3호	위촉해지		

조문 (85)

제8조(손해평가반 구성 등) ① 재해보험사업자는 제2조 제1호의 손해평가를 하는 경우에 는 손해평가반을 구성하고 손해평가반별로 평가일정계획을 수립하여야 한다.
② 제1항에 따른 손해평가반은 다음 각 호의 어느 하나에 해당하는 자로 구성하며, 5인 이 내로 한다.

1. 제2조 제2호에 따른 **손해평가인**
2. 제2조 제3호에 따른 **손해평가사**
3. 「보험업법」 제186조에 따른 **손해사정사**

③ 제2항의 규정에도 불구하고 다음 각 호의 어느 하나에 해당하는 손해평가에 대하여는 해당자를 손해평가반 구성에서 배제하여야 한다.

> 1. 자기 또는 자기와 생계를 같이 하는 친족(이하 "이해관계자"라 한다)이 가입한 보험계약에 관한 손해평가
> 2. 자기 또는 이해관계자가 모집한 보험계약에 관한 손해평가
> 3. 직전 손해평가일로부터 30일 이내의 보험가입자간 상호 손해평가
> 4. 자기가 실시한 손해평가에 대한 검증조사 및 재조사

조문 86

제8조의2(교차손해평가) ① 재해보험사업자는 공정하고 객관적인 손해평가를 위하여 교차손해평가가 필요한 경우 재해보험 가입규모, 가입분포 등을 고려하여 교차손해평가 대상 시·군·구(자치구를 말한다. 이하 같다)를 선정하여야 한다.

② 재해보험사업자는 제1항에 따라 선정한 시·군·구 내에서 손해평가 경력, 타지역 조사 가능여부 등을 고려하여 교차손해평가를 담당할 지역손해평가인을 선발하여야 한다.

③ 교차손해평가를 위해 손해평가반을 구성할 경우에는 제2항에 따라 선발된 지역손해평가인 1인 이상이 포함되어야 한다. 다만, 거대재해 발생, 평가인력 부족 등으로 신속한 손해평가가 불가피하다고 판단되는 경우 그러하지 아니할 수 있다.

조문 87

제9조(피해사실 확인) ① 보험가입자가 보험책임기간 중에 피해발생 통지를 한 때에는 재해보험사업자는 손해평가반으로 하여금 지체없이 보험목적물의 피해사실을 확인하고 손해평가를 실시하게 하여야 한다.

② 손해평가반이 손해평가를 실시할 때에는 재해보험사업자가 해당 보험가입자의 보험계약사항 중 손해평가와 관련된 사항을 손해평가반에게 통보하여야 한다.

조문 88

제10조(손해평가준비 및 평가결과 제출) ① 재해보험사업자는 손해평가반이 실시한 손해평가결과와 손해평가업무를 수행한 손해평가반 구성원을 기록할 수 있도록 현지조사서를 마련하여야 한다.

② 재해보험사업자는 손해평가를 실시하기 전에 제1항에 따른 현지조사서를 손해평가반에 배부하고 손해평가시의 주의사항을 숙지시킨 후 손해평가에 임하도록 하여야 한다.

③ 손해평가반은 현지조사서에 손해평가 결과를 정확하게 작성하여 보험가입자에게 이를 설명한 후 서명을 받아 재해보험사업자에게 최종 조사일로부터 7영업일 이내에 제출하여야

한다.(다만, 하우스 등 원예시설과 축사 건물은 7영업일을 초과하여 제출할 수 있다.) 또한, 보험가입자가 정당한 사유 없이 서명을 거부하는 경우 손해평가반은 보험가입자에게 손해평가 결과를 통지한 후 서명없이 현지조사서를 재해보험사업자에게 제출하여야 한다.

④ 손해평가반은 보험가입자가 정당한 사유없이 손해평가를 거부하여 손해평가를 실시하지 못한 경우에는 그 피해를 인정할 수 없는 것으로 평가한다는 사실을 보험가입자에게 통지한 후 현지조사서를 재해보험사업자에게 제출하여야 한다.

⑤ 재해보험사업자는 보험가입자가 손해평가반의 손해평가결과에 대하여 설명 또는 통지를 받은 날로부터 7일 이내에 손해평가가 잘못되었음을 증빙하는 서류 또는 사진 등을 제출하는 경우 재해보험사업자는 다른 손해평가반으로 하여금 재조사를 실시하게 할 수 있다.

조문 89

제11조(손해평가결과 검증) ① 재해보험사업자 및 법 제25조의2에 따라 농어업재해보험사업의 관리를 위탁받은 기관(이하 "사업 관리 위탁 기관"이라 한다)은 손해평가반이 실시한 손해평가결과를 확인하기 위하여 손해평가를 실시한 보험목적물 중에서 일정수를 임의 추출하여 검증조사를 할 수 있다.

② 농림축산식품부장관은 재해보험사업자로 하여금 제1항의 검증조사를 하게 할 수 있으며, 재해보험사업자는 특별한 사유가 없는 한 이에 응하여야 하고, 그 결과를 농림축산식품부장관에게 제출하여야 한다.

③ 제1항 및 제2항에 따른 검증조사결과 현저한 차이가 발생되어 재조사가 불가피하다고 판단될 경우에는 해당 손해평가반이 조사한 전체 보험목적물에 대하여 재조사를 할 수 있다.

④ 보험가입자가 정당한 사유없이 검증조사를 거부하는 경우 검증조사반은 검증조사가 불가능하여 손해평가 결과를 확인할 수 없다는 사실을 보험가입자에게 통지한 후 검증조사 결과를 작성하여 재해보험사업자에게 제출하여야 한다.

⑤ 사업 관리 위탁 기관이 검증조사를 실시한 경우 그 결과를 재해보험사업자에게 통보하고 필요에 따라 결과에 대한 조치를 요구할 수 있으며, 재해보험사업자는 특별한 사유가 없는 한 그에 따른 조치를 실시해야 한다.

조문 90

제12조(손해평가 단위) ① 보험목적물별 손해평가 단위는 다음 각 호와 같다.

1. 농작물 : 농지별
2. 가축 : 개별가축별(단, 벌은 벌통 단위)
3. 농업시설물 : 보험가입 목적물별

② 제1항 제1호에서 정한 농지라 함은 하나의 보험가입금액에 해당하는 토지로 필지(지번) 등과 관계없이 농작물을 재배하는 하나의 경작지를 말하며, 방풍림, 돌담, 도로(농로 제외) 등에 의해 구획된 것 또는 동일한 울타리, 시설 등에 의해 구획된 것을 하나의 농지로 한다. 다만, 경사지에서 보이는 돌담 등으로 구획되어 있는 면적이 극히 작은 것은 동일 작업 단위 등으로 정리하여 하나의 농지에 포함할 수 있다.

조문 91

제13조(농작물의 보험가액 및 보험금 산정) ① 농작물에 대한 보험가액 산정은 다음 각 호와 같다.

1. **특정위험방식인 인삼은 가입면적**에 보험가입 당시의 단위당 **가입가격**을 곱하여 산정하며, 보험가액에 영향을 미치는 가입면적, 연근 등이 가입당시와 다를 경우 변경할 수 있다.
2. **적과전종합위험방식의 보험가액**은 적과후 착과수조사(달린 열매수)를 통해 산정한 **기준수확량**에 보험가입 당시의 단위당 **가입가격**을 곱하여 산정한다.
3. **종합위험방식 보험가액**은 보험증권에 기재된 보험목적물의 **평년수확량**에 보험가입 당시의 단위당 **가입가격**을 곱하여 산정한다. 다만, 보험가액에 영향을 미치는 가입면적, 주수, 수령, 품종 등이 가입당시와 다를 경우 변경할 수 있다.
4. **생산비보장의 보험가액**은 작물별로 **보험가입 당시 정한 보험가액**을 기준으로 산정한다. 다만, 보험가액에 영향을 미치는 가입면적 등이 가입당시와 다를 경우 변경할 수 있다.
5. **나무손해보장의 보험가액**은 기재된 보험목적물이 나무인 경우로 최초 보험사고 발생 시의 해당 농지 내에 심어져 있는 과실생산이 가능한 **나무 수**(피해 나무 수 포함)에 보험가입 당시의 나무당 **가입가격**을 곱하여 산정한다.

② 농작물에 대한 보험금 산정은 [별표1]과 같다.
③ 농작물의 손해수량에 대한 품목별·재해별·시기별 조사방법은 [별표2]와 같다.
④ 재해보험사업자는 손해평가반으로 하여금 재해발생 전부터 보험품목에 대한 평가를 위해 생육상황을 조사하게 할 수 있다. 이때 손해평가반은 조사결과 1부를 재해보험사업자에게 제출하여야 한다.

[별표 1] 농작물의 보험금 산정

구분	보장범위	산정내용	비고
특정위험방식	작물특정 위험보장	보험가입금액 × (피해율 − 자기부담비율) ※ 피해율 $= (1 - \dfrac{수확량}{연근별기준수확량}) \times \dfrac{피해면적}{재배면적}$	인삼

적과전 종합위험 방식	착과감소	(착과감소량 − 미보상감수량 − 자기부담감수량) × 가입가격 × 보장수준(50%, 70%)	
	과실손해	(적과종료 이후 누적감수량−자기부담감수량) × 가입가격	
	나무손해 보장	보험가입금액 × (피해율 − 자기부담비율) ※ 피해율 = 피해주수(고사된 나무) ÷ 실제결과주수	
종합위험 방식	해가림시설	• 보험가입금액이 보험가액과 같거나 클 때 : 　보험가입금액을 한도로 손해액에서 자기부담금을 차감한 금액 • 보험가입금액이 보험가액보다 작을 때 : 　(손해액 − 자기부담금) × (보험가입금액 ÷ 보험가액)	인삼
	비가림시설	MIN(손해액 − 자기부담금, 보험가입금액)	
	수확감소	보험가입금액 × (피해율 − 자기부담비율) ※ 피해율(감자·복숭아 제외) 　= (평년수확량 − 수확량 − 미보상감수량) ÷ 평년수확량 ※ 피해율(감자·복숭아) 　= {(평년수확량 − 수확량 − 미보상감수량) + 병충해감수량} 　평년수확량	옥수수 외
	수확감소	MIN(보험가입금액, 손해액) − 자기부담금 ※ 손해액 = 피해수확량 × 가입가격 ※ 자기부담금 = 보험가입금액 × 자기부담비율	옥수수
	수확량감소 추가보장	보험가입금액 × (피해율 × 10%) 단, 피해율이 자기부담비율을 초과하는 경우에 한함 ※ 피해율 　= (평년수확량 − 수확량 − 미보상감수량) ÷ 평년수확량	
	나무손해	보험가입금액 × (피해율 − 자기부담비율) ※ 피해율 = 피해주수(고사된 나무) ÷ 실제결과주수	
	이앙·직파 불능	보험가입금액 × 15%	벼
	재이앙· 재직파	보험가입금액 × 25% × 면적피해율 단, 면적피해율이 10%를 초과하고 재이앙(재직파) 한 경우 ※ 면적피해율 = 피해면적 ÷ 보험가입면적	벼
	재정식· 재파종	보험가입금액 × 20% × 면적피해율 단, 면적피해율이 자기부담비율을 초과하고, 재정식·재파종한 경우에 한함 ※ 면적피해율 = 피해면적 ÷ 보험가입면적	마늘 외

종합위험 방식	조기파종	보험가입금액 × 35% × 표준출현피해율 단, 10a당 출현주수가 30,000주보다 작고, 10a당 30,000 주 이상으로 재파종한 경우에 한함 ※ 표준출현피해율(10a 기준) = (30,000 − 출현주수) ÷ 30,000	마늘
	경작불능	보험가입금액 × 일정비율 단, 식물체 피해율이 65%(가루쌀 60%) 이상이고, 계약자가 경작불능보험금을 신청한 경우에 한함 ※ 자기부담비율에 따라 적용 비율 상이 표	사료용 옥수수, 조사료 용 벼 외
		보험가입금액 × 보장비율 × 경과비율 단, 식물체 피해율이 65% 이상이고, 계약자가 경작불능보험 금을 신청한 경우에 한함 ※ 경과비율은 사고발생일이 속한 월에 따라 다름 표	사료용 옥수수, 조사료 용 벼
	수확불능	보험가입금액 × 일정비율 단, 제현율이 65%(가루쌀 70%) 미만으로 떨어져 정상 벼로 서 출하가 불가능하게 되고, 계약자가 수확불능보험금을 신 청한 경우에 한함 ※ 자기부담비율에 따라 적용 비율 상이 표	벼
	생산비보장	(잔존보험가입금액 × 경과비율 × 피해율) − 자기부담금 ※ 잔존보험가입금액 = 보험가입금액 − 보상액(기 발생 생산비보장보험금 합계액) ※ 자기부담금 = 잔존보험가입금액 × 계약 시 선택한 비율	브로 콜리

경작불능(일정비율):

자기부담비율별	10%형	15%형	20%형	30%형	40%형
보험가입금액 대비 비율	45%	42%	40%	35%	30%

경작불능(경과비율):

월별	5월	6월	7월	8월
벼	80%	85%	90%	100%
옥수수	80%	80%	90%	100%

수확불능(일정비율):

자기부담비율별	10%형	15%형	20%형	30%형	40%형
보험가입금액 대비 비율	60%	57%	55%	50%	45%

종합위험 방식	생산비보장	• 병충해가 없는 경우 (잔존보험가입금액 × 경과비율 × 피해율) − 자기부담금 • 병충해가 있는 경우 (잔존보험가입금액 × 경과비율 × 피해율 × 병충해 등급별 인정비율) − 자기부담금 ※ 피해율 = 피해비율 × 손해정도비율 × (1 − 미보상비율) ※ 자기부담금 = 잔존보험가입금액 × 계약 시 선택한 비율	고추 (시설 고추 제외)
		보험가입금액 × (피해율 − 자기부담비율) ※ 피해율(단호박, 당근, 양상추) = 피해비율 × 손해정도비율 × (1 − 미보상비율) ※ 피해율(배추, 무, 파, 시금치) = 면적피해율 × 평균손해정도비율 × (1 − 미보상비율) ※ 피해율(메밀) = 면적피해율 × (1 − 미보상비율) 면적피해율 : 피해면적(㎡) ÷ 재배면적(㎡) − 피해면적 : (도복(쓰러짐)으로 인한 피해면적×70%) + (도복(쓰러짐) 이외 피해면적×평균 손해정도비율)	배추, 파, 무, 단호박, 당근 (시설 무 제외), 메밀
		피해작물재배면적 × 단위면적당 보장생산비 × 경과비율 × 피해율 ※ 피해율 = 피해비율 × 손해정도비율 × (1−미보상비율) ※ 단, 장미, 부추, 시금치, 파, 무, 쑥갓, 버섯은 별도로 구분하여 산출	시설 작물
	농업시설물· 버섯재배사· 부대시설	한 사고마다 재조달가액(재조달가액보장 특약 미가입시 시가) 기준으로 계산한 손해액에서 자기부담금을 차감한 금액을 보험가입금액 내에서 보상 * 단, 수리, 복구를 하지 않은 경우 시가로 손해액 계산	
	과실손해 보장	보험가입금액 × (피해율 − 자기부담비율) ※ 피해율(7월 31일 이전에 사고가 발생한 경우) (평년수확량 − 수확량 − 미보상감수량) ÷ 평년수확량 ※ 피해율(8월 1일 이후에 사고가 발생한 경우) (1 − 수확전사고 피해율) × 경과비율 × 결과지 피해율	무화과

		보험가입금액 × (피해율 − 자기부담비율) ※ 피해율 = 고사결과모지수 ÷ 평년결과모지수	복분자
종합위험 방식	과실손해 보장	보험가입금액 × (피해율 − 자기부담비율) ※ 피해율 = (평년결실수 − 조사결실수 − 미보상감수결실수) 　　　　　 ÷ 평년결실수	오디
		과실손해보험금 = 손해액 − 자기부담금 ※ 손해액 = 보험가입금액 × 피해율 ※ 자기부담금 = 보험가입금액 × 자기부담비율 ※ 피해율 　= (등급내 피해과실수 + 등급외 피해과실수 × 50%) ÷ 　　기준과실수 × (1−미보상비율)	감귤 (온주밀 감류)
		동상해손해보험금 = 손해액 − 자기부담금 ※ 손해액 = {보험가입금액 − (보험가입금액 × 기사고 피해율)} 　　× 수확기 잔존비율 × 동상해피해율수 × (1−미보상비율) ※ 자기부담금 = |보험가입금액 × min(주계약피해율 − 자 　기부담비율, 0) | ※ 동상해 피해율 　= {(동상해 80%형 피해과실수 합계 × 80%) + (동상해 　　100%형 피해과실수 합계 × 100%)} ÷ 기준과실수	
	과실손해 추가보장	보험가입금액 × 주계약피해율 × 10% 단, 손해액이 자기부담금을 초과하는 경우에 한함 ※ 피해율 　= {(등급 내 피해과실수 + 등급외 피해과실수 × 50%) ÷ 　　기준과실수} × (1−미보상비율)	감귤 (온주밀 감류)
	농업수입 감소	보험가입금액 × (피해율 − 자기부담비율) ※ 피해율 = (기준수입 − 실제수입) ÷ 기준수입	

[별표 2] 농작물의 품목별·재해별·시기별 손해수량 조사방법

1. 특정위험방식 상품(인삼)

생육시기	재해	조사내용	조사시기	조사방법	비고
보험 기간	태풍(강풍), 폭설, 집중호우, 침수, 화재, 우박, 냉해, 폭염	수확량 조사	피해 확인이 가능한 시기	• 보상하는 재해로 인하여 감 　소된 수확량 조사 • 조사방법 : 전수조사 또는 　표본조사	

2. 적과 전 종합위험방식 상품(사과, 배, 단감, 떫은감)

생육시기	재해	조사내용	조사시기	조사방법	비고
보험계약 체결일 ~ 적과 전	보상하는 재해 전부	피해사실 확인 조사	사고접수 후 지체없이	• 보상하는 재해로 인한 피해발생여부 조사	피해사실이 명백한 경우 생략 가능
	우박		사고접수 후 지체없이	• 우박으로 인한 유과(어린과실) 및 꽃(눈)등의 타박비율 조사 • 조사방법 : 표본조사	적과종료 이전 특정위험 5종 한정 보장 특약 가입건에 한함
6월1일 ~ 적과 전	태풍(강풍), 우박, 집중호우, 화재, 지진		사고접수 후 지체없이	• 보상하는 재해로 발생한 낙엽피해 정도 조사 　– 단감·떫은감에 대해서만 실시 • 조사방법 : 표본조사	
적과 후	–	적과 후 착과수 조사	적과 종료 후	• 보험가입금액의 결정 등을 위하여 해당 농지의 적과종료 후 총 착과 수를 조사 • 조사방법 : 표본조사	피해와 관계없이 전 과수원 조사
적과 후 ~ 수확기 종료	보상하는 재해	낙과피해 조사	사고접수 후 지체없이	• 재해로 인하여 떨어진 피해과실수 조사 　– 낙과피해조사는 보험약관에서 정한 과실피해분류기준에 따라 구분하여 조사 • 조사방법 : 전수조사 또는 표본조사	
				• 낙엽률 조사(우박 및 일소 제외) 　– 낙엽피해정도 조사 • 조사방법 : 표본조사	단감· 떫은감
	우박, 일소, 가을동상해	착과피해 조사	수확 직전	• 달려있는 과실 중 재해로 인한 피해 과실수 조사 　– 착과피해조사는 보험약관에서 정한 과실피해분류기준에 따라 구분하여 조사 • 조사방법 : 표본조사	
수확 완료 후 ~ 보험종기	보상하는 재해 전부	고사나무 조사	수확완료 후 보험 종기 전	• 보상하는 재해로 고사되거나 또는 회생이 불가능한 나무 수를 조사 　– 특약 가입 농지만 해당 • 조사방법 : 전수조사	수확완료 후 추가 고사나무가 없는 경우 생략 가능

* 전수조사는 조사대상 목적물을 전부 조사하는 것을 말하며, 표본조사는 손해평가의 효율성 제고를 위해 재해보험 사업자가 통계이론을 기초로 산정한 조사표본에 대해 조사를 실시하는 것을 말함

3. 종합위험방식 상품(농업수입보장 포함)

① 해가림시설·비가림시설 및 원예시설

생육시기	재해	조사내용	조사시기	조사방법	비고
보험 기간 내	보상하는 재해 전부	해가림시설 조사	사고접수 후 지체없이	• 보상하는 재해로 인하여 손해를 입은 시설 조사 • 조사방법 : 전수조사	인삼
		비가림시설 조사			
		시설 조사			원예시설, 버섯재배사

② 수확감소보장·과실손해보장 및 농업수입보장

생육시기	재해	조사내용	조사시기	조사방법	비고
수확 전	보상하는 재해 전부	피해사실 확인 조사	사고접수 후 지체없이	• 보상하는 재해로 인한 피해발생 여부 조사(피해사실이 명백한 경우 생략 가능)	
		이앙(직파) 불능피해 조사	이앙 한계일 (7.31) 이후	• 이앙(직파)불능 상태 및 통상적인영농활동 실시여부조사 • 조사방법 : 전수조사 또는 표본조사	벼만 해당
		재이앙 (재직파) 조사	사고접수 후 지체없이	• 해당농지에 보상하는 손해로 인하여 재이앙(재직파)이 필요한 면적 또는 면적비율 조사 • 조사방법 : 전수조사 또는 표본조사	벼만 해당
		재파종 조사	사고접수 후 지체없이	• 해당농지에 보상하는 손해로 인하여 재파종이 필요한 면적 또는 면적비율 조사 • 조사방법 : 전수조사 또는 표본조사	마늘만 해당
		재정식 조사	사고접수 후 지체없이	• 해당농지에 보상하는 손해로 인하여 재정식이 필요한 면적 또는 면적비율 조사 • 조사방법 : 전수조사 또는 표본조사	양배추만 해당
		경작불능 조사	사고접수 후 지체없이	• 해당 농지의 피해면적비율 또는 보험목적인 식물체 피해율 조사 • 조사방법 : 전수조사 또는 표본조사	벼·밀, 밭작물 (차(茶) 제외), 복분자만 해당
		과실손해 조사	수정완료 후	• 살아있는 결과모지수 조사 및 수정불량(송이)피해율 조사 • 조사방법 : 표본조사	복분자만 해당
			결실완료 후	• 결실수 조사 • 조사방법 : 표본조사	오디만 해당
		수확 전 사고조사	사고접수 후 지체없이	• 표본주의 과실 구분 • 조사방법 : 표본조사	감귤(온주 밀감류)만 해당

수확 직전	–	착과수조사	수확직전	• 해당농지의 최초 품종 수확 직전 총 착과 수를 조사 　– 피해와 관계없이 전 과수원 조사 • 조사방법 : 표본조사	포도, 복숭아, 자두, 감귤(만감류)만 해당
	보상하는 재해 전부	수확량 조사	수확직전	• 사고발생 농지의 수확량 조사 • 조사방법 : 전수조사 또는 표본조사	
		과실손해 조사	수확직전	• 사고발생 농지의 과실피해조사 • 조사방법 : 표본조사	무화과, 감귤(온주 밀감류)만 해당
수확 시작 후 ~ 수확종료	보상하는 재해 전부	수확량조사	조사 가능일	• 사고발생농지의 수확량조사 • 조사방법 : 표본조사	차(茶)만 해당
			사고접수 후 지체없이	• 사고발생 농지의 수확 중의 수확량 및 감수량의 확인을 통한 수확량조사 • 조사방법 : 전수조사 또는 표본조사	
		동상해 과실손해 조사	사고접수 후 지체없이	• 표본주의 착과피해 조사 12월1일 ~ 익년 2월말일 사고 건에 한함 • 조사방법 : 표본조사	감귤(온주 밀감류)만 해당
		수확불능 확인 조사	조사 가능일	• 사고발생 농지의 제현율 및 정상 출하 불가 확인 조사 • 조사방법 : 전수조사 또는 표본조사	벼만 해당
	태풍(강풍), 우박	과실손해 조사	사고접수 후 지체없이	• 전체 열매수(전체 개화수) 및 수확 가능 열매수 조사 6월1일 ~ 6월20일 사고 건에 한함 • 조사방법 : 표본조사	복분자만 해당
				• 표본주의 고사 및 정상 결과지수 조사 • 조사방법 : 표본조사	무화과만 해당
수확완료 후 ~ 보험종기	보상하는 재해 전부	고사나무 조사	수확완료 후 보험 종기 전	• 보상하는 재해로 고사되거나 또는 회생이 불가능한 나무 수를 조사 　– 특약 가입 농지만 해당 • 조사방법 : 전수조사	수확완료 후 추가 고사나무가 없는 경우 생략 가능

③ 생산비 보장

생육 시기	재해	조사내용	조사시기	조사방법	비고
정식 (파종) ~ 수확 종료	보상하는 재해 전부	생산비 피해조사	사고발생시 마다	• 재배일정 확인 • 경과비율 산출 • 피해율 산정 • 병충해 등급별 인정비율 확인 (노지 고추만 해당)	
수확전	보상하는 재해 전부	피해사실 확인 조사	사고접수 후 지체 없이	• 보상하는 재해로 인한 피해발생 여부 조사 (피해사실이 명백한 경우 생략 가능)	메밀, 단호박, 시금치, 양상추, 노지 배추, 노지 당근, 노지 파, 노지 무만 해당
		재파종 조사	사고접수 후 지체없이	• 해당농지에 보상하는 손해로 인하여 재파종이 필요한 면적 또는 면적비율 조사 • 월동무, 쪽파, 시금치, 메밀만 해당	
		재정식 조사	사고접수 후 지체없이	• 해당농지에 보상하는 손해로 인하여 재정식이 필요한 면적 또는 면적비율 조사 • 가을배추, 월동배추, 브로콜리, 양상추 만 해당	
		경작불능 조사	사고접수 후 지체 없이	• 해당 농지의 피해면적비율 또는 보험 목적인 식물체 피해율 조사	
수확 직전		생산비 피해조사	수확직전	• 사고발생 농지의 피해비율 및 손해정 도 비율 확인을 통한 피해율 조사 • 조사방법: 표본조사	

조문 92

제14조(가축의 보험가액 및 손해액 산정) ① 가축에 대한 보험가액은 보험사고가 발생한 때와 곳에서 평가한 보험목적물의 수량에 적용가격을 곱하여 산정한다.

② 가축에 대한 손해액은 보험사고가 발생한 때와 곳에서 폐사 등 피해를 입은 보험목적물의 수량에 적용가격을 곱하여 산정한다.

③ 제1항 및 제2항의 적용가격은 보험사고가 발생한 때와 곳에서의 시장가격 등을 감안하여 보험약관에서 정한 방법에 따라 산정한다. 다만, 보험가입당시 보험가입자와 재해보험사업자가 보험가액 및 손해액 산정 방식을 별도로 정한 경우에는 그 방법에 따른다.

조문 (93)

제15조(농업시설물의 보험가액 및 손해액 산정) ① 농업시설물에 대한 보험가액은 보험사고가 발생한 때와 곳에서 평가한 피해목적물의 재조달가액에서 내용연수에 따른 감가상각률을 적용하여 계산한 감가상각액을 차감하여 산정한다.

② 농업시설물에 대한 손해액은 보험사고가 발생한 때와 곳에서 산정한 피해목적물의 원상복구비용을 말한다.

③ 제1항 및 제2항에도 불구하고 보험가입당시 보험가입자와 재해보험사업자가 보험가액 및 손해액 산정 방식을 별도로 정한 경우에는 그 방법에 따른다.

조문 (94)

제16조(손해평가업무방법서) 재해보험사업자는 이 요령의 효율적인 운용 및 시행을 위하여 필요한 세부적인 사항을 규정한 손해평가업무방법서를 작성하여야 한다.

조문 (95)

제17조(재검토기한) 농림축산식품부장관은 이 고시에 대하여 2024년 1월 1일 기준으로 매 3년이 되는 시점(매 3년째의 12월 31일까지를 말한다)마다 그 타당성을 검토하여 개선 등의 조치를 하여야 한다.

농학개론 중 재배학 및 원예작물학

학습 완성도 ☐☐☐☐☐☐   학습 완성도를 체크해 봅니다.

01 작물

1 작물의 분화과정
유전적 변이 → 도태 → 적응 → 순화 → 고립

> **Tip** 미국변태 적순고

2 작물수량의 3요소
재배환경, 유전성, 재배기술

3 최소율의 법칙
작물 생육에 필요한 여러 가지 요소 중에서 부족한 요소가 하나라도 있으면 다른 요소들이 충분하다 하더라도 작물의 생육은 가장 부족한 요소의 지배를 받게 된다는 법칙.

4 수확체감의 법칙
노동, 비료 등 생산 요소들 가운데 어느 하나의 생산 요소만 증가시키고 다른 생산 요소를 일정하게 유지하면 생산량의 증가분이 점차 줄어든다는 법칙.

5 식물학적 분류
계 → 문 → 강 → 목 → 과 → 속 → 종

가지과	토마토, 고추, 가지, 감자 등
백합과	백합, 양파, 부추 등
국화과	국화, 과꽃, 해바라기 등

장미과	딸기, 배, 복숭아, 복분자 등
진달래과	블루베리 등
수선화과	수선화, 군자란 등
꿀풀과	들깨 등

6 용도에 따른 분류

(1) 식용작물

화곡류	쌀, 보리, 밀, 귀리, 호밀, 조, (옥)수수, 기장, 피, 메밀, 율무 등
두류	콩, 팥, 녹두, 완두, 강낭콩, 땅콩 등
서류	고구마, 감자 등

(2) 공예작물

유료작물	참깨, 들깨, 해바라기, 콩, 유채 등
섬유작물	목화, 모시풀, 삼, 닥나무, 수세미, 아마, 왕골 등
전분작물	고구마, 감자, 옥수수 등
약용작물	인삼, 박하, 제충국 등
기호작물	담배, 차 등

(3) 원예작물

1) 과수

인과류	사과, 모과, 배, 비파 등 Tip 사 모 배 비
핵과류	체리, 대추, 매실, (양)앵두, 복숭아, 살구, 자두 등 Tip 체리야 누구 대매하지 말고, 앵복하게 살자
견과류(각과류)	밤, 호두, 개암, 아몬드 등
장과류	포도, 무화과, 딸기, 석류, 키위 등 Tip 포 무 딸 석 키
준인과류	감, 감귤, 유자 등

2) 채소

과채류	수박, 토마토, 오이, 호박, 참외, 가지, 딸기 등	
근채류	직근류	무, 당근, 우엉, 연근 등
	괴경류	고구마, 감자, 생강 등
협채류	완두, 강낭콩 등	
경엽채류	아스파라거스, 양파, 마늘, (양)배추, 갓, 상추, 셀러리, 미나리 등	

3) 화훼

초본류	국화, 코스모스, 난초 등
목본류	동백, 철쭉, 고무나무 등

(4) 사료작물

화본과	보리, 귀리, 티머시, 오처드그래스, (옥)수수, 호밀, 라이그래스, 기장 💬 **Tip** 보리가 귀한 티오를 수호하기 위해서 라이(거짓말)까지 하며 기를 쓴다.
두과	헤어리베치, 알팔파, 자운영, 클로버류, 루피너스, 버즈풋트레포일, 클로탈라리아 💬 **Tip** 헤어샵을 알자운영하는 클러버 루피가 버즈 때문에 클럽탈라리아

7 저항성에 따른 분류

(1) 내산성 작물

산에 강한 작물	감자, 귀리, 토란, 호밀, 수박, 벼, 기장, 아마, 땅콩 💬 **Tip** 감자가 귀토호수에서 벼기장을 보니 아마 땅콩이다.
산에 약한 작물	시금치, 양파, 콩, 팥, 알팔파, 자운영 💬 **Tip** 시양 콩팥은 알자다.

(2) 내알칼리성 작물

알칼리성에 강한 작물	유채, 목화, 사탕무, 보리, 수수 💬 **Tip** 유목사는 보수적이다.
알칼리성에 약한 작물	셀러리, 배, 레몬, 레드클로버, 사과, 감자 💬 **Tip** 셀러리맨이 배로 레몬과 레드클로버를 사감

(3) 내건성·내습성 작물

내건성 작물	조, 기장, 호밀, (옥)수수 💬 Tip 조기호수
내습성 작물	벼, 미나리, 연, 골풀

(4) 내음성 작물

일조량 부족에 강한 작물	포도, 무화과, 감
일조량 부족에 약한 작물	사과, 밤

(5) 내염성 작물

염분에 강한 작물	양배추, 목화, 사탕무, 수수, 유채 💬 Tip 양목사수유
염분에 약한 작물	완두, 감자, 가지, 고구마, 사과, 배, 복숭아 💬 Tip 완두가 감자 가지고 고사를 지냈더니 배만한 복숭아로 바뀌었다.

(6) 내풍성·내한성(耐寒性) 작물

내풍성 작물	고구마, 감자
내한성(耐寒性) 작물	(호)밀, 보리, 시금치

8 과수의 분류

분류	과수의 종류
인과류	• 사과, 모과, 배, 비파 등 💬 Tip 사모배비 • 꽃받기의 피층이 발달하여 과육 부위가 되고 씨방은 과실 안쪽에 위치하여 과심 부위가 되는 과실
핵과류	• 체리, 대추, 매실, (양)앵두, 복숭아, 살구, 자두 등 💬 Tip 체리야 누구 대매하지 말고, 앵복하게 살자 • 즙이 약간 많으며, 단단한 과육이 먹을 수 없는 씨를 둘러싸고 있는 과실 • **과육의 내부에 단단한 핵을 형성하여 이 속에 종자가 있는 과실**
견과류 (각과류)	• 밤, 호두, 은행, 아몬드, 피스타치오, 잣, 개암 등 • 먹을 수 있는 알맹이를 단단한 껍질이 감싸고 있는 과실 • **과피가 밀착·건조하여 껍질이 딱딱해진 과실**

장과류	• 포도, 무화과, 딸기, 석류, 키위 등 💬 Tip 포무딸석키 • 겉껍질은 얇고 먹는 부분인 살 부분은 즙이 많으며 그 속에 작은 종자가 들어있는 과실 • **성숙하면서 씨방벽 전체가 다육질로 되는 과즙이 많은 과실**
준인과류	• 감, 밀감, 유자 등 • 씨방이 발달하여 과육이 된 과실

9 세계 3대, 4대 식량작물

세계 3대 식량작물	밀, 벼, 옥수수
세계 4대 식량작물	밀, 벼, 옥수수, 보리

10 종자 수명에 따른 분류

단명종자	콩, 고추, 메밀, 시금치, 뽕나무, 파, 양파, 상추 💬 Tip 콩고메시 뽕파라 양상
장명종자	녹두, 팥, 담배, 토마토, 가지, 오이 💬 Tip 녹두랑 팥이 담토(다음 주 토요일) 가오

11 발아

(1) 발아의 요소

발아의 3요소	수분, 온도, 산소(공기) 💬 Tip 수온산
발아의 4요소	수분, 온도, 광선(빛), 산소(공기) 💬 Tip 수온광산

(2) 발아

① 저장 중인 종자가 발아력을 잃게 되는 가장 큰 원인은 단백질의 변성

② 수중에서 잘 발아하는 종자 : 셀러리, 당근, 페튜니어, 티머시, 상추, 벼

💬 Tip 셀러리맨이 당근마켓에서 산 페티와 상추를 벼먹었다.

발아세	일정기간 내의 발아율
발아기	파종된 종자의 50%가 발아한 상태
발아전	파종된 종자의 80%이상이 발아한 상태

12 호흡 급동형·비급등형 과실

호흡 급등형 과실	복숭아, 사과, 멜론, 토마토, 바나나
	💬 Tip 복사를 멜(매일하면) 토바(토를 본다)
호흡 비급등형 과실	포도, 딸기, 오렌지, 레몬, 파인애플, 밀감, 고추, 가지, 양앵두, 올리브, 오이
	💬 Tip 포도 딸 오렌지가 레몬이랑 파인애플을 밀고 가 양 올리고 오이

13 생리적 성숙에 도달하여야 수확할 수 있는 작물

사과, 수박, 배, 바나나, 참외, 토마토

💬 Tip 사수배바 참 토나와

14 채소의 분류

(1) 엽경채류(잎줄기채소)

마늘, 양파, 브로콜리, 죽순, (양)배추, 상추, 시금치, 미나리, 아스파라거스

💬 Tip 마양파 브로(형제)들이 죽순이에게 배상시에 말했다. 미나리 아스파라거스

엽채류	(양)배추, 시금치 등
화채류(꽃채소)	브로콜리, 콜리플라워 등
경채류	죽순, 아스파라거스 등
인경채류	마늘, 양파 등

(2) 근채류

무, 당근, 우엉, 마, 고구마, 감자, 연근, 생강, 토란

💬 Tip 무당 우마가 고구마, 감자랑 연이 닿아 생각하며 토란토란 앉아 있다.

직근류	무, 당근 등
괴근류	고구마, 마 등
괴경류	감자, 토란 등
근경류	연근, 생강 등

(3) 과채류(열매채소)

강낭콩, 호박, 파프리카, 완두, 토마토, 고추, 가지, 오이

💬 Tip 강호파완두 토고가오

콩과(두과)	완두 등
박과	호박, 오이 등
가지과	토마토, 고추, 가지, 감자 등

(4) 새싹채소

무, 치커리, 브로콜리 종자를 주로 이용한다. 이식 또는 정식 과정 없이 재배할 수 있으며, 재배기간이 짧고 무공해로 키울 수 있다는 장점이 있다.

(5) 조미채소

마늘, 고추, 양파, 파, 생강 등

15 자식성 작물 VS 타식성 작물

(1) 자식성 작물

동일 식물체에서 생성된 정세포와 난세포가 수정하는 것을 자가수정 또는 자식(自殖)이라고 하며, 주로 자식(自殖)에 의해 번식하는 작물을 자식성 작물이라고 한다. 보통 자식성 작물의 자연교잡률은 4% 이하이다.

⑩ 벼, 밀, 보리, 완두, 콩, 갓, 포도, 복숭아, 토마토, 고추, 가지 등

> 💬 **Tip**　벼밀보리 완두 콩 만한 갓 태어난 자식이 포복하여 토고 가지

(2) 타식성 작물

서로 다른 개체에서 생성된 정세포와 난세포의 수정을 타가수정 또는 타식(他殖)이라 하며, 주로 타식(他殖)에 의해 번식하는 작물을 타식성 작물이라고 한다. 잡종개체들 간에 자유로운 수분이 이루어지기 때문에 유전자 조합의 기회가 많다. 그렇기 때문에 자식성 작물보다 타식성 작물의 유전변이가 더 크다.

자웅이주	시금치, 파파야, 호프, 삼, 아스파라거스 💬 **Tip**　시파 호프삼 아스파라거스
자웅동주	호두, 딸기, 감, 밤, 옥수수, 수박, 오이 💬 **Tip**　두 딸이 감밤에 옥수수랑 수박이 먹고 싶다고 오이
양성화 웅예선숙	셀러리, 마늘, 양파, 치자 💬 **Tip**　셀러리맨이 마늘 먹고 양치를 안 했다.
양성화 자가불화합성	뽕나무, 양배추, 일본배, 서양배, 무, 배추, 차, 메밀, 호밀, 고구마, 사과 💬 **Tip**　뽕양이, 일본배와 서양배를 넣어 만든 무배차를 메호가 고사했다.

(3) 자식과 타식을 겸하는 식물

그래스, 해바라기, 목화, 수수, 수단

> **Tip** 그해 목수의 수단

16 조직배양 번식 작물

감자, 난, 딸기, 카네이션

> **Tip** 감자가 난 딸 카네이션

조직배양 번식 이용의 **예** : 감자, 딸기의 조직배양을 통한 무병주 생산

17 화훼작물

(1) 일년초

추파 일년초	양귀비, 금잔화, 팬지, 페튜니아 등
춘파 일년초	나팔꽃, 해바라기, 샐비어, 맨드라미, 코스모스 등

(2) 영양번식

구분	화훼작물
근경(뿌리줄기)으로 영양번식	칸나, 독일붓꽃, 수련, 은방울꽃
괴경(덩이줄기)으로 영양번식	시클라멘, 유색칼라
괴근(덩이뿌리)으로 영양번식	다알리아, 라넌큘러스
인경(비늘줄기)으로 영양번식	튤립, 백합, 나리
구경(구슬줄기)으로 영양번식	글라디올러스

02 토양(地)

1 토양의 3상

① 고상 : 유기물, 무기물   ② 기상 : 토양공기   ③ 액상 : 토양수분

2 토양입자의 분류

토양입자 구분			토양입자의 지름(mm)	
			미국 농무성법	국제토양학회법
자갈			2.00 이상	2.00 이상
세토	모래	매우 거친 모래	2.00 ~ 1.00	–
		거친 모래	1.00 ~ 0.50	2.00 ~ 0.20
		보통 모래	0.50 ~ 0.25	–
		고운 모래	0.25 ~ 0.10	0.20 ~ 0.02
		매우 고운 모래	0.10 ~ 0.05	–
	미사		0.05 ~ 0.002	0.02 ~ 0.002
	점토		0.002 이하	0.002 이하

3 점토함량(%)에 따른 토성 분류

통기성	명칭	점토 함량(%)
좋음 ↑ ↓ 나쁨	사토	12.5 이하
	사양토	12.5 ~ 25.0
	양토	25.0 ~ 37.5
	식양토	37.5 ~ 50.0
	식토	50.0 이상

4 토양의 지력

토양 입단형성·유지 요인	토양미생물, 콩과작물(자운영·클로버·알팔파 등)의 재배, 유기물과 석회의 시용, 토양개량제 시용(크릴륨·아크릴소일 등), 토양피복
토양 입단파괴 요인	부적절한 경운, 급격한 습윤·건조·동결·해빙(입단의 팽창과 수축), 강한 비·바람, 나트륨이온 첨가

※ 토양에 입단구조(떼알구조)가 잘 형성될수록 지력이 좋아진다.

5 토양 pH

토양은 중성에서 약산성이 작물생육에 좋으며, 강한 산성 또는 알칼리성은 작물의 생육을 저해한다.

(1) 산성토양

① 산성토양의 원인 : 산성비, 산성비료 연용 등

② 산성토양의 해 : 과다한 수소이온이 작물의 뿌리에 해를 주고, 알루미늄이온·망간이온이 용출되어 작물에 해를 준다. 칼슘, 마그네슘, 인, 붕소 등 필수원소 결핍이 발생한다. 토양 입단형성이 저해되고, 유용한 미생물의 활동이 저해된다.

③ 산성토양의 개량 : 석회물질 사용, 퇴비·녹비 등 유기물질을 사용

6 작물생육에 필요불가결한 원소(16원소)

			비료의 4요소												
			비료의 3요소												
C	O	H	N	P	K	Ca	Mg	S	Fe	Mn	Cu	Zn	B	Mo	Cl
탄소	산소	수소	질소	인	칼륨	칼슘	마그네슘	황	철	망간	구리	아연	붕소	몰리브덴	염소
다량원소								미량원소							

(1) C(탄소), O(산소), H(수소)

① 식물체의 90~98%를 차지한다.

② 엽록체의 구성원소이며, 광합성에 의한 여러 가지 유기물의 구성재료가 된다.

(2) N(질소)

① 질산태와 암모니아태로 식물에 흡수되어 식물체내에서 유기물로 동화된다.

② 질소가 부족한 경우에는 작물의 생장·발육이 저해되며, 잎은 담녹색을 띠게 된다.

③ 식물체 내에서 형성된 질소화합물은 식물의 늙은 조직으로부터 젊은 생장점으로 전류하기 때문에 질소 결핍 증상은 식물의 늙은 부분에서 먼저 나타난다.

④ 다량의 질소는 작물의 탄질비(C/N ratio)를 저하시키고, 벼·밀·귀리·알팔라 등의 개화를 지연시킨다.

(3) P(인)

① 식물체는 인을 인산이온의 형태로 흡수한다.

② 인산이 결핍되면 생육초기 뿌리의 발육이 저해되고, 잎이 암녹색을 띠게 되며, 심하면 황화하고, 결실이 저해된다.

(4) K(칼륨)

① 광합성을 촉진하고, 세포 내 수분공급, 증산에 의한 수분상실 제어, 효소반응 활성제 등의 역할을 한다.

② 결핍 시 작물의 생장점이 말라 죽고, 줄기가 약해지며, 잎의 끝이나 둘레가 황화하고, 조기낙엽 현상을 보이며 결실이 저해된다.

(5) Ca(칼슘)

① 세포막 중간막의 주성분으로서, 부족할 때에는 막의 투과성이 감퇴된다.

② 칼슘이 결핍되면 초기에는 생장점과 어린 잎에서 모양이 일그러지며 황화되고, 심하면 잎의 주변이 고사한다.

(6) Mg(마그네슘)

① 엽록소의 구성원소로 다양한 효소반응에 관여한다.

② 체내에서 이동성이 비교적 높아 부족하면 늙은 조직에서 새 조직으로 이동한다.

③ 결핍 시 황백화 현상이 발생하고, 줄기나 뿌리의 생장점 발육이 저해된다.

(7) S(황)

① 식물체 구성물질의 성분으로, 효소의 생성과 여러 특수기능에 관여한다.

② 체내 이동성이 낮아 결핍증상은 새 조직부터 나타난다.

(8) Fe(철)

엽록소 형성에 관여하며, 결핍 시 어린 잎부터 황백화 현상을 보인다.

(9) Mn(망간)

① 여러 효소를 활성화하는 역할을 하고, 광합성 물질의 합성과 분해, 호흡작용 등에 관여한다.

② 결핍 시 엽맥에서 먼 부분이 황색으로 되며, 화곡류의 경우 세로로 줄무늬가 생긴다.

③ 체내 이동성이 낮아 결핍증상은 새 조직부터 나타난다.

(10) Cu(구리)

① 광합성 및 호흡작용 등에 관여한다.

② 결핍되면 단백질 합성이 저해되고, 잎의 끝에 황백화 현상이 나타나며 고사한다.

③ 철 및 아연과 길항관계에 있다.

(11) Zn(아연)

① 촉매 또는 반응조절물질로 작용한다.

② 결핍 시 황백화, 조기낙엽, 괴사 등이 발생한다.

(12) B(붕소)

① 촉매 또는 반응조절 물질로 작용한다.

② 석회 결핍의 영향을 경감시킨다.

③ 결핍 시 분열조직에서 갑자기 괴사를 일으키는 경우가 많다.

(13) Mo(몰리브덴)

① 질산환원효소의 구성성분이며, 콩과작물의 고정에 필요하다.

② 결핍 시 잎이 황백화되고, 모자이크병 유사증상이 나타난다.

(14) Cl(염소)

① 광합성과 물의 광분해에 촉매 작용을 한다.

② 세포 삼투압 상승, 아밀로오스 활성증진, 세포액 pH 조절 등의 역할을 한다.

③ 결핍 시 어린잎이 황백화되고, 전 식물체 위조현상이 나타난다.

7 칼슘결핍으로 나타나는 증상

딸기 · (양)배추	잎끝마름증상(팁번현상)
토마토 · 고추	배꼽썩음증상
사과	고두병
땅콩	빈꼬투리(쭉정이)발생 현상
감자	내부 갈변과 속이 빈 괴경 유발

8 토양 용기량

토양 용기량은 토양 속에서 공기로 차 있는 공극량을 말한다. 최소 용기량은 최대 용수량일 때, 최대 용기량은 풍건상태일 때이다.

[대기와 토양공기의 조성]

종류	질소	산소	이산화탄소
대기	79%	20.9%	0.035%
토양공기	75 ~ 80%	10 ~ 21%	0.1 ~ 10%

※ 토양이 깊어질수록 이산화탄소는 많아지고, 산소는 줄어든다.

(1) 토양통기 개선법

1) 토양처리

명거 또는 암거 설치, 심경, 토양입단화, 중경(흙매기), 중간낙수(물빼기), 휴파(이랑파종), 휴립재배, 객토를 통한 토성개량 등

2) 재배적조치

① 답전윤환재배(논밭돌려짓기)

② 밭은 휴립휴파(이랑을 세우고, 이랑에 파종)

③ 논은 휴립재배(이랑에 농작물을 재배), 작물재배 기간 중 중경, 답리작(논에서 벼를 거둔 다음 이어서 다른 겨울 작물을 재배하여 논의 토지 이용률을 높이는 작부 형식)

④ 답전작(논에서 벼 심기 전에 다른 작물을 재배하는 것)

⑤ 못자리그누기(물못자리에서 볍씨가 발아하기 위해서는 산소의 공급이 필요하게 된다. 따라서 적당히 유아가 출현한 후에는 일시적으로 물을 완전히 빼내어 종자에 산소를 공급해 유근 출현을 유도하는 작업) 등

(2) 작물별 최적용기량

작물의 생육에 가장 적합한 최적용기량은 대략 10 ~ 25% 범위이다. 이는 작물의 종류, 품종, 생육시기에 따라 다르다.

> 벼, 양파, 이탈리안라이그래스 (10%) → 귀리, 수수 (15%) → 보리, 밀, 순무, 오이 (20%) → 양배추, 강낭콩(24%)

(3) 산소요구량이 높은 작물

완두, 토마토, 보리, 감자, 사탕수수

> 🗨 Tip   완두가 토하는데 보리가 옆에 있어줘서 감사하다.

(4) 산소요구량이 낮은 작물

풀 종류, 기장

9 N(질소)

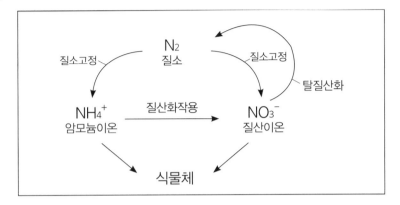

① 질소는 토양 속에서 질산이온의 형태(암모늄태, 질산태)로 식물 뿌리를 통해 식물체에 흡수된다.

② 암모늄태질소 비료를 산화층에 시비하면 산화되어 질산으로 변한 후 탈질현상으로 인해 질소가 되어 날아가 버리기 때문에 산화되지 않도록 환원층에 직접 주는 것이 효과가 좋다. → 심층시비

③ 질소 결핍 증상은 어린 잎(유엽)보다 늙은 잎(노엽)에서 먼저 나타난다.

④ 콩과작물은 질소고정 능력이 있어, 벼과작물에 비해 질소 시비량을 줄여주는 것이 좋다.

⑤ 질소질 비료를 다량 시비하면 도복 위험성이 크다.

⑥ 질소를 과다 사용하면 잎 또는 가지의 생장이 조장되어 식물체가 웃자라고, 저장성이 떨어진다.

⑦ 암모늄태 질소비료를 석회와 함께 사용하면 휘발성이 있어 효율이 떨어진다.

⑧ 과실 수확 전 토양에 질소를 시비하게 되면, 작물이 더 늦게까지 자라게 되고, 때문에 동해가 오는 시기에 저장양분 부족 등으로 인해 동해에 대한 저항력이 떨어지게 된다.

10 탄질비(C/N율)

① 유기물 중의 탄소와 질소의 함량비를 탄질비 혹은 C/N율 이라고 한다.

② 톱밥의 탄질비는 매우 높고, 콩과식물의 탄질비는 낮은 편이다.

③ 일반적으로 탄질비가 30이 넘는 유기물이 토양에 가해질 경우, 미생물이 유기물의 분해에 필요한 질소를 토양으로부터 사용하기 때문에 식물체에 일시적으로 질소기아현상이 나타난다.

④ C/N율이 높으면 개화를 유도하고, C/N율이 낮으면 영양생장이 지속된다.

11 노후화답의 재배대책

저항성 품종 선택, 조기재배, 무황산근 비료 사용, 추비(웃거름) 중점시비, 엽면시비

12 토양 중금속오염 대책

① 유기물을 시용한다.

② 석회질 비료를 시용한다.

③ 제올라이트, 벤토나이트 등 점토광물을 시용한다.

④ 경운, 객토, 쇄토한다.

⑤ 중금속 흡수식물을 재배한다.

⑥ 환원물질을 시용한다.

⑦ 인산물질을 시용한다.

13 시설토양의 특성

① 시설 내에는 자연 강우가 전혀 없고, 온도가 노지에 비해 상대적으로 높아서 건조해지기 쉽다.

② 노지에 비하여 염류 농도가 높다.

③ 시설에서 재배되는 식물은 연작의 가능성이 높아 병원성 미생물 혹은 해충 등의 생존 밀도가 높아지고 미량 원소의 부족 현상이 야기되기 쉽다.

④ 특정성분이 결핍되기 쉽다.

⑤ 연작장해가 발생하기 쉽다.

⑥ 통기성이 좋지 않다.

03 온도

1 온도관련 용어

유효온도	작물의 생육이 가능한 온도
최적온도	작물의 생육이 가장 활발하게 이루어지는 온도. 주간과 야간에 작물의 적온은 다르다.
적산온도	작물의 생육에 필요한 열량을 나타내기 위한 것으로, 작물의 발아부터 성숙이 끝날 때까지 전체기간 동안 해당 작물이 활동할 수 있는 최저온도(기준온도) 이상의 일평균 기온을 모두 합한 것. 예 작물별 적산온도 : 벼(3,500 ~ 4,500℃), 담배(3,200 ~ 3,600℃), 　메밀(1,000 ~ 1,200℃), 조(1,800 ~ 3,000℃), 추파맥류(1,700 ~ 2,300℃)
무상기간	1년에 서리가 내리지 않는 일수로, 작물의 종류를 선정하는데 있어서 중요한 요인이다.
열해	작물이 과도한 고온으로 인해 받는 피해를 말하며, 고온해라고도 한다.

2 변온

① 변온은 대체로 작물의 결실에 효과적이다.

- 고구마의 괴근형성을 촉진하며, 감자도 변온 환경에서 괴경이 잘 발달한다.
- 담배의 경우도 주야변온 환경에서 개화가 촉진된다.
- 맥류와 같은 작물의 경우는 밤의 기온이 상대적으로 높아 변온의 정도가 작아지는 환경에서 출수와 개화가 촉진된다.

② 낮의 기온이 높을수록 밤의 기온은 낮을수록 동화물질의 축적이 최대가 된다. 낮의 기온이 높을수록 합성물질의 전류는 촉진되고, 밤의 기온이 낮을수록 호흡소모는 적어진다.

3 호온성/호냉성

호온성 과수	참외, 무화과, 감, 복숭아, 살구 Tip 참 무감각한 복살이
호온성 채소	토마토, 고추, 가지, 고구마, 생강, 오이, 수박, 호박 Tip 토고 가서 고생하는 오수호
호냉성 과수	배, 사과, 자두 Tip 배사자
호냉성 채소	시금치, 상추, 완두, 무, 당근, 딸기, 감자, 마늘, 양파, 양배추, 배추, 잠두 Tip 시상에 완두가 무당딸 감자를 놓고 마양파 양배랑 배틀하다 잠두렀다.

PART1 손해평가사 핵심이론 83

4 춘화(Vernalization, 버널리제이션)

작물의 개화를 유도하기 위하여 일정시기에 온도처리를 하는 것

(1) 저온춘화

대체로 1 ~ 10도의 저온에 의해서 춘화되는 식물

→ 월년생(두해살이)장일식물 : 딸기, 배추, 무, 맥류, 유채

> **Tip** 딸이 배고프면 무를 맥유

(2) 고온춘화

비교적 고온인 10 ~ 30도의 온도에서 춘화되는 식물

→ 콩 같은 단일식물, 글라디올러스, 상추

> **Tip** 콩글에 나가서 상을 받았다.

(3) 종자춘화형

종자가 물을 흡수하여 배가 활동을 개시한 이후에는 언제든지 저온에 감응하는 식물

→ 완두, 봄올무, 보리, 추파맥류, 밀, 무, 배추, 잠두

> **Tip** 완두가 봄에 보리에게 추파를 던졌다가 밀밭에서 무를 배고 잠두렀다.

(4) 녹식물춘화형

물체가 어느 정도 영양생장을 한 다음에 저온을 받아야 생육상 전환이 일어나는 식물

→ 셀러리, 양파, 국화, 양배추, 당근, 히요스, 스토크, 브로콜리

> **Tip** 셀러리맨이 양국과 양당에 히스브로가 되었다.

(5) 탈춘화(이춘화, 춘화소거)

저온춘화처리 기간 후에 고온, 건조, 산소부족과 같은 불량환경에 의하여 춘화처리의 효과가 상실되는 현상을 말한다.

㉮ 밀에서 저온춘화처리 직후에 35도 고온에 처리하면 탈춘화됨

(6) 춘화효과의 정착

춘화 정도가 진전될수록 탈춘화하기 어려우며, 춘화가 완전히 이루어져 정착되어 탈춘화가 생기지 않는 현상을 말한다.

(7) 재춘화

탈춘화 후에 다시 저온처리하면 춘화처리효과가 나타나는 것을 말한다.

(8) 화학적 춘화

화학물질에 의한 춘화작용을 말한다.

㉮ 지베렐린처리 → 저온처리와 동일한 효과를 발생한다.

(9) 춘화(Vernalization, 버널리제이션) 감응부위 : 생장점

[감응부위 정리]

❶ 춘화 : 생장점   ❷ 일장 : 성엽(성숙한 잎)   ❸ 접붙이기 : 형성층

(10) 춘화처리의 농업적 이용

① 추파맥류의 춘파성화(봄에 파종하고 꽃이 피는 것) 가능
② 수량증대(벼)
③ 육종연한단축(맥류, 사탕무 등)
④ 촉성재배(딸기 등)
⑤ 채종(월동채소)
⑥ 대파(추파맥류를 춘화를 통해 봄에 대파 가능)
⑦ 종 또는 품종의 감정(라이그래스류의 발아율에 따른 구분)
⑧ 재배법의 개선 등

(11) 추파성

① 추파맥류에 있어서 춘화를 하지 않으면 출수할 수 없는 성질을 '추파성'이라 한다.
② 월동작물을 봄에 파종하면 줄기와 잎은 무성하나 이삭이 나오지 않고 주저앉는 좌지현상이 나타난다.

🗨 **PLUS**   기출문제

기출 ❶ 물의 종자가 발아한 후 또는 줄기의 생장점이 발육하고 있을 때 일정기간의 저온을 거침으로써 화아가 형성되는 현상은? **춘화**
기출 ❷ 춘화작용은 처리기간과 온도의 영향을 받는다.
기출 ❸ 온도자극에 의해 화아분화가 촉진되는 것을 말한다. 추파성 밀 종자를 저온에 일정기간 둔 후 파종하면 정상적으로 출수할 수 있다. → **춘화현상**
기출 ❹ 작물 생육의 일정한 시기에 저온을 경과해야 개화가 일어나는 현상은? **춘화**

04 ◉ 수분(水)

1 수분(물)의 기능

원형질 상태유지, 식물체 구성물질의 성분, 식물체 필요물질 흡수와 이동의 용매, 필요물질의 합성과 분해과정 매개, 세포의 팽압 형성 및 유지, 각종 효소활성의 촉매, 식물체의 항상성 유지

2 수분의 흡수

삼투압	농도 차이에 의하여 삼투를 일으키는 압력으로, 농도가 낮은 쪽에서 높은 곳으로 수분이 흡수됨
팽압	삼투현상으로 세포 내의 수분이 늘어나면 세포의 크기를 키우려는 압력 💬 Tip 팽창하려는 압력 : 팽압
막압	팽압에 의해서 늘어난 세포막이 탄력성에 의해서 다시 수축하려는 압력 💬 Tip 팽압반대 : 팽창을 막압

3 작물의 요수량

① 요수량 : 건물 1g을 생산하는데 소비되는 수분량

② 작물별요수량

명아주   〉   호박, 알팔파, 클로버, 완두, 오이   〉〉〉〉   옥수수, 수수, 기장
(큰편)   (작은편)

③ 대체로 요수량이 적은 작물이 건조에 대한 저항성이 강하다.

④ 증산계수 : 건물 1g을 생산하는데 소비되는 증산량

4 수분과잉 장해

① 토양 산소가 부족하게 되어 생장이 불량해지며, 이로 인해 증산 또한 잘 되지 않는다.

② 쉽게 병해충에 취약한 상태가 되며, 수분과잉의 정도가 심하면 뿌리가 썩는다.

③ 과실이 수분을 배출하면서 갈라지는 열과 현상이 나타날 수 있다.

④ 식물의 줄기나 잎이 쓸데없이 길고 연약하게 자라는 웃자람 현상이 나타날 수 있다.

5 pF(potential Force)

① 토양 수분 장력을 표시하는 단위, 토양입자가 수분을 흡착 유지하려는 힘을 나타내는 단위이다.

② 토양수분이 감소할수록 수분장력은 커진다. 토양수분장력이 지나치게 크면 작물은 토양수분을 쉽게 흡수할 수 없게 된다. 수분이 많으면 수분장력은 작아지고, 수분이 적으면 수분장력은 커진다. 수분함량이 같다고 하더라도, 토성이 다른 경우 수분장력은 달라진다.

6 토양 수분 분류

결합수	• pF7.0 이상, 작물이 흡수 또는 이용할 수 없다. • '화합수 또는 결정수'라고도 부른다.
흡습수	• pF4.5 ~ 7, 작물이 흡수 또는 이용할 수 없다. • '흡착수'라고도 부른다.
모관수	• pF2.7 ~ 4.5, 작물이 주로 이용하는 유효수분이다. • '응집수'라고도 부른다.
중력수	• pF0 ~ 2.7, 중력에 의해 토양층 아래로 내려가는 수분으로, 모관수의 근원이 된다. • '자유수'라고도 부른다.

7 토양의 특징적 수분상태

최대 용수량	• pF0, 토양의 모든 공극이 물로 포화된 상태
포장 용수량	• pF2.5 ~ 2.7 중력수를 배제하고 남은 수분상태로 최적함수량에 가깝다. • 지하수위가 낮고 투수성이 보통인 포장에서 강우 또는 관개 후 2~3일 뒤의 수분상태 • '최소 용수량'이라고도 부른다.
초기 위조점	• pF3.9, 수분 부족으로 식물생육이 정지하고 위조가 시작되는 토양의 수분상태
영구 위조점	• pF4.2, 시든 식물을 포화습도의 공기 중에 24시간 방치하여도 회복이 불가능한 토양의 수분상태

8 도시오수 피해대책

① 질소질 비료를 줄이고, 석회·규산질 비료를 시용한다.
② 오염되지 않은 물과 충분히 혼합·희석하여 이용한다.
③ 해당 피해에 대해 저항성 작물 및 품종을 선택하여 재배한다.

05 빛(光)

■1 광합성

> 광합성 = 물 + 이산화탄소 + 빛 → 당 + 산소
>
> 호흡 = 당 + 산소 → 이산화탄소 + 에너지

① 광합성에는 6,750Å을 중심으로 한 6,100 ~ 7,000Å(610 ~ 700nm)의 적색광과 4,500Å을 중심으로 한 4,000 ~ 5,000Å(400 ~ 500nm)의 청색광이 가장 유효하다.

② 1nm(나노미터)=10Å(옹스트롱) 빛의 세기가 증가할수록(일정 세기 이상에서는 일정해짐), 온도가 상승할수록(35℃ 이상에서는 감소), 이산화탄소 농도가 증가할수록(0.1% 이상에서는 일정해짐) 광합성은 증가한다.

■2 광보상점과 광포화점

광보상점	• 작물의 광합성에 의한 이산화탄소 흡수량과 호흡에 의한 이산화탄소의 방출량이 같은 지점의 광도를 말한다. • 광보상점은 광합성에 의한 이산화탄소 흡수량과 호흡에 의한 이산화탄소 방출량이 같은 지점이다. 그리고 내음성이 약한 작물은 내음성이 강한 작물보다 광보상점이 높다. • 광도가 광보상점 이상이어야 식물이 생장할 수 있다.
광포화점	• 식물에 빛을 더 강하게 비추어도 광합성량이 증가하지 않는 시점의 빛의 세기를 말한다. • 광합성량은 빛의 세기에 정비례하여 증가하지만, 광포화점에 이르면 빛의 세기가 더 증가하여도 광합성량은 증가하지 않는다.

■3 굴광성

식물이 빛의 자극에 의하여 굽어지는 성질을 말한다. 줄기 또는 초엽에는 옥신의 농도가 높은 쪽의 생장속도가 빨라지는 특성 때문에 광을 향하여 구부러지는 향광성이 나타나고, 뿌리에서는 이와 반대로 배광성이 나타난다. 굴광성은 440~480nm의 청색광이 가장 유효하다.

■4 광합성 특성에 따른 식물 분류

C3 식물	벼, 밀, 보리, 콩, 귀리
C4 식물	(옥)수수, 사탕수수, 조, 기장
CAM 식물	선인장, 난, 파인애플, 솔잎국화

5 C3 식물(벼) VS C4 식물(옥수수)

① C4 식물은 C3 식불에 비해 광포화점이 높은 광합성 특성을 보인다.

② C4 식물은 C3 식물에 비해 온도가 높을수록 광합성이 유리하다.

③ C4 식물은 C3 식물에 비해 이산화탄소 보상점이 낮은 광합성 특성을 보인다.

④ C4 식물은 C3 식물에 비해 수분 공급이 제한된 조건에서 광합성이 유리하다.

6 일장효과

① 일조시간의 변동에 따라 생물의 발육·생식 등이 달라지는 성질

② 일장효과의 재배적 이용

> ❶ 재배법 개선, ❷ 품종의 선택, ❸ 꽃의 개화기 조절 (예) 국화), ❹ 육종상의 이용, ❺ 수량 증대, ❻ 성표현의 변화와 성전환에 이용(예) 오이, 호박 등은 단일에서 암꽃이 많아지고, 장일 에서 숫꽃이 많아진다.)

7 장일식물, 단일식물, 중성식물

(1) 장일식물

① 보통 16~18시간의 장일조건에서 개화가 유도, 촉진되는 식물로, 단일상태에서는 개화가 저해된다.

② 완두, 상추, 시금치, 양귀비, 추파맥류, 보리, 아마, 아주까리, 밀, 감자, 무, 배추, 누에콩, 양파 등

> 🗨 Tip 완두가 상시 양귀비에게 추파를 던지는데 보리 생각에 아마도 (양귀비가) 아줌마 같아 밀어부쳐 감자랑 무배추에게 (양귀비) 누에양하고 물어본다.

(2) 단일식물

① 보통 8 ~ 10시간의 단일조건에서 개화가 유도, 촉진되는 식물로, 장일상태에서는 개화가 저해된다.

② 조, 기장, 들깨, 담배, 피, 콩, 국화, 수수, 코스모스, 목화, 옥수수, 나팔꽃, 벼 등

> 🗨 Tip 조오기 기장들이 담배 피는 것을 보니 콩국수 코스 목옥나벼

(3) 중성식물(중일성식물)

① 개화하는데 있어 일장의 영향을 받지 않는 식물을 말한다.

② 토마토, 고추, 메밀, 호박, 강낭콩, 당근, 가지, 장미 등

> 🗨 Tip 토고 메호 강당 가장

(4) 정일식물

① 단일이나 장일에서 개화하지 않고 어느 좁은 범위의 특정한 일장에서만 개화하는 식물을 말한다.

② 사탕수수의 F106 품종은 12시간과 12시간45분의 아주 좁은 일장 범위에서만 개화된다.

8 호광성 작물, 혐광성 작물

호광성 작물	베고니아, 우엉, 금어초, 상추, 담배, 당근 💬 Tip　베우금상담당
혐광성 작물	토마토, 가지, 오이, 호박 💬 Tip　토가오호

9 일장에 따른 화훼 구분

(1) 단일성 화훼

① 한계일장보다 짧을 때 개화하는 화훼

② 나팔꽃, 포인세티아, 국화, 프리지아, 칼랑코에, 과꽃, 코스모스, 살비아 등

> 💬 Tip　나포된 나라(국)에서 프리하게 살려면 칼과꽃 코를 살비아 돼

(2) 장일성 화훼

① 한계일장보다 길 때 개화하는 화훼

② 거베라, 금잔화, 금어초, 페튜니아, 시네라리아 등

> 💬 Tip　거베라 금잔화야 금어초 페라고 했지 시네라리아

(3) 중일성(중간성, 중성식물) 화훼

① 일장과 관계없이 개화하는 식물

② 제라늄, 시클라멘, 카네이션, 장미, 튤립, 수선화, 히아신스 등

> 💬 Tip　제시카장 툴(tool, 도구) 수선화네? 히아~

10 광중단(光中斷)

① 암기 중 특정 시기에 짧은 시간의 빛을 쬐게 하여 암기를 깨뜨리는 일. 빛을 끊는 것이 아니라 빛으로 암기를 끊는 것

② 광중단 현상 예 : 도로 건설 중 야간조명, 재배지 주변 가로등 등

06 ⃝ 재해

1 하고현상(夏枯現象, Summer Depression)

① 하고현상 : 여름철 고온으로 북방형 목초의 생산성이 심하게 떨어지는 현상

② 하고현상의 원인 : 고온, 건조, 장일, 병충해, 잡초의 무성

③ 하고현상으로 인한 피해가 심한 작물 : 레드클로버, 블루그래스, 티머시 등

> 💬 **Tip**　레드블을 먹으면 티가 난다.

④ 하고현상으로 인한 피해가 적은 작물 : 화이트클로버, 오쳐드그래스, 라이그래스

> 💬 **Tip**　거기 화이트(흰색)차 오라이~~~

⑤ 스프링 플러쉬(Spring Flush) : 북방형 목초가 봄에 생식 생장이 유도되어 산초량이 급격하게 증가하는 것

⑥ 하고 대책 : 스프링플러쉬 억제, 관개, 초종의 선택과 혼파, 방목과 채초

2 습해

토양의 과습 상태가 지속되어 토양산소가 부족하면 뿌리가 상하거나 부패하여 지상부가 황화·위조·고사되는 현상을 말한다.

3 습해대책

(1) 내습성 작물 및 품종 선택

내습성(강)	미나리, 택사, 연, 골풀, 벼 등
	💬 **Tip**　영화 미나리, 택연골벼
내습성(약)	양파, 파, 멜론, 자운영, 당근 등
	💬 **Tip**　양파 멜 자당

(2) 정지

밭에서는 휴립휴파(이랑을 만들어 이랑에 파종, 휴립재배보다 이랑이 더 높음)하고, 습답에서는 휴립재배(이랑재배)한다.

(3) 배수

불필요한 물을 다른 곳으로 빼주는 것을 말한다.

객토법	객토하여 지반을 높임으로써 원활한 배수를 유도하는 방법
자연배수법	토지의 자연경사를 이용한 배수로를 통해 배수하는 방법 예 명거배수, 암거배수
기계배수법	자연배수가 곤란할 때에 인력·축력·기계력 등을 이용하여 배수하는 방법

(4) 토양개량

토양 통기를 좋게 하기 위해서 세사(가는 모래)를 객토하거나, 중경을 실시하고, 부숙유기물·석회·토양개량제 등을 시용한다.

(5) 표층시비

미숙유기물과 황산근비료의 시용을 피하고, 표층시비를 하여 뿌리를 지표면 가까이로 유도한다. 뿌리에서 흡수장해가 보이면 엽면시비를 고려한다.

(6) 과산화석회의 시용

과산화석회를 시용하면 상당한 시간 동안 산소를 방출하여 습지에서 식물의 발아 및 생육에 도움을 줄 수 있다.

4 병해충 방제법

경종적 방제법	토지선정, 혼식, 윤작, 생육기의 조절, 중간 기주식물의 제거, 무병종묘재배
생물적 방제법	천적 이용
물리적 방제법	포살 및 채란, 소각, 소토, 담수, 차단, 유살
화학적 방제법	살균제, 살충제, 유인제, 기피제

5 경종적 방제법에 관한 설명

① 간접적·소극적·예방적 방제기술이다.
② 윤작과 무병종묘재배가 포함된다.
③ 유연관계가 먼 작물을 윤작하면 작물 상호간의 공통 해충이 함께 감소한다.
④ 벼에서 조식하면 도열병이 경감되고, 만식을 하면 이화명나방이 경감된다.

6 병해충 방제에 페로몬 이용의 장점

① 페로몬 물질은 자연적으로 발생되는 점
② 무독성
③ 환경오염요인 없음
④ 유용곤충에 안전함
⑤ 같은 종에만 영향을 미치는 종특이적 특성
⑥ 해충종합관리에 이상적인 적용요소

7 온탕처리로 방제할 수 있는 병

벼의 선충심고병(벼잎선충병), 목화의 모누늬병, 보리의 누름무늬병, 밀의 씨알 선충병, 고구마검은무늬병, 맥류의 겉깜부기병

8 작물별 병충해

복숭아	세균구멍병
벼	흰잎마름병, 줄무늬잎마름병, 세균성벼알마름병, 도열병, 깨씨무늬병, 먹노린재, 벼멸구
감자	역병, 갈쭉병, 모자이크병, 무름병, 둘레썩음병, 가루더뎅이병, 잎말림병, 감자뿔나방
	홍색부패병, 시들음병, 마른썩음병, 풋마름병, 줄기검은병, 더뎅이병, 균핵병, 검은무늬썩음병, 줄기기부썩음병, 진딧물류, 아메리카잎굴파리, 방아벌레류
	반쪽시들음병, 흰비단병, 잿빛곰팡이병, 탄저병, 겹둥근무늬병, 오이총채벌레, 뿌리혹선충, 파밤나방, 큰28점박이무당벌레, 기타
고추	역병, 탄저병, 풋마름병, 세균성점무늬병, 바이러스병
	잿빛곰팡이병, 시들음병, 담배가루이, 담배나방
	균핵병, 진딧물 및 기타, 흰가루병, 무름병

9 원인별 병충해

(1) 진균으로 인한 병해

노균병, 흰가루병, 역병, 잿빛곰팡이병, 부란병, 탄저병, 잘록병, 점무늬낙엽병, 검은별무늬병 등

> **Tip** 노균아 흰역병에 든 잿빛 부탄 잘 점검해라~!

(2) 세균으로 인한 병해

풋마름병, 중생병, 근두암종병, 화상병, 무름병, 핵과류의 세균성구멍병, 궤양병, 세균성 검은썩음병 등

> **Tip** 풋중생에게 근두암종병이 뭐냐고 화상으로 무름, 핵궤세

(3) 바이러스로 인한 병해

황화병, 사과나무고접병, 오갈병, 잎마름병, 모자이크병

> **Tip** 황사오 잎 모자이크

10 해충별 천적

해충	천적
점박이응애, 잎응애류	칠레이리응애, 긴이리응애
온실가루이	온실가루이좀벌
진딧물	진디벌류, 무당벌레류, 풀잠자리류
총채벌레	애꽃노린재류, 오이이리응애
나방류, 잎굴파리	굴파리좀벌, 굴파리고치벌

⑪ 저온장해

냉해	벼나 콩 등 여름작물이 생육적온 이하의 비교적 낮은 냉온에서 받는 냉온 장해를 말한다.
한해(寒害)	작물이 월동 중에 겨울 추위에 의해 받게 되는 피해를 말한다.

⑫ 냉해의 종류

지연형 냉해	오랜 기간 동안 냉온이나 일조 부족으로 생육이 늦어지고 등숙이 충분하지 못해 감수를 초래하게 되는 냉해
장해형 냉해	작물생육기간 중 특히 냉온에 대한 저항성이 약한 시기에 저온의 접촉으로 뚜렷한 피해를 받게 되는 냉해
병해형 냉해	저온으로 인해 생육이 부진해지거나, 광합성과 질소 대사의 이상으로 도열병균 등에 취약해짐으로 인해 병이 발생하는 냉해
혼합형 냉해	장기적으로 저온이 계속되는 경우에 발생하는 것으로, 여러 형태의 냉해가 혼합되어 나타나는 냉해. 작물에 입히는 피해가 치명적이다.

⑬ 냉해에 강한 벼/냉해에 약한 벼

냉해에 강한 벼	유망종, 유색종, 찰벼, 수중형, 조생종 💬 Tip U2찰수조
냉해에 약한 벼	무망종, 무색종, 메벼, 수수형, 만생종

⑭ 동상해 = 동해 + 상해

(1) 동해 및 상해

동해	농작물 등이 추위로 입는 피해
상해	서리로 인한 피해

(2) 동해 및 상해에 관한 설명

① 배나무의 경우 꽃이 일찍 피는 따뜻한 지역에서 늦서리 피해가 많이 일어난다.

② 핵과류에서 늦서리 피해에 민감하다.

③ 잎눈이 꽃눈보다 내한성이 강하다.

④ 서리를 방지하는 방법에는 방상팬 이용, 톱밥 및 왕겨 태우기 등이 있다.

⑤ 동해는 물의 빙점보다 낮은 온도에서 발생한다.

(3) 동해 예방을 위한 조치

① 과다하게 결실이 되지 않도록 적과를 실시한다.

② 배수 관리를 통해 토양의 과습을 방지한다.

③ 강전정을 피하고 분지 각도를 넓게 한다.

15 경화법

갑자기 추위가 오기 전에 경화의 성질을 이용하여 내동성을 증가시키는 방법. 정식기가 가까워지면 묘를 외부환경에 미리 노출시켜 적응시키는 것.

16 내동성

① 영양기관이 생식기관보다 내동성이 강하다.

② 온대과수는 내동성이 강한 편이나, 열대과수는 내동성이 약하다.

③ 주요과수 내동성이 강한 순서 : 사과 〉 배 〉 포도, 복숭아 〉 감

> **Tip** 사과가 > 배로 > 포복해서 > 감

17 수해 피해 정도

・고온 〉 저온	・관수 〉 침수	・탁수 〉 청수	・정체수 〉 유동수

※ 수해 : 장마나 홍수로 인한 피해

※ 관수 : 작물이 완전히 물에 잠긴 상태

18 한해(旱害, 가뭄해, 건조해)

(1) 가뭄이 지속될 때 작물의 잎에 나타날 수 있는 특징

・엽면적이 감소한다.	・증산이 억제된다.
・광합성이 억제된다.	・조직이 치밀해진다.

(2) 한해(旱害, 가뭄해, 건조해) 대책

① 중경제초한다.

② 질소의 과다사용을 피하고, 인산·칼리·퇴비를 적절하게 증시한다.

③ 답압을 통해 토양의 건조를 막는다.

④ 내건성인 작물과 품종을 선택한다.

⑤ 증발억제제를 살포한다.

⑥ 토양입단을 조성한다.

⑦ 작물을 재식하는 밀도를 낮춘다.

19 염해(염분으로 인한 피해)
① 시설재배 시 토양수분의 증발량이 관수량보다 많을 때 주로 발생한다.
② 비료 과다 사용으로 발생하는 경우가 많다.
③ 토양수분의 흡수가 어려워지고, 작물의 영양소 불균형을 초래한다.
④ 식물체내의 수분포텐셜이 토양의 수분포텐셜보다 높아진다.

20 염류 집적에 대한 대책
① 흡비작물 재배
② 유기물 사용
③ 심경과 객토
④ 담수 처리

21 강풍이 작물에 미치는 영향
① 강풍으로 인한 기공폐쇄로 수분흡수가 감소하게 되어 세포 팽압은 감소하며, 이산화탄소의 흡수가 적어져서 광합성이 저해된다.
② 작물체온이 떨어진다.
③ 기공폐쇄로 광합성률이 떨어진다.
④ 수정매개곤충의 활동저하로 수정률이 감소한다.
⑤ 냉해, 도복 등을 일으킬 수 있다.
⑥ 과수에 착과·낙과피해를 입힌다.
⑦ 비닐하우스 등 시설을 파손시킨다.
⑧ 강풍(태풍) 직후 작물들의 저항성이 떨어져 있는 동안에 병해충에 취약해진다.

22 풍해 대책
① 내도복성 품종을 재배한다.
② 태풍이 지나간 후에 살균제를 도포하여 병충해에 대비한다.
③ 적정한 재배 밀도로 작물을 재배한다.

23 우리나라의 우박피해
① 우리나라의 우박피해는 주로 과수의 착과기와 성숙기에 해당되는 5 ~ 6월 혹은 9 ~ 10월에 간헐적이고, 돌발적으로 발생한다.
② 단기간에 큰 피해를 발생시키며, 우박이 잘 내리는 곳은 낙동강 상류지역, 청천강 부근, 한강 부근 등 대체로 정해져 있지만, 피해지역이 국지적인 경우가 많다.
③ 1차 우박피해 이후에 2차적으로 병해를 발생시키는 등 간접적인 피해를 유발하기도 한다.
④ 수관 상부에 그물을 씌워 피해를 경감시킬 수 있다.

07 ⏚ 재배법

▌1 생식/번식

(1) 종자번식(유성번식)

종자를 이용해서 번식하는 것을 종자번식이라고 한다. 종자는 수술의 화분과 암술의 난세포의 결합으로 만들어 진다. 자성 배우자와 웅성 배우자의 수정에 의해 이루어지기 때문에 유성번식이라고도 한다.

① 다양한 유전적 특징을 가지는 자손이 생겨난다.

② 유전적 변이를 만들어 이용한다.

③ 불량환경을 극복하는 수단으로 이용할 수 있다.

④ 양친의 형질이 전달되지 않는다.

⑤ 번식체의 취급이 간편하고 수송 및 저장이 용이하다.

⑥ 대량채종과 번식이 가능하다.

⑦ 개화와 결실이 길다.

(2) 영양번식(무성번식)

식물체의 잎, 줄기, 뿌리 등의 일부를 이용하여 번식하는 것을 영양번식이라고 한다.

① 유전적인 특성을 그대로 유지할 수 있기 때문에 동일한 품종을 생산할 수 있다.

② 모본의 내한성, 내병성 등의 유전적인 특성을 유지하기 때문에 튼실하며, 종자번식 묘보다 성장이 빠르다. 과수의 결실연령을 단축시킬 수 있다.

③ 종자로 번식이 불가능한 작물의 번식수단이 될 수 있다.

④ 모본의 식물체의 조직 등을 확보해야 하기 때문에 종자번식처럼 일시에 다량의 묘를 확보하기는 어렵다. (조직배양의 경우에는 일시에 다량의 묘 확보 가능)

(3) 아포믹시스(Apomixis, 무수정생식)

수정과정을 거치지 않고 배를 만들어 종자를 형성하는 생식방법이다.

부정배형성	배낭을 만들지 않고, 접합자 이외의 체세포배의 조직에서 직접 배를 형성 ⑩ 밀감의 주심배
무포자생식	배낭을 만들고, 배낭의 조직세포가 배를 형성 ⑩ 부추, 파 등
복상포자생식	배낭모세포가 감수분열을 못하거나 비정상적인 분열을 하여 배를 형성 ⑩ 국화과 등
위수정생식	배우자 이외의 핵들이 융합하여 배수염색체를 갖는 핵으로 되고, 그 세포가 수분과 화분관의 신장이나 정핵의 자극만으로 발달하여 새로운 개체를 형성

위잡종	본래 유성생식을 하는 식물이 생식핵의 수정·융합없이 단위 생식에 의하여 생성된 식물 개체
웅성단위생식	웅성핵(정핵) 단독으로 분열하여 배를 형성 예 달맞이 꽃, 진달래 등

PLUS 중복수정, 암술, 수술

중복수정	난핵과 정핵, 극핵과 정핵이 수정하는 현상
암술	주두(암술머리), 화주(암술대), 자방(씨방)의 세 부분으로 구분됨
수술	꽃밥(약), 꽃실(수술대)의 두 부분으로 구분됨

2 작물의 인공적 영양번식 시 발근 및 활착 촉진 방법

① 생장호르몬처리
② 자당액 침지
③ 환상박피
④ 절상·절곡

3 재배방식

(1) 연작(이어짓기) : 같은 토지에 같은 작물을 해마다 재배하는 방식

연작으로 인한 수확량 감소 현상을 기지현상이라고 한다. 윤작, 답전윤환재배, 경종적(객토, 경운 등) 방법으로 대책을 세운다. 연작 병으로는 잘록병(완두, 목화, 아마), 풋마름병(토마토, 가지), 뿌리썩음병(인삼), 갈색무늬병(사탕무), 탄저병(강낭콩), 덩굴쪼김병(수박) 등이 있다.

1) 연작의 해가 심한 작물

아마, 인삼, 앵두, 복숭아, 무화과, 감귤

Tip 아마 인삼 앵복무감

2) 연작의 해가 적은 작물

(순)무, 당근, 딸기, 양파, 호박, 부추, 벼, 고구마, (옥)수수, 양배추, 조, 뽕나무, 연(근), 미나리, 아스파라거스

Tip 무당딸 양파가 운영하는 호박나이트에서 부벼고수 양배를 만났을 때 이렇게 말했다.
조뽕연 미나리 아스파라거스

(2) 윤작(돌려짓기) : 같은 토지에 작물을 바꿔가며 재배하는 방식

노포크식 윤작법 : 1930년 경 영국의 노포크 지방에서 고안된 이상적인 윤작방식. 4년
단위로 순무– 보리 - 클로버 – 밀을 순환시키는 것으로 사료(순무,보리,클로버)와 식
량(밀)의 생산, 지력수탈(보리·밀)과 지력증진(순무·클로버)의 관계가 균형있게 고려된
방식

(3) 혼작(섞어짓기) : 같은 토지에 두 가지 이상의 작물을 섞어서 재배하는 방식
⑩ 콩+옥수수, 콩+조, 콩+고구마, 목화+참깨/들깨

(4) 간작(사이짓기) : 작물을 심은 이랑이나 포기 사이에 다른 작물을 심어 재배하는 방식
⑩ 맥류–목화, 보리–고구마, 콩(팥)–고구마, 뽕나무–콩

(5) 교호작(번갈아짓기) : 두 종류 이상의 작물을 일정한 이랑씩 배열하여 재배하는 방식
⑩ 콩–옥수수

(6) 주위작(둘레짓기) : 포장 내의 작물과 다른 작물을 포장 주위(논두렁 등)에 재배하는 방식
⑩ 벼–콩, 참외/수박–(옥)수수

(7) 답전윤환재배 : 농지를 논과 밭으로 몇 해씩 돌려가면서 작물을 재배하는 방식

4 벼의 재배형태

조기재배	조생종 벼를 가능한 한 일찍 파종, 육묘하고 조기에 이앙하여 조기에 벼를 수확하는 재배형
조식재배	제철보다 일찍 파종·이앙하여 영양생장기간을 연장해줌으로서 수확량 증대를 꾀하는 재배형
조생재배	표준적인 개화기보다 일찍 꽃이 피고 성숙하는 재배형
만기재배	만파만식재배. 파종도 늦게, 모내기도 늦게 하는 재배형
만식재배	앞작물이 있거나 병충해회피 등의 이유로 보통기재배에 비해 모내기가 현저히 늦은 재배형

※ 모내기 : 못자리에서 기른 모를 본논에 옮겨 심는 것

5 벼의 수발아(穗發芽)

벼의 결실기에 종실이 이삭에 달린 채로 싹이 트는 것을 말한다. 태풍으로 벼가 도복
이 되었을 때 고온·다습 조건에서 자주 발생한다. 조생종이 만생종보다 수발아가 잘
발생한다. 휴면성이 약한 품종이 강한 품종보다 수발아가 잘 발생한다.

출수(出穗)	벼 이삭이 나오는 것
맹아(萌芽)	새로 돋아 나오는 싹
최아(催芽)	종자 파종 전에 인위적으로 싹을 틔우는 것

6 생력기계화의 이점

① 농업노력비 절감
② 단위수량 증대
③ 작부체계 개선
④ 재배면적 증대
⑤ 농업경영 개선

7 무토양 재배(=양액재배=수경재배)

장점	단점
• 연작장해를 피할 수 있다. • 기계화로 대규모 재배가 용이하다. • 기업적 농업경영이 가능하다. • 청정 재배가 가능하다. • 환경친화형 농업이 가능하다. • 안정적인 수확이 가능하다. • 동일한 환경에서 장시간 연속재배가 가능하다. • 농약 사용량을 획기적으로 줄일 수 있다. • 품질과 수량성이 좋다.	• 초기 시설 투자액이 많이 필요하다. • 전문적인 지식과 기술이 필요하다. • 완충능이 낮아 환경에 민감하게 반응한다. • 재배 가능한 작물의 종류가 제한적이다. • 순환식 양액재배에서는 식물병원균의 오염속도가 빠르다. • 작물이 일단 병해를 입으면 치명적인 손실을 초래할 수 있다.

8 인공영양번식

(1) 분주(分株, 포기나누기)

뿌리 부근에서 생겨난 포기나 부정아를 나누어 번식하는 방법

(2) 삽목(揷木, 꺾꽂이)

① 영양기관인 잎, 줄기, 뿌리를 모체로부터 분리하여 상토에 꽂아 번식하는 방법
② 모주의 유전형질이 후대에 똑같이 계승된다. 과수의 결실연령을 단축시킬 수 있다.
③ 개화결실이 빠르다. 종자번식이 불가능한 작물의 번식수단이 된다.

(3) 접목(接木, 접붙이기)

번식하고자 하는 모수의 가지를 잘라 다른 나무 대목에 붙여 번식하는 방법

1) 접붙이기(형성층)의 장점

　결과 촉진, 수세 회복, 풍토적응성 증대, 병충해 저항성 증대, 품종 갱신

2) 분류

접목위치에 따른 분류	고접, 근두접, 복접, 근접, 이중접
접목장소에 따른 분류	거접, 양접
접목시기에 따른 분류	봄접, 여름접, 가을접
접목방법에 따른 분류	지접, 절접, 할접, 혀접, 삽목접, 아접, 교접, 호접

(4) 취목(取木, 휘묻이)

식물의 가지를 휘어서 땅 속에 묻고 뿌리 내리도록 하여 번식시키는 방법

선취법	가지의 선단부를 휘어서 묻는 방법 예) 나무딸기
고취법	가지를 땅속에 휘어 묻을 수 없는 경우에 높은 곳에서 발근시켜 취목하는 방법. 오래된 가지를 발근시켜 떼어낼 때 사용한다. 발근시키고자 하는 부분에 미리 박피를 해준다. 양취법이라고도 한다. 예) 고무나무
당목취법	가지를 수평으로 묻고, 각 마디에서 발생하는 새 가지를 발근시켜 한 가지에서 여러 개를 취목하는 방법 예) 양앵두, 자두, 포도 Tip　양자포
성토법	모식물의 기부에 새로운 측지를 나오게 한 후에 끝이 보일 정도로 흙을 덮어서 뿌리가 내리게 한 후에 잘라서 번식시키는 방법 예) 양앵두, 사과나무, 자두, 뽕나무, 환엽해당 Tip　양사자 뽕환
보통법	가지를 보통으로 휘어서 일부를 흙 속에 묻는 방법 예) 양앵두, 자두, 포도 Tip　양자포
파상취법	긴 가지를 휘어서 하곡부마다 흙을 덮어 한 가지에서 여러 개를 취목하는 방법 예) 포도

9 잎꽂이와 잎눈꽂이

잎꽂이(엽삽)에 유리한 작물	렉스베고니아, 산세베리아, 글록시니아, 페페로미아 등
잎눈꽂이에 유리한 작물	국화, 감귤류, 동백나무, 몬스테라, 고무나무, 치자나무 등 Tip　국감 동몬 고치자

🔟 육묘

(1) 육묘(育苗)

어린 모를 묘상 또는 못자리 등에서 기르는 것을 말한다.

(2) 육묘의 장점

① 딸기·고구마 등과 같이 직파가 불리한 작물들의 재배에 이점이 있다.

② 조기수확이 가능해진다.

③ 토지의 이용도를 증대한다.

④ 수량증대에 유리하다.

⑤ 재해방지에 유리하다.

⑥ 용수를 절약할 수 있다.

⑦ 직파하여 관리하는 것보다 중경제초 등에 소요되는 노력이 절감된다.

⑧ 뿌리의 활착을 증진한다.

⑨ 추대방지에 유리하다.

⑩ 종자를 절약할 수 있다.

⑪ 직파에 비해 발아가 균일하다.

🔟🔟 플러그육묘의 장점

① 계획생산이 가능하다.

② 정식 후 생장이 빠르다.

③ 기계화 및 자동화로 대량생산이 가능하다.

④ 기계화를 통해 노동력을 절약할 수 있으며, 그로 인해 묘 생산원가를 절약할 수 있다.

⑤ 좁은 면적에서 대량육묘가 가능하다.

⑥ 최적의 생육조건으로 다양한 규격묘 생산이 가능하다.

🔟🔟 육묘용 상토

유기물 재료	피트모스, 가축분, 왕겨, 나무껍질 등 🗨 Tip　피가 왕나
무기물 재료	버미큘라이드, 펄라이트, 제올라이트, 모래 등 🗨 Tip　버펄라이트 제모

13 작휴법

평휴법	• 이랑과 고랑의 높이를 같게 하는 방식 • 건조해 및 습해 완화 　예 밭벼, 채소 등
휴립휴파법	• 이랑을 세우고 이랑에 파종하는 방식 • 배수 및 토양 통기에 유리 　예 고구마, 조, 콩 등
휴립구파법	• 이랑을 세우고 낮은 골에 파종하는 방식 • 맥류에서 한해 및 동해 방지, 감자에서 발아 촉진 효과 　예 보리, 맥류, 감자 등
성휴법	• 이랑을 보통보다 넓고 크게 만드는 방식 • 건조해 및 습해 완화 　예 답리작 맥류, 맥후작 콩 재배 등

14 복토

파종한 다음 흙을 덮는 것

얕게 복토하는 경우	작은 종자, 광발아성 종자, 호광성 종자, 습한 토양, 점질토양
깊게 복토하는 경우	건조한 토양, 사질 토양, 덥거나 추운 곳에서 파종시

15 배토

작물이 생육하고 있는 중에 이랑 사이의 흙을 그루 밑에 긁어모아 주는 것. 일반적으로 잡초 방지, 도복 방지, 맹아 억제 등의 목적으로 실시한다.

16 중경

작물이 생육하고 있는 중에 김을 매어 두둑 사이의 골이나 그 사이의 흙을 부드럽게 하는 것

중경의 장점	토양의 통기성 조장, 토양 수분 증발 억제, 제초효과, 비효증진
중경의 단점	단근 피해 및 동상해 피해를 조장할 수 있음

17 청경

토양에 풀이 자라지 않도록 깨끗하게 김을 매주는 것

청경의 장점	작물과 잡초 사이에 수분 경합이 없고, 병해충의 잠복처를 제공하지 않는다. 과수원 관리가 쉽다.
청경의 단점	양분용탈이 발생하고, 토양침식으로 입단형성이 어렵다. 토양 수분증발과 온도변화가 심해진다.

18 멀칭

농작물을 재배할 때, 짚이나 비닐 따위로 토양의 표면을 덮어주는 것

(1) 멀칭의 효과

지온상승, 토양수분 유지(토양건조 방지), 토양 및 비료유실 방지, 잡초 발생 억제, 병충해 방제, 신장·증수 촉진, 조기수확 가능

(2) 초생법

풀이나 목초 등으로 토양의 표면을 덮는 방법

장점	단점
• 토양의 입단화가 촉진된다. • 지력유지에 도움이 된다. • 토양침식과 양분유실을 방지한다.	• 유목기에 양분·수분경합이 발생한다.

(3) 부초법

볏짚, 톱밥 등으로 토양의 표면을 덮는 방법

장점	단점
• 토양침식을 방지한다. • 멀칭재료로부터 토양으로 양분이 공급된다. • 토양수분 증발을 억제한다. • 토양 유기물이 증가되고, 토양의 물리성이 개선된다. • 잡초발생이 억제된다. • 낙과 시 압상이 경감된다.	• 이른 봄에 지온 상승이 늦어져 늦서리 피해를 입을 수 있다. • 건조기에 화재 우려가 있다. • 겨울동안 쥐 피해가 발생할 수 있다.

(4) 필름 색깔별 효과비교(상대적)

구분	지온상승효과	잡초억제효과
녹색필름	크다	크다
흑색필름	작다	크다
투명필름	크다	작다

19 엽면시비

액체 비료를 식물의 잎에 직접 공급하는 방법을 말한다. 비료의 흡수율을 높이기 위해 전착제를 첨가하여 살포한다. 잎의 윗면보다는 아랫면에 살포하여 흡수율을 높게 한다. 고온기에는 엽면시비를 피한다.

(1) 엽면시비의 장점

① 영양분을 매우 신속하고 즉각적으로 공급할 수 있어, 식물체의 특정 양분 결핍을 신속하게 해결할 수 있다.
② 잎을 통해서 영양분을 공급하기 때문에, 식물의 뿌리 기능에 문제가 있는 경우에도 영양을 공급할 수 있다.
③ 뿌리가 병충해 또는 침수 피해를 받았을 때 실시할 수 있다.

20 휴면

생육이 일시적으로 정지해 있는 상태를 말한다.

(1) 휴면의 원인

경실과 종피의 불투수성과 불투기성, 발아억제 물질의 존재, 배의 미숙

(2) 휴면타파

종피파상법	자운영, 콩 등
진한 황산처리	고구마, 감자, 레드클로버, 화이트클로버, 목화 등
온도처리	벼, 자운영, 알팔파 등
진탕처리	스위트클로버 등
질산처리	버펄로그래스 등
지베렐린처리	감자, 양상추, 담배, 약용인삼 등
에스렐처리	땅콩, 딸기 등

(3) 휴면연장

① 온도조절 : 작물별로 발아는 하지 못하지만 동결되지는 않는 온도에 저장한다. 감자의 경우 0 ~ 4℃, 양파의 경우 1℃ 내외
② 약제처리 : MH수용액살포, 토마토톤처리 등
③ γ(감마)선 조사 : 감자, 당근, 양파 등은 γ(감마)선을 조사를 통해서 발아를 억제하여 휴면 연장의 효과를 지속할 수 있다.

21 봉지씌우기의 효과

① 병해충 방제
② 과피 착색 증진
③ 동록 방지

④ 과피의 착색도를 향상시키고, 농약이 직접 과실에 부착되지 않도록 하여 상품성을 높임

⑤ 열과방지

22 수확 및 수확 후 관리

(1) 과실의 수확 적기를 판정하는 항목

① 만개 후 일수

② 당산비(당 및 산 함량 비율)

③ 요오드 반응

④ 착색 정도

⑤ 호흡량

(2) 큐어링(=아물이)

상처를 치유한다는 뜻으로, 고구마의 경우 수확 직후에 30 ~ 35℃, 상대습도 90 ~ 95%의 환경에 3 ~ 4일간 보관하면 상처가 아물게 된다. 큐어링을 하면 수확 시 발생한 상처 또는 병해충에 의한 상처가 아물어 저장력이 크게 향상된다.

(3) 후숙

미숙한 작물을 수확하여 일정기간 동안 적합한 장소에 보관하여 성숙시키는 것을 말한다. 사과, 참다래, 망고 등은 후숙 처리를 통해서 품질이 좋아진다.

(4) 예냉

과실 수확 직후 신속하게 온도를 낮추어 과실의 호흡과 성분 변화를 억제시키는 것을 말한다. 예냉 처리를 한 작물은 운송 중 신선도가 유지되고 증산과 부패가 억제되어 저장기간을 연장하는 효과가 있다.

(5) 예건

수확한 작물을 일정 시간 건조하는 것을 말한다. 예건 처리를 통해 저장 중 발생하는 수분 증산을 억제함으로써 저장성을 좋게 한다.

1 유리온실

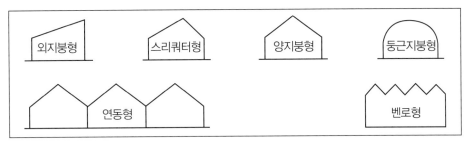

(1) 외지붕형

지붕이 한쪽만 있는 온실로, 동서방향으로 짓는 것이 좋다. 소규모 취미오락용 시설로 적합하며, 겨울철 채광과 보온에 유리하다.

(2) 쓰리쿼터형(3/4형)

남쪽 지붕의 면적이 전체 지붕 면적의 3/4정도 되게 생겼다. 동서방향으로 짓는 것이 좋다. 채광이나 보온성이 좋아서 가정용이나 학교 교육용 등으로 적합하다.

(3) 양지붕형

양쪽 지붕의 길이가 같은 온실로 채광이 균일하고, 통풍이 잘된다. 남북방향으로 짓는 것이 좋다.

(4) 둥근지붕형

외관이 둥근 모양으로, 표본전시용으로 많이 이용된다.

(5) 연동형

양지붕형 온실을 연결한 온실로, 대규모 시설재배에 많이 이용되고 있다.

장점	건축비·난방비 절감, 토지이용율 증대, 대규모 시설재배에 적합
단점	상대적으로 광분포가 균일하지 못함, 환기 및 적설에 불리함.

(6) 벤로형

처마가 높고 폭이 좁은 양지붕형 온실을 연결한 형태이다. 토마토, 파프리카(착색단고추) 등 과채류 재배에 적합하다. 동서방향으로 짓는 것이 좋다. 연동형 온실의 단점을 보완한 형태

2 플라스틱 온실(비닐하우스)

지붕형	• 외지붕형, 양지붕형, 쓰리쿼터형 등 바람이 심하고 겨울철 적설량이 많은 지역에 적합하다.
터널형	• 대형터널형, 반원형 등, 바람에 강하고 채광도 좋은 편이지만, 환기가 불량하다. • 무게를 잘 견디지 못하기 때문에 적설량이 많은 지역에는 부적합하다.
아치형	• 환기가 좋지 않지만, 보온은 유리하다. • 터널형과 같이 적설량이 많은 지역에는 부적합하다.

3 에어하우스

하우스 내부에 기둥이 없이 최첨단 공법으로 세워진 시설

(1) 장점

① 골격율이 낮아 광투과율이 좋다.

② 대단위 복합 기계화 영농이 가능하다.

③ 이중으로 설치되어 보온성이 좋다.

④ 자연재해(폭설, 폭우, 태풍 등)에 강하다.

⑤ 시설의 구조가 단순하고 설치가 간단하다.

⑥ 시설비가 상대적으로 저렴하고, 시공기간이 짧은 편이다.

⑦ 하우스 폭, 길이, 높이 등 크기에 상관없이 단동으로 설치가 가능하다.

⑧ 하우스 내부 공간이 커서 농기계 사용이 용이하며, 내부 환경관리가 수월하다.

4 펠릿하우스(Pellet House)

지붕과 벽면에 이중구조를 만들어 밤에는 발포폴리스티렌입자로 열손실을 방지하고, 낮 동안에는 입자를 흡입하여 광투과율을 높인다.

5 식물공장

장점	단점
• 계획생산, 대량생산, 고속생산, 연속생산 가능 • 생산물의 품질향상, 무결점 농산물 생산 가능 • 생산과정의 완전 자동화 가능 • 계절적, 지역적 환경 등으로 인한 시간적·공간적 제약으로부터 자유로워짐	• 시설비용, 운영비, 관리비 등 비용 소모가 많다. • 에너지 경제면에서 비효율적인 면이 있다.

6 NFT(Nutrient Film Technique)

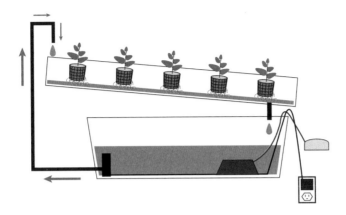

박막식 수경재배. 파이프 내에 배양액을 흘려보내 재배하는 방식, 양액이 재배단을 따라 흘러내리면서 얇은 막을 형성한다.

장점	단점
• 순환식으로 양액의 손실이 적다. • 양액이 지속적으로 순환하기 때문에 작물 생장에 수분 부족과 같은 문제가 발생하지 않는다. • 양액의 영양 성분, 공급량 또는 공급 간격 등을 조절하여 식물 생육 조절이 용이하다.	• DFT에 비해 양액의 상대적으로 작기 때문에 외부적인 요인에 의한 온도변화에 민감하다. • 예상치 못한 정전, 양액 순환장치 고장 등으로 양액 순환이 제대로 되지 않는 경우 작물 피해를 입기 쉽다. • 양액이 계속 순환하기 때문에 병균이 발생하는 경우 양액을 매개로 단시간에 전체 식물이 감염될 수 있다.

7 DFT(Deep Flow Technique)

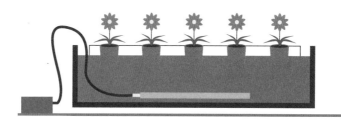

담액식 수경재배. 뿌리는 배양액 속에 담겨있고, 지상부는 베드위에서 재배하는 방법으로 가장 단순하고 고전적인 수경재배 방식이다.

장점	단점
• 베드 내에 상당한 양의 배양액이 유지되므로 기온에 따른 양액의 온도변화가 상대적으로 작다. • 배양액의 농도, 산성도 등을 안정적으로 관리할 수 있다. • 예상치 못한 정전, 양액 순환장치 고장 등이 발생하더라도 배양액이 유지 되고 있으므로 식물체가 쉽게 피해를 입지 않는다.	• 많은 양의 양액을 유지하고 있어야 하기 때문에 큰 용량의 탱크나 베드가 필요하다. • 양액이 계속 순환하기 때문에 병균 발생시 전체 식물이 감염될 수 있다. • 물이 수조에 정지되어 있는 상태이기 때문에 뿌리가 호흡할 수 있는 산소를 기포발생기 등의 장치를 통해서 보충해주어야 한다.

8 피복재 = (1) 기초피복재 + (2) 추가피복재

(1) 기초피복재

1) 유리피복재

판유리, 형판유리, 복층유리, 열선흡수유리 등

2) 플라스틱피복재

① 연질필름 : 두께가 0.05 ~ 0.1mm 정도 되는 부드럽고 얇은 플라스틱 필름을 말한다.

폴리에틸렌(PE) 필름	• 광투과율이 높고, 필름 표면에 먼지가 잘 부착되지 않으며, 필름 상호간에 잘 달라붙지 않는 성질이 있어 사용하는데 편리하다. • 여러 약품에 대한 내성이 크고, 가격이 싸다.
염화비닐(PVC) 필름	• 광투과율이 높고, 장파투과율과 열전도율은 낮기 때문에 보온력이 높다.
에틸렌아세트산(EVA) 필름	• 광투과율이 높고, 저온에서 굳지 않고 고온에서도 흐물거리지 않는 특징이 있다. • 이용 시 가스발생이나 독성에 대한 염려가 없다는 장점이 있다.

※ 장파투과율 : 장파투과율이 높을수록 보온력이 약해진다.

   PVC(염화비닐)필름 〈 EVA(에틸렌아세트산)필름 〈 PE(폴리에틸렌) 필름

② 경질필름 : 가소제를 함유하지 않은 0.1 ~ 0.2mm 두께의 플라스틱 필름을 말한다.

경질폴리염화비닐(RPVC) 필름	• 내충격성은 좋은 편이지만 인열강도가 낮아 못구멍 자리와 같은 부분부터 찢어지기 쉽다. • 유적성이 나쁘다. 한번 피복하면 3년 정도 사용할 수 있다.
경질폴리에스테르(PET) 필름	• 광투과율은 높으며 장파장은 잘 투과가 안되어 보온성이 높다. • 유적성이 좋은 편이다. 한번 피복하면 5년 이상 사용 가능하다.
불소수지 필름	• 내구 연한이 길다. • 활설성(滑雪性)이 우수하여 겨울철 눈이 많이 오는 지역에서 사용하면 유리한 점이 있다.

③ 경질판 : 두께가 0.2mm 이상 되는 플라스틱판으로 FRP판, FRA판, MMA판, PC판, 복층판 등이 있다.

(2) 추가피복재
반사필름, 부직포, 보온메트, 거적, 한랭사, 네트 등

9 시설원예 자재에 관한 설명
① 피복자재는 광투과율이 높고, 열전도율이 낮아야 한다.
② 피복자재는 외부 충격에 강해야 한다.
③ 피복자재는 보온성·내구성 등이 좋아야 하고, 가격은 저렴한 것이 좋다.
④ 골격자재는 내부식성이 강해야 한다.
⑤ 골격자재는 철재 및 경합금재가 사용된다.

10 기화냉방법

팬 앤드 패드	시설의 한쪽면에 젖은 패드를 설치하고 반대쪽에서 팬을 가동하여 냉각된 공기가 유입되도록 하는 냉각방법
팬 앤드 미스트	시설의 한쪽면에 패드 대신 미스트 분무실을 설치하고 반대쪽에서 팬을 가동하여 외부 공기가 미스트 분무실을 통과하면서 냉각되어 유입하게 하는 냉각방법
팬 앤드 포그	시설 내의 온도를 낮추기 위해 시설의 벽면 위 또는 아래에서 실내로 세무(細霧)를 분사시켜 시설 상부에 설치된 풍량형 환풍기로 공기를 뽑아내는 냉각방법

09 ⚲ 기타

1 식물호르몬

(1) 생장호르몬

1) 옥신

① 옥신은 식물체의 성장과 발근을 촉진한다.

② 굴광성·굴중성·굴촉성 등 식물생장의 방향을 조절한다.

③ 루톤(rootone)은 옥신계 생장조절물질로 발근을 촉진한다.

④ 삽목 시 발근촉진제, 사과나무 적과제, 사과나무 낙과방지제로 옥신계 물질을 사용한다.

2) 지베렐린

① 식물체의 휴면을 타파하고, 발아를 촉진한다.

② 화성을 유도하고 개화를 촉진한다.

③ 줄기와 잎의 생장을 촉진하며 단위결과를 유도한다.

④ 씨없는 포도를 만들 때 사용한다. 작물의 로제트(rosette)현상을 타파한다.

3) 시토키닌

식물체의 세포분열을 촉진하는 호르몬이다. 발아촉진, 신선도 유지, 노화억제 등의 기능이 있다.

(2) 억제호르몬

1) 앱시스산(Abscisic Acid, ABA)

① 발아억제, 잎의 노화, 낙엽촉진, 휴면유도 등의 기능을 한다.

② 내한성을 증진시킨다.

③ 종자나 눈이 휴면에 들어가면서 증가하는 호르몬이다.

④ 작물 생육기간 중 수분부족 환경에 노출될 때 앱시스산을 많이 합성하여 기공을 닫는 방식으로 식물체 내의 수분을 보호한다.

2) 에틸렌

① 원예작물의 숙성호르몬으로, 무색 무취의 가스형태이며, 에테폰이 분해될 때 발생된다.

② 식물체에 물리적 자극이 가해지거나 병충해를 받으면 에틸렌의 생성이 증가되며, 식물체의 길이가 짧아지고 굵어진다.

③ 발아를 촉진하고, 잎의 노화를 가속화한다.

④ 식물의 성숙을 촉진한다.

⑤ 성을 표현하는 조절제의 역할을 한다.(오이와 같은 박과채소는 에틸렌에 의해서 암꽃 착생을 증가시킬 수 있다.)

⑥ 토마토 열매의 엽록소 분해를 촉진한다.

⑦ 가지의 꼭지에서 이층(離層)형성을 촉진한다.

⑧ 아스파라거스의 육질 경화를 촉진한다.

⑨ 상추의 갈색 반점을 유발한다.

⑩ 카네이션은 수확 후 에틸렌 작용 억제제를 사용하면 절화 수명을 연장할 수 있다.

3) B-Nine

① 식물의 신장을 억제한다.

② 사과의 가지 신장 억제 및 낙과방지, 저장성 향상, 밀의 도복 방지, 국화의 변색 방지 등의 기능이 있다.

4) CCC

식물체의 절간신장을 억제한다.

5) MH

담배의 측아발생을 방지하고, 저장 중인 감자나 양파에 싹이 트는 것을 방지한다.

2 우리나라 작물재배의 특징

① 농용지 중에서 초지가 적다.

② 경지이용도가 높고, 윤작이 발달하지 못하였다.

③ 지력이 낮은 편이다.

④ 기상재해가 많은 편이다.

⑤ 영세경영의 다비농업, 전업농가가 대부분이다.

⑥ 집약농업에서 생력농업으로의 전환기에 있다.

⑦ 주곡농업이면서 외곡도입이 많다.

⑧ 농산품의 국제경쟁력이 약한 편이다.

3 용어

전지	수목의 가지를 잘라주는 일	적아	눈을 따주는 일
적심	작물의 생장점을 잘라주는 일, 순자르기	적엽	잎을 따주는 일
적뢰	꽃봉오리를 따주는 일	적과	과실을 따주는 일

PART

2

손해평가사
기출문제

제1회 손해평가사 기출문제

상법(보험편)

1 보험계약의 선의성을 유지하기 위한 제도로 옳지 않은 것은?
① 보험자의 보험약관설명의무
② 보험계약자의 손해방지의무
③ 보험계약자의 중요사항 고지의무
④ 인위적 보험사고에 대한 보험자면책

2 타인을 위한 보험계약의 보험계약자가 피보험자의 동의를 얻어야 할 수 있는 것은?
① 보험증권교부청구권
② 보험사고 발생 전 보험계약해지권
③ 특별위험 소멸에 따른 보험료감액청구권
④ 보험계약 무효에 따른 보험료반환청구권

3 보험약관의 조항 중 그 효력이 인정되지 않는 것은?
① 보험계약체결일 기준 1월 전부터 보험기간이 시작되기로 하는 조항
② 보험증권교부일로부터 2월 이내에 증권내용에 이의를 할 수 있도록 하는 조항
③ 약관설명의무 위반 시 보험계약자가 1월 이내에 계약을 취소할 수 있도록 하는 조항
④ 보험계약자의 보험료 반환청구권의 소멸시효기간을 3년으로 하는 조항

4 보험대리상이 갖는 권한으로 옳지 않은 것은?
① 보험자 명의의 보험계약체결권
② 보험계약자에 대한 위험변경증가권
③ 보험계약자에 대한 보험증권교부권
④ 보험계약자로부터의 보험료수령권

5 보험계약자가 보험료의 감액을 청구할 수 있는 경우에 해당하는 것은?

① 보험계약 무효 시 보험계약자와 피보험자가 선의이며 중대한 과실이 없는 경우
② 보험계약 무효 시 보험계약자와 보험수익자가 선의이며 중대한 과실이 없는 경우
③ 특별한 위험의 예기로 보험료를 정한 때에 그 위험이 보험기간 중 소멸한 경우
④ 보험사고 발생 전의 임의해지 시 미경과보험료에 대해 다른 약정이 없는 경우

6 보험료에 관한 설명으로 옳지 않은 것은?

① 보험계약자는 계약체결 후 지체없이 보험료의 전부 또는 최초보험료를 지급하여야 한다.
② 보험계약자의 최초보험료 미지급 시 다른 약정이 없는 한 계약성립 후 2월의 경과로 그 계약은 해제된 것으로 본다.
③ 계속보험료 미지급으로 보험자가 계약을 해지하기 위해서는 보험계약자에게 상당 기간을 정하여 그 기간 내에 지급할 것을 최고하여야 한다.
④ 타인을 위한 보험의 경우 보험계약자의 보험료지급 지체 시 보험자는 그 타인에게 보험료 지급을 최고하지 않아도 계약을 해지할 수 있다.

7 보험계약 부활에 관한 설명으로 옳은 것은?

① 보험계약자의 고지의무 위반으로 보험자가 보험계약을 해지하여야 한다.
② 보험계약자의 최초보험료 미지급으로 보험자가 보험계약을 해지하여야 한다.
③ 보험계약자가 연체보험료에 법정이자를 더하여 보험자에게 지급하여야 한다.
④ 보험자가 보험계약을 해지하고 해지환급금을 지급하지 않았어야 한다.

8 보험계약자의 고지의무 위반으로 인한 보험자의 계약해지권에 관한 설명으로 옳은 것은?

① 고지의무 위반 사실이 보험사고의 발생에 영향을 미치지 않은 경우 보험자는 계약을 해지하더라도 보험금을 지급할 책임이 있다.
② 보험자는 보험사고 발생 전에 한하여 해지권을 행사할 수 있다.
③ 보험자가 계약을 해지한 경우 보험금을 지급할 책임이 없으며 이미 지급한 보험금에 대해서는 반환을 청구할 수 없다.
④ 보험자는 고지의무 위반사실을 안 날로부터 3월 내에 해지권을 행사할 수 있다.

9 위험의 변경증가에 관한 설명으로 옳은 것을 모두 고른 것은?

> ㉠ 위험변경증가통지의무는 보험계약자 또는 피보험자가 부담한다.
> ㉡ 보험계약자의 위험변경증가통지의무는 피보험자의 행위로 인한 위험변경의 경우에 한한다.
> ㉢ 보험자는 위험변경증가통지를 받은 때로부터 1월 이내에 보험료의 증액을 청구할 수 있다.
> ㉣ 보험자는 위험변경증가의 사실을 안 날로부터 6월 이내에 한하여 계약을 해지할 수 있다.

① ㉠, ㉡
② ㉠, ㉢
③ ㉡, ㉣
④ ㉢, ㉣

10 보험료의 지급과 보험자의 책임개시에 관한 설명으로 옳지 않은 것은?

① 보험설계사는 보험자가 작성한 영수증을 보험계약자에게 교부하는 경우에만 보험료수령권이 있다.

② 보험자의 책임은 당사자 간에 다른 약정이 없으면 최초 보험료를 지급 받은 때로부터 개시한다.

③ 보험료불가분의 원칙에 의해 보험계약자는 다른 약정이 있더라도 일시에 보험료를 지급하여야 한다.

④ 보험자의 보험료청구권은 2년간 행사하지 아니하면 시효의 완성으로 소멸한다.

11 보험자의 보험금 지급과 면책사유에 관한 설명으로 옳은 것은?

① 보험금은 당사자 간에 특약이 있는 경우라도 금전이외의 현물로 지급할 수 없다.

② 보험자의 보험금 지급은 보험사고발생의 통지를 받은 후 10일 이내에 지급할 보험금액을 정하고 10일 이후에 이를 지급하여야 한다.

③ 보험의 목적인 과일의 자연 부패로 인하여 발생한 손해에 대해서 보험자는 보험금을 지급하여야 한다.

④ 건물을 특약 없는 화재보험에 가입한 보험계약에서 홍수로 건물이 멸실된 경우 보험자는 보험금을 지급하지 않아도 된다.

12 재보험계약에 관한 설명으로 옳지 않은 것은?

① 재보험계약은 원보험계약의 효력에 영향을 미치지 않는다.

② 화재보험에 관한 규정을 준용한다.

③ 재보험자의 제3자에 대한 대위권행사가 인정된다.

④ 보험계약자의 불이익변경금지원칙은 적용되지 않는다.

13 고지의무에 관한 설명으로 옳지 않은 것은?

① 보험설계사는 고지수령권을 가진다.

② 보험자가 서면으로 질문한 사항은 중요한 사항으로 추정한다.

③ 고지의무를 부담하는 자는 보험계약자와 피보험자이다.

④ 고지의무자의 고의 또는 중대한 과실로 부실의 고지를 한 경우 고지의무 위반이 된다.

14 보험자의 손해보상의무에 관한 설명으로 옳지 않은 것은?

① 손해보험계약의 보험자는 보험사고로 인하여 생길 피보험자의 재산상의 손해를 보상할 책임이 있다.

② 보험자의 보험금 지급의무는 2년의 단기시효로 소멸한다.

③ 화재보험계약의 목적을 건물의 소유권으로 한 경우 보험사고로 인하여 피보험자가 얻을 임대료수입은 특약이 없는 한 보험자가 보상할 손해액에 산입하지 않는다.

④ 신가보험은 손해보험의 이득금지원칙에도 불구하고 인정된다.

15 손해보험계약에서의 피보험이익에 관한 설명으로 옳지 않은 것은?

① 피보험이익은 보험의 도박화를 방지하는 기능이 있다.

② 피보험이익은 적법한 것이어야 한다.

③ 피보험이익은 보험자의 책임범위를 정하는 표준이 된다.

④ 동일한 건물에 대하여 소유권자와 저당권자는 각자 독립한 보험계약을 체결할 수 없다.

16 기평가보험과 미평가보험에 관한 설명으로 옳지 않은 것은?

① 기평가보험이란 보험계약체결 시 당사자 간에 피보험이익의 평가에 관하여 미리 합의한 보험을 말한다.

② 기평가보험의 경우 당사자 간에 보험가액을 정한 때에는 그 가액은 사고발생 시의 가액으로 정한 것으로 추정한다.

③ 기평가보험의 경우 협정보험가액이 사고발생 시의 가액을 현저하게 초과할 때에는 협정보험가액을 보험가액으로 한다.

④ 보험계약체결 시 당사자 간에 보험가액을 정하지 아니한 경우에는 사고발생 시의 가액을 보험가액으로 한다.

17 중복보험에 관한 설명으로 옳은 것을 모두 고른 것은?

> ㉠ 중복보험계약이 동시에 체결된 경우든 다른 때에 체결된 경우든 각 보험자는 각자의 보험금액의 한도에서 연대책임을 진다.
> ㉡ 중복보험의 경우 보험자 1인에 대한 권리의 포기는 다른 보험자의 권리 의무에 영향을 미치지 않는다.
> ㉢ 중복보험계약이 보험계약자의 사기로 인하여 체결된 때에는 그 계약은 무효가 되므로 보험자는 그 사실을 안 때까지의 보험료를 청구할 수 없다.

① ㉠, ㉡   ② ㉠, ㉢
③ ㉡, ㉢   ④ ㉠, ㉡, ㉢

18 보험가액에 관한 설명으로 옳은 것은?

① 보험자의 계약상의 최고보상한도로서의 의미를 가진다.
② 일부보험은 어느 경우에도 보험자가 보험가액을 한도로 실제손해를 보상할 책임을 진다.
③ 피보험이익을 금전으로 평가한 가액을 의미한다.
④ 보험가액은 보험금액과 항상 일치한다.

19 손해보험에서 손해액을 산정하는 기준으로 옳지 않은 것은?

① 보험자가 보상할 손해액은 그 손해가 발생한 때와 곳의 가액에 의하여 산정한다.
② 다른 약정이 있으면 신품가액에 의하여 손해액을 산정할 수 있다.
③ 손해액 산정 비용은 보험계약자의 부담으로 한다.
④ 다른 약정이 없으면 보험자가 보상할 손해액에는 피보험자가 얻을 이익을 산입하지 않는다.

20 보험의 목적에 보험자의 담보 위험으로 인한 손해가 발생한 후 그 목적이 보험자의 비담보 위험으로 멸실된 경우 보험자의 보상책임은?

① 보험자는 모든 책임에서 면책된다.
② 보험자의 담보 위험으로 인한 손해만 보상한다.
③ 보험자의 비담보 위험으로 인한 손해만 보상한다.
④ 보험자는 멸실된 손해 전체를 보상한다.

21 보험계약자 및 피보험자의 손해방지의무에 관한 설명으로 옳지 않은 것은?

① 손해의 방지와 경감을 위하여 노력하여야 한다.

② 손해방지와 경감을 위하여 필요 또는 유익하였던 비용과 보상액이 보험금액을 초과한 경우 보험자가 이를 부담한다.

③ 보험사고 발생을 전제로 하므로 보험사고가 발생하면 생기는 것이다.

④ 보험자가 책임을 지지 않는 손해에 대해서도 손해방지의무를 부담한다.

22 손해보험에 관한 설명으로 옳지 않은 것은?

① 보험의 목적의 성질 및 하자로 인한 손해는 보험자가 보상할 책임이 있다.

② 피보험이익은 적어도 사고발생 시까지 확정할 수 있는 것이어야 한다.

③ 보험자가 손해를 보상할 경우에 보험료의 지급을 받지 않은 잔액이 있으면 이를 공제할 수 있다.

④ 경제적 가치를 평가할 수 있는 이익은 피보험이익이 된다.

23 잔존물 대위에 관한 설명으로 옳은 것은?

① 보험의 목적 일부가 멸실한 경우 발생한다.

② 보험금액의 전부를 지급하여야 보험자가 잔존물 대위권을 취득할 수 있다.

③ 일부보험의 경우에는 잔존물 대위가 인정되지 않는다.

④ 보험자는 잔존물에 대한 물권변동의 절차를 밟아야 대위권을 취득할 수 있다.

24 일부보험에 관한 설명으로 옳지 않은 것은?

① 보험금액이 보험가액보다 작아야 한다.

② 다른 약정이 없으면 보험자는 보험금액의 보험가액에 대한 비율에 따라 보상책임을 진다.

③ 특약이 없는 경우 보험기간 중에 물가 상승으로 보험가액이 증가한 때에는 일부보험으로 판단하지 않는다.

④ 다른 약정이 없으면 손해방지비용에 대해서도 비례보상주의를 따른다.

25 화재보험에 관한 설명으로 옳지 않은 것은?

① 보험자는 화재로 인한 손해의 감소에 필요한 조치로 인하여 생긴 손해를 보상할 책임이 있다.

② 연소 작용에 의하지 아니한 열의 작용으로 인한 손해는 보험자의 보상 책임이 없다.

③ 화재로 인한 손해는 상당인과관계가 있어야 한다.

④ 화재 진화를 위해 살포한 물로 보험목적이 훼손된 손해는 보상하지 않는다.

 농어업재해보험법령

26 「농어업재해보험법」상 농업재해보험심의회의 심의사항이 아닌 것은?

① 재해보험 상품의 인가

② 재해보험 목적물의 선정

③ 재해보험에서 보상하는 재해의 범위

④ 농어업재해재보험사업에 대한 정부의 책임 범위

27 다음 설명에 해당되는 용어는?

보험가입자의 재산 피해에 따른 손해가 발생한 경우 보험에서 최대로 보상할 수 있는 한도액으로서 보험가입자와 보험사업자 간에 약정한 금액

① 보험료　　　　　　　　　　② 보험금

③ 보험가입금액　　　　　　　④ 손해액

28 「농어업재해보험법」상 재해보험의 종류가 아닌 것은?

① 농기계재해보험　　　　　　② 농작물재해보험

③ 양식수산물재해보험　　　　④ 가축재해보험

29 현행 농작물재해보험에서 보장하는 보험의 목적(대상품목)이 아닌 것은? [기출 수정]

① 사과　　　　　　　　　　　② 산양삼

③ 유자　　　　　　　　　　　④ 밤

30 재해보험에서 보상하는 재해의 범위 중 보험목적물 "벼"에서 보상하는 병충해가 아닌 것은?

① 흰잎마름병

② 잎집무늬마름병

③ 줄무늬잎마름병

④ 벼멸구

31 농어업재해보험법령상 재해보험 요율산정에 관한 설명으로 옳지 않은 것은?

① 재해보험사업자가 산정한다.

② 보험목적물별 또는 보상방식별로 산정한다.

③ 객관적이고 합리적인 통계자료를 기초로 산정한다.

④ 시·군·자치구 또는 읍·면·동 행정구역 단위까지 산정한다.

32 농어업재해보험법령상 농작물재해보험 손해평가인으로 위촉될 수 있는 자의 자격요건이 아닌 것은?

① 「농수산물 품질관리법」에 따른 농산물품질관리사

② 재해보험 대상 농작물을 3년 이상 경작한 경력이 있는 농업인

③ 재해보험 대상 농작물 분야에서 「국가기술자격법」에 따른 기사 이상의 자격을 소지한 사람

④ 공무원으로 지방자치단체에서 농작물재배 분야에 관한 연구·지도 업무를 3년 이상 담당한 경력이 있는 사람

33 「농어업재해보험법」상 농림축산식품부 장관이 손해평가사의 자격취소하여야 하는 경우에 해당되는 자만을 모두 고른 것은? [기출 수정]

> ㉠ 손해평가사의 직무를 게을리하였다고 인정되는 사람
> ㉡ 손해평가사의 자격을 거짓 또는 부정한 방법으로 취득한 사람
> ㉢ 거짓으로 손해평가를 한 사람
> ㉣ 업무정지 기간 중에 손해평가 업무를 수행한 사람

① ㉠, ㉡

② ㉡, ㉢

③ ㉡, ㉢, ㉣

④ ㉠, ㉡, ㉢, ㉣

34 「농어업재해보험법」상 손해평가사의 업무가 아닌 것은?

① 피해발생의 통지

② 피해사실의 확인

③ 손해액의 평가

④ 보험가액의 평가

35 농어업재해보험법령상 재해보험사업자가 재해보험사업을 원활히 수행하기 위하여 필요한 경우로서 보험모집 및 손해평가 등 재해보험 업무의 일부를 위탁할 수 있는 대상이 아닌 자는?

① 「산림조합법」에 따라 설립된 품목별 산림조합

② 「농업협동조합법」에 따라 설립된 농업협동조합중앙회

③ 「보험업법」제187조에 따라 손해사정을 업으로 하는 자

④ 「농업협동조합법」에 따라 설립된 지역축산업협동조합

36 「농어업재해보험법」상 재해보험 가입자 또는 사업자에 대한 정부의 재정지원에 관한 설명으로 옳지 않은 것은? [기출 수정]

① 재해보험가입자가 부담하는 보험료의 일부를 지원할 수 있다.

② 재해보험사업자가 재해보험가입자에게 지급하는 보험금의 일부를 지원할 수 있다.

③ 재해보험사업자의 재해보험의 운영 및 관리에 필요한 비용의 전부 또는 일부를 지원할 수 있다.

④ 「풍수해·지진재해보험법」에 따른 풍수해·지진재해보험에 가입한 자가 동일한 보험목적물을 대상으로 재해보험에 가입한 경우는 보험료를 지원하지 아니한다.

37 「농어업재해보험법」상 재해보험사업을 효율적으로 추진하기 위한 농림축산식품부의 업무(업무를 위탁한 경우를 포함한다)로 볼 수 없는 것은?

① 재해보험 요율의 승인

② 재해보험 상품의 연구 및 보급

③ 손해평가인력의 육성

④ 손해평가기법의 연구·개발 및 보급

38 「농어업재해보험법」상 과태료의 부과대상이 아닌 것은?

① 재해보험사업자가 「보험업법」을 위반하여 보험안내를 한 경우

② 재해보험사업자가 아닌 자가 「보험업법」을 위반하여 보험안내를 한 경우

③ 손해평가사가 고의로 진실을 숨기거나 거짓으로 손해평가를 한 경우

④ 재해보험사업자가 농림축산식품부에 관계서류 제출을 거짓으로 한 경우

39 다음 ( )안에 해당되지 않는 자는?

> 농업재해보험 손해평가요령에서 규정하고 있는 "손해평가"라 함은 「농어업 재해보험법」 제2조 제1호에 따른 피해가 발생한 경우 법 제11조 및 제11조의3에 따라 ( ), ( ) 또는 ( )가 (이) 그 피해사실을 확인하고 평가하는 일련의 과정을 말한다.

① 손해평가사　　　　　　　　　② 손해사정사
③ 손해평가인　　　　　　　　　④ 손해평가보조인

40 농업재해보험 손해평가요령에 따른 손해평가인 위촉의 취소 및 해지에 관한 설명으로 옳지 않은 것은?

① 거짓 또는 그 밖의 부정한 방법으로 손해평가인으로 위촉된 자에 대해서는 그 위촉을 취소하여야 한다.

② 손해평가업무를 수행하면서 「개인정보보호법」을 위반하여 재해보험가입자의 개인정보를 누설한 자는 그 위촉을 해지할 수 있다.

③ 재해보험사업자는 위촉을 취소하는 때에는 해당 손해평가인에게 청문을 실시하여야 한다.

④ 재해보험사업자는 업무의 정지를 명하고자 하는 때에는 해당 손해평가인에 대한 청문을 생략할 수 있다.

41 농업재해보험 손해평가요령에서 규정하고 있는 손해평가인 위촉에 관한 설명으로 옳지 않은 것은? [기출 수정]

① 재해보험사업자는 손해평가 업무를 원활히 수행하게 하기 위하여 손해평가보조인을 운용할 수 있다.

② 재해보험사업자의 업무를 위탁받은 자는 손해평가보조인을 운용할 수 있다.

③ 재해보험사업자가 손해평가인을 위촉한 경우에는 그 자격을 표시할 수 있는 손해평가인증을 발급하여야 한다.

④ 재해보험사업자는 보험가입자 수 등에도 불구하고 보험사업비용을 고려하여 손해평가인 위촉규모를 최소화하여야 한다.

42 농업재해보험 손해평가요령에 규정된 재해보험사업자가 손해평가인으로 위촉된 자에 대해 실시하는 정기교육 실시기준으로 옳은 것은? [기출 수정]

① 월 1회 이상　　　　　　　　　② 연 2회 이상
③ 연 1회 이상　　　　　　　　　④ 분기당 1회 이상

43 농업재해보험 손해평가요령에 따른 종합위험방식 상품의 조사내용 중 "재파종 피해조사"에 해당되는 품목은?

① 양파
② 감자
③ 마늘
④ 콩

44 농업재해보험 손해평가요령에 따른 적과종료 이전 특정위험 5종 한정 보장 특약 가입한 적과 전 종합위험방식 상품 "사과"의 「6월 1일 ~ 적과 전」 생육시기에 대상 재해로 옳지 않은 것은? [기출 수정]

① 태풍(강풍)·집중호우
② 우박
③ 지진
④ 가을동상해

45 적과 전 종합위험방식 과실손해보장 중 "배"의 경우 다음 조건에 해당되는 보험금은? [기출 수정]

- 가입가격 8,000원/kg
- 자기부담감수량 600kg
- 적과종료 이후 누적감수량 4,000kg

① 1,600만 원
② 2,720만 원
③ 3,200만 원
④ 4,000만 원

46 농업재해보험 손해평가요령에 따른 농작물의 보험가액 산정에 관한 설명으로 옳은 것은?

① 특정위험방식 보험가액은 적과 후 착과수조사를 통해 산정한 가입수확량에 보험가입 당시의 단위당 가입가격을 곱하여 산정한다.

② 종합위험방식 보험가액은 보험증권에 기재된 보험목적물의 가입수확량에 보험가입 당시의 단위당 가입가격을 곱하여 산정한다.

③ 적과 전 종합위험방식의 보험가액은 적과 후 착과수조사를 통해 산정한 기준수확량에 보험가입 당시의 단위당 가입가격을 곱하여 산정한다.

④ 나무손해보장의 보험가액은 기재된 보험목적물이 나무인 경우로 최종 보험사고 발생 시의 해당 농지 내에 심어져 있는 전체 나무 수(피해 나무 수 포함)에 보험가입 당시의 나무당 가입가격을 곱하여 산정한다.

47 농업재해보험 손해평가요령에 따른 손해평가결과 검증에 관한 설명으로 옳은 것은?

① 재해보험사업자 및 재해보험사업의 재보험사업자는 손해평가반이 실시한 손해평가결과를 확인하고자 하는 경우에는 손해평가를 실시한 전체 보험목적물에 대하여 검증조사를 하여야 한다.

② 농림축산식품부장관은 재해보험사업자로 하여금 검증조사를 하게 할 수 있으며, 재해보험사업자는 특별한 사유가 없는 한 이에 응하여야 한다.

③ 재해보험사업자는 검증조사결과 현저한 차이가 발생되어 재조사가 불가피하다고 판단될 경우라도 해당 손해평가반이 조사한 전체 보험목적물에 대하여 재조사를 할 수 없다.

④ 보험가입자가 정당한 사유없이 검증조사를 거부하는 경우 검증조사반은 검증조사결과 작성을 생략하고 재해보험사업자에게 제출하지 않아도 된다.

48 농업재해보험 손해평가요령에 따른 피해사실 확인 내용으로 옳은 것은? [기출 수정]

① 손해평가반은 보험책임기간에 관계없이 발생한 피해에 대해서는 재해보험사업자에게 피해발생을 통지하여야 한다.

② 재해보험사업자는 손해평가반으로 하여금 일정기간을 정하여 보험목적물의 피해사실을 확인하게 하여야 한다.

③ 재해보험사업자는 손해평가반으로 하여금 일정기간을 정하여 보험목적물의 손해평가를 실시하게 하여야 한다.

④ 손해평가반이 손해평가를 실시할 때에는 재해보험사업자가 해당 보험가입자의 보험계약사항 중 손해평가와 관련된 사항을 손해평가반에게 통보하여야 한다.

49 농업재해보험 손해평가요령에 따른 보험목적물별 손해평가 단위로 옳지 않은 것은?

① 벼 – 농가별

② 사과 – 농지별

③ 돼지 – 개별가축별

④ 비닐하우스 – 보험가입 목적물별

50 농업재해보험 손해평가요령에 따른 농업시설물의 보험가액 및 손해액 산정과 관련하여 옳지 않은 것은?

① 보험가액은 보험사고가 발생한 때와 곳에서 평가한다.

② 보험가액은 피해목적물의 재조달가액에서 내용연수에 따른 감가상각률을 적용하여 계산한 감가상각액을 차감하여 산정한다.

③ 손해액은 보험사고가 발생한 때와 곳에서 산정한 피해목적물의 원상복구비용을 말한다.

④ 보험가입당시 보험가액 및 손해액 산정방식에 대해서는 보험가입자와 재해보험사업자가 별도로 정할 수 없다.

농학개론 중 재배학 및 원예작물학

51 농업상 용도에 의한 작물의 분류로 옳지 않은 것은?

① 공예작물   ② 사료작물

③ 주형작물   ④ 녹비작물

52 토양의 물리적 특성이 아닌 것은?

① 보수성   ② 환원성

③ 통기성   ④ 배수성

53 토양의 입단파괴 요인은?

① 경운 및 쇄토   ② 유기물 시용

③ 토양 피복   ④ 두과작물 재배

54 토양수분에 관한 설명으로 옳지 않은 것은?

① 결합수는 식물이 흡수·이용할 수 없다.

② 물은 수분포텐셜(Water Potential)이 높은 곳에서 낮은 곳으로 이동한다.

③ 중력수는 pF7.0 정도로 중력에 의해 지하로 흡수되는 수분이다.

④ 토양수분장력은 토양입자가 수분을 흡착하여 유지하려는 힘이다.

55 다음 (   )안에 들어갈 내용을 순서대로 옳게 나열한 것은?

> 식물의 생육이 가능한 온도를 (   )(이)라고 한다. 배추, 양배추, 상추는 (   )채소로 분류되고,
> (   )는 종자 때부터 저온에 감응하여 화아분화가 되며, (   )는 고온에 의해 화아분화가 이루
> 어진다.

① 생육적온, 호온성, 배추, 상추　　　② 유효온도, 호냉성, 배추, 상추

③ 생육적온, 호냉성, 상추, 양배추　　④ 유효온도, 호온성, 상추, 배추

56 한계일장이 없어 일장조건에 관계없이 개화하는 중성식물은?

① 상추　　　　　　　　　　　② 국화

③ 딸기　　　　　　　　　　　④ 고추

57 식물의 종자가 발아한 후 또는 줄기의 생장점이 발육하고 있을 때 일정기간의 저온을 거
침으로써 화아가 형성되는 현상은?

① 휴지　　　　　　　　　　　② 춘화

③ 경화　　　　　　　　　　　④ 좌지

58 이앙 및 수확시기에 따른 벼의 재배양식에 관한 설명이다. (   )안에 들어갈 내용으로
옳은 것은?

> • (   )는 조생종을 가능한 한 일찍 파종, 육묘하고 조기에 이앙하여 조기에 벼를 수확하는
>   재배형이다.
> • (   )는 앞작물이 있거나 병충해회피 등의 이유로 보통기재배에 비해 모내기가 현저히
>   늦은 재배형이다.

① 조생재배, 만생재배　　　　② 조식재배, 만기재배

③ 조생재배, 만기재배　　　　④ 조기재배, 만식재배

59 작물의 취목번식 방법 중에서 가지의 선단부를 휘어서 묻는 방법은?

① 선취법　　　　　　　　　　② 성토법

③ 당목취법　　　　　　　　　④ 고취법

60 작물의 병해충 방제법 중 경종적 방제에 관한 설명으로 옳은 것은?

① 적극적인 방제기술이다.

② 윤작과 무병종묘재배가 포함된다.

③ 친환경농업에는 적용되지 않는다.

④ 병이 발생한 후에 더욱 효과적인 방제기술이다.

61 다음 설명에 해당되는 해충은?

- 알 상태로 눈 기부에서 월동하고 연(年)10세대 정도 발생하며 잎 뒷면에서 가해한다.
- 사과나무에서 잎을 뒤로 말리게 하고 심하면 조기낙엽을 발생시킨다.

① 사과혹진딧물   ② 복숭아심식나방

③ 사과굴나방   ④ 조팝나무진딧물

62 일소현상에 관한 설명으로 옳은 것은?

① 시설재배 시 차광막을 설치하여 일소를 경감시킬 수 있다.

② 겨울철 직사광선에 의해 원줄기나 원가지의 남쪽수피 부위에 피해를 주는 경우는 일소로 진단하지 않는다.

③ 개심자연형 나무에서는 배상형 나무에 비해 더 많이 발생한다.

④ 과수원이 평지에 위치할 때 동향의 과수원이 서향의 과수원보다 일소가 더 많이 발생한다.

63 벼 재배 시 풍수해의 예방 및 경감 대책으로 옳지 않은 것은?

① 내도복성 품종으로 재배한다.

② 밀식재배를 한다.

③ 태풍이 지나간 후 살균제를 살포한다.

④ 침·관수된 논은 신속히 배수시킨다.

64 과수작물의 동해 및 상해(서리피해)에 관한 설명으로 옳지 않은 것은?

① 배나무의 경우 꽃이 일찍 피는 따뜻한 지역에서 늦서리 피해가 많이 일어난다.

② 핵과류에서 늦서리 피해에 민감하다.

③ 꽃눈이 잎눈보다 내한성이 강하다.

④ 서리를 방지하는 방법에는 방상팬 이용, 톱밥 및 왕겨 태우기 등이 있다.

65 벼 담수표면산파 재배시 도복에 관한 설명으로 옳은 것은?

① 벼 무논골뿌림재배에 비해 도복이 경감된다.

② 도복경감제를 살포하면 벼의 하위절간장이 짧아져서 도복이 경감된다.

③ 질소질 비료를 다량 시비하면 도복이 경감된다.

④ 파종직후에 1회 낙수를 강하게 해 주면 도복이 경감된다.

66 우리나라 우박피해에 관한 설명으로 옳지 않은 것은?

① 전국적으로 7 ~ 8월에 집중적으로 발생한다.

② 과실 또는 새가지에 타박상이나 열상 등을 일으킨다.

③ 비교적 단시간에 많은 피해를 일으키고, 피해지역이 국지적인 경우가 많다.

④ 그물(방포망)을 나무에 씌워 피해를 경감시킬 수 있다.

67 일반적으로 딸기와 감자의 무병주 생산을 위한 방법은?

① 자가수정　　　　　　　　② 종자번식

③ 타가수정　　　　　　　　④ 조직배양

68 과채류의 결실 조절방법으로 모두 고른 것은?

ㄱ 적과   ㄴ 적화   ㄷ 인공수분

① ㄱ   ② ㄱ, ㄴ
③ ㄴ, ㄷ   ④ ㄱ, ㄴ, ㄷ

69 다음은 식물호르몬인 에틸렌에 관한 설명이다. 옳은 것을 모두 고른 것은?

ㄱ 원예작물의 숙성호르몬이다.
ㄴ 무색 무취의 가스형태이다.
ㄷ 에테폰이 분해될 때 발생된다.
ㄹ AVG(Aminoethoxyvinyl Glycine)처리에 의해 발생이 촉진된다.

① ㄱ   ② ㄴ, ㄷ
③ ㄱ, ㄴ, ㄷ   ④ ㄴ, ㄷ, ㄹ

70 호흡 비급등형 과실인 것은?
① 사과   ② 자두
③ 포도   ④ 복숭아

71 다음 중 생육에 적합한 토양 pH가 가장 낮은 것은?
① 블루베리나무   ② 무화과나무
③ 감나무   ④ 포도나무

72 과수원의 토양표면 관리법 중 초생법의 장점이 아닌 것은?

① 토양의 입단화가 촉진된다.

② 지력유지에 도움이 된다.

③ 토양침식과 양분유실을 방지한다.

④ 유목기에 양분 경합이 일어나지 않는다.

73 절화의 수명연장방법으로 옳지 않은 것은?

① 화병의 물에 살균제와 당을 첨가한다.

② 산성물(pH 3.2 ~ 3.5)에 침지한다.

③ 에틸렌을 엽면살포한다.

④ 줄기 절단부를 수초간 열탕처리한다.

74 작물의 시설재배에서 연질 피복재만을 고른 것은?

　㉠ 폴리에틸렌필름
　㉡ 에틸렌아세트산필름
　㉢ 폴리에스테르필름
　㉣ 불소수지필름

① ㉠, ㉡　　　　　　　　　　　② ㉠, ㉣

③ ㉡, ㉢　　　　　　　　　　　④ ㉢, ㉣

75 작물의 시설재배에 사용되는 기화냉방법이 아닌 것은?

① 팬 앤드 패드(Fan & Pad)

② 팬 앤드 미스트(Fan & Mist)

③ 팬 앤드 포그(Fan & Fog)

④ 팬 앤드 덕트(Fan & Duct)

상법(보험편)

1 보험약관의 중요한 내용에 대한 보험자의 설명의무가 발생하지 않는 경우를 모두 고른 것은? (다툼이 있으면 판례에 따름)

> ㉠ 설명의무의 이행 여부가 보험계약의 체결 여부에 영향을 미치지 않는 경우
> ㉡ 보험약관에 정하여진 사항이 거래상 일반적이고 공통된 것이어서 보험계약자가 별도의 설명 없이도 충분히 예상할 수 있었던 사항인 경우
> ㉢ 보험계약자의 대리인이 그 약관의 내용을 충분히 잘 알고 있는 경우

① ㉢   ② ㉠, ㉡
③ ㉡, ㉢   ④ ㉠, ㉡, ㉢

2 보험증권에 관한 설명으로 옳지 않은 것은?

① 보험계약자가 보험료의 전부 또는 최초의 보험료를 지급하지 아니한 때에는 보험자의 보험증권교부의무가 발생하지 않는다.

② 기존의 보험계약을 변경한 경우에는 보험자는 그 보험증권에 그 사실을 기재함으로써 보험증권의 교부에 갈음할 수 있다.

③ 보험계약의 당사자는 보험증권의 교부가 있은 날로부터 10일 내에 한하여 그 증권내용의 정부에 관한 이의를 할 수 있음을 약정할 수 있다.

④ 보험계약자의 청구에 의하여 보험증권을 재교부하는 경우 그 증권작성의 비용은 보험계약자가 부담한다.

3 보험대리상이 아니면서 특정한 보험자를 위하여 계속적으로 보험계약의 체결을 중개하는 자가 행사할 수 있는 권한으로 옳은 것은?

① 보험자가 작성한 영수증을 보험계약자에게 교부하지 않고 보험계약자로부터 보험료를 수령할 수 있는 권한

② 보험계약자로부터 보험계약의 청약에 관한 의사표시를 수령할 수 있는 권한

③ 보험계약자에게 보험계약의 체결에 관한 의사표시를 할 수 있는 권한

④ 보험자가 작성한 보험증권을 보험계약자에게 교부할 수 있는 권한

4 보험계약의 해지와 특별위험의 소멸에 관한 설명으로 옳은 것은?

① 타인을 위한 보험계약의 경우 보험증권을 소지하지 않은 보험계약자는 그 타인의 동의를 얻지 않은 경우에도 보험사고가 발생하기 전에는 언제든지 계약의 전부 또는 일부를 해지할 수 있다.

② 보험사고의 발생으로 보험자가 보험금액을 지급한 때에도 보험금액이 감액되지 아니하는 보험의 경우에는 보험계약자는 그 사고발생 후에도 보험계약을 해지할 수 있다.

③ 보험사고가 발생하기 전에 보험계약의 전부 또는 일부를 해지하는 경우에 보험계약자는 당사자 간에 다른 약정이 없으면 미경과보험료의 반환을 청구할 수 없다.

④ 보험계약의 당사자가 특별한 위험을 예기하여 보험료의 액을 정한 경우에 보험기간 중 그 예기한 위험이 소멸한 때에도 보험계약자는 그 후의 보험료의 감액을 청구할 수 없다.

5 보험료의 지급과 지체에 관한 설명으로 옳지 않은 것은?

① 보험료는 보험계약자만이 지급의무를 부담하므로 특정한 타인을 위한 보험의 경우에 보험계약자가 보험료의 지급을 지체한 때에는 보험자는 그 타인에 대한 최고 없이도 그 계약을 해지할 수 있다.

② 보험자의 책임은 당사자 간에 다른 약정이 없으면 최초의 보험료의 지급을 받은 때로부터 개시한다.

③ 보험계약자가 보험료를 지급하지 아니하는 경우에는 다른 약정이 없는 한 계약성립 후 2월이 경과하면 그 계약은 해제된 것으로 본다.

④ 계속보험료가 약정한 시기에 지급되지 아니한 때에는 보험자는 상당한 기간을 정하여 보험계약자에게 최고하고 그 기간 내에 지급되지 아니한 때에는 그 계약을 해지할 수 있다.

6 보험계약의 부활에 관하여 (   )에 들어갈 내용으로 옳은 것은?

( )되고 해지환급금이 지급되지 아니한 경우에 보험계약자는 일정한 기간 내에 연체보험료에 약정이자를 붙여 보험자에게 지급하고 그 계약의 부활을 청구할 수 있다.

① 위험변경증가의 통지의무 위반으로 인하여 보험계약이 해지

② 고지의무 위반으로 인하여 보험계약이 해지

③ 계속보험료의 불지급으로 인하여 보험계약이 해지

④ 보험계약의 전부가 무효로

7 보험계약의 성질이 아닌 것은?

① 낙성계약   ② 무상계약

③ 불요식계약   ④ 선의계약

8 (　　　)에 들어갈 내용이 순서대로 올바르게 연결된 것은?

> ⊙ 보험자가 보험계약자로부터 보험계약의 청약과 함께 보험료 상당액의 전부 또는 일부의 지급을 받은 때에는 다른 약정이 없으면 (　　　) 그 상대방에 대하여 낙부의 통지를 발송하여야 한다.
> ⓛ 보험자가 보험약관의 교부·설명 의무를 위반한 경우 보험계약자는 보험계약이 성립한 날부터 (　　　) 그 계약을 취소할 수 있다.
> ⓒ 보험자는 보험계약이 성립한 때에는 (　　　) 보험증권을 작성하여 보험계약자에게 교부하여야 한다.

① 30일 내에 - 3개월 이내에 - 지체없이

② 30일 내에 - 30일 내에 - 지체없이

③ 지체없이 - 3개월 이내에 - 30일 내에

④ 지체없이 - 30일 내에 - 30일 내에

9 손해보험계약에서의 보험가액에 관한 설명으로 옳지 않은 것은?

① 초과보험에서 보험가액은 계약당시의 가액에 의하여 정한다.

② 일부보험이란 보험가액의 일부를 보험에 붙인 경우를 말한다.

③ 당사자 간에 보험가액을 정하지 아니한 때에는 사고발생 시의 가액을 보험가액으로 한다.

④ 기평가보험에서의 보험가액이 사고발생 시의 가액을 현저하게 초과할 때에는 계약당시에 정한 보험가액으로 한다.

10 손해보험계약에 관한 설명으로 옳지 않은 것은?

① 피보험자도 손해방지의무를 부담한다.

② 보험자는 손해의 방지와 경감을 위하여 필요 또는 유익하였던 비용과 보상액이 보험금액을 초과하는 경우에도 이를 부담한다.

③ 보험목적의 양도 사실의 통지의무는 양도인만이 부담한다.

④ 보험자는 보험목적의 하자로 인한 손해를 보상할 책임이 없다.

11 손해보험에서 보험가액과 보험금액과의 관계에 관한 설명으로 옳지 않은 것은?

① 보험금액이 보험계약의 목적의 가액을 현저하게 초과한 때에 보험자는 보험금액의 감액을 청구할 수 있지만, 보험계약자는 보험료의 감액을 청구할 수 없다.

② 일부보험의 경우에 보험계약의 당사자들은 보험자가 보험금액의 보험가액에 대한 비율과 상관없이 보험금액의 한도 내에서 그 손해를 보상할 책임이 있다는 약정을 할 수 있다.

③ 중복보험에서 수인의 보험자 중 1인에 대하여 피보험자가 권리를 포기하여도 다른 보험자의 권리의무에 영향을 미치지 않는다.

④ 중복보험에서 보험자가 각자의 보험금액의 한도에서 연대책임을 지는 경우 각 보험자의 보상책임은 각자의 보험금액의 비율에 따른다.

12 손해보험계약에 관한 설명으로 옳은 것은?

① 피보험이익은 반드시 금전으로 산정할 수 있어야 하는 것은 아니다.

② 보험사고로 인하여 상실된 피보험자가 얻을 이익은 당사자 간에 다른 약정이 없으면 보험자가 보상할 손해액에 산입한다.

③ 피보험이익은 보험의 목적을 의미한다.

④ 보험자는 보험의 목적인 기계의 자연적 소모로 인한 손해에 대하여는 보상책임이 없다.

13 고지의무에 관한 설명으로 옳은 것은?

① 보험자는 보험대리상의 고지수령권을 제한할 수 없다.

② 보험자가 서면으로 질문한 사항은 중요한 고지사항으로 간주된다.

③ 보험계약자는 고지의무가 있다.

④ 보험자는 보험사고 발생 전에 한하여 고지의무 위반을 이유로 하여 해지할 수 있다.

14 위험변경증가의 통지의무에 관한 설명으로 옳지 않은 것은?

① 보험자는 보험계약자 또는 피보험자가 위험변경증가의 통지의무를 고의 또는 중과실로 해태한 경우에만 그 통지의무 위반을 이유로 계약을 해지할 수 있다.

② 보험기간 중에 보험계약자는 사고발생의 위험의 현저한 증가 사실을 안 때에는 지체없이 보험자에게 통지하여야 한다.

③ 보험기간 중에 피보험자는 사고발생의 위험의 현저한 변경 사실을 안 때에는 지체없이 보험자에게 통지하여야 한다.

④ 보험자가 피보험자로부터 위험변경증가의 통지를 받은 때에는 1월 내에 보험료의 증액을 청구하거나 계약을 해지할 수 있다.

15 소멸시효기간이 다른 하나는?

① 보험금청구권

② 보험료청구권

③ 보험료의 반환청구권

④ 적립금의 반환청구권

16 보험약관의 교부·설명의무에 관한 설명으로 옳은 것을 모두 고른 것은?

㉠ 보험약관에 기재되어 있는 보험료와 그 지급방법, 보험자의 면책사유는 보험자가 보험계약을 체결할 때 보험계약자에게 설명하여야 하는 중요한 내용에 해당한다.

㉡ 보험자는 보험계약이 성립하면 지체없이 보험약관을 보험계약자에게 교부하여야 하나, 그 보험계약자가 보험료의 전부나 최초 보험료를 지급하지 아니한 때에는 보험약관을 교부하지 않아도 된다.

㉢ 보험계약이 성립한 날로부터 2개월이 경과한 시점이라면 보험자가 「상법」상 보험약관의 교부·설명의무를 위반한 경우에도 그 계약을 취소할 수 없다.

① ㉠　　　　　　　　　　　　　　② ㉢

③ ㉠, ㉡　　　　　　　　　　　　④ ㉡, ㉢

17 손해보험에 관한 설명으로 옳은 것은?

① 집합된 물건을 일괄하여 보험의 목적으로 한 때에는 그 목적에 속한 물건이 보험기간 중 수시로 교체된 경우에도 보험사고의 발생 시에 현존하는 물건은 보험의 목적에 포함된 것으로 한다.

② 보험계약자는 불특정의 타인을 위하여는 보험계약을 체결할 수 없다.

③ 손해가 피보험자와 생계를 같이 하는 가족의 고의로 인하여 발생한 경우에 보험금의 전부를 지급한 보험자는 그 지급한 금액의 한도에서 그 가족에 대한 피보험자의 권리를 취득하지 못한다.

④ 타인을 위한 보험에서 보험계약자가 보험료의 지급을 지체한 때에는 그 타인이 그 권리를 포기하여도 그 타인은 보험료를 지급하여야 한다.

18 손해보험에 있어서 보험사고와 보험금지급에 관한 설명으로 옳지 않은 것은?

① 피보험자는 보험사고의 발생을 안 때에는 지체없이 보험자에게 그 통지를 발송하여야 한다.

② 보험자는 보험금액의 지급에 관하여 약정기간이 없는 경우는 보험사고 발생의 통지를 받은 날로부터 10일 내에 피보험자 또는 보험수익자에게 보험금액을 지급하여야 한다.

③ 보험사고가 보험계약자의 중대한 과실로 인하여 생긴 때에는 보험자는 보험금액을 지급할 책임이 없다.

④ 보험사고가 전쟁으로 인하여 생긴 때에는 당사자 간에 다른 약정이 없으면 보험자는 보험금액을 지급할 책임이 없다.

19 손해보험증권에 반드시 기재해야 하는 사항이 아닌 것은?

① 보험의 목적　　　　　　　　② 보험자의 설립년월일
③ 보험료와 그 지급방법　　　　④ 무효와 실권의 사유

20 일부보험에 있어서 일부손해가 발생하여 비례보상원칙을 적용한 결과에 관한 설명으로 옳지 않은 것은?

① 손해액은 보험가액보다 적다.　　② 보험가액은 보상액보다 크다.
③ 보상액은 손해액보다 적다.　　　④ 보험금액은 보험가액보다 크다.

21 보험대리상이 갖는 권한이 아닌 것은?

① 보험계약자로부터 보험료를 수령할 수 있는 권한

② 보험계약자로부터 보험계약의 취소에 관한 의사표시를 수령할 수 있는 권한

③ 보험자로부터 보험금을 수령할 수 있는 권한

④ 보험계약자에게 보험계약의 변경에 관한 의사표시를 할 수 있는 권한

22 손해보험에서 손해액 산정에 관한 설명으로 옳은 것은?

① 당사자 간에 다른 약정이 없으면 보험자가 보상할 손해액은 그 손해가 발생한 때와 곳의 가액에 의한다.

② 손해가 발생한 때와 곳의 가액보다 신품가액이 작은 경우에는 당사자 간에 다른 약정이 없으면 신품가액에 따라 손해액을 산정하여야 한다.

③ 손해액의 산정에 관한 비용은 보험계약자의 부담으로 한다.

④ 보험사고로 인하여 상실된 피보험자의 보수는 당사자 간에 다른 약정이 없으면 보험자가 보상할 손해액에 산입한다.

23 상법 제681조(보험목적에 관한 보험대위)의 내용이다. (   )에 들어갈 내용을 순서대로 올바르게 연결된 것은?

> 보험의 목적의 (   )가 멸실한 경우에 보험금액의 (   )를 지급한 보험자는 그 목적에 대한 피보험자의 권리를 취득한다. 그러나 보험가액의 (   )를 보험에 붙인 경우에는 보험자가 취득할 권리는 보험금액의 보험가액에 대한 비율에 따라 이를 정한다.

① 전부 또는 일부 – 일부 – 전부   ② 전부 – 일부 – 일부

③ 전부 또는 일부 – 일부 – 일부   ④ 전부 – 전부 – 일부

24 보험계약에 관한 설명으로 옳지 않은 것은?

① 보험계약은 그 계약 전의 어느 시기를 보험기간의 시기로 할 수 있다.

② 대리인에 의하여 보험계약을 체결한 경우에 대리인이 안 사유는 그 본인이 안 것과 동일한 것으로 한다.

③ 보험자가 손해를 보상할 경우에 보험료의 지급을 받지 아니한 잔액은 그 지급기일이 도래한 이후에만 보상할 금액에서 공제할 수 있다.

④ 보험자는 보험사고로 인하여 부담할 책임에 대하여 다른 보험자와 재보험계약을 체결할 수 있다.

25 화재보험에 관한 설명으로 옳지 않은 것은?

① 건물을 보험의 목적으로 한 때에는 그 소재지, 구조와 용도를 화재보험증권에 기재하여야 한다.

② 보험자는 화재의 소방에 따른 손해를 보상할 책임이 있다.

③ 보험자는 화재의 손해의 감소에 필요한 조치로 인한 손해를 보상할 책임이 있다.

④ 동산은 화재보험의 목적으로 할 수 없다.

 농어업재해보험법령

26 「농어업재해보험법령」상 농업재해보험심의회 및 회의에 관한 설명으로 옳지 않은 것은?

① 심의회는 위원장 및 부위원장 각 1명을 포함한 21명 이내의 위원으로 구성한다.

② 위원장은 심의회의 회의를 소집하며, 그 의장이 된다.

③ 심의회의 회의는 재적위원 5분의 1 이상의 요구가 있을 때 또는 위원장이 필요하다고 인정할 때에 소집한다.

④ 심의회의 회의는 재적위원 과반수의 출석으로 개의(開議)하고, 출석위원 과반수의 찬성으로 의결한다.

27 「농어업재해보험법」상 다음 설명에 해당되는 용어는?

보험가입자에게 재해로 인한 재산 피해에 따른 손해가 발생한 경우 보험가입자와 보험사업자 간의 약정에 따라 보험사업자가 보험가입자에게 지급하는 금액

① 보험료   ② 손해평가액
③ 보험가입금액   ④ 보험금

28 「농어업재해보험법」상 재해보험의 종류와 보험목적물로 옳지 않은 것은?

① 농작물재해보험 : 농작물 및 농업용 시설물

② 임산물재해보험 : 임산물 및 임업용 시설물

③ 축산물재해보험 : 축산물 및 축산시설물

④ 양식수산물재해보험 : 양식수산물 및 양식시설물

29 농업재해보험 손해평가요령에 따른 손해평가인의 업무에 해당하는 것을 모두 고른 것은?

> ㉠ 보험가액 평가　　㉡ 손해액 평가　　㉢ 보험금 산정

① ㉠　　　　　　　　　　　　　② ㉠, ㉡
③ ㉠, ㉢　　　　　　　　　　　④ ㉡, ㉢

30 「농어업재해보험법령」상 손해평가인으로 위촉될 수 없는 자는?
① 재해보험 대상 농작물을 6년간 경작한 경력이 있는 농업인
② 공무원으로 농촌진흥청에서 농작물재배 분야에 관한 연구·지도 업무를 2년간 담당한 경력이 있는 사람
③ 교원으로 고등학교에서 농작물재배 분야 관련 과목을 6년간 교육한 경력이 있는 사람
④ 조교수 이상으로 「고등교육법」 제2조에 따른 학교에서 농작물재배 관련학을 5년간 교육한 경력이 있는 사람

31 「농어업재해보험법」상 손해평가사의 자격취소사유에 해당되는 자를 모두 고른 것은?

> ㉠ 손해평가사의 자격을 부정한 방법으로 취득한 사람
> ㉡ 거짓으로 손해평가를 한 사람
> ㉢ 손해평가사의 직무를 수행하면서 부적절한 행위를 하였다고 인정되는 사람
> ㉣ 다른 사람에게 손해평가사의 자격증을 빌려준 사람

① ㉠, ㉡　　　　　　　　　　　② ㉢, ㉣
③ ㉠, ㉡, ㉣　　　　　　　　　④ ㉡, ㉢, ㉣

32 「농어업재해보험법령」상 내용으로 옳지 않은 것은?
① 재해보험가입자가 재해보험에 가입된 보험목적물을 양도하는 경우 그 양수인은 재해보험 계약에 관한 양도인의 권리 및 의무를 승계한 것으로 추정하지 않는다.
② 재해보험의 보험금을 지급받을 권리는 압류할 수 없다. 다만, 보험목적물이 담보로 제공된 경우에는 그러하지 아니하다.
③ 재해보험사업자는 재해보험사업을 원활히 수행하기 위하여 필요한 경우에는 보험모집 및 손해평가 등 재해보험 업무의 일부를 대통령령으로 정하는 자에게 위탁할 수 있다.
④ 농림축산식품부장관은 손해평가사의 손해평가 능력 및 자질 향상을 위하여 교육을 실시할 수 있다.

33 「농어업재해보험법」상 재정지원에 관한 내용이다. (   )에 들어갈 용어를 순서대로 나열한 것은?

> 정부는 예산의 범위에서 재해보험가입자가 부담하는 (   )의 일부와 재해보험사업자의 (   )의 운영 및 관리에 필요한 비용(이하 "운영비"라 한다)의 전부 또는 일부를 지원할 수 있다. 이 경우 지방자치단체는 예산의 범위에서 재해보험가입자가 부담하는 (   )의 일부를 추가로 지원할 수 있다.

① 재해보험, 보험료, 재해보험
② 보험료, 재해보험, 보험료
③ 보험금, 재해보험, 보험금
④ 보험가입액, 보험료, 보험가입액

34 「농어업재해보험법」상 재해보험을 모집할 수 있는 자가 아닌 것은?

① 수협중앙회 및 그 회원조합의 임직원
② 산림조합중앙회 및 그 회원조합의 임직원
③ 「산림조합법」 제48조의 공제규정에 따른 공제모집인으로서 농림축산식품부장관이 인정하는 자
④ 「보험업법」 제83조(모집할 수 있는 자) 제1항에 따라 보험을 모집할 수 있는 자

35 「농어업재해보험법」상 농어업재해재보험기금의 용도에 해당하지 않는 것은?

① 재해보험가입자가 부담하는 보험료의 일부 지원
② 제20조 제2항 제2호에 따른 재보험금의 지급
③ 제22조 제2항에 따른 차입금의 원리금 상환
④ 기금의 관리·운용에 필요한 경비(위탁경비를 포함한다)의 지출

36 「농어업재해보험법령」상 기금의 관리·운용 등에 관한 내용으로 옳은 것을 모두 고른 것은?

> ㉠ 기금수탁관리자는 기금의 관리 및 운용을 명확히 하기 위하여 기금을 다른 회계와 구분하여 회계처리하여야 한다.
> ㉡ 기금수탁관리자는 회계연도마다 기금결산보고서를 작성하여 다음 회계연도 2월 말일까지 농림축산식품부장관 및 해양수산부장관에게 제출하여야 한다.
> ㉢ 기금수탁관리자는 회계연도마다 기금결산보고서를 작성한 후 심의회의 심의를 거쳐 다음 회계연도 2월 말일까지 기획재정부장관에게 제출하여야 한다.

① ㉠
② ㉠, ㉡
③ ㉠, ㉢
④ ㉡, ㉢

37 「농어업재해보험법령」상 농림축산식품부장관으로부터 재보험사업에 관한 업무의 위탁을 받을 수 있는 자는?

① 「보험업법」에 따른 보험회사

② 「농업·농촌 및 식품산업기본법」 제63조의2 제1항에 따라 설립된 농업정책보험금융원

③ 「정부출연연구기관 등의 설립·운영 및 육성에 관한 법률」 제8조에 따라 설립된 연구기관

④ 「공익법인의 설립·운영에 관한 법률」 제4조에 따라 농림축산식품부장관 또는 해양수산부장관의 허가를 받아 설립된 공익법인

38 농업재해보험 손해평가요령에 따른 보험목적물별 손해평가 단위로 옳은 것은?

① 사과 : 농지별   ② 벼 : 필지별

③ 가축 : 개별축사별   ④ 농업시설물 : 지번별

39 특정위험방식 중 "인삼 해가림시설"의 경우 다음 조건에 해당되는 보험금은?

- 보험가입금액 : 800만 원
- 보험가액 : 1,000만 원
- 손해액 : 500만 원
- 자기부담금 : 100만 원

① 300만 원   ② 320만 원

③ 350만 원   ④ 400만 원

40 농업재해보험 손해평가요령에 따른 손해수량 조사방법 중 「적과 후 ~ 수확기 종료」 생육시기에 태풍으로 인하여 발생한 낙엽 피해에 대하여 낙엽률 조사를 하는 과수 품목은? [기출 수정]

① 사과   ② 배

③ 감귤   ④ 단감

41 농업재해보험 손해평가요령에 따른 농작물 및 농업시설물의 보험가액 산정 방법으로 옳은 것은?

① 특정위험방식은 적과 전 착과수조사를 통해 산정한 기준수확량에 보험가입 당시의 단위당 가입가격을 곱하여 산정한다.

② 적과 전 종합위험방식은 보험증권에 기재된 보험목적물의 평년수확량에 보험가입 당시의 단위당 가입가격을 곱하여 산정한다.

③ 종합위험방식은 적과 후 착과수조사를 통해 산정한 기준수확량에 보험가입 당시의 단위당 가입가격을 곱하여 산정한다.

④ 농업시설물에 대한 보험가액은 보험사고가 발생한 때와 곳에서 평가한 피해목적물의 재조달가액에서 내용연수에 따른 감가상각률을 적용하여 계산한 감가상각액을 차감하여 산정한다.

42 농업재해보험 손해평가요령에 관한 내용이다. (   )에 들어갈 용어는?

> (   )라 함은 「농어업재해보험법」제2조 제1호에 따른 피해가 발생한 경우 법 제11조 및 제11조의3에 따라 손해평가인, 손해평가사 또는 손해사정사가 그 피해사실을 확인하고 평가하는 일련의 과정을 말한다.

① 피해조사　　　　　　　　　② 손해평가
③ 검증조사　　　　　　　　　④ 현지조사

43 농업재해보험 손해평가요령에 따른 손해평가인의 위촉 및 교육에 관한 설명으로 옳지 않은 것은? [기출 수정]

① 재해보험사업자는 손해평가인으로 위촉된 자를 대상으로 2년마다 1회 이상의 실무교육을 실시하여야 한다.

② 재해보험사업자는 농어업재해보험이 실시되는 시·군·자치구별 보험가입자의 수 등을 고려하여 적정 규모의 손해평가인을 위촉하여야 한다.

③ 재해보험사업자는 손해평가인을 위촉한 경우에는 그 자격을 표시할 수 있는 손해평가인증을 발급하여야 한다.

④ 재해보험사업자 및 재해보험사업자의 업무를 위탁받은 자는 손해평가보조인을 운용할 수 있다.

44 농업재해보험 손해평가요령에 따른 손해평가인 위촉의 취소 사유에 해당되지 않는 자는?

① 파산선고를 받은 자로서 복권되지 아니한 자

② 손해평가인 위촉이 취소된 후 1년이 경과되지 아니한 자

③ 거짓 그 밖의 부정한 방법으로 손해평가인으로 위촉된 자

④ 「농어업재해보험법」 제30조에 의하여 벌금이상의 형을 선고받고 그 집행이 종료되거나 집행이 면제된 날로부터 3년이 경과된 자

45 농업재해보험 손해평가요령에 따른 손해평가준비 및 평가결과 제출에 관한 내용이다. ( )에 들어갈 숫자는?

재해보험사업자는 보험가입자가 손해평가반의 손해평가결과에 대하여 설명 또는 통지를 받은 날로부터 ( )일 이내에 손해평가가 잘못되었음을 증빙하는 서류 또는 사진 등을 제출하는 경우 재해보험사업자는 다른 손해평가반으로 하여금 재조사를 실시하게 할 수 있다.

① 5   ② 7

③ 10   ④ 14

46 농업재해보험 손해평가요령에 따른 손해평가결과의 검증조사에 관한 설명으로 옳은 것은?

① 재해보험사업자 및 재해보험사업의 재보험사업자는 손해평가결과를 확인하기 위하여 손해평가를 미실시한 보험목적물 중에서 일정수를 임의 추출하여 검증조사를 할 수 있다.

② 농림축산식품부장관은 재해보험사업자로 하여금 검증조사를 하게 할 수 있으며, 재해보험사업자는 이에 반드시 응하여야 한다.

③ 검증조사결과 현저한 차이가 발생되어 재조사가 불가피하다고 판단될 경우 해당 손해평가반이 조사한 전체 보험목적물에 대하여 재조사를 할 수 있다.

④ 보험가입자가 정당한 사유없이 검증조사를 거부하는 경우 검증조사반은 검증조사가 불가능하여 손해평가 결과를 확인할 수 없다는 사실을 보험사업자에게 통지한 후 검증조사결과를 작성하여 제출하여야 한다.

47 농업재해보험 손해평가요령에 따른 손해평가반 구성으로 잘못된 것은?

① 손해평가인 1인을 포함하여 3인으로 구성

② 손해사정사 1인을 포함하여 4인으로 구성

③ 손해평가인 1인과 손해평가사 1인을 포함하여 5인으로 구성

④ 손해평가보조인 5인으로 구성

48 「농어업재해보험법」상 재해보험사업자가 재해보험사업의 회계를 다른 회계와 구분하지 않고 회계 처리한 경우에 해당하는 벌칙은?

① 300만 원 이하의 과태료

② 500만 원 이하의 과태료

③ 500만 원 이하의 벌금

④ 1년 이하의 징역 또는 1,000만 원 이하의 벌금

49 손해평가인이 업무수행과 관련하여 「개인정보보호법」, 「신용정보의 이용 및 보호에 관한 법률」 등 정보보호와 관련된 법령을 위반한 경우, 재해보험사업자가 손해평가인에게 명할 수 있는 최대 업무정지 기간은?

① 6개월   ② 1년

③ 2년   ④ 3년

50 「농어업재해보험법」상 농업재해보험사업의 효율적 추진을 위하여 농림축산식품부장관이 수행하는 업무가 아닌 것은?

① 재해보험사업의 관리·감독

② 재해보험 상품의 개발 및 보험요율의 산정

③ 손해평가인력의 육성

④ 손해평가기법의 연구·개발 및 보급

51 추파 일년초에 속하는 화훼작물은?

① 팬지   ② 맨드라미

③ 샐비어   ④ 칸나

52 식물 체내 물의 기능으로 옳지 않은 것은?

① 세포의 팽압 형성   ② 감수분열 촉진

③ 양분 흡수와 이동의 용매   ④ 물질의 합성과 분해과정 매개

53 (   )에 들어갈 내용은?

> 작물의 광합성에 의한 이산화탄소의 흡수량과 호흡에 의한 이산화탄소의 방출량이 같은 지점의
> 광도를 (   )이라 한다.

① 광반응점   ② 광보상점

③ 광순화점   ④ 광포화점

54 단일일장(Short Day Length) 조건에서 개화 억제를 위해 야간에 보광을 실시하는 작물은?

① 장미   ② 가지

③ 국화   ④ 토마토

55 건물 1g을 생산하는 데 필요한 수분량인 요수량(要水量)이 가장 높은 작물은?

① 기장   ② 옥수수

③ 밀   ④ 호박

56 종자번식에서 자연교잡률이 4% 이하인 자식성 작물에 속하는 것은?

① 토마토　　　　　　　　　　② 양파

③ 매리골드　　　　　　　　　　④ 베고니아

57 작물의 병해충 방제법 중 생물적 방제에 해당하는 것은?

① 윤작 등 작부체계의 변경　　　② 멀칭 및 자외선 차단필름 활용

③ 천적 곤충 이용　　　　　　　④ 태양열 소독

58 해충과 천적의 관계가 바르게 짝지어지지 않은 것은?

① 잎응애류 – 칠레이리응애　　　② 진딧물류 – 온실가루이

③ 총채벌레류 – 애꽃노린재　　　④ 굴파리류 – 굴파리좀벌

59 (　　　)에 들어갈 내용을 순서대로 바르게 나열한 것은?

> • 작물이 생육하고 있는 중에 이랑 사이의 흙을 그루 밑에 긁어모아 주는 것을 (　　)(이)라고 한다.
> • 짚이나 건초를 깔아 작물이 생육하고 있는 토양 표면을 피복해 주는 것을 (　　)(이)라고 한다.

① 중경, 멀칭　　　　　　　　　② 배토, 복토

③ 배토, 멀칭　　　　　　　　　④ 중경, 복토

60 영양번식(무성번식)에 관한 설명으로 옳지 않은 것은?

① 과수의 결실연령을 단축시킬 수 있다.

② 모주의 유전형질이 똑같이 후대에 계승된다.

③ 번식체의 취급이 간편하고 수송 및 저장이 용이하다.

④ 종자번식이 불가능한 작물의 번식수단이 된다.

61 작휴법 중 성휴법에 관한 설명으로 옳은 것은?

① 이랑을 세우고 낮은 고랑에 파종하는 방식

② 이랑을 보통보다 넓고 크게 만드는 방식

③ 이랑을 세우고 이랑 위에 파종하는 방식

④ 이랑을 평평하게 하여 이랑과 고랑의 높이가 같게 하는 방식

62 작물 생육기간 중 수분부족 환경에 노출될 때 일어나는 반응을 모두 고른 것은?

ㄱ 기공폐쇄　　ㄴ 앱시스산(ABA) 합성 촉진　　ㄷ 엽면적 증가

① ㄱ

② ㄱ, ㄴ

③ ㄴ, ㄷ

④ ㄱ, ㄴ, ㄷ

63 작물 재배 중 온도의 영향에 관한 설명으로 옳은 것은?

① 조직 내에 결빙이 생겨 탈수로 인한 피해가 발생하는 것을 냉해라고 한다.

② 세포 내 유기물 생성이 증가하면 에너지 소비가 심해져 내열성은 감소한다.

③ 춘화작용은 처리기간과 상관없이 온도의 영향을 받는다.

④ 탄소동화작용의 최적온도 범위는 호흡작용보다 낮다.

64 토양습해 예방 대책으로 옳은 것은?

① 내습성 품종 선택

② 고랑 파종

③ 미숙 유기물 사용

④ 밀식 재배

65 작물 피해를 발생시키는 대기오염 물질이 아닌 것은?

① 아황산가스

② 이산화탄소

③ 오존

④ 불화수소

66 염해(Salt Stress)에 관한 설명으로 옳지 않은 것은?

① 토양수분의 증발량이 강수량보다 많을 때 발생할 수 있다.

② 시설재배 시 비료의 과용으로 생기게 된다.

③ 토양의 수분포텐셜이 높아진다.

④ 토양수분 흡수가 어려워지고 작물의 영양소 불균형을 초래한다.

67 강풍이 작물에 미치는 영향으로 옳지 않은 것은?

① 상처로 인한 호흡률 증가

② 매개곤충의 활동저하로 인한 수정률 감소

③ 기공폐쇄로 인한 광합성률 감소

④ 병원균 감소로 인한 병해충 피해 약화

68 채소작물 중 조미채소류가 아닌 것은?

① 마늘　　　　　　　　　② 고추

③ 생강　　　　　　　　　④ 배추

69 과수의 엽면시비에 관한 설명으로 옳지 않은 것은?

① 뿌리가 병충해 또는 침수 피해를 받았을 때 실시할 수 있다.

② 비료의 흡수율을 높이기 위해 전착제를 첨가하여 살포한다.

③ 잎의 윗면보다는 아랫면에 살포하여 흡수율을 높게 한다.

④ 고온기에는 살포농도를 높여 흡수율을 높게 한다.

70 과수와 그 생육특성이 바르게 짝지어지지 않은 것은?

① 사과나무 – 교목성 온대과수

② 블루베리나무 – 관목성 온대과수

③ 참다래나무 – 덩굴성 아열대과수

④ 온주밀감나무 – 상록성 아열대과수

71 과수 재배조건이 과실의 성숙과 저장에 미치는 영향으로 옳지 않은 것은?

① 질소를 과다사용하면 과실의 크기가 비대해지고 저장성도 높아진다.

② 토양수분이 지나치게 많으면 이상숙성 현상이 일어나 저장성이 떨어진다.

③ 평균기온이 높은 해에는 과실의 성숙이 빨라지므로 조기수확을 통해 저장 중 품질을 유지할 수 있다.

④ 생장 후기에 흐린 날이 많으면 저장 중 생리장해가 발생하기 쉽다.

72 과수재배 시 봉지씌우기의 목적이 아닌 것은?

① 과실에 발생하는 병충해를 방제한다.

② 생산비를 절감하고 해거리를 유도한다.

③ 과피의 착색도를 향상시켜 상품성을 높인다.

④ 농약이 직접 과실에 부착되지 않도록 하여 상품성을 높인다.

73 화훼재배에 이용되는 생장조절물질에 관한 설명으로 옳은 것은?

① 루톤(Rootone)은 옥신(Auxin)계 생장조절물질로 발근을 촉진한다.

② 에테폰(Ethephon)은 에틸렌 발생을 위한 기체 화합물로 아나나스류의 화아분화를 억제한다.

③ 지베렐린(Gibberellin) 처리는 국화의 줄기신장을 억제한다.

④ 시토키닌(Cytokinin)은 옥신류와 상보작용을 통해 측지발생을 억제한다.

74 (   )에 들어갈 내용으로 옳은 것은?

조직배양은 식물의 세포, 조직, 또는 기관이 완전한 식물체로 만들어질 수 있다는 (   )에 기반을 둔 것이다.

① 전형성능　　　　　　　　② 유성번식

③ 발아세　　　　　　　　　④ 결실률

75 시설원예 피복자재의 조건으로 옳지 않은 것은?

① 열전도율이 낮아야 한다.　　② 겨울철 보온성이 커야 한다.

③ 외부 충격에 강해야 한다.　　④ 광 투과율이 낮아야 한다.

상법(보험편)

1 보험계약의 법적 성격으로 옳은 것은 몇 개인가?

선의계약성, 유상계약성, 요식계약성, 사행계약성

① 1개 　　　　　　　　　　　　② 2개
③ 3개 　　　　　　　　　　　　④ 4개

2 보험계약에 관한 설명으로 옳지 않은 것은?
① 손해보험계약의 경우 보험자가 보험계약자로부터 보험계약의 청약과 함께 보험료 상당액의 전부를 지급 받은 때에는 다른 약정이 없으면 30일 내에 그 상대방에 대하여 낙부의 통지를 발송하여야 한다.
② 보험계약은 청약과 승낙뿐만 아니라 보험료 지급이 이루어진 때에 성립한다.
③ 손해보험계약의 경우 보험자가 보험계약자로부터 보험계약의 청약과 함께 보험료 상당액의 전부를 지급 받은 경우에 그 청약을 승낙하기 전에 보험계약에서 정한 보험사고가 생긴 때에는 그 청약을 거절할 사유가 없는 한 보험자는 보험계약상의 책임을 진다.
④ 보험자가 낙부의 통지 기간 내에 낙부의 통지를 해태한 때에는 승낙한 것으로 본다.

3 「상법」상 보험약관의 교부·설명의무에 관한 설명으로 옳지 않은 것은?
① 상법에 따르면 약관에 없는 사항은 비록 보험계약상 중요한 내용일지라도 설명할 의무가 없다.
② 보험자가 해당 보험계약 약관의 중요사항을 충분히 설명한 경우에도 해당 보험계약의 약관을 교부하여야 한다.
③ 보험자가 보험증권을 교부한 경우에는 따로 보험약관을 교부하지 않아도 된다.
④ 보험자가 보험약관의 교부·설명의무를 위반한 경우 보험계약자는 보험계약이 성립한 날부터 3개월 이내에 그 계약을 취소할 수 있다.

4 타인을 위한 보험계약에 관한 설명으로 옳은 것은?

① 타인을 위한 보험계약의 타인은 따로 수익의 의사표시를 하지 않은 경우에도 그 이익을 받는다.

② 타인을 위한 보험계약에서 그 타인은 불특정 다수이어야 한다.

③ 손해보험계약의 경우에 그 타인의 위임이 없는 때에는 보험계약자는 이를 보험자에게 고지하여야 하나, 그 고지가 없는 때에도 타인이 그 보험계약이 체결된 사실을 알지 못하였다는 사유로 보험자에게 대항할 수 있다.

④ 타인은 어떠한 경우에도 보험료를 지급하고 보험계약을 유지할 수 없다.

5 다음 설명 중 옳지 않은 것은?

① 보험계약은 그 계약전의 어느 시기를 보험기간의 시기로 할 수 있다.

② 건물에 대한 화재보험계약 체결시에 이미 건물이 화재로 전소하는 사고가 발생한 경우 당사자 쌍방과 피보험자가 이를 알지 못한 때에는 그 계약은 무효가 아니다.

③ 보험증권을 멸실 또는 현저하게 훼손한 때에는 보험계약자는 보험자에 대하여 증권의 재교부를 청구할 수 있다.

④ 보험증권내용의 정부에 관한 이의기간은 약관에서 15일 이내로 정해야 한다.

6 보험계약의 당사자 간에 다른 약정이 없는 경우 보험자의 책임개시 시기는?

① 최초의 보험료의 지급을 받은 때로부터 개시한다.

② 보험계약자의 청약에 대하여 보험자가 승낙하여 계약이 성립한 때로부터 개시한다.

③ 보험사고 발생사실이 통지된 때로부터 개시한다.

④ 보험자가 재보험에 가입하여 보험자의 보험금지급위험에 대한 보장이 확보된 때로부터 개시한다.

7 다음 설명 중 옳지 않은 것은?

① 타인을 위한 보험계약의 경우에는 보험계약자는 그 타인의 동의를 얻지 아니하거나 보험증권을 소지하지 아니하면 그 계약을 해지하지 못한다.

② 자기를 위한 보험계약의 경우 보험사고가 발생하기 전 보험계약의 당사자는 언제든지 계약의 전부 또는 일부를 해지할 수 있다.

③ 보험사고의 발생으로 보험자가 보험금액을 지급한 때에도 보험금액이 감액되지 아니하는 보험의 경우에는 보험계약자는 그 사고발생 후에도 보험계약을 해지할 수 있다.

④ 보험사고 발생 전에 보험계약을 해지한 보험계약자는 당사자 간에 다른 약정이 없으면 미경과보험료의 반환을 청구할 수 있다.

8 보험료 불지급에 관한 설명으로 옳지 않은 것은?

① 계약성립후 2월 이내에 제1회 보험료를 지급하지 아니하는 경우에는 다른 약정이 없는 한 그 계약은 해제된 것으로 본다.

② 보험계약자가 계속보험료의 지급을 지체한 경우에 보험자는 상당한 기간을 정하여 이행을 최고하여야 하고 그 최고기간 내에 지급되지 아니한 때에는 그 계약을 해지할 수 있다.

③ 특정한 타인을 위한 보험의 경우에 보험계약자가 계속보험료의 지급을 지체한 때에는 보험자는 그 타인에게도 상당한 기간을 정하여 보험료의 지급을 최고한 후가 아니면 그 계약을 해지하지 못한다.

④ 대법원 전원합의체 판결에 의하면 약관에서 제2회 분납보험료가 그 지급유예기간까지 납입되지 아니하였음을 이유로 상법 소정의 최고절차를 거치지 않고, 막바로 보험계약이 실효됨을 규정한 이른바 실효약관은 유효하다.

9 다음 설명 중 옳은 것을 모두 고른 것은?

㉠ 보험자가 서면으로 질문한 사항은 중요한 사항으로 간주하므로 보험계약자는 그 중요성을 다툴 수 없다.
㉡ 보험계약자뿐만 아니라 피보험자도 고지의무를 진다.
㉢ 고지의무 위반의 요건으로 보험계약자 또는 피보험자의 고의 또는 중대한 과실은 필요 없다.
㉣ 보험자가 계약당시에 고지의무 위반 사실을 알았거나 중대한 과실로 인하여 알지 못한 때에는 고지의무 위반을 이유로 계약을 해지할 수 없다.

① ㉠, ㉡
② ㉡, ㉢
③ ㉡, ㉣
④ ㉢, ㉣

10 위험변경증가 시의 통지와 보험계약해지에 관한 설명으로 옳지 않은 것은?

① 보험기간 중에 피보험자가 사고발생의 위험이 현저하게 변경 또는 증가된 사실을 안 때에는 지체없이 보험자에게 통지하여야 한다.

② 보험기간 중에 보험계약자의 고의로 사고발생의 위험이 현저하게 변경 또는 증가된 때에는 보험자는 그 사실을 안 날로부터 1월 내에 계약을 해지할 수 있다.

③ 보험기간 중에 피보험자의 중대한 과실로 인하여 사고발생의 위험이 현저하게 변경 또는 증가된 때에는 보험자는 그 사실을 안 날부터 1월 내에 계약을 해지할 수 있다.

④ 보험기간 중에 피보험자의 고의로 인하여 사고발생의 위험이 현저하게 변경 또는 증가된 경우에는 보험자는 계약을 해지할 수 없다.

11 보험계약해지 등에 관한 설명으로 옳은 것은?

① 보험사고가 발생한 후라도 보험자가 계속보험료의 지급지체를 이유로 보험계약을 해지하였을 때에는 보험자는 보험금을 지급할 책임이 있다.

② 고지의무를 위반한 사실이 보험사고 발생에 영향을 미치지 아니하였음이 증명된 경우, 보험자는 보험금을 지급할 책임이 있다.

③ 보험계약자의 중대한 과실로 인하여 사고발생의 위험이 현저하게 변경 또는 증가되어 계약을 해지한 경우, 보험자는 언제나 보험금을 지급할 책임이 있다.

④ 보험계약자가 위험변경증가 시의 통지의무를 위반하여 보험자가 보험계약을 해지한 경우, 보험자는 언제나 이미 지급한 보험금의 반환을 청구할 수 있다.

12 손해보험에서 보험자의 보험금액 지급과 면책사유에 관한 설명으로 옳지 않은 것은?

① 보험자는 보험금액의 지급에 관하여 약정기간이 있는 경우에는 그 기간 내에 피보험자에게 보험금액을 지급하여야 한다.

② 보험자는 보험금액의 지급에 관하여 약정기간이 없는 경우에는 보험사고발생의 통지를 받은 후 지체없이 지급할 보험금액을 정하고, 그 정하여진 날부터 10일 내에 피보험자에게 보험금액을 지급하여야 한다.

③ 보험사고가 보험계약자 또는 피보험자의 중대한 과실로 인하여 생긴 때에는 보험자는 언제나 보험금액을 지급할 책임이 있다.

④ 보험사고가 전쟁 기타의 변란으로 인하여 생긴 때에는 당사자 간에 다른 약정이 없으면 보험자는 보험금액을 지급할 책임이 없다.

13 재보험계약에 관한 설명으로 옳지 않은 것은?

① 보험자는 보험사고로 인하여 부담할 책임에 대하여 다른 보험자와 재보험계약을 체결할 수 있다.

② 재보험은 원보험자가 인수한 위험의 전부 또는 일부를 분산시키는 기능을 한다.

③ 재보험계약의 전제가 되는 최초로 체결된 보험계약을 원보험계약 또는 원수보험 계약이라 한다.

④ 재보험계약은 원보험계약의 효력에 영향을 미친다.

14 「상법」 제662조(소멸시효)에 관한 설명으로 옳은 것을 모두 고른 것은?

⊙ 보험금청구권은 3년간 행사하지 아니하면 시효의 완성으로 소멸한다.
ⓒ 보험료반환청구권은 3년간 행사하지 아니하면 시효의 완성으로 소멸한다.
ⓒ 적립금의 반환청구권은 2년간 행사하지 아니하면 시효의 완성으로 소멸한다.
ⓔ 보험료청구권은 2년간 행사하지 아니하면 시효의 완성으로 소멸한다.

① ㉠, ㉡, ㉢
② ㉠, ㉡, ㉣
③ ㉠, ㉢, ㉣
④ ㉡, ㉢, ㉣

15 보험계약자 등의 불이익변경금지에 관한 설명으로 옳지 않은 것은?

① 불이익변경금지는 보험자와 보험계약자의 관계에서 계약의 교섭력이 부족한 보험 계약자 등을 보호하기 위한 것이다.

② 「상법」 보험편의 규정은 가계보험에서 당사자 간의 특약으로 보험계약자의 불이 익으로 변경하지 못한다.

③ 「상법」 보험편의 규정은 가계보험에서 당사자 간의 특약으로 피보험자의 불이익 으로 변경하지 못한다.

④ 재보험은 당사자의 특약으로 보험계약자의 불이익으로 변경할 수 없다.

16 화재보험계약에 관한 설명으로 옳지 않은 것은?

① 보험자가 손해를 보상함에 있어서 화재와 손해 간에 상당인과관계는 필요하지 않다.

② 보험자는 화재의 소방에 필요한 조치로 인하여 생긴 손해를 보상할 책임이 있다.

③ 보험자는 화재발생시 손해의 감소에 필요한 조치로 인하여 생긴 손해를 보상할 책 임이 있다.

④ 화재보험계약은 화재로 인하여 생긴 손해를 보상할 것을 목적으로 하는 손해보험 계약이다.

17 화재보험증권에 기재하여야 할 사항으로 옳은 것을 모두 고른 것은?

> ⊙ 보험의 목적
> ⓒ 보험계약체결 장소
> ⓒ 동산을 보험의 목적으로 한 때에는 그 존치한 장소의 상태와 용도
> ⓔ 피보험자의 주소, 성명 또는 상호
> ⓜ 보험계약자의 주민등록번호

① ⊙, ⓒ, ⓒ 　　　　　　　　　　② ⊙, ⓒ, ⓔ
③ ⓒ, ⓒ, ⓜ 　　　　　　　　　　④ ⓒ, ⓔ, ⓜ

18 집합보험에 관한 설명으로 옳지 않은 것은?

① 집합보험이란 경제적으로 독립한 여러 물건의 집합물을 보험의 목적으로 한 보험을 말한다.

② 집합된 물건을 일괄하여 보험의 목적으로 한 때에는 피보험자의 사용인의 물건도 보험의 목적에 포함된 것으로 본다.

③ 집합된 물건을 일괄하여 보험의 목적으로 한 때에는 그 목적에 속한 물건이 보험기간 중에 수시로 교체된 경우에도 보험계약체결시에 존재한 물건은 보험의 목적에 포함된 것으로 한다.

④ 집합된 물건을 일괄하여 보험의 목적으로 한 때에는 피보험자의 가족의 물건도 보험의 목적에 포함된 것으로 본다.

19 중복보험에 관한 설명으로 옳은 것은?

① 중복보험에서 보험금액의 총액이 보험가액을 초과한 경우 보험자는 각자의 보험금액의 한도에서 연대책임을 진다.

② 피보험이익이 다를 경우에도 중복보험이 성립할 수 있다.

③ 중복보험에서 수인의 보험자 중 1인에 대한 권리의 포기는 다른 보험자의 권리의무에 영향을 미친다.

④ 중복보험이 성립하기 위해서는 보험계약자가 동일하여야 한다.

20 보험가액에 관한 설명으로 옳은 것은?

① 당사자 간에 보험가액을 정한 때에는 그 가액은 보험기간 개시시의 가액으로 정한 것으로 추정한다.

② 미평가보험의 경우 사고발생 시의 가액을 보험가액으로 한다.

③ 보험가액은 변동되지 않는다.

④ 기평가보험에서 보험가액이 사고발생 시의 가액을 현저하게 초과할 때에는 보험기간 개시시의 가액을 보험가액으로 한다.

21 손해보험계약에 관한 설명으로 옳지 않은 것은?

① 손해보험은 정액보험으로만 운영된다.

② 손해보험계약은 피보험자의 손해의 발생을 요소로 한다.

③ 손해보험계약의 보험자는 보험사고로 인하여 생길 피보험자의 재산상의 손해를 보상할 책임이 있다.

④ 보험사고의 성질은 손해보험증권의 필수적 기재사항이다.

22 초과보험에 관한 설명으로 옳지 않은 것은?

① 초과보험이 성립하기 위해서는 보험금액이 보험계약의 목적의 가액을 현저하게 초과하여야 한다.

② 보험가액이 보험기간 중에 현저하게 감소한 경우에 보험자 또는 보험계약자는 보험료와 보험금액의 감액을 청구할 수 있다.

③ 보험계약자의 사기로 인하여 체결된 초과보험계약은 무효로 한다.

④ 초과보험의 효과로서 보험료 감액 청구에 따른 보험료의 감액은 소급효가 있다.

23 일부보험에 관한 설명으로 옳지 않은 것은?

① 일부보험에 관한 상법의 규정은 강행규정으로 당사자 간 다른 약정으로 손해보상액을 보험금액의 한도로 변경할 수 없다.

② 일부보험의 경우 당사자 간에 다른 약정이 없는 때에는 보험자는 보험금액의 보험가액에 대한 비율에 따라 보상할 책임을 진다.

③ 일부보험은 보험계약자가 보험료를 절약할 목적 등으로 활용된다.

④ 일부보험은 보험가액의 일부를 보험에 붙인 보험이다.

24 보험자대위에 관한 설명으로 옳지 않은 것은?

① 실손보상의 원칙을 구현하기 위한 제도이다.

② 일부보험의 경우에도 잔존물대위가 인정된다.

③ 잔존물대위는 보험의 목적의 일부가 멸실한 경우에도 성립한다.

④ 보험금을 일부 지급한 경우 피보험자의 권리를 해하지 않는 범위 내에서 청구권대위가 인정된다.

25 손해액의 산정기준에 관한 설명으로 옳은 것을 모두 고른 것은?

> ㉠ 보험자가 보상할 손해액은 그 손해가 발생한 때와 곳의 가액에 의하여 산정하는 것을 원칙으로 한다.
> ㉡ 보험자가 보상할 손해액에 관하여 당사자 간에 다른 약정이 있는 때에는 신품가액에 의하여 손해액을 산정할 수 있다.
> ㉢ 손해액의 산정에 관한 비용은 보험자가 부담한다.

① ㉠   ② ㉠, ㉡

③ ㉠, ㉢   ④ ㉠, ㉡, ㉢

 ## 농어업재해보험법령

26 가축재해보험의 목적물이 아닌 것은? [기출 수정]

① 소   ② 오리

③ 개   ④ 타조

27 「농어업재해보험법령」상 재해보험의 종류에 따른 보험가입자의 기준에 해당하지 않는 것은? [기출 수정]

① 농작물재해보험 : 농업재해보험심의회를 거쳐 농림축산식품부장관이 고시하는 농작물을 재배하는 개인

② 임산물재해보험 : 농업재해보험심의회를 거쳐 농림축산식품부장관이 고시하는 임산물을 재배하는 법인

③ 가축재해보험 : 농업재해보험심의회를 거쳐 농림축산식품부장관이 고시하는 가축을 사육하는 개인

④ 양식수산물재해보험 : 「수산업·어촌 발전 기본법」 제8조 제1항에 따른 중앙수산업·어촌정책심의회를 거쳐 해양수산부장관이 고시하는 자연수산물을 채취하는 법인

28 「농어업재해보험법령」상 재해보험사업의 약정을 체결하려는 자가 농림축산식품부장관 또는 해양수산부장관에게 제출하여야 하는 서류에 해당하지 않는 것은?

① 정관

② 사업방법서

③ 보험약관

④ 보험요율의 산정자료

29 「농어업재해보험법령」상 가축재해보험의 손해평가인으로 위촉될 수 있는 자격요건을 갖춘 자는?

① 「수의사법」에 따른 수의사

② 농촌진흥청에서 가축사육분야에 관한 연구·지도 업무를 1년간 담당한 공무원

③ 「수산업협동조합법」에 따른 중앙회와 조합의 임직원으로 수산업지원 관련 업무를 3년간 담당한 경력이 있는 사람

④ 재해보험 대상 가축을 3년간 사육한 경력이 있는 농업인

30 「농어업재해보험법령」상 손해평가사의 시험에 관한 설명으로 옳은 것은?

① 손해평가사 자격이 취소된 사람은 그 취소 처분이 있은 날부터 2년이 지나지 아니한 경우 손해평가사 자격시험에 응시하지 못한다.

② 「보험업법」에 따른 손해사정사에 대하여는 손해평가사 제1차 시험을 면제할 수 없다.

③ 농림축산식품부장관은 손해평가사의 수급(需給)상 필요와 무관하게 손해평가사 자격시험을 매년 1회 실시하여야 한다.

④ 손해평가인으로 위촉된 기간이 3년 이상인 사람으로서 손해평가업무를 수행한 경력이 있는 사람은 손해평가사 제2차 시험의 일부과목을 면제한다.

31 「농어업재해보험법」상 손해평가사의 자격취소의 사유에 해당하지 않는 것은? [기출 수정]

① 손해평가사가 다른 사람에게 손해평가사의 명의를 하게 한 경우

② 손해평가사가 정당한 사유 없이 손해평가업무를 거부한 경우

③ 손해평가사가 다른 사람에게 손해평가사 자격증을 대여한 경우

④ 손해평가사가 자격을 거짓 또는 부정한 방법으로 취득한 경우

32 「농어업재해보험법」상 손해평가사가 그 직무를 게을리 하거나 직무를 수행하면서 부적절한 행위를 하였다고 인정될 경우, 농림축산식품부장관이 손해평가사에게 명할 수 있는 업무정지의 최장 기간은?

① 6개월   ② 1년

③ 2년   ④ 3년

33 「농어업재해보험법령」의 내용으로 옳지 않은 것은?

① 보험가입자는 재해로 인한 사고의 예방을 위하여 노력하여야 한다.

② 보험목적물이 담보로 제공된 경우에도 재해보험의 보험금을 지급받을 권리는 압류할 수 없다.

③ 재해보험가입자가 재해보험에 가입된 보험목적물을 양도하는 경우 그 양수인은 재해보험계약에 관한 양도인의 권리 및 의무를 승계한 것으로 추정한다.

④ 재해보험사업자는 손해평가인으로 위촉된 사람에 대하여 보험에 관한 기초지식, 보험약관 및 손해평가요령 등에 관한 실무교육을 하여야 한다.

34 농업재해보험 손해평가요령에 따른 손해평가반 구성에 포함될 수 있는 자를 모두 고른 것은?

㉠ 손해평가인	㉡ 손해평가사
㉢ 재물손해사정사	㉣ 신체손해사정사

① ㉠, ㉡   ② ㉡, ㉢

③ ㉠, ㉡, ㉢   ④ ㉠, ㉡, ㉢, ㉣

35 「농어업재해보험법」에서 사용하는 용어의 정의로 옳지 않은 것은?

① "농어업재해보험"이란 농어업재해로 발생하는 재산 피해에 따른 손해를 보상하기 위한 보험을 말한다.

② "보험료"란 보험가입자와 보험사업자 간의 약정에 따라 보험가입자가 보험사업자에게 내야 하는 금액을 말한다.

③ "보험가입금액"이란 보험가입자의 재산 피해에 따른 손해가 발생한 경우 보험에서 최대로 보상할 수 있는 한도액으로서 보험가입자와 보험사업자 간에 약정한 금액을 말한다.

④ "보험금"이란 보험가입자에게 재해로 인한 재산 피해에 따른 손해가 발생한 경우 그 정도에 따라 정부가 보험가입자에게 지급하는 금액을 말한다.

36 「농어업재해보험법」상 회계구분에 관한 내용이다. (   )에 들어갈 용어는?

> (   )은(는) 재해보험사업의 회계를 다른 회계와 구분하여 회계처리함으로써 손익관계를 명확
> 히 하여야 한다.

① 손해평가사   ② 농림축산식품부장관
③ 재해보험사업자   ④ 지방자치단체의 장

37 「농어업재해보험법령」상 농림축산식품부장관이 재보험에 가입하려는 재해보험사업자
와 재보험 약정체결 시 포함되어야 할 사항으로 옳지 않은 것은?

① 재보험수수료
② 정부가 지급하여야 할 보험금
③ 농어업재해재보험기금의 운용수익금
④ 재해보험사업자가 정부에 내야 할 보험료

38 「농어업재해보험법령」상 농어업재해재보험기금의 관리·운용에 관한 설명으로 옳지 않
은 것은?

① 기금은 농림축산식품부장관이 해양수산부장관과 협의하여 관리·운용한다.
② 농림축산식품부장관은 기획재정부장관과 협의를 거쳐 기금의 관리·운용에 관한
   사무의 전부를 농업정책보험금융원에 위탁할 수 있다.
③ 기금수탁관리자는 회계연도마다 기금결산보고서를 작성하여 다음 회계연도 2월
   15일까지 농림축산식품부장관 및 해양수산부장관에게 제출하여야 한다.
④ 농림축산식품부장관은 해양수산부장관과 협의하여 기금의 여유자금을 「은행법」
   에 따른 은행에의 예치의 방법으로 운용할 수 있다.

39 「농어업재해보험법」상 농림축산식품부장관이 농작물 재해보험사업을 효율적으로 추진
하기 위하여 수행하는 업무로 옳지 않은 것은?

① 피해 관련 분쟁조정
② 손해평가인력의 육성
③ 재해보험 상품의 연구 및 보급
④ 손해평가기법의 연구·개발 및 보급

40 「농어업재해보험법령」상 재정지원에 관한 설명으로 옳은 것은? [기출 수정]

① 정부는 재해보험가입자가 부담하는 보험료와 재해보험사업자의 재해보험의 운영 및 관리에 필요한 비용을 지원하여야 한다.

② 지방자치단체는 재해보험사업자의 운영비를 추가로 지원하여야 한다.

③ 농림축산식품부장관·해양수산부장관 및 지방자치단체의 장은 보험료의 일부를 재해보험가입자에게 지급하여야 한다.

④ 「풍수해·지진재해보험법」에 따른 풍수해·지진재해보험에 가입한 자가 동일한 보험 목적물을 대상으로 재해보험에 가입할 경우에는 정부가 재정지원을 하지 아니한다.

41 「농어업재해보험법」상 농작물재해보험에 관한 손해평가사 업무로 옳지 않은 것은?

① 손해액 평가   ② 보험가액 평가

③ 피해사실 확인   ④ 손해평가인증의 발급

42 「농어업재해보험법령」상 재해보험사업자가 수립하는 보험가입촉진계획에 포함되어야 할 사항에 해당하지 않는 것은?

① 농어업재해재보험기금 관리·운용계획

② 해당 연도의 보험상품 운영계획

③ 보험상품의 개선·개발계획

④ 전년도의 성과분석 및 해당 연도의 사업계획

43 농업재해보험 손해평가요령에 따른 손해평가 업무를 원활히 수행하기 위하여 손해평가 보조인을 운용할 수 있는 자를 모두 고른 것은?

> ㉠ 재해보험사업자
> ㉡ 재해보험사업자의 업무를 위탁받은 자
> ㉢ 손해평가를 요청한 보험가입자
> ㉣ 재해발생 지역의 지방자치단체

① ㉠   ② ㉢

③ ㉠, ㉡   ④ ㉠, ㉢, ㉣

44 농업재해보험 손해평가요령에 따른 손해평가인 위촉의 취소 사유에 해당하지 않는 것은?

① 업무수행과 관련하여 「개인정보보호법」을 위반한 경우

② 위촉당시 피성년후견인이었음이 판명된 경우

③ 거짓 그 밖의 부정한 방법으로 손해평가인으로 위촉된 경우

④ 「농어업재해보험법」 제30조에 의하여 벌금이상의 형을 선고받고 그 집행이 종료된 날로부터 2년이 경과되지 않은 경우

45 농업재해보험 손해평가요령에 따른 농작물의 손해평가 단위는?

① 농가별　　　　　　　　　　② 농지별

③ 필지(지번)별　　　　　　　④ 품종별

46 농업재해보험 손해평가요령에 따른 보험가액 산정에 관한 설명으로 옳지 않은 것은?

① 농작물의 생산비보장 보험가액은 작물별로 보험가입 당시 정한 보험가액을 기준으로 산정한다. 다만, 보험가액에 영향을 미치는 가입면적 등이 가입당시와 다를 경우 변경할 수 있다.

② 나무손해보장 보험가액은 기재된 보험목적물이 나무인 경우로 최초 보험사고 발생 시의 해당 농지 내에 심어져 있는 과실생산이 가능한 나무에서 피해 나무를 제외한 수에 보험가입 당시의 나무당 가입가격을 곱하여 산정한다.

③ 가축에 대한 보험가액은 보험사고가 발생한 때와 곳에서 평가한 보험목적물의 수량에 적용가격을 곱하여 산정한다.

④ 농업시설물에 대한 보험가액은 보험사고가 발생한 때와 곳에서 평가한 피해목적물의 재조달가액에서 내용연수에 따른 감가상각률을 적용하여 계산한 감가상각액을 차감하여 산정한다.

47 농업재해보험 손해평가요령상 농작물의 품목별·재해별·시기별 손해수량 조사방법 중 적과 전 종합위험방식 상품 "사과"에 관한 기술이다. (　　)에 들어갈 내용으로 옳은 것은? [기출 수정]

생육시기	재해	조사시기	조사내용
적과 후 ~ 수확기 종료	가을동상해	수확 직전	(　　　　)

① 유과타박율 조사　　　　　② 적과 후 착과수 조사

③ 낙엽률 조사　　　　　　　④ 착과피해 조사

48 농업재해보험 손해평가요령상 농작물의 품목별·재해별·시기별 손해수량 조사방법 중 종합위험방식 상품인 "벼"에만 해당하는 조사내용으로 옳은 것은?

① 피해사실확인 조사
② 재이앙(재직파) 피해 조사
③ 경작불능피해 조사
④ 수확량 조사

49 농업재해보험 손해평가요령에 따른 손해평가준비 및 평가결과 제출에 관한 설명으로 옳지 않은 것은?

① 손해평가반은 손해평가결과를 기록할 수 있도록 현지조사서를 직접 마련해야 한다.
② 손해평가반은 보험가입자가 정당한 사유없이 서명을 거부하는 경우 보험가입자에게 손해평가 결과를 통지한 후 서명없이 현지조사서를 재해보험사업자에게 제출하여야 한다.
③ 손해평가반은 보험가입자가 정당한 사유없이 손해평가를 거부하여 손해평가를 실시하지 못한 경우에는 그 피해를 인정할 수 없는 것으로 평가한다는 사실을 보험가입자에게 통지한 후 현지조사서를 재해보험사업자에게 제출하여야 한다.
④ 재해보험사업자는 보험가입자가 손해평가반의 손해평가결과에 대하여 설명 또는 통지를 받은 날로부터 7일 이내에 손해평가가 잘못되었음을 증빙하는 서류 또는 사진 등을 제출하는 경우 다른 손해평가반으로 하여금 재조사를 실시하게 할 수 있다.

50 농업재해보험 손해평가요령상 농작물의 보험금 산정 기준에 따른 종합위험방식 수확감소보장 "양파"의 경우, 다음의 조건으로 산정한 보험금은?

- 보험가입금액 : 1,000만 원
- 자기부담비율 : 20%
- 가입수확량 : 10,000kg
- 평년수확량 : 20,000kg
- 수확량 : 5,000kg
- 미보상감수량 : 1,000kg

① 300만 원
② 400만 원
③ 500만 원
④ 600만 원

 농학개론 중 재배학 및 원예작물학

51 과수 분류 시 인과류에 속하는 것은?

① 자두
② 포도
③ 감귤
④ 사과

52 작물재배에 있어서 질소(N)에 관한 설명으로 옳지 않은 것은?

① 질산태(NO_3^-)와 암모늄태(NH_4^+)로 식물에 흡수된다.

② 작물체 건물중의 많은 함량을 차지하는 중요한 무기성분이다.

③ 콩과작물은 질소 시비량이 적고, 벼과작물은 시비량이 많다.

④ 결핍증상은 늙은 조직보다 어린 생장점에서 먼저 나타난다.

53 작물의 필수원소는?

① 염소(Cl) 　　　　　　② 규소(Si)

③ 코발트(Co) 　　　　　④ 나트륨(Na)

54 재배 시 산성토양에 가장 약한 작물은?

① 벼 　　　　　　　　　② 콩

③ 감자 　　　　　　　　④ 수박

55 작물재배 시 습해의 대책이 아닌 것은?

① 배수 　　　　　　　　② 토양 개량

③ 황산근비료 사용 　　　④ 내습성 작물과 품종 선택

56 작물재배 시 건조해의 대책으로 옳지 않은 것은?

① 중경제초 　　　　　　② 질소비료 과용

③ 내건성 작물 및 품종 선택 　④ 증발억제제 살포

57 작물재배 시 하고(夏枯)현상으로 옳지 않은 것은?

① 화이트클로버는 피해가 크고, 레드클로버는 피해가 경미하다.

② 다년생인 북방형 목초에서 여름철에 생장이 현저히 쇠퇴하는 현상이다.

③ 고온, 건조, 장일, 병충해, 잡초무성의 원인으로 발생한다.

④ 대책으로는 관개, 혼파, 방목이 있다.

58 다음이 설명하는 냉해는?

> ㉠ 냉온에 대한 저항성이 약한 시기인 감수분열기에 저온에 노출되어 수분수정이 안되어 불임 현상이 초래되는 냉해를 말한다.
> ㉡ 냉온에 의한 생육부진으로 외부 병균의 침입에 대한 저항성이 저하되어 병이 발생하는 냉해를 말한다.

① ㉠ : 지연형 냉해, ㉡ : 병해형 냉해 ② ㉠ : 병해형 냉해, ㉡ : 혼합형 냉해
③ ㉠ : 장해형 냉해, ㉡ : 병해형 냉해 ④ ㉠ : 혼합형 냉해, ㉡ : 장해형 냉해

59 작물 외관의 착색에 관한 설명으로 옳지 않은 것은?

① 작물 재배 시 광이 없을 때에는 에티올린(Etiolin)이라는 담황색 색소가 형성되어 황백화현상을 일으킨다.
② 엽채류에서는 적색광과 청색광에서 엽록소의 형성이 가장 효과적이다.
③ 작물 재배 시 광이 부족하면 엽록소의 형성이 저해된다.
④ 과일의 안토시안은 비교적 고온에서 생성이 조장되며 볕이 잘 쬘 때에 착색이 좋아진다.

60 장일일장 조건에서 개화가 유도·촉진되는 작물을 모두 고른 것은?

> ㉠ 상추 ㉡ 고추 ㉢ 딸기 ㉣ 시금치

① ㉠, ㉡ ② ㉠, ㉣
③ ㉡, ㉢ ④ ㉢, ㉣

61 다음에서 내한성(耐寒性)이 가장 강한 작물(A)과 가장 약한 작물(B)은?

① A : 사과, B : 서양배 ② A : 사과, B : 유럽계 포도
③ A : 복숭아, B : 서양배 ④ A : 복숭아, B : 유럽계 포도

62 우리나라의 과수 우박피해에 관한 설명으로 옳은 것은?

> ㉠ 피해 시기는 주로 착과기와 성숙기에 해당된다.
> ㉡ 다음해의 안정적인 결실을 위해 피해과원의 모든 과실을 제거한다.
> ㉢ 피해 후 2차적으로 병해를 발생시키는 간접적인 피해를 유발하기도 한다.

① ㉠, ㉡ ② ㉠, ㉢
③ ㉡, ㉢ ④ ㉠, ㉡, ㉢

63 과수원의 태풍피해 대책으로 옳지 않은 것은?

① 방풍림으로 교목과 관목의 혼합 식재가 효과적이다.

② 방풍림은 바람의 방향과 직각 방향으로 심는다.

③ 과수원내의 빈 공간 확보는 태풍피해를 경감시켜 준다.

④ 왜화도가 높은 대목은 지주 결속으로 피해를 줄여준다.

64 작물의 육묘에 관한 설명으로 옳지 않은 것은?

① 수확기 및 출하기를 앞당길 수 있다.

② 육묘용 상토의 pH는 낮을수록 좋다.

③ 노지정식 전 경화과정(Hardening)이 필요하다.

④ 육묘와 재배의 분업화가 가능하다.

65 다음 설명의 영양번식 방법은?

- 양취법(楊取法)이라고도 한다.
- 오래된 가지를 발근시켜 떼어낼 때 사용한다.
- 발근시키고자 하는 부분에 미리 박피를 해준다.

① 성토법(盛土法) 　　　② 선취법(先取法)

③ 고취법(高取法) 　　　④ 당목취법(撞木取法)

66 다음의 과수원 토양관리 방법은?

- 과수원 관리가 쉽다.
- 양분용탈이 발생한다.
- 토양침식으로 입단형성이 어렵다.

① 초생재배 　　　② 피복재배

③ 부초재배 　　　④ 청경재배

67 사과 과원에서 병해충종합관리(IPM)에 해당되지 않는 것은?

① 응애류 천적 제거 ② 성페로몬 이용

③ 초생재배 실시 ④ 생물농약 활용

68 호냉성 채소작물은?

① 상추, 가지 ② 시금치, 고추

③ 오이, 토마토 ④ 양배추, 딸기

69 작물의 생육과정에서 칼슘결핍에 의해 나타나는 증상으로만 짝지어진 것은?

① 배추 잎끝마름증상, 토마토 배꼽썩음증상

② 토마토 배꼽썩음증상, 장미 로제트증상

③ 장미 로제트증상, 고추 청고증상

④ 고추 청고증상, 배추 잎끝마름증상

70 채소작물 재배 시 에틸렌에 의한 현상이 아닌 것은?

① 토마토 열매의 엽록소 분해를 촉진한다.

② 가지의 꼭지에서 이층(離層)형성을 촉진한다.

③ 아스파라거스의 육질 연화를 촉진한다.

④ 상추의 갈색 반점을 유발한다.

71 다음 과수 접목법의 분류기준은?

절접, 아접, 할접, 허접, 호접

① 접목부위에 따른 분류 ② 접목장소에 따른 분류

③ 접목시기에 따른 분류 ④ 접목방법에 따른 분류

72 화훼작물의 플러그묘 생산에 관한 옳은 설명을 모두 고른 것은?

㉠ 좁은 면적에서 대량육묘가 가능하다.
㉡ 최적의 생육조건으로 다양한 규격묘 생산이 가능하다.
㉢ 노동집약적이며 관리가 용이하다.
㉣ 정밀기술이 요구된다.

① ㉠, ㉡, ㉢
② ㉠, ㉡, ㉣
③ ㉠, ㉢, ㉣
④ ㉡, ㉢, ㉣

73 화훼작물의 진균병이 아닌 것은?
① Fusarium에 의한 시들음병
② Botrytis에 의한 잿빛곰팡이병
③ Xanthomonas에 의한 잎반점병
④ Colletotrichum에 의한 탄저병

74 시설내의 온도를 낮추기 위해 시설의 벽면 위 또는 아래에서 실내로 세무(細霧)를 분사시켜 시설 상부에 설치된 풍량형 환풍기로 공기를 뽑아내는 냉각방법은?
① 팬 앤드 포그
② 팬 앤드 패드
③ 팬 앤드 덕트
④ 팬 앤드 팬

75 다음이 설명하는 시설재배용 플라스틱 피복재는?

• 보온성이 떨어진다.
• 광투과율이 높고 연질피복재이다.
• 표면에 먼지가 잘 부착되지 않는다.
• 약품에 대한 내성이 크고 가격이 싸다.

① 폴리에틸렌(PE) 필름
② 염화비닐(PVC) 필름
③ 에틸렌아세트산(EVA) 필름
④ 폴리에스터(PET) 필름

상법(보험편)

1 보험계약에 관한 설명으로 옳지 않은 것은?

① 보험계약은 보험자의 청약에 대하여 보험계약자가 승낙함으로써 이루어진다.

② 보험계약은 보험자의 보험금 지급책임이 우연한 사고의 발생에 달려 있으므로 사행계약의 성질을 갖는다.

③ 보험계약의 효력발생에 특별한 요식행위를 요하지 않는다.

④ 상법 보험편의 보험계약에 관한 규정은 그 성질에 반하지 아니하는 범위에서 상호보험에 준용한다.

2 보험약관의 교부·설명의무에 관한 설명으로 옳은 것을 모두 고른 것은? (다툼이 있으면 판례에 따름)

    ㉠ 고객이 약관의 내용을 충분히 잘 알고 있는 경우에는 보험자가 고객에게 그 약관의 내용을 따로 설명하지 않아도 되나, 그러한 따로 설명할 필요가 없는 특별한 사정은 이를 주장하는 보험자가 입증하여야 한다.

    ㉡ 약관에 정하여진 중요한 사항이라면 설사 거래상 일반적이고 공통된 것이어서 보험계약자가 별도의 설명 없이도 충분히 예상할 수 있었던 사항이라 할지라도 보험자는 설명의무를 부담한다.

    ㉢ 약관의 내용이 이미 법령에 의하여 정하여진 것을 되풀이 하는 것에 불과한 경우에는 고객에게 이를 따로 설명하지 않아도 된다.

① ㉠   ② ㉠, ㉡

③ ㉠, ㉢   ④ ㉠, ㉡, ㉢

3 보험증권에 관한 설명으로 옳은 것은?

① 보험기간을 정한 때에는 그 시기와 종기는 「상법」상 손해보험증권의 기재사항에 해당하지 않는다.

② 기존의 보험계약을 연장하는 경우에 보험자는 그 보험증권에 그 사실을 기재함으로써 보험증권의 교부에 갈음할 수 있다.

③ 보험계약의 당사자는 보험증권의 교부가 있은 날로부터 2주간 내에 한하여 그 증권내용의 정부에 관한 이의를 할 수 있음을 약정할 수 있다.

④ 보험증권을 현저하게 훼손한 때에는 보험계약자는 보험자에 대하여 증권의 재교부를 청구할 수 있는데 그 증권작성의 비용은 보험자의 부담으로 한다.

4 보험계약에 관한 설명으로 옳지 않은 것은? [기출 수정]

① 보험계약 당시에보험사고가 발생할 수 없는 것인 때에는 그 계약은 무효로 한다.

② 대리인에 의하여 보험계약을 체결한 경우에 대리인이 안 사유는 그 본인이 안 것과 동일한 것으로 한다.

③ 보험계약은 그 계약전의 어느 시기를 보험기간의 시기로 할 수 있다.

④ 보험계약 당시에보험사고가 이미 발생한 때에는 당사자 쌍방과 피보험자가 이를 알지 못한 때에도 그 계약은 무효이다.

5 보험대리상 등의 권한에 관한 설명으로 옳은 것은?

① 보험계약자로부터 청약, 고지, 통지, 해지, 취소 등 보험계약에 관한 의사표시를 수령할 수 있는 보험대리상의 권한을 보험자가 제한한 경우 보험자는 그 제한을 이유로 선의의 보험계약자에게 대항하지 못한다.

② 보험자는 보험계약자로부터 보험료를 수령할 수 있는 보험대리상의 권한을 제한할 수 없다.

③ 특정한 보험자를 위하여 계속적으로 보험계약의 체결을 중개하는 자라 할지라도 보험대리상이 아니면 보험자가 작성한 보험증권을 보험계약자에게 교부할 수 있는 권한이 없다.

④ 보험대리상은 보험계약자에게 보험계약의 체결, 변경, 해지 등 보험계약에 관한 의사표시를 할 수 있는 권한이 없다.

6 「상법」 보험편에 관한 설명이다. 옳지 않은 것은 몇 개인가?

- 계속보험료가 약정한 시기에 지급되지 아니한 때에는 보험자는 다른 절차 없이 바로 그 계약을 해지할 수 있다.
- 보험계약의 당사자가 특별한 위험을 예기하여 보험료의 액을 정한 경우에 보험기간 중 그 예기한 위험이 소멸한 때에는 보험계약자는 그 후의 보험료의 감액을 청구할 수 있다.
- 보험기간 중에 보험계약자 또는 피보험자가 사고발생의 위험이 현저하게 변경또는 증가된 사실을 안 때에는 지체없이 보험자에게 통지하여야 한다.

① 0개　　　　　　　② 1개
③ 2개　　　　　　　④ 3개

7 고지의무에 관한 설명으로 옳지 않은 것은?

① 보험계약 당시에보험계약자 또는 피보험자가 고의 또는 중대한 과실로 인하여 중요한 사항을 부실의 고지를 한 때에는 보험자는 그 사실을 안 날로부터 3년 내에 계약을 해지할 수 있다.

② 보험자가 서면으로 질문한 사항은 중요한 사항으로 추정한다.

③ 손해보험의 피보험자는 고지의무자에 해당한다.

④ 보험자가 계약당시에 고지의무 위반의 사실을 알았거나 중대한 과실로 인하여 알지 못한 때에는 보험자는 그 계약을 해지할 수 없다.

8 B는 A의 위임을 받아 A를 위하여 자신의 명의로 보험자 C와 손해보험계약을 체결하였다.(단, B는 C에게 A를 위한 계약임을 명시하였고, A에게는 피보험이익이 존재함) 다음 설명으로 옳지 않은 것은? (다툼이 있으면 판례에 따름)

① A는 당연히 보험계약의 이익을 받는 자이므로, 특별한 사정이 없는 한 B 의 동의 없이 보험금지급청구권을 행사할 수 있다.

② B가 파산선고를 받은 경우 A가 그 권리를 포기하지 아니하는 한 A 도 보험료를 지급할 의무가 있다.

③ 만일 A의 위임이 없었다면 B는 이를 C에게 고지하여야 한다.

④ A는 위험변경증가의 통지의무를 부담하지 않는다.

9 「상법」(보험편)에 관한 설명으로 옳은 것은?

① 보험사고가 발생하기 전에 보험계약의 전부 또는 일부를 해지하는 경우에 보험계약자는 당사자 간에 다른 약정이 없으면 미경과보험료의 반환을 청구할 수 없다.

② 보험계약자는 계약체결 후 지체없이 보험료의 전부 또는 제1회 보험료를 지급하여야 하며, 보험계약자가 이를 지급하지 아니하는 경우에는 다른 약정이 없는 한 계약성립후 2월이 경과하면 그 계약은 해제된 것으로 본다.

③ 고지의무 위반으로 인하여 보험계약이 해지되고 해지환급금이 지급되지 아니한 경우에 보험계약자는 일정한 기간 내에 연체보험료에 약정이자를 붙여 보험자에게 지급하고 그 계약의 부활을 청구할 수 있다.

④ 보험계약의 일부가 무효인 경우에는 보험계약자와 피보험자에게 중대한 과실이 있어도 보험자에 대하여 보험료 일부의 반환을 청구할 수 있다.

10 위험변경증가의 통지와 보험계약해지에 관한 설명으로 옳지 않은 것은?

① 보험기간 중에 보험계약자 또는 피보험자가 사고발생의 위험이 현저하게 변경 또는 증가된 사실을 안 때에는 지체없이 보험자에게 통지하여야 한다.

② 보험자가 위험변경증가의 통지를 받은 때에는 1월 내에 보험료의 증액을 청구하거나 계약을 해지할 수 있다.

③ 위험변경증가의 통지를 해태한 때에는 보험자는 그 사실을 안 날로부터 1월 내에 한하여 계약을 해지할 수 있다.

④ 보험사고가 발생한 후라도 보험자가 위험변경통지의 해태로 계약을 해지하였을 때에는 보험금을 지급할 책임이 없고, 이미 지급한 보험금의 반환도 청구할 수 없다.

11 보험사고발생의 통지의무에 관한 설명으로 옳지 않은 것은?

① 보험사고발생의 통지의무자가 보험사고의 발생을 안 때에는 지체없이 보험자에게 그 통지를 발송하여야 한다.

② 보험사고발생의 통지의무자는 보험계약자 또는 피보험자나 보험수익자이다.

③ 통지의 방법으로는 구두, 서면 등이 가능하다.

④ 보험자는 보험계약자가 보험사고발생의 통지의무를 해태하여 증가된 손해라도 이를 포함하여 보상할 책임이 있다.

12 보험자의 보험금액 지급과 면책에 관한 설명으로 옳지 않은 것은?

① 약정기간이 없는 경우에는 보험자는 보험사고발생의 통지를 받은 후 지체없이 지급할 보험금액을 정하여야 한다.

② 보험자가 보험금액을 정하면 정하여진 날부터 10일 내에 보험금액을 지급하여야 한다.

③ 보험사고가 전쟁 기타의 변란으로 인하여 생긴 때에는 보험자의 보험금액 지급 책임에 대하여 당사자 간에 다른 약정을 할 수 없다.

④ 보험사고가 보험계약자의 고의 또는 중대한 과실로 인하여 생긴 때에는 보험자는 보험금액을 지급할 책임이 없다.

13 「상법」 제662조(소멸시효)에 관한 설명으로 옳지 않은 것은?

① 보험료의 반환청구권은 2년간 행사하지 아니하면 시효의 완성으로 소멸한다.

② 적립금의 반환청구권은 3년간 행사하지 아니하면 시효의 완성으로 소멸한다.

③ 보험금청구권은 3년간 행사하지 아니하면 시효의 완성으로 소멸한다.

④ 보험료청구권은 2년간 행사하지 아니하면 시효의 완성으로 소멸한다.

14 「상법」 제663조(보험계약자 등의 불이익변경금지)에 관한 설명으로 옳지 않은 것은?

① 「상법」 보험편의 규정은 가계보험에서 당사자 간의 특약으로 피보험자의 불이익으로 변경하지 못한다.

② 「상법」 보험편의 규정은 재보험에서 당사자 간의 특약으로 피보험자의 불이익으로 변경하지 못한다.

③ 「상법」 보험편의 규정은 가계보험에서 당사자 간의 특약으로 보험계약자의 불이익으로 변경하지 못한다.

④ 「상법」 보험편의 규정은 해상보험에서 당사자 간의 특약으로 피보험자의 불이익으로 변경할 수 있다.

15 「상법」 제666조(손해보험증권)의 기재사항으로 옳은 것을 모두 고른 것은?

| ㉠ 보험사고의 성질 | ㉡ 무효와 실권의 사유 |
| ㉢ 보험증권의 작성지와 그 작성년월일 | ㉣ 보험계약자의 주민등록번호 |

① ㉠

② ㉡, ㉣

③ ㉠, ㉡, ㉢

④ ㉡, ㉢, ㉣

16 초과보험에 관한 설명으로 옳은 것은?

① 초과보험은 보험계약 목적의 가액이 보험금액을 현저하게 초과한 보험이다.

② 보험계약자의 사기로 인하여 체결된 때의 초과보험은 무효로 한다.

③ 초과보험에서 보험료의 감액은 소급하여 그 효력이 있다.

④ 보험가액이 보험기간 중에 현저하게 감소된 때에는 초과보험에 관한 규정이 적용되지 않는다.

17 기평가보험과 미평가보험에 관한 설명으로 옳지 않은 것은?

① 당사자 간에 보험계약체결 시 보험가액을 미리 약정하는 보험은 기평가보험이다.

② 기평가보험에서 보험가액은 사고발생시의 가액으로 정한 것으로 추정한다. 그러나 그 가액이 사고발생 시의 가액을 현저하게 초과할 때에는 사고발생 시의 가액을 보험가액으로 한다.

③ 미평가보험이란 보험사고의 발생 이전에는 보험가액을 산정하지 않고, 그 이후에 산정하는 보험을 말한다.

④ 미평가보험은 보험계약체결 당시의 가액을 보험가액으로 한다.

18 재보험에 관한 설명으로 옳지 않은 것은? (다툼이 있으면 판례에 따름)

① 재보험에 대하여도 제3자에 대한 보험자대위가 적용된다.

② 재보험은 원보험자가 인수한 위험의 전부 또는 일부를 분산시키는 기능을 한다.

③ 재보험계약은 원보험계약의 효력에 영향을 미친다.

④ 재보험자는 손해보험의 원보험자와 재보험계약을 체결할 수 있다.

19 중복보험에 관한 설명으로 옳지 않은 것은?

① 동일한 보험계약의 목적과 동일한 사고에 관하여 수개의 보험계약이 동시에 또는 순차로 체결된 경우에 그 보험가액의 총액이 보험금액을 초과한 때에는 보험자는 각자의 보험금액의 한도에서 연대책임을 진다.

② 중복보험의 경우 보험자 1인에 대한 피보험자의 권리의 포기는 다른 보험자의 권리의무에 영향을 미치지 않는다.

③ 중복보험의 경우에는 보험계약자는 각 보험자에 대하여 각 보험계약의 내용을 통지하여야 한다.

④ 사기에 의한 중복보험계약은 무효이나 보험자는 그 사실을 안 때까지의 보험료를 청구할 수 있다.

20 일부보험에 관한 설명으로 옳지 않은 것은?

① 일부보험이란 보험금액이 보험가액에 미달하는 보험을 말한다.

② 일부보험은 계약체결 당시부터 의식적으로 약정하는 경우도 있고, 계약 성립 후 물가의 인상으로 인하여 자연적으로 발생하는 경우도 있다.

③ 일부보험에서는 보험자의 보상책임에 관하여 당사자 간에 다른 약정을 할 수 없다.

④ 의식적 일부보험의 여부는 계약체결 시의 보험가액을 기준으로 판단한다.

21 손해보험에서 손해액 산정에 관한 설명으로 옳지 않은 것은?

① 보험자가 보상할 손해액은 그 손해가 발생한 때와 곳의 가액에 의하여 산정한다. 그러나 당사자 간에 다른 약정이 있는 때에는 그 신품가액에 의하여 손해액을 산정할 수 있다.

② 보험자가 손해를 보상할 경우에 보험료의 지급을 받지 아니한 잔액이 있어도 보상할 금액에서 이를 공제할 수 없다.

③ 손해보상은 원칙적으로 금전으로 하지만 당사자의 합의로 손해의 전부 또는 일부를 현물로 보상할 수 있다.

④ 손해액의 산정에 관한 비용은 보험자의 부담으로 한다.

22 화재보험에 관한 설명으로 옳지 않은 것은?

① 화재보험계약의 보험자는 화재로 인하여 생긴 손해를 보상할 책임이 있다.

② 화재보험자는 화재의 소방 또는 손해의 감소에 필요한 조치로 인하여 생긴 손해를 보상할 책임이 있다.

③ 화재보험증권에는 동산을 보험의 목적으로 한 때에는 그 존치한 장소의 상태와 용도를 기재하여야 한다.

④ 집합된 물건을 일괄하여 화재보험의 목적으로 하여도 피보험자의 사용인의 물건은 보험의 목적에 포함되지 않는다.

23 손해보험에 관한 설명으로 옳은 것을 모두 고른 것은?

㉠ 보험의 목적의 성질, 하자 또는 자연소모로 인한 손해는 보험자가 이를 보상할 책임이 없다.

㉡ 피보험자가 보험의 목적을 양도한 때에는 양수인은 보험계약상의 권리와 의무를 승계한 것으로 추정한다.

㉢ 보험의 목적의 양도인 또는 양수인은 보험자에 대하여 지체없이 보험목적의 양도 사실을 통지하여야 한다.

㉣ 손해의 방지와 경감을 위하여 보험계약자와 피보험자의 필요 또는 유익하였던 비용과 보상액이 보험금액을 초과한 경우에는 보험자가 이를 부담하지 아니한다.

① ㉠   ② ㉠, ㉣

③ ㉠, ㉡, ㉢   ④ ㉡, ㉢, ㉣

24 보험목적에 관한 보험대위에 관한 설명으로 옳지 않은 것은?

① 약관에 보험자의 대위권 포기를 정할 수 있다.

② 보험금액의 일부를 지급한 보험자도 그 목적에 대한 피보험자의 권리를 취득한다.

③ 보험가액의 일부를 보험에 붙인 경우에는 보험자가 취득할 권리는 보험금액의 보험가액에 대한 비율에 따라 이를 정한다.

④ 사고를 당한 보험목적에 대하여 피보험자가 가지고 있던 권리는 법률 규정에 의하여 보험자에게 이전되는 것으로 물권변동의 절차를 요하지 않는다.

25 화재보험에 관한 설명으로 옳지 않은 것은?

① 집합된 물건을 일괄하여 화재보험의 목적으로 하여도 피보험자의 가족의 물건은 화재보험의 목적에 포함되지 않는다.

② 집합된 물건을 일괄하여 화재보험의 목적으로 한 때에는 그 목적에 속한 물건이 보험기간 중에 수시로 교체된 경우에도 보험사고의 발생 시에 현존하는 물건은 화재보험의 목적에 포함된 것으로 한다.

③ 건물을 화재보험의 목적으로 한 때에는 그 소재지, 구조와 용도는 화재보험증권의 기재사항이다.

④ 유가증권은 화재보험증권에 기재하여 화재보험의 목적으로 할 수 있다.

 농어업재해보험법령

26 「농어업재해보험법」상 용어에 관한 설명이다. (　　)에 들어갈 내용은?

> "시범사업"이란 농어업재해보험사업을 전국적으로 실시하기 전에 보험의 효용성 및 보험 실시 가능성 등을 검증하기 위하여 일정기간 (　　)에서 실시하는 보험사업을 말한다.

① 보험대상 지역 　　② 재해 지역

③ 담당 지역 　　　　④ 제한된 지역

27 「농어업재해보험법령」상 농업재해보험심의회 위원을 해촉할 수 있는 사유로 명시된 것이 아닌 것은?

① 심신장애로 인하여 직무를 수행할 수 없게 된 경우

② 직무와 관련 없는 비위사실이 있는 경우

③ 품위손상으로 인하여 위원으로 적합하지 아니하다고 인정되는 경우

④ 위원 스스로 직무를 수행하는 것이 곤란하다고 의사를 밝히는 경우

28 「농어업재해보험법」상 손해평가사의 자격취소사유에 해당하지 않는 것은?

① 손해평가사의 자격을 거짓 또는 부정한 방법으로 취득한 사람

② 거짓으로 손해평가를 한 사람

③ 다른 사람에게 손해평가사 자격증을 빌려준 사람

④ 업무수행 능력과 자질이 부족한 사람

29 「농어업재해보험법령」상 재해보험에 관한 설명으로 옳지 않은 것은? [기출 수정]

① 재해보험의 종류는 농작물재해보험, 임산물재해보험, 가축재해보험 및 양식수산물재해보험으로 한다.

② 재해보험에서 보상하는 재해의 범위는 해당 재해의 발생 빈도, 피해 정도 및 객관적인 손해평가방법 등을 고려하여 재해보험의 종류별로 대통령령으로 정한다.

③ 보험목적물의 구체적인 범위는 농업재해보험심의회 또는 「수산업·어촌 발전 기본법」 제8조 제1항에 따른 중앙수산업·어촌정책심의회를 거치지 않고 농업정책보험금융원장이 고시한다.

④ 자연재해, 조수해(鳥獸害), 화재 및 보험목적물별로 농림축산식품부장관이 정하여 고시하는 병충해는 농작물·임산물 재해보험이 보상하는 재해의 범위에 해당한다.

30 「농어업재해보험법」상 보험료율의 산정에 관한 내용이다. (　　)에 들어갈 용어는?
[기출 수정]

> 농림축산식품부장관 또는 해양수산부장관과 재해보험사업의 약정을 체결한 자(이하 "재해보험사업자"라 한다)는 재해보험의 보험료율을 객관적이고 합리적인 통계자료를 기초로 하여 보험목적물별 또는 보상방식별로 산정하되, 다음 각 호의 구분에 따른 단위로 산정하여야 한다.
> 1. 행정구역 단위 : 특별시·광역시·도·특별자치도 또는 시(특별자치시와 「제주특별자치도 설치 및 국제자유도시 조성을 위한 특별법」 제10조 제2항에 따라 설치된 행정시를 포함한다)·군·자치구. 다만, 「보험업법」 제129조에 따른 보험료율 산출의 원칙에 부합하는 경우에는 자치구가 아닌 구·읍·면·동 단위로도 보험료율을 산정할 수 있다.
> 2. (　　　　) : 농림축산식품부장관 또는 해양수산부장관이 행정구역 단위와는 따로 구분하여 고시하는 지역 단위

① 지역단위
② 권역단위
③ 보험목적물 단위
④ 보험금액 단위

31 「농어업재해보험법령」상 양식수산물재해보험 손해평가인으로 위촉될 수 있는 자격요건에 해당하지 않는 자는?
① 「농수산물 품질관리법」에 따른 수산물품질관리사
② 「수산생물질병 관리법」에 따른 수산질병관리사
③ 「국가기술자격법」에 따른 수산양식기술사
④ 조교수로서 「고등교육법」 제2조에 따른 학교에서 수산물양식 관련학을 2년간 교육한 경력이 있는 자

32 「농어업재해보험법령」상 재해보험사업자가 보험모집 및 손해평가 등 재해보험 업무의 일부를 위탁할 수 있는 자에 해당하지 않는 것은?
① 「보험업법」 제187조에 따라 손해사정을 업으로 하는 자
② 「농업협동조합법」에 따라 설립된 지역농업협동조합
③ 「수산업협동조합법」에 따라 설립된 지구별 수산업협동조합
④ 농어업재해보험 관련 업무를 수행할 목적으로 농림축산식품부장관의 허가를 받아 설립된 영리법인

33 「농어업재해보험법령」상 농업재해보험심의회 및 분과위원회에 관한 설명으로 옳지 않은 것은?

① 심의회는 위원장 및 부위원장 각 1명을 포함한 21명 이내의 위원으로 구성한다.

② 심의회의 회의는 재적위원 3분의 1 이상의 출석으로 개의(開議)하고, 출석위원 과반수의 찬성으로 의결한다.

③ 분과위원장 및 분과위원은 심의회의 위원 중에서 전문적인 지식과 경험 등을 고려하여 위원장이 지명한다.

④ 분과위원회의 회의는 위원장 또는 분과위원장이 필요하다고 인정할 때에 소집한다.

34 「농어업재해보험법령」상 농어업재해재보험기금의 기금수탁관리자가 농림축산식품부장관 및 해양수산부장관에게 제출해야 하는 기금결산보고서에 첨부해야 할 서류로 옳은 것을 모두 고른 것은?

㉠ 결산 개요	㉡ 수입지출결산
㉢ 재무제표	㉣ 성과보고서

① ㉠, ㉡

② ㉡, ㉢

③ ㉠, ㉢, ㉣

④ ㉠, ㉡, ㉢, ㉣

35 「농어업재해보험법령」상 농어업재해재보험기금에 관한 설명으로 옳지 않은 것은?

① 기금 조성의 재원에는 재보험금의 회수 자금도 포함된다.

② 농림축산식품부장관은 해양수산부장관과 협의하여 기금의 수입과 지출을 명확히 하기 위하여 한국은행에 기금계정을 설치하여야 한다.

③ 농림축산식품부장관은 해양수산부장관과 협의를 거쳐 기금의 관리·운용에 관한 사무의 일부를 농업정책보험금융원에 위탁할 수 있다.

④ 농림축산식품부장관은 기금의 관리·운용에 관한 사무를 위탁한 경우에는 해양수산부장관과 협의하여 소속 공무원 중에서 기금지출원과 기금출납원을 임명한다.

36 「농어업재해보험법」상 손해평가사가 거짓으로 손해평가를 한 경우에 해당하는 벌칙기준은?

① 1년 이하의 징역 또는 500만 원 이하의 벌금

② 1년 이하의 징역 또는 1,000만 원 이하의 벌금

③ 2년 이하의 징역 또는 1,000만 원 이하의 벌금

④ 2년 이하의 징역 또는 2,000만 원 이하의 벌금

37 「농어업재해보험법령」상 농어업재해재보험기금의 결산에 관한 내용이다. (   )에 들어갈 내용을 순서대로 옳게 나열한 것은?

> • 기금수탁관리자는 회계연도마다 기금결산보고서를 작성하여 다음 회계연도 (㉠)까지 농림축산식품부장관 및 해양수산부장관에게 제출하여야 한다.
> • 농림축산식품부장관은 해양수산부장관과 협의하여 기금수탁관리자로부터 제출 받은 기금결산보고서를 검토한 후 심의회의 회의를 거쳐 다음 회계연도 (㉡)까지 기획재정부장관에게 제출하여야 한다.

         ㉠   ㉡

① 1월 31일, 2월 말일

② 1월 31일, 6월 30일

③ 2월 15일, 2월 말일

④ 2월 15일, 6월 30일

38 「농어업재해보험법령」상 보험가입촉진계획의 수립과 제출 등에 관한 내용이다. (   )에 들어갈 내용을 순서대로 옳게 나열한 것은?

> 재해보험사업자는 농어업재해보험 가입 촉진을 위해 수립한 보험가입촉진계획을 해당 연도 (   )까지 (   )에게 제출하여야 한다.

① 1월 31일, 농업정책보험금융원장

② 1월 31일, 농림축산식품부장관 또는 해양수산부장관

③ 2월 말일, 농업정책보험금융원장

④ 2월 말일, 농림축산식품부장관 또는 해양수산부장관

39 「농어업재해보험법령」상 과태료부과의 개별기준에 관한 설명으로 옳은 것은?

① 재해보험사업자의 발기인이 법 제18조에서 적용하는 「보험업법」 제133조에 따른 검사를 기피한 경우 : 200만 원

② 법 제29조에 따른 보고 또는 관계 서류 제출을 거짓으로 한 경우 : 200만 원

③ 법 제10조 제2항에서 준용하는 「보험업법」 제97조 제1항을 위반하여 보험계약의 모집에 관한 금지행위를 한 경우 : 500만 원

④ 법 제10조 제2항에서 준용하는 「보험업법」 제95조를 위반하여 보험안내를 한 자로서 재해보험사업자가 아닌 경우 : 1,000만 원

40 농업재해보험 손해평가요령에 따른 종합위험방식 상품에서 "수확감소보장 및 과실손해보장"의 「수확 전」 조사내용과 조사시기를 바르게 연결한 것은? [기출 수정]

① 피해사실확인 조사 – 수확 직전

② 이앙(직파)불능피해 조사 – 이앙 한계일(7.31) 이후

③ 경작불능피해 조사 – 이앙 전

④ 재이앙(재직파)피해 조사 – 이앙 한계일(7.31) 이후

41 농업재해보험 손해평가요령에 따른 손해수량 조사방법과 관련하여 적과 전 종합위험방식 상품에서 적과종료이전 특정위험 5종 한정보장 특약에 가입한 경우 "단감"의 「6월1일 ~ 적과 전」 생육시기에 해당되는 재해를 모두 고른 것은? [기출 수정]

㉠ 우박   ㉡ 지진   ㉢ 가을동상해   ㉣ 집중호우

① ㉠, ㉡   ② ㉡, ㉢

③ ㉠, ㉡, ㉣   ④ ㉠, ㉢, ㉣

42 농업재해보험 손해평가요령에 따른 농업재해보험의 종류에 해당하는 것을 모두 고른 것은?

㉠ 농작물재해보험   ㉡ 양식수산물재해보험
㉢ 임산물재해보험   ㉣ 가축재해보험

① ㉠, ㉡   ② ㉠, ㉣

③ ㉠, ㉢, ㉣   ④ ㉡, ㉢, ㉣

43 농업재해보험 손해평가요령에 따른 손해평가인 정기교육의 세부내용으로 명시되어 있지 않은 것은? [기출 수정]

① 손해평가의 절차 및 방법

② 농업재해보험의 종류별 약관

③ 풍수해·지진재해보험에 관한 기초지식

④ 피해유형별 현지조사표 작성 실습

44 농어업재해보험법 및 농업재해보험 손해평가요령에 따른 교차손해평가에 관한 내용으로 옳지 않은 것은?

① 교차손해평가를 위해 손해평가반을 구성할 경우 손해평가사 2인 이상이 포함되어야 한다.

② 교차손해평가의 절차·방법 등에 필요한 사항은 농림축산식품부장관 또는 해양수산부장관이 정한다.

③ 재해보험사업자는 교차손해평가가 필요한 경우 재해보험 가입규모, 가입분포 등을 고려하여 교차손해평가 대상 시·군·구(자치구를 말한다)를 선정하여야 한다.

④ 재해보험사업자는 교차손해평가 대상지로 선정한 시·군·구(자치구를 말한다) 내에서 손해평가 경력, 타 지역 조사 가능여부 등을 고려하여 교차손해평가를 담당할 지역손해평가인을 선발하여야 한다.

45 농업재해보험 손해평가요령에 따른 보험목적물별 손해평가 단위를 바르게 연결한 것은?

| ㉠ 소 : 개별가축별 | ㉡ 벌 : 개체별 |
| ㉢ 농작물 : 농지별 | ㉣ 농업시설물 : 보험가입 농가별 |

① ㉠, ㉡

② ㉠, ㉢

③ ㉡, ㉣

④ ㉢, ㉣

46 농업재해보험 손해평가요령에 따른 농작물의 보험금 산정에서 종합위험방식 "벼"의 보장범위가 아닌 것은?

① 생산비보장

② 수확불능보장

③ 이앙·직파불능보장

④ 경작불능보장

47 농업재해보험 손해평가요령에 따른 종합위험방식 「과실손해보장」에서 "오디"의 경우 다음 조건으로 산정한 보험금은?

- 보험가입금액 : 500만 원
- 자기부담비율 : 20%
- 미보상감수결실수 : 20개
- 조사결실수 : 40개
- 평년결실수 : 200개

① 100만 원   ② 200만 원
③ 250만 원   ④ 300만 원

48 농업재해보험 손해평가요령에 따른 종합위험방식 상품 「수확 전」 "복분자"에 해당하는 조사내용은?
① 결과모지 및 수정불량 조사   ② 결실수 조사
③ 피해과실수 조사   ④ 재파종피해 조사

49 농업재해보험 손해평가요령에 따른 적과 전 종합위험방식 상품 "사과, 배, 단감, 떫은감"의 조사방법으로서 전수조사가 명시된 조사내용은? [기출 수정]
① 낙과피해 조사   ② 유과타박률 조사
③ 적과 후 착과수 조사   ④ 피해사실확인 조사

50 농업재해보험 손해평가요령에 따른 적과 전 종합위험방식 「과실손해보장」에서 "사과"의 경우 다음 조건으로 산정한 보험금은? (주어진 조건 이외의 내용은 고려하지 않음)
[기출 수정]

- 가입가격 : 8,000원/kg   • 자기부담감수량 : 1,400kg
- 적과종료 이후 누적감수량 : 6,000kg

① 1,800만 원   ② 2,500만 원
③ 3,680만 원   ④ 8,000만 원

농학개론 중 재배학 및 원예작물학

51 과실의 구조적 특징에 따른 분류로 옳은 것은?

① 인과류 – 사과, 배

② 핵과류 – 밤, 호두

③ 장과류 – 복숭아, 자두

④ 각과류 – 포도, 참다래

52 다음이 설명하는 번식방법은?

㉠ 번식하고자 하는 모수의 가지를 잘라 다른 나무 대목에 붙여 번식하는 방법
㉡ 영양기관인 잎, 줄기, 뿌리를 모체로부터 분리하여 상토에 꽂아 번식하는 방법

① ㉠ : 삽목, ㉡ : 접목

② ㉠ : 취목, ㉡ : 삽목

③ ㉠ : 접목, ㉡ : 분주

④ ㉠ : 접목, ㉡ : 삽목

53 다음 A농가가 실시한 휴면타파 처리는?

경기도에 있는 A농가에서는 작년에 콩의 발아율이 낮아 생산량 감소로 경제적 손실을 보았다.
금년에 콩 종자의 발아율을 높이기 위해 휴면타파 처리를 하여 손실을 만회할 수 있었다.

① 훈증 처리

② 콜히친 처리

③ 토마토톤 처리

④ 종피파상 처리

54 병해충의 물리적 방제 방법이 아닌 것은?

① 천적곤충

② 토양가열

③ 증기소독

④ 유인포살

55 다음이 설명하는 채소는?

• 무, 치커리, 브로콜리 종자를 주로 이용한다.
• 재배기간이 짧고 무공해로 키울 수 있다.
• 이식 또는 정식과정 없이 재배할 수 있다.

① 조미채소

② 뿌리채소

③ 새싹채소

④ 과일채소

56 A농가가 오이의 성 결정시기에 받은 영농지도는?

지난해 처음으로 오이를 재배했던 A농가에서 오이의 암꽃 수가 적어 주변 농가보다 생산량이 적었다. 올해 지역 농업기술센터의 영농지도를 받은 후 오이의 암꽃 수가 지난해 보다 많아져 생산량이 증가되었다.

① 고온 및 단일환경으로 관리　　　② 저온 및 장일환경으로 관리
③ 저온 및 단일환경으로 관리　　　④ 고온 및 장일환경으로 관리

57 토마토의 생리장해에 관한 설명이다. 생리장해와 처방방법을 옳게 묶은 것은?

칼슘의 결핍으로 과실의 선단이 수침상(水浸狀)으로 썩게 된다.

① 공동과 – 엽면 시비　　　② 기형과 – 약제 살포
③ 배꼽썩음과 – 엽면 시비　　　④ 줄썩음과 – 약제 살포

58 다음이 설명하는 것은?

• 벼의 결실기에 종실이 이삭에 달린 채로 싹이 트는 것을 말한다.
• 태풍으로 벼가 도복이 되었을 때 고온·다습 조건에서 자주 발생한다.

① 출수(出穗)　　　② 수발아(穗發芽)
③ 맹아(萌芽)　　　④ 최아(催芽)

59 토양에 석회를 사용하는 주요 목적은?
① 토양 피복　　　② 토양 수분 증가
③ 산성토양 개량　　　④ 토양생물 활성 증진

60 다음 설명이 틀린 것은?
① 동해는 물의 빙점보다 낮은 온도에서 발생한다.
② 일소현상, 결구장해, 조기추대는 저온장해 증상이다.
③ 온대과수는 내동성이 강한 편이나, 열대과수는 내동성이 약하다.
④ 서리피해 방지로 톱밥 및 왕겨 태우기가 있다.

61 다음과 관련되는 현상은?

A농가는 지난해 노지에 국화를 심고 가을에 절화를 수확하여 출하하였다. 재배지 주변의 가로등이 밤에 켜져 있어 주변 국화의 꽃눈분화가 억제되어 개화가 되지 않아 경제적 손실을 입었다.

① 도장 현상　　　　　　　　　　② 광중단 현상
③ 순멎이 현상　　　　　　　　　　④ 블라스팅 현상

62 B씨가 저장한 화훼는?

B씨가 화훼류를 수확하여 4℃ 저장고에 2주간 저장한 후 출하·유통하려 하였더니 저장 전과 달리 저온장해가 발생하였다.

① 장미　　　　　　　　　　　　② 금어초
③ 카네이션　　　　　　　　　　　④ 안스리움

63 시설원예 자재에 관한 설명으로 옳지 않은 것은?
① 피복자재는 열전도율이 높아야 한다.
② 피복자재는 외부 충격에 강해야 한다.
③ 골격자재는 내부식성이 강해야 한다.
④ 골격자재는 철재 및 경합금재가 사용된다.

64 작물재배 시 습해 방지대책으로 옳지 않은 것은?
① 배수　　　　　　　　　　　　② 토양개량
③ 증발억제제 살포　　　　　　　　④ 내습성 작물 선택

65 다음이 설명하는 현상은?

• 온도자극에 의해 화아분화가 촉진되는 것을 말한다.
• 추파성 밀 종자를 저온에 일정기간 둔 후 파종하면 정상적으로 출수할 수 있다.

① 춘화현상　　　　　　　　　　② 경화현상
③ 추대현상　　　　　　　　　　④ 하고현상

66 토양 입단 파괴요인을 모두 고른 것은?

> ㉠ 유기물 시용 ㉡ 피복 작물 재배
> ㉢ 비와 바람 ㉣ 경운

① ㉠, ㉡ ② ㉠, ㉣
③ ㉡, ㉢ ④ ㉢, ㉣

67 토양 수분을 pF값이 낮은 것부터 옳게 나열한 것은?

> ㉠ 결합수 ㉡ 모관수 ㉢ 흡착수

① ㉠ – ㉡ – ㉢ ② ㉡ – ㉠ – ㉢
③ ㉡ – ㉢ – ㉠ ④ ㉢ – ㉡ – ㉠

68 사과 모양과 온도와의 관계를 설명한 것이다. (   )에 들어갈 내용을 순서대로 나열한 것은?

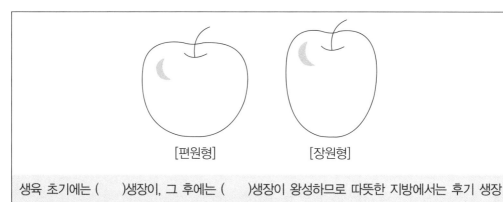

[편원형] [장원형]

생육 초기에는 (   )생장이, 그 후에는 (   )생장이 왕성하므로 따뜻한 지방에서는 후기 생장이 충분히 이루어져 과실이 대체로 (   )모양이 된다.

① 종축, 횡축, 편원형 ② 종축, 횡축, 장원형
③ 횡축, 종축, 편원형 ④ 횡축, 종축, 장원형

69 우리나라의 우박 피해에 관한 설명으로 옳지 않은 것은?
① 사과, 배의 착과기와 성숙기에 많이 발생한다.
② 돌발적이고 단기간에 큰 피해가 발생한다.
③ 지리적 조건과 관계없이 광범위하게 분포한다.
④ 수관 상부에 그물을 씌워 피해를 경감시킬 수 있다.

70 다음이 설명하는 것은?

> • 경작지 표면의 흙을 그루 주변에 모아 주는 것을 말한다.
> • 일반적으로 잡초 방지, 도복 방지, 맹아 억제 등의 목적으로 실시한다.

① 멀칭   ② 배토
③ 중경   ④ 쇄토

71 과수작물에서 무기양분의 불균형으로 발생하는 생리장해는?

① 일소   ② 동록
③ 열과   ④ 고두병

72 다음이 설명하는 해충과 천적의 연결이 옳은 것은?

> • 즙액을 빨아 먹고, 표면에 배설물을 부착시켜 그을음병을 유발시킨다.
> • 고추의 전 생육기간에 걸쳐 발생하며 CMV 등 바이러스를 옮기는 매개충이다.

① 진딧물 – 진디벌   ② 잎응애류 – 칠레이리응애
③ 잎굴파리 – 굴파리좀벌   ④ 총채벌레 – 애꽃노린재

73 작물의 로제트(Rosette)현상을 타파하기 위한 생장조절물질은?

① 옥신   ② 지베렐린
③ 에틸렌   ④ 아브시스산

74 과수재배 시 일조(日照) 부족 현상은?

① 신초 웃자람   ② 꽃눈 형성 촉진
③ 과실 비대 촉진   ④ 사과 착색 촉진

75 다음 피복재 중 보온성이 가장 높은 연질 필름은?

① 폴리에틸렌(PE) 필름   ② 염화비닐(PVC) 필름
③ 불소계 수지(ETFE) 필름   ④ 에틸렌 아세트산비닐(EVA) 필름

상법(보험편)

1 보험계약에 관한 설명으로 옳지 않은 것은? (다툼이 있으면 판례에 따름)
① 보험계약은 당사자 일방이 약정한 보험료를 지급하고, 상대방은 일정한 보험금이나 그 밖의 급여를 지급할 것을 약정함으로써 효력이 발생한다.
② 보험계약은 당사자 사이의 청약과 승낙의 의사합치에 의하여 성립한다.
③ 보험계약은 요물계약이다.
④ 보험계약은 부합계약의 일종이다.

2 「상법」상 보험약관의 교부·설명의무에 관한 내용으로 옳은 것은? (다툼이 있으면 판례에 따름)
① 보험약관이 계약당사자에 대하여 구속력을 갖는 것은 계약당사자 사이에서 계약내용에 포함시키기로 합의하였기 때문이다.
② 보험계약이 성립한 후 3월 이내에 보험계약자는 보험자의 보험약관 교부·설명의무 위반을 이유로 그 계약을 철회할 수 있다.
③ 보험자의 보험약관 교부·설명의무 위반시 보험계약자는 해당 계약을 소급해서 무효로 할 수 있는데, 그 권리의 행사시점은 보험사고 발생 시부터이다.
④ 보험자는 보험계약을 체결한 후에 보험계약자에게 중요한 사항을 설명하여야 한다.

3 타인을 위한 보험에 관한 설명으로 옳지 않은 것은?
① 보험계약자는 위임을 받아 특정의 타인을 위하여 보험계약을 체결할 수 있다.
② 보험계약자는 위임을 받지 아니하고 불특정의 타인을 위하여 보험계약을 체결할 수 있다.
③ 타인을 위한 손해보험계약의 경우에 그 타인의 위임이 없는 때에는 이를 보험자에게 고지하여야 한다.
④ 타인을 위한 보험계약의 경우에 그 타인은 수익의 의사표시를 하여야 그 계약의 이익을 받게 된다.

4 보험증권에 관한 설명으로 옳지 않은 것은?

① 보험자는 보험계약이 성립한 때에는 지체없이 보험증권을 작성하여 보험계약자에게 교부하여야 한다. 그러나 보험계약자가 보험료의 전부 또는 최초의 보험료를 지급하지 아니한 때에는 그러하지 아니하다.

② 기존의 보험계약을 연장하거나 변경한 경우에 보험자는 그 보험증권에 그 사실을 기재함으로써 보험증권의 교부에 갈음할 수 없다.

③ 보험계약의 당사자는 보험증권의 교부가 있은 날로부터 일정한 기간 내에 한하여 그 증권내용의 정부에 관한 이의를 할 수 있음을 약정할 수 있다. 이 기간은 1월을 내리지 못한다.

④ 보험증권을 멸실 또는 현저하게 훼손한 때에는 보험계약자는 보험자에 대하여 증권의 재교부를 청구할 수 있다. 그 증권작성의 비용은 보험계약자의 부담으로 한다.

5 보험계약 등에 관한 설명으로 옳지 않은 것은?

① 보험계약은 그 계약전의 어느 시기를 보험기간의 시기로 할 수 있다.

② 보험계약 당시에보험사고가 이미 발생하였거나 또는 발생할 수 없는 것인 때에는 그 계약은 무효로 한다. 그러나 당사자 쌍방과 피보험자가 이를 알지 못한 때에는 그러하지 아니하다.

③ 대리인에 의하여 보험계약을 체결한 경우에 대리인이 안 사유는 그 본인이 안 것과 동일한 것으로 한다.

④ 최초보험료 지급지체에 따라 보험계약이 해지된 경우 보험계약자는 그 계약의 부활을 청구할 수 있다.

6 보험대리상 등의 권한에 관한 설명으로 옳은 것은?

① 보험대리상은 보험계약자로부터 보험료를 수령할 권한이 없다.

② 보험대리상의 권한에 대한 일부 제한이 가능하고, 이 경우 보험자는 선의의 제3자에 대하여 대항할 수 있다.

③ 보험대리상은 보험계약자에게 보험계약의 체결, 변경, 해지 등 보험계약에 관한 의사표시를 할 수 있는 권한이 있다.

④ 보험대리상이 아니면서 특정한 보험자를 위하여 계속적으로 보험계약의 체결을 중개하는 자는 보험계약자로부터 고지를 수령할 수 있는 권한이 있다.

7 보험계약에 관한 내용으로 옳은 것을 모두 고른 것은?

ⓐ 보험계약의 당사자가 특별한 위험을 예기하여 보험료의 액을 정한 경우에 보험기간 중 그 예기한 위험이 소멸한 때에는 보험계약자는 그 후의 보험료의 감액을 청구할 수 있다.
ⓑ 보험계약의 전부 또는 일부가 무효인 경우에 보험계약자와 피보험자가 선의이며 중대한 과실이 없는 때에는 보험자에 대하여 보험료의 전부 또는 일부의 반환을 청구할 수 있다.
ⓒ 보험사고가 발생하기 전 보험계약자나 보험자는 언제든지 보험계약을 해지할 수 있다.
ⓓ 타인을 위한 보험계약의 경우에는 보험계약자는 그 타인의 동의를 얻지 아니하거나 보험증권을 소지하지 아니하면 그 계약을 해지하지 못한다.

① ㉠, ㉡, ㉢   ② ㉠, ㉡, ㉣
③ ㉠, ㉢, ㉣   ④ ㉡, ㉢, ㉣

8 고지의무 위반으로 인한 계약해지에 관한 내용으로 옳지 않은 것은?
① 보험자가 보험계약 당시에 보험계약자나 피보험자의 고지의무 위반 사실을 경미한 과실로 알지 못했던 때라도 계약을 해지할 수 없다.
② 보험계약 당시에 피보험자가 중대한 과실로 부실의 고지를 한 경우에 보험자는 해지권을 행사할 수 있다.
③ 보험자가 보험계약 당시에 보험계약자나 피보험자의 고지의무 위반 사실을 알았던 경우에는 계약을 해지할 수 없다.
④ 보험계약 당시에 보험계약자가 고의로 중요한 사항을 고지하지 아니한 경우 보험자는 해지권을 행사할 수 있다.

9 다음 설명 중 옳은 것은?
①「상법」상 보험계약자 또는 피보험자는 보험자가 서면으로 질문한 사항에 대하여만 답변하면 된다.
②「상법」에 따르면 보험기간중에 보험계약자 등의 고의로 인하여 사고발생의 위험이 현저하게 증가된 때에는 보험자는 계약체결일로부터 3년 이내에 한하여 계약을 해지할 수 있다.
③ 보험자는 보험금액의 지급에 관하여 약정기간이 없는 경우에는 보험사고 발생의 통지를 받은 후 지체없이 보험금액을 지급하여야 한다.
④ 보험자가 파산의 선고를 받은 때에는 보험계약자는 계약을 해지할 수 있다.

10 2년간 행사하지 아니하면 시효의 완성으로 소멸하는 것은 모두 몇 개인가?

• 보험금청구권	• 보험료반환청구권
• 보험료청구권	• 적립금반환청구권

① 1개
③ 3개
② 2개
④ 4개

11 다음 설명 중 옳은 것은?
① 손해보험계약의 보험자가 보험계약의 청약과 함께 보험료 상당액의 전부를 지급받은 때에는 다른 약정이 없으면 2주 이내에 낙부의 통지를 발송하여야 한다.
② 손해보험계약의 보험자가 보험계약의 청약과 함께 보험료 상당액의 일부를 지급받은 때에 상법이 정한 기간 내에 낙부의 통지를 해태한 때에는 승낙한 것으로 추정한다.
③ 손해보험계약의 보험자가 보험계약의 청약과 함께 보험료 상당액의 전부를 지급받은 때에 다른 약정이 없으면「상법」이 정한 기간 내에 낙부의 통지를 해태한 때에는 승낙한 것으로 본다.
④ 손해보험계약의 보험자가 청약과 함께 보험료 상당액의 전부를 받은 경우에 언제나 보험계약상의 책임을 진다.

12 가계보험의 약관조항으로 허용될 수 있는 것은?
① 약관설명의무 위반 시 계약 성립일부터 1개월 이내에 보험계약자가 계약을 취소할 수 있도록 한 조항
② 보험증권의 교부가 있은 날로부터 2주 내에 한하여 그 증권내용의 정부에 관한 이의를 할 수 있도록 한 조항
③ 해지환급금을 반환한 경우에도 그 계약의 부활을 청구할 수 있도록 한 조항
④ 고지의무를 위반한 사실이 보험사고 발생에 영향을 미치지 아니하였음이 증명된 경우에도 보험자의 보험금지급 책임을 면하도록 한 조항

13 다음 설명 중 옳지 않은 것은?

① 손해보험계약의 보험자는 보험사고로 인하여 생길 피보험자의 재산상의 손해를 보상할 책임이 있다.

② 손해보험증권에는 보험증권의 작성지와 그 작성년월일을 기재하여야 한다.

③ 보험사고로 인하여 상실된 피보험자가 얻을 이익이나 보수는 당사자 간에 다른 약정이 없으면 보험자가 보상할 손해액에 산입하지 아니한다.

④ 집합된 물건을 일괄하여 보험의 목적으로 한 때에는 그 목적에 속한 물건이 보험기간 중에 수시로 교체된 경우에도 보험계약의 체결 시에 현존한 물건은 보험의 목적에 포함된 것으로 한다.

14 초과보험에 관한 설명으로 옳지 않은 것은?

① 보험금액이 보험계약당시의 보험계약의 목적의 가액을 현저히 초과한 때를 말한다.

② 보험자 또는 보험계약자는 보험료와 보험금액의 감액을 청구할 수 있다.

③ 보험료의 감액은 보험계약체결 시에 소급하여 그 효력이 있으나 보험금액의 감액은 장래에 대하여만 그 효력이 있다.

④ 보험계약자의 사기로 인하여 체결된 초과보험계약은 무효이며 보험자는 그 사실을 안 때 까지의 보험료를 청구할 수 있다.

15 「상법」상 기평가보험과 미평가보험에 관한 설명으로 옳은 것은?

① 당사자 간에 보험가액을 정하지 아니한 때에는 계약체결 시의 가액을 보험가액으로 한다.

② 당자자 간에 보험가액을 정한 때 그 가액이 사고발생 시의 가액을 현저하게 초과할 때에는 사고발생 시의 가액을 보험가액으로 한다.

③ 당사자 간에 보험가액을 정한 때에는 그 가액은 계약체결 시의 가액으로 정한 것으로 추정한다.

④ 당사자 간에 보험가액을 정한 때에는 그 가액은 사고발생 시의 가액을 정한 것으로 본다.

16 피보험이익에 관한 설명으로 옳지 않은 것은?

① 우리 「상법」은 손해보험뿐만 아니라 인보험에서도 피보험이익이 있을 것을 요구한다.

② 「상법」은 피보험이익을 보험계약의 목적이라고 표현하며 보험의 목적과는 다르다.

③ 밀수선이 압류되어 입을 경제적 손실은 피보험이익이 될 수 없다.

④ 보험계약의 동일성을 판단하는 표준이 된다.

17 「상법」상 당사자 간에 다른 약정이 있으면 허용되는 것을 모두 고른 것은?

> ㉠ 보험사고가 전쟁 기타 변란으로 인하여 생긴 때의 위험을 담보하는 것
> ㉡ 최초의 보험료의 지급이 없는 때에도 보험자의 책임이 개시되도록 하는 것
> ㉢ 사고발생전 임의해지 시 미경과보험료의 반환을 청구하지 않기로 하는 것
> ㉣ 특정한 타인을 위한 보험의 경우에 보험계약자가 보험료의 지급을 지체한 때에는 보험자가 보험계약자에게만 최고하고 그의 지급이 없는 경우 그 계약을 해지하기로 하는 것

① ㉠, ㉡

② ㉡, ㉢

③ ㉠, ㉡, ㉢

④ ㉠, ㉢, ㉣

18 중복보험에 관한 설명으로 옳은 것은?

① 동일한 보험계약의 목적과 동일한 사고에 관하여 수개의 보험계약이 동시에 또는 순차로 체결된 경우에 그 보험금액의 총액이 보험가액을 현저히 초과한 경우에만 「상법」상 중복보험에 해당한다.

② 동일한 보험계약의 목적과 동일한 사고에 관하여 수개의 보험계약을 체결하는 경우에는 보험계약자는 각 보험자에 대하여 각 보험계약의 내용을 통지하여야 한다.

③ 중복보험의 경우 보험자 1인에 대한 피보험자의 권리의 포기는 다른 보험자의 권리의무에 영향을 미친다.

④ 보험자는 보험가액의 한도에서 연대책임을 진다.

19 다음 ( )에 들어갈 용어로 옳은 것은?

(㉠)의 일부를 보험에 붙인 경우에는 보험자는 (㉡)의 (㉢)에 대한 비율에 따라 보상할 책임을 진다. 그러나 당사자 간에 다른 약정이 있는 때에는 보험자는 (㉣)의 한도 내에서 그 손해를 보상할 책임을 진다.

① ㉠ : 보험금액 ㉡ : 보험가액 ㉢ : 보험금액 ㉣ : 보험금액
② ㉠ : 보험금액 ㉡ : 보험금액 ㉢ : 보험가액 ㉣ : 보험가액
③ ㉠ : 보험가액 ㉡ : 보험가액 ㉢ : 보험금액 ㉣ : 보험가액
④ ㉠ : 보험가액 ㉡ : 보험금액 ㉢ : 보험가액 ㉣ : 보험금액

20 손해액의 산정기준 등에 관한 설명으로 옳은 것은?

① 보험의 목적에 관하여 보험자가 부담할 손해가 생긴 경우에는 그 후 그 목적이 보험자가 부담하지 아니하는 보험사고의 발생으로 인하여 멸실된 때에도 보험자는 이미 생긴 손해를 보상할 책임을 면하지 못한다.

② 당사자 간에 다른 약정이 있는 때에도 이득금지의 원칙상 신품가액에 의하여 손해액을 산정할 수는 없다.

③ 보험자가 보상할 손해액은 보험계약이 체결된 때와 곳의 가액에 의하여 산정한다.

④ 손해액의 산정에 관한 비용은 보험계약자의 부담으로 한다.

21 다음 ( )에 들어갈 상법 규정으로 옳은 것은?

「상법」 제679조(보험목적의 양도)
① 피보험자가 보험의 목적을 양도한 때에는 양수인은 보험계약상의 권리와 의무를 승계한 것으로 추정한다.
② 제1항의 경우에 보험의 목적의 ( )은 보험자에 대하여 지체없이 그 사실을 통지하여야 한다.

① 양도인
② 양수인
③ 양도인과 양수인
④ 양도인 또는 양수인

22 손해방지의무 등에 관한 「상법」 규정의 설명으로 옳은 것은?

① 피보험자뿐만 아니라 보험계약자도 손해방지의무를 부담한다.

② 손해방지비용과 보상액의 합계액이 보험금액을 초과한 때에는 보험자의 지시에 의한 경우에만 보험자가 이를 부담한다.

③ 「상법」은 피보험자는 보험자에 대하여 손해방지비용의 선급을 청구할 수 있다고 규정한다.

④ 손해의 방지와 경감을 위하여 유익하였던 비용은 보험자가 이를 부담하지 않는다.

23 제3자에 대한 보험자대위에 관한 설명으로 옳지 않은 것은?

① 손해가 제3자의 행위로 인하여 발생한 경우에 보험금을 지급한 보험자는 그 지급한 금액의 한도에서 그 제3자에 대한 보험계약자 또는 피보험자의 권리를 취득한다.

② 보험자가 보상할 보험금의 일부를 지급한 경우에는 피보험자의 권리를 침해하지 아니하는 범위에서 그 권리를 행사할 수 있다.

③ 보험계약자나 피보험자의 제3자에 대한 권리가 그와 생계를 같이 하는 가족에 대한 것인 경우 보험자는 그 권리를 취득하지 못한다. 다만, 손해가 그 가족의 과실로 인하여 발생한 경우에는 그러하지 아니하다.

④ 보험계약에서 담보하지 아니하는 손해에 해당하여 보험금지급의무가 없음에도 보험자가 피보험자에게 보험금을 지급한 경우라면, 보험자대위가 인정되지 않는다.

24 보험자가 손해를 보상할 경우에 보험료의 지급을 받지 아니한 잔액이 있는 경우, 상법 규정으로 옳은 것은?

① 보상할 금액을 전액 지급한 후 그 지급기일이 도래한 때 보험자는 잔액의 상환을 청구할 수 있다.

② 그 지급기일이 도래하지 아니한 때라도 보상할 금액에서 이를 공제할 수 있다.

③ 그 지급기일이 도래하지 아니한 때라면 보상할 금액에서 이를 공제할 수 없다.

④ 「상법」은 보험소비자의 보호를 위하여 어떠한 경우에도 보상할 금액에서 이를 공제할 수 없다고 규정한다.

25 화재보험에 관한 설명으로 옳지 않은 것은?

① 건물을 보험의 목적으로 한 때에는 그 소재지, 구조와 용도를 화재보험증권에 기재하여야 한다.

② 동산을 보험의 목적으로 한 때에는 그 존치한 장소의 상태와 용도를 화재보험증권에 기재하여야 한다.

③ 보험가액을 정한 때에는 그 가액을 화재보험증권에 기재하여야 한다.

④ 보험계약자의 주소와 성명 또는 상호는 화재보험증권의 기재사항이 아니다.

농어업재해보험법령

26 「농어업재해보험법령」상 재보험사업에 관한 설명으로 옳은 것은?

① 정부는 재해보험에 관한 재보험사업을 할 수 없다.

② 재보험수수료 등 재보험 약정에 포함되어야 할 사항은 농림축산식품부령에서 정하고 있다.

③ 재보험약정서에는 재보험금의 지급에 관한 사항뿐 아니라 분쟁에 관한 사항도 포함되어야 한다.

④ 농림축산식품부장관이 재보험사업에 관한 업무의 일부를 농업정책보험금융원에 위탁하는 경우에는 해양수산부장관과의 협의를 요하지 않는다.

27 「농어업재해보험법령」상 농어업재해재보험기금에 관한 설명이다. (   )에 들어갈 내용을 순서대로 옳게 나열한 것은?

> 농림축산식품부장관은 (㉠)과 협의하여 법 제21조에 따른 농어업재해재보험기금의 수입과 지출을 명확히 하기 위하여 한국은행에 (㉡)을 설치하여야 한다.

① ㉠ : 기획재정부장관, ㉡ : 보험계정

② ㉠ : 기획재정부장관, ㉡ : 기금계정

③ ㉠ : 해양수산부장관, ㉡ : 보험계정

④ ㉠ : 해양수산부장관, ㉡ : 기금계정

28 「농어업재해보험법 시행령」에서 정하고 있는 다음 사항에 대한 과태료 부과기준액을 모두 합한 금액은?

> • 법 제10조 제2항에서 준용하는 「보험업법」 제95조를 위반하여 보험안내를 한자로서 재해보험사업자가 아닌 경우
> • 법 제29조에 따른 보고 또는 관계 서류 제출을 하지 아니하거나 보고 또는 관계서류 제출을 거짓으로 한 경우
> • 법 제10조 제2항에서 준용하는 「보험업법」 제97조 제1항을 위반하여 보험계약의 체결 또는 모집에 관한 금지행위를 한 경우

① 1,000만 원   ② 1,100만 원
③ 1,200만 원   ④ 1,300만 원

29 「농어업재해보험법령」과 농업재해보험 손해평가요령상 다음의 설명 중 옳지 않은 것은?

① 손해평가사나 손해사정사가 아닌 경우에는 손해평가인이 될 수 없다.
② 농업재해보험 손해평가요령은 농림축산식품부고시의 형식을 갖추고 있다.
③ 가축재해보험도 농업재해보험의 일종이다.
④ 손해평가보조인이라 함은 손해평가 업무를 보조하는 자를 말한다.

30 「농어업재해보험법령」상 "시범사업"을 하기 위해 재해보험사업자가 농림축산식품부장관에게 제출하여야 하는 사업계획서 내용에 해당하는 것을 모두 고른 것은?

> ㉠ 사업지역 및 사업기간에 관한 사항
> ㉡ 보험상품에 관한 사항
> ㉢ 보험계약사항 등 전반적인 사업운영 실적에 관한 사항
> ㉣ 그 밖에 금융감독원장이 필요하다고 인정하는 사항

① ㉠, ㉡   ② ㉠, ㉢
③ ㉡, ㉢   ④ ㉡, ㉣

31 농업재해보험 손해평가요령상 손해평가인의 업무가 아닌 것은?

① 손해액 평가   ② 보험가액 평가

③ 보험료의 평가   ④ 피해사실 확인

32 농업재해보험 손해평가요령상 손해평가인의 교육에 관한 설명으로 옳지 않은 것은?

① 재해보험사업자는 위촉된 손해평가인을 대상으로 농업재해보험에 관한 손해평가의 방법 및 절차의 실무교육을 실시하여야 한다.

② 피해유형별 현지조사표 작성실습은 손해평가인 정기교육의 내용이다.

③ 손해평가인 정기교육 시 농업재해보험에 관한 기초지식의 교육내용에는 농어업재해보험법 제정 배경 및 조문별 주요내용 등이 포함된다.

④ 위촉된 손해평가인의 실무교육 시 재해보험사업자에 대하여 손해평가인은 교육비를 지급한다.

33 농업재해보험 손해평가요령상 재해보험사업자가 손해평가인 업무의 정지나 위촉의 해지를 할 수 있는 사항에 관한 설명으로 옳지 않은 것은?

① 손해평가인이 농업재해보험 손해평가요령의 규정을 위반한 경우 위촉을 해지할 수 있다.

② 손해평가인이 「농어업재해보험법」에 따른 명령을 위반한 때 3개월간 업무의 정지를 명할 수 있다.

③ 부정한 방법으로 손해평가인으로 위촉된 경우 위촉을 해지할 수 있다.

④ 업무수행과 관련하여 동의를 받지 않고 개인정보를 수집하여 「개인정보보호법」을 위반한 경우 3개월간 업무의 정지를 명할 수 있다.

34 농업재해보험 손해평가요령상 손해평가반 구성에 관한 설명으로 옳은 것은?

① 손해평가인은 법에 따른 손해평가를 하는 경우 손해평가반을 구성하고 손해평가반별로 평가일정계획을 수립하여야 한다.

② 자기가 모집하지 않았더라도 자기와 생계를 같이하는 친족이 모집한 보험계약이라면 해당자는 그 보험계약에 관한 손해평가의 손해평가반 구성에서 배제되어야 한다.

③ 자기가 가입하였어도 자기가 모집하지 않은 보험계약이라면 해당자는 그 보험 계약에 관한 손해평가의 손해평가반 구성에 참여할 수 있다.

④ 손해평가반에는 손해평가인, 손해평가사, 손해사정사에 해당하는 자를 2인 이상 포함시켜야 한다.

35 「농어업재해보험법」상 농어업재해에 해당하지 않는 것은?

① 농작물에 발생하는 자연재해   ② 임산물에 발생하는 병충해

③ 농업용 시설물에 발생하는 화재   ④ 농어촌 주민의 주택에 발생하는 화재

36 「농어업재해보험법령」상 농업재해보험심의회의 심의사항에 해당하는 것을 모두 고른 것은?

㉠ 재해보험목적물의 선정에 관한 사항
㉡ 재해보험사업에 대한 재정지원에 관한 사항
㉢ 손해평가의 방법과 절차에 관한 사항

① ㉠, ㉡   ② ㉠, ㉢

③ ㉡, ㉢   ④ ㉠, ㉡, ㉢

37 「농어업재해보험법령」상 재해보험사업에 관한 내용으로 옳지 않은 것은?

① 재해보험사업을 하려는 자는 기획재정부장관과 재해보험사업의 약정을 체결하여야 한다.

② 재해보험의 종류는 농작물재해보험, 임산물재해보험, 가축재해보험 및 양식수산물재해보험으로 한다.

③ 재해보험에 가입할 수 있는 자는 농림업, 축산업, 양식수산업에 종사하는 개인 또는 법인으로 한다.

④ 재해보험에서 보상하는 재해의 범위는 해당 재해의 발생 빈도, 피해 정도 및 객관적인 손해평가방법 등을 고려하여 재해보험의 종류별로 대통령령으로 정한다.

38 「농어업재해보험법령」상 재해보험사업을 할 수 없는 자는?

① 「수산업협동조합법」에 따른 수산업협동조합중앙회

② 「새마을금고법」에 따른 새마을금고중앙회

③ 「보험업법」에 따른 보험회사

④ 「산림조합법」에 따른 산림조합중앙회

39 「농어업재해보험법령」상 재해보험사업 및 보험료율의 산정에 관한 설명으로 옳지 않은 것은?

① 재해보험사업의 약정을 체결하려는 자는 보험료 및 책임준비금 산출방법서 등을 농림축산식품부장관 또는 해양수산부장관에게 제출하여야 한다.

② 재해보험사업자는 보험료율을 객관적이고 합리적인 통계자료를 기초로 산정하여 야 한다.

③ 보험료율은 보험목적물별 또는 보상방식별로 산정한다.

④ 보험료율은 대한민국 전체를 하나의 단위로 산정하여야 한다.

40 「농어업재해보험법령」상 재해보험을 모집할 수 있는 자가 아닌 것은?

① 「수산업협동조합법」에 따라 설립된 수협은행의 임직원

② 「수산업협동조합법」의 공제규약에 따른 공제모집인으로서 해양수산부장관이 인 정하는 자

③ 「산림조합법」에 따른 산림조합중앙회의 임직원

④ 「보험업법」 제83조 제1항에 따라 보험을 모집할 수 있는 자

41 「농어업재해보험법령」상 손해평가사에 관한 설명으로 옳지 않은 것은?

① 농림축산식품부장관은 공정하고 객관적인 손해평가를 촉진하기 위하여 손해평가 사 제도를 운영한다.

② 손해평가사 자격이 취소된 사람은 그 취소 처분이 있은 날부터 2년이 지나지 아니 한 경우 손해평가사 자격시험에 응시하지 못한다.

③ 손해평가사 자격시험의 제1차 시험은 선택형으로 출제하는 것을 원칙으로 하되, 단답형 또는 기입형을 병행할 수 있다.

④ 보험목적물 또는 관련 분야에 관한 전문 지식과 경험을 갖추었다고 인정되는 대통 령령으로 정하는 기준에 해당하는 사람에게는 손해평가사 자격시험 과목의 전부 를 면제할 수 있다.

42 「농어업재해보험법령」상 손해평가에 관한 설명으로 옳지 않은 것은?

① 재해보험사업자는 손해평가인을 위촉하여 손해평가를 담당하게 할 수 있다.

② 농림축산식품부장관 또는 해양수산부장관은 손해평가인 간의 손해평가에 관한 기술·정보의 교환을 지원할 수 있다.

③ 농림축산식품부장관 또는 해양수산부장관은 손해평가인이 공정하고 객관적인 손해평가를 수행할 수 있도록 분기별 1회 이상 정기교육을 실시하여야 한다.

④ 농림축산식품부장관 또는 해양수산부장관은 손해평가 요령을 고시하려면 미리 금융위원회와 협의하여야 한다.

43 「농어업재해보험법령」상 재정지원에 관한 내용으로 옳지 않은 것은? [기출 수정]

① 정부는 예산의 범위에서 재해보험사업자의 재해보험의 운영 및 관리에 필요한 비용의 전부 또는 일부를 지원할 수 있다.

② 「풍수해·지진재해보험법」에 따른 풍수해·지진재해보험에 가입한 자가 동일한 보험목적물을 대상으로 재해보험에 가입할 경우에는 정부가 재정지원을 하지 아니한다.

③ 보험료와 운영비의 지원 방법 및 지원 절차 등에 필요한 사항은 대통령령으로 정한다.

④ 지방자치단체는 예산의 범위에서 재해보험가입자가 부담하는 보험료의 일부를 추가로 지원할 수 있으며, 지방자치단체의 장은 지원금액을 재해보험가입자에게 지급하여야 한다.

44 농업재해보험 손해평가요령상 손해평가준비 및 평가결과 제출에 관한 설명으로 옳지 않은 것은?

① 재해보험사업자는 손해평가반이 실시한 손해평가결과를 기록할 수 있는 현지조사서를 마련해야 한다.

② 손해평가반은 보험가입자가 정당한 사유없이 손해평가를 거부하여 손해평가를 실시하지 못한 경우에는 그 피해를 인정할 수 없는 것으로 평가한다는 사실을 보험가입자에게 통지한 후 현지조사서를 재해보험사업자에게 제출하여야 한다.

③ 보험가입자가 정당한 사유없이 손해평가반이 작성한 현지조사서에 서명을 거부한 경우에는 손해평가반은 그 피해를 인정할 수 없는 것으로 평가한다는 현지조사서를 작성하여 재해보험사업자에게 제출하여야 한다.

④ 보험가입자가 손해평가반의 손해평가결과에 대하여 설명 또는 통지를 받은 날로부터 7일 이내에 손해평가가 잘못되었음을 증빙하는 서류 또는 사진 등을 제출하는 경우 재해보험사업자는 다른 손해평가반으로 하여금 재조사를 실시하게 할 수 있다.

45 농업재해보험 손해평가요령상 보험목적물별 손해평가의 단위로 옳은 것을 모두 고른 것은?

> ⊙ 벌 : 벌통 단위　　　　　　　　　　ⓛ 벼 : 농지별
> ⓒ 돼지 : 개별축사별　　　　　　　　ⓔ 농업시설물 : 보험가입 농가별

① ⊙, ⓛ　　　　　　　　　　　　　② ⊙, ⓒ

③ ⓛ, ⓔ　　　　　　　　　　　　　④ ⓒ, ⓔ

46 농업재해보험 손해평가요령상 농작물의 보험가액 산정에 관한 설명이다. (　　)에 들어갈 내용으로 옳은 것은?

> (　　) 보험가액은 보험증권에 기재된 보험목적물의 평년수확량에 보험가입 당시의 단위당 가입가격을 곱하여 산정한다. 다만, 보험가액에 영향을 미치는 가입면적, 주수, 수령, 품종 등이 가입당시와 다를 경우 변경할 수 있다.

① 종합위험방식　　　　　　　　　　② 적과 전 종합위험방식

③ 생산비보장　　　　　　　　　　　④ 특정위험방식

47 「농어업재해보험법령」상 정부의 재정지원에 관한 설명이다. (　　)에 들어갈 내용으로 옳은 것은?

> 보험료 또는 운영비의 지원금액을 지급받으려는 재해보험사업자는 농림축산식품부장관 또는 해양수산부장관이 정하는 바에 따라 (　　)나 운영비 사용계획서를 농림축산식품부장관 또는 해양수산부장관에게 제출하여야 한다.

① 현지조사서　　　　　　　　　　　② 재해보험 가입현황서

③ 보험료 사용계획서　　　　　　　　④ 기금결산보고서

48 농업재해보험 손해평가요령상 농업시설물의 보험가액 산정에 관한 설명이다. (　　)에 들어갈 내용으로 옳은 것은?

> 농업시설물에 대한 보험가액은 보험사고가 발생한 때와 곳에서 평가한 피해목적물의 (　　)에서 내용연수에 따른 감가상각률을 적용하여 계산한 감가상각액을 차감하여 산정한다.

① 재조달가액　　　　　　　　　　　② 보험가입금액

③ 원상복구비용　　　　　　　　　　④ 손해액

49 농업재해보험 손해평가요령상 종합위험방식 상품에서 조사내용으로 「재정식 조사」를 하는 품목은? [기출 수정]

① 복분자　　　　　　　　　　② 마늘
③ 양배추　　　　　　　　　　④ 벼

50 농업재해보험 손해평가요령상 적과 전 특정위험 5종 한정 보장 특약에 가입한 경우, 「보험계약 체결일 ~ 적과 전」 생육시기에 우박으로 인한 손해수량의 조사내용인 것은?
[기출 수정]

① 수확 전 사고조사　　　　　② 유과타박률 조사
③ 경작불능 조사　　　　　　　④ 수확량 조사

🌱 농학개론 중 재배학 및 원예작물학

51 과실의 구조적 특징에 따른 분류로 옳은 것은?

① 인과류 – 사과, 자두　　　② 핵과류 – 복숭아, 매실
③ 장과류 – 포도, 체리　　　④ 각과류 – 밤, 키위

52 토양 입단 형성에 부정적 영향을 주는 것은?

① 나트륨 이온 첨가　　　　　② 유기물 시용
③ 콩과작물 재배　　　　　　　④ 피복작물 재배

53 작물재배에 있어서 질소에 관한 설명으로 옳은 것은?

① 벼과작물에 비해 콩과작물은 질소 시비량을 늘려주는 것이 좋다.
② 질산이온(NO_3^-)으로 식물에 흡수된다.
③ 결핍증상은 노엽(老葉)보다 유엽(幼葉)에서 먼저 나타난다.
④ 암모니아태 질소비료는 석회와 함께 시용하는 것이 효과적이다.

54 식물체내 물의 기능을 모두 고른 것은?

⊙ 양분 흡수의 용매　　　　　　　　ⓒ 세포의 팽압 유지
ⓒ 식물체의 항상성 유지　　　　　　ⓔ 물질 합성과정의 매개

① ㉠, ㉡　　　　　　　　　　　　② ㉠, ㉢, ㉣
③ ㉡, ㉢, ㉣　　　　　　　　　　④ ㉠, ㉡, ㉢, ㉣

55 토양 습해 대책으로 옳지 않은 것은?

① 밭의 고랑재배　　　　　　　　　② 땅속 배수시설 설치
③ 습답의 이랑재배　　　　　　　　④ 토양개량제 시용

56 작물재배 시 한해(旱害) 대책을 모두 고른 것은?

㉠ 중경제초　　　㉡ 밀식재배　　　㉢ 토양입단 조성

① ㉠, ㉡　　　　　　　　　　　　② ㉠, ㉢
③ ㉡, ㉢　　　　　　　　　　　　④ ㉠, ㉡, ㉢

57 다음 (　　)에 들어갈 내용을 순서대로 옳게 나열한 것은?

과수작물의 동해 및 서리피해에서 (　　)의 경우 꽃이 일찍 피는 따뜻한 지역에서 늦서리 피해
가 많이 일어난다. 최근에는 온난화의 영향으로 개화기가 빨라져 (　　)에서 서리피해가 빈번하
게 발생한다. (　　)은 상층의 더운 공기를 아래로 불어내려 과수원의 기온 저하를 막아주는 방
법이다.

① 사과나무, 장과류, 살수법　　　　② 배나무, 핵과류, 송풍법
③ 배나무, 인과류, 살수법　　　　　④ 사과나무, 각과류, 송풍법

58 작물의 생육적온에 관한 설명으로 옳지 않은 것은?

① 대사작용에 따라 적온이 다르다.　② 발아 후 생육단계별로 적온이 있다.
③ 품종에 따른 차이가 존재한다.　　④ 주간과 야간의 적온은 동일하다.

59 다음 ( )의 내용을 순서대로 옳게 나열한 것은?

광보상점은 광합성에 의한 이산화탄소 ( )과 호흡에 의한 이산화탄소 ( )이 같은 지점이다. 그리고 내음성이 ( ) 작물은 ( ) 작물보다 광보상점이 높다.

① 방출량, 흡수량, 약한, 강한　　　② 방출량, 흡수량, 강한, 약한
③ 흡수량, 방출량, 약한, 강한　　　④ 흡수량, 방출량, 강한, 약한

60 우리나라 우박 피해로 옳은 것을 모두 고른 것은?

㉠ 전국적으로 7월에 집중적으로 발생한다.
㉡ 돌발적이고 단기간에 큰 피해가 발생한다.
㉢ 피해지역이 비교적 좁은 범위에 한정된다.
㉣ 피해과원의 모든 과실을 제거하여 이듬해 결실률을 높인다.

① ㉠, ㉣　　　　　　　　　　② ㉡, ㉢
③ ㉡, ㉢, ㉣　　　　　　　　④ ㉠, ㉡, ㉢, ㉣

61 다음이 설명하는 재해는?

시설재배 시 토양수분의 증발량이 관수량보다 많을 때 주로 발생하며, 비료성분의 집적으로 작물의 토양수분 흡수가 어려워지고 영양소 불균형을 초래한다.

① 한해　　　　　　　　　　② 습해
③ 염해　　　　　　　　　　④ 냉해

62 과수재배에 이용되는 생장조절물질에 관한 설명으로 옳지 않은 것은?
① 삽목 시 발근촉진제로 옥신계 물질을 사용한다.
② 사과나무 적과제로 옥신계 물질을 사용한다.
③ 씨없는 포도를 만들 때 지베렐린을 사용한다.
④ 사과나무 낙과방지제로 시토키닌계 물질을 사용한다.

63 다음이 설명하는 것은?

낙엽과수는 가을 노화기간에 자연적인 기온 저하와 함께 내한성 증대를 위해 점진적으로 저온에 노출되어야 한다.

① 경화   ② 동화

③ 적화   ④ 춘화

64 재래육묘에 비해 플러그육묘의 장점이 아닌 것은?

① 노동·기술집약적이다.

② 계획생산이 가능하다.

③ 정식 후 생장이 빠르다.

④ 기계화 및 자동화로 대량생산이 가능하다.

65 육묘 재배의 이유가 아닌 것은?

① 과채류 재배 시 수확기를 앞당길 수 있다.

② 벼 재배 시 감자와 1년 2작이 가능하다.

③ 봄결구배추 재배 시 추대를 유도할 수 있다.

④ 맥류 재배 시 생육촉진으로 생산량 증가를 기대할 수 있다.

66 삽목번식에 관한 설명으로 옳지 않은 것은?

① 과수의 결실연령을 단축시킬 수 있다.

② 모주의 유전형질이 후대에 똑같이 계승된다.

③ 종자번식이 불가능한 작물의 번식수단이 된다.

④ 수세를 조절하고 병해충 저항성을 높일 수 있다.

67 담배모자이크바이러스의 주요 피해작물이 아닌 것은?

① 가지   ② 사과

③ 고추   ④ 배추

68 식용부위에 따른 분류에서 엽경채류가 아닌 것은?

① 시금치   ② 미나리

③ 마늘   ④ 오이

69 다음 (   )의 내용을 순서대로 옳게 나열한 것은?

> 저온에 의하여 꽃눈형성이 유기되는 것을 (   )라 말하며, 당근·양배추 등은 (   )으로 식물체가 일정한 크기에 도달해야만 저온에 감응하여 화아분화가 이루어진다.

① 춘화, 종자춘화형   ② 이춘화, 종자춘화형

③ 춘화, 녹식물춘화형   ④ 이춘화, 녹식물춘화형

70 다음 두 농가가 재배하고 있는 품목은? [기출 수정]

> A농가 : 과실이 자람에 따라 서서히 호흡이 저하되다 성숙기를 지나 완숙이 진행되는 전환기에
>   호흡이 일시적으로 상승하는 과실
> B농가 : 성숙기가 되어도 특정한 변화가 일어나지 않는 과실

① A농가 : 사과, B농가 : 포도   ② A농가 : 살구, B농가 : 키위

③ A농가 : 포도, B농가 : 바나나   ④ A농가 : 자두, B농가 : 복숭아

71 도로건설로 야간 조명이 늘어나는 지역에서 개화 지연에 대한 대책이 필요한 화훼작물은?

① 국화, 시클라멘   ② 장미, 페튜니아

③ 금어초, 제라늄   ④ 칼랑코에, 포인세티아

72 A농가에서 실수로 2℃ 에 저장하여 저온장해를 받게 될 품목은?

① 장미 ② 백합
③ 극락조화 ④ 국화

73 A농가의 하우스 오이재배 시 낙과가 발생하였다. B 손해평가사가 주요 원인으로 조사할 항목은?

① 유인끈 ② 재배방식
③ 일조량 ④ 탄산시비

74 수경재배에 사용 가능한 원수는?

① 철분 함량이 높은 물
② 나트륨, 염소의 함량이 100ppm 이상인 물
③ 산도가 pH7에 가까운 물
④ 중탄산 함량이 100ppm 이상인 물

75 시설재배에서 연질 피복재가 아닌 것은?

① 폴리에틸렌 필름
② 폴리에스테르 필름
③ 염화비닐 필름
④ 에틸렌아세트산비닐 필름

상법(보험편)

1 보험계약의 의의와 성립에 관한 설명으로 옳지 않은 것은?

① 보험계약의 성립은 특별한 요식행위를 요하지 않는다.

② 보험계약의 사행계약성으로 인하여 상법은 도덕적 위험을 방지하고자 하는 다수의 규정을 두고 있다.

③ 보험자가 「상법」에서 정한 낙부통지 기간 내에 통지를 해태한 때에는 청약을 거절한 것으로 본다.

④ 보험계약은 쌍무·유상계약이다.

2 다음 (   )에 들어갈 기간으로 옳은 것은?

> 보험자가 파산의 선고를 받은 때에는 보험계약자는 계약을 해지할 수 있으며, 해지하지 아니한 보험계약은 파산선고 후 (   )을 경과한 때에는 그 효력을 잃는다.

① 10일   ② 1월

③ 3월   ④ 6월

3 일부보험에 관한 설명으로 옳지 않은 것은?

① 일부보험은 보험금액이 보험가액에 미달하는 보험이다.

② 특약이 없을 경우, 일부보험에서 보험자는 보험금액의 보험가액에 대한 비율에 따라 보상할 책임을 진다.

③ 일부보험에 관하여 당사자 간에 다른 약정이 있는 때에는 보험자는 실제 발생한 손해 전부를 보상할 책임을 진다.

④ 일부보험은 당사자의 의사와 상관없이 발생할 수 있다.

4 손해액의 산정에 관한 설명으로 옳지 않은 것은?

① 보험자가 보상할 손해액은 그 손해가 발생한 때와 곳의 가액에 의하여 산정하는 것이 원칙이다.

② 손해액 산정에 관하여 당사자 간에 다른 약정이 있는 때에는 신품가액에 의하여 산정할 수 있다.

③ 특약이 없는 한 보험자가 보상할 손해액에는 보험사고로 인하여 상실된 피보험자가 얻을 이익이나 보수를 산입하지 않는다.

④ 손해액 산정에 필요한 비용은 보험자와 보험계약자가 공동으로 부담한다.

5 보험자가 손해를 보상할 경우에 보험료의 지급을 받지 아니한 잔액이 있을 경우와 관련하여 「상법」제677조(보험료체납과 보상액의 공제)의 내용으로 옳은 것은?

① 보험자는 보험계약에 대한 납입최고 및 해지예고 통보를 하지 않고도 보험계약을 해지할 수 있다.

② 보험자는 보상할 금액에서 지급기일이 도래하지 않은 보험료는 공제할 수 없다.

③ 보험자는 보험금 전부에 대한 지급을 거절할 수 있다.

④ 보험자는 보상할 금액에서 지급기일이 도래한 보험료를 공제할 수 있다.

6 보험계약에 관한 설명으로 옳은 것은?

① 보험의 목적의 성질, 하자 또는 자연소모로 인한 손해는 보험자가 보상할 책임이 없다.

② 피보험자가 보험의 목적을 양도한 때에는 양수인은 보험계약상의 권리와 의무를 승계한 것으로 간주한다.

③ 손해방지의무는 보험계약자에게만 부과되는 의무이다.

④ 보험의 목적이 양도된 경우 보험의 목적의 양도인 또는 양수인은 보험자에 대하여 30일 이내에 그 사실을 통지하여야 한다.

7 보험목적에 관한 보험대위(잔존물대위)의 설명으로 옳지 않은 것은?

① 일부보험에서도 보험금액의 보험가액에 대한 비율에 따라 잔존물대위권을 취득할 수 있다.

② 잔존물대위가 성립하기 위해서는 보험목적의 전부가 멸실하여야 한다.

③ 피보험자는 보험자로부터 보험금을 지급받기 전에는 잔존물을 임의로 처분할 수 있다.

④ 잔존물에 대한 권리가 보험자에게 이전되는 시점은 보험자가 보험금액을 전부 지급하고, 물권변동 절차를 마무리한 때이다.

8 화재보험에 관한 설명으로 옳지 않은 것은? (다툼이 있으면 판례에 따름)

① 화재보험에서는 일반적으로 위험개별의 원칙이 적용된다.

② 화재가 발생한 건물의 철거비와 폐기물처리비는 화재와 상당인과관계가 있는 건물수리비에 포함된다.

③ 화재보험계약의 보험자는 화재로 인하여 생긴 손해를 보상할 책임이 있다.

④ 보험자는 화재의 소방 또는 손해의 감소에 필요한 조치로 인하여 생긴 손해에 대해서도 보상할 책임이 있다.

9 화재보험증권에 관한 설명으로 옳은 것은?

① 화재보험증권의 교부는 화재보험계약의 성립요건이다.

② 화재보험증권은 불요식증권의 성질을 가진다.

③ 화재보험계약에서 보험가액을 정했다면 이를 화재보험증권에 기재하여야 한다.

④ 건물을 화재보험의 목적으로 한 경우에는 건물의 소재지, 구조와 용도는 화재보험증권의 법정기재사항이 아니다.

10 집합보험에 관한 설명으로 옳은 것은? (다툼이 있으면 판례에 따름)

① 집합보험에서는 피보험자의 가족과 사용인의 물건도 보험의 목적에 포함된다.

② 집합보험 중에서 보험의 목적이 특정되어 있는 것을 담보하는 보험을 총괄보험이라고 하며, 보험목적의 일부 또는 전부가 수시로 교체될 것을 예정하고 있는 보험을 특정보험이라 한다.

③ 집합된 물건을 일괄하여 보험의 목적으로 한 때에는 그 목적에 속한 물건이 보험기간 중에 수시로 교체된 경우에 보험사고의 발생 시에 현존한 물건에 대해서는 보험의 목적에서 제외된 것으로 한다.

④ 집합보험에서 보험목적의 일부에 대해서 고지의무 위반이 있는 경우, 보험자는 원칙적으로 계약 전체를 해지할 수 있다.

11 보험계약의 성립에 관한 설명으로 옳지 않은 것은?

① 보험계약은 보험계약자의 청약과 이에 대한 보험자의 승낙으로 성립한다.

② 보험계약자로부터 청약을 받은 보험자는 보험료 지급여부와 상관없이 청약일로부터 30일 이내에 승낙의사표시를 발송하여야 한다.

③ 보험자의 승낙의사표시는 반드시 서면으로 할 필요는 없다.

④ 보험자가 보험계약자로부터 보험계약의 청약과 함께 보험료 상당액의 전부 또는 일부를 받은 경우에 그 청약을 승낙하기 전에 보험계약에서 정한 보험사고가 생긴 때에는 그 청약을 거절할 사유가 없는 한 보험자는 보험계약상의 책임을 진다.

12 타인을 위한 보험에 관한 설명으로 옳은 것은?

① 보험계약자는 위임을 받아야만 특정한 타인을 위하여 보험계약을 체결할 수 있다.

② 타인을 위한 손해보험계약의 경우에 보험계약자는 그 타인의 서면위임을 받아야만 보험자와 계약을 체결할 수 있다.

③ 타인을 위한 손해보험계약의 경우에 보험계약자가 그 타인에게 보험사고의 발생으로 생긴 손해의 배상을 한 때에는 타인의 권리를 해하지 않는 범위 내에서 보험자에게 보험금액의 지급을 청구할 수 있다.

④ 타인을 위해서 보험계약을 체결한 보험계약자는 보험자에게 보험료를 지급할 의무가 없다.

13 보험증권의 교부에 관한 내용으로 옳은 것을 모두 고른 것은?

> ㉠ 보험계약이 성립하고 보험계약자가 최초의 보험료를 지급했다면 보험자는 지체없이 보험증권을 작성하여 보험계약자에게 교부하여야 한다.
> ㉡ 보험증권을 현저하게 훼손한 때에는 보험계약자는 보험증권의 재교부를 청구할 수 있다. 이 경우에 증권작성비용은 보험자의 부담으로 한다.
> ㉢ 기존의 보험계약을 연장한 경우에는 보험자는 그 사실을 보험증권에 기재하여 보험증권의 교부에 갈음할 수 있다.

① ㉠, ㉡   ② ㉠, ㉢
③ ㉡, ㉢   ④ ㉠, ㉡, ㉢

14 보험사고의 객관적 확정의 효과에 관한 설명으로 옳은 것은?

① 보험계약 당시에 보험사고가 이미 발생하였더라도 그 계약은 무효로 하지 않는다.
② 보험계약 당시에 보험사고가 발생할 수 없는 것이라도 그 계약은 무효로 하지 않는다.
③ 보험계약 당시에 보험사고가 이미 발생하였지만 보험수익자가 이를 알지 못한 때에는 그 계약은 무효로 하지 않는다.
④ 보험계약 당시에 보험사고가 발생할 수 없는 것이었지만 당사자 쌍방과 피보험자가 그 사실을 몰랐다면 그 계약은 무효로 하지 않는다.

15 보험대리상이 아니면서 특정한 보험자를 위하여 계속적으로 보험계약의 체결을 중개하는 자의 권한을 모두 고른 것은?

> ㉠ 보험자가 작성한 보험증권을 보험계약자에게 교부할 수 있는 권한
> ㉡ 보험자가 작성한 영수증 교부를 조건으로 보험계약자로부터 보험료를 수령할 수 있는 권한
> ㉢ 보험계약자로부터 보험계약의 취소의 의사표시를 수령할 수 있는 권한
> ㉣ 보험계약자에게 보험계약의 체결에 관한 의사표시를 할 수 있는 권한

① ㉠, ㉡   ② ㉠, ㉢
③ ㉡, ㉢   ④ ㉢, ㉣

16 임의해지에 관한 설명으로 옳지 않은 것은?

① 보험계약자는 원칙적으로 보험사고가 발생하기 전에는 언제든지 계약의 전부 또는 일부를 해지할 수 있다.

② 보험사고가 발생하기 전이라도 타인을 위한 보험의 경우에 보험계약자는 그 타인의 동의를 얻지 못하거나 보험증권을 소지하지 않은 경우에는 계약의 전부 또는 일부를 해지할 수 없다.

③ 보험사고의 발생으로 보험자가 보험금액을 지급한 때에도 보험금액이 감액되지 아니하는 보험의 경우에는 보험계약자는 그 사고발생 후에도 보험계약을 해지할 수 없다.

④ 보험사고 발생 전에 보험계약자가 계약을 해지하는 경우, 당사자 사이의 특약으로 미경과 보험료의 반환을 제한할 수 있다.

17 보험계약자 甲은 보험자 乙과 손해보험계약을 체결하면서 계약에 관한 사항을 고지하지 않았다. 이에 대한 보험자 乙의「상법」상 계약해지권에 관한 설명으로 옳은 것은?

① 甲의 고지의무 위반 사실에 대한 乙의 계약해지권은 계약체결일로부터 최대 1년 내에 한하여 행사할 수 있다.

② 乙은 甲의 중과실을 이유로「상법」상 보험계약해지권을 행사할 수 없다.

③ 乙의 계약해지권은 甲이 고지의무를 위반했다는 사실을 계약당시에 乙이 알 수 있었는지 여부와 상관없이 행사할 수 있다.

④ 甲이 고지하지 않은 사실이 계약과 관련하여 중요하지 않은 것이라면 乙은「상법」상 고지의무 위반을 이유로 보험계약을 해지할 수 없다.

18 보험계약자 甲은 보험자 乙과 보험계약을 체결하면서 일정한 보험료를 매월 균등하게 10년간 지급하기로 약정하였다. 이에 관한 설명으로 옳지 않은 것은?

① 甲은 약정한 최초의 보험료를 계약체결 후 지체없이 납부하여야 한다.

② 甲이 계약이 성립한 후에 2월이 경과하도록 최초의 보험료를 지급하지 아니하면, 그 계약은 법률에 의거해 효력을 상실한다. 이에 관한 당사자 간의 특약은 계약의 효력에 영향을 미치지 않는다.

③ 甲이 계속보험료를 약정한 시기에 지급하지 아니하여 乙이 보험계약을 해지하려면 상당한 기간을 정하여 甲에게 최고하여야 한다.

④ 甲이 계속보험료를 지급하지 않아서 乙이 계약해지권을 적법하게 행사하였더라도 해지환급금이 지급되지 않았다면 甲은 일정한 기간 내에 연체보험료에 약정이자를 붙여 乙에게 지급하고 그 계약의 부활을 청구할 수 있다.

19 위험변경증가와 계약해지에 관한 설명으로 옳은 것을 모두 고른 것은?

> ㉠ 위험변경증가의 통지를 해태한 때에는 보험자는 그 사실을 안 날부터 1월 내에 보험료의 증액을 청구하거나 계약을 해지할 수 있다.
> ㉡ 보험계약자 등의 고의나 중과실로 인하여 위험이 현저하게 변경 또는 증가된 때에는 보험자는 그 사실을 안 날부터 1월 내에 보험료의 증액을 청구하거나 계약을 해지할 수 있다.
> ㉢ 보험사고가 발생한 후라도 보험사가 위험변경증가에 따라 계약을 해지하였을 때에는 보험금을 지급할 책임이 없고 이미 지급한 보험금의 반환을 청구할 수 있다. 다만, 위험이 현저하게 변경되거나 증가된 사실이 보험사고 발생에 영향을 미치지 아니하였음이 증명된 경우에는 보험금을 지급할 책임이 있다.

① ㉠, ㉡

② ㉠, ㉢

③ ㉡, ㉢

④ ㉠, ㉡, ㉢

20 다음은 중복보험에 관한 설명이다. (　　)에 들어갈 용어로 옳은 것은?

> 동일한 보험계약의 목적과 동일한 사고에 관하여 수개의 보험계약이 동시에 또는 순차로 체결된 경우에 그 (㉠)의 총액이 (㉡)을 초과한 때에는 보험자는 각자의 (㉢)의 한도에서 연대책임을 진다.

① ㉠ : 보험금액,　㉡ : 보험가액,　㉢ : 보험금액

② ㉠ : 보험금액,　㉡ : 보험가액,　㉢ : 보험가액

③ ㉠ : 보험료,　㉡ : 보험가액,　㉢ : 보험금액

④ ㉠ : 보험료,　㉡ : 보험금액,　㉢ : 보험금액

21 청구권에 관한 소멸시효 기간으로 옳지 않은 것은?

① 보험금청구권 : 3년

② 보험료청구권 : 3년

③ 적립금반환청구권 : 3년

④ 보험료반환청구권 : 3년

22 손해보험에 관한 설명으로 옳지 않은 것은?

① 보험자는 보험사고로 인하여 생길 보험계약자의 재산상의 손해를 보상할 책임이 있다.

② 금전으로 산정할 수 있는 이익에 한하여 보험계약의 목적으로 할 수 있다.

③ 보험계약의 목적은 「상법」 보험편 손해보험 장에서 규정하고 있으나 인보험 장에서는 그러하지 아니하다.

④ 중복보험의 경우에 보험자 1인에 대한 권리의 포기는 다른 보험자의 권리의무에 영향을 미치지 아니한다.

23 손해보험증권의 법정기재사항이 아닌 것은?

① 보험의 목적   ② 보험금액

③ 보험료의 산출방법   ④ 무효와 실권의 사유

24 초과보험에 관한 설명으로 옳지 않은 것은?

① 보험금액이 보험계약의 목적의 가액을 현저하게 초과한 경우에 성립한다.

② 보험가액이 보험기간 중 현저하게 감소된 때에도 초과보험에 관한 규정이 적용된다.

③ 보험계약자 또는 보험자는 보험료와 보험금액의 감액을 청구할 수 있으나 보험료의 감액은 장래에 대하여서만 그 효력이 있다.

④ 계약이 보험계약자의 사기로 인하여 체결된 때에는 보험자는 그 사실을 안 날로부터 1월 내에 계약을 해지할 수 있다.

25 보험가액에 관한 설명으로 옳지 않은 것은?

① 당사자 간에 보험가액을 정한 때에는 그 가액은 사고발생 시의 가액으로 정한 것으로 추정한다.

② 당사자 간에 정한 보험가액이 사고발생 시의 가액을 현저하게 초과할 때에는 그 원인에 따라 당사자 간에 정한 보험가액과 사고발생 시의 가액 중 협의하여 보험가액을 정한다.

③ 「상법」상 초과보험을 판단하는 보험계약의 목적의 가액은 계약당시의 가액에 의하여 정하는 것이 원칙이다.

④ 당사자 간에 보험가액을 정하지 아니한 때에는 사고발생 시의 가액을 보험가액으로 한다.

농어업재해보험법령

26 「농어업재해보험법령」상 농림축산식품부장관 또는 해양수산부장관이 재해보험사업을 하려는 자와 재해보험사업의 약정을 체결할 때에 포함되어야 하는 사항이 아닌 것은?

① 약정기간에 관한 사항

② 재해보험사업의 약정을 체결한 자가 준수하여야 할 사항

③ 국가에 대한 재정지원에 관한 사항

④ 약정의 변경·해지 등에 관한 사항

27 「농어업재해보험법」상 농어업재해에 관한 설명이다. (   )에 들어갈 내용을 순서대로 옳게 나열한 것은?

> "농어업재해"란 농작물·임산물·가축 및 농업용 시설물에 발생하는 자연재해·병충해·(㉠)·질병 또는 화재와 양식수산물 및 어업용 시설물에 발생하는 자연재해·질병 또는 (㉡)를 말한다.

① ㉠ : 지진,   ㉡ : 조수해(鳥獸害)

② ㉠ : 조수해(鳥獸害),   ㉡ : 풍수해

③ ㉠ : 조수해(鳥獸害),   ㉡ : 화재

④ ㉠ : 지진,   ㉡ : 풍수해

28 「농어업재해보험법령」상 농업재해보험심의회 또는 「수산업·어촌 발전 기본법」 제8조 제1항에 따른 중앙수산업·어촌정책심의회에 관한 설명으로 옳지 않은 것은? [기출 수정]

① 심의회는 위원장 및 부위원장 각 1명을 포함한 21명 이내의 위원으로 구성한다.

② 심의회의 위원장은 각각 농림축산식품부장관 및 해양수산부장관으로 하고, 부위원장은 위원 중에서 호선(互選)한다.

③ 심의회의 회의는 재적위원 3분의 1 이상의 요구가 있을 때 또는 위원장이 필요하다고 인정할 때에 소집한다.

④ 심의회의 회의는 재적위원 과반수의 출석으로 개의(開議)하고, 출석위원 과반수의 찬성으로 의결한다.

29 「농어업재해보험법령」상 보험료율의 산정에 있어서 기준이 되는 행정구역 단위가 아닌 것은?

① 특별시   ② 광역시

③ 자치구   ④ 읍·면

30 「농어업재해보험법령」상 양식수산물재해보험의 손해평가인으로 위촉될 수 있는 자격요건을 갖추지 않은 자는?

① 재해보험 대상 양식수산물을 3년 동안 양식한 경력이 있는 어업인

② 고등교육법 제2조에 따른 전문대학에서 보험 관련 학과를 졸업한 사람

③ 「수산생물질병 관리법」에 따른 수산질병관리사

④ 「농수산물 품질관리법」에 따른 수산물품질관리사

31 「농어업재해보험법령」상 재해보험사업에 관한 내용으로 옳지 않은 것은?

① 재해보험의 종류는 농작물재해보험, 임산물재해보험, 가축재해보험 및 양식수산물재해보험으로 한다.

② 재해보험에서 보상하는 재해의 범위는 해당 재해의 발생 범위, 피해 정도 및 주관적인 손해평가방법 등을 고려하여 재해보험의 종류별로 대통령령으로 정한다.

③ 정부는 재해보험에서 보상하는 재해의 범위를 확대하기 위하여 노력하여야 한다.

④ 가축재해보험에서 보상하는 재해의 범위는 자연재해, 화재 및 보험목적물별로 농림축산식품부장관이 정하여 고시하는 질병이다.

32 「농어업재해보험법」상 손해평가사의 감독에 관한 내용이다. ( )에 들어갈 숫자는?

농림축산식품부장관은 손해평가사가 그 직무를 게을리하거나 직무를 수행하면서 부적절한 행위를 하였다고 인정하면 ( )년 이내의 기간을 정하여 업무의 정지를 명할 수 있다.

① 1   ② 2

③ 3   ④ 5

33 「농어업재해보험법」상 손해평가사의 자격취소사유로 명시되지 않은 것은? [기출 수정]

① 손해평가사의 자격을 거짓 또는 부정한 방법으로 취득한 사람

② 업무정지 기간 중에 손해평가업무를 수행한 사람

③ 거짓으로 손해평가를 한 사람

④ 손해평가 업무를 태만하게 한 사람

34 「농어업재해보험법령」상 재정지원에 관한 설명으로 옳은 것은? [기출 수정]

① 정부는 예산의 범위에서 재해보험사업자가 지급하는 보험금의 일부를 지원할 수 있다.

② 「풍수해·지진재해보험법」에 따른 풍수해·지진재해보험에 가입한 자가 동일한 보험목적물을 대상으로 재해보험에 가입할 경우에는 정부가 재정지원을 하여야 한다.

③ 재해보험의 운영에 필요한 지원금액을 지급받으려는 재해보험사업자는 농림축산식품부장관 또는 해양수산부장관이 정하는 바에 따라 재해보험 가입현황서나 운영비 사용계획서를 농림축산식품부장관 또는 해양수산부장관에게 제출하여야 한다.

④ 농림축산식품부장관·해양수산부장관이 예산의 범위에서 지원하는 재정지원의 경우 그 지원 금액을 재해보험가입자에게 지급하여야 한다.

35 「농어업재해보험법」상 분쟁조정에 관한 내용이다. (   )에 들어갈 법률로 옳은 것은? [기출 수정]

재해보험과 관련된 분쟁의 조정(調停)은 (   ) 제33조부터 제43조까지의 규정에 따른다.

①「보험업법」

②「풍수해·지진재해보험법」

③「금융소비자 보호에 관한 법률」

④「화재로 인한 재해보상과 보험가입에 관한 법률」

36 농업재해보험 손해평가요령상 용어의 정의로 옳지 않은 것은?

① "농업재해보험"이란 「농어업재해보험법」 제4조에 따른 농작물재해보험, 임산물재해보험 및 양식수산물재해보험을 말한다.

② "손해평가인"이라 함은 「농어업재해보험법」 제11조 제1항과 「농어업재해보험법」 시행령 제12조 제1항에서 정한 자 중에서 재해보험사업자가 위촉하여 손해평가업무를 담당하는 자를 말한다.

③ "손해평가보조인"이라 함은 「농어업재해보험법」에 따라 손해평가인, 손해평가사 또는 손해사정사가 그 피해사실을 확인하고 평가하는 업무를 보조하는 자를 말한다.

④ "손해평가사"라 함은 「농어업재해보험법」 제11조의4 제1항에 따른 자격시험에 합격한 자를 말한다.

37 「농어업재해보험법령」상 농어업재해보험기금을 조성하기 위한 재원으로 옳지 않은 것은?

① 재해보험사업자가 정부에 낸 보험료

② 재보험금의 회수 자금

③ 기금의 운용수익금과 그 밖의 수입금

④ 재해보험가입자가 약정에 따라 재해보험사업자에게 내야 하는 금액

38 「농어업재해보험법령」상 시범사업의 실시에 관한 설명으로 옳은 것은?

① 기획재정부장관이 신규 보험상품을 도입하려는 경우 재해보험사업자와의 협의를 거치지 않고 시범사업을 할 수 있다.

② 재해보험사업자가 시범사업을 하려면 사업계획서를 농림축산식품부장관에게 제출하고 기획재정부장관과 협의하여야 한다.

③ 재해보험사업자는 시범사업이 끝나면 정부의 재정지원에 관한 사항이 포함된 사업결과보고서를 제출하여야 한다.

④ 농림축산식품부장관 또는 해양수산부장관은 시범사업의 사업결과보고서를 받으면 그 사업결과를 바탕으로 신규 보험상품의 도입 가능성 등을 검토·평가하여야 한다.

39 「농어업재해보험법령」상 농림축산식품부장관이 해양수산부장관과 협의하여 농어업재해재보험기금의 수입과 지출에 관한 사무를 수행하게 하기 위하여 소속 공무원 중에서 임명하는 자에 해당하지 않는 것은?

① 기금수입징수관　　　　　　② 기금출납원
③ 기금지출관　　　　　　　　④ 기금재무관

40 「농어업재해보험법령」상 농림축산식품부장관 또는 해양수산부장관으로부터 보험상품의 운영 및 개발에 필요한 통계자료의 수집·관리업무를 위탁받아 수행할 수 있는 자를 모두 고른 것은?

> ㉠ 「수산업협동조합법」에 따른 수협은행
> ㉡ 「보험업법」에 따른 보험회사
> ㉢ 농업정책보험금융원
> ㉣ 지방자치단체의 장

① ㉠, ㉡　　　　　　　　② ㉡, ㉢
③ ㉢, ㉣　　　　　　　　④ ㉠, ㉡, ㉢

41 「농어업재해보험법령」상 고의로 진실을 숨기거나 거짓으로 손해평가를 한 손해평가인과 손해평가사에게 부과될 수 있는 벌칙이 아닌 것은?

① 징역 6월　　　　　　　　② 과태료 2,000만 원
③ 벌금 500만 원　　　　　　④ 벌금 1,000만 원

42 농업재해보험 손해평가요령상 손해평가인의 위반행위 중 1차 위반행위에 대한 개별 처분기준의 종류가 다른 것은?

① 고의로 진실을 숨기거나 거짓으로 손해평가를 한 경우
② 검증조사 결과 부당·부실 손해평가로 확인된 경우
③ 현장조사 없이 보험금 산정을 위해 손해평가행위를 한 경우
④ 정당한 사유없이 손해평가반 구성을 거부하는 경우

43 「농어업재해보험법령」상 재해보험사업자가 재해보험사업을 원활히 수행하기 위하여 재해보험 업무의 일부를 위탁할 수 있는 자에 해당하지 않는 것은?

① 「농업협동조합법」에 따라 설립된 지역농업협동조합·지역축산업협동조합 및 품목별·업종별 협동조합

② 「산림조합법」에 따라 설립된 지역산림조합 및 품목별·업종별산림조합

③ 「보험업법」 제187조에 따라 손해사정을 업으로 하는 자

④ 농어업재해보험 관련 업무를 수행할 목적으로 「민법」 제32조에 따라 기획재정부 장관의 허가를 받아 설립된 영리법인

44 농업재해보험 손해평가요령상 손해평가에 관한 설명으로 옳지 않은 것은?

① 교차손해평가에 있어서도 평가인력 부족 등으로 신속한 손해평가가 불가피하다고 판단되는 경우에는 손해평가반구성에 지역손해평가인을 배제할 수 있다.

② 손해평가 단위와 관련하여 농지란 하나의 보험가입금액에 해당하는 토지로 필지(지번) 등과 관계없이 농작물을 재배하는 하나의 경작지를 말한다.

③ 손해평가반이 손해평가를 실시할 때에는 재해보험사업자가 해당 보험가입자의 보험계약 사항 중 손해평가와 관련된 사항을 해당 지방자치단체에 통보하여야 한다.

④ 보험가입자가 정당한 사유없이 검증조사를 거부하는 경우 검증조사반은 검증조사가 불가능하여 손해평가 결과를 확인할 수 없다는 사실을 보험가입자에게 통지한 후 검증조사결과를 작성하여 재해보험사업자에게 제출하여야 한다.

45 농업재해보험 손해평가요령상 종합위험방식 상품(농업수입보장 포함)의 수확 전 생육시기에 "오디"의 과실손해조사 시기로 옳은 것은?

① 결실완료 후

② 수정완료 후

③ 조사가능일

④ 사고접수 후 지체없이

46 농업재해보험 손해평가요령 제10조(손해평가준비 및 평가결과 제출)의 일부이다. (　　)에 들어갈 내용을 순서대로 옳게 나열한 것은?

> 재해보험사업자는 보험가입자가 손해평가반의 손해평가결과에 대하여 설명 또는 통지를 (㉠)로부터 (㉡) 이내에 손해평가가 잘못되었음을 증빙하는 서류 또는 사진 등을 제출하는 경우 재해보험사업자는 다른 손해평가반으로 하여금 재조사를 실시하게 할 수 있다.

① ㉠ : 받은 날, ㉡ : 7일　　　　　② ㉠ : 받은 다음 날, ㉡ : 7일
③ ㉠ : 받은 날, ㉡ : 10일　　　　④ ㉠ : 받은 다음 날, ㉡ : 10일

47 농업재해보험 손해평가요령상 "손해평가업무방법서 및 농업재해보험 손해평가요령의 재검토기한"에 관한 설명이다. (　　)에 들어갈 내용을 순서대로 옳게 나열한 것은?

> • (㉠)은(는) 이 요령의 효율적인 운용 및 시행을 위하여 필요한 세부적인 사항을 규정한 손해평가업무방법서를 작성하여야 한다.
> • 농림축산식품부장관은 이 고시에 대하여 2020년 1월 1일 기준으로 매 (㉡)이 되는 시점마다 그 타당성을 검토하여 개선 등의 조치를 하여야 한다.

① ㉠ : 손해평가반, ㉡ : 2년　　　　② ㉠ : 재해보험사업자, ㉡ : 2년
③ ㉠ : 손해평가반, ㉡ : 3년　　　　④ ㉠ : 재해보험사업자, ㉡ : 3년

48 농업재해보험 손해평가요령상 농작물의 보험가액 산정에 관한 설명으로 옳지 않은 것을 모두 고른 것은?

> ㉠ 인삼의 특정위험방식 보험가액은 적과 후 착과수 조사를 통해 산정한 기준수확량에 보험가입 당시의 단위당 가입가격을 곱하여 산정한다.
> ㉡ 적과 전 종합위험방식의 보험가액은 적과 후 착과수 조사를 통해 산정한 기준수확량에 보험가입 당시의 단위당 가입가격을 곱하여 산정한다.
> ㉢ 종합위험방식 보험가액은 특별한 사정이 없는 한 보험증권에 기재된 보험목적물의 평년수확량에 최초 보험사고 발생 시의 단위당 가입가격을 곱하여 산정한다.

① ㉠　　　　　　　　　　　　② ㉢
③ ㉠, ㉢　　　　　　　　　　④ ㉡, ㉢

49 「농어업재해보험법령」과 농업재해보험 손해평가요령상 손해평가 및 손해평가인에 관한 설명으로 옳지 않은 것은?

① 「농어업재해보험법」의 구성 및 조문별 주요내용은 농림축산식품부장관 또는 해양수산부장관이 실시하는 손해평가인 정기교육의 세부내용에 포함된다.

② 손해평가인이 적법한 절차에 따라 위촉이 취소된 후 3년이 되었다면 새로이 손해평가인으로 위촉될 수 있다.

③ 재해보험사업자로부터 소정의 절차에 따라 손해평가 업무의 일부를 위탁받은 자는 손해평가보조인을 운용할 수 없다.

④ 재해보험사업자는 손해평가인의 업무의 정지를 명하고자 하는 때에는 손해평가인이 청문에 응하지 않는 경우가 아닌 한 청문을 실시하여야 한다.

50 농업재해보험 손해평가요령상 적과 전 종합위험방식 상품(사과, 배, 단감, 떫은감)의 6월 1일 ~ 적과 전 생육시기에 해당되는 재해가 아닌 것은? (단, 적과종료 이전 특정위험 5종 한정 보장 특약 가입건에 한함)

① 일소   ② 화재
③ 지진   ④ 강풍

 ## 농학개론 중 재배학 및 원예작물학

51 인과류에 해당하는 것은?

① 과피가 밀착·건조하여 껍질이 딱딱해진 과실

② 성숙하면서 씨방벽 전체가 다육질로 되는 과즙이 많은 과실

③ 과육의 내부에 단단한 핵을 형성하여 이 속에 종자가 있는 과실

④ 꽃받기의 피층이 발달하여 과육 부위가 되고 씨방은 과실 안쪽에 위치하여 과심 부위가 되는 과실

52 산성 토양에 관한 설명으로 옳은 것은?

① 토양 용액에 녹아 있는 수소 이온은 치환 산성 이온이다.

② 석회를 시용하면 산성 토양을 교정할 수 있다.

③ 토양 입자로부터 치환성 염기의 용탈이 억제되면 토양이 산성화된다.

④ 콩은 벼에 비해 산성 토양에 강한 편이다.

53 작물 생육에 영향을 미치는 토양 환경에 관한 설명으로 옳지 않은 것은?

① 유기물을 투입하면 지력이 증진된다.

② 사양토는 점토에 비해 통기성이 낮다.

③ 토양이 입단화되면 보수성과 통기성이 개선된다.

④ 깊이갈이를 하면 토양의 물리성이 개선된다.

54 가뭄이 지속될 때 작물의 잎에 나타날 수 있는 특징으로 옳지 않은 것은?

① 엽면적이 감소한다.　　　　　② 증산이 억제된다.

③ 광합성이 촉진된다.　　　　　④ 조직이 치밀해진다.

55 A농가가 작물에 나타나는 토양 습해를 줄이기 위해 실시할 수 있는 대책으로 옳은 것을 모두 고른 것은?

㉠ 이랑 재배　　㉡ 표층 시비　　㉢ 토양 개량제 사용

① ㉠, ㉡　　　　　　　　　② ㉠, ㉢

③ ㉡, ㉢　　　　　　　　　④ ㉠, ㉡, ㉢

56 A농가가 과수 작물 재배 시 동해를 예방하기 위해 실시할 수 있는 조치가 아닌 것은?

① 과실 수확 전 토양에 질소를 시비한다.

② 과다하게 결실이 되지 않도록 적과를 실시한다.

③ 배수 관리를 통해 토양의 과습을 방지한다.

④ 강전정을 피하고 분지 각도를 넓게 한다.

57 작물생육의 일정한 시기에 저온을 경과해야 개화가 일어나는 현상은?

① 경화   ② 순화

③ 춘화   ④ 분화

58 벼와 옥수수의 광합성을 비교한 내용으로 옳지 않은 것은?

① 옥수수는 벼에 비해 광 포화점이 높은 광합성 특성을 보인다.

② 옥수수는 벼에 비해 온도가 높을수록 광합성이 유리하다.

③ 옥수수는 벼에 비해 이산화탄소 보상점이 높은 광합성 특성을 보인다.

④ 옥수수는 벼에 비해 수분 공급이 제한된 조건에서 광합성이 유리하다.

59 종자나 눈이 휴면에 들어가면서 증가하는 식물 호르몬은?

① 옥신(Auxin)   ② 시토키닌(Cytokinin)

③ 지베렐린(Gibberellin)   ④ 아브시스산(Abscisic Acid)

60 과수 작물의 조류(鳥類) 피해 방지 대책으로 옳지 않은 것은?

① 방조망 설치   ② 페로몬 트랩 설치

③ 폭음기 설치   ④ 광 반사물 설치

61 강풍으로 인해 작물에 나타나는 생리적 반응을 모두 고른 것은?

㉠ 세포 팽압 증대   ㉡ 기공 폐쇄   ㉢ 작물 체온 저하

① ㉠, ㉡   ② ㉠, ㉢
③ ㉡, ㉢   ④ ㉠, ㉡, ㉢

62 육묘용 상토에 이용하는 경량 혼합 상토 중 유기물 재료는?

① 버미큘라이트(Vermiculite)   ② 피트모스(Peatmoss)
③ 펄라이트(Perlite)   ④ 제올라이트(Zeolite)

63 작물을 육묘한 후 이식 재배하여 얻을 수 있는 효과를 모두 고른 것은?

㉠ 수량 증대   ㉡ 토지 이용률 증대   ㉢ 뿌리 활착 증진

① ㉠, ㉡   ② ㉠, ㉢
③ ㉡, ㉢   ④ ㉠, ㉡, ㉢

64 다음 (   )에 들어갈 내용으로 옳은 것은?

포도·무화과 등에서와 같이 생장이 중지되어 약간 굳어진 상태의 가지를 삽목하는 것을 (㉠)
이라 하고, 사과·복숭아·감귤 등에서와 같이 1년 미만의 연한 새순을 이용하여 삽목하는 것을
(㉡)이라고 한다.

① ㉠ : 신초삽, ㉡ : 숙지삽   ② ㉠ : 신초삽, ㉡ : 일아삽
③ ㉠ : 숙지삽, ㉡ : 일아삽   ④ ㉠ : 숙지삽, ㉡ : 신초삽

65 형태에 따른 영양 번식 기관과 작물이 바르게 짝지어진 것은?

① 괴경 – 감자   ② 인경 – 글라디올러스
③ 근경 – 고구마   ④ 구경 – 양파

66 A농가가 요소 엽면 시비를 하고자 하는 이유가 아닌 것은?

① 신속하게 영양을 공급하여 작물 생육을 회복시키고자 할 때

② 토양 해충의 피해를 받아 뿌리의 기능이 크게 저하되었을 때

③ 강우 등으로 토양의 비료 성분이 유실되었을 때

④ 작물의 생식 생장을 촉진하고자 할 때

67 해충 방제에 이용되는 천적을 모두 고른 것은?

| ㉠ 애꽃노린재류 | ㉡ 콜레마니진디벌 | ㉢ 칠레이리응애 | ㉣ 점박이응애 |

① ㉠, ㉣

② ㉠, ㉡, ㉢

③ ㉡, ㉢, ㉣

④ ㉠, ㉡, ㉢, ㉣

68 세균에 의해 작물에 발생하는 병해는?

① 궤양병

② 탄저병

③ 역병

④ 노균병

69 시설 내에서 광 부족이 지속될 때 나타날 수 있는 박과 채소 작물의 생육 반응은?

① 낙화 또는 낙과의 발생이 많아진다.

② 잎이 짙은 녹색을 띤다.

③ 잎이 작고 두꺼워진다.

④ 줄기의 마디 사이가 짧고 굵어진다.

70 백합과에 속하는 다년생 작물로 순을 이용하는 채소는?

① 셀러리

② 아스파라거스

③ 브로콜리

④ 시금치

71 사과 과실에 봉지씌우기를 하여 얻을 수 있는 효과를 모두 고른 것은?

| ㉠ 당도 증진 | ㉡ 병해충 방지 | ㉢ 과피 착색 증진 | ㉣ 동록 방지 |

① ㉠, ㉡, ㉢　　　　　　　　　② ㉠, ㉡, ㉣

③ ㉠, ㉢, ㉣　　　　　　　　　④ ㉡, ㉢, ㉣

72 과실의 수확 적기를 판정하는 항목으로 옳은 것을 모두 고른 것은?

| ㉠ 만개 후 일수 | ㉡ 당산비 | ㉢ 단백질 함량 |

① ㉠, ㉡　　　　　　　　　② ㉠, ㉢

③ ㉡, ㉢　　　　　　　　　④ ㉠, ㉡, ㉢

73 절화의 수확 및 수확 후 관리 기술에 관한 설명으로 옳지 않은 것은?

① 스탠더드 국화는 꽃봉오리가 1/2 정도 개화하였을 때 수확하여 출하한다.

② 장미는 조기에 수확할수록 꽃목굽음이 발생하기 쉽다.

③ 글라디올러스는 수확 후 눕혀서 저장하면 꽃이 구부러지지 않는다.

④ 카네이션은 수확 후 에틸렌 작용 억제제를 사용하면 절화 수명을 연장할 수 있다.

74 토양 재배에 비해 무토양 재배의 장점이 아닌 것은?

① 배지의 완충능이 높다.　　　　　② 연작 재배가 가능하다.

③ 자동화가 용이하다.　　　　　　④ 청정 재배가 가능하다.

75 시설 내의 환경 특이성에 관한 설명으로 옳지 않은 것은?

① 위치에 따라 온도 분포가 다르다.

② 위치에 따라 광 분포가 불균일하다.

③ 노지에 비해 토양의 염류 농도가 낮아지기 쉽다.

④ 노지에 비해 토양이 건조해지기 쉽다.

상법(보험편)

1　보험계약에 관한 설명으로 옳지 않은 것은?

① 보험계약은 유상·쌍무계약이다.

② 보험계약은 보험자의 청약에 대하여 보험계약자가 승낙함으로써 성립한다.

③ 보험계약은 보험자의 보험금 지급책임이 우연한 사고의 발생에 달려 있으므로 사행계약의 성질을 갖는다.

④ 보험계약은 부합계약이다.

2　타인을 위한 보험에 관한 설명으로 옳은 것은?

① 보험계약자는 위임을 받지 아니하면 특정의 타인을 위하여 보험계약을 체결할 수 없다.

② 타인을 위한 보험계약의 경우에 그 타인은 수익의 의사표시를 하여야 그 계약의 이익을 받을 수 있다.

③ 보험계약자가 불특정의 타인을 위한 보험을 그 타인의 위임 없이 체결할 경우에는 이를 보험자에게 고지할 필요가 없다.

④ 타인을 위한 보험계약의 경우 보험계약자가 보험료의 지급을 지체한 때에는 그 타인이 그 권리를 포기하지 아니하는 한 그 타인도 보험료를 지급할 의무가 있다.

3　「상법」상 보험에 관한 설명으로 옳은 것은?

① 보험증권의 멸실로 보험계약자가 증권의 재교부를 청구한 경우 증권의 작성비용은 보험자의 부담으로 한다.

② 보험기간의 시기는 보험계약 이후로만 하여야 한다.

③ 보험계약 당시에 보험사고가 이미 발생하였을 경우 당사자 쌍방과 피보험자가 이를 알지 못하였어도 그 계약은 무효이다.

④ 보험계약의 당사자는 보험증권의 교부가 있은 날로부터 일정한 기간 내에 한하여 그 증권내용의 정부(正否)에 관한 이의를 할 수 있음을 약정할 수 있다.

4 보험대리상 등의 권한에 관한 설명으로 옳지 않은 것은?

① 보험대리상은 보험계약자로부터 보험계약에 관한 청약의 의사표시를 수령할 수 있다.

② 보험자는 보험계약자로부터 보험료를 수령할 수 있는 보험대리상의 권한을 제한할 수 있다.

③ 보험대리상은 보험계약자에게 보험계약에 관한 해지의 의사표시를 할 수 없다.

④ 보험대리상이 아니면서 특정한 보험자를 위하여 계속적으로 보험계약의 체결을 중개하는 자는 보험계약자로부터 보험계약에 관한 취소의 의사표시를 수령할 수 없다.

5 보험계약의 해지에 관한 설명으로 옳지 않은 것은?

① 보험계약자가 보험계약을 전부 해지했을 때에는 언제든지 미경과보험료의 반환을 청구할 수 있다.

② 타인을 위한 보험의 경우를 제외하고, 보험사고가 발생하기 전에는 보험계약자는 언제든지 보험계약의 전부를 해지할 수 있다.

③ 타인을 위한 보험계약의 경우 보험사고가 발생하기 전에는 그 타인의 동의를 얻으면 그 계약을 해지할 수 있다.

④ 보험금액이 지급된 때에도 보험금액이 감액되지 아니하는 보험의 경우에는 보험계약자는 그 사고발생 후에도 보험계약을 해지할 수 있다.

6 보험료의 지급과 지체의 효과에 관한 설명으로 옳은 것은?

① 보험계약자는 계약체결 후 지체없이 보험료의 전부 또는 제1회 보험료를 지급하여야 한다.

② 계속보험료가 약정한 시기에 지급되지 아니한 때에는 보험자는 상당한 기간을 정하여 보험계약자에게 최고하고 그 기간 내에 지급되지 아니한 때에는 그 계약은 해지된 것으로 본다.

③ 특정한 타인을 위한 보험의 경우에 보험계약자가 보험료의 지급을 지체한 때에는 보험자는 그 계약을 해제 또는 해지할 수 있다.

④ 보험계약자가 최초보험료를 지급하지 아니한 경우에는 다른 약정이 없는 한 계약성립 후 1월이 경과하면 그 계약은 해제된 것으로 본다.

7 고지의무에 관한 설명으로 옳지 않은 것은?

① 고지의무를 부담하는 자는 보험계약상의 보험계약자 또는 보험수익자이다.

② 보험계약자가 고의로 중요한 사항을 고지하지 아니한 경우, 보험자는 계약 체결일로부터 1월이 된 시점에는 계약을 해지할 수 있다.

③ 보험자가 계약당시에 보험계약자의 고지의무 위반 사실을 알았을 때에는 계약을 해지할 수 없다.

④ 보험계약자가 중대한 과실로 중요한 사항을 고지하지 아니한 경우, 보험자는 계약 체결일로부터 5년이 경과한 시점에는 계약을 해지할 수 없다.

8 보험약관에 관한 설명으로 옳은 것을 모두 고른 것은? (다툼이 있으면 판례에 따름)

㉠ 보통보험약관이 계약당사자에 대하여 구속력을 가지는 것은 보험계약 당사자 사이에서 계약 내용에 포함시키기로 합의하였기 때문이다.
㉡ 보험자가 약관의 교부·설명 의무를 위반한 경우에 보험계약이 성립한 날부터 3개월 이내에는 피보험자 또는 보험수익자도 그 계약을 해지할 수 있다.
㉢ 약관의 내용이 이미 법령에 의하여 정하여진 것을 되풀이 하는 정도에 불과한 경우, 보험자는 고객에게 이를 따로 설명하지 않아도 된다.

① ㉠, ㉡

② ㉠, ㉢

③ ㉡, ㉢

④ ㉠, ㉡, ㉢

9 위험변경증가의 통지와 계약해지에 관한 설명으로 옳은 것은?

① 보험기간 중에 피보험자가 사고발생의 위험이 현저하게 변경 또는 증가된 사실을 안 때에는 지체없이 보험자에게 통지하여야 한다.

② 보험계약체결 직전에 보험계약자가 사고발생의 위험이 변경 또는 증가된 사실을 안 때에는 지체없이 보험자에게 통지하여야 한다.

③ 보험기간 중에 위험변경증가의 통지를 받은 때에는 보험자는 3개월 내에 보험료의 증액을 청구할 수 있다.

④ 보험기간 중에 위험변경증가의 통지를 받은 때에는 보험자는 3개월 내에 계약을 해지할 수 있다.

10 보험계약자 등의 고의나 중과실로 인한 위험증가와 계약해지에 관한 설명으로 옳지 않은 것은? (다툼이 있으면 판례에 따름)

① 보험기간 중에 보험계약자의 중대한 과실로 인하여 사고발생의 위험이 현저하게 증가된 때에는 보험자는 그 사실을 안 날부터 1월 내에 보험료의 증액을 청구할 수 있다.

② 위험의 현저한 변경이나 증가된 사실과 보험사고 발생과의 사이에 인과관계가 부존재 한다는 점에 관한 주장·입증책임은 보험자 측에 있다.

③ 보험기간 중에 피보험자의 고의로 인하여 사고발생의 위험이 현저하게 증가된 때에는 보험자는 그 사실을 안 날부터 1월 내에 계약을 해지할 수 있다.

④ 사고 발생의 위험이 현저하게 변경 또는 증가된 사실이라 함은 그 변경 또는 증가된 위험이 보험계약의 체결 당시에 존재하고 있었다면 보험자가 보험계약을 체결하지 않았거나 적어도 그 보험료로는 보험을 인수하지 않았을 것으로 인정되는 정도의 것을 말한다.

11 보험자의 계약해지와 보험금청구권에 관한 설명으로 옳은 것을 모두 고른 것은?

　⊙ 보험사고 발생 후라도 보험계약자의 계속보험료 지급지체를 이유로 보험자가 계약을 해지하였을 때에는 보험금을 지급할 책임이 있다.
　ⓛ 보험사고 발생 후에 보험계약자가 고지의무를 위반한 사실이 보험사고 발생에 영향을 미치지 아니하였음이 증명된 경우에는 보험자는 보험금을 지급할 책임이 있다.
　ⓒ 보험수익자의 중과실로 인하여 사고발생의 위험이 현저하게 변경되거나 증가된 사실이 보험사고 발생에 영향을 미치지 아니하였음이 증명된 경우에는 보험자는 보험금을 지급할 책임이 있다.

① ⓒ

② ⊙, ⓛ

③ ⓛ, ⓒ

④ ⊙, ⓛ, ⓒ

12 보험사고발생의 통지의무에 관한 설명으로 옳은 것은?

① 「상법」은 보험사고발생의 통지의무위반 시 보험자의 계약해지권을 규정하고 있다.

② 보험계약자는 보험사고의 발생을 안 때에는 상당한 기간 내에 보험자에게 그 통지를 발송하여야 한다.

③ 피보험자가 보험사고발생의 통지의무를 해태함으로 인하여 손해가 증가된 때에는 보험자는 그 증가된 손해를 보상할 책임이 없다.

④ 보험수익자는 보험사고발생의 통지의무자에 포함되지 않는다.

13 손해보험에 관한 설명으로 옳지 않은 것은? (단, 다른 약정이 없음을 전제로 함)

① 보험사고로 인하여 상실된 피보험자가 얻을 보수는 보험자가 보상할 손해액에 산입하여야 한다.

② 보험계약은 금전으로 산정할 수 있는 이익에 한하여 보험계약의 목적으로 할 수 있다.

③ 무효와 실권의 사유는 손해보험증권의 기재사항이다.

④ 당사자 간에 보험가액을 정하지 아니한 때에는 사고발생 시의 가액을 보험가액으로 한다.

14 보험금액의 지급에 관한 설명으로 옳지 않은 것은? (다툼이 있으면 판례에 따름)

① 보험금액의 지급에 관하여 약정기간이 있는 경우, 보험자는 그 기간 내에 보험금액을 지급하여야 한다.

② 보험금액의 지급에 관하여 약정기간이 없는 경우, 보험자는 보험사고발생의 통지를 받은 후 지체없이 지급할 보험금액을 정하여야 한다.

③ 보험금액의 지급에 관하여 약정기간이 없는 경우, 보험금액이 정하여진 날부터 1월 내에 보험수익자에게 보험금액을 지급하여야 한다.

④ 보험계약자의 동의없이 보험자와 피보험자 사이에 한 보험금 지급기한 유예의 합의는 유효하다.

15 「상법」 제662조(소멸시효)에 관한 설명으로 옳은 것은?

① 보험금청구권은 2년간 행사하지 아니하면 시효의 완성으로 소멸한다.

② 보험료의 반환청구권은 3년간 행사하지 아니하면 시효의 완성으로 소멸한다.

③ 보험료청구권은 1년간 행사하지 아니하면 시효의 완성으로 소멸한다.

④ 적립금의 반환청구권은 2년간 행사하지 아니하면 시효의 완성으로 소멸한다.

16 보험계약자 등의 불이익변경금지에 관한 설명으로 옳지 않은 것은?

① 「상법」 보험편의 규정은 당사자 간의 특약으로 피보험자의 이익으로 변경하지 못한다.

② 「상법」 보험편의 규정은 당사자 간의 특약으로 보험수익자의 불이익으로 변경하지 못한다.

③ 해상보험의 경우 보험계약자 등의 불이익변경금지 규정은 적용되지 아니한다.

④ 재보험의 경우 보험계약자 등의 불이익변경금지 규정은 적용되지 아니한다.

17 중복보험에 관한 설명으로 옳은 것을 모두 고른 것은?

> ㉠ 중복보험의 경우 보험자 1인에 대한 권리의 포기는 다른 보험자의 권리 의무에 영향을 미치지 않는다.
> ㉡ 중복보험계약을 체결하는 경우에는 보험계약자는 각 보험자에 대하여 각 보험계약의 내용을 통지하여야 한다.
> ㉢ 중복보험에서 보험금액의 총액이 보험가액을 초과한 때에는 보험자는 각자의 보험금액의 한도에서 연대책임을 진다.

① ㉠

② ㉠, ㉡

③ ㉡, ㉢

④ ㉠, ㉡, ㉢

18 甲은 보험가액이 2억 원인 건물에 대하여 보험금액을 1억 원으로 하는 손해보험에 가입하였다. 이에 관한 설명으로 옳지 않은 것은? (단, 다른 약정이 없음을 전제로 함)

① 일부보험에 해당한다.

② 전손(全損)인 경우에는 보험자는 1억 원을 지급한다.

③ 1억 원의 손해가 발생한 경우에는 보험자는 1억 원을 지급한다.

④ 8천만 원의 손해가 발생한 경우에는 보험자는 4천만 원을 지급한다.

19 일부보험에 관한 설명으로 옳은 것은?

① 계약체결의 시점에 의도적으로 보험가액보다 낮게 보험금액을 약정하는 것은 허용되지 않는다.

② 일부보험에 관한 상법의 규정은 강행규정이다.

③ 일부보험의 경우에는 잔존물 대위가 인정되지 않는다.

④ 일부보험에 있어서 일부손해가 발생하여 비례보상원칙을 적용하면 손해액은 보상액보다 크다.

20 손해액 산정에 관한 설명으로 옳지 않은 것은?

① 보험사고로 인하여 상실된 피보험자가 얻을 이익은 당사자 간에 다른 약정이 없으면 보험자가 보상할 손해액에 산입하지 아니한다.

② 당사자 간에 다른 약정이 있는 때에는 신품가액에 의하여 보험자가 보상할 손해액을 산정할 수 있다.

③ 손해액 산정에 필요한 비용은 보험자와 보험계약자 및 보험수익자가 공동으로 부담한다.

④ 손해보상은 원칙적으로 금전으로 하지만 당사자의 합의로 손해의 전부 또는 일부를 현물로 보상할 수 있다.

21 손해보험에 관한 설명으로 옳지 않은 것은?

① 보험자가 손해를 보상할 경우에 보험료의 지급을 받지 아니한 잔액이 있으면 그 지급 기일이 도래하지 아니한 때라도 보상할 금액에서 이를 공제할 수 있다.

② 보험계약자가 손해의 방지와 경감을 위하여 필요 또는 유익하였던 비용과 보상액이 보험금액을 초과한 경우에는 보험자는 보험금액의 한도내에서 이를 부담한다.

③ 보험의 목적에 관하여 보험자가 부담할 손해가 생긴 경우에는 그 후 그 목적이 보험자가 부담하지 아니하는 보험사고의 발생으로 인하여 멸실된 때에도 보험자는 이미 생긴 손해를 보상할 책임을 면하지 못한다.

④ 보험의 목적의 자연소모로 인한 손해는 보험자가 이를 보상할 책임이 없다.

22 보험대위에 관한 설명으로 옳은 것은? (다툼이 있으면 판례에 따름)

① 손해가 제3자의 행위로 인하여 발생한 경우에 보험금을 지급하기 전이라도 보험자는 그 제3자에 대한 보험계약자의 권리를 취득한다.

② 잔존물대위가 성립하기 위해서는 보험목적의 전부가 멸실하여야 한다.

③ 잔존물에 대한 권리가 보험자에게 이전되는 시점은 보험자가 보험금액을 전부 지급하고, 물권변동 절차를 마무리한 때이다.

④ 재보험에 대하여는 제3자에 대한 보험자대위가 적용되지 않는다.

23 화재보험에 관한 설명으로 옳은 것은? (다툼이 있으면 판례에 따름)

① 화재가 발생한 건물을 수리하면서 지출한 철거비와 폐기물처리비는 화재와 상당 인과 관계가 있는 건물수리비에는 포함되지 않는다.

② 피보험자가 화재 진화를 위해 살포한 물로 보험목적이 훼손된 손해는 보상하지 않 는다.

③ 불에 탈 수 있는 목조교량은 화재보험의 목적이 될 수 없다.

④ 보험자가 손해를 보상함에 있어서 화재와 손해 간에 상당인과관계가 필요하다.

24 건물을 화재보험의 목적으로 한 경우 화재보험증권의 법정기재사항이 아닌 것은?

① 건물의 소재지, 구조와 용도   ② 보험가액을 정한 때에는 그 가액

③ 보험기간을 정한 때에는 그 시기와 종기 ④ 설계감리법인의 주소와 성명 또는 상호

25 집합보험에 관한 설명으로 옳은 것은?

① 피보험자의 가족의 물건은 보험의 목적에 포함되지 않는 것으로 한다.

② 피보험자의 사용인의 물건은 보험의 목적에 포함되지 않는 것으로 한다.

③ 보험의 목적에 속한 물건이 보험기간중에 수시로 교체된 경우에는 보험사고의 발 생 시에 현존한 물건이라도 보험의 목적에 포함되지 않는 것으로 한다.

④ 집합보험이란 경제적으로 독립한 여러 물건의 집합물을 보험의 목적으로 한 보험 을 말한다.

 농어업재해보험법령

26 「농어업재해보험법」상 용어의 설명으로 옳지 않은 것은?

① "농어업재해보험"은 농어업재해로 발생하는 인명 및 재산 피해에 따른 손해를 보 상하기 위한 보험을 말한다.

② "어업재해"란 양식수산물 및 어업용 시설물에 발생하는 자연재해·질병 또는 화재 를 말한다.

③ "농업재해"란 농작물·임산물·가축 및 농업용 시설물에 발생하는 자연재해·병충 해·조수해(鳥獸害)·질병 또는 화재를 말한다.

④ "보험료"란 보험가입자와 보험사업자 간의 약정에 따라 보험가입자가 보험사업자 에게 내야 하는 금액을 말한다.

27 「농어업재해보험법」상 재해보험사업을 할 수 없는 자는?

① 「농업협동조합법」에 따른 농업협동조합중앙회

② 「수산업협동조합법」에 따른 수산업협동조합중앙회

③ 「보험업법」에 따른 보험회사

④ 「산림조합법」에 따른 산림조합중앙회

28 「농어업재해보험법」상 재해보험에 관한 설명으로 옳지 않은 것은?

① 재해보험에 가입할 수 있는 자는 농림업, 축산업, 양식수산업에 종사하는 개인 또는 법인으로 하고, 구체적인 보험가입자의 기준은 「대통령령」으로 정한다.

② 「산림조합법」의 공제규정에 따른 공제모집인으로서 산림조합중앙회장이나 그 회원조합장이 인정하는 자는 재해보험을 모집할 수 있다.

③ 재해보험사업자는 사고 예방을 위하여 보험가입자가 납입한 보험료의 일부를 되돌려 줄 수 있다.

④ 「수산업협동조합법」에 따른 조합이 그 조합원에게 재해보험의 보험료 일부를 지원하는 경우에는 보험업법상 해당 보험계약의 체결 또는 모집과 관련한 특별이익의 제공으로 본다.

29 「농어업재해보험법령」상 손해평가에 관한 설명으로 옳은 것은?

① 재해보험사업자는 「보험업법」에 따른 손해평가인에게 손해평가를 담당하게 할 수 있다.

② 「고등교육법」에 따른 전문대학에서 임산물재배 관련 학과를 졸업한 사람은 손해평가인으로 위촉될 자격이 인정된다.

③ 농림축산식품부장관은 손해평가사가 공정하고 객관적인 손해평가를 수행할 수 있도록 연 1회 이상 정기교육을 실시하여야 한다.

④ 농림축산식품부장관 또는 해양수산부장관은 손해평가 요령을 고시하려면 미리 금융위원회와 협의하여야 한다.

30 「농어업재해보험법」상 손해평가사에 관한 설명으로 옳은 것은?

① 농림축산식품부장관과 해양수산부장관은 공정하고 객관적인 손해평가를 촉진하기 위하여 손해평가사 제도를 운영한다.

② 임산물재해보험에 관한 피해사실의 확인은 손해평가사가 수행하는 업무에 해당하지 않는다.

③ 손해평가사 자격이 취소된 사람은 그 처분이 있은 날부터 3년이 지나지 아니한 경우 손해평가사 자격시험에 응시하지 못한다.

④ 손해평가사는 다른 사람에게 그 자격증을 대여해서는 아니 되나, 손해평가사 자격증의 대여를 알선하는 것은 허용된다.

31 「농어업재해보험법」상 농림축산식품부장관이 손해평가사 자격을 취소하여야 하는 대상을 모두 고른 것은?

⊙ 업무정지 기간 중에 손해평가 업무를 수행한 사람
ⓛ 업무 수행과 관련하여 향응을 제공받은 사람
ⓒ 손해평가사의 자격을 부정한 방법으로 취득한 사람
ⓔ 손해평가 요령을 준수하지 않고 손해평가를 한 사람

① ㄱ, ㄴ

② ㄱ, ㄷ

③ ㄴ, ㄹ

④ ㄷ, ㄹ

32 「농어업재해보험법령」상 보험금 수급권에 관한 설명으로 옳은 것은?

① 재해보험사업자는 보험금을 현금으로 지급하여야 하나, 불가피한 사유가 있을 때에는 수급권자의 신청이 없더라도 수급권자 명의의 계좌로 입금할 수 있다.

② 재해보험가입자가 재해보험에 가입된 보험목적물을 양도하는 경우 그 양수인은 재해보험계약에 관한 양도인의 권리 및 의무를 승계한다.

③ 재해보험의 보험목적물이 담보로 제공된 경우에는 보험금을 지급받을 권리를 압류할 수 있다.

④ 농작물의 재생산에 직접적으로 소요되는 비용의 보장을 목적으로 보험금수급전용계좌로 입금된 보험금의 경우 그 2분의 1에 해당하는 액수 이하의 금액에 관하여는 채권을 압류할 수 있다.

33 「농어업재해보험법령」상 재해보험사업자가 재해보험 업무의 일부를 위탁할 수 있는 자가 아닌 것은?

① 「농업협동조합법」에 따라 설립된 지역축산업협동조합

② 「농업·농촌 및 식품산업 기본법」에 따라 설립된 농업정책보험금융원

③ 「산림조합법」에 따라 설립된 품목별·업종별산림조합

④ 「보험업법」에 따라 손해사정을 업으로 하는 자

34 「농어업재해보험법」상 재정지원에 관한 설명으로 옳은 것은?

① 정부는 예산의 범위에서 재해보험가입자가 부담하는 보험료의 전부 또는 일부를 지원할 수 있다.

② 지방자치단체는 예산의 범위에서 재해보험사업자의 재해보험의 운영 및 관리에 필요한 비용의 전부 또는 일부를 지원할 수 있다.

③ 농림축산식품부장관은 정부의 보험료 지원 금액을 재해보험가입자에게 지급하여야 한다.

④ 「풍수해·지진재해보험법」에 따른 풍수해·지진재해보험에 가입한 자가 동일한 보험목적물을 대상으로 재해보험에 가입할 경우에는 제1항에도 불구하고 정부가 재정지원을 하지 아니한다.

35 「농어업재해보험법령」상 재보험사업 및 농어업재해재보험기금(이하 "기금"이라 함)에 관한 설명으로 옳지 않은 것은?

① 기금은 기금의 관리·운용에 필요한 경비의 지출에 사용할 수 없다.

② 농림축산식품부장관은 해양수산부장관과 협의하여 기금의 수입과 지출을 명확히 하기 위하여 한국은행에 기금계정을 설치하여야 한다.

③ 재보험금의 회수 자금은 기금 조성의 재원에 포함된다.

④ 정부는 재해보험에 관한 재보험사업을 할 수 있다.

36 「농어업재해보험법」상 농어업재해재보험기금(이하 "기금"이라 함)에 관한 설명으로 옳지 않은 것은?

① 기금은 농림축산식품부장관이 해양수산부장관과 협의하여 관리·운용한다.

② 농림축산식품부장관은 해양수산부장관과 협의를 거쳐 기금의 관리·운용에 관한 사무의 일부를 농업정책보험금융원에 위탁할 수 있다.

③ 농림축산식품부장관은 해양수산부장관과 협의하여 기금의 수입과 지출에 관한 사무를 수행하게 하기 위하여 소속 공무원 중에서 기금수입징수관 등을 임명한다.

④ 농림축산식품부장관이 농업정책보험금융원의 임원 중에서 임명한 기금지출원인 행위 담당임원은 기금지출관의 업무를 수행한다.

37 「농어업재해보험법령」상 보험가입촉진계획에 포함되어야 하는 사항을 모두 고른 것은?

> ㉠ 전년도의 성과분석 및 해당 연도의 사업계획
> ㉡ 해당 연도의 보험상품 운영계획
> ㉢ 농어업재해보험 교육 및 홍보계획

① ㉠, ㉡   ② ㉠, ㉢
③ ㉡, ㉢   ④ ㉠, ㉡, ㉢

38 「농어업재해보험법」상 벌칙에 관한 설명이다. (   )에 들어갈 내용은?

> 「보험업법」 제98조에 따른 금품 등을 제공(같은 조 제3호의 경우에는 보험금 지급의 약속을 말한다)한 자 또는 이를 요구하여 받은 보험가입자는 (㉠)년 이하의 징역 또는 (㉡)천만 원 이하의 벌금에 처한다.

① ㉠ : 1, ㉡ : 1   ② ㉠ : 1, ㉡ : 3
③ ㉠ : 3, ㉡ : 3   ④ ㉠ : 3, ㉡ : 5

39 농업재해보험 손해평가요령상 손해평가인 위촉에 관한 규정이다. (   )에 들어갈 내용은?

> 재해보험사업자는 피해 발생 시 원활한 손해평가가 이루어지도록 농업재해보험이 실시되는 (   )별 보험가입자의 수 등을 고려하여 적정 규모의 손해평가인을 위촉하여야 한다.

① 시·도   ② 읍·면·동
③ 시·군·자치구   ④ 특별자치도·특별자치시

40 농업재해보험 손해평가요령상 손해평가인 정기교육의 세부내용에 명시적으로 포함되어 있지 않은 것은?

① 「농어업재해보험법」 제정 배경　　　② 손해평가 관련 민원사례

③ 피해유형별 보상사례　　　　　　　④ 농업재해보험 상품 주요내용

41 농업재해보험 손해평가요령상 재해보험사업자가 손해평가인에 대하여 위촉을 취소하여야 하는 경우는?

① 피한정후견인이 된 때

② 업무수행과 관련하여 「개인정보보호법」 등 정보보호와 관련된 법령을 위반한 때

③ 업무수행상 과실로 손해평가의 신뢰성을 약화시킨 경우

④ 현지조사서를 허위로 작성한 경우

42 농업재해보험 손해평가요령상 손해평가사 甲을 손해평가반 구성에서 배제하여야 하는 경우를 모두 고른 것은?

> ㉠ 甲의 이해관계자가 가입한 보험계약에 관한 손해평가
> ㉡ 甲의 이해관계자가 모집한 보험계약에 관한 손해평가
> ㉢ 甲의 이해관계자가 실시한 손해평가에 대한 검증조사

① ㉠, ㉡　　　　　　　　　　　② ㉠, ㉢

③ ㉡, ㉢　　　　　　　　　　　④ ㉠, ㉡, ㉢

43 농업재해보험 손해평가요령상 손해평가에 관한 설명으로 옳지 않은 것은?

① 손해평가반은 손해평가인, 손해평가사, 손해사정사 중 어느 하나에 해당하는 자를 1인이상 포함하여 5인 이내로 구성한다.

② 교차손해평가에 있어서 거대재해 발생 등으로 신속한 손해평가가 불가피하다고 판단되는 경우에도 손해평가반 구성에 지역손해평가인을 포함하여야 한다.

③ 재해보험사업자는 손해평가반이 실시한 손해평가결과를 기록할 수 있도록 현지조사서를 마련하여야 한다.

④ 손해평가반이 손해평가를 실시할 때에는 재해보험사업자가 해당 보험가입자의 보험 계약사항 중 손해평가와 관련된 사항을 손해평가반에게 통보하여야 한다.

44 농업재해보험 손해평가요령상 손해평가결과 검증에 관한 설명으로 옳지 않은 것은?

① 검증조사결과 현저한 차이가 발생된 경우 해당 손해평가반이 조사한 전체 보험목적물에 대하여 검증조사를 하여야 한다.

② 보험가입자가 정당한 사유 없이 검증조사를 거부하는 경우 검증조사반은 검증조사가 불가능하여 손해평가 결과를 확인할 수 없다는 사실을 보험가입자에게 통지한 후 검증조사결과를 작성하여 재해보험사업자에게 제출하여야 한다.

③ 재해보험사업자 및 재해보험사업의 재보험사업자는 손해평가반이 실시한 손해평가결과를 확인하기 위하여 손해평가를 실시한 보험목적물 중에서 일정수를 임의추출하여 검증조사를 할 수 있다.

④ 농림축산식품부장관은 재해보험사업자로 하여금 검증조사를 하게 할 수 있다.

45 농업재해보험 손해평가요령상 보험목적물별 손해평가 단위이다. ( )에 들어갈 내용은?

• 농작물 : (㉠)
• 가축(단, 벌은 제외) : (㉡)
• 농업시설물 : (㉢)

① ㉠ : 농지별, ㉡ : 축사별, ㉢ : 보험가입 목적물별
② ㉠ : 품종별, ㉡ : 축사별, ㉢ : 보험가입자별
③ ㉠ : 농지별, ㉡ : 개별가축별, ㉢ : 보험가입 목적물별
④ ㉠ : 품종별, ㉡ : 개별가축별, ㉢ : 보험가입자별

46 농업재해보험 손해평가요령상 종합위험방식 수확감소보장에서 "벼"의 경우, 다음의 조건으로 산정한 보험금은? [기출 수정]

• 보험가입금액 : 100만 원
• 자기부담비율 : 20%
• 평년수확량 : 1,000kg
• 수확량 : 500kg
• 미보상감수량 : 50kg

① 10만 원   ② 20만 원
③ 25만 원   ④ 45만 원

47 농업재해보험 손해평가요령에 따른 종합위험방식 상품의 조사내용 중 "재정식 조사"에 해당되는 품목은?

① 벼   ② 콩

③ 양배추   ④ 양파

48 농업재해보험 손해평가요령상 종합위험방식 "마늘"의 재파종 보험금 산정에 관한 내용이다. ( )에 들어갈 내용은?

> 보험가입금액 × ( )% × 표준출현피해율
> 단, 10a당 출현주수가 30,000주보다 작고, 10a당 30,000주 이상으로 재파종한 경우에 한함

① 10   ② 20

③ 25   ④ 35

49 농업재해보험 손해평가요령상 농작물의 품목별·재해별·시기별 손해수량 조사방법 중 적과 전 종합위험방식 "떫은감"에 관한 기술이다. ( )에 들어갈 내용은?

생육시기	재해	조사내용	조사시기	조사방법
적과 후 ~ 수확기 종료	가을 동상해	(㉠)	(㉡)	• 재해로 인하여 달려있는 과실의 피해과실 수 조사 – (㉠)는 보험약관에서 정한 과실피해분류 기준에 따라 구분하여 조사 • 조사방법 : 표본조사

① ㉠ : 피해사실 확인 조사, ㉡ : 사고접수 후 지체없이

② ㉠ : 피해사실 확인 조사, ㉡ : 수확 직전

③ ㉠ : 착과피해 조사, ㉡ : 사고접수 후 지체없이

④ ㉠ : 착과피해 조사, ㉡ : 수확 직전

50 농업재해보험 손해평가요령상 가축 및 농업시설물의 보험가액 및 손해액 산정에 관한 설명으로 옳은 것은?

① 가축에 대한 보험가액은 보험사고가 발생한 때와 곳에서 평가한 보험목적물의 수량에 적용가격을 곱한 후 감가상각액을 차감하여 산정한다.

② 보험가입당시 보험가입자와 재해보험사업자가 가축에 대한 보험가액 및 손해액 산정 방식을 별도로 정한 경우에는 그 방법에 따른다.

③ 농업시설물에 대한 보험가액은 보험사고가 발생한 때와 곳에서 평가한 재조달가액으로 한다.

④ 농업시설물에 대한 손해액은 보험사고가 발생한 때와 곳에서 산정한 피해목적물 수량에 적용가격을 곱하여 산정한다.

 ## 농학개론 중 재배학 및 원예작물학

51 채소의 식용부위에 따른 분류 중 화채류에 속하는 것은?

① 양배추 　　② 브로콜리
③ 우엉 　　④ 고추

52 작물의 건물량을 생산하는데 필요한 수분량을 말하는 요수량이 가장 작은 것은?

① 호박 　　② 기장
③ 완두 　　④ 오이

53 수분과잉 장해에 관한 설명으로 옳지 않은 것은?

① 생장이 쇠퇴하며 수량도 감소한다.
② 건조 후에 수분이 많이 공급되면 열과 등이 나타난다.
③ 뿌리의 활력이 높아진다.
④ 식물이 웃자라게 된다.

PART2 손해평가사 기출문제 **249**

54 고온 장해에 관한 증상으로 옳지 않은 것은?

① 발아 불량   ② 품질 저하

③ 착과 불량   ④ 추대 지연

55 다음에서 설명하는 냉해로 올바르게 짝지어진 것은?

> ⊙ 작물생육기간 중 특히 냉온에 대한 저항성이 약한 시기에 저온의 접촉으로 뚜렷한 피해를 받게 되는 냉해
> ⓒ 오랜 기간 동안 냉온이나 일조 부족으로 생육이 늦어지고 등숙이 충분하지 못해 감수를 초래하게 되는 냉해

① ⊙ : 지연형 냉해, ⓒ : 장해형 냉해   ② ⊙ : 접촉형 냉해, ⓒ : 감수형 냉해

③ ⊙ : 장해형 냉해, ⓒ : 지연형 냉해   ④ ⊙ : 피해형 냉해, ⓒ : 장기형 냉해

56 C4 작물이 아닌 것은?

① 보리   ② 사탕수수

③ 수수   ④ 옥수수

57 작물의 일장형에 관한 설명으로 옳지 않은 것은?

① 보통 16 ~ 18시간의 장일조건에서 개화가 유도, 촉진되는 식물을 장일식물이라고 하며 시금치, 완두, 상추, 양파, 감자 등이 있다.

② 보통 8 ~ 10시간의 단일조건에서 개화가 유도, 촉진되는 식물을 단일식물이라고 하며 가지, 콩, 오이, 호박 등이 있다.

③ 일장의 영향을 받지 않는 식물을 중성식물이라고 하며 토마토, 당근, 강낭콩 등이 있다.

④ 좁은 범위에서만 화성이 유도, 촉진되는 식물을 정일식물 또는 중간식물이라고 한다.

58 과수원의 바람 피해에 관한 설명으로 옳지 않은 것은?

① 강풍은 증산작용을 억제하여 광합성을 촉진한다.

② 강풍은 매개곤충의 활동을 저하시켜 수분과 수정을 방해한다.

③ 작물의 열을 빼앗아 작물체온을 저하시킨다.

④ 해안지방은 염분 피해를 받을 수 있다.

59 식물의 필수 원소 중 엽록소의 구성성분으로 다양한 효소반응에 관여하는 것은?

① 아연(Zn) 　　　　　　　② 몰리브덴(Mo)

③ 칼슘(Ca) 　　　　　　　④ 마그네슘(Mg)

60 염류 집적에 대한 대책이 아닌 것은?

① 흡비작물 재배 　　　　　② 무기물 시용

③ 심경과 객토 　　　　　　④ 담수 처리

61 벼의 수발아에 관한 설명으로 옳지 않은 것은?

① 결실기에 종실이 이삭에 달린 채로 싹이 트는 것을 말한다.

② 결실기의 벼가 우기에 도복이 되었을 때 자주 발생한다.

③ 조생종이 만생종보다 수발아가 잘 발생한다.

④ 휴면성이 강한 품종이 약한 것보다 수발아가 잘 발생한다.

62 정식기에 가까워지면 묘를 외부환경에 미리 노출시켜 적응시키는 것은?

① 춘화 　　　　　　　　　② 동화

③ 이화 　　　　　　　　　④ 경화

63 다음이 설명하는 번식 방법으로 올바르게 짝지어진 것은?

> ㉠ 식물의 잎, 줄기, 뿌리를 모체로부터 분리하여 상토에 꽂아 번식하는 방법
> ㉡ 뿌리 부근에서 생겨난 포기나 부정아를 나누어 번식하는 방법

① ㉠ : 삽목, ㉡ : 분주　　　　　② ㉠ : 취목, ㉡ : 삽목
③ ㉠ : 삽목, ㉡ : 접목　　　　　④ ㉠ : 접목, ㉡ : 분주

64 육묘에 관한 설명으로 옳지 않은 것은?
① 직파에 비해 종자가 절약된다.　　② 토지이용도가 낮아진다.
③ 직파에 비해 발아가 균일하다.　　④ 수확기 및 출하기를 앞당길 수 있다.

65 한계일장보다 짧을 때 개화하는 식물끼리 올바르게 짝지어진 것은?
① 국화, 포인세티아　　　　　② 장미, 시클라멘
③ 카네이션, 페튜니아　　　　④ 금잔화, 금어초

66 4℃에 저장 시 저온장해가 발생하는 절화류로 짝지어진 것은?
① 장미, 카네이션　　　　　② 백합, 금어초
③ 극락조화, 안스리움　　　④ 국화, 글라디올러스

67 채소 작물의 온도 적응성에 따른 분류가 같은 것끼리 짝지어진 것은?
① 가지, 무　　　　　② 고추, 마늘
③ 딸기, 상추　　　④ 오이, 양파

68 저장성을 향상시키기 위한 저장 전 처리에 관한 설명으로 옳지 않은 것은?

① 수박은 고온기 수확 시 품온이 높아 바로 수송할 경우 부패하기 쉬우므로 예냉을 실시한다.

② 감자는 수확 시 생긴 상처를 빨리 아물게 하기 위해 큐어링을 실시한다.

③ 마늘은 휴면이 끝나면 싹이 자라 상품성이 저하될 수 있으므로 맹아 억제 처리를 한다.

④ 결구배추는 수분 손실을 줄이기 위해 수확한 후 바로 저장고에 넣어 보관한다.

69 식물 분류학적으로 같은 과(科)에 속하지 않는 것은?

① 배 ② 블루베리
③ 복숭아 ④ 복분자

70 멀칭의 목적으로 옳은 것은?

① 휴면 촉진 ② 단일 촉진
③ 잡초발생 억제 ④ 단위결과 억제

71 물리적 병충해 방제방법을 모두 고른 것은?

| ㉠ 토양 가열 | ㉡ 천적 곤충 이용 |
| ㉢ 증기 소독 | ㉣ 윤작 등 작부체계의 변경 |

① ㉠, ㉢ ② ㉠, ㉣
③ ㉡, ㉢ ④ ㉡, ㉣

72 과수에서 세균에 의한 병으로만 나열한 것은?

① 근두암종병, 화상병, 궤양병 ② 근두암종병, 탄저병, 부란병
③ 화상병, 탄저병, 궤양병 ④ 화상병, 근두암종병, 부란병

73 다음이 설명하는 온실형은?

> • 처마가 높고 폭이 좁은 양지붕형 온실을 연결한 형태이다.
> • 토마토, 파프리카(착색단고추) 등 과채류 재배에 적합하다.

① 양쪽지붕형   ② 터널형
③ 벤로형   ④ 쓰리쿼터형

74 다음 피복재 중 장파투과율이 가장 높은 연질 필름은?
① 염화비닐(PVC) 필름
② 불소계수지(ETFE) 필름
③ 에틸렌아세트산비닐(EVA) 필름
④ 폴리에틸렌(PE) 필름

75 담액수경의 특징에 관한 설명으로 옳은 것은?
① 산소 공급 장치를 설치해야 한다.
② 베드의 바닥에 일정한 구배를 만들어 양액이 흐르게 해야 한다.
③ 배지로는 펄라이트와 암면 등이 사용된다.
④ 베드를 높이 설치하여 작업효율을 높일 수 있다.

상법(보험편)

1 「상법」상 손해보험계약에 관한 설명으로 옳은 것은?

① 피보험자는 보험계약에서 정한 불확정한 사고가 발생한 경우 보험금의 지급을 보험자에게 청구할 수 없다.

② 보험자가 보험계약자로부터 보험계약의 청약과 함께 보험료 상당액의 전부 또는 일부의 지급을 받은 때는 다른 약정이 없으면 30일 이내에 낙부통지를 발송해야 한다.

③ 보험자는 보험사고가 발생한 경우 보험금이 아닌 형태의 보험급여를 지급할 것을 약정할 수 없다.

④ 보험기간의 시기(始期)는 보험계약 체결시점과 같아야 한다.

2 甲보험회사의 화재보험 약관에는 보험계약자에게 설명해야 하는 중요한 내용을 포함하고 있으나 甲 회사가 이를 설명하지 않고 보험계약을 체결하였다. 이에 관한 설명으로 옳지 않은 것은? (다툼이 있으면 판례에 따름)

① 보험계약이 성립한 날로부터 1개월이 된 시점이라면 보험계약자는 보험계약을 취소할 수 있다.

② 甲보험회사는 화재보험약관을 보험계약자에게 교부해야 한다.

③ 보험계약이 성립한 날로부터 4개월이 된 시점이라면 보험계약자는 보험계약을 취소할 수 없다.

④ 보험계약자가 보험계약을 취소하지 않았다면 甲보험회사는 중요한 약관조항을 계약의 내용으로 주장할 수 있다.

3 「상법」상 보험증권에 관한 설명으로 옳은 것은?

① 보험계약자가 보험증권을 멸실한 경우에는 보험자에 대하여 증권의 재교부를 청구할 수 있으며, 그 증권 작성의 비용은 보험계약자가 부담한다.

② 기존의 보험계약을 변경한 경우 보험자는 그 보험증권에 그 사실을 기재함으로써 보험증권의 교부에 갈음할 수 없다.

③ 타인을 위한 보험계약이 성립된 경우에는 보험자는 그 타인에게 보험증권을 교부해야 한다.

④ 보험계약자가 최초의 보험료를 지급하지 아니한 경우에도 보험계약이 성립한 때에는 보험자는 지체없이 보험증권을 작성하여 보험계약자에게 교부하여야 한다.

4 타인을 위한 손해보험계약(보험회사 A, 보험계약자 B, 타인 C)에서 보험사고의 객관적 확정이 있는 경우 그 보험계약의 효력에 관한 설명으로 옳지 않은 것은?

① 보험계약 당시에 보험사고가 이미 발생하였음을 B가 알고서 보험계약을 체결하였다면 그 계약은 무효이다.

② 보험계약 당시에 보험사고가 이미 발생하였음을 A와 B가 알았을지라도 C가 알지 못했다면 그 계약은 유효하다.

③ 보험계약 당시에 보험사고가 발생할 수 없음을 A가 알면서도 보험계약을 체결하였다면 그 계약은 무효이다.

④ 보험계약 당시에 보험사고가 발생할 수 없음을 A, B, C가 알지 못한 때에는 그 계약은 유효하다.

5 「상법」상 보험대리상 등에 관한 설명으로 옳은 것은 모두 몇 개인가?

- 보험대리상은 보험계약자로부터 보험료를 수령할 수 있는 권한을 갖는다.
- 보험대리상이 아니면서 특정한 보험자를 위하여 계속적으로 보험계약의 체결을 중개하는 자는 보험자가 작성한 보험증권을 보험계약자에게 교부할 수 있는 권한을 갖는다.
- 대리인에 의하여 보험계약을 체결한 경우 대리인이 안 사유는 그 본인이 안 것과 동일한 것으로 한다.
- 보험자는 보험대리상이 보험계약자로부터 청약, 고지, 통지 등 보험계약에 관한 의사표시를 수령할 수 있는 권한을 제한할 수 없다.

① 1개 　　　　　　　　　　　② 2개

③ 3개 　　　　　　　　　　　④ 4개

6 「상법」상 보험계약자가 보험자와 보험료를 분납하기로 약정한 경우에 관한 설명으로 옳지 않은 것은?

① 보험계약 체결 후 보험계약자가 제1회 보험료를 지급하지 아니한 경우, 다른 약정이 없는 한 계약 성립 후 2월이 경과하면 보험계약은 해제된 것으로 본다.

② 계속보험료가 연체된 경우 보험자는 즉시 그 계약을 해지할 수는 없다.

③ 계속보험료가 연체된 경우 보험대리상이 아니면서 특정한 보험자를 위하여 계속적으로 보험계약의 체결을 중개하는 자는 보험계약자에 대해 해지의 의사표시를 할 수 있는 권한이 있다.

④ 보험대리상이 아니면서 특정한 보험자를 위하여 계속적으로 보험계약의 체결을 중개하는 자는 보험자가 작성한 영수증을 보험계약자에게 교부하는 경우에 한하여 보험료를 수령할 권한이 있다.

7 「상법」상 특정한 타인(이하 "A"라고 함)을 위한 손해보험계약에 관한 설명으로 옳은 것은?

① 보험계약자는 A의 동의를 얻지 아니하거나 보험증권을 소지하지 아니하면 그 계약을 해지하지 못한다.

② A가 보험계약에 따른 이익을 받기 위해서는 이익을 받겠다는 의사표시를 하여야 한다.

③ 보험계약자가 계속보험료의 지급을 지체한 때에는 보험자는 A에게 보험료 지급을 최고하지 않아도 보험계약을 해지할 수 있다.

④ 보험계약자가 A를 위해 보험계약을 체결하려면 A의 위임을 받아야 한다.

8 「상법」상 손해보험계약의 부활에 관한 설명으로 옳지 않은 것은?

① 제1회 보험료의 지급이 이루어지지 않아 보험계약이 해제된 경우 보험계약자는 보험 계약의 부활을 청구할 수 있다.

② 계속보험료의 연체로 인하여 보험계약이 해지되고 해지환급금이 지급되지 아니한 경우 보험계약자는 보험계약의 부활을 청구할 수 있다.

③ 계속보험료의 연체로 인하여 보험계약이 해지된 경우 보험계약자가 보험계약의 부활을 청구하려면 연체보험료에 약정이자를 붙여 보험자에게 지급해야 한다.

④ 보험계약자가 「상법」상의 요건을 갖추어 계약의 부활을 청구하는 경우 보험자는 30일 이내에 낙부통지를 발송해야 한다.

9 「상법」상 고지의무에 관한 설명으로 옳은 것은?

① 타인을 위한 손해보험계약에서 그 타인은 고지의무를 부담하지 않는다.

② 보험자가 서면으로 질문한 사항은 중요한 사항으로 본다.

③ 고지의무자가 고의 또는 중과실로 중요한 사항을 불고지 또는 부실고지 한 사실을 보험자가 보험계약 체결직후 알게 된 경우, 보험자가 그 사실을 안 날로부터 1월이 경과하면 보험계약을 해지할 수 없다.

④ 고지의무자가 고의 또는 중과실로 중요한 사항을 불고지 또는 부실고지한 경우 보험자가 계약 당시에 그 사실을 알았을지라도 보험자는 보험계약을 해지할 수있다.

10 보험기간 중 사고발생의 위험이 현저하게 변경된 경우에 관한 설명으로 옳은 것을 모두 고른 것은?

ㄱ 보험수익자가 이 사실을 안 때에는 지체없이 보험자에게 통지하여야 한다.

ㄴ 보험자가 보험계약자로부터 위험변경의 통지를 받은 때로부터 2월이 경과하면 계약을 해지할 수 없다.

ㄷ 보험수익자의 고의로 인하여 위험이 현저하게 변경된 때에는 보험자는 보험료의 증액을 청구할 수 있다.

ㄹ 피보험자의 중대한 과실로 인하여 위험이 현저하게 변경된 때에는 보험자는 계약을 해지할 수 없다.

① ㄱ, ㄴ   ② ㄴ, ㄷ

③ ㄷ, ㄹ   ④ ㄱ, ㄴ, ㄷ, ㄹ

11 보험계약의 해지에 관한 설명으로 옳지 않은 것은? (다툼이 있으면 판례에 따름)

① 보험자가 파산의 선고를 받은 때에는 보험계약자는 계약을 해지할 수 있다.

② 보험자가 보험기간 중에 사고발생의 위험이 현저하게 증가하여 보험계약을 해지한 경우 이미 지급한 보험금의 반환을 청구할 수 없다.

③ 보험자가 파산의 선고를 받은 경우 해지하지 아니한 보험계약은 파산선고 후 3월을 경과한 때에는 그 효력을 잃는다.

④ 보험자가 보험기간 중 사고발생의 위험이 현저하게 변경되었음을 이유로 계약을 해지 하려는 경우 그 사실을 입증하여야 한다.

12 「상법」상 보험사고의 발생에 따른 보험자의 책임에 관한 설명으로 옳은 것은?

① 보험수익자가 보험사고의 발생을 안 때에는 보험자에게 그 통지를 할 의무가 없다.

② 보험사고가 보험계약자의 고의로 인하여 생긴 때에는 보험자는 보험금액을 지급할 책임이 없다.

③ 보험자는 보험금액의 지급에 관하여 약정기간이 없는 경우 지급할 보험금액이 정하여진 날로부터 5일 내에 지급하여야 한다.

④ 보험자의 책임은 당사자 간에 다른 약정이 없으면 보험계약자가 보험계약의 체결을 청약한 때로부터 개시한다.

13 「상법」 보험편에 관한 설명으로 옳지 않은 것은? (다툼이 있으면 판례에 따름)

① 재보험에서는 당사자 간의 특약에 의하여 「상법」 보험편의 규정을 보험계약자의 불이익으로 변경할 수 있다.

② 보험계약자 등의 불이익변경 금지원칙은 보험계약자와 보험자가 서로 대등한 경제적 지위에서 계약조건을 정하는 기업보험에 있어서는 그 적용이 배제된다.

③ 「상법」 보험편의 규정은 그 성질에 반하지 아니하는 범위에서 공제에도 준용된다.

④ 「상법」 보험편의 규정은 약관에 의하여 피보험자나 보험수익자의 이익으로 변경할 수 없다.

14 「상법」상 손해보험증권에 기재되어야 하는 사항으로 옳은 것은 모두 몇 개인가?

• 보험수익자의 주소, 성명 또는 상호	• 무효의 사유
• 보험사고의 성질	• 보험금액

① 1개 ② 2개

③ 3개 ④ 4개

15 「상법」상 손해보험에 관한 설명으로 옳지 않은 것은?

① 당사자 간에 보험가액을 정한 때에는 그 가액은 사고발생 시의 가액으로 정한 것으로 본다.

② 당사자는 약정에 의하여 보험사고로 인하여 상실된 피보험자가 얻을 보수를 보험자가 보상할 손해액에 산입할 수 있다.

③ 화재보험의 보험자는 화재의 소방 또는 손해의 감소에 필요한 조치로 인하여 생긴 손해를 보상할 책임이 있다.

④ 보험계약은 금전으로 산정할 수 있는 이익에 한하여 보험계약의 목적으로 할 수 있다.

16 손해보험에서의 보험가액에 관한 설명으로 옳은 것은?

① 초과보험에 있어서 보험계약의 목적의 가액은 사고 발생 시의 가액에 의하여 정한다.

② 보험금액이 보험계약의 목적의 가액을 현저하게 초과한 때에는 보험계약자는 소급하여 보험료의 감액을 청구할 수 있다.

③ 보험가액이 보험계약 당시가 아닌 보험기간 중에 현저하게 감소된 때에는 보험자는 보험료와 보험금액의 감액을 청구할 수 없다.

④ 초과보험이 보험계약자의 사기로 인하여 체결된 때에는 그 계약은 무효이며 보험자는 그 사실을 안 때까지의 보험료를 청구할 수 있다.

17 「상법」상 소멸시효에 관하여 (   )에 들어갈 내용으로 옳은 것은?

보험금청구권은 (㉠)년간, 보험료청구권은 (㉡)년간, 적립금의 반환청구권은 (㉢)년간 행사하지 아니하면 시효의 완성으로 소멸한다.

① ㉠ : 2, ㉡ : 3, ㉢ : 2　　　　　　② ㉠ : 2, ㉡ : 3, ㉢ : 3

③ ㉠ : 3, ㉡ : 2, ㉢ : 3　　　　　　④ ㉠ : 3, ㉡ : 3, ㉢ : 2

18 「상법」상 중복보험에 관한 설명으로 옳지 않은 것은?

① 보험계약자가 중복보험의 체결사실을 보험자에게 통지하지 아니한 경우 보험자는 보험계약을 취소할 수 있다.

② 중복보험을 체결한 경우 보험계약자는 각 보험자에 대하여 각 보험계약의 내용을 통지하여야 한다.

③ 중복보험이라 함은 동일한 보험계약의 목적과 동일한 사고에 관하여 수개의 보험계약이 동시에 또는 순차로 체결된 경우를 말한다.

④ 중복보험은 하나의 보험계약을 수인의 보험자와 체결한 공동보험과 구별된다.

19 다음 사례에 관한 설명으로 옳은 것은? (단, 다른 약정이 없고, 보험사고 당시 보험가액은 보험계약 당시와 동일한 것으로 전제함)

> [사례 1] 甲은 보험가액이 3억 원인 자신의 아파트를 보험목적으로 하여 A보험회사 및 B보험회사와 보험금액을 3억 원으로 하는 화재보험계약을 각각 체결하였다.
> [사례 2] 乙은 보험가액이 10억 원인 자신의 건물을 보험목적으로 하여 C보험회사와 보험금액을 5억 원으로 하는 화재보험계약을 체결하였다.

① 화재로 인하여 甲의 아파트가 전부 소실된 경우 甲은 A와 B로부터 각각 3억 원의 보험금을 수령할 수 있다.

② 화재로 인하여 甲의 아파트가 전부 소실된 경우 甲이 A에 대한 보험금 청구를 포기하였다면 甲에게 보험금 3억 원을 지급한 B는 A에 대해 구상금을 청구할 수 없다.

③ 화재로 인하여 乙의 건물에 5억 원의 손해가 발생한 경우 C는 乙에게 5억 원을 보험금으로 지급하여야 한다.

④ 화재로 인하여 甲의 아파트가 전부 소실된 경우 A는 甲에 대하여 3억 원의 한도에서 B와 연대책임을 부담한다.

20 화재보험에 있어서 보험자의 보상의무에 관한 설명으로 옳지 않은 것은? (다툼이 있으면 판례에 따름)

① 보험사고의 발생은 보험금 지급을 청구하는 보험계약자 등이 입증해야 한다.

② 보험자의 보험금지급의무는 보험기간 내에 보험사고가 발생하고 그 보험사고의 발생으로 인하여 피보험자의 피보험이익에 손해가 생기면 성립된다.

③ 손해란 피보험이익의 전부 또는 일부가 멸실되었거나 감손된 것을 말한다.

④ 보험의 목적에 관하여 보험자가 부담할 손해가 생긴 경우에는 그 후 그 목적이 보험자가 부담하지 아니하는 보험사고의 발생으로 인하여 멸실된 때에는 보험자는 이미 생긴 손해를 보상할 책임을 면한다.

21 「상법」상 손해보험에서 손해액의 산정기준 등에 관한 설명으로 옳지 않은 것은?

① 보험자가 보상할 손해액은 그 손해가 발생한 때와 곳의 가액에 의하여 산정하는 것이 원칙이다.

② 손해액의 산정에 관한 비용은 보험계약자의 부담으로 한다.

③ 보험자가 손해를 보상할 경우에 보험료의 지급을 받지 아니한 잔액이 있으면 그 지급 기일이 도래하지 아니한 때라도 보상할 금액에서 이를 공제할 수 있다.

④ 보험자는 약정에 따라 신품가액에 의하여 손해액을 산정할 수 있다.

22 「상법」상 손해보험에 있어 보험자의 면책 사유로 옳은 것을 모두 고른 것은?

> ㉠ 보험의 목적의 성질로 인한 손해
> ㉡ 보험의 목적의 하자로 인한 손해
> ㉢ 보험의 목적의 자연소모로 인한 손해
> ㉣ 보험사고가 보험계약자의 고의 또는 중대한 과실로 인하여 생긴 경우

① ㉠, ㉡   ② ㉡, ㉢
③ ㉢, ㉣   ④ ㉠, ㉡, ㉢, ㉣

23 「상법」상 손해보험에서 손해방지의무에 관한 설명으로 옳지 않은 것은? (다툼이 있으면 판례에 따름)

① 손해방지의무의 주체는 보험계약자와 피보험자이다.
② 손해방지를 위하여 필요 또는 유익하였던 비용은 보험자가 부담한다.
③ 손해방지를 위하여 필요 또는 유익하였던 비용과 보상액이 보험금액을 초과한 경우에는 보험금액의 한도에서만 보험자가 이를 부담한다.
④ 피보험자가 손해방지의무를 고의 또는 중과실로 위반한 경우 보험자는 손해방지의무 위반과 상당인과관계가 있는 손해에 대하여 배상을 청구할 수 있다.

24 보험목적에 관한 보험대위에 관한 설명이다. (   )에 들어갈 내용으로 옳은 것은?

> 보험의 목적의 전부가 멸실한 경우에 (㉠)의 (㉡)를 지급한 보험자는 그 목적에 대한 (㉢)의 권리를 취득한다. 그러나 (㉣)의 일부를 보험에 붙인 경우에는 보험자가 취득할 권리는 보험금액의 보험가액에 대한 비율에 따라 이를 정한다.

① ㉠ : 보험금액,   ㉡ : 전부,   ㉢ : 피보험자,   ㉣ : 보험가액
② ㉠ : 보험금액,   ㉡ : 일부,   ㉢ : 보험계약자,   ㉣ : 보험금액
③ ㉠ : 보험가액,   ㉡ : 일부,   ㉢ : 피보험자,   ㉣ : 보험가액
④ ㉠ : 보험가액,   ㉡ : 전부,   ㉢ : 피보험자,   ㉣ : 보험가액

25 제3자에 대한 보험대위에 관한 설명으로 옳지 않은 것은? (다툼이 있으면 판례에 따름)

① 제3자에 대한 보험대위의 취지는 이득금지 원칙의 실현과 부당한 면책의 방지에 있다.

② 보험자는 피보험자와 생계를 같이 하는 가족에 대한 피보험자의 권리는 취득하지 못하는 것이 원칙이다.

③ 보험금을 지급한 보험자는 그 지급한 금액의 한도에서 그 제3자에 대한 피보험자의 권리를 취득한다.

④ 보험약관상 보험자가 면책되는 사고임에도 불구하고 보험자가 보험금을 지급한 경우 피보험자의 제3자에 대한 권리를 대위취득할 수 있다.

 농어업재해보험법령

26 「농어업재해보험법」상 재해보험 발전 기본계획에 포함되어야 하는 사항으로 명시되지 않은 것은?

① 재해보험의 종류별 가입률 제고 방안에 관한 사항

② 손해평가인의 정기교육에 관한사항

③ 재해보험사업에 대한 지원 및 평가에 관한 사항

④ 재해보험의 대상 품목 및 대상 지역에 관한 사항

27 「농어업재해보험법」상 농업재해보험심의회의 심의 사항에 해당되는 것을 모두 고른 것은?

> ㉠ 재해보험에서 보상하는 재해의 범위에 관한 사항
> ㉡ 손해평가의 방법과 절차에 관한 사항
> ㉢ 농어업재해재보험사업에 대한 정부의 책임범위에 관한 사항
> ㉣ 농어업재해재보험사업 관련 자금의 수입과 지출의 적정성에 관한 사항

① ㉠, ㉡

② ㉡, ㉢

③ ㉠, ㉢, ㉣

④ ㉠, ㉡, ㉢, ㉣

28 「농어업재해보험법」상 재해보험을 모집할 수 있는 자에 해당하지 않는 것은?

① 산림조합중앙회의 임직원

② 「수산업협동조합법」에 따라 설립된 수협은행의 임직원

③ 「산림조합법」 제48조의 공제규정에 따른 공제모집인으로서 농림축산식품부장관이 인정하는 자

④ 「보험업법」 제83조 제1항에 따라 보험을 모집할 수 있는 자

29 「농어업재해보험법」상 손해평가 등에 관한 설명으로 옳은 것은?

① 재해보험사업자는 동일 시·군·구 내에서 교차손해평가를 수행할 수 없다.

② 농림축산식품부장관은 손해평가인이 공정하고 객관적인 손해평가를 수행할 수 있도록 연 1회 이상 정기교육을 실시하여야 한다.

③ 농림축산식품부장관이 손해평가 요령을 정한 뒤 이를 고시하려면 미리 금융위원회의 인가를 거쳐야 한다.

④ 농림축산식품부장관은 손해평가인 간의 손해평가에 관한 기술·정보의 교환을 금지하여야 한다.

30 「농어업재해보험법령」상 손해평가사의 자격취소사유로 명시되지 않은 것은?

① 손해평가사의 자격을 거짓 또는 부정한 방법으로 취득한 경우

② 거짓으로 손해평가를 한 경우

③ 업무 수행과 관련하여 보험계약자로부터 향응을 제공받은 경우

④ 「법」 제11조의4 제7항을 위반하여 손해평가사 명의의 사용이나 자격증의 대여를 알선한 경우

31 「농어업재해보험법령」상 보험금의 압류 금지에 관한 조문의 일부이다. (   )에 들어갈 내용은?

> 법 제12조 제2항에서 "대통령령으로 정하는 액수"란 다음 각 호의 구분에 따른 보험금 액수를 말한다.
> 1. 농작물·임산물·가축 및 양식수산물의 재생산에 직접적으로 소요되는 비 용의 보장을 목적으로 법 제11조의7 제1항 본문에 따라 보험금수급전용계 좌로 입금된 보험금 : 입금된 (㉠)
> 2. 제1호 외의 목적으로 법 제11조의7 제1항 본문에 따라 보험금수급전용계좌로 입금된 보험 금 : 입금된 (㉡)에 해당하는 액수

① ㉠ : 보험금의 2분의 1,   ㉡ : 보험금의 3분의1
② ㉠ : 보험금의 2분의 1,   ㉡ : 보험금의 3분의2
③ ㉠ : 보험금 전액,   ㉡ : 보험금의 3분의1
④ ㉠ : 보험금 전액,   ㉡ : 보험금의 2분의1

32 「농어업재해보험법령」상 재해보험사업자가 보험모집 및 손해평가 등 재해보험 업무의 일부를 위탁할 수 있는 자에 해당하지 않는 것은?

① 「농업협동조합법」에 따라 설립된 지역농업협동조합
② 「수산업협동조합법」에 따라 설립된 지구별수산업협동조합
③ 「보험업법」 제187조에 따라 손해사정을 업으로 하는 자
④ 농어업재해보험 관련 업무를 수행할 목적으로 「민법」에 따라 설립된 영리법인

33 「농어업재해보험법」상 재정지원에 관한 설명으로 옳지 않은 것은? [기출 수정]

① 정부는 재해보험사업자의 재해보험의 운영 및 관리에 필요한 비용의 전부를 지원하여야 한다.
② 지방자치단체는 예산의 범위에서 재해보험가입자가 부담하는 보험료의 일부를 추가로 지원할 수 있다.
③ 「풍수해·지진재해보험법」에 따른 풍수해·지진재해보험에 가입한 자가 동일한 보험목적물을 대상으로 재해보험에 가입할 경우에는 정부가 재정지원을 하지 아니한다.
④ 「법」 제19조 제1항에 따른 보험료와 운영비의 지원 방법 및 지원 절차 등에 필요한 사항은 대통령령으로 정한다.

34 「농어업재해보험법령」상 손해평가인의 자격요건에 관한 내용의 일부이다. (   )에 들어갈 숫자는?

> 「학점인정 등에 관한 법률」 제8조에 따라 전문대학의 보험 관련 학과 졸업자와 같은 수준 이상의 학력이 있다고 인정받은 사람이나 「고등교육법」 제2조에 따른 학교에서 (㉠)학점(보험 관련 과목 학점이 (㉡)학점 이상이어야 한다) 이상을 이수한 사람 등 제7호에 해당하는 사람과 같은 수준 이상의 학력이 있다고 인정되는 사람

① ㉠ : 60, ㉡ :40   ② ㉠ : 60, ㉡ :45

③ ㉠ : 80, ㉡ : 40   ④ ㉠ : 80, ㉡ : 45

35 「농어업재해보험법」상 농어업재해재보험기금의 재원에 포함되는 것을 모두 고른 것은?

> ㉠ 재해보험가입자가 재해보험사업자에게 내야 할 보험료의 회수 자금
> ㉡ 정부, 정부 외의 자 및 다른 기금으로부터 받은 출연금
> ㉢ 농어업재해재보험기금의 운용수익금
> ㉣ 「농어촌구조개선 특별회계법」 제5조제2항제7호에 따라 농어촌구조개선 특별회계의 농어촌특별세사업계정으로부터 받은 전입금

① ㉠, ㉡, ㉢   ② ㉠, ㉡, ㉣

③ ㉠, ㉢, ㉣   ④ ㉡, ㉢, ㉣

36 「농어업재해보험법령」상 농어업재해재보험기금(이하 "기금"이라 한다)에 관한 설명으로 옳은 것은?

① 농림축산식품부장관은 행정안전부장관과 협의를 거쳐 기금의 관리·운용에 관한 사무의 일부를 농업정책보험금융원에 위탁할 수 있다.

② 농림축산식품부장관은 기금의 수입과 지출을 명확히 하기 위하여 농업정책보험금융원에 기금계정을 설치하여야 한다.

③ 기금의 관리·운용에 필요한 경비의 지출은 기금의 용도에 해당한다.

④ 기금은 농림축산식품부장관이 환경부장관과 협의하여 관리·운용한다.

37 「농어업재해보험법」상 보험사업의 관리에 관한 설명으로 옳지 않은 것은?

① 농림축산식품부장관 또는 해양수산부장관은 재해보험사업을 효율적으로 추진하기 위하여 손해평가인력의 육성 업무를 수행한다.

② 농림축산식품부장관은 손해평가사의 업무정지 처분을 하는 경우 청문을 하지 않아도 된다.

③ 농림축산식품부장관은 손해평가사 자격시험의 실시 및 관리에 관한 업무를 「한국산업인력공단법」에 따른 한국산업인력공단에 위탁할 수 있다.

④ 정부는 농어업인의 재해대비의식을 고양하고 재해보험의 가입을 촉진하기 위하여 교육·홍보 및 보험가입자에 대한 정책자금 지원, 신용보증 지원 등을 할 수 있다.

38 「농어업재해보험법」상 손해평가사의 자격을 취득하지 아니하고 그 명의를 사용하거나 자격증을 대여받은 자에게 부과될 수 있는 벌칙은?

① 과태료 5백만 원   ② 벌금 2천만 원

③ 징역 6월   ④ 징역 2년

39 농업재해보험 손해평가요령상 용어의 정의에 관한 내용의 일부이다. (   )에 들어갈 내용은?

> "(   )"(이)라 함은 「농어업재해보험법」 제11조제1항과 「농어업재해보험법 시행령」 제12조 제1항에서 정한 자 중에서 재해보험사업자가 위촉하여 손해평가업무를 담당하는 자를 말한다.

① 손해평가인   ② 손해평가사

③ 손해사정사   ④ 손해평가보조인

40 농업재해보험 손해평가요령상 손해평가인의 업무로 명시되지 않은 것은?

① 보험가액평가   ② 보험료율산정

③ 피해사실 확인   ④ 손해액 평가

41 농업재해보험 손해평가요령상 손해평가인의 위촉과 교육에 관한 설명으로 옳은 것은?

① 손해평가인 정기교육의 세부내용 중 농업재해보험 상품 주요내용은 농업재해보험에 관한 기초지식에 해당한다.

② 손해평가인 정기교육의 세부내용에 피해유형별 현지조사표 작성 실습은 포함되지 않는다.

③ 재해보험사업자 및 「농어업재해보험법」 제14조에 따라 손해평가 업무를 위탁받은 자는 손해평가 업무를 원활히 수행하기 위하여 손해평가보조인을 운용할 수 있다.

④ 실무교육에 참여하는 손해평가인은 재해보험사업자에게 교육비를 납부하여야 한다.

42 농업재해보험 손해평가요령상 손해평가인 위촉의 취소에 관한 설명이다. (   )에 들어갈 내용은?

재해보험사업자는 손해평가인이 「농어업재해보험법」 제30조에 의하여 벌금이상의 형을 선고받고 그 집행이 종료(집행이 종료된 것으로 보는 경우를 포함한다)되거나 집행이 면제된 날로부터 (㉠)년이 경과되지 아니한 자, 또는 (㉡) 기간 중에 손해평가업무를 수행한 자인 경우 그 위촉을 취소하여야 한다.

① ㉠ : 1, ㉡ : 자격정지　　　　② ㉠ : 2, ㉡ : 업무정지

③ ㉠ : 1, ㉡ : 업무정지　　　　④ ㉠ : 3, ㉡ : 자격정지

43 농업재해보험 손해평가요령상 손해평가반 구성에 관한 설명으로 옳은 것은?

① 자기가 실시한 손해평가에 대한 검증조사 및 재조사에 해당하는 손해평가의 경우 해당자를 손해평가반 구성에서 배제하여야 한다.

② 자기가 가입하였어도 자기가 모집하지 않은 보험계약에 관한 손해평가의 경우 해당자는 손해평가반 구성에 참여할 수 있다.

③ 손해평기인은 손해평가를 하는 경우에는 손해평가반을 구성하고 손해평가반별로 평가 일정계획을 수립하여야 한다.

④ 손해평가반은 손해평가인을 3인 이상 포함하여 7인 이내로 구성한다.

44 농업재해보험 손해평가요령상 손해평가준비 및 평가결과 제출에 관한 설명으로 옳은 것은?

① 손해평가반은 재해보험사업자가 실시한 손해평가결과를 기록할 수 있도록 현지조사서를 마련하여야 한다.

② 손해평가반은 손해평가를 실시하기 전에 현지조사서를 재해보험사업자에게 배부하고 손해평가에 임하여야 한다.

③ 손해평가반은 보험가입자가 7일 이내에 손해평가가 잘못되었음을 증빙하는 서류 등을 제출하는 경우 다른 손해평가반으로 하여금 재조사를 실시하게 할 수 있다.

④ 손해평가반은 보험가입자가 정당한 사유없이 손해평가를 거부하여 손해평가를 실시하지 못한 경우에는 그 피해를 인정할 수 없는 것으로 평가한다는 사실을 보험가입자에게 통지한 후 현지조사서를 재해보험사업자에게 제출하여야 한다.

45 농업재해보험 손해평가요령상 손해평가결과 검증에 관한 설명으로 옳은 것은?

① 재해보험사업자 및 재해보험사업의 재보험사업자는 손해평가반이 실시한 손해평가결과를 확인하기 위하여 손해평가를 실시한 보험목적물 중에서 일정수를 임의추출하여 검증조사를 할 수 있다.

② 손해평가반은 농림축산식품부장관으로 하여금 검증조사를 하게 할 수 있다.

③ 손해평가결과와 임의 추출조사의 결과에 차이가 발생하면 해당 손해평가반이 조사한 전체 보험목적물에 대하여 재조사를 하여야 한다.

④ 보험가입자가 검증조사를 거부하는 경우 검증조사반은 손해평가 검증을 강제할 수 있다는 사실을 보험가입자에게 통지하여야 한다.

46 농업재해보험 손해평가요령상 특정위험방식 중 "인삼"의 경우, 다음의 조건으로 산정한 보험금은?

• 보험가입금액 : 1,000만 원	• 보험가액 : 1,000만 원
• 피해율 : 50%	• 자기부담비율 : 20%

① 200민 원　　　　　　　　② 300만 원

③ 500만 원　　　　　　　　④ 700만 원

47 농업재해보험 손해평가요령상 종합위험방식 「이앙·직파불능보장」에서 "벼"의 경우, 보험가입금액이 1,000만 원이고 보험가액이 1,500만 원이라면 산정한 보험금은? (단, 다른 사정은 고려하지 않음)

① 100만 원
② 150만 원
③ 250만 원
④ 375만 원

48 농업재해보험 손해평가요령상 종합위험방식 상품의 조사내용 중 "착과수 조사"에 해당되는 품목은? [기출 수정]

① 양배추
② 벼
③ 자두
④ 마늘

49 농업재해보험 손해평가요령상 농작물의 품목별·재해별·시기별 손해수량 조사방법 중 종합위험방식 상품에 관한 표의 일부이다. (   )에 들어갈 내용은?

생육시기	재해	조사 내용	조사시기	조사방법	비고
수확 시작 후 ~ 수확 종료	태풍(강풍), 우박	(㉠)	사고접수 후 지체없이	• 전체 열매수(전체 개화수) 및 수확 가능 열매수 조사 　– 6월1일 ~ 6월20일 사고건에 한함 • 조사방법 : 표본조사	(㉡)만 해당

① ㉠ : 과실손해 조사, ㉡ : 복분자
② ㉠ : 과실손해 조사, ㉡ : 무화과
③ ㉠ : 수확량 조사,　 ㉡ : 복분자
④ ㉠ : 수확량 조사,　 ㉡ : 무화과

50 농업재해보험 손해평가요령상 농업시설물의 보험가액 및 손해액 산정에 관한 설명이다. (   )에 들어갈 내용은?

• 농업시설물에 대한 보험가액은 보험사고가 발생한 때와 곳에서 평가한 피해목적물의 (㉠)에서 내용연수에 따른 감가상각률을 적용하여 계산한 감가상각액을 (㉡)하여 산정한다.
• 농업시설물에 대한 손해액은 보험사고가 발생한 때와 곳에서 산정한 피해목적물의 (㉢)을 말한다.

① ㉠ : 시장가격,　　 ㉡ : 곱,　　 ㉢ : 시장가격
② ㉠ : 시장가격,　　 ㉡ : 차감,　 ㉢ : 원상복구비용
③ ㉠ : 재조달가액,　 ㉡ : 곱,　　 ㉢ : 시장가격
④ ㉠ : 재조달가액,　 ㉡ : 차감,　 ㉢ : 원상복구비용

농학개론 중 재배학 및 원예작물학

51 작물 분류학적으로 과명(Family Name)별 작물의 연결이 옳은 것은?

① 백합과 – 수선화　　　　　　　② 가지과 – 감자

③ 국화과 – 들깨　　　　　　　　④ 장미과 – 블루베리

52 토양침식이 우려될 때 재배법으로 옳지 않은 것은?

① 점토함량이 높은 식토 경지에서 재배한다.

② 토양의 입단화를 유지한다.

③ 경사지에서는 계단식 재배를 한다.

④ 녹비작물로 초생재배를 한다.

53 토양의 생화학적 환경에 관한 내용이다. (　　)에 들어갈 내용으로 옳은 것은?

> 높은 강우 또는 관수량의 토양에서는 용탈작용으로 토양의 (㉠)가 촉진되고, 이 토양에서는 아연과 망간의 흡수율이 (㉡)진다. 반면, 탄질비가 높은 유기물 토양에서는 미생물 밀도가 높아져 부숙 시 토양 질소함량이 (㉢)하게 된다.

① ㉠ : 산성화, ㉡ : 높아, ㉢ : 감소　　② ㉠ : 염기화, ㉡ : 낮아, ㉢ : 증가

③ ㉠ : 염기화, ㉡ : 높아, ㉢ : 감소　　④ ㉠ : 산성화, ㉡ : 낮아, ㉢ : 증가

54 토양수분 스트레스를 줄이기 위한 재배방법으로 옳지 않은 것은?

① 요수량이 낮은 품종을 재배한다.

② 칼륨결핍이 발생하지 않도록 재배한다.

③ 질소과용이 발생하지 않도록 한다.

④ 밭 재배시 재식밀도를 높여 준다.

55 내건성 작물의 생육특성을 모두 고른 것은?

ⓞ 기공 크기의 증가
ⓛ 지상부보다 근권부 발달
ⓒ 낮은 호흡에 따른 저장물질의 소실 감소

① ㄱ, ㄴ   ② ㄱ, ㄷ
③ ㄴ, ㄷ   ④ ㄱ, ㄴ, ㄷ

56 다음 ( )에 들어갈 내용으로 옳은 것은?

저온에서 일정 기간 이상 경과하게 되면 식물체 내 화아분화가 유기되는 것을 (㉠)라 말하며, 이후 25 ~ 30℃에 3 ~ 4주 정도 노출시켜 이미 받은 저온감응을 다시 상쇄시키는 것을 (㉡)라 한다.

① ㉠ 춘화, ㉡ 일비   ② ㉠ 이춘화, ㉡ 춘화
③ ㉠ 춘화, ㉡ 이춘화   ④ ㉠ 이춘화, ㉡ 일비

57 A손해평가사가 어떤 농가에게 다음과 같은 조언을 하고 있다. 다음 ( )에 들어갈 내용으로 옳은 것은?

• 농가 : 저희 농가의 딸기가 최근 2℃ 이하에서 생육스트레스를 받았습니다.
• A : 딸기의 (㉠)를 잘 이해해야 합니다. 그리고 30℃를 넘지 않도록 관리해야 됩니다.
• 농가 : 그럼, 30℃는 딸기 생육의 (㉡)라고 생각해도 되는군요.

① ㉠ : 생육가능온도, ㉡ : 최적적산온도
② ㉠ : 생육최적온도, ㉡ : 최적한계온도
③ ㉠ : 생육가능온도, ㉡ : 최고한계온도
④ ㉠ : 생육최적온도, ㉡ : 최고적산온도

58 광도가 증가함에 따라 작물의 광합성이 증가하는데 일정 수준 이상에 도달하게 되면 더 이상 증가하지 않는 지점은?

① 광순화점   ② 광보상점
③ 광반응점   ④ 광포화점

59 과수재배에 있어 생장조절물질에 관한 설명으로 옳지 않은 것은?

① 지베렐린 – 포도의 숙기촉진과 과실비대에 이용

② 루톤분제 – 대목용 삽목 번식 시 발근 촉진

③ 아브시스산 – 휴면 유도

④ 에틸렌 – 과실의 낙과 방지

60 도복 피해를 입은 작물에 대한 피해 경감대책으로 옳지 않은 것은?

① 왜성품종 선택 　　　　② 질소질 비료 시용

③ 맥류에서의 높은 복토 　　④ 밀식재배 지양

61 정식기에 어린 묘를 외부환경에 미리 적응시켜 순화시키는 과정은?

① 경화 　　　　　　　　② 왜화

③ 이화 　　　　　　　　④ 동화

62 무성생식에 비해 종자번식이 갖는 상업적 장점이 아닌 것은?

① 대량생산 용이 　　　　② 결실연령 단축

③ 원거리이동 용이 　　　④ 우량종 개발

63 P손해평가사는 '가지'의 종자발아율이 낮아 고민하고 있는 육묘 농가를 방문하였다. 이 농가에서 잘못 적용한 영농법은?

① 보수성이 좋은 상토를 사용하였다.

② 통기성이 높은상토를 사용하였다.

③ 광투과가 높도록 상토를 복토하였다.

④ pH가 교정된 육묘용 상토를 사용하였다.

64 토양 표면을 피복해 주는 멀칭의 효과가 아닌 것은?

① 잡초 억제 　　　　　　② 로제트 발생

③ 토양수분 조절 　　　　④ 지온 조절

65 경종적 방제차원의 병충해 방제가 아닌 것은?

① 내병성 품종선택

② 무병주 묘 이용

③ 콜히친 처리

④ 접목재배

66 농가에서 널리 이용하는 엽삽에 유리한 작물이 아닌 것은?

① 렉스베고니아

② 글록시니아

③ 페페로미아

④ 메리골드

67 화훼작물에 있어 진균에 의한 병이 아닌 것은?

① 잘록병

② 역병

③ 잿빛곰팡이병

④ 무름병

68 '잎들깨'를 생산하는 농가에서 생산량 증대를 위해 야간 인공조명을 설치하였다. 이 야간 조명으로 인하여 옆 농가에서 피해가 있을 법한 작물은?

① 장미

② 칼랑코에

③ 페튜니아

④ 금잔화

69 오이의 암꽃 수를 증가시킬 수 있는 육묘 관리법은?

① 지베렐린 처리

② 질산은 처리

③ 저온 단일 조건

④ 고온 장일 조건

70 다음의 해충 방제법은?

친환경농산물을 생산하는 농가가 최근 엽채류에 해충이 발생하여 제충국에서 살충성분('피레트린')을 추출 및 살포하여 진딧물 해충을 방제하였다.

① 화학적 방제법

② 물리적 방제법

③ 페로몬 방제법

④ 생물적 방제법

71 다음이 설명하는 과수의 병은?

- 기공이나 상처 및 표피를 뚫고 작물 내 침입
- 일정 기간 또는 일생을 기생하면서 병 유발
- 시들음, 부패 등의 병징 발견

① 포도 근두암종병 　　　　　② 사과 탄저병
③ 감귤 궤양병 　　　　　　　④ 대추나무 빗자루병

72 과수의 결실에 관한 설명으로 옳지 않은 것은?

① 타가수분을 위해 수분수는 20% 내외로 혼식한다.
② 탄질비(C/N Ratio)가 높을수록 결실률이 높아진다.
③ 꽃가루관의 신장은 저온조건에서 빨라지므로 착과율이 높아진다.
④ 엽과비(Leaf/Fruitratio)가 높을수록 과실의 크기가 커진다.

73 종자춘화형에 속하는 작물은?

① 양파, 당근 　　　　　　　② 당근, 배추
③ 양파, 무 　　　　　　　　④ 배추, 무

74 A농가가 선택한 피복재는?

A농가는 재배시설의 피복재에 물방울이 맺혀 광투과율의 저하와 병해 발생이 증가하였다. 그래서 계면활성제가 처리된 필름을 선택하여 필름의 표면장력을 낮춤으로써 물방울의 맺힘 문제를 해결하였다.

① 광파장변환 필름 　　　　　② 폴리에틸렌 필름
③ 해충기피 필름 　　　　　　④ 무적 필름

75 다음이 설명하는 재배법은?

- 양액재배 베드를 허리높이까지 설치
- 딸기 '설향' 재배에 널리 활용
- 재배 농가의 노동환경 개선 및 청정재배사 관리

① 고설 재배 　　　　　　　② 토경 재배
③ 고랭지 재배 　　　　　　④ NFT 재배

상법(보험편)

1 「상법」상 보험자가 보험계약자로부터 손해보험계약의 청약과 함께 보험료 상당액의 전부 또는 일부를 받은 경우 이 보험계약에 관한 설명으로 옳지 않은 것은?

① 보험계약은 낙성계약이므로 보험자가 승낙하면 성립한다.

② 다른 약정이 없으면 보험자는 30일내에 보험계약자에 대하여 낙부의 통지를 발송하여야 한다.

③ 보험자가 상법이 정하는 낙부의 통지기간내에 그 통지를 해태한 때에는 승낙한 것으로 본다.

④ 승낙하기 전에 발생한 보험사고에 대해서 청약을 거절할 사유가 있더라도 보험자는 보험계약상의 책임을 진다.

2 「상법」상 타인을 위한 보험에 관한 설명으로 옳지 않은 것은?

① 보험계약자는 보험자에 대하여 보험료를 지급할 의무가 있다.

② 보험계약자는 위임을 받지 아니하고 타인을 위하여 보험계약을 체결할 수 있다.

③ 타인은 계약 성립 시 특정되어야 한다.

④ 보험계약자가 파산선고를 받은 때에는 그 타인이 그 권리를 포기하지 아니하는 한 그 타인도 보험료를 지급할 의무가 있다.

3 「상법」상 보험증권에 관한 설명으로 옳은 것은?

① 기존의 보험계약을 변경한 경우 보험자는 그 보험증권에 그 사실을 기재함으로써 보험증권의 교부에 갈음할 수 있다.

② 보험자는 보험계약자의 청약이 있는 경우 보험료의 지급 여부와 상관없이 지체없이 보험증권을 작성하여 보험계약자에게 교부하여야 한다.

③ 보험계약의 당사자는 보험증권의 교부가 있은 날부터 14일내에 한하여 그 증권내용의 정부(正否)에 관한 이의를 할 수 있음을 약정할 수 있다.

④ 보험계약자가 보험증권을 멸실한 경우 보험계약자는 보험자에게 증권의 재교부를 청구할 수 있으며, 그 증권작성의 비용은 보험자의 부담으로 한다.

4 「상법」상 보험사고 등에 관한 설명으로 옳지 않은 것은?

① 보험계약은 그 계약 전의 어느 시기를 보험기간의 시기(始期)로 할 수 있다.

② 보험계약 당시에 보험사고가 발생할 수 없음이 객관적으로 확정된 경우 당사자 쌍방과 피보험자가 이를 알았는지 여부에 관계없이 그 계약은 무효로 한다.

③ 자기를 위한 보험계약에서 보험사고가 발생하기 전에는 언제든지 보험계약자는 계약의 전부 또는 일부를 해지할 수 있다.

④ 피보험자는 보험사고의 발생을 안 때에는 지체없이 보험자에게 그 통지를 발송하여야 한다.

5 甲은 보험대리상이 아니면서 특정한 보험자 乙을 위하여 계속적으로 보험계약의 체결을 중개하는 자로서 丙이 乙과 보험계약을 체결하도록 중개하였다. 甲의 권한에 관한 설명으로 옳지 않은 것은?

① 甲은 자신이 작성한 영수증을 丙에게 교부하는 경우 丙으로부터 보험료를 수령할 권한이 있다.

② 甲은 乙이 작성한 보험증권을 丙에게 교부할 수 있는 권한이 있다.

③ 甲은 丙으로부터 청약, 고지, 통지, 해지, 취소 등 보험계약에 관한 의사표시를 수령할 수 있는 권한이 없다.

④ 甲은 丙에게 보험계약의 체결, 변경, 해지 등 보험계약에 관한 의사표시를 할 수 있는 권한이 없다.

6 「상법」상 보험료의 지급 및 반환 등에 관한 설명으로 옳은 것은?

① 보험사고가 발생하기 전에 보험계약자가 계약을 해지한 경우 당사자 간에 약정을 한 경우에 한해 보험계약자는 미경과보험료의 반환을 청구할 수 있다.

② 보험계약자가 계약체결 후 제1회 보험료를 지급하지 아니하는 경우 다른 약정이 없는 한 보험자가 계약성립 후 2월이내에 그 계약을 해제하지 않으면 그 계약은 존속한다.

③ 계속보험료가 약정한 시기에 지급되지 아니한 때에는 보험자는 보험계약자에 대하여 최고 없이 그 계약을 해지할 수 있다.

④ 특정한 타인을 위한 보험의 경우에 보험계약자가 보험료의 지급을 지체한 때에는 보험자는 그 타인에게 상당한 기간을 정하여 보험료의 지급을 최고한 후가 아니면 그 계약을 해제 또는 해지하지 못한다.

7 「상법」상 보험계약자가 부활을 청구할 수 있는 경우는 모두 몇 개인가? (단, 어느 경우든 해지환급금은 지급되지 않음)

> • 보험계약자가 계속보험료를 지급하지 않아 보험자가 계약을 해지한 경우
> • 피보험자의 고지의무 위반을 이유로 보험자가 계약을 해지한 경우
> • 위험이 현저하게 변경되어 보험자가 계약을 해지한 경우
> • 위험이 현저하게 증가하여 보험자가 계약을 해지한 경우

① 1개
② 2개
③ 3개
④ 4개

8 「상법」상 고지의무에 관한 설명으로 옳은 것은?

① 보험수익자는 고지의무를 부담한다.
② 보험계약 당시에 고지의무와 관련 보험자가 서면으로 질문한 사항은 중요한 사항으로 의제한다.
③ 고지의무자의 고지의무 위반을 이유로 보험자가 계약을 해지한 경우 보험자는 이미 받은 보험료의 전부를 반환하여야 한다.
④ 고지의무자가 고지의무를 위반한 사실이 보험사고 발생에 영향을 미치지 아니하였음이 증명된 경우 보험자는 보험금을 지급할 책임이 있다.

9 「상법」상 보험계약 관련 소멸시효의 기간으로 옳은 것은?

① 보험금청구권 : 2년
② 보험료청구권 : 3년
③ 보험료의 반환청구권 : 2년
④ 적립금의 반환청구권 : 3년

10 「상법」상 손해보험증권에 관한 설명으로 옳지 않은 것은?

① 보험사고의 성질을 기재하여야 한다.
② 보험증권의 작성지를 기재하여야 한다.
③ 보험계약자가 기명날인하여야 한다.
④ 무효와 실권의 사유를 기재하여야 한다.

11 「상법」상 초과보험에 관한 설명으로 옳은 것은?

① 보험자 또는 보험계약자는 보험료와 보험금액의 감액을 청구할 수 있다.

② 보험계약자가 청구한 보험료의 감액은 계약체결일부터 소급하여 그 효력이 있다.

③ 보험가액이 보험기간 중에 현저하게 감소된 때에도 보험계약자는 보험료의 감액을 청구할 수 없다.

④ 보험계약자의 사기로 인하여 체결된 초과보험의 경우 보험자는 그 계약을 체결한 날부터 1월내에 계약을 해지할 수 있다.

12 「상법」상 보험가액에 관한 설명으로 옳지 않은 것은?

① 보험가액이란 피보험이익을 금전적으로 산정 또는 평가한 액수이다.

② 당사자 간에 보험가액을 정한 때에는 그 가액은 사고발생시의 가액으로 정한 것으로 본다.

③ 당사자 간에 보험가액을 정하지 아니한 때에는 사고발생시의 가액을 보험가액으로 한다.

④ 기평가보험에서 당사자 간에 정한 보험가액이 사고발생시의 가액을 현저하게 초과할 때에는 사고발생 시의 가액을 보험가액으로 한다.

13 「상법」상 손해보험계약에서 보험금액의 지급에 관한 설명으로 옳지 않은 것은?

① 보험자는 보험금액의 지급에 관하여 약정기간이 있는 경우에는 그 기간내에 지급할 보험금액을 정하여야 한다.

② 보험사고가 전쟁으로 인하여 생긴 때에도 당사자 간에 다른 약정이 없으면 보험자는 보험금액을 지급할 책임이 있다.

③ 보험사고가 피보험자의 중대한 과실로 인하여 생긴 때에는 보험자는 보험금액을 지급할 책임이 없다.

④ 보험자는 보험금액의 지급에 관하여 약정기간이 없는 경우에는 보험사고 발생의 통지를 받은 후 지체없이 지급할 보험금액을 정하고 그 정하여진 날부터 10일내에 피보험자에게 보험금액을 지급하여야 한다.

14 「상법」 제663조(보험계약자 등의 불이익변경금지) 규정이다. ( )에 들어갈 내용은?

> 이 편의 규정은 당사자 간의 특약으로 보험계약자 또는 피보험자나 보험수익자의 불이익으로 변경하지 못한다. 그러나 (㉠) 및 (㉡) 기타 이와 유사한 보험의 경우에는 그러하지 아니하다.

① ㉠ : 책임보험, ㉡ : 해상보험   ② ㉠ : 책임보험, ㉡ : 화재보험
③ ㉠ : 재보험, ㉡ : 해상보험   ④ ㉠ : 재보험, ㉡ : 화재보험

15 「상법」상 보험기간 중에 사고발생의 위험이 현저하게 변경 또는 증가된 경우에 관한 설명으로 옳은 것은?

① 보험수익자가 사고발생의 위험이 현저하게 변경된 사실을 안 때에는 지체없이 보험자 에게 통지하여야 한다.

② 통지의무자가 사고발생의 위험이 현저하게 증가된 사실의 통지를 해태한 때에는 보험자는 그 사실을 안 날부터 3월내에 한하여 계약을 해지할 수 있다.

③ 보험수익자의 중대한 과실로 인하여 사고발생의 위험이 현저하게 증가된 때에는 보험자는 그 사실을 안 날부터 2월내에 계약을 해지할 수 있다.

④ 보험자가 사고발생의 위험변경증가의 통지를 받은 때에는 1월내에 보험료의 증액을 청구할 수 있다.

16 「상법」상 보험계약해지 및 보험사고발생에 관한 설명으로 옳지 않은 것은?

① 보험자가 파산의 선고를 받은 때에는 보험계약자는 계약을 해지할 수 있다.

② 보험수익자는 보험사고의 발생을 안 때에는 지체없이 보험계약자에게 그 통지를 발송하여야 한다.

③ 보험계약자가 사고발생의 통지의무를 해태함으로 인하여 손해가 증가된 때에는 보험자는 그 증가된 손해를 보상할 책임이 없다.

④ 보험자의 파산선고에도 불구하고 보험계약자가 해지하지 아니한 보험계약은 파산선고 후 3월을 경과한 때에는 그 효력을 잃는다.

17 「상법」상 손해보험에 관한 설명으로 옳은 것은?

① 보험자는 보험사고로 인하여 생길 보험수익자의 재산상의 손해를 보상할 책임이 있다.

② 보험사고로 인하여 상실된 피보험자가 얻을 이익이나 보수는 보험자가 보상할 손해액에 산입한다.

③ 대리인에 의하여 손해보험계약을 체결한 경우에 대리인이 안 사유는 그 본인이 안 것과 동일한 것으로 할 수 없다.

④ 보험계약은 금전으로 산정할 수 있는 이익에 한하여 보험계약의 목적으로 할 수 있다.

18 「상법」상 손해보험에서 중복보험에 관한 설명으로 옳지 않은 것은?

① 중복보험은 동일한 보험계약의 목적과 동일한 사고에 관하여 수개의 보험계약이 동시에 또는 순차로 체결되는 방식으로 성립할 수 있다.

② 중복보험에서 그 보험금액의 총액이 보험가액을 초과한 때에는 보험자는 각자의 보험금액의 한도에서 연대책임을 지며 이 경우 각 보험자의 보상책임은 각자의 보험금액의 비율에 따른다.

③ 보험계약자의 사기로 인하여 중복보험 계약이 체결된 경우 보험자는 그 사실을 안 때 까지의 보험료를 청구할 수 없다.

④ 보험자 1인에 대한 권리의 포기는 다른 보험자의 권리의무에 영향을 미치지 아니한다.

19 「상법」상 손해보험에서 일부보험에 관한 설명으로 옳은 것은?

① 일부보험이란 보험가액이 보험금액에 미달되는 경우를 말한다.

② 당사자 간에 다른 약정이 없는한 보험자는 보험가액의 보험금액에 대한 비율에 따라 보상할 책임을 진다.

③ 보험자는 보험금액의 한도내에서 그 손해를 전부 보상할 책임을 지는 내용의 약정을 할 수 있다.

④ 전부보험계약 체결 후 물가등귀로 인하여 보험가액이 현저히 인상되더라도 일부보험은 발생하지 아니한다.

20 「상법」상 손해보험에서 손해액의 산정기준 등에 관한 설명으로 옳지 않은 것은?

① 보험자가 보상할 손해액의 산정에 관한 비용은 보험자의 부담으로 한다.

② 당사자 간에 다른 약정이 없는 경우 보험자가 보상할 손해액은 그 손해가 발생한 때의 보험계약 체결지의 가액에 의하여 산정한다.

③ 당사자 간의 약정에 의하여 보험의 목적의 신품가액에 의하여 손해액을 산정할 수 있다.

④ 보험의 목적의 성질, 하자 또는 자연소모로 인한 손해는 보험자가 이를 보상할 책임이 없다.

21 甲이 자기 소유 건물에 대하여 A보험회사와 화재보험을 체결한 경우에 관한 설명으로 옳지 않은 것은?

① A보험회사가 甲으로부터 보험료의 지급을 받지 아니한 잔액이 있더라도 그 지급기일이 아직 도래하지 아니한 때에는, A보험회사는 甲에게 손해를 보상할 경우에 보상할 금액에서 그 잔액을 공제하여서는 아니된다.

② A보험회사는 보험사고로 인하여 부담할 책임에 대하여 다른 보험자와 재보험계약을 체결할 수 있다.

③ 甲이 보험의 목적인 건물을 乙에게 양도한 때에는 乙은 보험계약상의 권리와 의무를 승계한 것으로 추정한다.

④ 甲이 보험의 목적인 건물을 乙에게 양도한 경우 甲 또는 乙은 A보험회사에 대하여 지체없이 그 사실을 통지하여야 한다.

22 다음 사례와 관련하여 손해방지의무 등에 관한 설명으로 옳지 않은 것은?

> 甲은 乙이 소유한 창고(시가 1억 원)에 대하여 A보험회사와 화재보험계약(보험금액 1억 원)을 체결하였다. 이후 보험기간 중 해당 창고에 화재가 발생하였는데 화재사고 당시 甲은 창고의 연소로 인한 손해방지를 위한 비용을 1천만 원 지출하였고, 乙은 창고의 연소로 인한 손해의 경감을 위하여 비용을 3천만 원 지출하였다.

① 甲과 乙 모두 손해의 방지와 경감을 위하여 노력하여야 한다.

② 甲이 지출한 1천만 원이 손해방지를 위하여 필요하였던 비용일 경우 A보험회사는 甲이 지출한 1천만 원의 비용을 부담한다.

③ 乙이 지출한 3천만 원이 손해경감을 위하여 유익하였던 비용일 경우 A보험회사는 乙이 지출한 3천만 원의 비용을 부담한다.

④ 위 사고로 인하여 乙에 대한 보상액이 8천만원으로 책정될 경우 A보험회사는 甲 및 乙이 지출한 비용과 보상액을 합쳐서 1억 원의 한도에서 부담한다.

23 다음 사례와 관련하여 보험자대위에 관한 설명으로 옳은 것은?

> 보리 농사를 대규모로 영위하는 甲은 금년에 수확하여 팔고남은 보리를 자신의 창고에 보관하면서, 해당 보리 재고를 보험목적으로 하고 자신을 피보험자로 하는 화재보험계약을 A보험회사와 체결하였다. 그런데 甲의 창고를 방문한 乙이 화재를 일으켰고 그 결과 위 보리 재고가 전소되었다. 이에 A보험회사는 甲에게 보험금을 전액 지급하였다.

① 중과실로 화재를 일으킨 乙이 甲의 이웃집 친구일 경우, A보험회사는 乙에게 보험금 지급사실의 통지를 발송하는 시점에 乙에 대한 甲의 권리를 취득한다.

② 경과실로 화재를 일으킨 乙이 甲의 거래처 지인일 경우, A보험회사는 그 지급한 금액의 한도에서 乙에 대한 甲의 권리를 취득한다.

③ 중과실로 화재를 일으킨 乙이 甲과 생계를 달리 하는 자녀일 경우, A보험회사는 乙에 대한 甲의 권리를 취득하지 못한다.

④ 고의로 방화한 乙이 甲과 생계를 같이 하는 배우자일 경우, A보험회사는 乙에 대한 甲의 권리를 취득하지 못한다.

24 「상법」상 화재보험계약에 관한 설명으로 옳지 않은 것은?

① 보험자는 화재와 상당인과관계에 있는 손해를 보상하여야 한다.

② 보험자는 화재의 소방 또는 손해의 감소에 필요한 조치로 인하여 생긴 손해를 보상할 책임이 있다.

③ 동일한 건물에 관한 화재보험계약일 경우 그 소유자와 담보권자가 갖는 피보험이익은 같다.

④ 연소 작용이 아닌 열의 작용으로 발생한 손해는 보험자가 보상하지 아니한다.

25 「상법」상 집합된 물건을 일괄하여 화재보험의 목적으로 한 경우 해당 화재보험에 관한 설명으로 옳은 것을 모두 고른 것은?

> ㉠ 집합된 물건에 피보험자의 가족의 물건이 있는 경우 해당 물건도 보험의 목적에 포함된 것으로 한다.
> ㉡ 집합된 물건에 피보험자의 사용인의 물건이 있는 경우 그 보험은 그 사용인을 위하여서도 체결한 것으로 본다.
> ㉢ 보험의 목적에 속한 물건이 보험기간중에 수시로 교체된 경우 보험계약의 체결 시에 현존한 물건은 그 보험의 목적에 포함된 것으로 한다.

① ㉠, ㉡   ② ㉠, ㉢

③ ㉡, ㉢   ④ ㉠, ㉡, ㉢

농어업재해보험법령

26 「농어업재해보험법」상 용어의 정의로 옳지 않은 것은?

① "농업재해"란 농작물·임산물·가축 및 농업용 시설물에 발생하는 자연재해·병충해·조수해(鳥獸害)·질병 또는 화재를 말한다.

② "농어업재해보험"이란 농어업재해로 발생하는 재산 피해에 따른 손해를 보상하기 위한 보험을 말한다.

③ "보험금"이란 보험가입자와 보험사업자 간의 약정에 따라 보험가입자가 보험사업자에게 내야 하는 금액을 말한다.

④ "보험가입금액"이란 보험가입자의 재산 피해에 따른 손해가 발생한 경우 보험에서 최대로 보상할 수 있는 한도액으로서 보험가입자와 보험사업자 간에 약정한 금액을 말한다.

27 「농어업재해보험법령」상 농업재해보험심의회에 관한 설명으로 옳지 않은 것은?
[기출 수정]

① 심의회는 위원장 및 부위원장 각 1명을 포함한 21명 이내의 위원으로 구성한다.

② 심의회의 위원장은 농림축산식품부장관이 위촉한다.

③ 심의회는 그 심의사항을 검토·조정하고, 심의회의 심의를 보조하게 하기 위하여 심의회에 분과위원회를 둔다.

④ 심의회의 회의는 재적위원 과반수의 출석으로 개의(開議)하고, 출석위원 과반수의 찬성으로 의결한다.

28 「농어업재해보험법」상 재해보험에 관한 설명으로 옳지 않은 것은?

① 재해보험에서 보상하는 재해의 범위는 해당 재해의 발생 빈도, 피해 정도 및 객관적인 손해평가방법 등을 고려하여 재해보험의 종류별로 대통령령으로 정한다.

② 양식수산업에 종사하는 법인은 재해보험에 가입할 수 없다.

③ 「수산업협동조합법」에 따른 수산업협동조합중앙회는 재해보험사업을 할 수 있다.

④ 정부는 재해보험에서 보상하는 재해의 범위를 확대하기 위하여 노력하여야 한다.

29 「농어업재해보험법」상 보험료율의 산정에 관한 내용이다. ( )에 들어갈 용어는?

> 농림축산식품부장관 또는 해양수산부장관과 재해보험사업의 약정을 체결한 자는 재해보험의 보험료율을 객관적이고 합리적인 통계자료를 기초로 하여 (㉠) 또는 (㉡)로 산정하되, 행정구역과 권역의 구분에 따른 단위로 산정하여야 한다.

① ㉠ : 보험목적물별, ㉡ : 보상방식별
② ㉠ : 보상방식별, ㉡ : 보험종류별
③ ㉠ : 보험종류별, ㉡ : 보험가입금액별
④ ㉠ : 보험가입금액별, ㉡ : 보험료별

30 「농어업재해보험법령」상 농작물재해보험 손해평가인의 자격요건에 관한 내용의 일부이다. ( )에 들어갈 숫자는?

> 「보험업법」에 따른 보험회사의 임직원이나 「농업협동조합법」에 따른 중앙회와 조합의 임직원으로 영농 지원 또는 보험·공제 관련 업무를 (㉠)년 이상 담당하였거나 손해평가 업무를 (㉡)년 이상 담당한 경력이 있는 사람

① ㉠ : 2, ㉡ : 1
③ ㉠ : 3, ㉡ : 2
② ㉠ : 1, ㉡ : 2
④ ㉠ : 2, ㉡ : 3

31 「농어업재해보험법령」상 손해평가사의 시험 등에 관한 설명으로 옳은 것은?
① 금융감독원에서 손해사정 관련 업무에 2년 종사한 경력이 있는 사람에게는 손해평가사 자격시험 과목의 일부를 면제할 수 있다.
② 농림축산식품부장관은 부정한 방법으로 시험에 응시한 사람에 대하여는 그 시험을 정지시키고 그 처분 사실을 14일 이내에 알려야 한다.
③ 농림축산식품부장관은 시험에서 부정한 행위를 한 사람에 대하여는 그 시험을 취소하고 그 처분 사실을 7일 이내에 알려야 한다.
④ 손해평가사는 다른 사람에게 그 명의를 사용하게 하거나 다른 사람에게 그 자격증을 대여해서는 아니 된다.

32 「농어업재해보험법령」상 손해평가사의 자격취소 사유에 해당하지 않은 것은?

① 심신장애로 인하여 직무를 수행할 수 없게 된 경우

② 거짓으로 손해평가를 한 경우

③ 업무정지 기간 중에 손해평가 업무를 수행한 경우

④ 손해평가사의 자격을 거짓 또는 부정한 방법으로 취득한 경우

33 「농어업재해보험법」상 재해보험사업에 관한 설명으로 옳은 것은?

① 농림축산식품부장관은 손해평가사가 그 직무를 수행하면서 부적절한 행위를 하였다고 인정하면 1년 이상의 기간을 정하여 업무의 정지를 명할 수 있다.

② 재해보험사업자는 정보통신장애나 그 밖에 대통령령으로 정하는 불가피한 사유로 보험금을 보험금수급계좌로 이체할 수 없을 때에는 현금으로 보험금을 지급할 수 있다.

③ 보험목적물이 담보로 제공된 경우에는 이를 압류할 수 없다.

④ 재해보험가입자가 재해보험에 가입된 보험목적물을 양도하는 경우 재해보험계약에 관한 양도인의 의무는 그 양수인에게 승계되지 않는다.

34 「농어업재해보험법령」상 재보험 약정에 포함되는 사항을 모두 고른 것은?

㉠ 재보험 약정의 변경·해지 등에 관한 사항
㉡ 재보험 책임범위에 관한 사항
㉢ 재보험금 지급 및 분쟁에 관한 사항

① ㉠, ㉡   ② ㉠, ㉢

③ ㉡, ㉢   ④ ㉠, ㉡, ㉢

35 「농어업재해보험법」상 과태료 부과대상인 것은?

① 거짓으로 손해평가를 한 손해평가사

② 재해보험을 모집할 수 없는 자로서 모집을 한 자

③ 다른 사람에게 손해평가사 자격증을 대여한 손해평가사

④ 농림축산식품부장관이 재해보험사업에 관한 업무처리 상황을 보고하게 하였으나 보고 하지 아니한 재해보험사업자

36 다음 중 농림축산식품부 장관과 해양수산부장관이 협의하여 하는 것이 아닌 것은? [기출 수정]

① 농어업재해재보험기금의 설치

② 농어업재해재보험기금의 관리·운용

③ 농어업재해재보험기금의 부담으로 금융기관으로부터 자금을 차입하는 것

④ 손해평가사의 자격 취소

37 「농어업재해보험법령」상 보험사업의 관리에 관한 설명으로 옳은 것은? [기출 수정]

① 농림축산식품부장관은 손해평가사 제도 운용 관련 업무를 농업정책보험금융원에 위탁할 수 있다.

② 정부가 하는 재해보험 가입 촉진을 위한 조치로서 신용보증 지원을 할 수 없다.

③ 농림축산식품부장관은 손해평가인의 자격요건에 대하여 매년 그 타당성을 검토하여야 한다.

④ 농림축산식품부장관은 보험가입촉진계획을 매년 수립한다.

38 농업재해보험 손해평가요령상 손해평가반의 구성에 관한 설명으로 옳지 않은 것은?

① 손해평가반은 재해보험사업자가 구성한다.

② 「보험업법」제186조에 따른 손해사정사는 손해평가반에 포함될 수 있다.

③ 손해평가인 2인과 손해평가보조인 3인으로는 손해평가반을 구성할 수 없다.

④ 자기 또는 이해관계자가 모집한 보험계약에 관한 손해평가에 대하여는 해당자를 손해평가반 구성에서 배제하여야 한다.

39 농업재해보험 손해평가요령상 손해평가인에 관한 설명으로 옳지 않은 것은?

① 손해평가인은 농업재해보험이 실시되는 시·군·자치구별 보험가입자의 수 등을 고려하여 적정 규모로 위촉하여야 한다.

② 손해평가인증은 농림축산식품부장관 또는 해양수산부장관이 발급한다.

③ 재해보험사업자는 손해평가 업무를 원활히 수행하기 위하여 손해평가보조인을 운용할 수 있다.

④ 재해보험사업자는 실무교육을 받는 손해평가인에 대하여 소정의 교육비를 지급할 수 있다.

40 농업재해보험 손해평가요령상 농업재해보험의 종류에 해당하지 않는 것은?

① 농작물재해보험　　　　　　　② 양식수산물재해보험

③ 가축재해보험　　　　　　　　④ 임산물재해보험

41 농업재해보험 손해평가요령상 손해평가인의 업무에 해당하는 것은?

① 피해사실 확인　　　　　　　　② 재해보험사업의 약정 체결

③ 보험료율의 산정　　　　　　　④ 재해보험상품의 연구와 보급

42 농업재해보험 손해평가요령상 손해평가인 위촉의 취소 사유에 해당하는 것은?

① 업무수행과 관련하여 「개인정보보호법」을 위반한 경우

② 업무수행과 관련하여 보험사업자로부터 금품 또는 향응을 제공받은 경우

③ 손해평가인이 피한정후견인이 된 경우

④ 손해평가인 위촉이 취소된 후 3년이 경과한 때에 다시 손해평가인으로 위촉된 경우

43 농업재해보험 손해평가요령상 교차손해평가에 관한 설명으로 옳지 않은 것은?

① 평가인력 부족 등으로 신속한 손해평가가 불가피하다고 판단되는 경우 손해평가 반의 구성에 지역손해평가인을 포함시키지 않을 수 있다.

② 교차손해평가를 위해 손해평가반을 구성할 경우 농업재해보험 손해평가요령에 따라 선발된 지역손해평가인 2인 이상이 포함되어야 한다.

③ 재해보험사업자가 교차손해평가를 담당할 지역손해평가인을 선발할 때 타지역 조사 가능여부는 고려사항이다.

④ 재해보험사업자는 교차손해평가가 필요한 경우 재해보험 가입규모, 가입분포 등을 고려하여 교차손해평가 대상 시·군·구를 선정하여야 한다.

44 농업재해보험 손해평가요령상 손해평가결과 검증에 관한 설명으로 옳지 않은 것은?

① 농림축산식품부장관은 재해보험사업자로 하여금 검증조사를 하게 할 수 있으며, 재해보험사업자는 특별한 사유가 없는 한 이에 응하여야 한다.

② 보험가입자가 정당한 사유없이 검증조사를 거부하는 경우 검증조사반은 검증조사가 불가능하여 손해평가 결과를 확인할 수 없다는 사실을 지체없이 농림축산식품부장관에게 보고하여야 한다.

③ 검증조사결과 현저한 차이가 발생되어 재조사가 불가피하다고 판단될 경우에는 해당 손해평가반이 조사한 전체 보험목적물에 대하여 재조사를 할 수 있다.

④ 재해보험사업자 및 재해보험사업의 재보험사업자는 손해평가반이 실시한 손해평가 결과를 확인하기 위하여 손해평가를 실시한 보험목적물 중에서 일정수를 임의 추출하여 검증조사를 할 수 있다.

45 농업재해보험 손해평가요령상 보험목적물별 손해평가 단위로 옳은 것을 모두 고른 것은?

> ㉠ 농작물 : 농지별(농지라 함은 하나의 보험가입금액에 해당하는 토지로 필지에 따라 구획된 경작지를 말함)
> ㉡ 가축 : 개별가축별(단, 벌은 벌통 단위)
> ㉢ 농업시설물 : 보험가입 목적물별

① ㉠, ㉡   ② ㉠, ㉢
③ ㉡, ㉢   ④ ㉠, ㉡, ㉢

46 농업재해보험 손해평가요령상 '농작물의 품목별·재해별·시기별 손해수량 조사방법' 중 '특정위험방식 상품(인삼)'에 관한 것으로 ( )에 들어갈 내용은?

생육시기	재해	조사내용	조사시기
보험기간	태풍(강풍)	수확량 조사	( )

① 수확 직전   ② 사고접수 후 지체 없이
③ 수확완료 후 보험 종기 전   ④ 피해 확인이 가능한 시기

47 농업재해보험 손해평가요령상 종합위험방식의 과실손해보장 보험금 산정시 피해율로 옳지 않은 것은?

① 감귤 : (등급 내 피해과실수 + 등급외 피해과실수 × 70%) ÷ 기준과실수

② 복분자 : 고사결과모지수 ÷ 평년결과모지수

③ 오디 : (평년결실수 − 조사결실수 − 미보상감수결실수) ÷ 평년결실수

④ 7월 31일 이전에 사고가 발생한 무화과 : (1 − 수확전사고 피해율) × 경과비율 × 결과지 피해율

48 농업재해보험 손해평가요령상 가축의 보험가액 및 손해액 산정 등에 관한 설명으로 옳은 것은?

① 가축에 대한 보험가액은 보험사고가 발생한 때와 곳에서 평가한 보험목적물의 수량에 시장가격을 곱하여 산정한다.

② 가축에 대한 손해액 산정시 보험가입당시 보험가입자와 재해보험사업자가 별도로 정한 방법은 고려하지 않는다.

③ 가축에 대한 보험가액 산정시 보험목적물에 대한 감가상각액을 고려해야 한다.

④ 가축에 대한 손해액은 보험사고가 발생한 때와 곳에서 폐사 등 피해를 입은 보험목적물의 수량에 적용가격을 곱하여 산정한다.

49 농업재해보험 손해평가요령상 농작물의 보험가액 산정에 관한 설명이다. (   )에 들어갈 내용은?

> 적과 전 종합위험방식의 보험가액은 적과 후 착과수 조사를 통해 산정한 (㉠)에 보험가입 당시의 단위당 (㉡)을 곱하여 산정한다.

① ㉠ : 기준수확량, ㉡ : 가입가격　　② ㉠ : 보장수확량, ㉡ : 가입가격

③ ㉠ : 기준수확량, ㉡ : 시장가격　　④ ㉠ : 보장수확량, ㉡ : 시장가격

50 농업재해보험 손해평가요령에 관한 설명으로 옳은 것은?

① 농림축산식품부장관은 요령에 대하여 매년 그 타당성을 검토하여 개선 등의 조치를 하여야 한다.

② 농업시설물에 대한 손해액은 보험사고가 발생한 때와 곳에서 산정한 피해목적물의 원상복구비용을 말한다.

③ 농업시설물에 대한 보험가액은 보험사고가 발생한 때와 곳에서 평가한 피해목적물의 재조달가액으로 한다.

④ 농림축산식품부장관은 요령의 효율적인 운용 및 시행을 위하여 필요한 세부적인 사항을 규정한 손해평가업무방법서를 작성하여야 한다.

🤲 농학개론 중 재배학 및 원예작물학

51 작물 분류학적으로 가지과에 해당하는 것을 모두 고른 것은?

| ㉠ 고추 | ㉡ 토마토 | ㉢ 감자 | ㉣ 딸기 |

① ㉠, ㉣   ② ㉠, ㉡, ㉢

③ ㉡, ㉢, ㉣   ④ ㉠, ㉡, ㉢, ㉣

52 콩과작물의 작황부족으로 어려움을 겪고 있는 농가를 찾은 A손해평가사의 재배지에 대한 판단으로 옳은 것은?

- 작물의 칼슘 부족증상이 발생했다.
- 근류균 활력이 떨어졌다.
- 작물의 망간 장해가 발생했다.

① 재배지의 온도가 높다.   ② 재배지에 질소가 부족하다.

③ 재배지의 일조량이 부족하다.   ④ 재배지가 산성화되고 있다.

53 작물의 질소에 관한 내용이다. (   )에 들어갈 내용을 순서대로 옳게 나열한 것은?

> 작물재배에서 (   )작물에 비해 (   )작물은 질소 시비량을 늘려 주는 것이 좋으며, 잎의 질소 결핍 증상은 (   )보다 (   )에서 먼저 나타난다.

① 콩과, 벼과, 유엽, 성엽
② 벼과, 콩과, 유엽, 성엽
③ 콩과, 벼과, 성엽, 유엽
④ 벼과, 콩과, 성엽, 유엽

54 한해피해 조사를 마친 A손해평가사가 농가에 설명한 작물 내 물의 역할로 옳은 것은 몇 개인가?

> • 물질 합성과정의 매개
> • 세포의 팽압 유지
> • 양분 흡수의 용매
> • 체내의 항상성 유지

① 1개
② 2개
③ 3개
④ 4개

55 과수작물의 서리피해에 관한 내용이다. 밑줄 친 부분이 옳은 것을 모두 고른 것은?

> 최근 지구온난화에 따른 기상이변으로 개화기가 빠른 (㉠)핵과류에서 피해가 빈번하게 발생한다. 특히, 과수원이 (㉡)강이나 저수지 옆에 있을 때 발생률이 높다. 따라서 일부 농가에서는 상층의 더운 공기를 아래로 불어내려 과수원의 기온 저하를 막아주는 (㉢)송풍법을 사용하고 있다.

① ㉠
② ㉠, ㉡
③ ㉡, ㉢
④ ㉠, ㉡, ㉢

56 작물의 생장에 영향을 주는 광질에 관한 내용이다. (   )에 들어갈 내용을 순서대로 옳게 나열한 것은?

> 가시광선 중에서 (   )은 광합성·광주기성·광발아성 종자의 발아를 주도하는 중요한 광선이다. 근적외선은 식물의 신장을 촉진하여 적색광과 근적외선의 비가 (   ) 절간신장이 촉진되어 초장이 커진다.

① 청색광, 작으면
② 적색광, 크면
③ 적색광, 작으면
④ 청색광, 크면

57 생육적온이 달라 동일 재배사에서 함께 재배할 경우 재배효율이 떨어지는 조합은?

① 상추, 고추 　　　　　　　　　② 당근, 시금치
③ 가지, 호박 　　　　　　　　　④ 오이, 토마토

58 소비자의 기호 변화로 씨가 없는 샤인머스캣이 인기를 모으고 있다. 샤인머스캣을 무핵화하고 과립 비대를 위해 처리하는 생장조절물질은?

① 아브시스산 　　　　　　　　　② 지베렐린
③ 옥신 　　　　　　　　　　　　④ 에틸렌

59 저온자극을 통해 화아분화가 촉진되는 작물이 아닌 것은?

① 양파 　　　　　　　　　　　　② 상추
③ 배추 　　　　　　　　　　　　④ 무

60 식물의 생육과정에서 강풍의 외부환경에 따른 영향으로 옳지 않은 것은?

① 화분매개곤충의 활동을 억제한다.
② 상처를 유발하여 호흡량을 증가시킨다.
③ 증산작용은 억제되나 광합성은 촉진된다.
④ 상처를 통한 병해충의 발생을 촉진한다.

61 식물의 종자 또는 눈이 휴면에 들어가면서 증가하는 것은?

① 호흡량   ② 옥신

③ 지베렐린   ④ 아브시스산

62 시설재배 농가를 찾은 A손해평가사의 육묘에 관한 조언으로 옳지 않은 것은?

① 출하기 조절이 가능하다.

② 유기질 육묘상토로 피트모스를 추천하였다.

③ 단위면적당 생산량을 증가시킬 수 있다.

④ 공간활용도를 높이기 위해 이동식 벤치보다 고정식 벤치를 추천하였다.

63 수박재배 농가에서 대목을 사용하는 접목재배로 방제할 수 있는 것은?

① 덩굴쪼김병   ② 애꽃노린재

③ 진딧물   ④ 잎오갈병

64 최종 적과 후 우박피해를 입은 사과농가의 대처로 옳은 것을 모두 고른 것은?

> A농가 – 피해 정도가 심한 가지에는 도포제를 발라준다.
> B농가 – 수세가 강한 피해 나무에 질소 엽면시비를 한다.
> C농가 – 90 % 이상의 과실이 피해를 입은 나무의 과실은 모두 제거한다.
> D농가 – 병해충 방제를 위해 살균제를 살포한다.

① A, C   ② A, D

③ B, C   ④ B, D

65 다음은 벼의 수발아에 관한 내용이다. ( )에 들어갈 내용을 순서대로 옳게 나열한 것은?

수발아는 ( )에 종실이 이삭에 달린 채로 싹이 트는 것을 말하며, 벼가 우기에 도복이 되었을 때 자주 발생한다. 또한 ( )이 ( )보다 수발아가 잘 발생한다.

① 수잉기, 조생종, 만생종　　　　② 결실기, 조생종, 만생종
③ 수잉기, 만생종, 조생종　　　　④ 결실기, 만생종, 조생종

66 전염성 병해가 아닌 것은?
① 토마토 배꼽썩음병　　　　② 벼 깨씨무늬병
③ 배추 무름병　　　　④ 사과나무 화상병

67 0℃에서 저장할 경우 저온장해가 발생하는 채소만을 나열한 것은?
① 배추, 무　　　　② 마늘, 양파
③ 당근, 시금치　　　　④ 가지, 토마토

68 다음 ( )에 들어갈 필수원소에 관한 내용을 순서대로 옳게 나열한 것은?

( )원소인 ( )은 엽록소의 구성성분으로 부족 시 잎이 황화된다.

① 다량, 마그네슘　　　　② 다량, 몰리브덴
③ 미량, 마그네슘　　　　④ 미량, 몰리브덴

69 자가수분으로 수분수가 필요 없는 과수는?

① 신고 배
② 후지 사과
③ 캠벨얼리 포도
④ 미백도 복숭아

70 다음 설명에 해당하는 해충은?

- 흡즙성 해충이다.
- 포도나무 가지와 잎을 주로 가해한다.
- 약충이 하얀 솜과 같은 왁스 물질로 덮여 있다.

① 꽃매미
② 미국선녀벌레
③ 포도유리나방
④ 포도호랑하늘소

71 장미의 블라인드 현상의 직접적인 원인은?

① 수분 부족
② 칼슘 부족
③ 일조량 부족
④ 근권부 산소 부족

72 근경으로 영양번식을 하는 화훼작물은?

① 칸나, 독일붓꽃
② 시클라멘, 다알리아
③ 튤립, 글라디올러스
④ 백합, 라넌큘러스

73 유리온실 내 지면으로부터 용마루까지의 길이를 나타내는 용어는?

① 간고

② 동고

③ 측고

④ 헌고

74 베드의 바닥에 일정한 크기의 기울기로 얇은 막상의 양액이 흘러 순환하도록 하고 그 위에 작물의 뿌리 일부가 닿게 하여 재배하는 방식은?

① 매트재배

② 심지재배

③ NFT재배

④ 담액재배

75 시설재배에서 필름의 장파 투과율이 큰 것부터 작은 것 순으로 옳게 나타낸 것은?
[기출 수정]

① PE 〉 EVA 〉 PVC

② EVA 〉 PE 〉 PVC

③ PE 〉 PVC 〉 EVA

④ PVC 〉 PE 〉 EVA

상법(보험편)

1 「상법」상 보험계약관계자에 관한 설명으로 옳지 않은 것은?

① 손해보험의 보험자는 보험사고가 발생한 경우 보험금 지급의무를 지는 자이다.

② 손해보험의 보험계약자는 자기명의로 보험계약을 체결하고 보험료 지급의무를 지는 자이다.

③ 손해보험의 피보험자는 피보험이익의 주체로서 보험사고가 발생한 때에 보험금을 받을 자이다.

④ 손해보험의 보험수익자는 보험사고가 발생한 때에 보험금을 지급받을 자로 지정된 자이다.

2 「상법」상 보험계약의 체결에 관한 설명으로 옳은 것은?

① 보험계약은 청약과 승낙에 의한 합의와 보험증권의 교부로 성립한다.

② 기존의 보험계약을 연장하거나 변경한 경우에는 보험자는 그 보험증권에 그 사실을 기재함으로써 보험증권의 교부에 갈음할 수 있다.

③ 보험자는 보험계약이 성립된 후 보험계약자에게 보험약관을 교부하고 그 약관의 중요한 내용을 설명하여야 한다.

④ 보험자가 보험계약자로부터 보험계약의 청약과 함께 보험료 상당액의 전부 또는 일부의 지급을 받은 때에는 계약이 성립한 것으로 본다.

3 「상법」상 보험증권에 관한 설명으로 옳지 않은 것은?

① 타인을 위한 보험계약이 성립된 경우에는 보험자는 그 타인에게 보험증권을 교부해야 한다.

② 보험계약의 당사자는 보험증권의 교부가 있은 날로부터 일정한 기간 내에 한하여 그 증권내용의 정부(正否)에 관한 이의를 할 수 있음을 약정할 수 있다. 이 기간은 1월을 내리지 못한다.

③ 보험증권을 멸실 또는 현저하게 훼손한 때에는 보험계약자는 보험자에 대하여 증권의 재교부를 청구할 수 있고, 그 증권작성의 비용은 보험계약자의 부담으로 한다.

④ 보험자는 보험계약이 성립한 때에는 지체없이 보험증권을 작성하여 보험계약자에게 교부하여야 한다.

4　보험설계사가 가진 「상법」상 권한으로 옳은 것은?

① 보험계약자로부터 고지에 관한 의사표시를 수령할 수 있는 권한

② 보험계약자에게 영수증을 교부하지 않고 보험료를 수령할 수 있는 권한

③ 보험자가 작성한 보험증권을 보험계약자에게 교부할 수 있는 권한

④ 보험계약자로부터 통지에 관한 의사표시를 수령할 수 있는 권한

5　「상법」상 보험료에 관한 설명으로 옳은 것을 모두 고른 것은?

> ㉠ 보험계약의 당사자가 특별한 위험을 예기하여 보험료의 액을 정한 경우에 보험기간 중 그 예기한 위험이 소멸한 때에는 보험계약자는 그 후의 보험료의 감액을 청구할 수 있다.
> ㉡ 보험계약의 전부 또는 일부가 무효인 경우에 보험계약자와 피보험자가 선의이며 중대한 과실이 없는 때에는 보험자에 대하여 보험료의 전부 또는 일부의 반환을 청구할 수 있다.
> ㉢ 보험계약자는 계약체결후 지체없이 보험료의 전부 또는 제1회 보험료를 지급하여야 하며, 이를 지급하지 아니하는 경우에는 보험자는 다른 약정이 없는 한 계약성립 후 2월이 경과하면 그 계약을 해제할 수 있다.
> ㉣ 계속보험료가 약정한 시기에 지급되지 아니한 때에는 보험자는 상당한 기간을 정하여 보험계약자에게 최고하고 그 기간 내에 지급되지 아니한 때에는 그 계약은 해지된 것으로 본다.

① ㉠, ㉡　　　　　　　　　　　　② ㉠, ㉢

③ ㉡, ㉣　　　　　　　　　　　　④ ㉢, ㉣

6　甲이 乙 소유의 농장에 대해 乙의 허락 없이 乙을 피보험자로 하여 A보험회사와 화재보험계약을 체결한 경우, 그 법률관계에 관한 설명으로 옳지 않은 것은?

① 보험계약 체결 시 A보험회사가 서면으로 질문한 사항은 중요한 사항으로 추정한다.

② 보험사고가 발생하기 전에는 甲은 언제든지 계약의 전부 또는 일부를 해지할 수 있다.

③ 甲이 乙의 위임이 없음을 A보험회사에게 고지하지 않은 때에는 乙이 그 보험계약이 체결된 사실을 알지 못하였다는 사유로 A보험회사에게 대항하지 못한다.

④ 보험계약 당시에 甲 또는 乙이 고의 또는 중대한 과실로 인하여 중요한 사항을 고지하지 아니하거나 부실의 고지를 한 때에는 A보험회사는 그 사실을 안 날로부터 1월 내에, 계약을 체결한 날로부터 3년 내에 한하여 계약을 해지할 수 있다.

7 「상법」상 보험사고에 관한 설명으로 옳지 않은 것은?

① 보험계약 당시에 보험사고가 이미 발생하였거나 또는 발생할 수 없는 것인 때에는 그 계약은 무효로 한다.

② 보험계약 당시에 보험사고가 발생할 수 없는 것이었지만 당사자 쌍방과 피보험자가 이를 알지 못한 때에는 그 계약은 유효하다.

③ 보험사고의 발생으로 보험자가 보험금액을 지급한 때에도 보험금액이 감액되지 아니하는 보험의 경우에는 보험계약자는 그 사고발생 후에도 보험계약을 해지할 수 있다.

④ 보험사고가 발생하기 전에 보험계약을 해지한 보험계약자는 미경과보험료의 반환을 청구할 수 없다.

8 「상법」상 보험대리상의 권한을 모두 고른 것은?

㉠ 보험료수령권한	㉡ 고지수령권한
㉢ 보험계약의 해지권한	㉣ 보험금수령권한

① ㉠, ㉡, ㉢

② ㉠, ㉡, ㉣

③ ㉠, ㉢, ㉣

④ ㉡, ㉢, ㉣

9 보험기간 중에 보험사고의 발생 위험이 현저하게 변경 또는 증가된 경우의 법률관계에 관한 설명으로 옳은 것은?

① 보험수익자의 고의로 인하여 사고 발생의 위험이 현저하게 증가된 때에는 보험자는 그 사실을 안 날로부터 1월 내에 보험계약을 해지할 수 있을 뿐이고, 보험료의 증액을 청구할 수는 없다.

② 보험계약자가 지체없이 위험변경증가의 통지를 한 때에는 보험자는 1월 내에 보험료 증액을 청구할 수 있을 뿐이고 보험계약을 해지할 수는 없다.

③ 보험계약자가 위험변경증가의 통지를 해태한 때에는 보험자는 그 사실을 안 날로부터 1월 내에 한하여 계약을 해지할 수 있다.

④ 타인을 위한 손해보험의 타인이 사고발생 위험이 현저하게 변경 또는 증가된 사실을 알게 된 경우 이를 보험자에게 통지할 의무는 없다.

10 보험사고가 발생한 경우 그 법률관계에 관한 설명으로 옳지 않은 것은?

① 보험수익자가 보험사고의 발생을 안때에는 지체없이 보험자에게 그 통지를 발송하여야 한다.

② 보험계약자가 보험사고의 발생을 알았음에도 지체없이 보험자에게 그 통지를 발송하지 않은 경우 보험자는 계약을 해지할 수 있다.

③ 보험계약 당사자 간에 다른 약정이 없으면 최초보험료를 보험자가 지급받은 때로부터 보험자의 책임이 개시된다.

④ 위험이 현저하게 변경 또는 증가된 사실이 보험사고 발생에 영향을 미친 경우, 보험자가 위험변경증가의 통지를 못 받았음을 이유로 유효하게 계약을 해지하면 보험금을 지급할 책임이 없다.

11 보험자의 보험금액의 지급에 관한 설명으로 옳지 않은 것은?

① 보험수익자의 중과실로 인하여 보험사고가 생긴 때에는 보험자는 보험금액을 지급할 책임이 없다.

② 보험계약자의 고의로 보험사고가 생긴 때에는 보험자는 보험금액을 지급할 책임이 없다.

③ 보험금액의 지급에 관하여 약정기간이 없는 경우에는 보험자는 보험사고 발생의 통지를 받은 후 지체없이 지급할 보험금액을 정해야 한다.

④ 보험자가 파산선고를 받았으나 보험계약자가 계약을 해지하지 않은 채 3월이 경과한 후에 보험사고가 발생하여도 보험자는 보험금액 지급 책임이 있다.

12 甲은 자기 소유의 건물에 대해 A보험회사와 화재보험계약을 체결하였고, A보험회사는 이 화재보험계약으로 인하여 부담할 책임에 대하여 B보험회사와 재보험계약을 체결한 경우 그 법률관계에 관한 설명으로 옳은 것은?

① 화재보험계약의 보험기간 개시 전에 화재가 발생한 경우 B보험회사는 A보험회사에게 보험금 지급의무가 없다.

② 甲의 고의로 화재보험계약의 보험기간 중에 화재가 발생한 경우 B보험회사는 A보험회사에게 보험금 지급의무가 있다.

③ A보험회사의 B보험회사에 대한 보험금청구권은 1년간 행사하지 아니하면 시효의 완성으로 소멸한다.

④ B보험회사의 A보험회사에 대한 보험료청구권은 6개월간 행사하지 아니하면 시효의 완성으로 소멸한다.

13 가계보험의 약관조항 중 「상법」상 불이익변경금지원칙에 위반되지 않는 것은?

① 보험계약자가 계약체결 시 과실없이 중요한사항을 불고지한경우에도 보험자의 해지권을 인정한 약관조항

② 보험료청구권의 소멸시효기간을 단축하는 약관조항

③ 보험수익자가 보험계약 체결 시 고지의무를 부담하도록 하는 약관조항

④ 보험사고 발생 전이지만 일정한기간동안 보험계약자의 계약해지를 금지하는 약관조항

14 「상법」상 손해보험증권에 기재해야 할 사항으로 옳지 않은 것은?

① 피보험자의 주민등록번호

② 보험기간을 정한 경우 그 시기와 종기

③ 보험료와 그 지급방법

④ 무효와 실권의 사유

15 「상법」상 물건보험의 보험가액에 관한 설명으로 옳지 않은 것은?

① 보험가액과 보험금액은 일치하지 않을 수 있다.

② 보험계약 당사자 간에 보험가액을 정하지 아니한 때에는 사고발생 시의 가액을 보험가액으로 한다.

③ 보험계약의 당사자 간에 보험가액을 정한 경우 그 가액이 사고발생 시의 가액을 현저하게 초과할 경우 보험계약은 무효이다.

④ 보험계약의 당사자 간에 보험가액을 정한 경우 그 가액은 사고발생 시의 가액으로 정한 것으로 추정한다.

16 「상법」상 초과보험에 관한 설명으로 옳은 것을 모두 고른 것은?

⊙ 보험계약자의 사기에 의하여 보험금액이 보험가액을 현저하게 초과하는 보험계약이 체결된 경우 보험기간 중에 보험사고가 발생하면 보험자는 보험가액의 한도 내에서 보험금 지급의무가 있다.

ⓒ 보험계약 체결 이후 보험기간 중에 보험가액이 보험금액에 비해 현저하게 감소된 때에는 보험자 또는 보험계약자는 보험료와 보험금액의 감액을 청구할 수 있다.

ⓒ 보험계약 체결 이후 보험기간 중에 보험가액이 보험금액에 비해 현저하게 감소된 때에는 보험자 또는 보험계약자는 보험계약을 취소할 수 있다.

ⓔ 보험계약자의 사기에 의하여 보험금액이 보험가액을 현저하게 초과하는 계약이 체결된 경우 보험자는 그 사실을 안 때까지의 보험료를 청구할 수 있다.

① ㉠, ㉢   ② ㉠, ㉣

③ ㉡, ㉢   ④ ㉡, ㉣

17 甲이 가액이 10억 원인 자기 소유의 재산에 대해 A, B보험회사와 보험기간이 동일하고, 보험금액 10억 원인 화재보험계약을 순차적으로 각각 체결한 경우 그 법률관계에 관한 설명으로 옳지 않은 것은? (甲의 사기는 없었음)

① 만약 甲이 사기에 의하여 두 개의 화재보험계약을 체결하였다면 보험계약은 무효이다.

② 보험기간 중 화재가 발생하여 甲의 재산이 전소되어 10억 원의 손해를 입은 경우 甲은 A, B보험회사에게 각각 5억 원까지 보험금청구권을 행사할 수 있다.

③ 甲은 B보험회사와 화재보험계약을 체결할 때 A보험회사와의 화재보험계약의 내용을 통지할 의무가 있다.

④ 甲이 A보험회사에 대한 권리를 포기하더라도 B보험회사의 권리의무에 영향을 미치지 않는다.

18 손해보험의 목적에 관한 설명으로 옳은 것은?

① 피보험자가 보험의 목적을 양도한 때에는 양수인은 보험계약상의 권리와 의무를 승계한 것으로 본다.

② 금전으로 산정할 수 있는 이익에 한하여 보험의 목적으로 할 수 있다.

③ 보험의 목적에 관하여 보험자가 부담할 손해가 생긴 경우에는 그 후 그 목적이 보험자가 부담하지 아니하는 보험사고의 발생으로 인하여 멸실된 때에도 보험자는 이미 생긴 손해를 보상할 책임을 면하지 못한다.

④ 보험의 목적의 성질, 하자 또는 자연소모로 인한 손해는 보험자가 이를 보상할 책임이 있다.

19 손해보험에서 손해액의 산정에 관한 설명으로 옳은 것은?

① 보험자가 보상할 손해액은 보험계약을 체결한 때와 곳의 가액에 의하여 산정한다.

② 보험사고로 인하여 상실된 피보험자가 얻을 이익이나 보수는 보험자가 보상할 손해액에 산입하여야 한다.

③ 손해액의 산정에 관한 비용은 보험계약자의 부담으로 한다.

④ 당사자 간에 다른 약정이 있는 때에는 그 신품가액에 의하여 손해액을 산정할 수 있다.

20 보험자가 손해를 보상할 때에 보험료의 지급을 받지 아니한 잔액이 있는 경우에 관한 설명으로 옳은 것은?

① 보험자는 보험료의 지급을 받지 아니한 잔액이 있으면 보험계약을 즉시 해지할 수 있다.

② 보험자는 지급기일이 도래하였으나 지급받지 않은 보험료 잔액을 보상할 금액에서 공제하여야 한다.

③ 보험자는 지급받지 않은 보험료 잔액이 있으면 그 지급기일이 도래하지 아니한 때라도 보상할 금액에서 이를 공제할 수 있다.

④ 보험자는 지급기일이 도래한 보험료 잔액의 지급이 있을 때까지 그 손해보상을 전부 거절할 수 있다.

21 「상법」상 손해방지의무에 관한 설명으로 옳은 것은? (다툼이 있으면 판례에 따름)

① 손해방지의무는 보험계약자는 부담하지 않고 피보험자만 부담하는 의무이다.

② 손해방지의무의 이행을 위하여 필요 또는 유익하였던 비용과 보상액이 보험금액을 초과한 경우라도 보험자가 이를 부담한다.

③ 손해방지의무는 보험사고가 발생하기 이전에 부담하는 의무이다.

④ 손해방지의무의 이행을 위하여 필요 또는 유익하였던 비용은 실제로 손해의 방지와 경감에 유효하게 영향을 준 경우에만 보험자가 이를 부담한다.

22 보험목적에 관한 보험대위(잔존물대위)의 설명으로 옳지 않은 것은?

① 보험의 목적의 전부가 멸실한 경우에 보험대위가 인정된다.

② 피보험자가 보험자로부터 보험금액의 전부를 지급받은 후에는 잔존물을 임의로 처분할 수 없다.

③ 일부보험의 경우에는 잔존물대위가 인정되지 않는다.

④ 보험자가 보험금액의 전부를 지급한 때 잔존물에 대한 권리는 물권변동절차 없이 보험자에게 이전된다.

23 화재보험자가 보상할 손해에 관한 설명으로 옳은 것을 모두 고른 것은?

㉠ 화재가 발생한 건물의 철거비와 폐기물처리비
㉡ 화재의 소방 또는 손해의 감소에 필요한 조치로 인하여 생긴 손해
㉢ 화재로 인하여 다른 곳에 옮겨놓은 물건의 도난으로 인한 손해

① ㉠, ㉡

② ㉠, ㉢

③ ㉡, ㉢

④ ㉠, ㉡, ㉢

24 화재보험에 관한 설명으로 옳지 않은 것은?

① 건물을 보험의 목적으로 한 때에는 그 소재지, 구조와 용도를 화재보험증권에 기재하여야 한다.

② 동산을 보험의 목적으로 한 때에는 그 존치한 장소의 상태와 용도를 화재보험증권에 기재하여야 한다.

③ 동일한 건물에 대하여 소유권자와 저당권자는 각각 다른 피보험이익을 가지므로, 각자는 독립한 화재보험계약을 체결할 수 있다.

④ 건물을 보험의 목적으로 한 때 그 보험가액의 일부를 보험에 붙인 경우, 당사자 간에 다른 약정이 없다면 보험자는 보험금액의 한도 내에서 그 손해를 보상할 책임을 진다.

25 집합보험에 관한 설명으로 옳지 않은 것은?

① 집합보험은 집합된 물건을 일괄하여 보험의 목적으로 한다.

② 보험의 목적에 속한 물건이 보험기간중에 수시로 교체된 경우에도 보험계약의 체결 시에 현존한 물건은 보험의 목적에 포함된 것으로 한다.

③ 피보험자의 가족과 사용인의 물건도 보험의 목적에 포함된 것으로 한다.

④ 보험의 목적에 피보험자의 가족의 물건이 포함된 경우, 그 보험은 피보험자의 가족을 위하여서도 체결한 것으로 본다.

🙌 농어업재해보험법령

26 「농어업재해보험법령」상 농업재해보험심의회(이하 '심의회')에 관한 설명으로 옳지 않은 것은?

① 심의회의 위원장은 농림축산식품부차관으로 하고, 부위원장은 위원 중에서 농림축산식품부차관이 지명한다.

② 심의회의 회의는 재적위원 과반수의 출석으로 개의(開議)하고, 출석위원 과반수의 찬성으로 의결한다.

③ 심의회는 위원장 및 부위원장 각 1명을 포함한 21명 이내의 위원으로 구성한다.

④ 심의회의 회의는 재적위원 3분의 1 이상의 요구가 있을 때 또는 위원장이 필요하다고 인정할 때에 소집한다.

27 「농어업재해보험법령」상 재해보험의 종류 등에 관한 설명으로 옳지 않은 것은?

① 재해보험의 종류는 농작물재해보험, 임산물재해보험, 가축재해보험 및 양식수산물재해 보험으로 한다.

② 가축재해보험의 보험목적물은 가축 및 축산시설물이다.

③ 양식수산물재해보험과 관련된 사항은 농림축산식품부장관이 관장한다.

④ 정부는 보험목적물의 범위를 확대하기 위하여 노력하여야 한다.

28 「농어업재해보험법령」상 재해보험사업을 할 수 있는 자를 모두 고른 것은?

> ㉠ 「수산업협동조합법」에 따른 수산업협동조합중앙회
> ㉡ 「산림조합법」에 따른 산림조합중앙회
> ㉢ 「보험업법」에 따른 보험회사
> ㉣ 「새마을금고법」에 따른 새마을금고중앙회

① ㉠, ㉣

② ㉠, ㉡, ㉢

③ ㉡, ㉢, ㉣

④ ㉠, ㉡, ㉢, ㉣

29 「농어업재해보험법령」상 손해평가인의 정기교육에 관한 설명이다. (   )에 들어갈 숫자로 옳은 것은? [기출 수정]

> • 농림축산식품부장관 또는 해양수산부장관은 손해평가인이 공정하고 객관적인 손해평가를 수행할 수 있도록 연 (㉠)회 이상 정기교육을 실시하여야 한다.
> • 정기교육의 교육시간은 (㉡)시간 이상으로 한다.

① ㉠ : 1, ㉡ : 4

② ㉠ : 1, ㉡ : 5

③ ㉠ : 2, ㉡ : 4

④ ㉠ : 2, ㉡ : 6

30 「농어업재해보험법령」상 손해평가사의 자격 취소 사유에 해당하는 위반 행위를 한 경우, 1회 위반 시에는 자격 취소를 하지 않고 시정명령을 하는 경우는?

① 손해평가사의 자격을 거짓 또는 부정한 방법으로 취득한 경우

② 거짓으로 손해평가를 한 경우

③ 다른 사람에게 손해평가사의 명의를 사용하게 하거나 그 자격증을 대여한 경우

④ 업무정지 기간 중에 손해평가 업무를 수행한 경우

31 「농어업재해보험법령」상 보험금 수급권 등에 관한 설명으로 옳지 않은 것은?

① 재해보험의 보험목적물이 담보로 제공된 경우 보험금을 지급받을 권리는 압류할 수 없다.

② 재해보험사업자는 정보통신장애로 보험금을 보험금수급계좌로 이체할 수 없을 때에는 현금 지급 등 대통령령으로 정하는 바에 따라 보험금을 지급할 수 있다.

③ 보험금수급전용계좌의 해당 금융기관은 「농어업재해보험법」에 따른 보험금만이 보험금 수급전용계좌에 입금되도록 관리하여야 한다.

④ 재해보험가입자가 재해보험에 가입된 보험목적물을 양도하는 경우 그 양수인은 재해보험계약에 관한 양도인의 권리 및 의무를 승계한 것으로 추정한다.

32 「농어업재해보험법령」상 재해보험사업자가 재해보험 업무의 일부를 위탁할 수 있는 자에 해당하지 않는 자는?

① 「수산업협동조합법」에 따라 설립된 수산물가공 수산업협동조합

② 「농업협동조합법」에 따라 설립된 품목별·업종별협동조합

③ 「산림조합법」에 따라 설립된 지역산림조합

④ 「보험업법」제83조 제1항에 따라 보험을 모집할 수 있는 자

33 「농어업재해보험법령」상 재정지원에 관한 설명으로 옳은 것은?

① 정부는 예산의 범위에서 재해보험가입자가 부담하는 보험료의 전부를 지원할 수 있다.

② 지방자치단체는 정부의 재정지원 외에 예산의 범위에서 재해보험사업자의 재해보험의 운영 및 관리에 필요한 비용 일부를 추가로 지원할 수 있다.

③ 지방자치단체의 장은 정부의 재정지원 외에 보험료의 일부를 추가 지원하려는 경우 재해보험 가입현황서와 보험가입자의 기준 등을 확인하여 보험료의 지원금액을 결정·지급한다.

④ 「풍수해·지진재해보험법」에 따른 풍수해·지진재해보험에 가입한 자가 동일한 보험목적물을 대상으로 재해보험에 가입할 경우에는 정부가 재정지원을 할 수 있다.

34 「농어업재해보험법령」상 농림축산식품부장관이 농어업재해재보험기금(이하 '기금')의 관리·운용에 관한 사무를 농업정책보험금융원에 위탁한 경우 기금의 관리·운용에 관한 설명으로 옳지 않은 것은?

① 농림축산식품부장관은 해양수산부장관과 협의하여 농업정책보험금융원의 임원 중에서 기금수입담당임원과 기금지출원인행위담당임원을 임명하여야 한다.

② 기금수입담당임원은 기금수입징수관의 업무를, 기금지출원인행위담당임원은 기금지출관의 업무를 담당한다.

③ 농림축산식품부장관은 해양수산부장관과 협의하여 농업정책보험금융원의 직원 중에서 기금지출원과 기금출납원을 임명하여야 한다.

④ 기금출납원은 기금출납공무원의 업무를 수행한다.

35 「농어업재해보험법령」상 농어업재해보험사업의 관리에 관한 설명으로 옳지 않은 것은?

① 농림축산식품부장관 또는 해양수산부장관은 보험상품의 운영 및 개발에 필요한 통계자료를 수집·관리하여야 한다.

② 농림축산식품부장관 및 해양수산부장관은 보험상품의 운영 및 개발에 필요한 통계의 수집·관리, 조사·연구 등에 관한 업무를 대통령령으로 정하는 자에게 위탁할 수 있다.

③ 재해보험사업자는 농어업재해보험 가입 촉진을 위하여 보험가입촉진계획을 3년 단위로 수립하여 농림축산식품부장관 또는 해양수산부장관에게 제출하여야 한다.

④ 농림축산식품부장관이 손해평가사의 자격 취소를 하려면 청문을 하여야 한다.

36 「농어업재해보험법령」상 재보험사업 및 농어업재해재보험기금(이하 '기금')에 관한 설명으로 옳지 않은 것은?

① 정부는 재해보험에 관한 재보험사업을 할 수 있다.

② 농림축산식품부장관은 해양수산부장관과 협의를 거쳐 재보험사업에 관한 업무의 일부를 농업정책보험금융원에 위탁할 수 있다.

③ 농림축산식품부장관은 해양수산부장관과 협의하여 공동으로 재보험사업에 필요한 재원에 충당하기 위하여 기금을 설치한다.

④ 농림축산식품부장관은 해양수산부장관과 협의하여 기금의 수입과 지출을 명확하게 하기 위하여 대통령령으로 정하는 시중 은행에 기금계정을 설치하여야 한다.

37 「농어업재해보험법령」상 "재해보험사업자는 재해보험사업의 회계를 다른 회계와 구분하여 회계처리함으로써 손익관계를 명확히 하여야 한다."라는 규정을 위반하여 회계를 처리한 자에 대한 벌칙은?

① 500만 원 이하의 과태료

② 500만 원 이하의 벌금

③ 1,000만 원 이하의 벌금

④ 1년 이하의 징역

38 「농어업재해보험법령」상 과태료 부과권자가 금융위원회인 경우는?

① 「보험업법」제133조에 따른 검사를 거부·방해 또는 기피한 재해보험사업자의 임원에게 과태료를 부과하는 경우

② 「보험업법」제95조를 위반하여 보험안내를 한 자로서 재해보험사업자가 아닌 자에게 과태료를 부과하는 경우

③ 「보험업법」제97조 제1항을 위반하여 보험계약의 체결 또는 모집에 관한 금지행위를 한 자에게 과태료를 부과하는 경우

④ 재해보험사업에 관한 업무 처리 상황의 보고 또는 관계 서류 제출을 하지 아니하거나 보고 또는 관계 서류 제출을 거짓으로 한 자에게 과태료를 부과하는 경우

39 「농어업재해보험법령」상 용어의 정의에 따를 때 "보험가입자와 보험사업자 간의 약정에 따라 보험가입자가 보험사업자에게 내야 하는 금액"은?

① 보험금   ② 보험료

③ 보험가액   ④ 보험가입금액

40 농업재해보험 손해평가요령상 손해평가인의 손해평가 업무에 관한 설명으로 옳지 않은 것은?

① 손해평가인은 피해사실 확인, 보험료율의 산정 등의 업무를 수행한다.

② 재해보험사업자가 손해평가인을 위촉한 경우에는 그 자격을 표시할 수 있는 손해평가 인증을 발급하여야 한다.

③ 재해보험사업자는 손해평가인을 대상으로 농업재해보험에 관한 기초지식, 보험상품 및 약관 등 손해평가에 필요한 실무교육을 실시하여야 한다.

④ 재해보험사업자는 실무교육을 받는 손해평가인에 대하여 소정의 교육비를 지급할 수 있다.

41 「농업재해보험 손해평가요령」상 손해평가인 위촉 취소에 관한 설명이다. (　)에 들어갈 내용으로 옳은 것은?

> 재해보험사업자는 손해평가인이 「농어업재해보험법」 제30조에 의하여 벌금 이상의 형을 선고 받고 그 집행이 종료되거나 집행이 면제된 날로부터 (㉠)이 경과되지 아니한 자, 위촉이 취소 된 후 (㉡)이 경과되지 아니한 자 또는 (㉢) 기간 중에 손해평가업무를 수행한 자에 해당되거 나 위촉 당시에 해당하는 자이었음이 판명된 때에는 그 위촉을 취소하여야 한다.

① ㉠ : 2년, ㉡ : 2년, ㉢ : 업무정지
② ㉠ : 2년, ㉡ : 3년, ㉢ : 업무정지
③ ㉠ : 3년, ㉡ : 2년, ㉢ : 자격정지
④ ㉠ : 3년, ㉡ : 3년, ㉢ : 자격정지

42 「농업재해보험 손해평가요령」상 손해평가반에 관한 설명으로 옳지 않은 것은?

① 재해보험사업자는 손해평가를 하는 경우 손해평가반을 구성하고 손해평가반별로 평가 일정계획을 수립하여야 한다.
② 손해평가반은 손해평가인, 손해평가사, 손해사정사, 손해평가보조인 중 어느 하나에 해당하는 자로 구성한다.
③ 손해평가반은 5인 이내로 구성한다.
④ 손해평가반이 손해평가를 실시할 때에는 재해보험사업자가 해당 보험가입자의 보험 계약사항 중 손해평가와 관련된 사항을 손해평가반에게 통보하여야 한다.

43 「농어업재해보험법」 및 「농업재해보험 손해평가요령」상 교차손해평가에 관한 설명으로 옳지 않은 것을 모두 고른 것은?

> ㉠ 교차손해평가란 공정하고 객관적인 손해평가를 위하여 재해보험사업자 상호 간에 농어업재 해로 인한 손해를 교차하여 평가하는 것을 말한다.
> ㉡ 동일 시·군·구(자치구를 말한다) 내에서는 교차손해평가를 수행할 수 없다.
> ㉢ 교차손해평가를 위해 손해평가반을 구성할 때, 거대재해 발생으로 신속한 손해평가가 불가피 하다고 판단되는 경우에는 지역손해평가인을 포함하지 않을 수 있다.

① ㉠, ㉡
② ㉠, ㉢
③ ㉡, ㉢
④ ㉠, ㉡, ㉢

44 「농업재해보험 손해평가요령」상 손해평가결과 검증에 관한 설명으로 옳은 것은?

① 재해보험사업자 이외의 자는 검증조사를 할 수 없다.

② 손해평가반이 실시한 손해평가결과를 확인하기 위하여 검증조사를 할 때 손해평가를 실시한 보험목적물 중에서 일정수를 임의 추출하여 검증조사를 하여서는 아니 된다.

③ 검증조사결과 현저한 차이가 발생되어 재조사가 불가피하다고 판단될 경우에는 해당 손해평가반이 조사한 전체 보험목적물에 대하여 재조사를 할 수 있다.

④ 보험가입자가 정당한 사유없이 검증조사를 거부하는 경우 검증조사반은 검증조사가 불가능하여 손해평가 결과를 확인할 수 없다는 사실을 재해보험사업자에게 통지한 후 검증조사결과를 작성하여 농림축산식품부장관에게 제출하여야 한다.

45 「농업재해보험 손해평가요령」상 보험목적물별 손해평가 단위가 농지인 경우에 관한 설명으로 옳은 것은? (단, 농지는 하나의 보험가입금액에 해당하는 토지임)

① 농작물을 재배하는 하나의 경작지의 필지가 2개 이상인 경우에는 하나의 농지가 될 수 없다.

② 농작물을 재배하는 하나의 경작지가 농로에 의해 구획된 경우 구획된 토지는 각각 하나의 농지로 한다.

③ 농작물을 재배하는 하나의 경작지의 지번이 2개 이상인 경우에는 하나의 농지가 될 수 없다.

④ 경사지에서 보이는 돌담 등으로 구획되어 있는 면적이 극히 작은 것은 동일 작업 단위 등으로 정리하여 하나의 농지에 포함할 수 있다.

46 「농업재해보험 손해평가요령」상 농작물의 보험가액 산정에 관한 조문의 일부이다. (   ) 에 들어갈 내용으로 옳은 것은?

> 적과전종합위험방식의 보험가액은 적과후착과수(달린 열매 수)조사를 통해 산정한 (   )수확량 에 보험가입 당시의 단위당 가입가격을 곱하여 산정한다.

① 평년 ② 기준
③ 피해 ④ 적용

47 「농업재해보험 손해평가요령」상 종합위험방식의 과실손해보장 보험금 산정을 위한 피해율 계산식이 "고사결과모지수 ÷ 평년결과모지수"인 농작물은?

① 오디 ② 감귤
③ 무화과 ④ 복분자

48 「농업재해보험 손해평가요령」상 농작물의 품목별·재해별·시기별 손해수량 조사방법 중 종합위험방식 상품에 관한 표의 일부이다. ( )에 들어갈 농작물에 해당하지 않는 것은?

② 수확감소보장·과실손해보장 및 농업수입보장

생육 시기	재해	조사내용	조사시기	조사방법	비고
수확 전	보상하는 재해 전부	경작불능 조사	사고접수 후 지체없이	해당 농지의 피해면적비율 또는 보험목적인 식물체 피해율 조사	( )만 해당

① 벼

② 밀

③ 차(茶)

④ 복분자

49 「농업재해보험 손해평가요령」상 가축의 보험가액 및 손해액 산정에 관한 설명이다. ( ) 에 들어갈 내용으로 옳은 것은?

- 가축에 대한 보험가액은 보험사고가 발생한 때와 곳에서 평가한 보험목적물의 수량에 (㉠) 을 곱하여 산정한다.
- 가축에 대한 손해액은 보험사고가 발생한 때와 곳에서 폐사 등 피해를 입은 보험목적물의 수 량에 (㉡)을 곱하여 산정한다.

① ㉠ : 시장가격, ㉡ : 시장가격

② ㉠ : 시장가격, ㉡ : 적용가격

③ ㉠ : 적용가격, ㉡ : 시장가격

④ ㉠ : 적용가격, ㉡ : 적용가격

50 「농업재해보험 손해평가요령」상 농업시설물의 손해액 산정에 관한 설명이다. ( )에 들 어갈 내용으로 옳은 것은?

보험가입 당시 보험가입자와 재해보험사업자가 손해액 산정 방식을 별도로 정한 경우를 제외하고는, 농업시설물에 대한 손해액은 보험사고가 발생한 때와 곳에서 산정한 피해목적물의 ( ) 을 말한다.

① 감가상각액

② 재조달가액

③ 보험가입금액

④ 원상복구비용

농학개론 중 재배학 및 원예작물학

51 작물의 분류에서 공예작물에 해당하는 것을 모두 고른 것은?

㉠ 목화	㉡ 아마	㉢ 모시풀	㉣ 수세미

① ㉠, ㉣

② ㉠, ㉡, ㉢

③ ㉡, ㉢, ㉣

④ ㉠, ㉡, ㉢, ㉣

52 장기간 재배한 시설 내 토양의 일반적인 특성으로 옳지 않은 것은? [기출 수정]

① 강우의 차단으로 염류농도가 높다.

② 노지에 비해 염류집적으로 염류농도가 낮다.

③ 연작장해가 발생하기 쉽다.

④ 답압과 잦은 관수로 토양통기가 불량하다.

53 토양 환경에 관한 설명으로 옳은 것은?

① 사양토는 점토에 비해 통기성이 낮다.

② 토양이 입단화되면 보수성이 감소된다.

③ 퇴비를 투입하면 지력이 감소된다.

④ 깊이갈이를 하면 토양의 물리성이 개선된다.

54 작물의 요수량에 관한 설명으로 옳은 것은?

① 작물의 건물 1kg을 생산하는 데 소비되는 수분량(g)을 말한다.

② 내건성이 강한 작물이 약한 작물보다 요수량이 더 많다.

③ 호박은 기장에 비해 요수량이 높다.

④ 요수량이 작은 작물은 생육 중 많은 양의 수분을 요구한다.

55 플라스틱 파이프나 튜브에 미세한 구멍을 뚫어 물이 소량씩 흘러나와 근권부의 토양에 집중적으로 관수하는 방법은?

① 점적관수   ② 분수관수

③ 고랑관수   ④ 저면급수

56 다음 ( )에 들어갈 내용을 순서대로 옳게 나열한 것은?

> 작물에서 저온장해의 초기 증상은 지질성분의 이중층으로 구성된 (　　)에서 상전환이 일어나며 지질성분에 포함된 포화지방산의 비율이 상대적으로 (　　)수록 저온에 강한 경향이 있다.

① 세포막, 높을   ② 세포벽, 높을

③ 세포막, 낮을   ④ 세포벽, 낮을

57 식물 생육에서 광에 관한 설명으로 옳지 않은 것은?

① 광포화점은 상추보다 토마토가 더 높다.

② 광보상점은 글록시니아보다 초롱꽃이 더 낮다.

③ 광포화점이 낮은 작물은 고온기에 차광을 해주어야 한다.

④ 광도가 증가할수록 작물의 광합성량이 비례적으로 계속 증가한다.

58 A지역에서 2차 생장에 의한 벌마늘 피해가 일어났다. 이와 같은 현상이 일어나는 원인이 아닌 것은?

① 겨울철 이상고온   ② 2 ~ 3월경의 작은 강우

③ 흐린 날씨에 의한 일조량 감소   ④ 흰가루병 조기출현

59 다음이 설명하는 식물호르몬은?

> • 극성수송 물질이다.
> • 합성물질로 4-CPA, 2,4-D 등이 있다.
> • 측근 및 부정근의 형성을 촉진한다.

① 옥신   ② 지베렐린

③ 시토키닌   ④ 아브시스산

60 공기의 조성성분 중 광합성의 주원료이며 호흡에 의해 발생되는 것은?

① 이산화탄소
② 질소
③ 산소
④ 오존

61 채소 육묘에 관한 설명으로 옳은 것을 모두 고른 것은?

> ㉠ 직파에 비해 종자가 절약된다.
> ㉡ 토지이용도가 높아진다.
> ㉢ 수확기 및 출하기를 앞당길 수 있다.
> ㉣ 유묘기의 환경관리 및 병해충 방지가 어렵다.

① ㉠, ㉢
② ㉡, ㉣
③ ㉠, ㉡, ㉢
④ ㉠, ㉡, ㉢, ㉣

62 파종 방법 중 조파(드릴파)에 관한 설명으로 옳은 것은?

① 포장 전면에 종자를 흩어 뿌리는 방법이다.
② 뿌림 골을 만들고 그곳에 줄지어 종자를 뿌리는 방법이다.
③ 일정한 간격을 두고 하나 내지 여러 개의 종자를 띄엄띄엄 파종하는 방법이다.
④ 점파할 때 한 곳에 여러 개의 종자를 파종하는 방법이다.

63 다음이 설명하는 취목 번식 방법으로 올바르게 짝지어진 것은?

> ㉠ 고무나무와 같은 관상 수목에서 줄기나 가지를 땅속에 휘어 묻을 수 없는 경우에 높은 곳에서 발근시켜 취목하는 방법
> ㉡ 모식물의 기부에 새로운 측지가 나오게 한 후 끝이 보일 정도로 흙을 덮어서 뿌리가 내리면 잘라서 번식시키는 방법

① ㉠ : 고취법, ㉡ : 성토법
② ㉠ : 보통법, ㉡ : 고취법
③ ㉠ : 고취법, ㉡ : 선취법
④ ㉠ : 선취법, ㉡ : 성토법

64 다음은 탄질비(C/N율)에 관한 내용이다. (   )에 들어갈 내용을 순서대로 옳게 나열한 것은?

> 작물체내의 탄수화물과 질소의 비율을 C/N율이라 하며, 과수재배에서 환상박피를 함으로서 환상박피 윗부분의 C/N율이 (   ), (   )이/가 (   )된다.

① 높아지면, 영양생장, 촉진
② 낮아지면, 영양생장, 억제
③ 높아지면, 꽃눈분화, 촉진
④ 낮아지면, 꽃눈분화, 억제

65 질소비료의 유효성분 중 유기태 질소가 아닌 것은?

① 단백태 질소

② 시안아미드태 질소

③ 질산태 질소

④ 아미노태 질소

66 채소 작물에서 진균에 의한 병끼리 짝지어진 것은?

① 역병, 모잘록병

② 노균병, 무름병

③ 균핵병, 궤양병

④ 탄저병, 근두암종병

67 식용부위에 따른 분류에서 화채류끼리 짝지어진 것은?

① 양배추, 시금치

② 죽순, 아스파라거스

③ 토마토, 파프리카

④ 브로콜리, 콜리플라워

68 다음이 설명하는 과수의 병은?

- 세균에 의한 병
- 전염성이 강하고, 5 ~ 6월경 주로 발생
- 꽃, 잎, 줄기 등이 검게 변하며 서서히 고사

① 대추나무 빗자루병

② 포도 갈색무늬병

③ 배화상병

④ 사과 부란병

69 블루베리 작물에 관한 설명으로 옳지 않은 것은? [기출 수정]

① 과실은 포도와 유사하게 일정기간의 비대정체기를 가진다.

② pH5 정도의 산성토양에서 생육이 불량하다.

③ 묘목을 키우는 방법에는 삽목, 취목, 조직배양 등이 있다.

④ 블루베리 꽃은 일반적으로는 총상꽃차례이고 한줄기 신장지에 작은 꽃자루가 있고 여기에 꽃이 붙는 단일화서이다.

70 호흡 급등형 과실인 것은?

① 포도

② 딸기

③ 사과

④ 감귤

71 절화장미의 수명연장을 위해 자당을 사용하는 주된 목적은?

① pH 조절

② 미생물 억제

③ 과산화물가(POV) 증가

④ 양분 공급

72 관목성 화목류끼리 짝지어진 것은?

① 철쭉, 목련, 산수유

② 라일락, 배롱나무, 이팝나무

③ 장미, 동백나무, 노각나무

④ 진달래, 무궁화, 개나리

73 온실의 처마가 높고 폭이 좁은 양지붕형 온실을 연결한 형태의 온실형은?

① 둥근지붕형

② 벤로형

③ 터널형

④ 쓰리쿼터형

74 다음이 설명하는 양액 재배방식은?

- 고형배지를 사용하지 않음
- 베드의 바닥에 일정한 기울기를 만들어 양액을 흘려보내는 방식
- 뿌리의 일부는 공중에 노출하고, 나머지는 양액에 닿게 하여 재배

① 담액수경

② 박막수경

③ 암면경

④ 펄라이트경

75 시설원예 피복자재에 관한 설명으로 옳지 않은 것은?

① 연질필름 중 PVC 필름의 보온성이 가장 낮다.

② PE 필름, PVC 필름, EVA 필름은 모두 연질필름이다.

③ 반사필름, 부직포는 커튼보온용 추가피복에 사용된다.

④ 한랭사는 차광피복재로 사용된다.

메 모

메모

손해평가사 1차

핵심이론+기출문제

최근 개정법령 완벽 반영

저자 직강 핵심이론 유튜브 무료 동영상 강의
빈출개념 요약노트 무료 다운로드

¹QPASS

원큐패스는 수험생들이 **한번에 합격**하기를 응원합니다.

손해 _{1차} 평가사

핵심이론+기출문제

gongbu-haja 저

출제경향 분석을 통한 **핵심이론**
실전 감각을 높일 수 있도록 **10개년 기출문제 수록**

최근 개정법령
완벽 반영!

핵심이론 유튜브
무료 동영상 강의

다락원

PART

3

손해평가사
기출문제
정답 및 해설

상법(보험편)

1 보험계약의 선의성을 유지하기 위한 제도로 옳지 않은 것은?

❶ 보험자의 보험약관설명의무　　　　② 보험계약자의 손해방지의무

③ 보험계약자의 중요사항 고지의무　　④ 인위적 보험사고에 대한 보험자면책

> **[보험계약의 선의성을 유지하기 위한 제도적 장치]**
> • 보험계약자의 손해방지의무
> • 보험계약자의 중요사항 고지의무
> • 인위적 보험사고에 대한 보험자면책
> • 위험 변경증가시 통지의무
> • 사기로 인한 초과보험·중복보험시 보험계약 무효

2 타인을 위한 보험계약의 보험계약자가 피보험자의 동의를 얻어야 할 수 있는 것은?

① 보험증권교부청구권　　　　　　　　❷ 보험사고 발생 전 보험계약해지권

③ 특별위험 소멸에 따른 보험료감액청구권　④ 보험계약 무효에 따른 보험료반환청구권

> 「상법」 제649조(사고발생전의 임의해지) ① 보험사고가 발생하기 전에는 보험계약자는 언제든지 계약의 전부 또는 일부를 해지할 수 있다. 그러나 제639조의 보험계약의 경우에는 보험계약자는 그 타인의 동의를 얻지 아니하거나 보험증권을 소지하지 아니하면 그 계약을 해지하지 못한다.

3 보험약관의 조항 중 그 효력이 인정되지 않는 것은?

① 보험계약체결일 기준 1월 전부터 보험기간이 시작되기로 하는 조항

② 보험증권교부일로부터 2월 이내에 증권내용에 이의를 할 수 있도록 하는 조항

❸ 약관설명의무 위반 시 보험계약자가 1월 이내에 계약을 취소할 수 있도록 하는 조항

④ 보험계약자의 보험료 반환청구권의 소멸시효기간을 3년으로 하는 조항

> 「상법」 제638조의3(보험약관의 교부·설명 의무) ② 보험자가 제1항을 위반한 경우 보험계약자는 보험계약이 성립한 날부터 **3개월** 이내에 그 계약을 취소할 수 있다.
> 「상법」 제663조(보험계약자 등의 불이익변경금지) 이 편의 규정은 당사자 간의 특약으로 보험계약자 또는 피보험자나 보험수익자의 불이익으로 변경하지 못한다. 그러나 재보험 및 해상보험 기타 이와 유사한 보험의 경우에는 그러하지 아니하다.

4 보험대리상이 갖는 권한으로 옳지 않은 것은?

① 보험자 명의의 보험계약체결권　　❷ 보험계약자에 대한 위험변경증가권

③ 보험계약자에 대한 보험증권교부권　　④ 보험계약자로부터의 보험료수령권

> 「상법」제646조의2(보험대리상 등의 권한) ① 보험대리상은 다음 각 호의 권한이 있다.
>
> 1. 보험계약자로부터 **보험료를** 수령할 수 있는 권한
> 2. 보험자가 작성한 **보험증권을** 보험계약자에게 **교부할** 수 있는 권한
> 3. 보험계약자로부터 청약, 고지, 통지, 해지, 취소 등 보험계약에 관한 의사표시를 수령할 수 있는 권한
> 4. 보험계약자에게 **보험계약의 체결**, 변경, 해지 등 보험계약에 관한 의사표시를 할 수 있는 권한

5 보험계약자가 보험료의 감액을 청구할 수 있는 경우에 해당하는 것은?

① 보험계약 무효 시 보험계약자와 피보험자가 선의이며 중대한 과실이 없는 경우

② 보험계약 무효 시 보험계약자와 보험수익자가 선의이며 중대한 과실이 없는 경우

❸ 특별한 위험의 예기로 보험료를 정한 때에 그 위험이 보험기간 중 소멸한 경우

④ 보험사고 발생 전의 임의해지 시 미경과보험료에 대해 다른 약정이 없는 경우

> 「상법」제647조(특별위험의 소멸로 인한 보험료의 감액청구) 보험계약의 당사자가 **특별한 위험을** 예기하여 보험료의 액을 정한 경우에 보험기간중 그 예기한 위험이 소멸한 때에는 보험계약자는 그 후의 보험료의 감액을 청구할 수 있다.

6 보험료에 관한 설명으로 옳지 않은 것은?

① 보험계약자는 계약체결 후 지체없이 보험료의 전부 또는 최초보험료를 지급하여야 한다.

② 보험계약자의 최초보험료 미지급 시 다른 약정이 없는 한 계약성립 후 2월의 경과로 그 계약은 해제된 것으로 본다.

③ 계속보험료 미지급으로 보험자가 계약을 해지하기 위해서는 보험계약자에게 상당기간을 정하여 그 기간 내에 지급할 것을 최고하여야 한다.

❹ 타인을 위한 보험의 경우 보험계약자의 보험료지급 지체 시 보험자는 그 타인에게 보험료 지급을 최고하지 않아도 계약을 해지할 수 있다.

> 「상법」제650조(보험료의 지급과 지체의 효과) ③ 특정한 타인을 위한 보험의 경우에 보험계약자 가 보험료의 지급을 지체한 때에는 보험자는 그 타인에게도 상당한 기간을 정하여 보험료의 지급 을 최고한 후가 아니면 그 계약을 해제 또는 해지하지 못한다.

7   보험계약 부활에 관한 설명으로 옳은 것은?

① 보험계약자의 고지의무 위반으로 보험자가 보험계약을 해지하여야 한다.

② 보험계약자의 최초보험료 미지급으로 보험자가 보험계약을 해지하여야 한다.

③ 보험계약자가 연체보험료에 법정이자를 더하여 보험자에게 지급하여야 한다.

❹ 보험자가 보험계약을 해지하고 해지환급금을 지급하지 않았어야 한다.

> 「상법」 제650조의2(보험계약의 부활) 제650조 제2항에 따라 **보험계약이 해지되고 해지환급금이 지급되지 아니한 경우**에 보험계약자는 일정한 기간 내에 연체보험료에 약정이자를 붙여 보험자에게 지급하고 그 계약의 부활을 청구할 수 있다. 제638조의2의 규정은 이 경우에 준용한다.

8   보험계약자의 고지의무 위반으로 인한 보험자의 계약해지권에 관한 설명으로 옳은 것은?

❶ 고지의무 위반 사실이 보험사고의 발생에 영향을 미치지 않은 경우 보험자는 계약을 해지하더라도 보험금을 지급할 책임이 있다.

② 보험자는 보험사고 발생 전에 한하여 해지권을 행사할 수 있다.

③ 보험자가 계약을 해지한 경우 보험금을 지급할 책임이 없으며 이미 지급한 보험금에 대해서는 반환을 청구할 수 없다.

④ 보험자는 고지의무 위반사실을 안 날로부터 3월 내에 해지권을 행사할 수 있다.

> 「상법」 제655조(계약해지와 보험금청구권) 보험사고가 발생한 후라도 보험자가 제650조(보험료의 지급과 지체의 효과), 제651조(고지의무 위반으로 인한 계약해지), 제652조(위험변경증가의 통지와 계약해지) 및 제653조(보험계약자 등의 고의나 중고실로 인한 위험증가와 계약해지)에 따라 계약을 해지하였을 때에는 보험금을 지급할 책임이 없고 이미 지급한 보험금의 반환을 청구할 수 있다. 다만, **고지의무(告知義務)를 위반한 사실 또는 위험이 현저하게 변경되거나 증가된 사실이 보험사고 발생에 영향을 미치지 아니하였음이 증명된 경우에는 보험금을 지급할 책임이 있다.**

9 위험의 변경증가에 관한 설명으로 옳은 것을 모두 고른 것은?

> ㉠ 위험변경증가통지의무는 보험계약자 또는 피보험자가 부담한다.
> ㉡ 보험계약자의 위험변경증가통지의무는 피보험자의 행위로 인한 위험변경의 경우에 한한다.
> ㉢ 보험자는 위험변경증가통지를 받은 때로부터 1월 이내에 보험료의 증액을 청구할 수 있다.
> ㉣ 보험자는 위험변경증가의 사실을 안 날로부터 6월 이내에 한하여 계약을 해지할 수 있다.

① ㉠, ㉡
❷ ㉠, ㉢
③ ㉡, ㉣
④ ㉢, ㉣

> **「상법」 제652조(위험변경증가의 통지와 계약해지)** ① 보험기간 중에 **보험계약자 또는 피보험자가** 사고발생의 위험이 현저하게 변경 또는 증가된 사실을 안 때에는 지체없이 보험자에게 통지하여야 한다. 이를 해태한 때에는 보험자는 그 사실을 안 날로부터 1월 내에 한하여 계약을 해지할 수 있다.
> ② 보험자가 제1항의 **위험변경증가의 통지를 받은 때에는 1월 내에 보험료의 증액을 청구하거나** 계약을 해지할 수 있다.

10 보험료의 지급과 보험자의 책임개시에 관한 설명으로 옳지 않은 것은?

① 보험설계사는 보험자가 작성한 영수증을 보험계약자에게 교부하는 경우에만 보험료수령권이 있다.

② 보험자의 책임은 당사자 간에 다른 약정이 없으면 최초 보험료를 지급 받은 때로부터 개시한다.

❸ 보험료불가분의 원칙에 의해 보험계약자는 다른 약정이 있더라도 일시에 보험료를 지급하여야 한다.

④ 보험자의 보험료청구권은 2년간 행사하지 아니하면 시효의 완성으로 소멸한다.

> • 보험료의 지급은 다른 약정이 있으면 분할 지급할 수 있다.
> • **「상법」 제650조(보험료의 지급과 지체의 효과)** ① 보험계약자는 계약체결후 지체없이 보험료의 **전부 또는 제1회 보험료를 지급**하여야 하며, 보험계약자가 이를 지급하지 아니하는 경우에는 다른 약정이 없는 한 계약성립후 2월이 경과하면 그 계약은 해제된 것으로 본다.

11 보험자의 보험금 지급과 면책사유에 관한 설명으로 옳은 것은?

① 보험금은 당사자 간에 특약이 있는 경우라도 금전이외의 현물로 지급할 수 없다.

② 보험자의 보험금 지급은 보험사고발생의 통지를 받은 후 10일 이내에 지급할 보험금액을 정하고 10일 이후에 이를 지급하여야 한다.

③ 보험의 목적인 과일의 자연 부패로 인하여 발생한 손해에 대해서 보험자는 보험금을 지급하여야 한다.

❹ 건물을 특약 없는 화재보험에 가입한 보험계약에서 홍수로 건물이 멸실된 경우 보험자는 보험금을 지급하지 않아도 된다.

> 보장하는 손해에 해당하지 않는 손해로 피해가 발생한 경우에 보험사는 그 피해에 대해 보상할 책임이 없다.

12 재보험계약에 관한 설명으로 옳지 않은 것은?

① 재보험계약은 원보험계약의 효력에 영향을 미치지 않는다.

❷ 화재보험에 관한 규정을 준용한다.

③ 재보험자의 제3자에 대한 대위권행사가 인정된다.

④ 보험계약자의 불이익변경금지원칙은 적용되지 않는다.

> 「상법」 제726조(재보험에의 준용) 이 절(책임보험)의 규정은 그 성질에 반하지 아니하는 범위에서 재보험계약에 준용한다.

13 고지의무에 관한 설명으로 옳지 않은 것은?

❶ 보험설계사는 고지수령권을 가진다.

② 보험자가 서면으로 질문한 사항은 중요한 사항으로 추정한다.

③ 고지의무를 부담하는 자는 보험계약자와 피보험자이다.

④ 고지의무자의 고의 또는 중대한 과실로 부실의 고지를 한 경우 고지의무 위반이 된다.

> 보험대리점의 경우에는 계약체결권, 고지수령권, 통지수령권 등이 있지만, 보험 설계사의 경우에는 위의 권한들이 모두 인정되지 않는다.

14 보험자의 손해보상의무에 관한 설명으로 옳지 않은 것은?

① 손해보험계약의 보험자는 보험사고로 인하여 생길 피보험자의 재산상의 손해를 보상할 책임이 있다.

❷ 보험자의 보험금 지급의무는 2년의 단기시효로 소멸한다.

③ 화재보험계약의 목적을 건물의 소유권으로 한 경우 보험사고로 인하여 피보험자가 얻을 임대료수입은 특약이 없는 한 보험자가 보상할 손해액에 산입하지 않는다.

④ 신가보험은 손해보험의 이득금지원칙에도 불구하고 인정된다.

> • 보험자의 보험금 지급의무는 3년 시효의 완성으로 소멸한다.
> • 「상법」 제662조(소멸시효) 보험금청구권은 3년간, 보험료 또는 적립금의 반환청구권은 3년간, 보험료청구권은 2년간 행사하지 아니하면 시효의 완성으로 소멸한다.

15 손해보험계약에서의 피보험이익에 관한 설명으로 옳지 않은 것은?

① 피보험이익은 보험의 도박화를 방지하는 기능이 있다.

② 피보험이익은 적법한 것이어야 한다.

③ 피보험이익은 보험자의 책임범위를 정하는 표준이 된다.

❹ 동일한 건물에 대하여 소유권자와 저당권자는 각자 독립한 보험계약을 체결할 수 없다.

> 피보험이익이 다르면 동일한 건물에 대한 보험계약이라고 하더라도 별개의 보험계약이 되기 때문에, 동일한 건물에 대하여 소유권자와 저당권자는 각자 독립한 보험계약을 체결할 수 있다.

16 기평가보험과 미평가보험에 관한 설명으로 옳지 않은 것은?

① 기평가보험이란 보험계약 체결 시 당사자 간에 피보험이익의 평가에 관하여 미리 합의한 보험을 말한다.

② 기평가보험의 경우 당사자 간에 보험가액을 정한 때에는 그 가액은 사고발생 시의 가액으로 정한 것으로 추정한다.

❸ 기평가보험의 경우 협정보험가액이 사고발생 시의 가액을 현저하게 초과할 때에는 협정보험가액을 보험가액으로 한다.

④ 보험계약체결 시 당사자 간에 보험가액을 정하지 아니한 경우에는 사고발생 시의 가액을 보험가액으로 한다.

> 「상법」 제670조(기평가보험) 당사자 간에 보험가액을 정한 때에는 그 가액은 사고발생 시의 가액으로 정한 것으로 추정한다. 그러나 그 가액이 사고발생 시의 가액을 현저하게 초과할 때에는 **사고발생 시의 가액을 보험가액으로 한다.**

17 중복보험에 관한 설명으로 옳은 것을 모두 고른 것은?

㉠ 중복보험계약이 동시에 체결된 경우든 다른 때에 체결된 경우든 각 보험자는 각자의 보험금액의 한도에서 연대책임을 진다.
㉡ 중복보험의 경우 보험자 1인에 대한 권리의 포기는 다른 보험자의 권리 의무에 영향을 미치지 않는다.
㉢ 중복보험계약이 보험계약자의 사기로 인하여 체결된 때에는 그 계약은 무효가 되므로 보험자는 그 사실을 안 때까지의 보험료를 청구할 수 없다.

❶ ㉠, ㉡
② ㉠, ㉢
③ ㉡, ㉢
④ ㉠, ㉡, ㉢

㉠ **「상법」 제672조(중복보험)** ① 동일한 보험계약의 목적과 동일한 사고에 관하여 수개의 보험계약이 동시에 또는 순차로 체결된 경우에 그 보험금액의 총액이 보험가액을 초과한 때에는 보험자는 각자의 보험금액의 한도에서 연대책임을 진다.
㉡ **「상법」 제673조(중복보험과 보험자 1인에 대한 권리포기)** 제672조의 규정에 의한 수개의 보험계약을 체결한 경우에 보험자 1인에 대한 권리의 포기는 다른 보험자의 권리의무에 영향을 미치지 아니한다.
㉢ **「상법」 제669조(초과보험)·제672조(중복보험)** 내용 中
중복보험·초과보험 계약이 보험계약자의 사기로 인하여 체결된 때에는 그 계약은 무효로한다. 그러나 **보험자는 그 사실을 안 때까지의 보험료를 청구할 수 있다.**

18 보험가액에 관한 설명으로 옳은 것은?

① 보험자의 계약상의 최고보상한도로서의 의미를 가진다.
② 일부보험은 어느 경우에도 보험자가 보험가액을 한도로 실제손해를 보상할 책임을 진다.
❸ 피보험이익을 금전으로 평가한 가액을 의미한다.
④ 보험가액은 보험금액과 항상 일치한다.

③ 피보험이익을 금전으로 평가한 가액을 의미한다. (O)
① 보험자의 **계약상**(× → 법률상)의 최고보상한도로서의 의미를 가진다.
② 일부보험은 어느 경우에도 보험자가 보험가액을 한도로 실제손해를 보상할 책임을 진다.
  (× → 당사자 간에 다른 약정이 있는 때에는 보험자는 보험금액의 한도 내에서 그 손해를 보상할 책임을 진다.) [상법 제674조]
④ 보험가액은 보험금액과 항상 **일치한다.** (× → 항상 일치하는 것은 아니다.) 그렇기 때문에 일부보험, 초과보험의 문제가 발생한다.

19 손해보험에서 손해액을 산정하는 기준으로 옳지 않은 것은?

① 보험자가 보상할 손해액은 그 손해가 발생한 때와 곳의 가액에 의하여 산정한다.

② 다른 약정이 있으면 신품가액에 의하여 손해액을 산정할 수 있다.

❸ 손해액 산정 비용은 보험계약자의 부담으로 한다.

④ 다른 약정이 없으면 보험자가 보상할 손해액에는 피보험자가 얻을 이익을 산입하지 않는다.

> 「상법」 제676조(손해액의 산정기준) ① 보험자가 보상할 손해액은 그 손해가 발생한 때와 곳의 가액에 의하여 산정한다. 그러나 당사자 간에 다른 약정이 있는 때에는 그 신품가액에 의하여 손해액을 산정할 수 있다.
> ② 제1항의 손해액의 산정에 관한 비용은 보험자의 부담으로 한다.

20 보험의 목적에 보험자의 담보 위험으로 인한 손해가 발생한 후 그 목적이 보험자의 비담보 위험으로 멸실된 경우 보험자의 보상책임은?

① 보험자는 모든 책임에서 면책된다.

❷ 보험자의 담보 위험으로 인한 손해만 보상한다.

③ 보험자의 비담보 위험으로 인한 손해만 보상한다.

④ 보험자는 멸실된 손해 전체를 보상한다.

> 「상법」 제675조(사고발생 후의 목적멸실과 보상책임) 보험의 목적에 관하여 보험자가 부담할 손해가 생긴 경우에는 그 후 그 목적이 보험자가 부담하지 아니하는 보험사고의 발생으로 인하여 멸실된 때에도 보험자는 이미 생긴 손해를 보상할 책임을 면하지 못한다.

21 보험계약자 및 피보험자의 손해방지의무에 관한 설명으로 옳지 않은 것은?

① 손해의 방지와 경감을 위하여 노력하여야 한다.

② 손해방지와 경감을 위하여 필요 또는 유익하였던 비용과 보상액이 보험금액을 초과한 경우 보험자가 이를 부담한다.

③ 보험사고 발생을 전제로 하므로 보험사고가 발생하면 생기는 것이다.

❹ 보험자가 책임을 지지 않는 손해에 대해서도 손해방지의무를 부담한다.

> 보험계약자 및 피보험자의 손해방지의무는 보험자가 보장하는 손해에 한한다. 보험자가 책임을 지지 않는 손해에 대해서는 손해방지의무를 부담하지 않는다.

22 손해보험에 관한 설명으로 옳지 않은 것은?

❶ 보험의 목적의 성질 및 하자로 인한 손해는 보험자가 보상할 책임이 있다.

② 피보험이익은 적어도 사고발생 시까지 확정할 수 있는 것이어야 한다.

③ 보험자가 손해를 보상할 경우에 보험료의 지급을 받지 않은 잔액이 있으면 이를 공제할 수 있다.

④ 경제적 가치를 평가할 수 있는 이익은 피보험이익이 된다.

> 「상법」 제678조(보험자의 면책사유) 보험의 목적의 성질, 하자 또는 자연소모로 인한 손해는 보험자가 이를 보상할 책임이 없다.

23 잔존물 대위에 관한 설명으로 옳은 것은?

① 보험의 목적 일부가 멸실한 경우 발생한다.

❷ 보험금액의 전부를 지급하여야 보험자가 잔존물 대위권을 취득할 수 있다.

③ 일부보험의 경우에는 잔존물 대위가 인정되지 않는다.

④ 보험자는 잔존물에 대한 물권변동의 절차를 밟아야 대위권을 취득할 수 있다.

> 「상법」 제681조(보험목적에 관한 보험대위) 보험의 목적의 전부가 멸실한 경우에 보험금액의 전부를 지급한 보험자는 그 목적에 대한 피보험자의 권리를 취득한다. 그러나 보험가액의 일부를 보험에 붙인 경우에는 보험자가 취득할 권리는 보험금액의 보험가액에 대한 비율에 따라 이를 정한다.

24 일부보험에 관한 설명으로 옳지 않은 것은?

① 보험금액이 보험가액보다 작아야 한다.

② 다른 약정이 없으면 보험자는 보험금액의 보험가액에 대한 비율에 따라 보상책임을 진다.

❸ 특약이 없는 경우 보험기간 중에 물가 상승으로 보험가액이 증가한 때에는 일부보험으로 판단하지 않는다.

④ 다른 약정이 없으면 손해방지비용에 대해서도 비례보상주의를 따른다.

> 특약이 없는 경우 보험기간 중에 물가 상승으로 보험가액이 증가하여 자연적으로 "(보험가입금액 〈보험가액〉"의 상태가 된 경우에도 일부보험으로 판단한다.

25 화재보험에 관한 설명으로 옳지 않은 것은?

① 보험자는 화재로 인한 손해의 감소에 필요한 조치로 인하여 생긴 손해를 보상할 책임이 있다.

② 연소 작용에 의하지 아니한 열의 작용으로 인한 손해는 보험자의 보상 책임이 없다.

③ 화재로 인한 손해는 상당인과관계가 있어야 한다.

❹ 화재 진화를 위해 살포한 물로 보험목적이 훼손된 손해는 보상하지 않는다.

> 「상법」 제684조(소방 등의 조치로 인한 손해의 보상) 보험자는 화재의 소방 또는 손해의 감소에 필요한 조치로 인하여 생긴 손해를 보상할 책임이 있다.

 ## 농어업재해보험법령

26 「농어업재해보험법」상 농업재해보험심의회의 심의사항이 아닌 것은?

❶ 재해보험 상품의 인가

② 재해보험 목적물의 선정

③ 재해보험에서 보상하는 재해의 범위

④ 농어업재해재보험사업에 대한 정부의 책임 범위

> **[농어업재해보험법상 농업재해보험심의회의 심의사항]**
> [농어업재해보험법 제3조 제1항]
> 1. 제2조의3 각 호의 사항
>
> > 1. **재해보험에서 보상하는 재해의 범위**에 관한 사항
> > 2. 재해보험사업에 대한 재정지원에 관한 사항
> > 3. 손해평가의 방법과 절차에 관한 사항
> > 4. **농어업재해재보험사업(이하 "재보험사업"이라 한다)에 대한 정부의 책임범위**에 관한 사항
> > 5. 재보험사업 관련 자금의 수입과 지출의 적정성에 관한 사항
> > 6. 그 밖에 제3조에 따른 농업재해보험심의회의 위원장 또는 「수산업·어촌 발전 기본법」 제8조 제1항에 따른 중앙 수산업·어촌정책심의회의 위원장이 재해보험 및 재보험에 관하여 회의에 부치는 사항
>
> 2. **재해보험 목적물의 선정**에 관한 사항
> 3. 기본계획의 수립·시행에 관한 사항
> 4. 다른 법령에서 심의회의 심의사항으로 정하고 있는 사항

27 다음 설명에 해당되는 용어는?

> 보험가입자의 재산 피해에 따른 손해가 발생한 경우 보험에서 최대로 보상할 수 있는 한도액으로서 보험가입자와 보험사업자 간에 약정한 금액

① 보험료　　　　　　　　　　　　② 보험금
❸ 보험가입금액　　　　　　　　　④ 손해액

[농어업재해보험법 제2조(정의)]
이 법에서 사용하는 용어의 뜻은 다음과 같다.

1. "농어업재해"란 농작물·임산물·가축 및 농업용 시설물에 발생하는 자연재해·병충해·조수해(鳥獸害)·질병 또는 화재(이하 "농업재해"라 한다)와 양식수산물 및 어업용 시설물에 발생하는 자연재해·질병 또는 화재(이하 "어업재해"라 한다)를 말한다.
2. "농어업재해보험"이란 농어업재해로 발생하는 재산 피해에 따른 손해를 보상하기 위한 보험을 말한다.
3. "보험가입금액"이란 보험가입자의 재산 피해에 따른 손해가 발생한 경우 보험에서 최대로 보상할 수 있는 한도액으로서 보험가입자와 보험사업자 간에 약정한 금액을 말한다.
4. "보험료"란 보험가입자와 보험사업자 간의 약정에 따라 보험가입자가 보험사업자에게 내야 하는 금액을 말한다.
5. "보험금"이란 보험가입자에게 재해로 인한 재산 피해에 따른 손해가 발생한 경우 보험가입자와 보험사업자 간의 약정에 따라 보험사업자가 보험가입자에게 지급하는 금액을 말한다.
6. "시범사업"이란 농어업재해보험사업(이하 "재해보험사업"이라 한다)을 전국적으로 실시하기 전에 보험의 효용성 및 보험 실시 가능성 등을 검증하기 위하여 일정 기간 제한된 지역에서 실시하는 보험사업을 말한다.

28 「농어업재해보험법」상 재해보험의 종류가 아닌 것은?
❶ 농기계재해보험　　　　　　　　② 농작물재해보험
③ 양식수산물재해보험　　　　　　④ 가축재해보험

「농어업재해보험법」 제4조(재해보험의 종류 등) 재해보험의 종류는 **농작물재해보험**, 임산물재해보험, **가축재해보험** 및 **양식수산물재해보험**으로 한다. 이 중 농작물재해보험, 임산물재해보험 및 가축재해보험과 관련된 사항은 농림축산식품부장관이, 양식수산물재해보험과 관련된 사항은 해양수산부장관이 각각 관장한다.

29 현행 농작물재해보험에서 보장하는 보험의 목적(대상품목)이 아닌 것은? [기출 수정]
　① 사과　　　　　　　　　　　❷ 산양삼
　③ 유자　　　　　　　　　　　④ 밤

이 문제는 현재 「농어업재해보험법」 규정에는 해당 내용이 삭제되어 관련 법조문이 남아있지 않다. 따라서 손해평가사 2차시험의 출제 기준이 되는 현행 손해평가사 업무방법서 농작물재해보험 및 가축재해보험의 이론과 실무 내용에 맞추어 기출문제를 수정하였다.
현행 농작물재해보험에서 보장하는 보험의 목적(대상품목) 중 인삼이 있다. 하지만, 산양삼(장뇌삼), 묘삼, 수경재배 인삼은 인수제한 목적물에 해당한다. 때문에 산양삼은 보험의 목적이 될 수 없다.

30 재해보험에서 보상하는 재해의 범위 중 보험목적물 "벼"에서 보상하는 병충해가 아닌 것은?
　① 흰잎마름병
　❷ 잎집무늬마름병
　③ 줄무늬잎마름병
　④ 벼멸구

[농작물재해보험 벼 품목의 보상하는 병충해]
흰잎마름병, 줄무늬잎마름병, 세균성벼알마름병, 도열병, 깨씨무늬병, 먹노린재, 벼멸구

31 「농어업재해보험법령」상 재해보험 요율산정에 관한 설명으로 옳지 않은 것은?
　① 재해보험사업자가 산정한다.
　② 보험목적물별 또는 보상방식별로 산정한다.
　③ 객관적이고 합리적인 통계자료를 기초로 산정한다.
　❹ 시·군·자치구 또는 읍·면·동 행정구역 단위까지 산정한다.

④ 시·군·자치구 또는 **읍·면·동**(× → 특별시·광역시·도·특별자치도) 행정구역 단위까지 산정한다. [농어업재해보험법 제9조 제1항]

32 「농어업재해보험법령」상 농작물재해보험 손해평가인으로 위촉될 수 있는 자의 자격요건이 아닌 것은?

① 「농수산물 품질관리법」에 따른 농산물품질관리사

❷ 재해보험 대상 농작물을 3년 이상 경작한 경력이 있는 농업인

③ 재해보험 대상 농작물 분야에서 「국가기술자격법」에 따른 기사 이상의 자격을 소지한 사람

④ 공무원으로 지방자치단체에서 농작물재배 분야에 관한 연구·지도 업무를 3년 이상 담당한 경력이 있는 사람

> ② 재해보험 대상 농작물을 3년(× → 5년) 이상 경작한 경력이 있는 농업인 [농어업재해보험법 시행령 별표 2]

33 「농어업재해보험법」상 농림축산식품부 장관이 손해평가사의 자격 취소하여야 하는 경우에 해당되는 자만을 모두 고른 것은? [기출 수정]

> ㉠ 손해평가사의 직무를 게을리하였다고 인정되는 사람
> ㉡ 손해평가사의 자격을 거짓 또는 부정한 방법으로 취득한 사람
> ㉢ 거짓으로 손해평가를 한 사람
> ㉣ 업무정지 기간 중에 손해평가 업무를 수행한 사람

① ㉠, ㉡

② ㉡, ㉢

❸ ㉡, ㉢, ㉣

④ ㉠, ㉡, ㉢, ㉣

> **「농어업재해보험법」 제11조의5(손해평가사의 자격 취소)** ① 농림축산식품부장관은 다음 각 호의 어느 하나에 해당하는 사람에 대하여 손해평가사 자격을 취소할 수 있다. 다만, 제1호 및 제5호에 해당하는 경우에는 자격을 취소하여야 한다.
>
> 　1. 손해평가사의 자격을 거짓 또는 부정한 방법으로 취득한 사람
> 　2. 거짓으로 손해평가를 한 사람
> 　3. 제11조의4 제6항을 위반하여 다른 사람에게 손해평가사의 명의를 사용하게 하거나 그 자격 증을 대여한 사람
> 　4. 제11조의4 제7항을 위반하여 손해평가사 명의의 사용이나 자격증의 대여를 알선한 사람
> 　5. 업무정지 기간 중에 손해평가 업무를 수행한 사람
>
> ② 제1항에 따른 자격 취소 처분의 세부기준은 대통령령으로 정한다.

34 「농어업재해보험법」상 손해평가사의 업무가 아닌 것은?

❶ 피해발생의 통지   ③ 손해액의 평가

② 피해사실의 확인   ④ 보험가액의 평가

> **「농어업재해보험법」 제11조의3(손해평가사의 업무)** 손해평가사는 농작물재해보험 및 가축재해보험에 관하여 다음 각 호의 업무를 수행한다.
>
> 1. 피해사실의 확인
> 2. 보험가액 및 손해액의 평가
> 3. 그 밖의 손해평가에 필요한 사항

35 「농어업재해보험법령」상 재해보험사업자가 재해보험사업을 원활히 수행하기 위하여 필요한 경우로서 보험모집 및 손해평가 등 재해보험 업무의 일부를 위탁할 수 있는 대상이 아닌 자는?

① 「산림조합법」에 따라 설립된 품목별 산림조합

❷ 「농업협동조합법」에 따라 설립된 농업협동조합중앙회

③ 「보험업법」제187조에 따라 손해사정을 업으로 하는 자

④ 「농업협동조합법」에 따라 설립된 지역축산업협동조합

> • **「농어업재해보험법」 제14조(업무 위탁)** 재해보험사업자는 재해보험사업을 원활히 수행하기 위하여 필요한 경우에는 보험모집 및 손해평가 등 재해보험 업무의 일부를 대통령령으로 정하는 자에게 위탁할 수 있다.
> • **「농어업재해보험법」 시행령 제13조(업무 위탁)**
> 법 제14조에서 "대통령령으로 정하는 자"란 다음 각 호의 자를 말한다.
>
> 1. 「농업협동조합법」에 따라 설립된 지역농업협동조합·지역축산업협동조합 및 품목별·업종별 협동조합
> 1의2. 「산림조합법」에 따라 설립된 지역산림조합 및 품목별·업종별산림조합
> 2. 「수산업협동조합법」에 따라 설립된 지구별 수산업협동조합, 업종별 수산업협동조합, 수산물 가공 수산업협동조합 및 수협은행
> 3. 「보험업법」 제187조에 따라 손해사정을 업으로 하는 자
> 4. 농어업재해보험 관련 업무를 수행할 목적으로 「민법」 제32조에 따라 농림축산식품부장관 또는 해양수산부장관의 허가를 받아 설립된 비영리법인

36 「농어업재해보험법」상 재해보험 가입자 또는 사업자에 대한 정부의 재정지원에 관한 설명으로 옳지 않은 것은? [기출 수정]

① 재해보험가입자가 부담하는 보험료의 일부를 지원할 수 있다.

❷ 재해보험사업자가 재해보험가입자에게 지급하는 보험금의 일부를 지원할 수 있다.

③ 재해보험사업자의 재해보험의 운영 및 관리에 필요한 비용의 전부 또는 일부를 지원할 수 있다.

④ 「풍수해·지진재해보험법」에 따른 풍수해·지진재해보험에 가입한 자가 동일한 보험목적물을 대상으로 재해보험에 가입한 경우는 보험료를 지원하지 아니한다.

- ② 재해보험사업자가 재해보험가입자에게 지급하는 **보험금**의 일부를 지원할 수 있다. (× → 정부는 예산의 범위에서 재해보험가입자가 부담하는 **보험료**의 일부와 재해보험사업자의 재해보험의 운영 및 관리에 필요한 비용의 전부 또는 일부를 지원할 수 있다.) [농어업재해보험법 제19조(재정지원)]
- **지급보험금** 지원 규정 없음

37 「농어업재해보험법」상 재해보험사업을 효율적으로 추진하기 위한 농림축산식품부의 업무(업무를 위탁한 경우를 포함한다)로 볼 수 없는 것은?

❶ 재해보험 요율의 승인　　　　　② 재해보험 상품의 연구 및 보급

③ 손해평가인력의 육성　　　　　④ 손해평가기법의 연구·개발 및 보급

「농어업재해보험법」 제25조의2(농어업재해보험사업의 관리) ① 농림축산식품부장관 또는 해양수산부장관은 재해보험사업을 효율적으로 추진하기 위하여 다음 각 호의 업무를 수행한다.

1. 재해보험사업의 관리·감독
2. **재해보험 상품의 연구 및 보급**
3. 재해 관련 통계 생산 및 데이터베이스 구축·분석
4. **손해평가인력의 육성**
5. **손해평가기법의 연구·개발 및 보급**

38 「농어업재해보험법」상 과태료의 부과대상이 아닌 것은?

① 재해보험사업자가 「보험업법」을 위반하여 보험안내를 한 경우

② 재해보험사업자가 아닌 자가 「보험업법」을 위반하여 보험안내를 한 경우

❸ 손해평가사가 고의로 진실을 숨기거나 거짓으로 손해평가를 한 경우

④ 재해보험사업자가 농림축산식품부에 관계서류 제출을 거짓으로 한 경우

③ 손해평가사가 고의로 진실을 숨기거나 거짓으로 손해평가를 한 경우 → 1년 이하의 징역 또는 1천만 원 이하의 벌금 [농어업재해보험법 제30조 제2항]

① 재해보험사업자가 「보험업법」을 위반하여 보험안내를 한 경우 → 1천만 원 이하의 과태료 [농어업재해보험법 제32조 제1항]

② 재해보험사업자가 아닌 자가 「보험업법」을 위반하여 보험안내를 한 경우 → 500만 원 이하의 과태료 [농어업재해보험법 제32조 제3항]

④ 재해보험사업자가 농림축산식품부에 관계서류 제출을 거짓으로 한 경우 → 500만 원 이하의 과태료 [농어업재해보험법 제32조 제3항]

39 다음 (   )안에 해당되지 않는 자는?

농업재해보험 손해평가요령에서 규정하고 있는 "손해평가"라 함은 「농어업재해보험법」 제2조제1호에 따른 피해가 발생한 경우 법 제11조 및 제11조의3에 따라 (   ), (   ) 또는 (   )가(이) 그 피해사실을 확인하고 평가하는 일련의 과정을 말한다.

① 손해평가사
② 손해사정사
③ 손해평가인
❹ 손해평가보조인

농업재해보험 손해평가요령 제2조(용어의 정의) 이 요령에서 사용하는 용어의 정의는 다음 각호와 같다.

1. "손해평가"라 함은 「농어업재해보험법」(이하 "법"이라 한다) 제2조제1호에 따른 피해가 발생한 경우 법 제11조 및 제11조의3에 따라 **손해평가인, 손해평가사** 또는 **손해사정사**가 그 피해사실을 확인하고 평가하는 일련의 과정을 말한다.

40 농업재해보험 손해평가요령에 따른 손해평가인 위촉의 취소 및 해지에 관한 설명으로 옳지 않은 것은?

① 거짓 또는 그 밖의 부정한 방법으로 손해평가인으로 위촉된 자에 대해서는 그 위촉을 취소하여야 한다.

② 손해평가업무를 수행하면서 「개인정보보호법」을 위반하여 재해보험가입자의 개인정보를 누설한 자는 그 위촉을 해지할 수 있다.

③ 재해보험사업자는 위촉을 취소하는 때에는 해당 손해평가인에게 청문을 실시하여야 한다.

❹ 재해보험사업자는 업무의 정지를 명하고자 하는 때에는 해당 손해평가인에 대한 청문을 생략할 수 있다.

④ 재해보험사업자는 업무의 정지를 명하고자 하는 때에는 **해당 손해평가인에 대한 청문을 생략할 수 있다.** (× → 손해평가인에게 청문을 실시하여야 한다.) [농업재해보험 손해평가요령 제6조 제3항]

41 농업재해보험 손해평가요령에서 규정하고 있는 손해평가인 위촉에 관한 설명으로 옳지 않은 것은? [기출 수정]

① 재해보험사업자는 손해평가 업무를 원활히 수행하게 하기 위하여 손해평가보조인을 운용할 수 있다.

② 재해보험사업자의 업무를 위탁받은 자는 손해평가보조인을 운용할 수 있다.

③ 재해보험사업자가 손해평가인을 위촉한 경우에는 그 자격을 표시할 수 있는 손해평가인증을 발급하여야 한다.

❹ 재해보험사업자는 보험가입자 수 등에도 불구하고 보험사업비용을 고려하여 손해평가인 위촉규모를 최소화하여야 한다.

농업재해보험 손해평가요령 제4조(손해평가인 위촉) ② 재해보험사업자는 피해 발생 시 원활한 손해평가가 이루어지도록 농업재해보험이 실시되는 시·군·자치구별 보험가입자의 수 등을 고려하여 **적정 규모의 손해평가인을 위촉하여야** 한다.

42 농업재해보험 손해평가요령에 규정된 재해보험사업자가 손해평가인으로 위촉된 자에 대해 실시하는 정기교육 실시기준으로 옳은 것은? [기출 수정]

① 월 1회 이상　　　　　　　　② 연 2회 이상

❸ 연 1회 이상　　　　　　　　④ 분기당 1회 이상

농어업재해보험법 제11조(손해평가 등) ⑤ 농림축산식품부장관 또는 해양수산부장관은 제1항에 따른 손해평가인이 공정하고 객관적인 손해평가를 수행할 수 있도록 **연 1회 이상** 정기교육을 실시하여야 한다.

43 농업재해보험 손해평가요령에 따른 종합위험방식 상품의 조사내용 중 "재파종 피해조사"에 해당되는 품목은?

① 양파   ② 감자

❸ 마늘   ④ 콩

[농업재해보험 손해평가요령 별표 2 내용 中]

조사내용	조사시기	조사방법	비고
재파종 조사	사고접수 후 지체없이	• 해당농지에 보상하는 손해로 인하여 재파종이 필요한 면적 또는 면적비율 조사 • 조사방법 : 전수조사 또는 표본조사	**마늘만** 해당

44 농업재해보험 손해평가요령에 따른 적과종료 이전 특정위험 5종 한정 보장 특약 가입한 적과전 종합위험방식 상품 "사과"의 「6월 1일 ~ 적과 전」 생육시기에 대상 재해로 옳지 않은 것은? [기출 수정]

① 태풍(강풍)·집중호우   ② 우박

③ 지진   ❹ 가을동상해

[농업재해보험 손해평가요령 별표 2 내용 中]

생육시기	재해	조사내용	조사시기	조사방법	비고
보험계약 체결일 ~ 적과 전	보상하는 재해 전부	피해사실 확인 조사	사고접수 후 지체없이	• 보상하는 재해로 인한 피해발생 여부 조사	피해사실이 명백한 경우 생략 가능
	우박		사고접수 후 지체없이	• 우박으로 인한 유과(어린과실) 및 꽃(눈)등의 타박비율 조사 • 조사방법 : 표본조사	적과 종료 이전 특정위험 5종 한정 보장 특약 가입건에 한함
6월1일 ~ 적과 전	태풍(강풍), 우박, 집중호우, 화재, 지진		사고접수 후 지체없이	• 보상하는 재해로 발생한 낙엽피해 정도 조사 – 단감·떫은감에 대해서만 실시 • 조사방법 : 표본조사	

45 적과 전 종합위험방식 과실손해보장 중 "배"의 경우 다음 조건에 해당되는 보험금은? [기출수정]

- 가입가격 8,000원/kg
- 자기부담감수량 600kg
- 적과종료 이후 누적감수량 4,000kg

① 1,600만 원
❷ 2,720만 원
③ 3,200만 원
④ 4,000만 원

보험금 = (적과종료 이후 누적감수량 − 자기부담감수량) × 가입가격
= (4,000kg − 600kg) × 8,000원/kg = 27,200,000원

46 농업재해보험 손해평가요령에 따른 농작물의 보험가액 산정에 관한 설명으로 옳은 것은?

① 특정위험방식 보험가액은 적과 후 착과수조사를 통해 산정한 가입수확량에 보험가입 당시의 단위당 가입가격을 곱하여 산정한다.

② 종합위험방식 보험가액은 보험증권에 기재된 보험목적물의 가입수확량에 보험가입 당시의 단위당 가입가격을 곱하여 산정한다.

❸ 적과 전 종합위험방식의 보험가액은 적과 후 착과수 조사를 통해 산정한 기준수확량에 보험가입 당시의 단위당 가입가격을 곱하여 산정한다.

④ 나무손해보장의 보험가액은 기재된 보험목적물이 나무인 경우로 최종 보험사고 발생 시의 해당 농지 내에 심어져 있는 전체 나무 수(피해 나무 수 포함)에 보험가입 당시의 나무당 가입가격을 곱하여 산정한다.

③ 적과 전 종합위험방식의 보험가액은 적과 후 착과수조사를 통해 산정한 기준수확량에 보험가입 당시의 단위당 가입가격을 곱하여 산정한다. [농업재해보험 손해평가요령 제13조 제1항 제2호]
① 특정위험방식 보험가액은 적과 후 착과수조사를 통해 산정한 **가입수확량**(× → 기준수확량)에 보험가입 당시의 단위당 가입가격을 곱하여 산정한다.
[농업재해보험 손해평가요령 제13조 제1항 제1호]
② 종합위험방식 보험가액은 보험증권에 기재된 보험목적물의 **가입수확량**(× → 평년수확량)에 보험가입 당시의 단위당 가입가격을 곱하여 산정한다.
[농업재해보험 손해평가요령 제13조 제1항 제3호]
④ 나무손해보장의 보험가액은 기재된 보험목적물이 나무인 경우로 최종 보험사고 발생 시의 해당 농지 내에 심어져 있는 **전체 나무 수**(× → 과실생산이 가능한 나무 수, 피해 나무 수 포함)에 보험가입 당시의 나무당 가입가격을 곱하여 산정한다.
[농업재해보험 손해평가요령 제13조 제1항 제5호]

47 농업재해보험 손해평가요령에 따른 손해평가결과 검증에 관한 설명으로 옳은 것은?

① 재해보험사업자 및 재해보험사업의 재보험사업자는 손해평가반이 실시한 손해평가결과를 확인하고자 하는 경우에는 손해평가를 실시한 전체 보험목적물에 대하여 검증조사를 하여야 한다.

❷ 농림축산식품부장관은 재해보험사업자로 하여금 검증조사를 하게 할 수 있으며, 재해보험사업자는 특별한 사유가 없는 한 이에 응하여야 한다.

③ 재해보험사업자는 검증조사결과 현저한 차이가 발생되어 재조사가 불가피하다고 판단될 경우라도 해당 손해평가반이 조사한 전체 보험목적물에 대하여 재조사를 할 수 없다.

④ 보험가입자가 정당한 사유없이 검증조사를 거부하는 경우 검증조사반은 검증조사결과 작성을 생략하고 재해보험사업자에게 제출하지 않아도 된다.

> ② 농림축산식품부장관은 재해보험사업자로 하여금 검증조사를 하게 할 수 있으며, 재해보험사업자는 특별한 사유가 없는 한 이에 응하여야 한다. (O) [농업재해보험 손해평가요령 제11조 제2항]
>
> ① 재해보험사업자 및 재해보험사업의 재보험사업자는 손해평가반이 실시한 손해평가결과를 확인하고자 하는 경우에는 손해평가를 실시한 **전체 보험목적물에 대하여 검증조사를 하여야 한다.** (× → 보험목적물 중에서 일정수를 임의 추출하여 검증조사를 할 수 있다.) [농업재해보험 손해평가요령 제11조 제1항]
>
> ③ 재해보험사업자는 검증조사결과 현저한 차이가 발생되어 재조사가 불가피하다고 판단될 경우라도 해당 손해평가반이 조사한 전체 보험목적물에 대하여 재조사를 **할 수 없다.** (× → 할 수 있다.) [농업재해보험 손해평가요령 제11조 제3항]
>
> ④ 보험가입자가 정당한 사유없이 검증조사를 거부하는 경우 검증조사반은 **검증조사결과 작성을 생략하고 재해보험사업자에게 제출하지 않아도 된다.**(× → 검증조사가 불가능하여 손해평가 결과를 확인할 수 없다는 사실을 보험가입자에게 통지한 후 검증조사결과를 작성하여 재해보험사업자에게 제출하여야 한다.) [농업재해보험 손해평가요령 제11조 제4항]

48 농업재해보험 손해평가요령에 따른 피해사실 확인 내용으로 옳은 것은? [기출 수정]

① 손해평가반은 보험책임기간에 관계없이 발생한 피해에 대해서는 재해보험사업자에게 피해발생을 통지하여야 한다.

② 재해보험사업자는 손해평가반으로 하여금 일정기간을 정하여 보험목적물의 피해사실을 확인하게 하여야 한다.

③ 재해보험사업자는 손해평가반으로 하여금 일정기간을 정하여 보험목적물의 손해평가를 실시하게 하여야 한다.

❹ 손해평가반이 손해평가를 실시할 때에는 재해보험사업자가 해당 보험가입자의 보험계약사항 중 손해평가와 관련된 사항을 손해평가반에게 통보하여야 한다.

> ④ 손해평가반이 손해평가를 실시할 때에는 재해보험사업자가 해당 보험가입자의 보험계약사항 중 손해평가와 관련된 사항을 손해평가반에게 통보하여야 한다. (O) [농업재해보험 손해평가요령 제9조 제2항]

49 농업재해보험 손해평가요령에 따른 보험목적물별 손해평가 단위로 옳지 않은 것은?

❶ 벼 – 농가별   ② 사과 – 농지별

③ 돼지 – 개별가축별   ④ 비닐하우스 – 보험가입 목적물별

> **제12조(손해평가 단위)** ① 보험목적물별 손해평가 단위는 다음 각 호와 같다.
>
> 1. 농작물 : 농지별
> 2. 가축 : 개별가축별(단, 벌은 벌통 단위)
> 3. 농업시설물 : 보험가입 목적물별

50 농업재해보험 손해평가요령에 따른 농업시설물의 보험가액 및 손해액 산정과 관련하여 옳지 않은 것은?

① 보험가액은 보험사고가 발생한 때와 곳에서 평가한다.

② 보험가액은 피해목적물의 재조달가액에서 내용연수에 따른 감가상각률을 적용하여 계산한 감가상각액을 차감하여 산정한다.

③ 손해액은 보험사고가 발생한 때와 곳에서 산정한 피해목적물의 원상복구비용을 말한다.

❹ 보험가입당시 보험가액 및 손해액 산정방식에 대해서는 보험가입자와 재해보험사업자가 별도로 정할 수 없다.

> ④ 보험가입당시 보험가액 및 손해액 산정방식에 대해서는 보험가입자와 재해보험사업자가 **별도로 정할 수 없다.** (× → 보험가액 및 손해액 산정 방식을 별도로 정한 경우에는 그 방법에 따른다.) [농업재해보험 손해평가요령 제15조 제3항]
>
> ① 보험가액은 보험사고가 발생한 때와 곳에서 평가한다. (○) [농업재해보험 손해평가요령 제15조 제1항]
>
> ② 보험가액은 피해목적물의 재조달가액에서 내용연수에 따른 감가상각률을 적용하여 계산한 감가상각액을 차감하여 산정한다. (○) [농업재해보험 손해평가요령 제15조 제1항]
>
> ③ 손해액은 보험사고가 발생한 때와 곳에서 산정한 피해목적물의 원상복구비용을 말한다. (○) [농업재해보험 손해평가요령 제15조 제2항]

농학개론 중 재배학 및 원예작물학

51 농업상 용도에 의한 작물의 분류로 옳지 않은 것은?

① 공예작물   ② 사료작물

❸ 주형작물   ④ 녹비작물

> 주형작물은 생태적 특성에 따른 분류로, 벼, 맥류, 오챠드그라스 등과 같이 개개의 식물체가 각각 포기를 형성하는 작물이다.

52 토양의 물리적 특성이 아닌 것은?

① 보수성   ❷ 환원성

③ 통기성   ④ 배수성

> 환원성은 화학적 특성에 가깝다. 토양의 보수성, 통기성, 배수성 등은 토양의 물리적 특성으로, 토성(土性) 등에 따라서 다르게 나타난다.

53 토양의 입단파괴 요인은?

❶ 경운 및 쇄토

② 유기물 사용

③ 토양 피복

④ 두과작물 재배

> 토양입단 파괴요인 : **부적절한 경운**, 급격한 습윤/건조/동결/해빙(입단의 팽창과 수축), 강한 비/바람, 나트륨이온 등

54 토양수분에 관한 설명으로 옳지 않은 것은?

① 결합수는 식물이 흡수·이용할 수 없다.

② 물은 수분포텐셜(Water Potential)이 높은 곳에서 낮은 곳으로 이동한다.

❸ 중력수는 pF7.0 정도로 중력에 의해 지하로 흡수되는 수분이다.

④ 토양수분장력은 토양입자가 수분을 흡착하여 유지하려는 힘이다.

> 1. pF(potential Force) : 토양수분장력을 표시하는 단위. 토양입자가 수분을 흡착 유지하려는 힘을 나타내는 단위
> 2. 결합수(흡수×, 이용×, pF7.0 이상), 흡습수(흡수×, 이용×, pF4.5 ~ 7.0), 모관수(작물이 이용하는 유효수분 pF2.7 ~ 4.5), 중력수(토양 아래로 내려가는 수분, pF0 ~ 2.7)로 분류된다.
> 3. 수분포텐셜 = 삼투포텐셜(용질포텐셜) + 압력포텐셜 + 메트릭포텐셜
>   수분포텐셜이란 물의 에너지 상태(위치에너지 + 운동에너지)를 말한다.
>   **물은 수분포텐셜이 높은 곳(용질의 농도가 낮은 곳, 즉 물의 비율이 높은 상태)에서 낮은 지역으로 이동한다.**

55 다음 (   )안에 들어갈 내용을 순서대로 옳게 나열한 것은?

> 식물의 생육이 가능한 온도를 (   )(이)라고 한다. 배추, 양배추, 상추는 (   )채소로 분류되고, (   )는 종자 때부터 저온에 감응하여 화아분화가 되며, (   )는 고온에 의해 화아분화가 이루어진다.

① 생육적온, 호온성, 배추, 상추

❷ 유효온도, 호냉성, 배추, 상추

③ 생육적온, 호냉성, 상추, 양배추

④ 유효온도, 호온성, 상추, 배추

> 1. **유효온도** : 작물의 생육이 가능한 온도의 범위
> 2. 호온성과 호냉성
>
> | 호온성 | • 과수 : 참외, 무화과, 감, 복숭아, 살구 |
> |---|---|
> | | • 채소 : 토마토, 고추, 가지, 고구마, 생강, 오이, 수박, 호박 |
> | 호냉성 | • 과수 : 배, 사과, 자두 |
> | | • 채소 : 시금치, **상추**, 완두, 무, 당근, 딸기, 감자, 마늘, 양파, **양배추**, **배추**, 잠두 |

56 한계일장이 없어 일장조건에 관계없이 개화하는 중성식물은?

① 상추   ② 국화

③ 딸기   ❹ 고추

> 중성식물(중일성식물) : 개화하는데 있어 일정한 한계일장이 없는 식물
>
> 例 토마토, **고추**, 메밀, 호박, 강낭콩, 당근, 가지, 장미

57 식물의 종자가 발아한 후 또는 줄기의 생장점이 발육하고 있을 때 일정기간의 저온을 거침으로써 화아가 형성되는 현상은?

① 휴지   ❷ 춘화

③ 경화   ④ 좌지

> 춘화 : 식물의 생육과정 중 일정시기에 일정기간의 저온을 거침으로써 화아가 형성되는 현상

58 이앙 및 수확시기에 따른 벼의 재배양식에 관한 설명이다. (　　　)안에 들어갈 내용으로 옳은 것은?

- (　　　)는 조생종을 가능한 한 일찍 파종, 육묘하고 조기에 이앙하여 조기에 벼를 수확하는 재배형이다.
- (　　　)는 앞작물이 있거나 병충해회피 등의 이유로 보통기재배에 비해 모내기가 현저히 늦은 재배형이다.

① 조생재배, 만생재배   ② 조식재배, 만기재배

③ 조생재배, 만기재배   ❹ 조기재배, 만식재배

> **[벼의 재배양식]**
>
> 1. **조기재배** : 조생종 벼를 가능한 한 일찍 파종·육묘하고 조기에 이앙하여 조기에 벼를 수확하는 재배형 例 남부지방의 답리작
> 2. 조식재배 : 중·만생종인 다수성 품종을 일찍 이앙하여 영양생장기간을 연장해 줌으로써 수확량 증대 꾀하는 재배형
> 3. 조생재배 : 표준적인 개화기 보다 일찍 꽃이 피고 성숙하는 재배형
> 4. **만기재배** : 만파만식재배, 파종도 늦게, 모내기도 늦게하는 재배형
> 5. 만식재배 : 앞 작물이 있거나 병충해 회피 등의 이유로 보통의 재배에 비해 모내기가 현저히 늦은 재배형
> ※ 모내기 : 못자리에서 기른 모를 본답에 옮겨 심는 것

59 작물의 취목번식 방법 중에서 가지의 선단부를 휘어서 묻는 방법은?

❶ 선취법　　　　　　　　　　　　② 성토법
③ 당목취법　　　　　　　　　　　④ 고취법

취목(取木, 휘묻이법, 언지법) : 식물의 가지를 휘어서 땅 속에 묻고 뿌리 내리도록 하여 번식시키는 방법

보통법	가지를 보통으로 휘어서 일부를 흙 속에 묻는 방법 ⓔ 양앵두, 자두, 포도
선취법	**가지의 선단부를 휘어서 묻는 방법 ⓔ 나무딸기**
당목취법	가지를 수평으로 묻고, 각 마디에서 발생하는 새 가지를 발근시켜 한 가지에서 여러 개를 취목하는 방법 ⓔ 양앵두, 자두, 포도
파상취법	긴 가지를 휘어서 하곡부마다 흙을 덮어 한 가지에서 여러 개를 취목하는 방법 ⓔ 포도
고취법(양취법)	지조(=가지)를 땅속에 휘어 묻을 수 없는 경우에 높은 곳에서 발근시켜 취목하는 방법 ⓔ 고무나무
성토법	모식물의 기부에 새로운 측지를 나오게 한 후에 끝이 보일 정도로 흙을 덮어서 뿌리가 내리게 한 후에 잘라서 번식시키는 방법 ⓔ 양앵두, 사과나무, 자두, 뽕나무, 환엽 해당

60 작물의 병해충 방제법 중 경종적 방제에 관한 설명으로 옳은 것은?

① 적극적인 방제기술이다.　　　　❷ 윤작과 무병종묘재배가 포함된다.
③ 친환경농업에는 적용되지 않는다.　④ 병이 발생한 후에 더욱 효과적인 방제기술이다.

- 경종적 방제법 = 재배적 방제법 = 간접적·소극적 방제기술 = 예방적 방제기술
- 경종적 방제법 : 토지선정, 혼식, **윤작**, 생육기의 조절, 중간 기주식물의 제거, **무병종묘재배**

61 다음 설명에 해당되는 해충은?

- 알 상태로 눈 기부에서 월동하고 연(年)10세대 정도 발생하며 잎 뒷면에서 가해한다.
- 사과나무에서 잎을 뒤로 말리게 하고 심하면 조기낙엽을 발생시킨다.

❶ 사과혹진딧물　　　　　　　　　② 복숭아심식나방
③ 사과굴나방　　　　　　　　　　④ 조팝나무진딧물

② 복숭아심식나방 : 유충이 과실내부로 뚫고 들어가서 여기저기 먹고 다니므로 선상착색이 나타나고 요철의 기형과가 된다. 유충이 뚫고 들어간 구멍은 바늘구멍크기와 같고 배설물이 없으며, 즙액이 나와 이슬방울처럼 맺혔다가 시간이 지나면 말라서 흰가루 같이 보인다.
③ 사과굴나방 : 사과굴나방 유충은 사과나 배에 피해를 주는데, 이른 봄부터 사과 잎의 뒷면에 굴을 만들고 그 속에서 잎을 먹는다.
④ 조팝나무진딧물 : 새가지와 새잎에 모여 흡즙하여 가해한다. 피해를 받은 새가지는 선단부가 위축되며 생장이 저해된다. 봄에 피해를 받은 잎은 뒷면으로 말리고, 여름에 낙엽된다.

62 일소현상에 관한 설명으로 옳은 것은?

❶ 시설재배 시 차광막을 설치하여 일소를 경감시킬 수 있다.

② 겨울철 직사광선에 의해 원줄기나 원가지의 남쪽수피 부위에 피해를 주는 경우는 일소로 진단하지 않는다.

③ 개심자연형 나무에서는 배상형 나무에 비해 더 많이 발생한다.

④ 과수원이 평지에 위치할 때 동향의 과수원이 서향의 과수원보다 일소가 더 많이 발생한다.

> ① 일소현상이란 강한 햇빛으로 인해 식물의 과실, 잎 등이 타들어가는 현상을 말한다. 때문에 시설재배 시에 차광막을 설치하면 일소를 경감시킬 수 있다.(O)

63 벼 재배 시 풍수해의 예방 및 경감 대책으로 옳지 않은 것은?

① 내도복성 품종으로 재배한다.　　❷ 밀식재배를 한다.

③ 태풍이 지나간 후 살균제를 살포한다.　　④ 침·관수된 논은 신속히 배수시킨다.

> **[풍해 대책]**
> • 내도복성 품종을 재배한다.
> • 태풍이 지나간 후에 살균제를 병충해에 대비한다.
> • 적정한 재배 밀도로 작물을 재배한다.

64 과수작물의 동해 및 상해(서리피해)에 관한 설명으로 옳지 않은 것은?

① 배나무의 경우 꽃이 일찍 피는 따뜻한 지역에서 늦서리 피해가 많이 일어난다.

② 핵과류에서 늦서리 피해에 민감하다.

❸ 꽃눈이 잎눈보다 내한성이 강하다.

④ 서리를 방지하는 방법에는 방상팬 이용, 톱밥 및 왕겨 태우기 등이 있다.

> 일반적으로 잎눈이 꽃눈보다 내한성이 강하다.

65 벼 담수표면산파 재배 시 도복에 관한 설명으로 옳은 것은?

① 벼 무논골뿌림재배에 비해 도복이 경감된다.

❷ 도복경감제를 살포하면 벼의 하위절간장이 짧아져서 도복이 경감된다.

③ 질소질 비료를 다량 시비하면 도복이 경감된다.

④ 파종직후에 1회 낙수를 강하게 해 주면 도복이 경감된다.

> ① 담수표면 산파재배는 벼 뿌리가 표층에 가깝게 많이 분포하게 되어 뿌리 도복이 발생하기 쉽다.
>
> ③ 질소질 비료를 다량으로 시비하면 벼가 과도하게 번무하여 병해충 등에 취약하게 되고, 도복 위험성이 크다.
>
> ④ 파종 직후에는 뿌리가 제대로 활착할 수 있도록 일정기간 담수 관리하는 것이 좋다. 파종 직후 1회 낙수를 강하게 해 주면 도복 위험성은 올라간다.

66 우리나라 우박피해에 관한 설명으로 옳지 않은 것은?

❶ 전국적으로 7 ~ 8월에 집중적으로 발생한다.

② 과실 또는 새가지에 타박상이나 열상 등을 일으킨다.

③ 비교적 단시간에 많은 피해를 일으키고, 피해지역이 국지적인 경우가 많다.

④ 그물(방포망)을 나무에 씌워 피해를 경감시킬 수 있다.

> **[우리나라의 우박피해]**
> • 우리나라의 우박 피해는 주로 과수의 착과기와 성숙기에 해당되는 5 ~ 6월 혹은 9 ~ 10월에 간헐적이고, 돌발적으로 발생한다. 단기간에 큰 피해를 발생시킨다.
> • 우박이 잘 내리는 곳은 낙동강 상류지역, 청천강 부근, 한강부근 등 대체로 정해져 있지만, 피해 지역이 국지적인 경우가 많다.
> • 1차 우박피해 이후에 2차적으로 병해를 발생시키는 등 간접적인 피해를 유발하기도 한다.

67 일반적으로 딸기와 감자의 무병주 생산을 위한 방법은?

① 자가수정 ② 종자번식

③ 타가수정 ❹ 조직배양

> 조직배양 번식 품목 : 감자, 난, 딸기, 카네이션
> 조직배양 번식 이용 예 : 감자, 딸기의 조직배양을 통한 무병주 생산

68 과채류의 결실 조절방법으로 모두 고른 것은?

> ㉠ 적과　　㉡ 적화　　㉢ 인공수분

① ㉠　　　　　　　　　　　　② ㉠, ㉡
③ ㉡, ㉢　　　　　　　　　　❹ ㉠, ㉡, ㉢

> ㉠ 적과 : 해거리를 방지하고 안정적인 수확을 위해 알맞은 양의 과실만 남기고 나무로부터 과실을 따버리는 것
> ㉡ 적화 : 꽃을 따내는 것
> ㉢ 인공수분 : 작물의 열매를 잘 맺게 하기 위해서 사람에 의해서 인공적으로 수분을 시키는 일

69 다음은 식물호르몬인 에틸렌에 관한 설명이다. 옳은 것을 모두 고른 것은?

> ㉠ 원예작물의 숙성호르몬이다.
> ㉡ 무색 무취의 가스형태이다.
> ㉢ 에테폰이 분해될 때 발생된다.
> ㉣ AVG(Aminoethoxyvinyl Glycine)처리에 의해 발생이 촉진된다.

① ㉠　　　　　　　　　　　　② ㉡, ㉢
❸ ㉠, ㉡, ㉢　　　　　　　　　④ ㉡, ㉢, ㉣

> **[에틸렌]**
> - **원예작물의 숙성호르몬으로, 무색 무취의 가스형태이며, 에테폰이 분해될 때 발생된다.** 식물체에 물리적 자극이 가해지거나 병충해를 받으면 에틸렌의 생성이 증가되며, 식물체의 길이가 짧아지고 굵어진다. 발아를 촉진하고, 잎의 노화를 가속화한다.
> - 식물의 성숙을 촉진한다.
> - 성을 표현하는 조절제의 역할을 한다. (오이와 같은 박과채소는 에틸렌에 의해서 암꽃 착생을 증가시킬 수 있다.)
> - 토마토 열매의 엽록소 분해를 촉진한다.
> - 가지의 꼭지에서 이층(離層)형성을 촉진한다. 아스파라거스의 육질 경화를 촉진한다.
> - 상추의 갈색 반점을 유발한다.
> - 카네이션은 수확 후 에틸렌 작용 억제제를 사용하면 절화 수명을 연장할 수 있다.
> - AVG(Aminoethoxyvinyl Glycine)는 에틸렌 합성을 저해하는 물질 중에 하나이다.

70 호흡 비급등형 과실인 것은?

① 사과　　　　　　　　　　　② 자두
❸ 포도　　　　　　　　　　　④ 복숭아

> 호흡 비급등형 과실 : **포도**, 딸기, 오렌지, 레몬, 파인애플, 밀감, 고추, 가지, 양앵두, 올리브, 오이

71 다음 중 생육에 적합한 토양 pH가 가장 낮은 것은?

❶ 블루베리나무   ② 무화과나무

③ 감나무   ④ 포도나무

> 블루베리나무의 생육에 적합한 토양 pH는 pH 4.5전후로, 무화과나무 pH 7.0 ~ 7.5, 감나무 pH 5.5 ~ 6.5, 포도나무 pH 5.5 ~ 7.6 보다 낮다.

72 과수원의 토양표면 관리법 중 초생법의 장점이 아닌 것은?

① 토양의 입단화가 촉진된다.   ② 지력유지에 도움이 된다.

③ 토양침식과 양분유실을 방지한다.   ❹ 유목기에 양분 경합이 일어나지 않는다.

> **[초생법]**
> - 풀이나 목초 등을 이용하여 표토를 덮는 방법
> - **토양의 입단화 촉진.** 경사지에 필수적임
> - 유기물의 적당한 환원으로 **지력이 유지됨**
> - **침식이 억제되어 영양분의 유출이 억제됨**
> - 작물과 초생식물 간에 **양분·수분 경합이 발생**
> - 유목기에 양분부족이 되기 쉬움. 병해충의 잠복장소를 제공하기 쉽고, 저온기에 지온상승이 어려움

73 절화의 수명연장방법으로 옳지 않은 것은?

① 화병의 물에 살균제와 당을 첨가한다. ② 산성물(pH 3.2 ~ 3.5)에 침지한다.

❸ 에틸렌을 엽면살포한다.   ④ 줄기 절단부를 수초간 열탕처리한다.

> 에틸렌은 숙성호르몬으로, 에틸렌을 엽면살포하면 절화의 성숙 및 노화를 촉진할 수 있다. 때문에 절화의 수명연장방법과는 거리가 있다.

74 작물의 시설재배에서 연질 피복재만을 고른 것은?

㉠ 폴리에틸렌 필름	㉡ 에틸렌아세트산 필름
㉢ 폴리에스테르 필름	㉣ 불소수지 필름

❶ ㉠, ㉡   ② ㉠, ㉣

③ ㉡, ㉢   ④ ㉢, ㉣

[연질필름과 경질필름]

1. 연질필름 : 두께가 0.05 ~ 0.1mm 정도 되는 부드럽고 얇은 플라스틱 필름을 말한다.

폴리에틸렌(PE) 필름	• 광투과율이 높고, 필름 표면에 먼지가 잘 부착되지 않으며, 필름 상호 간에 잘 달라붙지 않는 성질이 있어 사용하는데 편리하다. • 여러 약품에 대한 내성이 크고, 가격이 싸다.
염화비닐(PVC) 필름	• 광투과율이 높고, 장파투과율과 열전도율은 낮기 때문에 보온력이 높다.
에틸렌아세트산(EVA) 필름	• 광투과율이 높고, 저온에서 굳지 않고 고온에서도 흐물거리지 않는 특징이 있다. • 이용 시 가스발생이나 독성에 대한 염려가 없다는 장점이 있다.

※ 장파투과율 : 장파투과율이 높을수록 보온력이 약해진다.

PVC(염화비닐) 필름 〈 EVA(에틸렌아세트산) 필름 〈 PE(폴리에틸렌) 필름

2. 경질필름 : 가소제를 함유하지 않은 0.1 ~ 0.2mm 두께의 플라스틱 필름을 말한다.

경질폴리염화비닐(RPVC) 필름	• 내충격성은 좋은 편이지만 인열강도가 낮아 못구멍 자리와 같은 부분부터 찢어지기 쉽다. • 유적성이 나쁘다. • 한번 피복하면 3년 정도 사용할 수 있다.
경질폴리에스테르(PET) 필름	• 광투과율은 높으며 장파장은 잘 투과가 안되어 보온성이 높다. • 유적성이 좋은 편이다. • 한번 피복하면 5년 이상 사용 가능하다.
불소수지필름	• 내구 연한이 길다. • 활설성(滑雪性)이 우수하여 겨울철 눈이 많이 오는 지역에서 사용하면 유리한 점이 있다.

75 작물의 시설재배에 사용되는 기화냉방법이 아닌 것은?

① 팬 앤드 패드(Fan & Pad) ② 팬 앤드 미스트(Fan & Mist)
③ 팬 앤드 포그(Fan & Fog) ❹ 팬 앤드 덕트(Fan & Duct)

1. 팬 앤드 덕트(Fan & Duct) : 배기팬으로 내부의 공기를 외부로 배출시키는 방법
2. 기화냉방법

팬 앤드 패드 (Fan & Pad)	시설의 한쪽 면에 젖은 패드를 설치하고 반대쪽에서 팬을 가동하여 냉각된 공기가 유입되도록 하는 냉각방법
팬 앤드 미스트 (Fan & Mist)	시설의 한쪽 면에 패드 대신 미스트 분무실을 설치하고 반대쪽에서 팬을 가동하여 외부 공기가 미스트 분무실을 통과하면서 냉각되어 유입하게 하는 냉각방법
팬 앤드 포그 (Fan & Fog)	시설 내의 온도를 낮추기 위해 시설의 벽면 위 또는 아래에서 실내로 세무(細霧)를 분사시켜 시설 상부에 설치된 풍량형 환풍기로 공기를 뽑아내는 냉각방법

상법(보험편)

1 보험약관의 중요한 내용에 대한 보험자의 설명의무가 발생하지 않는 경우를 모두 고른 것은?
(다툼이 있으면 판례에 따름)

ㄱ. 설명의무의 이행 여부가 보험계약의 체결 여부에 영향을 미치지 않는 경우
ㄴ. 보험약관에 정하여진 사항이 거래상 일반적이고 공통된 것이어서 보험계약자가 별도의 설명 없이도 충분히 예상할 수 있었던 사항인 경우
ㄷ. 보험계약자의 대리인이 그 약관의 내용을 충분히 잘 알고 있는 경우

① ㄷ
② ㄱ, ㄴ
③ ㄴ, ㄷ
❹ ㄱ, ㄴ, ㄷ

ㄱ. 어떤 보험계약의 당사자 사이에서 이러한 명시·설명의무가 제대로 이행되었더라도 그러한 사정이 그 보험계약의 체결 여부에 영향을 미치지 아니하였다고 볼 만한 특별한 사정이 인정된다면 비록 보험사고의 내용이나 범위를 정한 보험약관이라고 하더라도 이러한 명시·설명의무의 대상이 되는 보험계약의 중요한 내용으로 볼 수 없다.
[대법원 2005. 10. 7. 선고 2005다28808 판결]
ㄴ. 거래상 일반적이고 공통된 것이어서 보험계약자가 별도의 설명 없이도 충분히 예상할 수 있었던 사항이거나 이미 법령에 의하여 정하여진 것을 되풀이하거나 부연하는 정도에 불과한 사항이라면 그러한 사항에 대하여서까지 보험자에게 명시·설명의무가 인정된다고 할 수 없다.
[대법원 2003. 5. 30. 선고 2003다15556 판결]
ㄷ. 보험약관의 중요한 내용에 해당하는 사항이라고 하더라도 보험계약자나 그 대리인이 그 내용을 충분히 잘 알고 있는 경우에는 당해 약관이 바로 계약 내용이 되어 당사자에 대하여 구속력을 갖는 것이므로, 보험자로서는 보험계약자 또는 그 대리인에게 약관의 내용을 따로 설명할 필요가 없다. [대법원 2005. 8. 25. 선고 2004다18903 판결]

2 보험증권에 관한 설명으로 옳지 않은 것은?

① 보험계약자가 보험료의 전부 또는 최초의 보험료를 지급하지 아니한 때에는 보험자의 보험 증권교부의무가 발생하지 않는다.

② 기존의 보험계약을 변경한 경우에는 보험자는 그 보험증권에 그 사실을 기재함으로써 보험 증권의 교부에 갈음할 수 있다.

❸ 보험계약의 당사자는 보험증권의 교부가 있은 날로부터 10일 내에 한하여 그 증권내용의 정부에 관한 이의를 할 수 있음을 약정할 수 있다.

④ 보험계약자의 청구에 의하여 보험증권을 재교부하는 경우 그 증권작성의 비용은 보험계약 자가 부담한다.

> **「상법」 제641조(증권에 관한 이의약관의 효력)** 보험계약의 당사자는 보험증권의 교부가 있은 날 로부터 일정한 기간 내에 한하여 그 증권내용의 정부에 관한 이의를 할 수 있음을 약정할 수 있 다. 이 기간은 1월을 내리지 못한다.

3 보험대리상이 아니면서 특정한 보험자를 위하여 계속적으로 보험계약의 체결을 중개하는 자 가 행사할 수 있는 권한으로 옳은 것은?

① 보험자가 작성한 영수증을 보험계약자에게 교부하지 않고 보험계약자로부터 보험료를 수 령할 수 있는 권한

② 보험계약자로부터 보험계약의 청약에 관한 의사표시를 수령할 수 있는 권한

③ 보험계약자에게 보험계약의 체결에 관한 의사표시를 할 수 있는 권한

❹ 보험자가 작성한 보험증권을 보험계약자에게 교부할 수 있는 권한

> **「상법」 제646조의2(보험대리상 등의 권한)** ③ 보험대리상이 아니면서 특정한 보험자를 위하여 계 속적으로 보험계약의 체결을 중개하는 자는 제1항제1호(보험계약자로부터 보험료를 수령할 수 있 는 권한)(보험자가 작성한 영수증을 보험계약자에게 교부하는 경우만 해당한다) 및 제2호(보험자 가 작성한 보험증권을 보험계약자에게 교부할 수 있는 권한)의 권한이 있다.

4 보험계약의 해지와 특별위험의 소멸에 관한 설명으로 옳은 것은?

① 타인을 위한 보험계약의 경우 보험증권을 소지하지 않은 보험계약자는 그 타인의 동의를 얻지 않은 경우에도 보험사고가 발생하기 전에는 언제든지 계약의 전부 또는 일부를 해지할 수 있다.

❷ 보험사고의 발생으로 보험자가 보험금액을 지급한 때에도 보험금액이 감액되지 아니하는 보험의 경우에는 보험계약자는 그 사고발생 후에도 보험계약을 해지할 수 있다.

③ 보험사고가 발생하기 전에 보험계약의 전부 또는 일부를 해지하는 경우에 보험계약자는 당사자 간에 다른 약정이 없으면 미경과보험료의 반환을 청구할 수 없다.

④ 보험계약의 당사자가 특별한 위험을 예기하여 보험료의 액을 정한 경우에 보험기간 중 그 예기한 위험이 소멸한 때에도 보험계약자는 그 후의 보험료의 감액을 청구할 수 없다.

> 제649조(사고발생전의 임의해지) ② 보험사고의 발생으로 보험자가 보험금액을 지급한 때에도 보험금액이 감액되지 아니하는 보험의 경우에는 보험계약자는 그 사고발생 후에도 보험계약을 해지할 수 있다.

5 보험료의 지급과 지체에 관한 설명으로 옳지 않은 것은?

❶ 보험료는 보험계약자만이 지급의무를 부담하므로 특정한 타인을 위한 보험의 경우에 보험계약자가 보험료의 지급을 지체한 때에는 보험자는 그 타인에 대한 최고 없이도 그 계약을 해지할 수 있다.

② 보험자의 책임은 당사자 간에 다른 약정이 없으면 최초의 보험료의 지급을 받은 때로부터 개시한다.

③ 보험계약자가 보험료를 지급하지 아니하는 경우에는 다른 약정이 없는 한 계약성립 후 2월이 경과하면 그 계약은 해제된 것으로 본다.

④ 계속보험료가 약정한 시기에 지급되지 아니한 때에는 보험자는 상당한 기간을 정하여 보험계약자에게 최고하고 그 기간 내에 지급되지 아니한 때에는 그 계약을 해지할 수 있다.

> 제650조(보험료의 지급과 지체의 효과) ③ 특정한 타인을 위한 보험의 경우에 보험계약자가 보험료의 지급을 지체한 때에는 보험자는 그 타인에게도 상당한 기간을 정하여 보험료의 지급을 최고한 후가 아니면 그 계약을 해제 또는 해지하지 못한다.

6 보험계약의 부활에 관하여 (   )에 들어갈 내용으로 옳은 것은?

> (   )되고 해지환급금이 지급되지 아니한 경우에 보험계약자는 일정한 기간 내에 연체보험료에 약정이자를 붙여 보험자에게 지급하고 그 계약의 부활을 청구할 수 있다.

① 위험변경증가의 통지의무 위반으로 인하여 보험계약이 해지
② 고지의무 위반으로 인하여 보험계약이 해지
❸ 계속보험료의 불지급으로 인하여 보험계약이 해지
④ 보험계약의 전부가 무효로

> - 제650조(보험료의 지급과 지체의 효과) ② 계속보험료가 약정한 시기에 지급되지 아니한 때에는 보험자는 상당한 기간을 정하여 보험계약자에게 최고하고 그 기간 내에 지급되지 아니한 때에는 그 계약을 해지할 수 있다.
> - 제650조의2(보험계약의 부활) 제650조 제2항에 따라 보험계약이 해지되고 해지환급금이 지급되지 아니한 경우에 보험계약자는 일정한 기간 내에 연체보험료에 약정이자를 붙여 보험자에게 지급하고 그 계약의 부활을 청구할 수 있다. 제638조의2의 규정은 이 경우에 준용한다.

7 보험계약의 성질이 아닌 것은?

① 낙성계약 　　　　　　　　　　❷ 무상계약
③ 불요식계약 　　　　　　　　　④ 선의계약

> 보험계약의 법적 성격 : 낙성계약성, **유상계약성**, 선의계약성, 쌍무계약성, 불요식계약성, 사행계약성, 계속적계약성, 부합계약성

8 (   )에 들어갈 내용이 순서대로 올바르게 연결된 것은?

 ⊙ 보험자가 보험계약자로부터 보험계약의 청약과 함께 보험료 상당액의 전부 또는 일부의 지급을 받은 때에는 다른 약정이 없으면 (   ) 그 상대방에 대하여 낙부의 통지를 발송하여야 한다.
 ○ 보험자가 보험약관의 교부·설명 의무를 위반한 경우 보험계약자는 보험계약이 성립한 날부터 (   ) 그 계약을 취소할 수 있다.
 ○ 보험자는 보험계약이 성립한 때에는 (   ) 보험증권을 작성하여 보험계약자에게 교부하여야 한다.

❶ 30일 내에 – 3개월 이내에 – 지체없이
② 30일 내에 – 30일 내에 – 지체없이
③ 지체없이 – 3개월 이내에 – 30일 내에
④ 지체없이 – 30일 내에 – 30일 내에

 ⊙ **제638조의2(보험계약의 성립)** ① 보험자가 보험계약자로부터 보험계약의 청약과 함께 보험료 상당액의 전부 또는 일부의 지급을 받은 때에는 다른 약정이 없으면 **30일 내에** 그 상대방에 대하여 낙부의 통지를 발송하여야 한다.
 ○ **제638조의3(보험약관의 교부·설명 의무)** ② 보험자가 제1항을 위반한 경우 보험계약자는 보험계약이 성립한 날부터 **3개월 이내에** 그 계약을 취소할 수 있다.
 ○ **제640조(보험증권의 교부)** ① 보험자는 보험계약이 성립한 때에는 **지체없이** 보험증권을 작성하여 보험계약자에게 교부하여야 한다. 그러나 보험계약자가 보험료의 전부 또는 최초의 보험료를 지급하지 아니한 때에는 그러하지 아니하다.

9 손해보험계약에서의 보험가액에 관한 설명으로 옳지 않은 것은?

① 초과보험에서 보험가액은 계약당시의 가액에 의하여 정한다.
② 일부보험이란 보험가액의 일부를 보험에 붙인 경우를 말한다.
③ 당사자 간에 보험가액을 정하지 아니한 때에는 사고발생 시의 가액을 보험가액으로 한다.
❹ 기평가보험에서의 보험가액이 사고발생 시의 가액을 현저하게 초과할 때에는 계약당시에 정한 보험가액으로 한다.

 「상법」 제670조(기평가보험) 당사자 간에 보험가액을 정한 때에는 그 가액은 사고발생 시의 가액으로 정한 것으로 추정한다. 그러나 그 가액이 사고발생 시의 가액을 현저하게 초과할 때에는 **사고발생 시의 가액**을 보험가액으로 한다.

10 손해보험계약에 관한 설명으로 옳지 않은 것은?

① 피보험자도 손해방지의무를 부담한다.

② 보험자는 손해의 방지와 경감을 위하여 필요 또는 유익하였던 비용과 보상액이 보험금액을 초과하는 경우에도 이를 부담한다.

❸ 보험목적의 양도 사실의 통지의무는 양도인만이 부담한다.

④ 보험자는 보험목적의 하자로 인한 손해를 보상할 책임이 없다.

> **「상법」 제679조(보험목적의 양도)**
> ① 피보험자가 보험의 목적을 양도한 때에는 양수인은 보험계약상의 권리와 의무를 승계한 것으로 추정한다.
> ② 제1항의 경우에 보험의 목적의 양도인 또는 양수인은 보험자에 대하여 지체없이 그 사실을 통지하여야 한다.

11 손해보험에서 보험가액과 보험금액과의 관계에 관한 설명으로 옳지 않은 것은?

❶ 보험금액이 보험계약의 목적의 가액을 현저하게 초과한 때에 보험자는 보험금액의 감액을 청구할 수 있지만, 보험계약자는 보험료의 감액을 청구할 수 없다.

② 일부보험의 경우에 보험계약의 당사자들은 보험자가 보험금액의 보험가액에 대한 비율과 상관없이 보험금액의 한도 내에서 그 손해를 보상할 책임이 있다는 약정을 할 수 있다.

③ 중복보험에서 수인의 보험자 중 1인에 대하여 피보험자가 권리를 포기하여도 다른 보험자의 권리의무에 영향을 미치지 않는다.

④ 중복보험에서 보험자가 각자의 보험금액의 한도에서 연대책임을 지는 경우 각 보험자의 보상책임은 각자의 보험금액의 비율에 따른다.

> **「상법」 제669조(초과보험)** ① 보험금액이 보험계약의 목적의 가액을 현저하게 초과한 때에는 보험자 또는 보험계약자는 보험료와 보험금액의 감액을 청구할 수 있다. 그러나 보험료의 감액은 장래에 대하여서만 그 효력이 있다.

12 손해보험계약에 관한 설명으로 옳은 것은?

① 피보험이익은 반드시 금전으로 산정할 수 있어야 하는 것은 아니다.

② 보험사고로 인하여 상실된 피보험자가 얻을 이익은 당사자 간에 다른 약정이 없으면 보험자가 보상할 손해액에 산입한다.

③ 피보험이익은 보험의 목적을 의미한다.

❹ 보험자는 보험의 목적인 기계의 자연적 소모로 인한 손해에 대하여는 보상책임이 없다.

> 「상법」 제678조(보험자의 면책사유) 보험의 목적의 성질, 하자 또는 자연소모로 인한 손해는 보험자가 이를 보상할 책임이 없다.

13 고지의무에 관한 설명으로 옳은 것은?

① 보험자는 보험대리상의 고지수령권을 제한할 수 없다.

② 보험자가 서면으로 질문한 사항은 중요한 고지사항으로 간주된다.

❸ 보험계약자는 고지의무가 있다.

④ 보험자는 보험사고 발생 전에 한하여 고지의무 위반을 이유로 하여 해지할 수 있다.

> 고지의무자는 기본적으로 보험계약자와 피보험자이다. 만약 그들의 대리인에 의하여 보험계약이 체결된 경우에는 그 대리인 또한 고지의무를 진다.

14 위험변경증가의 통지의무에 관한 설명으로 옳지 않은 것은?

❶ 보험자는 보험계약자 또는 피보험자가 위험변경증가의 통지의무를 고의 또는 중과실로 해태한 경우에만 그 통지의무 위반을 이유로 계약을 해지할 수 있다.

② 보험기간 중에 보험계약자는 사고발생의 위험의 현저한 증가 사실을 안 때에는 지체없이 보험자에게 통지하여야 한다.

③ 보험기간 중에 피보험자는 사고발생의 위험의 현저한 변경 사실을 안 때에는 지체없이 보험자에게 통지하여야 한다.

④ 보험자가 피보험자로부터 위험변경증가의 통지를 받은 때에는 1월 내에 보험료의 증액을 청구하거나 계약을 해지할 수 있다.

> 「상법」 제652조(위험변경증가의 통지와 계약해지)
> ① 보험기간 중에 보험계약자 또는 피보험자가 사고발생의 위험이 현저하게 변경 또는 증가된 사실을 안 때에는 지체없이 보험자에게 통지하여야 한다. 이를 해태한 때에는 보험자는 그 사실을 안 날로부터 1월 내에 한하여 계약을 해지할 수 있다.
> ② 보험자가 제1항의 위험변경증가의 통지를 받은 때에는 1월 내에 보험료의 증액을 청구하거나 계약을 해지할 수 있다.

15 소멸시효기간이 다른 하나는?

① 보험금청구권

❷ 보험료청구권

③ 보험료의 반환청구권

④ 적립금의 반환청구권

> 「**상법」 제662조(소멸시효)** 보험금청구권은 3년간, 보험료 또는 적립금의 반환청구권은 3년간, 보험료청구권은 2년간 행사하지 아니하면 시효의 완성으로 소멸한다.

16 보험약관의 교부·설명의무에 관한 설명으로 옳은 것을 모두 고른 것은?

> ㉠ 보험약관에 기재되어 있는 보험료와 그 지급방법, 보험자의 면책사유는 보험자가 보험계약을 체결할 때 보험계약자에게 설명하여야 하는 중요한 내용에 해당한다.
>
> ㉡ 보험자는 보험계약이 성립하면 지체없이 보험약관을 보험계약자에게 교부하여야 하나, 그 보험계약자가 보험료의 전부나 최초 보험료를 지급하지 아니한 때에는 보험약관을 교부하지 않아도 된다.
>
> ㉢ 보험계약이 성립한 날로부터 2개월이 경과한 시점이라면 보험자가 「상법」상 보험약관의 교부·설명의무를 위반한 경우에도 그 계약을 취소할 수 없다.

❶ ㉠

② ㉢

③ ㉠, ㉡

④ ㉡, ㉢

> ㉠ 보험료, 보험료 지급방법, 보험금액, 보험기간, 보험자의 면책사유 등은, 그 내용에 대한 보험계약자의 인지여부가 보험계약 체결에 중대한 영향을 미치는 내용들로, 보험자가 보험계약을 체결할 때 보험계약자에게 설명하여야 하는 중요한 내용에 해당한다.
>
> ㉡ 보험자는 보험계약자의 보험료 납부여부와 무관하게 보험계약 체결 시에 보험계약자에게 "보험약관"을 교부하고 그 약관의 중요한 내용을 설명하여야 한다. 보험자는 보험계약이 성립하면 지체없이 보험계약자에게 교부하여야 하나, 그 보험계약자가 보험료의 전부나 최초 보험료를 지급하지 아니한 때에는 교부하지 않아도 되는 것은 "보험증권"이다. [상법 제638조의3 제1항 및 제640조 제1항]
>
> ㉢ 보험자가 보험약관의 교부·설명의무를 위반한 경우, 보험계약자는 보험계약이 성립한 날부터 3개월 이내에 그 계약을 취소할 수 있다. [상법 제638조의3 제2항]

17 손해보험에 관한 설명으로 옳은 것은?

❶ 집합된 물건을 일괄하여 보험의 목적으로 한 때에는 그 목적에 속한 물건이 보험기간 중 수시로 교체된 경우에도 보험사고의 발생 시에 현존하는 물건은 보험의 목적에 포함된 것으로 한다.

② 보험계약자는 불특정의 타인을 위하여는 보험계약을 체결할 수 없다.

③ 손해가 피보험자와 생계를 같이 하는 가족의 고의로 인하여 발생한 경우에 보험금의 전부를 지급한 보험자는 그 지급한 금액의 한도에서 그 가족에 대한 피보험자의 권리를 취득하지 못한다.

④ 타인을 위한 보험에서 보험계약자가 보험료의 지급을 지체한 때에는 그 타인이 그 권리를 포기하여도 그 타인은 보험료를 지급하여야 한다.

> ① 집합된 물건을 일괄하여 보험의 목적으로 한 때에는 그 목적에 속한 물건이 보험기간 중 수시로 교체된 경우에도 보험사고의 발생 시에 현존하는 물건은 보험의 목적에 포함된 것으로 한다. (O) [상법 제687조(동전)]
> ② 보험계약자는 불특정의 타인을 위하여는 보험계약을 체결할 수 **없다.**(× → 있다.) [상법 제639조 제1항]
> ③ 손해가 피보험자와 생계를 같이 하는 가족의 고의로 인하여 발생한 경우에 보험금의 전부를 지급한 보험자는 그 지급한 금액의 한도에서 그 가족에 대한 피보험자의 권리를 **취득하지 못한다.** (×→ 취득할 수 있다.) [상법 제682조 제2항]
> ④ 타인을 위한 보험에서 보험계약자가 보험료의 지급을 지체한 때에는 그 타인이 **그 권리를 포기하여도 그 타인은 보험료를 지급하여야 한다.** (× → 그 권리를 포기한 경우에 그 타인은 보험료를 지급할 의무가 없다.) [상법 제639조 제3항]

18 손해보험에 있어서 보험사고와 보험금지급에 관한 설명으로 옳지 않은 것은?

① 피보험자는 보험사고의 발생을 안 때에는 지체없이 보험자에게 그 통지를 발송하여야 한다.

❷ 보험자는 보험금액의 지급에 관하여 약정기간이 없는 경우는 보험사고 발생의 통지를 받은 날로부터 10일 내에 피보험자 또는 보험수익자에게 보험금액을 지급하여야 한다.

③ 보험사고가 보험계약자의 중대한 과실로 인하여 생긴 때에는 보험자는 보험금액을 지급할 책임이 없다.

④ 보험사고가 전쟁으로 인하여 생긴 때에는 당사자 간에 다른 약정이 없으면 보험자는 보험금액을 지급할 책임이 없다.

> 「상법」 제658조(보험금액의 지급) 보험자는 보험금액의 지급에 관하여 약정기간이 있는 경우에는 그 기간 내에 **약정기간이 없는 경우에는** 제657조 제1항의 **통지를 받은 후 지체없이 지급할 보험금액을 정하고 그 정하여진 날부터 10일 내에 피보험자 또는 보험수익자에게 보험금액을 지급하여야 한다.**

19 손해보험증권에 반드시 기재해야 하는 사항이 아닌 것은?

① 보험의 목적   ❷ 보험자의 설립년월일

③ 보험료와 그 지급방법   ④ 무효와 실권의 사유

> 「**상법**」**제666조(손해보험증권)** 손해보험증권에는 다음의 사항을 기재하고 보험자가 기명날인 또는 서명하여여야 한다.
>
> > 1. **보험의 목적**
> > 2. 보험사고의 성질
> > 3. 보험금액
> > 4. **보험료와 그 지급방법**
> > 5. 보험기간을 정한 때에는 그 시기와 종기
> > 6. **무효와 실권의 사유**
> > 7. 보험계약자의 주소와 성명 또는 상호
> > 7의2. 피보험자의 주소, 성명 또는 상호
> > 8. 보험계약의 연월일
> > 9. 보험증권의 작성지와 그 작성년월일

20 일부보험에 있어서 일부손해가 발생하여 비례보상원칙을 적용한 결과에 관한 설명으로 옳지 않은 것은?

① 손해액은 보험가액보다 적다.   ② 보험가액은 보상액보다 크다.

③ 보상액은 손해액보다 적다.   ❹ 보험금액은 보험가액보다 크다.

> 일부보험은 보험금액보다 보험가액이 더 큰 경우를 말하며, 이 경우에는 보험금액의 보험가액에 대한 비율에 따라 보상한다.

21 보험대리상이 갖는 권한이 아닌 것은?

① 보험계약자로부터 보험료를 수령할 수 있는 권한

② 보험계약자로부터 보험계약의 취소에 관한 의사표시를 수령할 수 있는 권한

❸ 보험자로부터 보험금을 수령할 수 있는 권한

④ 보험계약자에게 보험계약의 변경에 관한 의사표시를 할 수 있는 권한

> 「**상법**」**제646조의2(보험대리상 등의 권한)** ① 보험대리상은 다음 각 호의 권한이 있다.
>
> > 1. 보험계약자로부터 보험료를 수령할 수 있는 권한
> > 2. 보험자가 작성한 보험증권을 보험계약자에게 교부할 수 있는 권한
> > 3. **보험계약자로부터** 청약, 고지, 통지, 해지, **취소** 등 보험계약에 관한 의사표시를 수령할 수 있는 권한
> > 4. **보험계약자에게 보험계약의 체결, 변경, 해지** 등 보험계약에 관한 의사표시를 할 수 있는 권한

22 손해보험에서 손해액 산정에 관한 설명으로 옳은 것은?

❶ 당사자 간에 다른 약정이 없으면 보험자가 보상할 손해액은 그 손해가 발생한 때와 곳의 가액에 의한다.

② 손해가 발생한 때와 곳의 가액보다 신품가액이 작은 경우에는 당사자 간에 다른 약정이 없으면 신품가액에 따라 손해액을 산정하여야 한다.

③ 손해액의 산정에 관한 비용은 보험계약자의 부담으로 한다.

④ 보험사고로 인하여 상실된 피보험자의 보수는 당사자 간에 다른 약정이 없으면 보험자가 보상할 손해액에 산입한다.

> ① 당사자 간에 다른 약정이 없으면 보험자가 보상할 손해액은 그 손해가 발생한 때와 곳의 가액에 의한다. (O) [상법 제676조 제1항]
> ② 당사자 간에 다른 약정이 없으면 신품가액에 따라 손해액을 산정하여야 한다. (× → 당사자 간에 다른 약정이 있는 때에는 그 신품가액에 의하여 손해액을 산정할 수 있다.) [상법 제676조 제1항]
> ③ 손해액의 산정에 관한 비용은 **보험계약자**(× → 보험자)의 부담으로 한다. [상법 제676조 제2항]
> ④ 보험사고로 인하여 상실된 피보험자의 보수는 당사자 간에 다른 약정이 없으면 보험자가 보상할 손해액에 **산입한다.** (× → 산입하지 아니한다.) [상법 제667조]

23 「상법」 제681조(보험목적에 관한 보험대위)의 내용이다. (   )에 들어갈 내용을 순서대로 올바르게 연결된 것은?

> 보험의 목적의 (   )가 멸실한 경우에 보험금액의 (   )를 지급한 보험자는 그 목적에 대한 피보험자의 권리를 취득한다. 그러나 보험가액의 (   )를 보험에 붙인 경우에는 보험자가 취득할 권리는 보험금액의 보험가액에 대한 비율에 따라 이를 정한다.

① 전부 또는 일부 – 일부 – 전부   ② 전부 – 일부 – 일부
③ 전부 또는 일부 – 일부 – 일부   **❹** 전부 – 전부 – 일부

> **「상법」 제681조(보험목적에 관한 보험대위)** 보험의 목적의 **전부**가 멸실한 경우에 보험금액의 **전부**를 지급한 보험자는 그 목적에 대한 피보험자의 권리를 취득한다. 그러나 보험가액의 **일부**를 보험에 붙인 경우에는 보험자가 취득할 권리는 보험금액의 보험가액에 대한 비율에 따라 이를 정한다.

24 보험계약에 관한 설명으로 옳지 않은 것은?

① 보험계약은 그 계약 전의 어느 시기를 보험기간의 시기로 할 수 있다.

② 대리인에 의하여 보험계약을 체결한 경우에 대리인이 안 사유는 그 본인이 안 것과 동일한 것으로 한다.

❸ 보험자가 손해를 보상할 경우에 보험료의 지급을 받지 아니한 잔액은 그 지급기일이 도래한 이후에만 보상할 금액에서 공제할 수 있다.

④ 보험자는 보험사고로 인하여 부담할 책임에 대하여 다른 보험자와 재보험계약을 체결할 수 있다.

> 「상법」 제677조(보험료체납과 보상액의 공제) 보험자가 손해를 보상할 경우에 보험료의 지급을 받지 아니한 잔액이 있으면 그 **지급기일이 도래하지 아니한 때라도** 보상할 금액에서 이를 공제할 수 있다.

25 화재보험에 관한 설명으로 옳지 않은 것은?

① 건물을 보험의 목적으로 한 때에는 그 소재지, 구조와 용도를 화재보험증권에 기재하여야 한다.

② 보험자는 화재의 소방에 따른 손해를 보상할 책임이 있다.

③ 보험자는 화재의 손해의 감소에 필요한 조치로 인한 손해를 보상할 책임이 있다.

❹ 동산은 화재보험의 목적으로 할 수 없다.

> • 「상법」 제684조(소방 등의 조치로 인한 손해의 보상) 보험자는 화재의 소방 또는 손해의 감소에 필요한 조치로 인하여 생긴 손해를 보상할 책임이 있다.
> • 「상법」 제685조(화재보험증권) 화재보험증권에는 제666조에 게기한 사항 외에 다음의 사항을 기재하여야 한다.
>
> 1. 건물을 보험의 목적으로 한 때에는 그 소재지, 구조와 용도
> 2. 동산을 보험의 목적으로 한 때에는 그 존치한 장소의 상태와 용도
> 3. 보험가액을 정한 때에는 그 가액

26 「농어업재해보험법령」상 농업재해보험심의회 및 회의에 관한 설명으로 옳지 않은 것은?

① 심의회는 위원장 및 부위원장 각 1명을 포함한 21명 이내의 위원으로 구성한다.

② 위원장은 심의회의 회의를 소집하며, 그 의장이 된다.

❸ 심의회의 회의는 재적위원 5분의 1 이상의 요구가 있을 때 또는 위원장이 필요하다고 인정할 때에 소집한다.

④ 심의회의 회의는 재적위원 과반수의 출석으로 개의(開議)하고, 출석위원 과반수의 찬성으로 의결한다.

> ③ 심의회의 회의는 재적위원 **5분의 1 이상**(× → 3분의 1이상)의 요구가 있을 때 또는 위원장이 필요하다고 인정할 때에 소집한다. [농어업재해보험법 시행령 제3조 제2항]
>
> ① 심의회는 위원장 및 부위원장 각 1명을 포함한 21명 이내의 위원으로 구성한다. (O) [농어업재해보험법 제3조 제2항]
>
> ② 위원장은 심의회의 회의를 소집하며, 그 의장이 된다. (O) [농어업재해보험법 시행령 제3조 제1항]
>
> ④ 심의회의 회의는 재적위원 과반수의 출석으로 개의(開議)하고, 출석위원 과반수의 찬성으로 의결한다.(O) [농어업재해보험법 시행령 제3조 제3항]

27 「농어업재해보험법」상 다음 설명에 해당되는 용어는?

> 보험가입자에게 재해로 인한 재산 피해에 따른 손해가 발생한 경우 보험가입자와 보험사업자 간의 약정에 따라 보험사업자가 보험가입자에게 지급하는 금액

① 보험료   ② 손해평가액
③ 보험가입금액   ❹ 보험금

「농어업재해보험법」 제2조(정의) 5. "보험금"이란 보험가입자에게 재해로 인한 재산 피해에 따른 손해가 발생한 경우 보험가입자와 보험사업자 간의 약정에 따라 보험사업자가 보험가입자에게 지급하는 금액을 말한다.

28 「농어업재해보험법」상 재해보험의 종류와 보험목적물로 옳지 않은 것은?

① 농작물재해보험 : 농작물 및 농업용 시설물

② 임산물재해보험 : 임산물 및 임업용 시설물

❸ 축산물재해보험 : 축산물 및 축산시설물

④ 양식수산물재해보험 : 양식수산물 및 양식시설물

> **「농어업재해보험법」 제5조(보험목적물)** 보험목적물은 다음 각 호의 구분에 따르되, 그 구체적인 범위는 보험의 효용성 및 보험 실시 가능성 등을 종합적으로 고려하여 농업재해보험심의회 또는 「수산업·어촌 발전 기본법」 제8조 제1항에 따른 중앙수산업·어촌정책심의회를 거쳐 농림축산식품부장관 또는 해양수산부장관이 고시한다.
>
> 1. **농작물재해보험 : 농작물 및 농업용 시설물**
> 1의2. **임산물재해보험 : 임산물 및 임업용 시설물**
> 2. **가축재해보험 : 가축 및 축산시설물**
> 3. **양식수산물재해보험 : 양식수산물 및 양식시설물**

29 농업재해보험 손해평가요령에 따른 손해평가인의 업무에 해당하는 것을 모두 고른 것은?

> ㉠ 보험가액 평가   ㉡ 손해액 평가   ㉢ 보험금 산정

① ㉠   ❷ ㉠, ㉡

③ ㉠, ㉢   ④ ㉡, ㉢

> **농업재해보험 손해평가요령 제3조(손해평가인의 업무)** ① 손해평가인은 다음 각 호의 업무를 수행한다.
>
> 1. 피해사실 확인
> 2. **보험가액 및 손해액 평가**
> 3. 그 밖에 손해평가에 관하여 필요한 사항

30 「농어업재해보험법령」상 손해평가인으로 위촉될 수 없는 자는?

① 재해보험 대상 농작물을 6년간 경작한 경력이 있는 농업인

❷ 공무원으로 농촌진흥청에서 농작물재배 분야에 관한 연구·지도 업무를 2년간 담당한 경력이 있는 사람

③ 교원으로 고등학교에서 농작물재배 분야 관련 과목을 6년간 교육한 경력이 있는 사람

④ 조교수 이상으로 「고등교육법」 제2조에 따른 학교에서 농작물재배 관련학을 5년간 교육한 경력이 있는 사람

> ② 공무원으로 농촌진흥청에서 농작물재배 분야에 관한 연구·지도 업무를 **2년간**(× → 3년 이상) 담당한 경력이 있는 사람 [농어업재해보험법 시행령 별표 2]

31 「농어업재해보험법」상 손해평가사의 자격 취소사유에 해당되는 자를 모두 고른 것은?

> ㉠ 손해평가사의 자격을 부정한 방법으로 취득한 사람
> ㉡ 거짓으로 손해평가를 한 사람
> ㉢ 손해평가사의 직무를 수행하면서 부적절한 행위를 하였다고 인정되는 사람
> ㉣ 다른 사람에게 손해평가사의 자격증을 빌려준 사람

① ㉠, ㉡　　　　　　　　　　　② ㉢, ㉣

❸ ㉠, ㉡, ㉣　　　　　　　　　④ ㉡, ㉢, ㉣

「농어업재해보험법」 제11조의5(손해평가사의 자격 취소) ① 농림축산식품부장관은 다음 각 호의 어느 하나에 해당하는 사람에 대하여 손해평가사 자격을 취소할 수 있다. 다만, 제1호 및 제5호에 해당하는 경우에는 자격을 취소하여야 한다.

1. 손해평가사의 자격을 거짓 또는 부정한 방법으로 취득한 사람
2. 거짓으로 손해평가를 한 사람
3. 제11조의4 제6항을 위반하여 다른 사람에게 손해평가사의 명의를 사용하게 하거나 그 자격증을 대여한 사람
4. 제11조의4 제7항을 위반하여 손해평가사 명의의 사용이나 자격증의 대여를 알선한 사람
5. 업무정지 기간 중에 손해평가 업무를 수행한 사람

32 「농어업재해보험법령」상 내용으로 옳지 않은 것은?

❶ 재해보험가입자가 재해보험에 가입된 보험목적물을 양도하는 경우 그 양수인은 재해보험 계약에 관한 양도인의 권리 및 의무를 승계한 것으로 추정하지 않는다.

② 재해보험의 보험금을 지급받을 권리는 압류할 수 없다. 다만, 보험목적물이 담보로 제공된 경우에는 그러하지 아니하다.

③ 재해보험사업자는 재해보험사업을 원활히 수행하기 위하여 필요한 경우에는 보험모집 및 손해평가 등 재해보험 업무의 일부를 대통령령으로 정하는 자에게 위탁할 수 있다.

④ 농림축산식품부장관은 손해평가사의 손해평가 능력 및 자질 향상을 위하여 교육을 실시할 수 있다.

① 재해보험가입자가 재해보험에 가입된 보험목적물을 양도하는 경우 그 양수인은 재해보험 계약에 관한 양도인의 권리 및 의무를 승계한 것으로 **추정하지 않는다.**(× → 추정한다.) [농어업재해보험법 제13조]

33 「농어업재해보험법」상 재정지원에 관한 내용이다. (   )에 들어갈 용어를 순서대로 나열한 것은?

> 정부는 예산의 범위에서 재해보험가입자가 부담하는 (   )의 일부와 재해보험사업자의 (   )의 운영 및 관리에 필요한 비용(이하 "운영비"라 한다)의 전부 또는 일부를 지원할 수 있다. 이 경우 지방자치단체는 예산의 범위에서 재해보험가입자가 부담하는 (   )의 일부를 추가로 지원할 수 있다.

① 재해보험, 보험료, 재해보험　　　❷ 보험료, 재해보험, 보험료

③ 보험금, 재해보험, 보험금　　　　④ 보험가입액, 보험료, 보험가입액

> **「농어업재해보험법」 제19조(재정지원)** ① 정부는 예산의 범위에서 재해보험가입자가 부담하는 **보험료**의 일부와 재해보험사업자의 **재해보험**의 운영 및 관리에 필요한 비용(이하 "운영비"라 한다)의 전부 또는 일부를 지원할 수 있다. 이 경우 지방자치단체는 예산의 범위에서 재해보험가입자가 부담하는 **보험료**의 일부를 추가로 지원할 수 있다.

34 「농어업재해보험법」상 재해보험을 모집할 수 있는 자가 아닌 것은?

① 수협중앙회 및 그 회원조합의 임직원

② 산림조합중앙회 및 그 회원조합의 임직원

❸ 「산림조합법」 제48조의 공제규정에 따른 공제모집인으로서 농림축산식품부장관이 인정하는 자

④ 「보험업법」 제83조(모집할 수 있는 자) 제1항에 따라 보험을 모집할 수 있는 자

> **「농어업재해보험법」 제10조(보험모집)** ① 재해보험을 모집할 수 있는 자는 다음 각 호와 같다.
>
> 1. 산림조합중앙회와 그 회원조합의 임직원, 수협중앙회와 그 회원조합 및 「수산업협동조합법」에 따라 설립된 수협은행의 임직원
> 2. 「수산업협동조합법」 제60조(제108조, 제113조 및 제168조에 따라 준용되는 경우를 포함한다)의 공제규약에 따른 공제모집인으로서 수협중앙회장 또는 그 회원조합장이 인정하는 자
> 2의2. 「산림조합법」 제48조(제122조에 따라 준용되는 경우를 포함한다)의 공제규정에 따른 공제모집인으로서 산림조합중앙회장이나 그 회원조합장이 인정하는 자
> 3. 「보험업법」 제83조 제1항에 따라 보험을 모집할 수 있는 자

35 「농어업재해보험법」상 농어업재해재보험기금의 용도에 해당하지 않는 것은?

❶ 재해보험가입자가 부담하는 보험료의 일부 지원
② 제20조 제2항 제2호에 따른 재보험금의 지급
③ 제22조 제2항에 따른 차입금의 원리금 상환
④ 기금의 관리·운용에 필요한 경비(위탁경비를 포함한다)의 지출

> 「농어업재해보험법」 제23조(기금의 용도) 기금은 다음 각 호에 해당하는 용도에 사용한다.
>
> 1. 제20조 제2항 제2호에 따른 재보험금의 지급
> 2. 제22조 제2항에 따른 차입금의 원리금 상환
> 3. 기금의 관리·운용에 필요한 경비(위탁경비를 포함한다)의 지출
> 4. 그 밖에 농림축산식품부장관이 해양수산부장관과 협의하여 재보험사업을 유지·개선하는 데에 필요하다고 인정하는 경비의 지출

36 「농어업재해보험법령」상 기금의 관리·운용 등에 관한 내용으로 옳은 것을 모두 고른 것은?

> ㉠ 기금수탁관리자는 기금의 관리 및 운용을 명확히 하기 위하여 기금을 다른 회계와 구분하여 회계처리하여야 한다.
> ㉡ 기금수탁관리자는 회계연도마다 기금결산보고서를 작성하여 다음 회계연도 2월 말일까지 농림축산식품부장관 및 해양수산부장관에게 제출하여야 한다.
> ㉢ 기금수탁관리자는 회계연도마다 기금결산보고서를 작성한 후 심의회의 심의를 거쳐 다음 회계연도 2월 말일까지 기획재정부장관에게 제출하여야 한다.

❶ ㉠
② ㉠, ㉡
③ ㉠, ㉢
④ ㉡, ㉢

> ㉠ 기금수탁관리자는 기금의 관리 및 운용을 명확히 하기 위하여 기금을 다른 회계와 구분하여 회계처리하여야 한다. (O) [농어업재해보험법 시행령 제18조 제2항]
> ㉡ 기금수탁관리자는 회계연도마다 기금결산보고서를 작성하여 다음 회계연도 **2월 말일**(× → 2월15일)까지 농림축산식품부장관 및 해양수산부장관에게 제출하여야 한다. [농어업재해보험법 시행령 제19조 제1항]
> ㉢ **기금수탁관리자는** 회계연도마다 **기금결산보고서를 작성한 후**(× → 농림축산식품부장관은 해양수산부장관과 협의하여 기금수탁관리자로부터 제출받은 기금결산보고서를 검토한 후) 심의회의 심의를 거쳐 다음 회계연도 2월 말일까지 기획재정부장관에게 제출하여야 한다. [농어업재해보험법 시행령 제19조 제2항]

37 「농어업재해보험법령」상 농림축산식품부장관으로부터 재보험사업에 관한 업무의 위탁을 받을 수 있는 자는?

① 「보험업법」에 따른 보험회사

❷ 「농업·농촌 및 식품산업기본법」 제63조의2 제1항에 따라 설립된 농업정책보험금융원

③ 「정부출연연구기관 등의 설립·운영 및 육성에 관한 법률」 제8조에 따라 설립된 연구기관

④ 「공익법인의 설립·운영에 관한 법률」 제4조에 따라 농림축산식품부장관 또는 해양수산부장관의 허가를 받아 설립된 공익법인

> 「농어업재해보험법」 제20조(재보험사업) ③ 농림축산식품부장관은 해양수산부장관과 협의를 거쳐 재보험사업에 관한 업무의 일부를 「농업·농촌 및 식품산업 기본법」 제63조의2 제1항에 따라 설립된 농업정책보험금융원(이하 "농업정책보험금융원"이라 한다)에 위탁할 수 있다.

38 농업재해보험 손해평가요령에 따른 보험목적물별 손해평가 단위로 옳은 것은?

❶ 사과 : 농지별

② 벼 : 필지별

③ 가축 : 개별축사별

④ 농업시설물 : 지번별

> **농업재해보험 손해평가요령 제12조(손해평가 단위)**
> ① 보험목적물별 손해평가 단위는 다음 각 호와 같다.
>
> 1. 농작물 : 농지별
> 2. 가축 : 개별가축별(단, 벌은 벌통 단위)
> 3. 농업시설물 : 보험가입 목적물별

39 특정위험방식 중 "인삼 해가림시설"의 경우 다음 조건에 해당되는 보험금은?

> • 보험가입금액 : 800만 원   • 보험가액 : 1,000만 원
> • 손해액 : 500만 원   • 자기부담금 : 100 만원

① 300만 원

❷ 320만 원

③ 350만 원

④ 400만 원

> **[인삼 해가림시설 일부보험 시(보험가입금액 〈 보험가액) 보험금 산정식]**
> 보험금 = (손해액 − 자기부담금) × (보험가입금액 ÷ 보험가액)
> = (500만 원 − 100만 원) × (800만 원 ÷ 1,000만 원) = 320만 원

40 농업재해보험 손해평가요령에 따른 손해수량 조사방법 중 「적과 후 ~ 수확기 종료」생육시기에 태풍으로 인하여 발생한 낙엽 피해에 대하여 낙엽률 조사를 하는 과수 품목은?
[기출 수정]

① 사과   ② 배

③ 감귤   ❹ 단감

[농업재해보험 손해평가요령 별표 2 내용 中]

생육시기	재해	조사내용	조사시기	조사방법	비고
적과 후 ~ 수확기 종료	보상하는 재해 전부	낙과피해 조사	사고접수 후 지체없이	• 재해로 인하여 떨어진 피해과실수 조사 – 낙과피해조사는 보험약관에서 정한 과실피해분류기준에 따라 구분하여 조사 • 조사방법 : 전수조사 또는 표본조사	
				• 낙엽률 조사(우박 및 일소 제외) – 낙엽피해정도 조사 • 조사방법 : 표본조사	단감 · 떫은감
	우박, 일소, 가을동상해	착과피해 조사	수확 직전	• 재해로 인하여 달려있는 과실의 피해과실수 조사 – 착과피해조사는 보험약관에서 정한 과실피해분류기준에 따라 구분 하여 조사 • 조사방법 : 표본조사	

41 농업재해보험 손해평가요령에 따른 농작물 및 농업시설물의 보험가액 산정 방법으로 옳은 것은?

① 특정위험방식은 적과 전 착과수 조사를 통해 산정한 기준수확량에 보험가입 당시의 단위당 가입가격을 곱하여 산정한다.

② 적과 전 종합위험방식은 보험증권에 기재된 보험목적물의 평년수확량에 보험가입 당시의 단위당 가입가격을 곱하여 산정한다.

③ 종합위험방식은 적과 후 착과수 조사를 통해 산정한 기준수확량에 보험가입 당시의 단위당 가입가격을 곱하여 산정한다.

❹ 농업시설물에 대한 보험가액은 보험사고가 발생한 때와 곳에서 평가한 피해목적물의 재조달가액에서 내용연수에 따른 감가상각률을 적용하여 계산한 감가상각액을 차감하여 산정한다.

④ 농업시설물에 대한 보험가액은 보험사고가 발생한 때와 곳에서 평가한 피해목적물의 재조달가액에서 내용연수에 따른 감가상각률을 적용하여 계산한 감가상각액을 차감하여 산정한다. (O) [농업재해보험 손해평가요령 제15조 제1항]

① 특정위험방식은 **적과 전 착과수조사**(× → 적과 후 착과수 조사)를 통해 산정한 기준수확량에 보험가입 당시의 단위당 가입가격을 곱하여 산정한다. [농업재해보험 손해평가요령 제13조 제1항 제1호]

② 적과 전 종합위험방식은 **보험증권에 기재된 보험목적물의 평년수확량**(× → 적과 후 착과수 조사를 통해 산정한 기준수확량)에 보험가입 당시의 단위당 가입가격을 곱하여 산정한다. [농업재해보험 손해평가요령 제13조 제1항 제2호]

③ 종합위험방식은 **적과 후 착과수 조사를 통해 산정한 기준수확량**(× → 보험증권에 기재된 보험목적물의 평년수확량)에 보험가입 당시의 단위당 가입가격을 곱하여 산정한다. [농업재해보험 손해평가요령 제13조 제1항 제3호]

42 농업재해보험 손해평가요령에 관한 내용이다. (　　)에 들어갈 용어는?

(　　)라 함은 「농어업재해보험법」제2조 제1호에 따른 피해가 발생한 경우 법 제11조 및 제11조의3에 따라 손해평가인, 손해평가사 또는 손해사정사가 그 피해사실을 확인하고 평가하는 일련의 과정을 말한다.

① 피해조사　　　　　　　　　❷ 손해평가

③ 검증조사　　　　　　　　　④ 현지조사

농업재해보험 손해평가요령 제2조(용어의 정의) 1. **"손해평가"**라 함은 「농어업재해보험법」(이하 "법"이라 한다) 제2조 제1호에 따른 피해가 발생한 경우 법 제11조 및 제11조의3에 따라 손해평가인, 손해평가사 또는 손해사정사가 그 피해사실을 확인하고 평가하는 일련의 과정을 말한다.

43 농업재해보험 손해평가요령에 따른 손해평가인의 위촉 및 교육에 관한 설명으로 옳지 않은 것은? [기출 수정]

❶ 재해보험사업자는 손해평가인으로 위촉된 자를 대상으로 2년마다 1회 이상의 실무교육을 실시하여야 한다.

② 재해보험사업자는 농어업재해보험이 실시되는 시·군·자치구별 보험가입자의 수 등을 고려하여 적정 규모의 손해평가인을 위촉하여야 한다.

③ 재해보험사업자는 손해평가인을 위촉한 경우에는 그 자격을 표시할 수 있는 손해평가인증을 발급하여야 한다.

④ 재해보험사업자 및 재해보험사업자의 업무를 위탁받은 자는 손해평가보조인을 운용할 수 있다.

> ① 재해보험사업자는 손해평가인으로 위촉된 자를 대상으로 **2년마다 1회 이상의**(× → 해당 규정 없음) 실무교육을 실시하여야 한다.
> ② 재해보험사업자는 농어업재해보험이 실시되는 시·군·자치구별 보험가입자의 수 등을 고려하여 적정 규모의 손해평가인을 위촉하여야 한다. (O) [농업재해보험 손해평가요령 제4조 제2항]
> ③ 재해보험사업자는 손해평가인을 위촉한 경우에는 그 자격을 표시할 수 있는 손해평가인증을 발급하여야 한다. (O) [농업재해보험 손해평가요령 제4조 제1항]
> ④ 재해보험사업자 및 재해보험사업자의 업무를 위탁받은 자는 손해평가보조인을 운용할 수 있다. (O) [농업재해보험 손해평가요령 제4조 제3항]

44 농업재해보험 손해평가요령에 따른 손해평가인 위촉의 취소 사유에 해당되지 않는 자는?

① 파산선고를 받은 자로서 복권되지 아니한 자

② 손해평가인 위촉이 취소된 후 1년이 경과되지 아니한 자

③ 거짓 그 밖의 부정한 방법으로 손해평가인으로 위촉된 자

❹ 「농어업재해보험법」 제30조에 의하여 벌금이상의 형을 선고받고 그 집행이 종료되거나 집행이 면제된 날로부터 3년이 경과된 자

> **농업재해보험 손해평가요령 제6조(손해평가인 위촉의 취소 및 해지 등)** ① 재해보험사업자는 손해평가인이 다음 각 호의 어느 하나에 해당하게 되거나 위촉당시에 해당하는 자이었음이 판명된 때에는 그 위촉을 취소하여야 한다.
>
> 1. 피성년후견인 또는 피한정후견인
> 2. 파산선고를 받은 자로서 복권되지 아니한 자
> 3. 법 제30조에 의하여 벌금이상의 형을 선고받고 그 집행이 종료(집행이 종료된 것으로 보는 경우를 포함한다)되거나 집행이 면제된 날로부터 2년이 경과되지 아니한 자
> 4. 동 조에 따라 위촉이 취소된 후 2년이 경과하지 아니한 자
> 5. 거짓 그 밖의 부정한 방법으로 제4조에 따라 손해평가인으로 위촉된 자
> 6. 업무정지 기간 중에 손해평가업무를 수행한 자

45 농업재해보험 손해평가요령에 따른 손해평가준비 및 평가결과 제출에 관한 내용이다. (   ) 에 들어갈 숫자는?

> 재해보험사업자는 보험가입자가 손해평가반의 손해평가결과에 대하여 설명 또는 통지를 받은 날로부터 (   )일 이내에 손해평가가 잘못되었음을 증빙하는 서류 또는 사진 등을 제출하는 경우 재해보험사업자는 다른 손해평가반으로 하여금 재조사를 실시하게 할 수 있다.

① 5
❷ 7
③ 10
④ 14

> **농업재해보험 손해평가요령 제10조(손해평가준비 및 평가결과 제출)** ⑤ 재해보험사업자는 보험가입자가 손해평가반의 손해평가결과에 대하여 설명 또는 통지를 받은 날로부터 7일 이내에 손해평가가 잘못되었음을 증빙하는 서류 또는 사진 등을 제출하는 경우 재해보험사업자는 다른 손해평가반으로 하여금 재조사를 실시하게 할 수 있다.

46 농업재해보험 손해평가요령에 따른 손해평가결과의 검증조사에 관한 설명으로 옳은 것은?
① 재해보험사업자 및 재해보험사업의 재보험사업자는 손해평가결과를 확인하기 위하여 손해평가를 미실시한 보험목적물 중에서 일정수를 임의 추출하여 검증조사를 할 수 있다.
② 농림축산식품부장관은 재해보험사업자로 하여금 검증조사를 하게 할 수 있으며, 재해보험사업자는 이에 반드시 응하여야 한다.
❸ 검증조사결과 현저한 차이가 발생되어 재조사가 불가피하다고 판단될 경우 해당 손해평가반이 조사한 전체 보험목적물에 대하여 재조사를 할 수 있다.
④ 보험가입자가 정당한 사유없이 검증조사를 거부하는 경우 검증조사반은 검증조사가 불가능하여 손해평가 결과를 확인할 수 없다는 사실을 보험사업자에게 통지한 후 검증조사결과를 작성하여 제출하여야 한다.

> ③ 검증조사결과 현저한 차이가 발생되어 재조사가 불가피하다고 판단될 경우 해당 손해평가반이 조사한 전체 보험목적물에 대하여 재조사를 할 수 있다. (O) [농업재해보험 손해평가요령 제11조 제3항]
> ① 재해보험사업자 및 재해보험사업의 재보험사업자는 손해평가결과를 확인하기 위하여 손해평가를 **미실시한**(× → 실시한) 보험목적물 중에서 일정수를 임의 추출하여 검증조사를 할 수 있다. [농업재해보험 손해평가요령 제11조 제1항]
> ② 농림축산식품부장관은 재해보험사업자로 하여금 검증조사를 하게 할 수 있으며, 재해보험사업자는 이에 **반드시**(× → 특별한 사유가 없는 한 이에) 응하여야 한다. [농업재해보험 손해평가요령 제11조 제2항]
> ④ 보험가입자가 정당한 사유없이 검증조사를 거부하는 경우 검증조사반은 검증조사가 불가능하여 손해평가 결과를 확인할 수 없다는 사실을 **보험사업자**(× → 보험가입자)에게 통지한 후 검증조사결과를 작성하여 (재해보험사업자에게) 제출하여야 한다. [농업재해보험 손해평가요령 제11조 제4항]

47 농업재해보험 손해평가요령에 따른 손해평가반 구성으로 잘못된 것은?

① 손해평가인 1인을 포함하여 3인으로 구성

② 손해사정사 1인을 포함하여 4인으로 구성

③ 손해평가인 1인과 손해평가사 1인을 포함하여 5인으로 구성

❹ 손해평가보조인 5인으로 구성

> **농업재해보험 손해평가요령 제8조(손해평가반 구성 등)**
> ① 재해보험사업자는 제2조제1호의 손해평가를 하는 경우에는 손해평가반을 구성하고 손해평가반별로 평가일정계획을 수립하여야 한다.
> ② 제1항에 따른 손해평가반은 다음 각 호의 어느 하나에 해당하는 자를 1인 이상 포함하여 5인 이내로 구성한다.
>
> > 1. 제2조제2호에 따른 손해평가인
> > 2. 제2조제3호에 따른 손해평가사
> > 3. 「보험업법」 제186조에 따른 손해사정사

48 「농어업재해보험법」상 재해보험사업자가 재해보험사업의 회계를 다른 회계와 구분하지 않고 회계 처리한 경우에 해당하는 벌칙은?

① 300만 원 이하의 과태료 　　　　　　　② 500만 원 이하의 과태료

❸ 500만 원 이하의 벌금 　　　　　　　　④ 1년 이하의 징역 또는 1,000만 원 이하의 벌금

> • 「농어업재해보험법」 제15조(회계 구분) 재해보험사업자는 재해보험사업의 회계를 다른 회계와 구분하여 회계처리함으로써 손익관계를 명확히 하여야 한다.
> • 「농어업재해보험법」 제30조(벌칙) ③ 제15조를 위반하여 회계를 처리한 자는 **500만 원 이하의 벌금**에 처한다.

49 손해평가인이 업무수행과 관련하여 「개인정보보호법」, 「신용정보의 이용 및 보호에 관한 법률」 등 정보보호와 관련된 법령을 위반한 경우, 재해보험사업자가 손해평가인에게 명할 수 있는 최대 업무 정지 기간은?

❶ 6개월 　　　　　　　　　　　　　　　② 1년

③ 2년 　　　　　　　　　　　　　　　　④ 3년

> **농업재해보험 손해평가요령 제6조(손해평가인 위촉의 취소 및 해지 등)** ② 재해보험사업자는 손해평가인이 다음 각 호의 어느 하나에 해당하는 때에는 **6개월 이내의 기간을 정하여 그 업무의 정지**를 명하거나 위촉 해지 등을 할 수 있다.
>
> > 1. 법 제11조 제2항 및 이 요령의 규정을 위반 한 때
> > 2. 법 및 이 요령에 의한 명령이나 처분을 위반한 때
> > 3. 업무수행과 관련하여 「개인정보보호법」, 「신용정보의 이용 및 보호에 관한 법률」 등 정보보호와 관련된 법령을 위반한 때

50 「농어업재해보험법」상 농업재해보험사업의 효율적 추진을 위하여 농림축산식품부장관이 수행하는 업무가 아닌 것은?

① 재해보험사업의 관리·감독
❷ 재해보험 상품의 개발 및 보험요율의 산정
③ 손해평가인력의 육성
④ 손해평가기법의 연구·개발 및 보급

> 「농어업재해보험법」제25조의2(농어업재해보험사업의 관리) ① 농림축산식품부장관 또는 해양수산부장관은 재해보험사업을 효율적으로 추진하기 위하여 다음 각 호의 업무를 수행한다.
>
> 1. 재해보험사업의 관리·감독
> 2. 재해보험 상품의 연구 및 보급
> 3. 재해 관련 통계 생산 및 데이터베이스 구축·분석
> 4. 손해평가인력의 육성
> 5. 손해평가기법의 연구·개발 및 보급

 농학개론 중 재배학 및 원예작물학

51 추파 일년초에 속하는 화훼작물은?

❶ 팬지
② 맨드라미
③ 샐비어
④ 칸나

> • 추파 일년초 : 양귀비, 금잔화, **팬지**, 페튜니아 등
> • 춘파 일년초 : 나팔꽃, 해바라기, 샐비어(살비아), 맨드라미, 코스모스 등
> • 칸나 : 여러해살이 풀

52 식물 체내 물의 기능으로 옳지 않은 것은?

① 세포의 팽압 형성
❷ 감수분열 촉진
③ 양분 흡수와 이동의 용매
④ 물질의 합성과 분해과정 매개

> **[수분(물)의 역할]**
> • 원형질 상태 유지
> • 식물체 구성물질의 성분
> • 식물체 필요물질의 흡수와 이동의 용매 역할
> • 식물체 필요물질의 합성·분해의 매개체 역할
> • 세포의 팽압 형성 및 유지
> • 각종 효소활성의 촉매역활
> • 식물체의 항상성 유지

53 (   )에 들어갈 내용은?

작물의 광합성에 의한 이산화탄소의 흡수량과 호흡에 의한 이산화탄소의 방출량이 같은 지점의 광도를 (   )이라 한다.

① 광반응점   ❷ 광보상점
③ 광순화점   ④ 광포화점

광보상점 : 식물의 광합성량이 호흡량과 일치하는 점의 광도를 말한다. 광보상점에서는 광합성을 통한 이산화탄소의 흡수량과 호흡에 의한 이산화탄소의 방출량이 같아지며, 호흡을 위한 산소의 흡수량과 광합성의 결과에 의한 산소의 방출량이 같아진다.

54 단일일장(Short Day Length) 조건에서 개화 억제를 위해 야간에 보광을 실시하는 작물은?

① 장미   ② 가지
❸ 국화   ④ 토마토

단일식물 : 보통 8 ~ 10시간의 단일조건에서 개화가 유도, 촉진되는 식물로, 장일상태에서는 개화가 저해된다. 조, 기장, 들깨, 담배, 피, 콩, 국화, 수수, 코스모스, 목화, 옥수수, 나팔꽃, 벼 등

55 건물 1g을 생산하는 데 필요한 수분량인 요수량(要水量)이 가장 높은 작물은?

① 기장   ② 옥수수
③ 밀   ❹ 호박

- 요수량 : 식물체가 건조 물질 1g을 생산하는 데 소요되는 수분량
- 작물별 요수량 : 명아주 〉 **호박** 〉 밀 〉 (옥)수수 〉 기장

56 종자번식에서 자연교잡률이 4% 이하인 자식성 작물에 속하는 것은?

❶ 토마토   ② 양파
③ 매리골드   ④ 베고니아

자식성 식물 : 암술이 같은 그루 안의 꽃으로부터 꽃가루를 받아 수정이 이루어지는 식물. 갓, 포도, 복숭아, **토마토**, 고추, 가지 등

57 작물의 병해충 방제법 중 생물적 방제에 해당하는 것은?

① 윤작 등 작부체계의 변경   ② 멀칭 및 자외선 차단필름 활용

❸ 천적 곤충 이용   ④ 태양열 소독

> **[경종적 방제법 = 재배적 방제법 = 간접적·소극적 방제기술 = 예방적 방제기술]**
> - **경종적 방제법** : 토지선정, 혼식, 윤작, 생육기의 조절, 중간 기주식물의 제거, 무병종묘재배
> - **생물적 방제법** : **천적이용**
> - **물리적 방제법** : 포살 및 채란, 소각, 소토, 담수, 차단, 유살
> - **화학적 방제법** : 살균제, 살충제, 유인제, 기피제

58 해충과 천적의 관계가 바르게 짝지어지지 않은 것은?

① 잎응애류 – 칠레이리응애   ❷ 진딧물류 – 온실가루이

③ 총채벌레류 – 애꽃노린재   ④ 굴파리류 – 굴파리좀벌

> 온실가루이의 천적은 온실가루이좀벌 등이, 진딧물류의 천적은 진디벌 등이 있다.

59 ( )에 들어갈 내용을 순서대로 바르게 나열한 것은?

> - 작물이 생육하고 있는 중에 이랑 사이의 흙을 그루 밑에 긁어모아 주는 것을 ( )(이)라고 한다.
> - 짚이나 건초를 깔아 작물이 생육하고 있는 토양 표면을 피복해 주는 것을 ( )(이)라고 한다.

① 중경, 멀칭   ② 배토, 복토

❸ 배토, 멀칭   ④ 중경, 복토

> 1. 복토 : 씨앗을 뿌린 다음 흙을 덮는 것
>   - 얕게 복토하는 경우 : 작은 종자, 떡잎식물, 광발아서 종자, 호광성 종자, 습한토양, 점질토양
>   - 깊게 복토하는 경우 : 건조한 토양, 사질토양, 덥거나 추운 곳에서 파종시
> 2. 진압 : 토양을 눌러주는 것
>   - 진압의 효과 : 토양수분이용 극대화, 종자의 출아를 빠르고 균일하게 하는데 도움
> 3. **배토** : 작물의 생육과정 중에 이랑 사이의 흙을 작물의 포기 밑에 모아주는 것
>   - 배토의 효과 : 도복 경감, 비대 촉진, 발육 조장, 무효분얼 억제, 제초효과 등
> 4. 중경 : 작물의 생육 과정 중에 작물 사이의 토양을 갈거나 쪼아서 부드럽게 하는 것
>   - 중경의 효과 : 토양의 통기성 조장, 토양 수분 증발 억제, 제초효과 , 비효증진
>   - 중경의 단점 : 단근 피해, 동상해 피해를 조장 할 수 있음
> 5. **멀칭** : 농작물을 재배할 때 비닐, 플라스틱, 짚 등의 피복재로 토양의 표면을 덮어주는 것
>   - 멀칭의 효과 : 지온상승, 토양수분유지(토양건조방지), 토양 및 비료유실방지, 잡초발생억제와 병충해방제, 신장·증수 촉진, 조기수확가능
>   - 녹색필름 : 지온상승효과 좋음, 잡초억제효과 좋음
>   - 흑색필름 : 지온상승효과 적음, 잡초억제효과 좋음
>   - 투명필름 : 지온상승효과 좋음, 잡초억제효과 적음

60 영양번식(무성번식)에 관한 설명으로 옳지 않은 것은?

① 과수의 결실연령을 단축시킬 수 있다.

② 모주의 유전형질이 똑같이 후대에 계승된다.

❸ 번식체의 취급이 간편하고 수송 및 저장이 용이하다.

④ 종자번식이 불가능한 작물의 번식수단이 된다.

> 1. 종자번식(유성번식) : 종자를 이용해서 번식하는 것을 종자번식이라고 한다. 종자는 수술의 화분과 암술의 난세포의 결합으로 만들어진다. 자성 배우자와 웅성 배우자의 수정에 의해 이루어지기 때문에 유성번식이라고도 한다.
>
> > • 불량환경을 극복하는 수단
> > • 유전적 변이를 만들어 이용한다
> > • 대량채종과 번식이 가능
> > • **번식체의 취급이 간편하고 수송 및 저장이 용이**
> > • 양친의 형질이 전달되지 않는다
> > • 개화와 결실이 길다
>
> 2. 영양번식(무성번식) : 무성번식이라고도 하며, 식물체의 일부 조직이나 영양기관인 잎, 줄기, 뿌리 등에 의한 번식을 말한다.
>
> > • 유전적인 특성을 그대로 유지할 수 있기 때문에 동일한 품종을 생산할 수 있다.
> > • 모본의 내한성, 내병성 등의 유전적인 특성을 유지하기 때문에 튼실하며, 종자번식묘보다 성장이 빠르다. 과수의 결실연령을 단축시킬 수 있다.
> > • 종자로 번식이 불가능한 작물의 번식수단이 될 수 있다.
> > • 모본의 식물체의 조직 등을 확보해야 하기 때문에 종자번식처럼 일시에 다량의 묘를 확보하기는 어렵다.(조직배양의 경우에는 일시에 다량의 묘 확보 가능)

61 작휴법 중 성휴법에 관한 설명으로 옳은 것은?

① 이랑을 세우고 낮은 고랑에 파종하는 방식

❷ 이랑을 보통보다 넓고 크게 만드는 방식

③ 이랑을 세우고 이랑 위에 파종하는 방식

④ 이랑을 평평하게 하여 이랑과 고랑의 높이가 같게 하는 방식

> **[작휴법]**
> 1. 평휴법 : 이랑과 고랑의 높이를 같게 하는 방식
>   건조해 및 습해 완화 예 밭벼, 채소 등
> 2. 휴립휴파법 : 이랑을 세우고 이랑에 파종하는 방식
>   배수 및 토양 통기에 유리 예 고구마, 조, 콩 등
> 3. 휴립구파법 : 이랑을 세우고 낮은 골에 파종하는 방식
>   맥류에서 한해 및 동해 방지, 감자에서 발아 촉진 효과 예 보리, 맥류, 감자 등
> 4. **성휴법 : 이랑을 보통보다 넓고 크게 만드는 방식**
>   건조해 및 습해 완화 예 답리작 맥류, 맥후작 콩 재배 등

62 작물 생육기간 중 수분부족 환경에 노출될 때 일어나는 반응을 모두 고른 것은?

> ㉠ 기공폐쇄　　㉡ 앱시스산(ABA) 합성 촉진　　㉢ 엽면적 증가

① ㉠
❷ ㉠, ㉡
③ ㉡, ㉢
④ ㉠, ㉡, ㉢

- 아브시스산(ABA)

  - 겨울 휴면을 유도하며, 내한성을 증진시키다.
  - 식물의 수분이 결핍되면 아브시스산이 많이 합성하여 기공을 닫는 방식으로 식물의 수분을 보호한다.(수분스트레스호르몬) 발아를 억제하고, 잎을 노화시키며 낙엽을 촉진하다.
  - 식물의 휴면은 ABA농도가 높고, GA농도가 낮을 때 일어난다.

- 수분이 부족하면 팽압이 떨어져 엽면적은 감소된다.

63 작물 재배 중 온도의 영향에 관한 설명으로 옳은 것은?

① 조직 내에 결빙이 생겨 탈수로 인한 피해가 발생하는 것을 냉해라고 한다.
② 세포 내 유기물 생성이 증가하면 에너지 소비가 심해져 내열성은 감소한다.
③ 춘화작용은 처리기간과 상관없이 온도의 영향을 받는다.
❹ 탄소동화작용의 최적온도 범위는 호흡작용보다 낮다.

④ 탄소동화작용의 최적온도 범위는 호흡작용보다 낮다. (O)
　탄소동화작용(예 광합성)최적온도 썹씨 20 ~ 30도, 호흡작용 최적온도 썹씨 45도 전후로, 탄소동화작용 최적온도 범위는 호흡작용보다 낮다.
① 조직 내에 결빙이 생겨 탈수로 인한 피해가 발생하는 것을 **냉해**(× → 동해)라고 한다.
② 세포 내 유기물 생성이 증가하면 에너지 소비가 심해져 내열성은 **감소한다.** (× → 증가한다.)
③ 춘화작용은 처리기간과 **상관없이**(× → 삭제) 온도의 영향을 받는다.

64 토양습해 예방 대책으로 옳은 것은?

❶ 내습성 품종 선택
② 고랑 파종
③ 미숙 유기물 사용
④ 밀식 재배

[토양습해 예방 대책]

- 내습성 품종선택
- 정지(이랑재배 등)
- 표층시비(부숙시킨 유기물 사용)
- 배수(기계배수, 암거배수 등)
- 세사 객토, 중경, 토양개량제 시용 등
- 과산화석회 사용

65 작물 피해를 발생시키는 대기오염 물질이 아닌 것은?

① 아황산가스 　　　　　　　　　❷ 이산화탄소

③ 오존 　　　　　　　　　　　　④ 불화수소

이산화탄소는 대기 중에 일정 농도 존재하며, 광합성의 재료가 되며, 작물의 생장을 촉진하다.

66 염해(Salt Stress)에 관한 설명으로 옳지 않은 것은?

① 토양수분의 증발량이 강수량보다 많을 때 발생할 수 있다.

② 시설재배 시 비료의 과용으로 생기게 된다.

❸ 토양의 수분포텐셜이 높아진다.

④ 토양수분 흡수가 어려워지고 작물의 영양소 불균형을 초래한다.

> **[염해]**
> • 토양수분의 증발량이 관수량보다 많을 때 주로 발생한다.
> • 비료 과다 시용으로 생기는 경우가 많다.
> • 식물체내의 수분포텐셜이 토양의 수분포텐셜보다 높아서 **토양 수분의 흡수가 어려워지고, 영양소 불균형을 초래한다.**

67 강풍이 작물에 미치는 영향으로 옳지 않은 것은?

① 상처로 인한 호흡률 증가 　　　　② 매개곤충의 활동저하로 인한 수정률 감소

③ 기공폐쇄로 인한 광합성률 감소 　　❹ 병원균 감소로 인한 병해충 피해 약화

> **[강풍이 작물에 미치는 영향]**
> • 강풍으로 기공이 폐쇄되어 수분흡수가 감소하게 되어, 세포 팽압은 감소하며, 기공 폐쇄로 이산화탄소의 흡수가 적어져서 광합성이 저해된다.
> • 작물체온이 떨어진다.
> • 기공 폐쇄로 광합성률이 감소한다.
> • 수정매개곤충의 활동저하로 수정률이 감소한다.
> • 작물의 체온을 저하시키며, 냉해, 도복 등을 일으킬 수 있다.
> • 과수에 착과피해와 낙과피해를 입힌다.
> • 비닐하우스 등 시설을 파손시킨다.
> • 강풍(태풍) 직후 작물들의 저항성이 떨어져 있는 동안에 병해충에 취약해진다.

68 채소작물 중 조미채소류가 아닌 것은?

① 마늘 ② 고추

③ 생강 ❹ 배추

마늘, 고추, 양파, 파, 생강 등은 우리나라의 대표적인 조미채소이다.

69 과수의 엽면시비에 관한 설명으로 옳지 않은 것은?

① 뿌리가 병충해 또는 침수 피해를 받았을 때 실시할 수 있다.

② 비료의 흡수율을 높이기 위해 전착제를 첨가하여 살포한다.

③ 잎의 윗면보다는 아랫면에 살포하여 흡수율을 높게 한다.

❹ 고온기에는 살포농도를 높여 흡수율을 높게 한다.

- 엽면시비 : 액체비료를 식물의 잎을 통해 공급하는 방법
- 엽면시비를 하는 이유 : **뿌리의 흡수에 문제가 있거나** 또는 멀칭재배와 같이 토양시비가 곤란한 경우, 특정 영양분이 결핍 등이 예상되거나, 병충해 방제 등을 위해 빠른 수세 회복이 필요한 경우
- 엽면시비의 효과
  - 미량원소 공급이 용이하다, 작물 뿌리에 기능에 문제가 있을 시에도 영양 공급을 할 수 있다.
  - 토양시비보다 영양분 공급속도가 빨라서 영양공급을 조절 할 수 있다.
  - 뿌리흡수에 문제가 없는 경우에는 토양시비가 효과가 더 좋다.
  - 엽면시비를 하는 경우에는 잎의 앞면(윗면)보다는 뒷면(아랫면)에 시비하는 것이 효과가 더 좋다, 비료의 흡수율을 높이기 위해 전착제를 첨가하여 살포한다, 고온기는 피한다.

70 과수와 그 생육특성이 바르게 짝지어지지 않은 것은?

① 사과나무 – 교목성 온대과수 ② 블루베리나무 – 관목성 온대과수

❸ 참다래나무 – 덩굴성 아열대과수 ④ 온주밀감나무 – 상록성 아열대과수

참다래나무는 덩굴성 온대과수에 해당한다.

71 과수 재배조건이 과실의 성숙과 저장에 미치는 영향으로 옳지 않은 것은?

❶ 질소를 과다시용하면 과실의 크기가 비대해지고 저장성도 높아진다.

② 토양수분이 지나치게 많으면 이상숙성 현상이 일어나 저장성이 떨어진다.

③ 평균기온이 높은 해에는 과실의 성숙이 빨라지므로 조기수확을 통해 저장 중 품질을 유지할 수 있다.

④ 생장 후기에 흐린 날이 많으면 저장 중 생리장해가 발생하기 쉽다.

질소를 과다시용하면 잎 또는 가지의 생장에 조장되어 식물체가 웃자라고, 저장성이 떨어진다.

72 과수재배 시 봉지씌우기의 목적이 아닌 것은?

① 과실에 발생하는 병충해를 방제한다.

❷ 생산비를 절감하고 해거리를 유도한다.

③ 과피의 착색도를 향상시켜 상품성을 높인다.

④ 농약이 직접 과실에 부착되지 않도록 하여 상품성을 높인다.

[봉지씌우기의 효과]
- 병해충 방제
- 과피 착색 증진
- 동록 방지
- 열과방지
- 과피의 착색도를 향상시키고, 농약이 직접 과실에 부착되지 않도록 하여 상품성을 높임

73 화훼재배에 이용되는 생장조절물질에 관한 설명으로 옳은 것은?

❶ 루톤(Rootone)은 옥신(Auxin)계 생장조절물질로 발근을 촉진한다.

② 에테폰(Ethephon)은 에틸렌 발생을 위한 기체 화합물로 아나나스류의 화아분화를 억제한다.

③ 지베렐린(Gibberellin) 처리는 국화의 줄기신장을 억제한다.

④ 시토키닌(Cytokinin)은 옥신류와 상보작용을 통해 측지발생을 억제한다.

① 루톤(Rootone)은 옥신(Auxin)계 생장조절물질로 발근을 촉진한다. (○)

② 에테폰(Ethephon)은 에틸렌 발생을 위한 기체 화합물로 아나나스류의 화아분화를 **억제한다.** (× → 유도한다.)

③ 지베렐린(Gibberellin) 처리는 국화의 줄기신장을 **억제한다.** (× → 촉진한다.)

④ 시토키닌(Cytokinin)은 옥신류와 상보작용을 통해 측지발생을 **억제한다.** (× → 촉진한다.)

74 ( )에 들어갈 내용으로 옳은 것은?

조직배양은 식물의 세포, 조직, 또는 기관이 완전한 식물체로 만들어질 수 있다는 ( )에 기반을 둔 것이다.

❶ 전형성능

② 유성번식

③ 발아세

④ 결실률

조직배양은 식물의 잎, 줄기, 뿌리와 같은 조직이나 기관의 일부를 모체에서 분리해서 식물체를 분화, 증식시키는 기술을 일컫는다. 대부분의 식물은 다양한 식물조직이나 세포배양을 통하여 완전한 식물체를 재생시킬 수 있는 **전형성능**의 특성을 가지고 있는 데에 기반한다.

75 시설원예 피복자재의 조건으로 옳지 않은 것은?

① 열전도율이 낮아야 한다.

② 겨울철 보온성이 커야 한다.

③ 외부 충격에 강해야 한다.

❹ 광 투과율이 낮아야 한다.

피복자재는 열전도율은 낮고, 광투과율은 높을수록 좋다.

상법(보험편)

1 보험계약의 법적 성격으로 옳은 것은 몇 개인가?

> 선의계약성, 유상계약성, 요식계약성, 사행계약성

① 1개   ② 2개
❸ 3개   ④ 4개

> 보험계약의 법적 성격 : 낙성계약성, **유상계약성**, **선의계약성**, 쌍무계약성, 불요식계약성, **사행계약성**, 계속적 계약성, 부합계약성

2 보험계약에 관한 설명으로 옳지 않은 것은?

① 손해보험계약의 경우 보험자가 보험계약자로부터 보험계약의 청약과 함께 보험료 상당액의 전부를 지급 받은 때에는 다른 약정이 없으면 30일 내에 그 상대방에 대하여 낙부의 통지를 발송하여야 한다.

❷ 보험계약은 청약과 승낙뿐만 아니라 보험료 지급이 이루어진 때에 성립한다.

③ 손해보험계약의 경우 보험자가 보험계약자로부터 보험계약의 청약과 함께 보험료 상당액의 전부를 지급 받은 경우에 그 청약을 승낙하기 전에 보험계약에서 정한 보험사고가 생긴 때에는 그 청약을 거절할 사유가 없는 한 보험자는 보험계약상의 책임을 진다.

④ 보험자가 낙부의 통지 기간 내에 낙부의 통지를 해태한 때에는 승낙한 것으로 본다.

> 보험계약은 낙성계약으로, 청약과 승낙이라는 당사자 간의 의사표시의 합치만으로 성립한다.

3 「상법」상 보험약관의 교부·설명의무에 관한 설명으로 옳지 않은 것은?

① 「상법」에 따르면 약관에 없는 사항은 비록 보험계약상 중요한 내용일지라도 설명할 의무가 없다.

② 보험자가 해당 보험계약 약관의 중요사항을 충분히 설명한 경우에도 해당 보험계약의 약관을 교부하여야 한다.

❸ 보험자가 보험증권을 교부한 경우에는 따로 보험약관을 교부하지 않아도 된다.

④ 보험자가 보험약관의 교부·설명의무를 위반한 경우 보험계약자는 보험계약이 성립한 날부터 3개월 이내에 그 계약을 취소할 수 있다.

> 현재 우리나라 「상법」에서는 제638조의3 제1항, "보험자는 보험계약을 체결할 때에는 보험계약자에게 보험약관을 교부하고 그 약관의 중요한 내용을 설명하여야 한다." 제640조 제1항, "보험자는 보험계약이 성립한 때에는 지체없이 보험증권을 작성하여 보험계약자에게 교부하여야 한다." 하여 보험계약 체결·성립시 보험약관, 보험증권의 교부의무를 각각 명시하고 있다. 보험증권을 교부한 경우라도 보험약관 교부의무가 면제되지 않는다.

4 타인을 위한 보험계약에 관한 설명으로 옳은 것은?

❶ 타인을 위한 보험계약의 타인은 따로 수익의 의사표시를 하지 않은 경우에도 그 이익을 받는다.

② 타인을 위한 보험계약에서 그 타인은 불특정 다수이어야 한다.

③ 손해보험계약의 경우에 그 타인의 위임이 없는 때에는 보험계약자는 이를 보험자에게 고지하여야 하나, 그 고지가 없는 때에도 타인이 그 보험계약이 체결된 사실을 알지 못하였다는 사유로 보험자에게 대항할 수 있다.

④ 타인은 어떠한 경우에도 보험료를 지급하고 보험계약을 유지할 수 없다.

> ① 타인을 위한 보험계약의 타인은 따로 수익의 의사표시를 하지 않은 경우에도 그 이익을 받는다. (O)
> ② 타인을 위한 보험계약에서 그 타인은 **불특정 다수이어야 한다.** → 보험계약자는 위임을 받거나 위임을 받지 아니하고 **특정 또는 불특정**의 타인을 위하여 보험계약을 체결할 수 있다. [상법 제639조 제1항]
> ③ 손해보험계약의 경우에 그 타인의 위임이 없는 때에는 보험계약자는 이를 보험자에게 고지하여야 하나, 그 고지가 없는 때에도 타인이 그 보험계약이 체결된 사실을 알지 못하였다는 사유로 보험자에게 **대항할 수 있다.** → 대항하지 못한다. [상법 제639조 제1항]
> ④ 타인은 **어떠한 경우에도** 보험료를 지급하고 보험계약을 **유지할 수 없다.**
>   → 보험계약자가 파산선고를 받거나 보험료의 지급을 지체한 때에는 그 타인이 보험료를 지급하고 보험계약을 유지할 수 있다. [상법 제639조 제3항]

5 다음 설명 중 옳지 않은 것은?

① 보험계약은 그 계약전의 어느 시기를 보험기간의 시기로 할 수 있다.

② 건물에 대한 화재보험계약 체결 시에 이미 건물이 화재로 전소하는 사고가 발생한 경우 당사자 쌍방과 피보험자가 이를 알지 못한 때에는 그 계약은 무효가 아니다.

③ 보험증권을 멸실 또는 현저하게 훼손한 때에는 보험계약자는 보험자에 대하여 증권의 재교부를 청구할 수 있다.

❹ 보험증권내용의 정부에 관한 이의기간은 약관에서 15일 이내로 정해야 한다.

> 「상법」 제641조(증권에 관한 이의약관의 효력) 보험계약의 당사자는 보험증권의 교부가 있는 날로부터 일정한 기간 내에 한하여 그 증권내용의 정부에 관한 이의를 할 수 있음을 약정할 수 있다. 이 기간은 **1월을 내리지 못한다.**

6 보험계약의 당사자 간에 다른 약정이 없는 경우 보험자의 책임개시 시기는?

❶ 최초의 보험료의 지급을 받은 때로부터 개시한다.

② 보험계약자의 청약에 대하여 보험자가 승낙하여 계약이 성립한 때로부터 개시한다.

③ 보험사고 발생사실이 통지된 때로부터 개시한다.

④ 보험자가 재보험에 가입하여 보험자의 보험금지급위험에 대한 보장이 확보된 때로부터 개시한다.

> 「상법」 제656조(보험료의 지급과 보험자의 책임개시) 보험자의 책임은 당사자 간에 다른 약정이 없으면 최초의 보험료의 지급을 받은 때로부터 개시한다.

7 다음 설명 중 옳지 않은 것은?

① 타인을 위한 보험계약의 경우에는 보험계약자는 그 타인의 동의를 얻지 아니하거나 보험증권을 소지하지 아니하면 그 계약을 해지하지 못한다.

❷ 자기를 위한 보험계약의 경우 보험사고가 발생하기 전 보험계약의 당사자는 언제든지 계약의 전부 또는 일부를 해지할 수 있다.

③ 보험사고의 발생으로 보험자가 보험금액을 지급한 때에도 보험금액이 감액되지 아니하는 보험의 경우에는 보험계약자는 그 사고발생 후에도 보험계약을 해지할 수 있다.

④ 보험사고 발생 전에 보험계약을 해지한 보험계약자는 당사자 간에 다른 약정이 없으면 미경과보험료의 반환을 청구할 수 있다.

> ② 자기를 위한 보험계약의 경우 보험사고가 발생하기 전 보험계약의 **당사자**(× → 보험계약자)는 언제든지 계약의 전부 또는 일부를 해지할 수 있다. [상법 제649조 제1항]

8 보험료 불지급에 관한 설명으로 옳지 않은 것은?

① 계약성립후 2월 이내에 제1회 보험료를 지급하지 아니하는 경우에는 다른 약정이 없는 한 그 계약은 해제된 것으로 본다.

② 보험계약자가 계속보험료의 지급을 지체한 경우에 보험자는 상당한 기간을 정하여 이행을 최고하여야 하고 그 최고기간 내에 지급되지 아니한 때에는 그 계약을 해지할 수 있다.

③ 특정한 타인을 위한 보험의 경우에 보험계약자가 계속보험료의 지급을 지체한 때에는 보험자는 그 타인에게도 상당한 기간을 정하여 보험료의 지급을 최고한 후가 아니면 그 계약을 해지하지 못한다.

❹ 대법원 전원합의체 판결에 의하면 약관에서 제2회 분납보험료가 그 지급유예기간까지 납입되지 아니하였음을 이유로 상법 소정의 최고절차를 거치지 않고, 막바로 보험계약이 실효됨을 규정한 이른바 실효약관은 유효하다.

> 「상법」 제650조 2항(계속보험료가 약정한 시기에 지급되지 아니한 때에는 보험자는 상당한 기간을 정하여 보험계약자에게 최고하고 그 기간 내에 지급되지 아니한 때에는 그 계약을 해지할 수 있다.)과 상법 제663조(당사자 간의 특약으로 보험계약자 또는 피보험자나 보험수익자의 불이익으로 변경하지 못한다.)에 위배됨으로 해당 약관은 무효이다.

9 다음 설명 중 옳은 것을 모두 고른 것은?

> ㉠ 보험자가 서면으로 질문한 사항은 중요한 사항으로 간주하므로 보험계약자는 그 중요성을 다툴 수 없다.
> ㉡ 보험계약자뿐만 아니라 피보험자도 고지의무를 진다.
> ㉢ 고지의무 위반의 요건으로 보험계약자 또는 피보험자의 고의 또는 중대한 과실은 필요 없다.
> ㉣ 보험자가 계약당시에 고지의무 위반 사실을 알았거나 중대한 과실로 인하여 알지 못한 때에는 고지의무 위반을 이유로 계약을 해지할 수 없다.

① ㉠, ㉡   ② ㉡, ㉢
❸ ㉡, ㉣   ④ ㉢, ㉣

> ㉠ 보험자가 서면으로 질문한 사항은 중요한 사항으로 **간주**하므로 보험계약자는 그 중요성을 다툴 수 없다. → 보험자가 서면으로 질문한 사항은 중요한 사항으로 **추정**한다. [상법 제651조의2]
> ㉡ 보험계약자뿐만 아니라 피보험자도 고지의무를 진다. (○) [상법 제651조]
> ㉢ 고지의무 위반의 요건으로 보험계약자 또는 피보험자의 고의 또는 중대한 과실은 필요 없다. → 보험계약 당시에 보험계약자 또는 피보험자가 **고의 또는 중대한 과실**로 인하여 중요한 사항을 고지하지 아니하거나 부실의 고지를 한 때에는 보험자는 그 사실을 안 날로부터 1월 내에, 계약을 체결한 날로부터 3년 내에 한하여 계약을 해지할 수 있다. [상법 제651조]
> ㉣ 보험자가 계약당시에 고지의무 위반 사실을 알았거나 중대한 과실로 인하여 알지 못한 때에는 고지의무 위반을 이유로 계약을 해지할 수 없다. (○) [상법 제651조]

10 위험변경증가 시의 통지와 보험계약해지에 관한 설명으로 옳지 않은 것은?

① 보험기간 중에 피보험자가 사고발생의 위험이 현저하게 변경 또는 증가된 사실을 안 때에는 지체없이 보험자에게 통지하여야 한다.

② 보험기간 중에 보험계약자의 고의로 사고발생의 위험이 현저하게 변경 또는 증가된 때에는 보험자는 그 사실을 안 날로부터 1월 내에 계약을 해지할 수 있다.

③ 보험기간 중에 피보험자의 중대한 과실로 인하여 사고발생의 위험이 현저하게 변경 또는 증가된 때에는 보험자는 그 사실을 안 날부터 1월 내에 계약을 해지할 수 있다.

❹ 보험기간 중에 피보험자의 고의로 인하여 사고발생의 위험이 현저하게 변경 또는 증가된 경우에는 보험자는 계약을 해지할 수 없다.

> 「상법」 제653조(보험계약자 등의 고의나 중과실로 인한 위험증가와 계약해지) 보험기간 중에 보험계약자, 피보험자 또는 보험수익자의 고의 또는 중대한 과실로 인하여 사고발생의 위험이 현저하게 변경 또는 증가된 때에는 보험자는 그 사실을 안 날부터 1월 내에 보험료의 증액을 청구하거나 계약을 해지할 수 있다.

11 보험계약해지 등에 관한 설명으로 옳은 것은?

① 보험사고가 발생한 후라도 보험자가 계속보험료의 지급지체를 이유로 보험계약을 해지하였을 때에는 보험자는 보험금을 지급할 책임이 있다.

❷ 고지의무를 위반한 사실이 보험사고 발생에 영향을 미치지 아니하였음이 증명된 경우, 보험자는 보험금을 지급할 책임이 있다.

③ 보험계약자의 중대한 과실로 인하여 사고발생의 위험이 현저하게 변경 또는 증가되어 계약을 해지한 경우, 보험자는 언제나 보험금을 지급할 책임이 있다.

④ 보험계약자가 위험변경증가시의 통지의무를 위반하여 보험자가 보험계약을 해지한 경우, 보험자는 언제나 이미 지급한 보험금의 반환을 청구할 수 있다.

> ② 고지의무를 위반한 사실이 보험사고 발생에 영향을 미치지 아니하였음이 증명된 경우, 보험자는 보험금을 지급할 책임이 있다. (O) [상법 제655조]
> ① 보험사고가 발생한 후라도 보험자가 계속보험료의 지급지체를 이유로 보험계약을 해지하였을 때에는 보험자는 보험금을 지급할 책임이 **있다.** (× → 없다.) [상법 제650조, 상법 제655조]
> ③ 보험계약자의 중대한 과실로 인하여 사고발생의 위험이 현저하게 변경 또는 증가되어 계약을 해지한 경우, 보험자는 보험금을 지급할 책임이 **있다.** (× → 없다.) [상법 제653조, 상법 제655조]
> ④ 보험계약자가 위험변경증가시의 통지의무를 위반하여 보험자가 보험계약을 해지한 경우, 보험자는 **언제나**(×) 이미 지급한 보험금의 반환을 청구할 수 있다. [상법 제655조]

12 손해보험에서 보험자의 보험금액 지급과 면책사유에 관한 설명으로 옳지 않은 것은?

① 보험자는 보험금액의 지급에 관하여 약정기간이 있는 경우에는 그 기간 내에 피보험자에게 보험금액을 지급하여야 한다.

② 보험자는 보험금액의 지급에 관하여 약정기간이 없는 경우에는 보험사고발생의 통지를 받은 후 지체없이 지급할 보험금액을 정하고, 그 정하여진 날부터 10일 내에 피보험자에게 보험금액을 지급하여야 한다.

❸ 보험사고가 보험계약자 또는 피보험자의 중대한 과실로 인하여 생긴 때에는 보험자는 언제나 보험금액을 지급할 책임이 있다.

④ 보험사고가 전쟁 기타의 변란으로 인하여 생긴 때에는 당사자 간에 다른 약정이 없으면 보험자는 보험금액을 지급할 책임이 없다.

「상법」 제659조(보험자의 면책사유) ① 보험사고가 보험계약자 또는 피보험자나 보험수익자의 고의 또는 중대한 과실로 인하여 생긴 때에는 보험자는 보험금액을 지급할 책임이 없다.

13 재보험계약에 관한 설명으로 옳지 않은 것은?

① 보험자는 보험사고로 인하여 부담할 책임에 대하여 다른 보험자와 재보험계약을 체결할 수 있다.

② 재보험은 원보험자가 인수한 위험의 전부 또는 일부를 분산시키는 기능을 한다.

③ 재보험계약의 전제가 되는 최초로 체결된 보험계약을 원보험계약 또는 원수보험계약이라 한다.

❹ 재보험계약은 원보험계약의 효력에 영향을 미친다.

「상법」 제661조(재보험) 보험자는 보험사고로 인하여 부담할 책임에 대하여 다른 보험자와 재보험계약을 체결할 수 있다. 이 **재보험계약은 원보험계약의 효력에 영향을 미치지 아니한다.**

14 「상법」 제662조(소멸시효)에 관한 설명으로 옳은 것을 모두 고른 것은?

㉠ 보험금청구권은 3년간 행사하지 아니하면 시효의 완성으로 소멸한다.
㉡ 보험료반환청구권은 3년간 행사하지 아니하면 시효의 완성으로 소멸한다.
㉢ 적립금의 반환청구권은 2년간 행사하지 아니하면 시효의 완성으로 소멸한다.
㉣ 보험료청구권은 2년간 행사하지 아니하면 시효의 완성으로 소멸한다.

① ㉠, ㉡, ㉢　　　　　　　　　　❷ ㉠, ㉡, ㉣
③ ㉠, ㉢, ㉣　　　　　　　　　　④ ㉡, ㉢, ㉣

「상법」 제662조(소멸시효) 보험금청구권은 3년간, 보험료 또는 적립금의 반환청구권은 3년간, 보험료청구권은 2년간 행사하지 아니하면 시효의 완성으로 소멸한다.

15 보험계약자 등의 불이익변경금지에 관한 설명으로 옳지 않은 것은?

① 불이익변경금지는 보험자와 보험계약자의 관계에서 계약의 교섭력이 부족한 보험계약자 등을 보호하기 위한 것이다.

② 「상법」 보험편의 규정은 가계보험에서 당사자 간의 특약으로 보험계약자의 불이익으로 변경하지 못한다.

③ 「상법」 보험편의 규정은 가계보험에서 당사자 간의 특약으로 피보험자의 불이익으로 변경하지 못한다.

❹ 재보험은 당사자의 특약으로 보험계약자의 불이익으로 변경할 수 없다.

> 「상법」 제663조(보험계약자 등의 불이익변경금지) 이 편의 규정은 당사자 간의 특약으로 보험계약자 또는 피보험자나 보험수익자의 불이익으로 변경하지 못한다. 그러나 **재보험 및 해상보험 기타 이와 유사한 보험의 경우에는 그러하지 아니하다.**

16 화재보험계약에 관한 설명으로 옳지 않은 것은?

❶ 보험자가 손해를 보상함에 있어서 화재와 손해 간에 상당인과관계는 필요하지 않다.

② 보험자는 화재의 소방에 필요한 조치로 인하여 생긴 손해를 보상할 책임이 있다.

③ 보험자는 화재발생시 손해의 감소에 필요한 조치로 인하여 생긴 손해를 보상할 책임이 있다.

④ 화재보험계약은 화재로 인하여 생긴 손해를 보상할 것을 목적으로 하는 손해보험계약이다.

> • 보험자가 손해를 보상함에 있어서 화재와 손해 간에 상당인과관계가 필요하다고 보는 것이 통설이다.
> • 제683조(화재보험자의 책임) 화재보험계약의 보험자는 화재로 인하여 생긴 손해를 보상할 책임이 있다.
> • 제684조(소방 등의 조치로 인한 손해의 보상) 보험자는 화재의 소방 또는 손해의 감소에 필요한 조치로 인하여 생긴 손해를 보상할 책임이 있다.

17 화재보험증권에 기재하여야 할 사항으로 옳은 것을 모두 고른 것은?

㉠ 보험의 목적
㉡ 보험계약체결 장소
㉢ 동산을 보험의 목적으로 한 때에는 그 존치한 장소의 상태와 용도
㉣ 피보험자의 주소, 성명 또는 상호
㉤ 보험계약자의 주민등록번호

① ㉠, ㉡, ㉢   ❷ ㉠, ㉢, ㉣
③ ㉡, ㉢, ㉤   ④ ㉡, ㉣, ㉤

[화재보험증권에 기재하여야 할 사항 상법 제666조 및 제685조]

1. **보험의 목적**
2. 보험사고의 성질
3. 보험금액
4. 보험료와 그 지급방법
5. 보험기간을 정한 때에는 그 시기와 종기
6. 무효와 실권의 사유
7. 보험계약자의 주소와 성명 또는 상호
7의2. **피보험자의 주소, 성명 또는 상호**
8. 보험계약의 연월일
9. 보험증권의 작성지와 그 작성년월일
10. 건물을 보험의 목적으로 한 때에는 그 소재지, 구조와 용도
11. **동산을 보험의 목적으로 한 때에는 그 존치한 장소의 상태와 용도**
12. 보험가액을 정한 때에는 그 가액

---

18 집합보험에 관한 설명으로 옳지 않은 것은?
① 집합보험이란 경제적으로 독립한 여러 물건의 집합물을 보험의 목적으로 한 보험을 말한다.
② 집합된 물건을 일괄하여 보험의 목적으로 한 때에는 피보험자의 사용인의 물건도 보험의 목적에 포함된 것으로 본다.
❸ 집합된 물건을 일괄하여 보험의 목적으로 한 때에는 그 목적에 속한 물건이 보험기간 중에 수시로 교체된 경우에도 보험계약체결 시에 존재한 물건은 보험의 목적에 포함된 것으로 한다.
④ 집합된 물건을 일괄하여 보험의 목적으로 한 때에는 피보험자의 가족의 물건도 보험의 목적에 포함된 것으로 본다.

「상법」 제687조(동전) 집합된 물건을 일괄하여 보험의 목적으로 한 때에는 그 목적에 속한 물건이 보험기간중에 수시로 교체된 경우에도 **보험사고의 발생 시**에 현존한 물건은 보험의 목적에 포함된 것으로 한다.

19 중복보험에 관한 설명으로 옳은 것은?

❶ 중복보험에서 보험금액의 총액이 보험가액을 초과한 경우 보험자는 각자의 보험금액의 한도에서 연대책임을 진다.

② 피보험이익이 다를 경우에도 중복보험이 성립할 수 있다.

③ 중복보험에서 수인의 보험자 중 1인에 대한 권리의 포기는 다른 보험자의 권리의무에 영향을 미친다.

④ 중복보험이 성립하기 위해서는 보험계약자가 동일하여야 한다.

> ① 중복보험에서 보험금액의 총액이 보험가액을 초과한 경우 보험자는 각자의 보험금액의 한도에서 연대책임을 진다. (○) [상법 제672조 제1항]
> ② **피보험이익이 다를 경우에도 중복보험이 성립할 수 있다.** (× → 피보험이익이 동일한 경우에 중복보험이 성립한다.)
> ③ 중복보험에서 수인의 보험자 중 1인에 대한 권리의 포기는 다른 보험자의 권리의무에 영향을 **미친다.** (× → 미치지 아니한다.) [상법 제673조]
> ④ 중복보험이 성립하기 위해서는 보험계약자가 **동일하여야 한다.** (× → 동일할 필요는 없다.)

20 보험가액에 관한 설명으로 옳은 것은?

① 당사자 간에 보험가액을 정한 때에는 그 가액은 보험기간 개시시의 가액으로 정한 것으로 추정한다.

❷ 미평가보험의 경우 사고발생 시의 가액을 보험가액으로 한다.

③ 보험가액은 변동되지 않는다.

④ 기평가보험에서 보험가액이 사고발생 시의 가액을 현저하게 초과할 때에는 보험기간 개시시의 가액을 보험가액으로 한다.

> ② 미평가보험의 경우 사고발생 시의 가액을 보험가액으로 한다. (○) [상법 제671조]
> ① 당사자 간에 보험가액을 정한 때에는 그 가액은 **보험기간 개시 시**(× → 사고발생 시)의 가액으로 정한 것으로 추정한다. [상법 제670조]
> ③ 보험가액은 **변동되지 않는다.** (× → 변동될 수 있다.)
> ④ 기평가보험에서 보험가액이 사고발생 시의 가액을 현저하게 초과할 때에는 **보험기간 개시 시**(× → 사고발생 시)의 가액을 보험가액으로 한다. [상법 제670조]

21 손해보험계약에 관한 설명으로 옳지 않은 것은?

❶ 손해보험은 정액보험으로만 운영된다.

② 손해보험계약은 피보험자의 손해의 발생을 요소로 한다.

③ 손해보험계약의 보험자는 보험사고로 인하여 생길 피보험자의 재산상의 손해를 보상할 책임이 있다.

④ 보험사고의 성질은 손해보험증권의 필수적 기재사항이다.

> 손해보험은 보험사고 발생 시 손해정도에 따라 보험금액의 한도 내에서 보상액이 결정되는 **부정액보험**이다.

22 초과보험에 관한 설명으로 옳지 않은 것은?

① 초과보험이 성립하기 위해서는 보험금액이 보험계약의 목적의 가액을 현저하게 초과하여야 한다.

② 보험가액이 보험기간 중에 현저하게 감소한 경우에 보험자 또는 보험계약자는 보험료와 보험금액의 감액을 청구할 수 있다.

③ 보험계약자의 사기로 인하여 체결된 초과보험계약은 무효로 한다.

❹ 초과보험의 효과로서 보험료 감액 청구에 따른 보험료의 감액은 소급효가 있다.

> 「상법」 제669조(초과보험) ① 보험금액이 보험계약의 목적의 가액을 현저하게 초과한 때에는 보험자 또는 보험계약자는 보험료와 보험금액의 감액을 청구할 수 있다. 그러나 **보험료의 감액은 장래에 대하여서만 그 효력이 있다.**

23 일부보험에 관한 설명으로 옳지 않은 것은?

❶ 일부보험에 관한 상법의 규정은 강행규정으로 당사자 간 다른 약정으로 손해보상액을 보험금액의 한도로 변경할 수 없다.

② 일부보험의 경우 당사자 간에 다른 약정이 없는 때에는 보험자는 보험금액의 보험가액에 대한 비율에 따라 보상할 책임을 진다.

③ 일부보험은 보험계약자가 보험료를 절약할 목적 등으로 활용된다.

④ 일부보험은 보험가액의 일부를 보험에 붙인 보험이다.

> ① 일부보험에 관한 상법의 규정은 **강행규정**(× → 임의규정)으로 당사자 간 다른 약정으로 손해보상액을 보험금액의 한도로 변경할 수 **없다.** (× → 있다.) [상법 제674조]

24 보험자대위에 관한 설명으로 옳지 않은 것은?

① 실손보상의 원칙을 구현하기 위한 제도이다.

② 일부보험의 경우에도 잔존물대위가 인정된다.

❸ 잔존물대위는 보험의 목적의 일부가 멸실한 경우에도 성립한다.

④ 보험금을 일부 지급한 경우 피보험자의 권리를 해하지 않는 범위 내에서 청구권대위가 인정된다.

③ 잔존물대위는 보험의 목적의 **일부**(× → 전부)가 멸실한 경우에 성립한다. [상법 제681조]

25 손해액의 산정기준에 관한 설명으로 옳은 것을 모두 고른 것은?

㉠ 보험자가 보상할 손해액은 그 손해가 발생한 때와 곳의 가액에 의하여 산정하는 것을 원칙으로 한다.
㉡ 보험자가 보상할 손해액에 관하여 당사자 간에 다른 약정이 있는 때에는 신품가액에 의하여 손해액을 산정할 수 있다.
㉢ 손해액의 산정에 관한 비용은 보험자가 부담한다.

① ㉠

② ㉠, ㉡

③ ㉠, ㉢

❹ ㉠, ㉡, ㉢

「상법」 제676조(손해액의 산정기준)

① 보험자가 보상할 손해액은 그 손해가 발생한 때와 곳의 가액에 의하여 산정한다. 그러나 당사자 간에 다른 약정이 있는 때에는 그 신품가액에 의하여 손해액을 산정할 수 있다.

② 제1항의 손해액의 산정에 관한 비용은 보험자의 부담으로 한다.

 농어업재해보험법령

26 가축재해보험의 목적물이 아닌 것은? [기출 수정]

① 소

② 오리

❸ 개

④ 타조

[가축재해보험의 목적물(16종)]
소, 말, 돼지, 메추리, 칠면조, 거위, **타조**, 닭, **오리**, 꿩, 관상조, 사슴, 양, 오소리, 토끼, 꿀벌

27 「농어업재해보험법령」상 재해보험의 종류에 따른 보험가입자의 기준에 해당하지 않는 것은?
[기출 수정]

① 농작물재해보험 : 농업재해보험심의회를 거쳐 농림축산식품부장관이 고시하는 농작물을 재배하는 개인

② 임산물재해보험 : 농업재해보험심의회를 거쳐 농림축산식품부장관이 고시하는 임산물을 재배하는 법인

③ 가축재해보험 : 농업재해보험심의회를 거쳐 농림축산식품부장관이 고시하는 가축을 사육하는 개인

❹ 양식수산물재해보험 : 「수산업·어촌 발전 기본법」 제8조 제1항에 따른 중앙수산업·어촌 정책심의회를 거쳐 해양수산부장관이 고시하는 자연수산물을 채취하는 법인

- 「**농어업재해보험법**」 제7조(보험가입자) 재해보험에 가입할 수 있는 자는 농림업, 축산업, 양식 수산업에 종사하는 개인 또는 법인으로 하고, 구체적인 보험가입자의 기준은 대통령령으로 정한다.
- 「**농어업재해보험법**」 시행령 제9조(보험가입자의 기준) 법 제7조에 따른 보험가입자의 기준은 다음 각 호의 구분에 따른다.

  1. 농작물재해보험 : 법 제5조에 따라 농림축산식품부장관이 고시하는 농작물을 재배하는 자
  1의2. 임산물재해보험 : 법 제5조에 따라 농림축산식품부장관이 고시하는 임산물을 재배하는 자
  2. 가축재해보험 : 법 제5조에 따라 농림축산식품부장관이 고시하는 가축을 사육하는 자
  3. 양식수산물재해보험 : 법 제5조에 따라 해양수산부장관이 고시하는 **양식수산물**을 양식하는 자

28 「농어업재해보험법령」상 재해보험사업의 약정을 체결하려는 자가 농림축산식품부장관 또는 해양수산부장관에게 제출하여야 하는 서류에 해당하지 않는 것은?

① 정관   ② 사업방법서
③ 보험약관   ❹ 보험요율의 산정자료

- 「**농어업재해보험법**」 제8조(보험사업자) ③ 제2항에 따른 약정을 체결하려는 자는 다음 각 호의 서류를 농림축산식품부장관 또는 해양수산부장관에게 제출하여야 한다.

  1. **사업방법서, 보험약관**, 보험료 및 책임준비금산출방법서
  2. 그 밖에 대통령령으로 정하는 서류

- **농어업재해보험법 시행령 제10조(재해보험사업의 약정체결)** ③ 법 제8조 제3항 제2호에서 "대통령령으로 정하는 서류"란 **정관**을 말한다.

29 「농어업재해보험법령」상 가축재해보험의 손해평가인으로 위촉될 수 있는 자격요건을 갖춘 자는?

❶ 「수의사법」에 따른 수의사

② 농촌진흥청에서 가축사육분야에 관한 연구·지도 업무를 1년간 담당한 공무원

③ 「수산업협동조합법」에 따른 중앙회와 조합의 임직원으로 수산업지원 관련 업무를 3년간 담당한 경력이 있는 사람

④ 재해보험 대상 가축을 3년간 사육한 경력이 있는 농업인

[손해평가인의 자격요건 (농어업재해보험법 시행령 별표 2 내용 中)]

1. 재해보험 대상 가축을 5년 이상 사육한 경력이 있는 농업인

2. 공무원으로 농림축산식품부, 농촌진흥청, 통계청 또는 지방자치단체나 그 소속기관에서 가축사육 분야에 관한 연구·지도 또는 가축 통계조사 업무를 3년 이상 담당한 경력이 있는 사람

3. 교원으로 고등학교에서 가축사육 분야 관련 과목을 5년 이상 교육한 경력이 있는 사람

4. 조교수 이상으로 「고등교육법」 제2조에 따른 학교에서 가축사육 관련학을 3년 이상 교육한 경력이 있는 사람

5. 「보험업법」에 따른 보험회사의 임직원이나 「농업협동조합법」에 따른 중앙회와 조합의 임직원으로 영농 지원 또는 보험·공제관련 업무를 3년 이상 담당하였거나 손해평가 업무를 2년 이상 담당한 경력이 있는 사람

6. 「고등교육법」 제2조에 따른 학교에서 가축사육 관련학을 전공하고 축산전문 연구기관 또는 연구소에서 5년 이상 근무한 학사학위 이상 소지자

7. 「고등교육법」 제2조에 따른 전문대학에서 보험 관련 학과를 졸업한 사람

8. 「학점인정 등에 관한 법률」 제8조에 따라 전문대학의 보험 관련 학과 졸업자와 같은 수준 이상의 학력이 있다고 인정받은 사람이나 「고등교육법」 제2조에 따른 학교에서 80학점(보험 관련 과목 학점이 45학점 이상이어야 한다) 이상을 이수한 사람 등 제7호에 해당하는 사람과 같은 수준 이상의 학력이 있다고 인정되는 사람

9. **「수의사법」에 따른 수의사**

10. 「국가기술자격법」에 따른 축산기사 이상의 자격을 소지한 사람

30 「농어업재해보험법령」상 손해평가사의 시험에 관한 설명으로 옳은 것은?

❶ 손해평가사 자격이 취소된 사람은 그 취소 처분이 있은 날부터 2년이 지나지 아니한 경우 손해평가사 자격시험에 응시하지 못한다.

② 「보험업법」에 따른 손해사정사에 대하여는 손해평가사 제1차 시험을 면제할 수 없다.

③ 농림축산식품부장관은 손해평가사의 수급(需給)상 필요와 무관하게 손해평가사 자격시험을 매년 1회 실시하여야 한다.

④ 손해평가인으로 위촉된 기간이 3년 이상인 사람으로서 손해평가업무를 수행한 경력이 있는 사람은 손해평가사 제2차 시험의 일부과목을 면제한다.

① 손해평가사 자격이 취소된 사람은 그 취소 처분이 있은 날부터 2년이 지나지 아니한 경우 손해평가사 자격시험에 응시하지 못한다. (O) [농어업재해보험법 제11조의4 제4항]

② 「보험업법」에 따른 손해사정사에 대하여는 손해평가사 제1차 시험을 **면제할 수 없다.** (× → 할 수 있다.) [농어업재해보험법 시행령 제12조의5 제1항 제2호]

③ 농림축산식품부장관은 손해평가사의 수급(需給)상 **필요와 무관하게 손해평가사 자격시험을 매년 1회 실시하여야 한다.** (× → 필요하다고 인정하는 경우에는 2년마다 실시할 수 있다.) [농어업재해보험법 시행령 제12조의2 제1항]

④ 손해평가인으로 위촉된 기간이 3년 이상인 사람으로서 손해평가업무를 수행한 경력이 있는 사람은 손해평가사 **제2차 시험의 일부과목**(× → 1차 시험)을 면제한다. [농어업재해보험법 시행령 제12조의5 제1항 제1호 및 제2항]

31 「농어업재해보험법」상 손해평가사의 자격취소의 사유에 해당하지 않는 것은? [기출 수정]

① 손해평가사가 다른 사람에게 손해평가사의 명의를 사용하게 한 경우

❷ 손해평가사가 정당한 사유 없이 손해평가업무를 거부한 경우

③ 손해평가사가 다른 사람에게 손해평가사 자격증을 대여한 경우

④ 손해평가사가 자격을 거짓 또는 부정한 방법으로 취득한 경우

「농어업재해보험법」 제11조의5(손해평가사의 자격 취소) ① 농림축산식품부장관은 다음 각 호의 어느 하나에 해당하는 사람에 대하여 손해평가사 자격을 취소할 수 있다. 다만, 제1호 및 제5호에 해당하는 경우에는 자격을 취소하여야 한다.

1. 손해평가사의 자격을 거짓 또는 부정한 방법으로 취득한 사람
2. 거짓으로 손해평가를 한 사람
3. 제11조의4 제6항을 위반하여 다른 사람에게 손해평가사의 명의를 사용하게 하거나 그 자격증을 대여한 사람
4. 제11조의4 제7항을 위반하여 손해평가사 명의의 사용이나 자격증의 대여를 알선한 사람
5. 업무정지 기간 중에 손해평가 업무를 수행한 사람

32 「농어업재해보험법」상 손해평가사가 그 직무를 게을리 하거나 직무를 수행하면서 부적절한 행위를 하였다고 인정될 경우, 농림축산식품부장관이 손해평가사에게 명할 수 있는 업무정지의 최장 기간은?

① 6개월 ❷ 1년
③ 2년 ④ 3년

> 「농어업재해보험법」 제11조의6(손해평가사의 감독) ① 농림축산식품부장관은 손해평가사가 그 직무를 게을리하거나 직무를 수행하면서 부적절한 행위를 하였다고 인정하면 **1년 이내**의 기간을 정하여 업무의 정지를 명할 수 있다.

33 「농어업재해보험법령」의 내용으로 옳지 않은 것은?

① 보험가입자는 재해로 인한 사고의 예방을 위하여 노력하여야 한다.
❷ 보험목적물이 담보로 제공된 경우에도 재해보험의 보험금을 지급받을 권리는 압류할 수 없다.
③ 재해보험가입자가 재해보험에 가입된 보험목적물을 양도하는 경우 그 양수인은 재해보험 계약에 관한 양도인의 권리 및 의무를 승계한 것으로 추정한다.
④ 재해보험사업자는 손해평가인으로 위촉된 사람에 대하여 보험에 관한 기초지식, 보험약관 및 손해평가요령 등에 관한 실무교육을 하여야 한다.

> 「농어업재해보험법」 제12조(수급권의 보호) ① 재해보험의 보험금을 지급받을 권리는 압류할 수 없다. 다만, **보험목적물이 담보로 제공된 경우에는 그러하지 아니하다.**

34 농업재해보험 손해평가요령에 따른 손해평가반 구성에 포함될 수 있는 자를 모두 고른 것은?

| ㉠ 손해평가인 | ㉡ 손해평가사 |
| ㉢ 재물손해사정사 | ㉣ 신체손해사정사 |

① ㉠, ㉡ ② ㉡, ㉢
③ ㉠, ㉡, ㉢ ❹ ㉠, ㉡, ㉢, ㉣

> 농업재해보험 손해평가요령 제8조(손해평가반 구성 등) ② 제1항에 따른 손해평가반은 다음 각 호의 어느 하나에 해당하는 자를 1인 이상 포함하여 5인 이내로 구성한다.
>
> 1. 제2조 제2호에 따른 손해평가인
> 2. 제2조 제3호에 따른 손해평가사
> 3. 「보험업법」 제186조에 따른 손해사정사

35 「농어업재해보험법」에서 사용하는 용어의 정의로 옳지 않은 것은?

① "농어업재해보험"이란 농어업재해로 발생하는 재산 피해에 따른 손해를 보상하기 위한 보험을 말한다.

② "보험료"란 보험가입자와 보험사업자 간의 약정에 따라 보험가입자가 보험사업자에게 내야 하는 금액을 말한다.

③ "보험가입금액"이란 보험가입자의 재산 피해에 따른 손해가 발생한 경우 보험에서 최대로 보상할 수 있는 한도액으로서 보험가입자와 보험사업자 간에 약정한 금액을 말한다.

❹ "보험금"이란 보험가입자에게 재해로 인한 재산 피해에 따른 손해가 발생한 경우 그 정도에 따라 정부가 보험가입자에게 지급하는 금액을 말한다.

> ④ "보험금"이란 보험가입자에게 재해로 인한 재산 피해에 따른 손해가 발생한 경우 **그 정도**(× → 보험가입자와 보험사업자 간의 약정)에 따라 **정부**(× → 보험사업자)가 보험가입자에게 지급하는 금액을 말한다. [농어업재해보험법 제2조 제5호]

36 「농어업재해보험법」상 회계구분에 관한 내용이다. (   )에 들어갈 용어는?

> (   )은(는) 재해보험사업의 회계를 다른 회계와 구분하여 회계처리함으로써 손익관계를 명확히 하여야 한다.

① 손해평가사   ② 농림축산식품부장관
❸ 재해보험사업자   ④ 지방자치단체의 장

> 「농어업재해보험법」 제15조(회계 구분) **재해보험사업자**는 재해보험사업의 회계를 다른 회계와 구분하여 회계처리함으로써 손익관계를 명확히 하여야 한다.

37 「농어업재해보험법령」상 농림축산식품부장관이 재보험에 가입하려는 재해보험사업자와 재보험 약정체결 시 포함되어야 할 사항으로 옳지 않은 것은?

① 재보험수수료
② 정부가 지급하여야 할 보험금
❸ 농어업재해재보험기금의 운용수익금
④ 재해보험사업자가 정부에 내야 할 보험료

> 「농어업재해보험법」 제20조(재보험사업) ② 농림축산식품부장관 또는 해양수산부장관은 재보험에 가입하려는 재해보험사업자와 다음 각 호의 사항이 포함된 재보험 약정을 체결하여야 한다.
>
> 1. 재해보험사업자가 정부에 내야 할 보험료(이하 "재보험료"라 한다)에 관한 사항
> 2. 정부가 지급하여야 할 보험금(이하 "재보험금"이라 한다)에 관한 사항
> 3. 그 밖에 **재보험수수료** 등 재보험 약정에 관한 것으로서 대통령령으로 정하는 사항

38 「농어업재해보험법령」상 농어업재해재보험기금의 관리·운용에 관한 설명으로 옳지 않은 것은?

① 기금은 농림축산식품부장관이 해양수산부장관과 협의하여 관리·운용한다.

❷ 농림축산식품부장관은 기획재정부장관과 협의를 거쳐 기금의 관리·운용에 관한 사무의 전부를 농업정책보험금융원에 위탁할 수 있다.

③ 기금수탁관리자는 회계연도마다 기금결산보고서를 작성하여 다음 회계연도 2월 15일까지 농림축산식품부장관 및 해양수산부장관에게 제출하여야 한다.

④ 농림축산식품부장관은 해양수산부장관과 협의하여 기금의 여유자금을 「은행법」에 따른 은행에의 예치의 방법으로 운용할 수 있다.

> ② 농림축산식품부장관은 **기획재정부장관**(× → 해양수산부장관)과 협의를 거쳐 기금의 관리·운용에 관한 사무의 **전부**(× → 일부)를 농업정책보험금융원에 위탁할 수 있다. [농어업재해보험법 제24조 제2항]

39 「농어업재해보험법」상 농림축산식품부장관이 농작물 재해보험사업을 효율적으로 추진하기 위하여 수행하는 업무로 옳지 않은 것은?

❶ 피해 관련 분쟁조정
② 손해평가인력의 육성
③ 재해보험 상품의 연구 및 보급
④ 손해평가기법의 연구·개발 및 보급

> **「농어업재해보험법」 제25조의2(농어업재해보험사업의 관리)** ① 농림축산식품부장관 또는 해양수산부장관은 재해보험사업을 효율적으로 추진하기 위하여 다음 각 호의 업무를 수행한다.
>
> 1. 재해보험사업의 관리·감독
> 2. **재해보험 상품의 연구 및 보급**
> 3. 재해 관련 통계 생산 및 데이터베이스 구축·분석
> 4. **손해평가인력의 육성**
> 5. **손해평가기법의 연구·개발 및 보급**

40 「농어업재해보험법령」상 재정지원에 관한 설명으로 옳은 것은? [기출 수정]

① 정부는 재해보험가입자가 부담하는 보험료와 재해보험사업자의 재해보험의 운영 및 관리에 필요한 비용을 지원하여야 한다.

② 지방자치단체는 재해보험사업자의 운영비를 추가로 지원하여야 한다.

③ 농림축산식품부장관·해양수산부장관 및 지방자치단체의 장은 보험료의 일부를 재해보험가입자에게 지급하여야 한다.

❹ 「풍수해·지진재해보험법」에 따른 풍수해·지진재해보험에 가입한 자가 동일한 보험 목적물을 대상으로 재해보험에 가입할 경우에는 정부가 재정지원을 하지 아니한다.

④ 「풍수해·지진재해보험법」에 따른 풍수해·지진재해보험에 가입한 자가 동일한 보험 목적물을 대상으로 재해보험에 가입할 경우에는 정부가 재정지원을 하지 아니한다. (O) [농어업재해보험법 제19조 제3항]

① 정부는 재해보험가입자가 부담하는 보험료와 재해보험사업자의 재해보험의 운영 및 관리에 필요한 비용을 지원하여야 한다. (× → 정부는 예산의 범위에서 재해보험가입자가 부담하는 보험료의 일부와 재해보험사업자의 재해보험의 운영 및 관리에 필요한 비용(이하 "운영비"라 한다.)의 전부 또는 일부를 지원할 수 있다.) [농어업재해보험법 제19조 제1항]

② 지방자치단체는 재해보험사업자의 운영비를 추가로 **지원하여야 한다.** (× → 지원할 수 있다.) [농어업재해보험법 제19조 제1항]

③ 농림축산식품부장관·해양수산부장관 및 지방자치단체의 장은 **보험료의 일부를 재해보험가입자**(×→ 지원 금액을 재해보험사업자)에게 지급하여야 한다. [농어업재해보험법 제19조 제2항]

41 「농어업재해보험법」상 농작물재해보험에 관한 손해평가사 업무로 옳지 않은 것은?

① 손해액 평가　　　　　　　② 보험가액 평가

③ 피해사실 확인　　　　　　❹ 손해평가인증의 발급

「농어업재해보험법」 제11조의3(손해평가사의 업무) 손해평가사는 농작물재해보험 및 가축재해보험에 관하여 다음 각 호의 업무를 수행한다.

1. 피해사실의 확인
2. 보험가액 및 손해액의 평가
3. 그 밖의 손해평가에 필요한 사항

42 「농어업재해보험법령」상 재해보험사업자가 수립하는 보험가입촉진계획에 포함되어야 할 사항에 해당하지 않는 것은?

❶ 농어업재해재보험기금 관리·운용계획

② 해당 연도의 보험상품 운영계획

③ 보험상품의 개선·개발계획

④ 전년도의 성과분석 및 해당 연도의 사업계획

> 「농어업재해보험법 시행령」 제22조의2(보험가입촉진계획의 제출 등) ① 법 제28조의2 제1항에 따른 보험가입촉진계획에는 다음 각 호의 사항이 포함되어야 한다.
>
> 1. 전년도의 성과분석 및 해당 연도의 사업계획
> 2. 해당 연도의 보험상품 운영계획
> 3. 농어업재해보험 교육 및 홍보계획
> 4. **보험상품의 개선·개발계획**
> 5. 그 밖에 농어업재해보험 가입 촉진을 위하여 필요한 사항

43 농업재해보험 손해평가요령에 따른 손해평가 업무를 원활히 수행하기 위하여 손해평가보조인을 운용할 수 있는 자를 모두 고른 것은?

㉠ 재해보험사업자	㉡ 재해보험사업자의 업무를 위탁받은 자
㉢ 손해평가를 요청한 보험가입자	㉣ 재해발생 지역의 지방자치단체

① ㉠

② ㉢

❸ ㉠, ㉡

④ ㉠, ㉢, ㉣

> • 「농어업재해보험법」 제14조(업무 위탁) 재해보험사업자는 재해보험사업을 원활히 수행하기 위하여 필요한 경우에는 보험모집 및 손해평가 등 재해보험 업무의 일부를 대통령령으로 정하는 자에게 위탁할 수 있다.
> • 농업재해보험 손해평가요령 제4조(손해평가인 위촉) ③ 재해보험사업자 및 법 제14조에 따라 **손해평가 업무를 위탁받은 자**는 손해평가 업무를 원활히 수행하기 위하여 손해평가보조인을 운용할 수 있다.

44 농업재해보험 손해평가요령에 따른 손해평가인 위촉의 취소 사유에 해당하지 않는 것은?

❶ 업무수행과 관련하여「개인정보보호법」을 위반한 경우

② 위촉당시 피성년후견인이었음이 판명된 경우

③ 거짓 그 밖의 부정한 방법으로 손해평가인으로 위촉된 경우

④「농어업재해보험법」제30조에 의하여 벌금이상의 형을 선고받고 그 집행이 종료된 날로부터 2년이 경과되지 않은 경우

> **농업재해보험 손해평가요령 제6조(손해평가인 위촉의 취소 및 해지 등)** ① 재해보험사업자는 손해평가인이 다음 각 호의 어느 하나에 해당하게 되거나 위촉당시에 해당하는 자이었음이 판명된 때에는 그 위촉을 취소하여야 한다.
>
> 1. 피성년후견인 또는 피한정후견인
> 2. 파산선고를 받은 자로서 복권되지 아니한 자
> 3. 법 제30조에 의하여 벌금이상의 형을 선고받고 그 집행이 종료(집행이 종료된 것으로 보는 경우를 포함한다)되거나 집행이 면제된 날로부터 2년이 경과되지 아니한 자
> 4. 동 조에 따라 위촉이 취소된 후 2년이 경과하지 아니한 자
> 5. 거짓 그 밖의 부정한 방법으로 제4조에 따라 손해평가인으로 위촉된 자
> 6. 업무정지 기간 중에 손해평가업무를 수행한 자

45 농업재해보험 손해평가요령에 따른 농작물의 손해평가 단위는?

① 농가별 ❷ 농지별

③ 필지(지번)별 ④ 품종별

> **농업재해보험 손해평가요령 제12조(손해평가 단위)** ① 보험목적물별 손해평가 단위는 다음 각 호와 같다.
>
> 1. 농작물 : 농지별
> 2. 가축 : 개별가축별(단, 벌은 벌통 단위)
> 3. 농업시설물 : 보험가입 목적물별

46 농업재해보험 손해평가요령에 따른 보험가액 산정에 관한 설명으로 옳지 않은 것은?

① 농작물의 생산비보장 보험가액은 작물별로 보험가입 당시 정한 보험가액을 기준으로 산정한다. 다만, 보험가액에 영향을 미치는 가입면적 등이 가입당시와 다를 경우 변경할 수 있다.

❷ 나무손해보장 보험가액은 기재된 보험목적물이 나무인 경우로 최초 보험사고 발생 시의 해당 농지 내에 심어져 있는 과실생산이 가능한 나무에서 피해 나무를 제외한 수에 보험가입 당시의 나무당 가입가격을 곱하여 산정한다.

③ 가축에 대한 보험가액은 보험사고가 발생한 때와 곳에서 평가한 보험목적물의 수량에 적용가격을 곱하여 산정한다.

④ 농업시설물에 대한 보험가액은 보험사고가 발생한 때와 곳에서 평가한 피해목적물의 재조달가액에서 내용연수에 따른 감가상각률을 적용하여 계산한 감가상각액을 차감하여 산정한다.

> ② 나무손해보장 보험가액은 기재된 보험목적물이 나무인 경우로 최초 보험사고 발생 시의 해당 농지 내에 심어져 있는 과실생산이 가능한 **나무에서 피해 나무를 제외한 수**(× → 나무 수(피해 나무 수 포함))에 보험가입 당시의 나무당 가입가격을 곱하여 산정한다. [농업재해보험 손해평가요령 제13조 제1항 제5호]

47 농업재해보험 손해평가요령상 농작물의 품목별·재해별·시기별 손해수량 조사방법 중 적과 전 종합위험방식 상품 "사과"에 관한 기술이다. ( )에 들어갈 내용으로 옳은 것은?
[기출 수정]

생육시기	재해	조사시기	조사내용
적과 후 ~ 수확기 종료	가을동상해	수확 직전	( )

① 유과타박율 조사
② 적과 후 착과수 조사
③ 낙엽률 조사
❹ 착과피해 조사

> **[농업재해보험 손해평가요령 별표 2 내용 中]**
>
> | 생육시기 | 재해 | 조사내용 | 조사시기 | 조사방법 | 비고 |
> |---|---|---|---|---|---|
> | 적과 후 ~ 수확기 종료 | 보상하는 재해 전부 | 낙과피해 조사 | 사고접수 후 지체없이 | • 재해로 인하여 떨어진 피해과실수 조사
 – 낙과피해조사는 보험약관에서 정한 과실피해 분류기준에 따라 구분하여 조사
• 조사방법 : 전수조사 또는 표본조사 | |
> | | | 낙엽률 조사 | | • 낙엽률 조사(우박 및 일소 제외)
 – 낙엽피해정도 조사
• 조사방법 : 표본조사 | 단감·떫은감 |
> | | 우박, 일소, **가을동상해** | **착과피해 조사** | **수확 직전** | • 재해로 인하여 달려있는 과실의 피해과실 수 조사
 – 착과피해조사는 보험약관에서 정한 과실피해 분류기준에 따라 구분 하여 조사
• 조사방법 : 표본조사 | |

48 농업재해보험 손해평가요령상 농작물의 품목별·재해별·시기별 손해수량 조사방법 중 종합위험방식 상품인 "벼"에만 해당하는 조사내용으로 옳은 것은?

① 피해사실확인 조사
❷ 재이앙(재직파) 피해 조사
③ 경작불능피해 조사
④ 수확량 조사

[농업재해보험 손해평가요령 별표 2 내용 中]

생육시기	재해	조사내용	조사시기	조사방법	비고
수확 전	보상하는 재해 전부	재이앙(재직파) 조사	사고접수 후 지체없이	• 해당 농지에 보상하는 손해로 인하여 재이앙(재직파)이 필요한 면적 또는 면적비율 조사 • 조사방법 : 전수조사 또는 표본조사	벼만 해당

49 농업재해보험 손해평가요령에 따른 손해평가준비 및 평가결과 제출에 관한 설명으로 옳지 않은 것은?

❶ 손해평가반은 손해평가결과를 기록할 수 있도록 현지조사서를 직접 마련해야 한다.
② 손해평가반은 보험가입자가 정당한 사유없이 서명을 거부하는 경우 보험가입자에게 손해평가 결과를 통지한 후 서명없이 현지조사서를 재해보험사업자에게 제출하여야 한다.
③ 손해평가반은 보험가입자가 정당한 사유없이 손해평가를 거부하여 손해평가를 실시하지 못한 경우에는 그 피해를 인정할 수 없는 것으로 평가한다는 사실을 보험가입자에게 통지한 후 현지조사서를 재해보험사업자에게 제출하여야 한다.
④ 재해보험사업자는 보험가입자가 손해평가반의 손해평가결과에 대하여 설명 또는 통지를 받은 날로부터 7일 이내에 손해평가가 잘못되었음을 증빙하는 서류 또는 사진 등을 제출하는 경우 다른 손해평가반으로 하여금 재조사를 실시하게 할 수 있다.

농업재해보험 손해평가요령 제10조(손해평가준비 및 평가결과 제출) ① 재해보험사업자는 손해평가반이 실시한 손해평가결과를 기록할 수 있도록 현지조사서를 마련하여야 한다.
② 재해보험사업자는 손해평가를 실시하기 전에 제1항에 따른 현지조사서를 손해평가반에 배부하고 손해평가 시의 주의사항을 숙지시킨 후 손해평가에 임하도록 하여야 한다.
③ 손해평가반은 현지조사서에 손해평가 결과를 정확하게 작성하여 보험가입자에게 이를 설명한 후 서명을 받아 재해보험사업자에게 제출하여야 한다. 다만, 보험가입자가 정당한 사유 없이 서명을 거부하는 경우 손해평가반은 보험가입자에게 손해평가 결과를 통지한 후 서명없이 현지조사서를 재해보험사업자에게 제출하여야 한다.
④ 손해평가반은 보험가입자가 정당한 사유없이 손해평가를 거부하여 손해평가를 실시하지 못한 경우에는 그 피해를 인정할 수 없는 것으로 평가한다는 사실을 보험가입자에게 통지한 후 현지조사서를 재해보험사업자에게 제출하여야 한다.
⑤ 재해보험사업자는 보험가입자가 손해평가반의 손해평가결과에 대하여 설명 또는 통지를 받은 날로부터 7일 이내에 손해평가가 잘못되었음을 증빙하는 서류 또는 사진 등을 제출하는 경우 재해보험사업자는 다른 손해평가반으로 하여금 재조사를 실시하게 할 수 있다.

50 농업재해보험 손해평가요령상 농작물의 보험금 산정 기준에 따른 종합위험방식 수확감소보장 "양파"의 경우, 다음의 조건으로 산정한 보험금은?

- 보험가입금액 : 1,000만 원
- 가입수확량 : 10,000kg
- 수확량 : 5,000kg
- 자기부담비율 : 20%
- 평년수확량 : 20,000kg
- 미보상감수량 : 1,000kg

① 300만 원

② 400만 원

❸ 500만 원

④ 600만 원

- 보험금 = 보험가입금액 × (피해율 − 자기부담비율)
  = 1,000만 원 × (0.7 − 0.2) = 500만 원
- 피해율 = (평년수확량 − 수확량 − 미보상감수량) ÷ 평년수확량
  = (20,000kg − 5,000kg − 1,000kg) ÷ 20,000kg = 0.7

 ## 농학개론 중 재배학 및 원예작물학

51 과수 분류 시 인과류에 속하는 것은?

① 자두

② 포도

③ 감귤

❹ 사과

인과류 : 꽃받기의 피층이 발달하여 과육 부위가 되고 씨방은 과실 안쪽에 위치하여 과심 부위가 되는 과실. **사과**, 모과, 배, 비파 등

52 작물재배에 있어서 질소(N)에 관한 설명으로 옳지 않은 것은?

① 질산태(NO_3^-)와 암모늄태(NH_4^+)로 식물에 흡수된다.

② 작물체 건물중의 많은 함량을 차지하는 중요한 무기성분이다.

③ 콩과작물은 질소 시비량이 적고, 벼과작물은 시비량이 많다.

❹ 결핍증상은 늙은 조직보다 어린 생장점에서 먼저 나타난다.

④ 결핍증상은 **늙은 조직보다 어린 생장점에서**(× → 어린 생장점보다 늙은 조직에서) 먼저 나타난다.

53 작물의 필수원소는?

① 염소(Cl)　　　　　　　　　　　　② 규소(Si)

③ 코발트(Co)　　　　　　　　　　　④ 나트륨(Na)

> **[작물의 필수원소]**
> - 다량원소 : 탄소(C), 산소(O), 수소(H), 질소(N), 인(P), 칼륨(K), 칼슘(Ca), 마그네슘(Mg), 황(S)
> - 미량원소 : 철(Fe), 망간(Mn), 구리(Cu), 아연(Zn), 붕소(B), 몰리브덴(Mo), **염소(Cl)**

54 재배 시 산성토양에 가장 약한 작물은?

① 벼　　　　　　　　　　　　　　　❷ 콩

③ 감자　　　　　　　　　　　　　　④ 수박

> - 산에 강한 작물 : 감자, 귀리, 토란, 호밀, 수박, 벼, 기장, 아마, 땅콩
> - 산에 약한 작물 : 시금치, 양파, **콩**, 팥, 알팔파, 자운영

55 작물재배 시 습해의 대책이 아닌 것은?

① 배수　　　　　　　　　　　　　　② 토양 개량

❸ 황산근비료 사용　　　　　　　　　④ 내습성 작물과 품종 선택

> **[습해대책]**
> - **내습성 품종선택**
> - 정지(이랑재배 등)
> - 표층시비(부숙시킨 유기물 사용)
> - **배수**(기계배수, 암거배수 등)
> - **세사 객토, 중경, 토양개량제 사용 등**
> - 과산화석회 사용

56 작물재배 시 건조해의 대책으로 옳지 않은 것은?

① 중경제초
❷ 질소비료 과용
③ 내건성 작물 및 품종 선택
④ 증발억제제 살포

> **[한해(旱害, 가뭄해) 대책]**
> - 뿌림골을 낮게 하여 땅속의 수분에 가깝도록 한다.
> - 뿌림골을 좁히거나 작물을 재식하는 밀도를 낮춘다.
> - **질소의 과다사용을 피하고**, 인산·칼리·퇴비를 적절하게 증시한다.
> - 답압을 통해 토양의 건조를 막는다.
> - 내건성인 작물과 품종을 선택하고, 토양 수분은 최대로 보유하고 증발은 억제할 수 있는 조치를 취한다.
> - 토양입단을 조성한다.
> - 중경제초한다.

57 작물재배 시 하고(夏枯)현상으로 옳지 않은 것은?

❶ 화이트클로버는 피해가 크고, 레드클로버는 피해가 경미하다.
② 다년생인 북방형 목초에서 여름철에 생장이 현저히 쇠퇴하는 현상이다.
③ 고온, 건조, 장일, 병충해, 잡초무성의 원인으로 발생한다.
④ 대책으로는 관개, 혼파, 방목이 있다.

> - 하고현상 : 여름철 고온으로 북방형 목초의 생산성이 심하게 떨어지는 현상
> - 하고현상의 원인 : 고온, 건조, 장일, 병충해, 잡초
> - 스프링플러쉬 : Spring Flush, 북방형 목초가 봄에 생식 생장이 유도되어 산초량이 급격하게 증가하는 것
> - 하고의 대책 : 스프링플러쉬 대책(봄부터 약한 채초, 방목), 관개, 초종의 선택, 혼파, 방목채초의 조절
> - 하고 심한 작물 : 레드클로버, 블루그라스, 티머시
> - 하고 적은 작물 : 화이트클로버, 오쳐드그라스, 라이그라스

58 다음이 설명하는 냉해는?

　⊙ 냉온에 대한 저항성이 약한 시기인 감수분열기에 저온에 노출되어 수분수정이 안되어 불임현상이 초래되는 냉해를 말한다.
　⊙ 냉온에 의한 생육부진으로 외부 병균의 침입에 대한 저항성이 저하되어 병이 발생하는 냉해를 말한다.

① ⊙ : 지연형 냉해, ⊙ : 병해형 냉해
② ⊙ : 병해형 냉해, ⊙ : 혼합형 냉해
❸ ⊙ : 장해형 냉해, ⊙ : 병해형 냉해
④ ⊙ : 혼합형 냉해, ⊙ : 장해형 냉해

[냉해의 종류]
- 지연형 냉해 : 오랜 기간 동안 냉온이나 일조 부족으로 생육이 늦어지고 등숙이 충분하지 못해 감수를 초래하게 되는 냉해
- 장해형 냉해 : 작물생육기간 중 특히 냉온에 대한 저항성이 약한 시기에 저온의 접촉으로 뚜렷한 피해를 받게 되는 냉해
- 병해형 냉해 : 저온으로 인해 생육부진, 광합성과 질소 대사의 이상으로 도열병균 등에 취약해짐으로 인해 병이 발생하는 냉해를 말한다.
- 혼합형 냉해 : 장기적으로 저온이 계속되는 경우에 발생하는 것으로, 여러형태의 냉해가 혼합된 형태로 나타나는 냉해로, 작물에 입히는 피해가 치명적이다.

59 작물 외관의 착색에 관한 설명으로 옳지 않은 것은?

① 작물 재배 시 광이 없을 때에는 에티올린(Etiolin)이라는 담황색 색소가 형성되어 황백화현상을 일으킨다.
② 엽채류에서는 적색광과 청색광에서 엽록소의 형성이 가장 효과적이다.
③ 작물 재배 시 광이 부족하면 엽록소의 형성이 저해된다.
❹ 과일의 안토시안은 비교적 고온에서 생성이 조장되며 볕이 잘 쬘 때에 착색이 좋아진다.

안토시안 : 사과·포도·딸기·순무 등의 착색에 관여하는 **안토시안의 생성은 비교적 저온에서 촉진된다.** 자외선이나 자색광 파장이 안토시안의 생성을 촉진하며, 볕을 잘 쬘 때에 착색이 좋아진다.

60 장일일장 조건에서 개화가 유도·촉진되는 작물을 모두 고른 것은?

　⊙ 상추　⊙ 고추　ⓒ 딸기　ⓔ 시금치

① ⊙, ⊙
❷ ⊙, ⓔ
③ ⊙, ⓒ
④ ⓒ, ⓔ

장일식물 : 장일상태(보통 16 ~ 18시간 조명)에서 화성이 유도·촉진되는 식물로, 단일상태에서는 개화가 저해된다.
㉑ 완두, **상추, 시금치**, 양귀비, 추파맥류, 보리, 아마, 아주까리, 밀, 감자, 무, 배추, 누에콩, 양파

61 다음에서 내한성(耐寒性)이 가장 강한 작물(A)과 가장 약한 작물(B)은?

① A : 사과, B : 서양배 　　❷ A : 사과, B : 유럽계 포도

③ A : 복숭아, B : 서양배 　　④ A : 복숭아, B : 유럽계 포도

> 내한성은 사과가 가장 강하고, 서양배, 복숭아, 유럽계포도 순으로, 유럽계포도가 내한성이 가장 약하다.

62 우리나라의 과수 우박피해에 관한 설명으로 옳은 것은?

> ㉠ 피해 시기는 주로 착과기와 성숙기에 해당된다.
> ㉡ 다음해의 안정적인 결실을 위해 피해과원의 모든 과실을 제거한다.
> ㉢ 피해 후 2차적으로 병해를 발생시키는 간접적인 피해를 유발하기도 한다.

① ㉠, ㉡ 　　❷ ㉠, ㉢

③ ㉡, ㉢ 　　④ ㉠, ㉡, ㉢

> 우리나라의 **우박 피해는 주로 과수의 착과기와 성숙기**에 해당되는 5 ~ 6월 혹은 9 ~ 10월에 간헐적이고, 돌발적으로 발생한다. 단기간에 큰 피해를 발생시키며, 우박이 잘 내리는 곳은 낙동강 상류지역, 청천강 부근, 한강부근 등 대체로 정해져 있지만, 피해지역이 국지적인 경우가 많다. **1차 우박피해 이후에 2차적으로 병해를 발생시키는 등 간접적인 피해를 유발하기도 한다.**

63 과수원의 태풍피해 대책으로 옳지 않은 것은?

① 방풍림으로 교목과 관목의 혼합 식재가 효과적이다.

② 방풍림은 바람의 방향과 직각 방향으로 심는다.

❸ 과수원내의 빈 공간 확보는 태풍피해를 경감시켜 준다.

④ 왜화도가 높은 대목은 지주 결속으로 피해를 줄여준다.

> ③ 과수원내의 빈 공간 확보는 태풍피해를 **경감시켜 준다.** (× → 증가시킨다.)

64 작물의 육묘에 관한 설명으로 옳지 않은 것은?

① 수확기 및 출하기를 앞당길 수 있다.

❷ 육묘용 상토의 pH는 낮을수록 좋다.

③ 노지정식 전 경화과정(Hardening)이 필요하다.

④ 육묘와 재배의 분업화가 가능하다.

> 육묘용 상토의 pH는 pH6 정도가 적당하며, 낮을수록 좋은 것은 아니다.

65 다음 설명의 영양번식 방법은?

- 양취법(楊取法)이라고도 한다.
- 오래된 가지를 발근시켜 떼어낼 때 사용한다.
- 발근시키고자 하는 부분에 미리 박피를 해준다.

① 성토법(盛土法)　　　　　　② 선취법(先取法)
❸ 고취법(高取法)　　　　　　④ 당목취법(撞木取法)

③ **고취법** : 가지를 땅속에 휘어 묻을 수 없는 경우에 높은 곳에서 발근시켜 취목하는 방법. 오래된 가지를 발근시켜 떼어낼 때 사용한다. 발근시키고자 하는 부분에 미리 박피를 해 준다. 양취법이라고도 한다. ⑩ 고무나무
① 성토법 : 모식물의 기부에 새로운 측지를 나오게 한 후에 끝이 보일 정도로 흙을 덮어서 뿌리가 내리게 한 후에 잘라서 번식시키는 방법 ⑩ 양앵두, 사과나무, 자두, 뽕나무, 환엽해당
② 선취법 : 가지의 선단부를 휘어서 묻는 방법 ⑩ 나무딸기
④ 당목취법 : 가지를 수평으로 묻고, 각 마디에서 발생하는 새 가지를 발근시켜 한 가지에서 여러 개를 취목하는 방법 ⑩ 양앵두, 자두, 포도

66 다음의 과수원 토양관리 방법은?

- 과수원 관리가 쉽다.
- 양분용탈이 발생한다.
- 토양침식으로 입단형성이 어렵다.

① 초생재배　　　　　　② 피복재배
③ 부초재배　　　　　　❹ 청경재배

청경재배는 잡초를 깨끗하게 제거하는 방법으로, 과수원을 관리하기 쉽지만, 양분용탈이 발생하고, 토양침식으로 입단형성이 어려운 단점이 있다.

67 사과 과원에서 병해충종합관리(IPM)에 해당되지 않는 것은?
❶ 응애류 천적 제거　　　　　② 성페로몬 이용
③ 초생재배 실시　　　　　　④ 생물농약 활용

응애류의 천적을 제거 하는 것은 생물적 방제법에 역행하는 것으로, 병해충종합관리(IPM)에 해당되지 않는다.

68 호냉성 채소작물은?

① 상추, 가지 ② 시금치, 고추

③ 오이, 토마토 ❹ 양배추, 딸기

> 호냉성 채소 : 시금치, 상추, 완두, 무, 당근, **딸기**, 감자, 마늘, 양파, **양배추**, 배추, 잠두

69 작물의 생육과정에서 칼슘결핍에 의해 나타나는 증상으로만 짝지어진 것은?

❶ 배추 잎끝마름증상, 토마토 배꼽썩음증상 ② 토마토 배꼽썩음증상, 장미 로제트증상

③ 장미 로제트증상, 고추 청고증상 ④ 고추 청고증상, 배추 잎끝마름증상

> **[칼슘결핍으로 나타나는 증상]**
> • 딸기·(양)배추 : **잎끝마름증상**(팁번현상)
> • **토마토·고추 : 배꼽썩음증상**
> • 사과 : 고두병
> • 땅콩 : 빈꼬투리(쭉정이) 발생 현상
> • 감자 : 내부 갈변과 속이 빈 괴경 유발

70 채소작물 재배 시 에틸렌에 의한 현상이 아닌 것은?

① 토마토 열매의 엽록소 분해를 촉진한다.

② 가지의 꼭지에서 이층(離層)형성을 촉진한다.

❸ 아스파라거스의 육질 연화를 촉진한다.

④ 상추의 갈색 반점을 유발한다.

> **[에틸렌]**
> • 원예작물의 숙성호르몬으로, 무색 무취의 가스형태이며, 에테폰이 분해될 때 발생된다.
> • 식물체에 물리적 자극이 가해지거나 병충해를 받으면 에틸렌의 생성이 증가되며, 식물체의 길이가 짧아지고 굵어진다.
> • 발아를 촉진하고, 잎의 노화를 가속화한다.
> • 식물의 성숙을 촉진한다.
> • 성을 표현하는 조절제의 역할을 한다. (오이와 같은 박과채소는 에틸렌에 의해서 암꽃 착생을 증가시킬 수 있다.)
> • 토마토 열매의 엽록소 분해를 촉진한다.
> • 가지의 꼭지에서 이층(離層)형성을 촉진한다.
> • **아스파라거스의 육질 경화를 촉진한다.**
> • 상추의 갈색 반점을 유발한다.
> • 카네이션은 수확 후 에틸렌 작용 억제제를 사용하면 절화 수명을 연장할 수 있다.

71 다음 과수 접목법의 분류기준은?

절접, 아접, 할접, 혀접, 호접

① 접목부위에 따른 분류   ② 접목장소에 따른 분류

③ 접목시기에 따른 분류   ❹ 접목방법에 따른 분류

[접목(接木, 접붙이기) : 두 나무를 잘라 연결하여 하나의 개체로 만드는 방법]
- 접붙이기(형성층)의 장점 : 결과 촉진, 수세 조절, 풍토적응성 증대, 병충해 정항성 증대, 결과향상, 수세회복 및 품종갱신

접목위치에 따른 분류	고접, 근두접, 복접, 근접, 이중접
접목장소에 따른 분류	거접, 양접
접목시기에 따른 분류	봄접, 여름접, 가을접
접목방법에 따른 분류	지접(가지접), 절접(깍기접), 할접(쪼개접), 혀접(설접), 삽목접, 아접(눈접), 교접, 호접(맞접)

72 화훼작물의 플러그묘 생산에 관한 옳은 설명을 모두 고른 것은?

㉠ 좁은 면적에서 대량육묘가 가능하다.
㉡ 최적의 생육조건으로 다양한 규격묘 생산이 가능하다.
㉢ 노동집약적이며 관리가 용이하다.
㉣ 정밀기술이 요구된다.

① ㉠, ㉡, ㉢   ❷ ㉠, ㉡, ㉣
③ ㉠, ㉢, ㉣   ④ ㉡, ㉢, ㉣

[플러그육묘의 장점]
- 계획생산이 가능하다.
- 정식 후 생장이 빠르다.
- 기계화 및 자동화로 대량생산이 가능하다.
- **기계화를 통해 노동력을 절약할 수 있으며**, 그로 인해 묘 생산원가를 절약할 수 있다.
- 좁은 면적에서 대량육묘가 가능하다.
- 최적의 생육조건으로 다양한 규격묘 생산이 가능하다.

73 화훼작물의 진균병이 아닌 것은?

① Fusarium에 의한 시들음병   ② Botrytis에 의한 잿빛곰팡이병
❸ Xanthomonas에 의한 잎반점병   ④ Colletotrichum에 의한 탄저병

Xanthomonas에 의한 잎반점병은 세균병이다.

74 시설 내의 온도를 낮추기 위해 시설의 벽면 위 또는 아래에서 실내로 세무(細霧)를 분사시켜 시설 상부에 설치된 풍량형 환풍기로 공기를 뽑아내는 냉각방법은?

❶ 팬 앤드 포그   ② 팬 앤드 패드
③ 팬 앤드 덕트   ④ 팬 앤드 팬

- 팬 앤드 덕트(Fan & Duct) : 배기팬으로 내부의 공기를 외부로 배출시키는 방법
- 팬 앤드 미스트 : 시설의 한쪽면에 패드 대신 미스트 분무실을 설치하고 반대쪽에서 팬을 가동 하여 외부 공기가 미스트 분무실을 통과하면서 냉각되어 유입하게 하는 냉각방법
- **팬 앤드 포그 : 시설 내의 온도를 낮추기 위해 시설의 벽면 위 또는 아래에서 실내로 세무(細霧) 를 분사시켜 시설 상부에 설치된 풍량형 환풍기로 공기를 뽑아내는 냉각방법**
- 팬 앤드 패드 : 시설의 한쪽면에 젖은 패드를 설치하고 반대쪽에서 팬을 가동하여 냉각된 공기 가 유입되도록 하는 냉각방법

75 다음이 설명하는 시설재배용 플라스틱 피복재는?

- 보온성이 떨어진다.
- 광투과율이 높고 연질피복재이다.
- 표면에 먼지가 잘 부착되지 않는다.
- 약품에 대한 내성이 크고 가격이 싸다.

❶ 폴리에틸렌(PE) 필름   ② 염화비닐(PVC) 필름
③ 에틸렌아세트산(EVA) 필름   ④ 폴리에스터(PET) 필름

- PE(폴리에틸렌) 필름
  - **연질피복재로, 광투과율이 높고, 필름 표면에 먼지가 잘 부착되지 않으며,** 필름 상호 간에 잘 달라붙지 않는 성질이 있어 사용하는데 편리하다.
  - **여러 약품에 대한 내성이 크고, 가격이 싸다.**
- EVA(에틸렌아세트산) 필름
  - 연질피복재이며, 내구성은 PE와 PVC의 중간 정도이다.
  - 가격은 PE보다는 비싸고 PVC(염화비닐) 필름보다는 저렴하다.
- PVC(염화비닐) 필름
  - 연질피복재 중 보온성이 가장 높다.
  - 값이 비싸다.
- PET(폴리에스터) 필름
  - 경질피복재이며, 보온성이 높다.
  - 수명이 긴편이다.

상법(보험편)

1 보험계약에 관한 설명으로 옳지 않은 것은?

❶ 보험계약은 보험자의 청약에 대하여 보험계약자가 승낙함으로써 이루어진다.

② 보험계약은 보험자의 보험금 지급책임이 우연한 사고의 발생에 달려 있으므로 사행계약의 성질을 갖는다.

③ 보험계약의 효력발생에 특별한 요식행위를 요하지 않는다.

④ 상법 보험편의 보험계약에 관한 규정은 그 성질에 반하지 아니하는 범위에서 상호보험에 준용한다.

> ① 보험계약은 **보험자**(× → 보험계약자)의 청약에 대하여 **보험계약자**(× → 보험자)가 승낙함으로써 이루어진다.

2 보험약관의 교부·설명의무에 관한 설명으로 옳은 것을 모두 고른 것은? (다툼이 있으면 판례에 따름)

> ㉠ 고객이 약관의 내용을 충분히 잘 알고 있는 경우에는 보험자가 고객에게 그 약관의 내용을 따로 설명하지 않아도 되나, 그러한 따로 설명할 필요가 없는 특별한 사정은 이를 주장하는 보험자가 입증하여야 한다.
> ㉡ 약관에 정하여진 중요한 사항이라면 설사 거래상 일반적이고 공통된 것이어서 보험계약자가 별도의 설명 없이도 충분히 예상할 수 있었던 사항이라 할지라도 보험자는 설명의무를 부담한다.
> ㉢ 약관의 내용이 이미 법령에 의하여 정하여진 것을 되풀이 하는 것에 불과한 경우에는 고객에게 이를 따로 설명하지 않아도 된다.

① ㉠

② ㉠, ㉡

❸ ㉠, ㉢

④ ㉠, ㉡, ㉢

> ㉠ 보험약관의 중요한 내용에 해당하는 사항이라 하더라도 보험계약자나 그 대리인이 그 내용을 충분히 잘 알고 있는 경우에는 당해 약관이 바로 계약 내용이 되어 당사자에 대하여 구속력을 가지므로 보험자로서는 보험계약자 또는 그 대리인에게 약관의 내용을 따로 설명할 필요가 없으며, 이 경우 보험계약자나 그 대리인이 그 약관의 내용을 충분히 잘 알고 있다는 점은 이를 주장하는 보험자측에서 입증하여야 한다. [대법원 2003. 8. 22. 선고 2003다27054 판결]
> ㉡ ㉢ **약관에 정하여진 사항이라고 하더라도 거래상 일반적이고 공통된 것이어서 보험계약자가 별도의 설명 없이도 충분히 예상할 수 있었던 사항이거나, 이미 법령에 의하여 정하여진 것을 되풀이하거나 부연하는 정도에 불과한 사항**이라면, 그러한 사항에 관하여까지 보험자에게 명시·설명의무가 있다고 할 수 없다. [대법원 2007. 4. 27. 선고 2006다87453 판결]

3 보험증권에 관한 설명으로 옳은 것은?

① 보험기간을 정한 때에는 그 시기와 종기는 「상법」상 손해보험증권의 기재사항에 해당하지 않는다.

❷ 기존의 보험계약을 연장하는 경우에 보험자는 그 보험증권에 그 사실을 기재함으로써 보험증권의 교부에 갈음할 수 있다.

③ 보험계약의 당사자는 보험증권의 교부가 있은 날로부터 2주간 내에 한하여 그 증권내용의 정부에 관한 이의를 할 수 있음을 약정할 수 있다.

④ 보험증권을 현저하게 훼손한 때에는 보험계약자는 보험자에 대하여 증권의 재교부를 청구할 수 있는데 그 증권작성의 비용은 보험자의 부담으로 한다.

> ② 기존의 보험계약을 연장하는 경우에 보험자는 그 보험증권에 그 사실을 기재함으로써 보험증권의 교부에 갈음할 수 있다. (○) [상법 제640조]
>
> ① 보험기간을 정한 때에는 그 시기와 종기는 「상법」상 손해보험증권의 기재사항에 **해당하지 않는다.**(× → 해당한다.) [상법 제666조]
>
> ③ 보험계약의 당사자는 보험증권의 교부가 있은 날로부터 **2주간 내에 한하여 그 증권내용의 정부에 관한 이의를 할 수 있음을 약정할 수 있다.** (× → 일정한 기간 내에 한하여 그 증권내용의 정부에 관한 이의를 할 수 있음을 약정할 수 있다. 이 기간은 1월을 내리지 못한다.) [상법 제 641조]
>
> ④ 보험증권을 현저하게 훼손한 때에는 보험계약자는 보험자에 대하여 증권의 재교부를 청구할 수 있는데 그 증권작성의 비용은 **보험자**(× → 보험계약자)의 부담으로 한다. [상법 제642조]

4 보험계약에 관한 설명으로 옳지 않은 것은? [기출 수정]

① 보험계약 당시에 보험사고가 발생할 수 없는 것인 때에는 그 계약은 무효로 한다.

② 대리인에 의하여 보험계약을 체결한 경우에 대리인이 안 사유는 그 본인이 안 것과 동일한 것으로 한다.

③ 보험계약은 그 계약전의 어느 시기를 보험기간의 시기로 할 수 있다.

❹ 보험계약 당시에 보험사고가 이미 발생한 때에는 당사자 쌍방과 피보험자가 이를 알지 못한 때에도 그 계약은 무효이다.

> 「상법」 제644조(보험사고의 객관적 확정의 효과) 보험계약 당시에 보험사고가 이미 발생하였거나 또는 발생할 수 없는 것인 때에는 그 계약은 무효로 한다. 그러나 **당사자 쌍방과 피보험자가 이를 알지 못한 때에는 그러하지 아니하다.**

5 보험대리상 등의 권한에 관한 설명으로 옳은 것은?

❶ 보험계약자로부터 청약, 고지, 통지, 해지, 취소 등 보험계약에 관한 의사표시를 수령할 수 있는 보험대리상의 권한을 보험자가 제한한 경우 보험자는 그 제한을 이유로 선의의 보험계약자에게 대항하지 못한다.

② 보험자는 보험계약자로부터 보험료를 수령할 수 있는 보험대리상의 권한을 제한할 수 없다.

③ 특정한 보험자를 위하여 계속적으로 보험계약의 체결을 중개하는 자라 할지라도 보험대리상이 아니면 보험자가 작성한 보험증권을 보험계약자에게 교부할 수 있는 권한이 없다.

④ 보험대리상은 보험계약자에게 보험계약의 체결, 변경, 해지 등 보험계약에 관한 의사표시를 할 수 있는 권한이 없다.

① 보험계약자로부터 청약, 고지, 통지, 해지, 취소 등 보험계약에 관한 의사표시를 수령할 수 있는 보험대리상의 권한을 보험자가 제한한 경우 보험자는 그 제한을 이유로 선의의 보험계약자에게 대항하지 못한다. (○) [상법 제646조의2 제2항]

② 보험자는 보험계약자로부터 보험료를 수령할 수 있는 보험대리상의 권한을 **제한할 수 없다.** (× → 제한할 수 있다.) [상법 제646조의2 제2항]

③ 특정한 보험자를 위하여 계속적으로 보험계약의 체결을 중개하는 자는 보험자가 작성한 보험증권을 보험계약자에게 교부할 수 있는 **권한이 없다.** (× → 권한이 있다.) [상법 제646조의2 제3항]

④ 보험대리상은 보험계약자에게 보험계약의 체결, 변경, 해지 등 보험계약에 관한 의사표시를 할 수 있는 **권한이 없다.** (× → 권한이 있다.) [상법 제646조의2 제1항 제4호]

6 「상법」 보험편에 관한 설명이다. 옳지 않은 것은 몇 개인가?

• 계속보험료가 약정한 시기에 지급되지 아니한 때에는 보험자는 다른 절차 없이 바로 그 계약을 해지할 수 있다.

• 보험계약의 당사자가 특별한 위험을 예기하여 보험료의 액을 정한 경우에 보험기간 중 그 예기한 위험이 소멸한 때에는 보험계약자는 그 후의 보험료의 감액을 청구할 수 있다.

• 보험기간 중에 보험계약자 또는 피보험자가 사고발생의 위험이 현저하게 변경또는 증가된 사실을 안 때에는 지체없이 보험자에게 통지하여야 한다.

① 0개   **❷** 1개

③ 2개   ④ 3개

• 계속보험료가 약정한 시기에 지급되지 아니한 때에는 보험자는 **다른 절차 없이 바로**(× → 상당한 기간을 정하여 보험계약자에게 최고하고 그 기간 내에 지급되지 아니한 때에는) 그 계약을 해지할 수 있다. [상법 제650조 제2항]

• 보험계약의 당사자가 특별한 위험을 예기하여 보험료의 액을 정한 경우에 보험기간 중 그 예기한 위험이 소멸한 때에는 보험계약자는 그 후의 보험료의 감액을 청구할 수 있다. [상법 제647조]

• 보험기간 중에 보험계약자 또는 피보험자가 사고발생의 위험이 현저하게 변경또는 증가된 사실을 안 때에는 지체없이 보험자에게 통지하여야 한다. [상법 제652조 제1항]

7 고지의무에 관한 설명으로 옳지 않은 것은?

❶ 보험계약 당시에보험계약자 또는 피보험자가 고의 또는 중대한 과실로 인하여 중요한 사항을 부실의 고지를 한 때에는 보험자는 그 사실을 안 날로부터 3년 내에 계약을 해지할 수 있다.

② 보험자가 서면으로 질문한 사항은 중요한 사항으로 추정한다.

③ 손해보험의 피보험자는 고지의무자에 해당한다.

④ 보험자가 계약당시에 고지의무 위반의 사실을 알았거나 중대한 과실로 인하여 알지 못한 때에는 보험자는 그 계약을 해지할 수 없다.

> 「상법」제651조(고지의무 위반으로 인한 계약해지) 보험계약 당시에보험계약자 또는 피보험자가 고의 또는 중대한 과실로 인하여 중요한 사항을 고지하지 아니하거나 부실의 고지를 한 때에는 보험자는 그 **사실을 안 날로부터 1월 내에, 계약을 체결한 날로부터 3년 내에** 한하여 계약을 해지할 수 있다. 그러나 보험자가 계약당시에 그 사실을 알았거나 중대한 과실로 인하여 알지 못한 때에는 그러하지 아니하다.

8 B는 A의 위임을 받아 A를 위하여 자신의 명의로 보험자 C와 손해보험계약을 체결하였다.(단, B는 C에게 A를 위한 계약임을 명시하였고, A에게는 피보험이익이 존재함) 다음 설명으로 옳지 않은 것은? (다툼이 있으면 판례에 따름)

① A는 당연히 보험계약의 이익을 받는 자이므로, 특별한 사정이 없는 한 B의 동의 없이 보험금지급청구권을 행사할 수 있다.

② B가 파산선고를 받은 경우 A가 그 권리를 포기하지 아니하는 한 A도 보험료를 지급할 의무가 있다.

③ 만일 A의 위임이 없었다면 B는 이를 C에게 고지하여야 한다.

❹ A는 위험변경증가의 통지의무를 부담하지 않는다.

> 「상법」제652조(위험변경증가의 통지와 계약해지) ① 보험기간 중에 보험계약자 또는 피보험자가 사고발생의 위험이 현저하게 변경 또는 증가된 사실을 안 때에는 지체없이 **보험자에게 통지하여야 한다.** 이를 해태한 때에는 보험자는 그 사실을 안 날로부터 1월 내에 한하여 계약을 해지할 수 있다.

9 「상법」(보험편)에 관한 설명으로 옳은 것은?

① 보험사고가 발생하기 전에 보험계약의 전부 또는 일부를 해지하는 경우에 보험계약자는 당사자 간에 다른 약정이 없으면 미경과보험료의 반환을 청구할 수 없다.

❷ 보험계약자는 계약체결 후 지체없이 보험료의 전부 또는 제1회 보험료를 지급하여야 하며, 보험계약자가 이를 지급하지 아니하는 경우에는 다른 약정이 없는 한 계약성립후 2월이 경과하면 그 계약은 해제된 것으로 본다.

③ 고지의무 위반으로 인하여 보험계약이 해지되고 해지환급금이 지급되지 아니한 경우에 보험계약자는 일정한 기간 내에 연체보험료에 약정이자를 붙여 보험자에게 지급하고 그 계약의 부활을 청구할 수 있다.

④ 보험계약의 일부가 무효인 경우에는 보험계약자와 피보험자에게 중대한 과실이 있어도 보험자에 대하여 보험료 일부의 반환을 청구할 수 있다.

> ② 보험계약자는 계약체결후 지체없이 보험료의 전부 또는 제1회 보험료를 지급하여야 하며, 보험계약자가 이를 지급하지 아니하는 경우에는 다른 약정이 없는 한 계약성립후 2월이 경과하면 그 계약은 해제된 것으로 본다. (○) [상법 제650조 제1항]
>
> ① 보험사고가 발생하기 전에 보험계약의 전부 또는 일부를 해지하는 경우에 보험계약자는 당사자 간에 다른 약정이 없으면 미경과보험료의 반환을 **청구할 수 없다.** (× → 청구할 수 있다.) [상법 제649조 제3항]
>
> ③ **고지의무 위반으로 인하여**(× → 계속보험료가 약정한 시기에 지급되지 아니하여) 보험계약이 해지되고 해지환급금이 지급되지 아니한 경우에 보험계약자는 일정한 기간 내에 연체보험료에 약정이자를 붙여 보험자에게 지급하고 그 계약의 부활을 청구할 수 있다. [상법 제650조의2]
>
> ④ 보험계약의 일부가 무효인 경우에는 보험계약자와 피보험자에게 **중대한 과실이 있어도**(× → 중대한 과실이 없는 때에는) 보험자에 대하여 보험료 일부의 반환을 청구할 수 있다. [상법 제648조]

10 위험변경증가의 통지와 보험계약해지에 관한 설명으로 옳지 않은 것은?

① 보험기간 중에 보험계약자 또는 피보험자가 사고발생의 위험이 현저하게 변경 또는 증가된 사실을 안 때에는 지체없이 보험자에게 통지하여야 한다.

② 보험자가 위험변경증가의 통지를 받은 때에는 1월 내에 보험료의 증액을 청구하거나 계약을 해지할 수 있다.

③ 위험변경증가의 통지를 해태한 때에는 보험자는 그 사실을 안 날로부터 1월 내에 한하여 계약을 해지할 수 있다.

❹ 보험사고가 발생한 후라도 보험자가 위험변경통지의 해태로 계약을 해지하였을 때에는 보험금을 지급할 책임이 없고, 이미 지급한 보험금의 반환도 청구할 수 없다.

> ④ 보험사고가 발생한 후라도 보험자가 위험변경통지의 해태로 계약을 해지하였을 때에는 보험금을 지급할 책임이 없고, 이미 지급한 보험금의 **반환도 청구할 수 없다.** (× → 반환을 청구할 수 있다.) [상법 제655조]

11 보험사고발생의 통지의무에 관한 설명으로 옳지 않은 것은?

① 보험사고발생의 통지의무자가 보험사고의 발생을 안 때에는 지체없이 보험자에게 그 통지를 발송하여야 한다.

② 보험사고발생의 통지의무자는 보험계약자 또는 피보험자나 보험수익자이다.

③ 통지의 방법으로는 구두, 서면 등이 가능하다.

❹ 보험자는 보험계약자가 보험사고발생의 통지의무를 해태하여 증가된 손해라도 이를 포함하여 보상할 책임이 있다.

> 「상법」 제657조(보험사고발생의 통지의무)
> ① 보험계약자 또는 피보험자나 보험수익자는 보험사고의 발생을 안 때에는 지체없이 보험자에게 그 통지를 발송하여야 한다.
> ② 보험계약자 또는 피보험자나 보험수익자가 제1항의 **통지의무를 해태함으로 인하여 손해가 증가된 때에는 보험자는 그 증가된 손해를 보상할 책임이 없다.**

12 보험자의 보험금액 지급과 면책에 관한 설명으로 옳지 않은 것은?

① 약정기간이 없는 경우에는 보험자는 보험사고발생의 통지를 받은 후 지체없이 지급할 보험금액을 정하여야 한다.

② 보험자가 보험금액을 정하면 정하여진 날부터 10일 내에 보험금액을 지급하여야 한다.

❸ 보험사고가 전쟁 기타의 변란으로 인하여 생긴 때에는 보험자의 보험금액 지급 책임에 대하여 당사자 간에 다른 약정을 할 수 없다.

④ 보험사고가 보험계약자의 고의 또는 중대한 과실로 인하여 생긴 때에는 보험자는 보험금액을 지급할 책임이 없다.

> 「상법」 제660조(전쟁위험 등으로 인한 면책) 조문을 보면 보험사고가 전쟁 기타의 변란으로 인하여 생긴 때에는 당사자 간에 **다른 약정이 없으면** 보험자는 보험금액을 지급할 책임이 없다라고 명시하고 하고 있다. 이 상법 제660조 내용을 미루어, 전쟁 기타의 변란으로 인한 보험사고에 대한 보험자의 보험금 지급 책임에 대하여 당사자 간에 다른 약정을 할 수 있음을 알 수 있다.

13 「상법」 제662조(소멸시효)에 관한 설명으로 옳지 않은 것은?

❶ 보험료의 반환청구권은 2년간 행사하지 아니하면 시효의 완성으로 소멸한다.

② 적립금의 반환청구권은 3년간 행사하지 아니하면 시효의 완성으로 소멸한다.

③ 보험금청구권은 3년간 행사하지 아니하면 시효의 완성으로 소멸한다.

④ 보험료청구권은 2년간 행사하지 아니하면 시효의 완성으로 소멸한다.

> 「상법」 제662조(소멸시효) 보험금청구권은 3년간, 보험료 또는 적립금의 반환청구권은 3년간, 보험료청구권은 2년간 행사하지 아니하면 시효의 완성으로 소멸한다.

14 「상법」 제663조(보험계약자 등의 불이익변경금지)에 관한 설명으로 옳지 않은 것은?

① 「상법」 보험편의 규정은 가계보험에서 당사자 간의 특약으로 피보험자의 불이익으로 변경하지 못한다.

❷ 「상법」 보험편의 규정은 재보험에서 당사자 간의 특약으로 피보험자의 불이익으로 변경하지 못한다.

③ 「상법」 보험편의 규정은 가계보험에서 당사자 간의 특약으로 보험계약자의 불이익으로 변경하지 못한다.

④ 「상법」 보험편의 규정은 해상보험에서 당사자 간의 특약으로 피보험자의 불이익으로 변경할 수 있다.

「상법」 제663조(보험계약자 등의 불이익변경금지) 이 편의 규정은 당사자 간의 특약으로 보험계약자 또는 피보험자나 보험수익자의 불이익으로 변경하지 못한다. 그러나 **재보험 및 해상보험 기타 이와 유사한 보험의 경우에는 그러하지 아니하다.**

15 「상법」 제666조(손해보험증권)의 기재사항으로 옳은 것을 모두 고른 것은?

㉠ 보험사고의 성질　　　　　　　㉡ 무효와 실권의 사유
㉢ 보험증권의 작성지와 그 작성년월일　㉣ 보험계약자의 주민등록번호

① ㉠　　　　　　　　　　　　　② ㉡, ㉣

❸ ㉠, ㉡, ㉢　　　　　　　　　④ ㉡, ㉢, ㉣

「상법」 제666조(손해보험증권) 손해보험증권에는 다음의 사항을 기재하고 보험자가 기명날인 또는 서명하여야 한다.

1. 보험의 목적
2. **보험사고의 성질**
3. 보험금액
4. 보험료와 그 지급방법
5. 보험기간을 정한 때에는 그 시기와 종기
6. **무효와 실권의 사유**
7. 보험계약자의 주소와 성명 또는 상호
7의2. 피보험자의 주소, 성명 또는 상호
8. 보험계약의 연월일
9. **보험증권의 작성지와 그 작성년월일**

16 초과보험에 관한 설명으로 옳은 것은?

① 초과보험은 보험계약 목적의 가액이 보험금액을 현저하게 초과한 보험이다.

❷ 보험계약자의 사기로 인하여 체결된 때의 초과보험은 무효로 한다.

③ 초과보험에서 보험료의 감액은 소급하여 그 효력이 있다.

④ 보험가액이 보험기간 중에 현저하게 감소된 때에는 초과보험에 관한 규정이 적용되지 않는다.

> ② 보험계약자의 사기로 인하여 체결된 때의 초과보험은 무효로 한다. (○) [상법 제669조 제4항]
> ① 초과보험은 보험계약 목적의 가액이 보험금액을 현저하게 초과한 보험이다. (× → 보험금액이 보험계약 목적의 가액을 현저하게 초과한 보험을 초과보험이라 한다.)
> ③ 초과보험에서 보험료의 감액은 소급하여 그 효력이 있다.(× → 보험료의 감액은 장래에 대하여서만 그 효력이 있다.) [상법 제669조 제1항]
> ④ 보험가액이 보험기간 중에 현저하게 감소된 때에는 초과보험에 관한 규정이 **적용되지 않는다.** (× → 적용된다.) [상법 제669조 제3항]

17 기평가보험과 미평가보험에 관한 설명으로 옳지 않은 것은?

① 당사자 간에 보험계약체결 시 보험가액을 미리 약정하는 보험은 기평가보험이다.

② 기평가보험에서 보험가액은 사고발생 시의 가액으로 정한 것으로 추정한다. 그러나 그 가액이 사고발생 시의 가액을 현저하게 초과할 때에는 사고발생 시의 가액을 보험가액으로 한다.

③ 미평가보험이란 보험사고의 발생 이전에는 보험가액을 산정하지 않고, 그 이후에 산정하는 보험을 말한다.

❹ 미평가보험은 보험계약체결 당시의 가액을 보험가액으로 한다.

> 「상법」 제671조(미평가보험) 당사자 간에 보험가액을 정하지 아니한 때에는 **사고발생 시의 가액**을 보험가액으로 한다.

18 재보험에 관한 설명으로 옳지 않은 것은? (다툼이 있으면 판례에 따름)

① 재보험에 대하여도 제3자에 대한 보험자대위가 적용된다.

② 재보험은 원보험자가 인수한 위험의 전부 또는 일부를 분산시키는 기능을 한다.

❸ 재보험계약은 원보험계약의 효력에 영향을 미친다.

④ 재보험자는 손해보험의 원보험자와 재보험계약을 체결할 수 있다.

> 「상법」 제661조(재보험) 보험자는 보험사고로 인하여 부담할 책임에 대하여 다른 보험자와 재보험계약을 체결할 수 있다. 이 **재보험계약은 원보험계약의 효력에 영향을 미치지 아니한다.**

19 중복보험에 관한 설명으로 옳지 않은 것은?

❶ 동일한 보험계약의 목적과 동일한 사고에 관하여 수개의 보험계약이 동시에 또는 순차로 체결된 경우에 그 보험가액의 총액이 보험금액을 초과한 때에는 보험자는 각자의 보험금액의 한도에서 연대책임을 진다.

② 중복보험의 경우 보험자 1인에 대한 피보험자의 권리의 포기는 다른 보험자의 권리의무에 영향을 미치지 않는다.

③ 중복보험의 경우에는 보험계약자는 각 보험자에 대하여 각 보험계약의 내용을 통지하여야 한다.

④ 사기에 의한 중복보험계약은 무효이나 보험자는 그 사실을 안 때까지의 보험료를 청구할 수 있다.

> ① 동일한 보험계약의 목적과 동일한 사고에 관하여 수개의 보험계약이 동시에 또는 순차로 체결된 경우에 **그 보험가액의 총액이 보험금액을 초과한 때에는**(× → 그 보험금액의 총액이 보험가액을 초과한 때에는) 보험자는 각자의 보험금액의 한도에서 연대책임을 진다. [상법 제672조 제1항]

20 일부보험에 관한 설명으로 옳지 않은 것은?

① 일부보험이란 보험금액이 보험가액에 미달하는 보험을 말한다.

② 일부보험은 계약체결 당시부터 의식적으로 약정하는 경우도 있고, 계약 성립 후 물가의 인상으로 인하여 자연적으로 발생하는 경우도 있다.

❸ 일부보험에서는 보험자의 보상책임에 관하여 당사자 간에 다른 약정을 할 수 없다.

④ 의식적 일부보험의 여부는 계약체결 시의 보험가액을 기준으로 판단한다.

> 「상법」 제674조(일부보험)에서 보험가액의 일부를 보험에 붙인 경우에는 보험자는 보험금액의 보험가액에 대한 비율에 따라 보상할 책임을 진다. 그러나 **당사자 간에 다른 약정이 있는 때에는** 보험자는 보험금액의 한도내에서 그 손해를 보상할 책임을 진다.라고 명시하고 있다. 이 「상법」 제674조 내용을 미루어 일부보험에서는 보험자의 보상책임에 관하여 당사자 간에 다른 약정을 할 수 있음을 알 수 있다.

21 손해보험에서 손해액 산정에 관한 설명으로 옳지 않은 것은?

① 보험자가 보상할 손해액은 그 손해가 발생한 때와 곳의 가액에 의하여 산정한다. 그러나 당사자 간에 다른 약정이 있는 때에는 그 신품가액에 의하여 손해액을 산정할 수 있다.

❷ 보험자가 손해를 보상할 경우에 보험료의 지급을 받지 아니한 잔액이 있어도 보상할 금액에서 이를 공제할 수 없다.

③ 손해보상은 원칙적으로 금전으로 하지만 당사자의 합의로 손해의 전부 또는 일부를 현물로 보상할 수 있다.

④ 손해액의 산정에 관한 비용은 보험자의 부담으로 한다.

> 「상법」 제677조(보험료체납과 보상액의 공제) 보험자가 손해를 보상할 경우에 보험료의 지급을 받지 아니한 잔액이 있으면 그 지급기일이 도래하지 아니한 때라도 보상할 금액에서 이를 **공제할 수 있다.**

22 화재보험에 관한 설명으로 옳지 않은 것은?

① 화재보험계약의 보험자는 화재로 인하여 생긴 손해를 보상할 책임이 있다.

② 화재보험자는 화재의 소방 또는 손해의 감소에 필요한 조치로 인하여 생긴 손해를 보상할 책임이 있다.

③ 화재보험증권에는 동산을 보험의 목적으로 한 때에는 그 존치한 장소의 상태와 용도를 기재하여야 한다.

❹ 집합된 물건을 일괄하여 화재보험의 목적으로 하여도 피보험자의 사용인의 물건은 보험의 목적에 포함되지 않는다.

> **「상법」 제686조(집합보험의 목적)** 집합된 물건을 일괄하여 보험의 목적으로 한 때에는 **피보험자의 가족과 사용인의 물건도 보험의 목적에 포함된 것으로 한다.** 이 경우에는 그 보험은 그 가족 또는 사용인을 위하여서도 체결한 것으로 본다.

23 손해보험에 관한 설명으로 옳은 것을 모두 고른 것은?

> ㉠ 보험의 목적의 성질, 하자 또는 자연소모로 인한 손해는 보험자가 이를 보상할 책임이 없다.
> ㉡ 피보험자가 보험의 목적을 양도한 때에는 양수인은 보험계약상의 권리와 의무를 승계한 것으로 추정한다.
> ㉢ 보험의 목적의 양도인 또는 양수인은 보험자에 대하여 지체없이 보험목적의 양도 사실을 통지하여야 한다.
> ㉣ 손해의 방지와 경감을 위하여 보험계약자와 피보험자의 필요 또는 유익하였던 비용과 보상액이 보험금액을 초과한 경우에는 보험자가 이를 부담하지 아니한다.

① ㉠   ② ㉠, ㉣

❸ ㉠, ㉡, ㉢   ④ ㉡, ㉢, ㉣

> ㉠ 보험의 목적의 성질, 하자 또는 자연소모로 인한 손해는 보험자가 이를 보상할 책임이 없다. (○) [상법 제678조]
> ㉡ 피보험자가 보험의 목적을 양도한 때에는 양수인은 보험계약상의 권리와 의무를 승계한 것으로 추정한다. (○) [상법 제679조 제1항]
> ㉢ 보험의 목적의 양도인 또는 양수인은 보험자에 대하여 지체없이 보험목적의 양도 사실을 통지하여야 한다. (○) [상법 제679조 제2항]
> ㉣ 손해의 방지와 경감을 위하여 보험계약자와 피보험자의 필요 또는 유익하였던 비용과 보상액이 보험금액을 초과한 경우에는 **보험자가 이를 부담하지 아니한다.** (× → 보험자가 이를 부담한다.) [상법 제680조 제1항]

24 보험목적에 관한 보험대위에 관한 설명으로 옳지 않은 것은?

① 약관에 보험자의 대위권 포기를 정할 수 있다.

❷ 보험금액의 일부를 지급한 보험자도 그 목적에 대한 피보험자의 권리를 취득한다.

③ 보험가액의 일부를 보험에 붙인 경우에는 보험자가 취득할 권리는 보험금액의 보험가액에 대한 비율에 따라 이를 정한다.

④ 사고를 당한 보험목적에 대하여 피보험자가 가지고 있던 권리는 법률 규정에 의하여 보험자에게 이전되는 것으로 물권변동의 절차를 요하지 않는다.

> **「상법」 제681조(보험목적에 관한 보험대위)** 보험의 목적의 전부가 멸실한 경우에 보험금액의 전부를 지급한 보험자는 그 목적에 대한 피보험자의 권리를 취득한다. 그러나 보험가액의 일부를 보험에 붙인 경우에는 보험자가 취득할 권리는 보험금액의 보험가액에 대한 비율에 따라 이를 정한다.

25 화재보험에 관한 설명으로 옳지 않은 것은?

❶ 집합된 물건을 일괄하여 화재보험의 목적으로 하여도 피보험자의 가족의 물건은 화재보험의 목적에 포함되지 않는다.

② 집합된 물건을 일괄하여 화재보험의 목적으로 한 때에는 그 목적에 속한 물건이 보험기간 중에 수시로 교체된 경우에도 보험사고의 발생 시에 현존하는 물건은 화재보험의 목적에 포함된 것으로 한다.

③ 건물을 화재보험의 목적으로 한 때에는 그 소재지, 구조와 용도는 화재보험증권의 기재사항이다.

④ 유가증권은 화재보험증권에 기재하여 화재보험의 목적으로 할 수 있다.

> **「상법」 제686조(집합보험의 목적)** 집합된 물건을 일괄하여 보험의 목적으로 한 때에는 **피보험자의 가족과 사용인의 물건도 보험의 목적에 포함된 것으로 한다.** 이 경우에는 그 보험은 그 가족 또는 사용인을 위하여서도 체결한 것으로 본다.

농어업재해보험법령

26 「농어업재해보험법」상 용어에 관한 설명이다. (   )에 들어갈 내용은?

> "시범사업"이란 농어업재해보험사업을 전국적으로 실시하기 전에 보험의 효용성 및 보험 실시 가능성 등을 검증하기 위하여 일정기간 (   )에서 실시하는 보험사업을 말한다.

① 보험대상 지역   ② 재해 지역

③ 담당 지역   ❹ 제한된 지역

> **「농어업재해보험법」 제2조(정의)** 6. "시범사업"이란 농어업재해보험사업(이하 "재해보험사업"이라 한다)을 전국적으로 실시하기 전에 보험의 효용성 및 보험 실시 가능성 등을 검증하기 위하여 일정 기간 **제한된 지역**에서 실시하는 보험사업을 말한다.

27 「농어업재해보험법령」상 농업재해보험심의회 위원을 해촉할 수 있는 사유로 명시된 것이 아닌 것은?

① 심신장애로 인하여 직무를 수행할 수 없게 된 경우

❷ 직무와 관련 없는 비위사실이 있는 경우

③ 품위손상으로 인하여 위원으로 적합하지 아니하다고 인정되는 경우

④ 위원 스스로 직무를 수행하는 것이 곤란하다고 의사를 밝히는 경우

> **「농어업재해보험법」 시행령 제3조의2(위원의 해촉)** 농림축산식품부장관은 법 제3조 제4항 제1호에 따른 위원이 다음 각 호의 어느 하나에 해당하는 경우에는 해당 위원을 해촉(解囑)할 수 있다.
>
> 1. 심신장애로 인하여 직무를 수행할 수 없게 된 경우
> 2. 직무와 **관련된** 비위사실이 있는 경우
> 3. 직무태만, 품위손상이나 그 밖의 사유로 인하여 위원으로 적합하지 아니하다고 인정되는 경우
> 4. 위원 스스로 직무를 수행하는 것이 곤란하다고 의사를 밝히는 경우

28 「농어업재해보험법」상 손해평가사의 자격 취소사유에 해당하지 않는 것은?

① 손해평가사의 자격을 거짓 또는 부정한 방법으로 취득한 사람

② 거짓으로 손해평가를 한 사람

③ 다른 사람에게 손해평가사 자격증을 빌려준 사람

❹ 업무수행 능력과 자질이 부족한 사람

> **「농어업재해보험법」 제11조의5(손해평가사의 자격 취소)** ① 농림축산식품부장관은 다음 각 호의 어느 하나에 해당하는 사람에 대하여 손해평가사 자격을 취소할 수 있다. 다만, 제1호 및 제5호에 해당하는 경우에는 자격을 취소하여야 한다.
>
> 1. 손해평가사의 자격을 거짓 또는 부정한 방법으로 취득한 사람
> 2. 거짓으로 손해평가를 한 사람
> 3. 제11조의4 제6항을 위반하여 다른 사람에게 손해평가사의 명의를 사용하게 하거나 그 자격증을 대여한 사람
> 4. 제11조의4 제7항을 위반하여 손해평가사 명의의 사용이나 자격증의 대여를 알선한 사람
> 5. 업무정지 기간 중에 손해평가 업무를 수행한 사람

29 「농어업재해보험법령」상 재해보험에 관한 설명으로 옳지 않은 것은? [기출 수정]

① 재해보험의 종류는 농작물재해보험, 임산물재해보험, 가축재해보험 및 양식수산물재해보험으로 한다.

② 재해보험에서 보상하는 재해의 범위는 해당 재해의 발생 빈도, 피해 정도 및 객관적인 손해평가방법 등을 고려하여 재해보험의 종류별로 대통령령으로 정한다.

❸ 보험목적물의 구체적인 범위는 농업재해보험심의회 또는 「수산업·어촌 발전 기본법」 제8조 제1항에 따른 중앙수산업·어촌정책심의회를 거치지 않고 농업정책보험금융원장이 고시한다.

④ 자연재해, 조수해(鳥獸害), 화재 및 보험목적물별로 농림축산식품부장관이 정하여 고시하는 병충해는 농작물·임산물 재해보험이 보상하는 재해의 범위에 해당한다.

> 보험목적물의 구체적인 범위는 농업재해보험심의회 또는 「수산업·어촌 발전 기본법」 제8조 제1항에 따른 중앙수산업·어촌정책심의회를 **거치지 않고(× → 거쳐)** 농업정책보험금융원장(**농림축산식품부장관 또는 해양수산부장관**)이 고시한다. [농어업재해보험법 제5조 제1항]

30 「농어업재해보험법」상 보험료율의 산정에 관한 내용이다. (   )에 들어갈 용어는? [기출 수정]

> 농림축산식품부장관 또는 해양수산부장관과 재해보험사업의 약정을 체결한 자(이하 "재해보험사업자"라 한다)는 재해보험의 보험료율을 객관적이고 합리적인 통계자료를 기초로 하여 보험목적물별 또는 보상방식별로 산정하되, 다음 각 호의 구분에 따른 단위로 산정하여야 한다.
>
> > 1. 행정구역 단위 : 특별시·광역시·도·특별자치도 또는 시(특별자치시와 「제주특별자치도 설치 및 국제자유도시 조성을 위한 특별법」 제10조제2항에 따라 설치된 행정시를 포함한다)·군·자치구. 다만, 「보험업법」 제129조에 따른 보험료율 산출의 원칙에 부합하는 경우에는 자치구가 아닌 구·읍·면·동 단위로도 보험료율을 산정할 수 있다.
> > 2. (   ) : 농림축산식품부장관 또는 해양수산부장관이 행정구역 단위와는 따로 구분하여 고시하는 지역 단위

① 지역단위   ❷ 권역단위
③ 보험목적물 단위   ④ 보험금액 단위

> **「농어업재해보험법」 제9조 제1항** 제8조 제2항에 따라 농림축산식품부장관 또는 해양수산부장관과 재해보험사업의 약정을 체결한 자(이하 "재해보험사업자"라 한다)는 재해보험의 보험료율을 객관적이고 합리적인 통계자료를 기초로 하여 보험목적물별 또는 보상방식별로 산정하되, 다음 각 호의 구분에 따른 단위로 산정하여야 한다.
>
> > 1. 행정구역 단위 : 특별시·광역시·도·특별자치도 또는 시(특별자치시와 「제주특별자치도 설치 및 국제자유도시 조성을 위한 특별법」 제10조 제2항에 따라 설치된 행정시를 포함한다)·군·자치구. 다만, 「보험업법」 제129조에 따른 보험료율 산출의 원칙에 부합하는 경우에는 자치구가 아닌 구·읍·면·동 단위로도 보험료율을 산정할 수 있다.
> > 2. **권역 단위** : 농림축산식품부장관 또는 해양수산부장관이 행정구역 단위와는 따로 구분하여 고시하는 지역 단위

31 「농어업재해보험법령」상 양식수산물재해보험 손해평가인으로 위촉될 수 있는 자격요건에 해당하지 않는 자는?

① 「농수산물 품질관리법」에 따른 수산물품질관리사
② 「수산생물질병 관리법」에 따른 수산질병관리사
③ 「국가기술자격법」에 따른 수산양식기술사
❹ 조교수로서 「고등교육법」 제2조에 따른 학교에서 수산물양식 관련학을 2년간 교육한 경력이 있는 자

[농어업재해보험법 시행령 [별표 2] 내용 中]

• 손해평가인의 자격요건
 − 조교수 이상으로 「고등교육법」 제2조에 따른 학교에서 수산물양식 관련학 또는 수산생명의학 관련학을 **3년 이상** 교육한 경력이 있는 사람

---

32 「농어업재해보험법령」상 재해보험사업자가 보험모집 및 손해평가 등 재해보험 업무의 일부를 위탁할 수 있는 자에 해당하지 않는 것은?

① 「보험업법」 제187조에 따라 손해사정을 업으로 하는 자
② 「농업협동조합법」에 따라 설립된 지역농업협동조합
③ 「수산업협동조합법」에 따라 설립된 지구별 수산업협동조합
❹ 농어업재해보험 관련 업무를 수행할 목적으로 농림축산식품부장관의 허가를 받아 설립된 영리법인

「농어업재해보험법 시행령」 제13조(업무 위탁) 법 제14조에서 "대통령령으로 정하는 자"란 다음 각 호의 자를 말한다.

1. 「농업협동조합법」에 따라 설립된 지역농업협동조합·지역축산업협동조합 및 품목별·업종별 협동조합
1의2. 「산림조합법」에 따라 설립된 지역산림조합 및 품목별·업종별산림조합
2. 「수산업협동조합법」에 따라 설립된 지구별 수산업협동조합, 업종별 수산업협동조합, 수산물 가공 수산업협동조합 및 수협은행
3. 「보험업법」 제187조에 따라 손해사정을 업으로 하는 자
4. 농어업재해보험 관련 업무를 수행할 목적으로 「민법」 제32조에 따라 농림축산식품부장관 또는 해양수산부장관의 허가를 받아 설립된 **비영리법인**

---

33 「농어업재해보험법령」상 농업재해보험심의회 및 분과위원회에 관한 설명으로 옳지 않은 것은?

① 심의회는 위원장 및 부위원장 각 1명을 포함한 21명 이내의 위원으로 구성한다.

❷ 심의회의 회의는 재적위원 3분의 1 이상의 출석으로 개의(開議)하고, 출석위원 과반수의 찬성으로 의결한다.

③ 분과위원장 및 분과위원은 심의회의 위원 중에서 전문적인 지식과 경험 등을 고려하여 위원장이 지명한다.

④ 분과위원회의 회의는 위원장 또는 분과위원장이 필요하다고 인정할 때에 소집한다.

> ② 심의회의 회의는 재적위원 **3분의 1 이상의**(× → 과반수의) 출석으로 개의(開議)하고, 출석위원 과반수의 찬성으로 의결한다. [농어업재해보험법 시행령 제3조 제3항]

34 「농어업재해보험법령」상 농어업재해재보험기금의 기금수탁관리자가 농림축산식품부장관 및 해양수산부장관에게 제출해야 하는 기금결산보고서에 첨부해야 할 서류로 옳은 것을 모두 고른 것은?

> ㉠ 결산 개요   ㉡ 수입지출결산
> ㉢ 재무제표   ㉣ 성과보고서

① ㉠, ㉡   ② ㉡, ㉢

③ ㉠, ㉢, ㉣   ❹ ㉠, ㉡, ㉢, ㉣

> **「농어업재해보험법 시행령」 제19조(기금의 결산)** ③ 제1항의 기금결산보고서에는 다음 각 호의 서류를 첨부하여야 한다.
>
> 1. 결산 개요
> 2. 수입지출결산
> 3. 재무제표
> 4. 성과보고서
> 5. 그 밖에 결산의 내용을 명확하게 하기 위하여 필요한 서류

35 「농어업재해보험법령」상 농어업재해재보험기금에 관한 설명으로 옳지 않은 것은?

① 기금 조성의 재원에는 재보험금의 회수 자금도 포함된다.

② 농림축산식품부장관은 해양수산부장관과 협의하여 기금의 수입과 지출을 명확히 하기 위하여 한국은행에 기금계정을 설치하여야 한다.

③ 농림축산식품부장관은 해양수산부장관과 협의를 거쳐 기금의 관리·운용에 관한 사무의 일부를 농업정책보험금융원에 위탁할 수 있다.

❹ 농림축산식품부장관은 기금의 관리·운용에 관한 사무를 위탁한 경우에는 해양수산부장관과 협의하여 소속 공무원 중에서 기금지출원과 기금출납원을 임명한다.

> ④ 농림축산식품부장관은 기금의 관리·운용에 관한 사무를 위탁한 경우에는 해양수산부장관과 협의하여 **소속 공무원 중에서 기금지출원과 기금출납원을 임명한다.** (× → 농업정책보험금융원의 임원 중에서 기금수입담당임원과 기금지출원인행위담당임원을, 그 직원 중에서 기금지출원과 기금출납원을 각각 임명하여야 한다.) [농어업재해재보험법 제25조 제2항]

36 「농어업재해보험법」상 손해평가사가 거짓으로 손해평가를 한 경우에 해당하는 벌칙기준은?

① 1년 이하의 징역 또는 500만 원 이하의 벌금

❷ 1년 이하의 징역 또는 1,000만 원 이하의 벌금

③ 2년 이하의 징역 또는 1,000만 원 이하의 벌금

④ 2년 이하의 징역 또는 2,000만 원 이하의 벌금

> 「농어업재해보험법」 제30조(벌칙) ② 다음 각 호의 어느 하나에 해당하는 자는 **1년 이하의 징역 또는 1천만원 이하의 벌금**에 처한다.
>
> 1. 제10조 제1항을 위반하여 모집을 한 자
> 2. 제11조 제2항 후단을 위반하여 고의로 진실을 숨기거나 **거짓으로 손해평가를 한 자**
> 3. 제11조의4 제6항을 위반하여 다른 사람에게 손해평가사의 명의를 사용하게 하거나 그 자격증을 대여한 자
> 4. 제11조의4 제7항을 위반하여 손해평가사의 명의를 사용하거나 그 자격증을 대여받은 자 또는 명의의 사용이나 자격증의 대여를 알선한 자
>
> ③ 제15조를 위반하여 회계를 처리한 자는 500만원 이하의 벌금에 처한다.

37 「농어업재해보험법령」상 농어업재해재보험기금의 결산에 관한 내용이다. (   )에 들어갈 내용을 순서대로 옳게 나열한 것은?

- 기금수탁관리자는 회계연도마다 기금결산보고서를 작성하여 다음 회계연도 (㉠)까지 농림축산식품부장관 및 해양수산부장관에게 제출하여야 한다.
- 농림축산식품부장관은 해양수산부장관과 협의하여 기금수탁관리자로부터 제출 받은 기금결산보고서를 검토한 후 심의회의 회의를 거쳐 다음 회계연도 (㉡)까지 기획재정부장관에게 제출하여야 한다.

　　　　　㉠　　　　　㉡
① 1월 31일, 2월 말일
② 1월 31일, 6월 30일
❸ 2월 15일, 2월 말일
④ 2월 15일, 6월 30일

> 「농어업재해보험법 시행령」 제19조(기금의 결산) ① 기금수탁관리자는 회계연도마다 기금결산보고서를 작성하여 다음 회계연도 **2월 15일**까지 농림축산식품부장관 및 해양수산부장관에게 제출하여야 한다.
> ② 농림축산식품부장관은 해양수산부장관과 협의하여 기금수탁관리자로부터 제출받은 기금결산보고서를 검토한 후 심의회의 심의를 거쳐 다음 회계연도 **2월 말일**까지 기획재정부장관에게 제출하여야 한다.

38 「농어업재해보험법령」상 보험가입촉진계획의 수립과 제출 등에 관한 내용이다. (   )에 들어갈 내용을 순서대로 옳게 나열한 것은?

재해보험사업자는 농어업재해보험 가입 촉진을 위해 수립한 보험가입촉진계획을 해당 연도 (   )까지 (   )에게 제출하여야 한다.

① 1월 31일, 농업정책보험금융원장
❷ 1월 31일, 농림축산식품부장관 또는 해양수산부장관
③ 2월 말일, 농업정책보험금융원장
④ 2월 말일, 농림축산식품부장관 또는 해양수산부장관

> 「농어업재해보험법 시행령」 제22조의2(보험가입촉진계획의 제출 등) ② 재해보험사업자는 법 제28조의2 제1항에 따라 수립한 보험가입촉진계획을 해당 연도 **1월 31일**까지 **농림축산식품부장관 또는 해양수산부장관**에게 제출하여야 한다.

39 「농어업재해보험법령」상 과태료부과의 개별기준에 관한 설명으로 옳은 것은?

❶ 재해보험사업자의 발기인이 법 제18조에서 적용하는 「보험업법」 제133조에 따른 검사를 기피한 경우 : 200만 원

② 법 제29조에 따른 보고 또는 관계 서류 제출을 거짓으로 한 경우 : 200만 원

③ 법 제10조 제2항에서 준용하는 「보험업법」 제97조 제1항을 위반하여 보험계약의 모집에 관한 금지행위를 한 경우 : 500만 원

④ 법 제10조 제2항에서 준용하는 「보험업법」 제95조를 위반하여 보험안내를 한 자로서 재해 보험사업자가 아닌 경우 : 1,000만 원

[농어업재해보험법 시행령 별표 3]

〈과태료의 부과기준〉

위반행위	해당 법 조문	과태료
가. 재해보험사업자가 법 제10조 제2항에서 준용하는 「보험업법」 제95조를 위반하여 보험안내를 한 경우	법 제32조 제1항	1,000만 원
나. 법 제10조 제2항에서 준용하는 「보험업법」 제95조를 위반하여 보험안내를 한 자로서 재해보험사업자가 아닌 경우	법 제32조 제3항 제1호	500만 원
다. 법 제10조 제2항에서 준용하는 「보험업법」 제97조 제1항 또는 「금융소비자 보호에 관한 법률」 제21조를 위반하여 보험계약의 체결 또는 모집에 관한 금지행위를 한 경우	법 제32조 제3항 제2호	300만 원
라. 재해보험사업자의 발기인, 설립위원, 임원, 집행간부, 일반간부직원, 파산관재인 및 청산인이 법 제18조 제1항에서 적용하는 「보험업법」 제120조에 따른 책임준비금 또는 비상위험준비금을 계상하지 아니하거나 이를 따로 작성한 장부에 각각 기재하지 아니한 경우	법 제32조 제2항 제1호	500만 원
마. 재해보험사업자의 발기인, 설립위원, 임원, 집행간부, 일반간부직원, 파산관재인 및 청산인이 법 제18조 제1항에서 적용하는 「보험업법」 제131조 제1항·제2항 및 제4항에 따른 명령을 위반한 경우	법 제32조 제2항 제2호	300만 원
바. 재해보험사업자의 발기인, 설립위원, 임원, 집행간부, 일반간부직원, 파산관재인 및 청산인이 법 제18조제1항에서 적용하는 「보험업법」 제133조에 따른 검사를 거부·방해 또는 기피한 경우	법 제32조 제2항 제3호	200만 원
사. 법 제29조에 따른 보고 또는 관계 서류 제출을 하지 아니하거나 보고 또는 관계 서류 제출을 거짓으로 한 경우	법 제32조 제3항 제3호	300만 원

40 농업재해보험 손해평가요령에 따른 종합위험방식 상품에서 "수확감소보장 및 과실손해보장"의 「수확 전」 조사내용과 조사시기를 바르게 연결한 것은? [기출 수정]

① 피해사실확인 조사 – 수확 직전

❷ 이앙(직파)불능피해 조사 – 이앙 한계일(7.31) 이후

③ 경작불능피해 조사 – 이앙 전

④ 재이앙(재직파)피해 조사 – 이앙 한계일(7.31) 이후

> ② 이앙(직파)불능피해 조사 – 이앙 한계일 (7.31) 이후 (○) [농업재해보험 손해평가요령 별표 2]
> ① 피해사실확인 조사 – **수확 직전**(× → 사고접수 후 지체없이) [농업재해보험 손해평가요령 별표 2]
> ③ 경작불능피해 조사 – **이앙전**(X → 사고접수 후 지체없이) [농업재해보험 손해평가요령 별표 2]
> ④ 재이앙(재직파)피해 조사 – **이앙 한계일(7.31) 이후**(× → 사고접수 후 지체없이) [농업재해보험 손해평가요령 별표 2]

41 농업재해보험 손해평가요령에 따른 손해수량 조사방법과 관련하여 적과 전 종합위험방식 상품에서 적과종료이전 특정위험 5종 한정보장 특약에 가입한 경우 "단감"의 「6월1일 ~ 적과 전」 생육시기에 해당되는 재해를 모두 고른 것은? [기출 수정]

ㄱ 우박   ㄴ 지진   ㄷ 가을동상해   ㄹ 집중호우

① ㄱ, ㄴ

② ㄴ, ㄷ

❸ ㄱ, ㄴ, ㄹ

④ ㄱ, ㄷ, ㄹ

[농업재해보험 손해평가요령 별표 2 내용 中]

생육시기	재해	조사내용	조사시기	조사방법	비고
보험계약 체결일 ~ 적과 전	보상하는 재해 전부	피해사실 확인 조사	사고접수 후 지체없이	• 보상하는 재해로 인한 피해발생 여부 조사	피해사실이 명백한 경우 생략 가능
	우박		사고접수 후 지체없이	• 우박으로 인한 유과(어린과실) 및 꽃(눈)등의 타박비율 조사 • 조사방법 : 표본조사	적과종료 이전 특정위험 5종 한정 보장 특약 가입건에 한함
6월1일 ~ 적과 전	태풍(강풍), **우박**, **집중호우**, 화재, **지진**		사고접수 후 지체없이	• 보상하는 재해로 발생한 낙엽피해 정도 조사 – 단감·떫은감에 대해서만 실시 • 조사방법 : 표본조사	

42 농업재해보험 손해평가요령에 따른 농업재해보험의 종류에 해당하는 것을 모두 고른 것은?

> ㉠ 농작물재해보험　　㉡ 양식수산물재해보험　　㉢ 임산물재해보험　　㉣ 가축재해보험

① ㉠, ㉡　　　　　　　　　　　② ㉠, ㉣
❸ ㉠, ㉢, ㉣　　　　　　　　　　④ ㉡, ㉢, ㉣

> **농업재해보험 손해평가요령 제2조(용어의 정의)** 5. "농업재해보험"이란 법 제4조에 따른 **농작물재해보험, 임산물재해보험 및 가축재해보험**을 말한다.

43 농업재해보험 손해평가요령에 따른 손해평가인 정기교육의 세부내용으로 명시되어 있지 않은 것은? [기출 수정]
① 손해평가의 절차 및 방법　　　　② 농업재해보험의 종류별 약관
❸ 풍수해·지진재해보험에 관한 기초지식　　④ 피해유형별 현지조사표 작성 실습

> **농업재해보험 손해평가요령 제5조의2(손해평가인 정기교육)** ① 법 제11조 제5항에 따른 손해평가인 정기교육의 세부내용은 다음 각 호와 같다.
>
> 1. 농업재해보험에 관한 기초지식 : 농어업재해보험법 제정 배경·구성 및 조문별 주요내용, 농업재해보험 사업현황
> 2. **농업재해보험의 종류별 약관** : 농업재해보험 상품 주요내용 및 약관 일반 사항
> 3. **손해평가의 절차 및 방법** : 농업재해보험 손해평가 개요, 보험목적물별 손해평가 기준 및 피해유형별 보상사례
> 4. **피해유형별 현지조사표 작성 실습**

44 농어업재해보험법 및 농업재해보험 손해평가요령에 따른 교차손해평가에 관한 내용으로 옳지 않은 것은?
❶ 교차손해평가를 위해 손해평가반을 구성할 경우 손해평가사 2인 이상이 포함되어야 한다.
② 교차손해평가의 절차·방법 등에 필요한 사항은 농림축산식품부장관 또는 해양수산부장관이 정한다.
③ 재해보험사업자는 교차손해평가가 필요한 경우 재해보험 가입규모, 가입분포 등을 고려하여 교차손해평가 대상 시·군·구(자치구를 말한다)를 선정하여야 한다.
④ 재해보험사업자는 교차손해평가 대상지로 선정한 시·군·구(자치구를 말한다) 내에서 손해평가 경력, 타 지역 조사 가능여부 등을 고려하여 교차손해평가를 담당할 지역손해평가인을 선발하여야 한다.

> ① 교차손해평가를 위해 손해평가반을 구성할 경우 **손해평가사 2인**(× → 제2항에 따라 선발된 지역손해평가인 1인) 이상이 포함되어야 한다. [업재해보험 손해평가요령 제8조의2 제3항]

45 농업재해보험 손해평가요령에 따른 보험목적물별 손해평가 단위를 바르게 연결한 것은?

ⓐ 소 : 개별가축별　　　　　　　　　ⓑ 벌 : 개체별
ⓒ 농작물 : 농지별　　　　　　　　　ⓓ 농업시설물 : 보험가입 농가별

① ㉠, ㉡　　　　　　　　　　　❷ ㉠, ㉢

③ ㉡, ㉣　　　　　　　　　　　④ ㉢, ㉣

> **[농업재해보험 손해평가요령 제12조(손해평가 단위)]**
> ① 보험목적물별 손해평가 단위는 다음 각 호와 같다.
>
> 1. 농작물 : 농지별
> 2. 가축 : 개별가축별(단, 벌은 벌통 단위)
> 3. 농업시설물 : 보험가입 목적물별

46 농업재해보험 손해평가요령에 따른 농작물의 보험금 산정에서 종합위험방식 "벼"의 보장 범위가 아닌 것은?

❶ 생산비보장　　　　　　　　　② 수확불능보장
③ 이앙 · 직파불능보장　　　　　　④ 경작불능보장

> 생산비보장은 고추(시설고추제외), 브로콜리, 무(시설무제외), 당근, 배추, 메밀, 단호박, 시설작물, 파가 보장 범위에 해당한다.

47 농업재해보험 손해평가요령에 따른 종합위험방식 「과실손해보장」에서 "오디"의 경우 다음 조건으로 산정한 보험금은?

> • 보험가입금액 : 500만 원
> • 자기부담비율 : 20%
> • 미보상감수결실수 : 20개
> • 조사결실수 : 40개
> • 평년결실수 : 200개

① 100만 원　　　　　　　　　② 200만 원
❸ 250만 원　　　　　　　　　④ 300만 원

> • 보험금 = 보험가입금액 × (피해율 − 자기부담비율)
> 　　　＝ 500만원 × (0.7 − 0.2) ＝250만 원
> • 피해율 = (평년결실수 − 조사결실수 − 미보상감수결실수) ÷ 평년결실수
> 　　　＝ (200개 − 40개 − 20개) ÷ 200개 = 0.7

48 농업재해보험 손해평가요령에 따른 종합위험방식 상품 「수확 전」 복분자에 해당하는 조사내용은?

❶ 결과모지 및 수정불량 조사　　　② 결실수 조사

③ 피해과실수 조사　　　④ 재파종피해 조사

조사내용	조사시기	조사방법	비고
[농업재해보험 손해평가요령 별표 2 내용 中]			
과실손해 조사	수정완료 후	• 살아있는 **결과모지수 조사 및 수정불량**(송이)피해율 조사 • 조사방법 : 표본조사	복분자만 해당

49 농업재해보험 손해평가요령에 따른 적과 전 종합위험방식 상품 "사과, 배, 단감, 떫은감"의 조사방법으로서 전수조사가 명시된 조사내용은? [기출 수정]

❶ 낙과피해 조사　　　② 유과타박률 조사

③ 적과 후착과수 조사　　　④ 피해사실확인 조사

> 낙과피해 조사는 재해로 인하여 떨어진 피해과실수를 조사하며, 보험약관에서 정한 과실피해분류기준에 따라 구분하여 조사한다. 조사방법은 전수조사 또는 표본조사로 실시한다. [농업재해보험 손해평가요령 별표 2]

50 농업재해보험 손해평가요령에 따른 적과 전 종합위험방식 「과실손해보장」에서 "사과"의 경우 다음 조건으로 산정한 보험금은? (주어진 조건 이외의 내용은 고려하지 않음) [기출 수정]

> • 가입가격 : 8,000원/kg　　　• 자기부담감수량 : 1,400kg
> • 적과종료 이후 누적감수량 : 6,000kg

① 1,800만 원　　　② 2,500만 원

❸ 3,680만 원　　　④ 8,000만 원

> 보험금 = (적과종료 이후 누적감수량 − 자기부담감수량) × 가입가격
> = (6,000kg − 1,400kg) × 8,000원/kg = 3,680만 원

51 과실의 구조적 특징에 따른 분류로 옳은 것은?

❶ 인과류 − 사과, 배
② 핵과류 − 밤, 호두
③ 장과류 − 복숭아, 자두
④ 각과류 − 포도, 참다래

> 인과류 : 꽃받기의 피층이 발달하여 과육 부위가 되고 씨방은 과실 안쪽에 위치하여 과심 부위가 되는 과실. **사과**, 모과, **배**, 비파 등

52 다음이 설명하는 번식방법은?

> ㉠ 번식하고자 하는 모수의 가지를 잘라 다른 나무 대목에 붙여 번식하는 방법
> ㉡ 영양기관인 잎, 줄기, 뿌리를 모체로부터 분리하여 상토에 꽂아 번식하는 방법

① ㉠ : 삽목, ㉡ : 접목
② ㉠ : 취목, ㉡ : 삽목
③ ㉠ : 접목, ㉡ : 분주
❹ ㉠ : 접목, ㉡ : 삽목

> **[인공영양번식]**
> • 분주(分株, 포기나누기) : 본주에서 발생한 흡지를 뿌리와 함께 **분리**하여 따로 옮겨 심어 번식시키는 방법
> • 삽목(揷木, 꺾꽂이) : 식물의 가지나 줄기 등을 자르거나 꺾어서 흙속에 **꽂아** 뿌리를 내리도록 하여 번식시키는 방법
> • 취목(取木, 휘묻이법, 언지법) : 식물의 가지를 **휘어서 땅 속에 묻고** 뿌리 내리도록 하여 번식시키는 방법
> • 접목(接木, 접붙이기) : 두 나무를 **잘라 연결**하여 하나의 개체로 만드는 방법

53 다음 A농가가 실시한 휴면타파 처리는?

> 경기도에 있는 A농가에서는 작년에 콩의 발아율이 낮아 생산량 감소로 경제적 손실을 보았다. 금년에 콩 종자의 발아율을 높이기 위해 휴면타파 처리를 하여 손실을 만회할 수 있었다.

① 훈증 처리
② 콜히친 처리
③ 토마토톤 처리
❹ 종피파상 처리

> ④ 종피파상 처리 : 콩 껍질부분에 상처를 낸 후 파종하는 방법으로, 수분흡수를 용이하게 하여 발아율을 높인다.
> ① 훈증 처리 : 살충법의 일종
> ② 콜히친 처리 : 씨없는 수박재배에 이용되는 방법
> ③ 토마토톤 처리 : 토마토 재배에서 사용되는 대표적인 착과제이다.

54 병해충의 물리적 방제 방법이 아닌 것은?

❶ 천적곤충　　　　　　　　　② 토양가열

③ 증기소독　　　　　　　　　④ 유인포살

> **[병해충 방제방법]**
> • 경종적 방제법 : 토지선정, 혼식, 윤작, 생육기의 조절, 중간 기주식물의 제거, 무병종묘재배
> • **생물적 방제법 : 천적이용**
> • 물리적 방제법 : 포살 및 채란, 소각, 소토, 담수, 차단, 유살
> • 화학적 방제법 : 살균제, 살충제, 유인제, 기피제

55 다음이 설명하는 채소는?

> • 무, 치커리, 브로콜리 종자를 주로 이용한다.
> • 재배기간이 짧고 무공해로 키울 수 있다.
> • 이식 또는 정식과정 없이 재배할 수 있다.

① 조미채소　　　　　　　　　② 뿌리채소

❸ 새싹채소　　　　　　　　　④ 과일채소

> ③ 새싹채소 : 무, 치커리, 브로콜리, 양배추, 알팔파 등 여러 가지의 씨앗을 가지고 일주일 전후로 길러낸 어린 싹을 말한다.
> ① 조미채소 : 음식 맛을 내는데 쓰이는 마늘, 고추, 양파, 파 등을 말한다.
> ② 뿌리채소 : 뿌리부분을 식용하는 무, 당근, 고구마, 감자 등을 말한다.
> ④ 과일채소 : 토마토가 대표적이다.

56 A농가가 오이의 성 결정시기에 받은 영농지도는?

> 지난해 처음으로 오이를 재배했던 A농가에서 오이의 암꽃 수가 적어 주변 농가보다 생산량이 적었다. 올해 지역 농업기술센터의 영농지도를 받은 후 오이의 암꽃 수가 지난해 보다 많아져 생산량이 증가되었다.

① 고온 및 단일환경으로 관리　　　② 저온 및 장일환경으로 관리

❸ 저온 및 단일환경으로 관리　　　④ 고온 및 장일환경으로 관리

> 오이와 같은 박과채소는 저온, 단일환경, 에틸렌에 의해서 암꽃 착생을 증가시킬 수 있다.

57 토마토의 생리장해에 관한 설명이다. 생리장해와 처방방법을 옳게 묶은 것은?

칼슘의 결핍으로 과실의 선단이 수침상(水浸狀)으로 썩게 된다.

① 공동과 – 엽면 시비
② 기형과 – 약제 살포
❸ 배꼽썩음과 – 엽면 시비
④ 줄썩음과 – 약제 살포

- 칼슘결핍으로 나타나는 증상

  딸기·(양)배추 : 잎끝마름증상(팁번현상)
  토마토·고추 : 배꼽썩음증상
  사과 : 고두병
  땅콩 : 빈꼬투리(쭉정이)발생 현상
  감자 : 내부 갈변과 속이 빈 괴경 유발
- **엽면 시비** : 작물의 생육에 필요한 성분을 식물의 잎을 통하여 공급하는 방법

58 다음이 설명하는 것은?

- 벼의 결실기에 종실이 이삭에 달린 채로 싹이 트는 것을 말한다.
- 태풍으로 벼가 도복이 되었을 때 고온·다습 조건에서 자주 발생한다.

① 출수(出穗)
❷ 수발아(穗發芽)
③ 맹아(萌芽)
④ 최아(催芽)

② 벼의 결실기에 장기간 젖은 상태로 있거나, 우기에 도복하여 이삭이 상당기간 젖은 상태가 계속될 때에 이삭에서 싹이 트는 것을 수발아라고 한다.
① 출수 : 벼 이삭이 나오는 것을 말함
③ 맹아 : 새로 돋아 나오는 싹을 말함
④ 최아 : 종자 파종전에 인위적으로 싹을 틔우는 것을 말함

59 토양에 석회를 사용하는 주요 목적은?
① 토양 피복
② 토양 수분 증가
❸ 산성토양 개량
④ 토양생물 활성 증진

산성 토양을 중성에 가깝게 만들어 주기위해서 석회와 같은 염기성(알칼리성)물질을 시용한다. 중성에 가까워진 토양에서는 미생물들의 활동이 원활해지는 등 작물 재배에 유리한 환경이 조성된다.

60 다음 설명이 틀린 것은?

① 동해는 물의 빙점보다 낮은 온도에서 발생한다.

❷ 일소현상, 결구장해, 조기추대는 저온장해 증상이다.

③ 온대과수는 내동성이 강한 편이나, 열대과수는 내동성이 약하다.

④ 서리피해 방지로 톱밥 및 왕겨 태우기가 있다.

> 일소현상, 결구장해, 조기추대는 고온장해 증상이다.

61 다음과 관련되는 현상은?

> A농가는 지난해 노지에 국화를 심고 가을에 절화를 수확하여 출하하였다. 재배지 주변의 가로등이 밤에 켜져 있어 주변 국화의 꽃눈분화가 억제되어 개화가 되지 않아 경제적 손실을 입었다.

① 도장 현상

❷ 광중단 현상

③ 순멎이 현상

④ 블라스팅 현상

> 광중단(光中斷) : 암기 중 특정 시기에 짧은 시간의 빛을 쬐게 하여 암기를 깨뜨리는 일. 빛을 끊는 것이 아니라 빛으로 암기를 끊는 것.

62 B씨가 저장한 화훼는?

> B씨가 화훼류를 수확하여 4℃ 저장고에 2주간 저장한 후 출하·유통하려 하였더니 저장 전과 달리 저온장해가 발생하였다.

① 장미

② 금어초

③ 카네이션

❹ 안스리움

> 안스리움은 열대 관엽식물로, 고온에서는 잘 자라지만, 저온에서는 저온장해가 발생한다.

63 시설원예 자재에 관한 설명으로 옳지 않은 것은?

❶ 피복자재는 열전도율이 높아야 한다.

② 피복자재는 외부 충격에 강해야 한다.

③ 골격자재는 내부식성이 강해야 한다.

④ 골격자재는 철재 및 경합금재가 사용된다.

> 피복자재는 광투과율은 높고, 열전도율은 낮아야 한다. 보온성·내구성 등이 좋아야하고, 충격에 강해야 하며, 가격은 저렴한 것이 좋다.

64 작물재배 시 습해 방지대책으로 옳지 않은 것은?

① 배수   ② 토양개량

❸ 증발억제제 살포   ④ 내습성 작물 선택

> **[습해대책]**
> - 내습성 품종선택
> - 정지 (이랑재배 등)
> - 표층시비(부숙시킨 유기물 사용)
> - **배수(기계배수, 암거배수 등)**
> - 세사 객토, 중경, 토양개량제 사용 등
> - 과산화석회 사용

65 다음이 설명하는 현상은?

> - 온도자극에 의해 화아분화가 촉진되는 것을 말한다.
> - 추파성 밀 종자를 저온에 일정기간 둔 후 파종하면 정상적으로 출수할 수 있다.

❶ 춘화현상   ② 경화현상

③ 추대현상   ④ 하고현상

> 춘화 : 식물의 생육과정 중 일정시기에 일정기간의 저온을 거침으로써 화아가 형성되는 현상

66 토양 입단 파괴요인을 모두 고른 것은?

> ㉠ 유기물 시용   ㉡ 피복 작물 재배   ㉢ 비와 바람   ㉣ 경운

① ㉠, ㉡   ② ㉠, ㉣

③ ㉡, ㉢   ❹ ㉢, ㉣

> 토양입단 파괴요인 : **부적절한 경운**, 급격한 습윤/건조/동결/해빙(입단의 팽창과 수축), **강한 비/바람**, 나트륨이온

67 토양 수분을 pF값이 낮은 것부터 옳게 나열한 것은?

> ㉠ 결합수   ㉡ 모관수   ㉢ 흡착수

① ㉠ – ㉡ – ㉢   ② ㉡ – ㉠ – ㉢

❸ ㉡ – ㉢ – ㉠   ④ ㉢ – ㉡ – ㉠

> 토양수분은 결합수(흡수×, 이용×, pF7.0 이상), 흡습수(흡수×, 이용×, pF4.5 ~ 7.0), 모관수(작물이 이용하는 유효수분 pF2.7 ~ 4.5), 중력수(토양 아래로 내려가는 수분, pF0 ~ 2.7)로 분류된다.

68 사과 모양과 온도와의 관계를 설명한 것이다. (　　)에 들어갈 내용을 순서대로 나열한 것은?

편원형　　　　　　　　　　　장원형

생육 초기에는 (　　)생장이, 그 후에는 (　　)생장이 왕성하므로 따뜻한 지방에서는 후기 생장이 충분히 이루어져 과실이 대체로 (　　)모양이 된다.

❶ 종축, 횡축, 편원형　　　　　　　② 종축, 횡축, 장원형
③ 횡축, 종축, 편원형　　　　　　　④ 횡축, 종축, 장원형

과실은 생육초기에는 세포분열에 의한 종축생장이 왕성하고, 그 후에는 세포비대에 의한 횡축생장이 왕성하다. 따뜻한 지방에서는 후기생장이 충분히 이루어져 과실이 대체로 편원형 모양이되고, 생육 후기에 온도가 낮은 지역은 후기생장이 충분히 이루어지지 못해서 장원형의 모양이 된다.

69 우리나라의 우박 피해에 관한 설명으로 옳지 않은 것은?
① 사과, 배의 착과기와 성숙기에 많이 발생한다.
② 돌발적이고 단기간에 큰 피해가 발생한다.
❸ 지리적 조건과 관계없이 광범위하게 분포한다.
④ 수관 상부에 그물을 씌워 피해를 경감시킬 수 있다.

우리나라의 우박 피해는 주로 과수의 착과기와 성숙기에 해당되는 5 ~ 6월 혹은 9 ~ 10월에 간헐적이고, 돌발적으로 발생한다. 단기간에 큰 피해를 발생시키며, 우박이 잘 내리는 곳은 낙동강 상류지역, 청천강 부근, 한강부근 등 대체로 정해져 있지만, 피해지역이 **국지적**인 경우가 많다. 1차 우박피해 이후에 2차적으로 병해를 발생시키는 등 간접적인 피해를 유발하기도 한다.

70 다음이 설명하는 것은?
• 경작지 표면의 흙을 그루 주변에 모아 주는 것을 말한다.
• 일반적으로 잡초 방지, 도복 방지, 맹아 억제 등의 목적으로 실시한다.

① 멀칭　　　　　　　　　　　　　❷ 배토
③ 중경　　　　　　　　　　　　　④ 쇄토

• 배토 : 작물의 생육과정 중에 이랑 사이의 흙을 작물의 포기 밑에 모아주는 것
• 배토의 효과 : 도복 경감, 비대 촉진, 발육 조장, 무효분얼 억제, 제초효과 등

71 과수작물에서 무기양분의 불균형으로 발생하는 생리장해는?

① 일소　　　　　　　　　　　　② 동록

③ 열과　　　　　　　　　　　　❹ 고두병

> **[칼슘결핍으로 나타나는 증상]**
> • 딸기·(양)배추 : 잎끝마름증상(팁번현상)
> • 토마토·고추 : 배꼽썩음증상
> • 사과 : 고두병
> • 땅콩 : 빈꼬투리(쭉정이)발생 현상
> • 감자 : 내부 갈변과 속이 빈 괴경 유발

72 다음이 설명하는 해충과 천적의 연결이 옳은 것은?

> • 즙액을 빨아 먹고, 표면에 배설물을 부착시켜 그을음병을 유발시킨다.
> • 고추의 전 생육기간에 걸쳐 발생하며 CMV 등 바이러스를 옮기는 매개충이다.

❶ 진딧물 – 진디벌　　　　　　② 잎응애류 – 칠레이리응애

③ 잎굴파리 – 굴파리좀벌　　　　④ 총채벌레 – 애꽃노린재

> 진딧물은 곤충강 노린재목 진딧물과로, 작물의 줄기, 새싹, 잎 등에 서식하며, 작물의 즙액을 빨아 먹고, CMV 등 바이러스를 옮기는 매개충의 역할을 한다. 진딧물의 천적으로는 진디벌, 무당벌레, 풀잠자리 등이 있다.

73 작물의 로제트(Rosette)현상을 타파하기 위한 생장조절물질은?

① 옥신　　　　　　　　　　　　❷ 지베렐린

③ 에틸렌　　　　　　　　　　　④ 아브시스산

> ② 지베렐린(GA) : 줄기 생장 촉진, 휴면타파, 로제트현상타파, 화아분화, 개화, 단위 결과 유도 등의 기능을 하며, 착과를 촉진하기도 한다. 씨없는 포도를 만들 때 사용한다.

74 과수재배 시 일조(日照) 부족 현상은?

❶ 신초 웃자람　　　　　　　　② 꽃눈 형성 촉진

③ 과실 비대 촉진　　　　　　　④ 사과 착색 촉진

> 과수 재배 시 일조가 부족한 경우 신초(새가지)가 웃자라고, 꽃눈 형성이 억제되며, 과실 비대와 착색을 저해한다.

75 다음 피복재 중 보온성이 가장 높은 연질 필름은?

① 폴리에틸렌(PE) 필름　　　　　　　❷ 염화비닐(PVC) 필름
③ 불소계 수지(ETFE) 필름　　　　　　④ 에틸렌 아세트산비닐(EVA) 필름

PE(폴리에틸렌) 필름	• 연질피복재로, 우리나라 기초피복재 가운데 가장 많이 사용됨 • 광선투과율이 좋고, 필름 표면에 먼지가 잘 부착되지 않고, 필름 성질상 서로 잘 달라붙지 않는 등 사용하는데 편리하다. • 값이 싸다.
EVA(에틸렌아세트산) 필름	• 연질피복재이며, 내구성은 PE와 PVC의 중간 정도이다. • 가격은 PE보다는 비싸고 PVC보다는 저렴하다.
PVC (염화비닐) 필름	• **연질피복재 중 보온성이 가장 높다.**
PO(폴리오레핀) 필름	• 연질피복재이며, 값이 비싸다.

상법(보험편)

1 보험계약에 관한 설명으로 옳지 않은 것은? (다툼이 있으면 판례에 따름)
① 보험계약은 당사자 일방이 약정한 보험료를 지급하고, 상대방은 일정한 보험금이나 그 밖의 급여를 지급할 것을 약정함으로써 효력이 발생한다.
② 보험계약은 당사자 사이의 청약과 승낙의 의사합치에 의하여 성립한다.
❸ 보험계약은 요물계약이다.
④ 보험계약은 부합계약의 일종이다.

> 보험계약은 계약당사자의 의사표시의 합치로 성립하는 낙성계약으로, 당사자의 합의 이외에 물건의 인도와 같은 급부를 해야 성립하는 요물계약은 아니다.

2 「상법」상 보험약관의 교부·설명의무에 관한 내용으로 옳은 것은? (다툼이 있으면 판례에 따름)
❶ 보험약관이 계약당사자에 대하여 구속력을 갖는 것은 계약당사자 사이에서 계약내용에 포함시키기로 합의하였기 때문이다.
② 보험계약이 성립한 후 3월 이내에 보험계약자는 보험자의 보험약관 교부·설명의무 위반을 이유로 그 계약을 철회할 수 있다.
③ 보험자의 보험약관 교부·설명의무 위반시 보험계약자는 해당 계약을 소급해서 무효로 할 수 있는데, 그 권리의 행사시점은 보험사고 발생 시부터이다.
④ 보험자는 보험계약을 체결한 후에 보험계약자에게 중요한 사항을 설명하여야 한다.

> ① 보험약관이 계약당사자에 대하여 구속력을 갖는 것은 계약당사자 사이에서 계약내용에 포함시키기로 합의하였기 때문이다. (○) [대법원 1989. 3. 28. 선고 88다4645 판결]
> ② 보험계약이 성립한 후 3월 이내에 보험계약자는 보험자의 보험약관 교부·설명의무 위반을 이유로 그 계약을 **철회할 수 있다.**(× → 취소할 수 있다.) [상법 제638조의3 제2항]
> ③ 보험자의 보험약관 교부·설명의무 위반시 보험계약자는 해당 계약을 소급해서 무효로 할 수 있는데, 그 권리의 행사시점은 보험사고 **발생 시**(× → 처음)부터이다. [민법 제141조]
> ④ 보험자는 보험계약을 **체결한 후**(× → 체결할 때)에 보험계약자에게 중요한 사항을 설명하여야 한다. [상법 제638조의3 제1항]

3 타인을 위한 보험에 관한 설명으로 옳지 않은 것은?

① 보험계약자는 위임을 받아 특정의 타인을 위하여 보험계약을 체결할 수 있다.

② 보험계약자는 위임을 받지 아니하고 불특정의 타인을 위하여 보험계약을 체결할 수 있다.

③ 타인을 위한 손해보험계약의 경우에 그 타인의 위임이 없는 때에는 이를 보험자에게 고지하여야 한다.

❹ 타인을 위한 보험계약의 경우에 그 타인은 수익의 의사표시를 하여야 그 계약의 이익을 받게 된다.

> 「상법」 제639조(타인을 위한 보험) ① 보험계약자는 위임을 받거나 위임을 받지 아니하고 특정 또는 불특정의 타인을 위하여 보험계약을 체결할 수 있다. 그러나 손해보험계약의 경우에 그 타인의 위임이 없는 때에는 보험계약자는 이를 보험자에게 고지하여야 하고, 그 고지가 없는 때에는 타인이 그 보험계약이 체결된 사실을 알지 못하였다는 사유로 보험자에게 대항하지 못한다.
> ② 제1항의 경우에는 그 **타인은 당연히 그 계약의 이익을 받는다.** 그러나 손해보험계약의 경우에 보험계약자가 그 타인에게 보험사고의 발생으로 생긴 손해의 배상을 한 때에는 보험계약자는 그 타인의 권리를 해하지 아니하는 범위안에서 보험자에게 보험금액의 지급을 청구할 수 있다.

4 보험증권에 관한 설명으로 옳지 않은 것은?

① 보험자는 보험계약이 성립한 때에는 지체없이 보험증권을 작성하여 보험계약자에게 교부하여야 한다. 그러나 보험계약자가 보험료의 전부 또는 최초의 보험료를 지급하지 아니한 때에는 그러하지 아니하다.

❷ 기존의 보험계약을 연장하거나 변경한 경우에 보험자는 그 보험증권에 그 사실을 기재함으로써 보험증권의 교부에 갈음할 수 없다.

③ 보험계약의 당사자는 보험증권의 교부가 있은 날로부터 일정한 기간 내에 한하여 그 증권내용의 정부에 관한 이의를 할 수 있음을 약정할 수 있다. 이 기간은 1월을 내리지 못한다.

④ 보험증권을 멸실 또는 현저하게 훼손한 때에는 보험계약자는 보험자에 대하여 증권의 재교부를 청구할 수 있다. 그 증권작성의 비용은 보험계약자의 부담으로 한다.

> 「상법」 제640조(보험증권의 교부) ② 기존의 보험계약을 연장하거나 변경한 경우에는 보험자는 그 보험증권에 그 사실을 기재함으로써 보험증권의 교부에 갈음할 수 **있다.**

5 보험계약 등에 관한 설명으로 옳지 않은 것은?

① 보험계약은 그 계약전의 어느 시기를 보험기간의 시기로 할 수 있다.

② 보험계약 당시에보험사고가 이미 발생하였거나 또는 발생할 수 없는 것인 때에는 그 계약은 무효로 한다. 그러나 당사자 쌍방과 피보험자가 이를 알지 못한 때에는 그러하지 아니하다.

③ 대리인에 의하여 보험계약을 체결한 경우에 대리인이 안 사유는 그 본인이 안 것과 동일한 것으로 한다.

❹ 최초보험료 지급지체에 따라 보험계약이 해지된 경우 보험계약자는 그 계약의 부활을 청구할 수 있다.

> ④ **최초보험료**(× → 계속보험료) 지급지체에 따라 보험계약이 해지된 경우 보험계약자는 그 계약의 부활을 청구할 수 있다. [상법 제650조의2]

6 보험대리상 등의 권한에 관한 설명으로 옳은 것은?

① 보험대리상은 보험계약자로부터 보험료를 수령할 권한이 없다.

② 보험대리상의 권한에 대한 일부 제한이 가능하고, 이 경우 보험자는 선의의 제3자에 대하여 대항할 수 있다.

❸ 보험대리상은 보험계약자에게 보험계약의 체결, 변경, 해지 등 보험계약에 관한 의사표시를 할 수 있는 권한이 있다.

④ 보험대리상이 아니면서 특정한 보험자를 위하여 계속적으로 보험계약의 체결을 중개하는 자는 보험계약자로부터 고지를 수령할 수 있는 권한이 있다.

> ③ 보험대리상은 보험계약자에게 보험계약의 체결, 변경, 해지 등 보험계약에 관한 의사표시를 할 수 있는 권한이 있다. (O) [상법 제646조의2 제1항 제4호]
>
> ① 보험대리상은 보험계약자로부터 보험료를 수령할 **권한이 없다.**(× → 권한이 있다.) [상법 제646조의2 제1항 제1호]
>
> ② 보험대리상의 권한에 대한 일부 제한이 가능하고, 이 경우 보험자는 선의의 제3자에 대하여 **대항할 수 있다.**(× → 대항하지 못한다.) [상법 제646조의2 제2항]
>
> ④ 보험대리상이 아니면서 특정한 보험자를 위하여 계속적으로 보험계약의 체결을 중개하는 자는 **보험계약자로부터 고지를 수령할 수 있는 권한**(× → 보험자가 작성한 영수증을 보험계약자에게 교부하는 경우 보험계약자로부터 보험료를 수령할 수 있는 권한, 보험자가 작성한 보험증권을 보험계약자에게 교부할 수 있는 권한이)이 있다. [상법 제646조의2 제3항]

7 보험계약에 관한 내용으로 옳은 것을 모두 고른 것은?

ㄱ 보험계약의 당사자가 특별한 위험을 예기하여 보험료의 액을 정한 경우에 보험기간중 그 예기한 위험이 소멸한 때에는 보험계약자는 그 후의 보험료의 감액을 청구할 수 있다.
ㄴ 보험계약의 전부 또는 일부가 무효인 경우에 보험계약자와 피보험자가 선의이며 중대한 과실이 없는 때에는 보험자에 대하여 보험료의 전부 또는 일부의 반환을 청구할 수 있다.
ㄷ 보험사고가 발생하기 전 보험계약자나 보험자는 언제든지 보험계약을 해지할 수 있다.
ㄹ 타인을 위한 보험계약의 경우에는 보험계약자는 그 타인의 동의를 얻지 아니하거나 보험증권을 소지하지 아니하면 그 계약을 해지하지 못한다.

① ㄱ, ㄴ, ㄷ ❷ ㄱ, ㄴ, ㄹ
③ ㄱ, ㄷ, ㄹ ④ ㄴ, ㄷ, ㄹ

ㄱ 보험계약의 당사자가 특별한 위험을 예기하여 보험료의 액을 정한 경우에 보험기간중 그 예기한 위험이 소멸한 때에는 보험계약자는 그 후의 보험료의 감액을 청구할 수 있다.(○)
[상법 제647조]
ㄴ 보험계약의 전부 또는 일부가 무효인 경우에 보험계약자와 피보험자가 선의이며 중대한 과실이 없는 때에는 보험자에 대하여 보험료의 전부 또는 일부의 반환을 청구할 수 있다.(○)
[상법 제648조]
ㄷ 보험사고가 발생하기 전 보험계약자나 **보험자**(×)는 언제든지 보험계약을 해지할 수 있다.
[상법 제649조 제1항]
ㄹ 타인을 위한 보험계약의 경우에는 보험계약자는 그 타인의 동의를 얻지 아니하거나 보험증권을 소지하지 아니하면 그 계약을 해지하지 못한다. (○) [상법 제649조 제1항]

8 고지의무 위반으로 인한 계약해지에 관한 내용으로 옳지 않은 것은?

❶ 보험자가 보험계약 당시에 보험계약자나 피보험자의 고지의무 위반 사실을 경미한 과실로 알지 못했던 때라도 계약을 해지할 수 없다.
② 보험계약 당시에 피보험자가 중대한 과실로 부실의 고지를 한 경우에 보험자는 해지권을 행사할 수 있다.
③ 보험자가 보험계약 당시에 보험계약자나 피보험자의 고지의무 위반 사실을 알았던 경우에는 계약을 해지할 수 없다.
④ 보험계약 당시에 보험계약자가 고의로 중요한 사항을 고지하지 아니한 경우 보험자는 해지권을 행사할 수 있다.

① 보험자가 보험계약 당시에 보험계약자나 피보험자의 고지의무 위반 사실을 **경미한**(× → 중대한) 과실로 알지 못했을 때에는 계약을 해지할 수 없다. [상법 제651조]

9 다음 설명 중 옳은 것은?

① 「상법」상 보험계약자 또는 피보험자는 보험자가 서면으로 질문한 사항에 대하여만 답변하면 된다.

② 「상법」에 따르면 보험기간중에 보험계약자 등의 고의로 인하여 사고발생의 위험이 현저하게 증가된 때에는 보험자는 계약체결일로부터 3년 이내에 한하여 계약을 해지할 수 있다.

③ 보험자는 보험금액의 지급에 관하여 약정기간이 없는 경우에는 보험사고 발생의 통지를 받은 후 지체없이 보험금액을 지급하여야 한다.

❹ 보험자가 파산의 선고를 받은 때에는 보험계약자는 계약을 해지할 수 있다.

④ 보험자가 파산의 선고를 받은 때에는 보험계약자는 계약을 해지할 수 있다. (O) [상법 제654조 제1항]

① 「상법」상 보험계약자 또는 피보험자는 **보험자가 서면으로 질문한 사항에 대하여만 답변하면 된다.**(× → 보험자가 서면으로 질문한 사항 이외에도 보험계약과 관련하여 중요한 사항에 대하여는 보험자에게 알려야 한다.)

② 「상법」에 따르면 보험기간중에 보험계약자 등의 고의로 인하여 사고발생의 위험이 현저하게 증가된 때에는 보험자는 **계약체결일로부터 3년 이내에 한하여**(× → 그 사실을 안 날부터 1월 내에 보험료의 증액을 청구하거나) 계약을 해지할 수 있다. [상법 제653조]

③ 보험자는 보험금액의 지급에 관하여 약정기간이 없는 경우에는 보험사고 발생의 통지를 받은 후 **지체없이 보험금액을 지급하여야 한다.**(× → 지체없이 지급할 보험금액을 정하고 그 정하여진 날부터 10일내에 피보험자 또는 보험수익자에게 보험금을 지급하여야 한다.) [상법 제658조]

10 2년간 행사하지 아니하면 시효의 완성으로 소멸하는 것은 모두 몇 개인가?

- 보험금청구권   - 보험료반환청구권   - 보험료청구권   - 적립금반환청구권

❶ 1개   ② 2개
③ 3개   ④ 4개

「상법」 제662조(소멸시효) 보험금청구권은 3년간, 보험료 또는 적립금의 반환청구권은 3년간, 보험료청구권은 2년간 행사하지 아니하면 시효의 완성으로 소멸한다.

11 다음 설명 중 옳은 것은?

① 손해보험계약의 보험자가 보험계약의 청약과 함께 보험료 상당액의 전부를 지급 받은 때에는 다른 약정이 없으면 2주 이내에 낙부의 통지를 발송하여야 한다.

② 손해보험계약의 보험자가 보험계약의 청약과 함께 보험료 상당액의 일부를 지급 받은 때에 상법이 정한 기간 내에 낙부의 통지를 해태한 때에는 승낙한 것으로 추정한다.

❸ 손해보험계약의 보험자가 보험계약의 청약과 함께 보험료 상당액의 전부를 지급 받은 때에 다른 약정이 없으면「상법」이 정한 기간 내에 낙부의 통지를 해태한 때에는 승낙한 것으로 본다.

④ 손해보험계약의 보험자가 청약과 함께 보험료 상당액의 전부를 받은 경우에 언제나 보험계약상의 책임을 진다.

③ 손해보험계약의 보험자가 보험계약의 청약과 함께 보험료 상당액의 전부를 지급 받은 때에 다른 약정이 없으면 상법이 정한 기간 내에 낙부의 통지를 해태한 때에는 승낙한 것으로 본다. (O) [상법 제638조의2 제2항]

① 손해보험계약의 보험자가 보험계약의 청약과 함께 보험료 상당액의 전부를 지급 받은 때에는 다른 약정이 없으면 **2주 이내**(× → 30일 내)에 낙부의 통지를 발송하여야 한다. [상법 제638조의2 제1항]

② 손해보험계약의 보험자가 보험계약의 청약과 함께 보험료 상당액의 일부를 지급 받은 때에 상법이 정한 기간 내에 낙부의 통지를 해태한 때에는 승낙한 것으로 **추정한다.**(× → 본다) [상법 제638조의2 제2항]

④ 손해보험계약의 보험자가 청약과 함께 보험료 상당액의 전부를 받은 경우에 **언제나**(× → 그 청약을 거절할 사유가 없는 한) 보험계약상의 책임을 진다. [상법 제638조의2 제3항]

12 가계보험의 약관조항으로 허용될 수 있는 것은?

① 약관설명의무 위반 시 계약 성립일부터 1개월 이내에 보험계약자가 계약을 취소할 수 있도록 한 조항

② 보험증권의 교부가 있은 날로부터 2주 내에 한하여 그 증권내용의 정부에 관한 이의를 할 수 있도록 한 조항

❸ 해지환급금을 반환한 경우에도 그 계약의 부활을 청구할 수 있도록 한 조항

④ 고지의무를 위반한 사실이 보험사고 발생에 영향을 미치지 아니하였음이 증명된 경우에도 보험자의 보험금지급 책임을 면하도록 한 조항

③ 「상법」 제650조의2(보험계약의 부활)에 따르면 계속보험료를 지급하지 아니하여 보험계약이 해지되고 해지환급금이 지급되지 아니한 경우에 보험계약자는 일정한 기간 내에 연체보험료에 약정이자를 붙여 보험자에게 지급하고 그 계약의 부활을 청구할 수 있다. 하지만 보기 내용 중 해지환급금을 반환한 경우에도 그 계약의 부활을 청구할 수 있도록 한 조항은 상대적 약자인 보험계약자에 유리한 조항으로 허용될 수 있다.

① 「상법」 제638조의3(보험약관의 교부·설명 의무)를 보면 보험약관의 교부·설명 의무를 위반한 경우 보험계약자는 보험계약이 성립한 날부터 3개월 이내에 그 계약을 취소할 수 있다고 명시하고 있다. 하지만 보기 ①번의 경우 약관설명의무 위반시 계약 성립일부터 1개월 이내에 보험계약자가 계약을 취소할 수 있도록 한 조항으로, 그 취소가능 기간을 3개월에서 1개월로 축소하였다. 이는 보험계약자에게 불리한 조항으로 가계보험의 약관조항으로 허용될 수 없다.

② 「상법」 제641조(증권에 관한 이의약관의 효력)을 보면 보험계약의 당사자는 보험증권의 교부가 있은 날로부터 일정한 기간 내에 한하여 그 증권내용의 정부에 관한 이의를 할 수 있음을 약정할 수 있다. 이 기간은 1월을 내리지 못한다.고 명시하고 있다. 하지만 보기 ②번의 경우 보험증권의 교부가 있은 날로부터 2주 내에 한하여 그 증권내용의 정부에 관한 이의를 할 수 있도록 한 조항으로, 이의를 할 수 있는 기간을 1월을 내리지 못한다는 조항에 위배되는 약관조항으로 허용될 수 없다.

④ 「상법」 제655조(계약해지와 보험금청구권)을 보면 '고지의무(告知義務)를 위반한 사실 또는 위험이 현저하게 변경되거나 증가된 사실이 보험사고 발생에 영향을 미치지 아니하였음이 증명된 경우에는 보험금을 지급할 책임이 있다.'고 명시하고 있다. 하지만 보기 ④번의 경우는 위에 위배되는 내용으로, 약관조항으로 허용될 수 없다.

13 다음 설명 중 옳지 않은 것은?

① 손해보험계약의 보험자는 보험사고로 인하여 생길 피보험자의 재산상의 손해를 보상할 책임이 있다.

② 손해보험증권에는 보험증권의 작성지와 그 작성년월일을 기재하여야 한다.

③ 보험사고로 인하여 상실된 피보험자가 얻을 이익이나 보수는 당사자 간에 다른 약정이 없으면 보험자가 보상할 손해액에 산입하지 아니한다.

❹ 집합된 물건을 일괄하여 보험의 목적으로 한 때에는 그 목적에 속한 물건이 보험기간중에 수시로 교체된 경우에도 보험계약의 체결 시에 현존한 물건은 보험의 목적에 포함된 것으로 한다.

> ④ 집합된 물건을 일괄하여 보험의 목적으로 한 때에는 그 목적에 속한 물건이 보험기간중에 수시로 교체된 경우에도 **보험계약의 체결 시**(× → 보험사고의 발생 시)에 현존한 물건은 보험의 목적에 포함된 것으로 한다. [상법 제687조]

14 초과보험에 관한 설명으로 옳지 않은 것은?

① 보험금액이 보험계약당시의 보험계약의 목적의 가액을 현저히 초과한 때를 말한다.

② 보험자 또는 보험계약자는 보험료와 보험금액의 감액을 청구할 수 있다.

❸ 보험료의 감액은 보험계약체결 시에 소급하여 그 효력이 있으나 보험금액의 감액은 장래에 대하여만 그 효력이 있다.

④ 보험계약자의 사기로 인하여 체결된 초과보험계약은 무효이며 보험자는 그 사실을 안 때까지의 보험료를 청구할 수 있다.

> 「**상법**」 제669조(초과보험) ① 보험금액이 보험계약의 목적의 가액을 현저하게 초과한 때에는 보험자 또는 보험계약자는 보험료와 보험금액의 감액을 청구할 수 있다. 그러나 **보험료의 감액은 장래에 대하여서만 그 효력이 있다.**

15 「상법」상 기평가보험과 미평가보험에 관한 설명으로 옳은 것은?

① 당사자 간에 보험가액을 정하지 아니한 때에는 계약체결 시의 가액을 보험가액으로 한다.

❷ 당자자 간에 보험가액을 정한 때 그 가액이 사고발생 시의 가액을 현저하게 초과할 때에는 사고발생 시의 가액을 보험가액으로 한다.

③ 당사자 간에 보험가액을 정한 때에는 그 가액은 계약체결 시의 가액으로 정한 것으로 추정한다.

④ 당사자 간에 보험가액을 정한 때에는 그 가액은 사고발생 시의 가액을 정한 것으로 본다.

> ② 당자자 간에 보험가액을 정한 때 그 가액이 사고발생 시의 가액을 현저하게 초과할 때에는 사고발생 시의 가액을 보험가액으로 한다. (O) [상법 제670조]
> ① 당사자 간에 보험가액을 정하지 아니한 때에는 **계약체결 시**(× → 사고발생 시)의 가액을 보험가액으로 한다. [상법 제671조]
> ③ 당사자 간에 보험가액을 정한 때에는 그 가액은 **계약체결 시**(× → 사고발생 시)의 가액으로 정한 것으로 추정한다. [상법 제670조]
> ④ 당사자 간에 보험가액을 정한 때에는 그 가액은 사고발생 시의 가액을 정한 것으로 **본다.** (× → 추정한다) [상법 제670조]

16 피보험이익에 관한 설명으로 옳지 않은 것은?

❶ 우리 「상법」은 손해보험뿐만 아니라 인보험에서도 피보험이익이 있을 것을 요구한다.

② 「상법」은 피보험이익을 보험계약의 목적이라고 표현하며 보험의 목적과는 다르다.

③ 밀수선이 압류되어 입을 경제적 손실은 피보험이익이 될 수 없다.

④ 보험계약의 동일성을 판단하는 표준이 된다.

인보험에서는 원칙적으로 피보험이익의 개념이 없다.

17 「상법」상 당사자 간에 다른 약정이 있으면 허용되는 것을 모두 고른 것은?

㉠ 보험사고가 전쟁 기타 변란으로 인하여 생긴 때의 위험을 담보하는 것
㉡ 최초의 보험료의 지급이 없는 때에도 보험자의 책임이 개시되도록 하는 것
㉢ 사고발생전 임의해지 시 미경과보험료의 반환을 청구하지 않기로 하는 것
㉣ 특정한 타인을 위한 보험의 경우에 보험계약자가 보험료의 지급을 지체한 때에는 보험자가 보험계약자에 게만 최고하고 그의 지급이 없는 경우 그 계약을 해지하기로 하는 것

① ㉠, ㉡　　　　　　　　　　　　　　　② ㉡, ㉢
❸ ㉠, ㉡, ㉢　　　　　　　　　　　　　④ ㉠, ㉢, ㉣

㉠ 「상법」 제660조(전쟁위험 등으로 인한 면책) 보험사고가 전쟁 기타의 변란으로 인하여 생긴 때 에는 **당사자 간에 다른 약정이 없으면** 보험자는 보험금액을 지급할 책임이 없다.

㉡ 「상법」 제656조(보험료의 지급과 보험자의 책임개시) 보험자의 책임은 **당사자 간에 다른 약정 이 없으면** 최초의 보험료의 지급을 받은 때로부터 개시한다.

㉢ 「상법」 제649조(사고발생전의 임의해지) ① 보험사고가 발생하기 전에는 보험계약자는 언제든 지 계약의 전부 또는 일부를 해지할 수 있다. 그러나 제639조의 보험계약의 경우에는 보험계약 자는 그 타인의 동의를 얻지 아니하거나 보험증권을 소지하지 아니하면 그 계약을 해지하지 못 한다.
　② 보험사고의 발생으로 보험자가 보험금액을 지급한 때에도 보험금액이 감액되지 아니하는 보험의 경우에는 보험계약자는 그 사고발생 후에도 보험계약을 해지할 수 있다.
　③ 제1항의 경우에는 보험계약자는 **당사자 간에 다른 약정이 없으면** 미경과보험료의 반환을 청구할 수 있다.

㉣ 「상법」 제650조(보험료의 지급과 지체의 효과) ③ 특정한 타인을 위한 보험의 경우에 보험계약 자가 보험료의 지급을 지체한 때에는 보험자는 그 타인에게도 상당한 기간을 정하여 보험료의 지급을 최고한 후가 아니면 그 계약을 해제 또는 해지하지 못한다.

18 중복보험에 관한 설명으로 옳은 것은?

① 동일한 보험계약의 목적과 동일한 사고에 관하여 수개의 보험계약이 동시에 또는 순차로 체결된 경우에 그 보험금액의 총액이 보험가액을 현저히 초과한 경우에만 「상법」상 중복보험에 해당한다.

❷ 동일한 보험계약의 목적과 동일한 사고에 관하여 수개의 보험계약을 체결하는 경우에는 보험계약자는 각 보험자에 대하여 각 보험계약의 내용을 통지하여야 한다.

③ 중복보험의 경우 보험자 1인에 대한 피보험자의 권리의 포기는 다른 보험자의 권리의무에 영향을 미친다.

④ 보험자는 보험가액의 한도에서 연대책임을 진다.

> ② 동일한 보험계약의 목적과 동일한 사고에 관하여 수개의 보험계약을 체결하는 경우에는 보험계약자는 각 보험자에 대하여 각 보험계약의 내용을 통지하여야 한다. (○) [상법 제672조 제2항]
>
> ① 동일한 보험계약의 목적과 동일한 사고에 관하여 수개의 보험계약이 동시에 또는 순차로 체결된 경우에 그 보험금액의 총액이 보험가액을 **현저히 초과한**(× → 초과한) 경우에 「상법」상 중복보험에 해당한다. [상법 제672조 제1항]
>
> ③ 중복보험의 경우 보험자 1인에 대한 피보험자의 권리의 포기는 다른 보험자의 권리의무에 **영향을 미친다.**(× → 영향을 미치지 아니한다.) [상법 제673조]
>
> ④ 보험자는 **보험가액**(× → 각자의 보험금액)의 한도에서 연대책임을 진다. [상법 제672조 제1항]

19 다음 ( )에 들어갈 용어로 옳은 것은?

> (㉠)의 일부를 보험에 붙인 경우에는 보험자는 (㉡)의 (㉢)에 대한 비율에 따라 보상할 책임을 진다. 그러나 당사자 간에 다른 약정이 있는 때에는 보험자는 (㉣)의 한도 내에서 그 손해를 보상할 책임을 진다.

① ㉠ : 보험금액   ㉡ : 보험가액   ㉢ : 보험금액   ㉣ : 보험금액

② ㉠ : 보험금액   ㉡ : 보험가액   ㉢ : 보험가액   ㉣ : 보험가액

③ ㉠ : 보험가액   ㉡ : 보험가액   ㉢ : 보험금액   ㉣ : 보험가액

❹ ㉠ : 보험가액   ㉡ : 보험금액   ㉢ : 보험가액   ㉣ : 보험금액

> 「상법」 제674조(일부보험) 보험가액의 일부를 보험에 붙인 경우에는 보험자는 **보험금액의 보험가액**에 대한 비율에 따라 보상할 책임을 진다. 그러나 당사자 간에 다른 약정이 있는 때에는 보험자는 **보험금액**의 한도 내에서 그 손해를 보상할 책임을 진다.

20 손해액의 산정기준 등에 관한 설명으로 옳은 것은?

❶ 보험의 목적에 관하여 보험자가 부담할 손해가 생긴 경우에는 그 후 그 목적이 보험자가 부담하지 아니하는 보험사고의 발생으로 인하여 멸실된 때에도 보험자는 이미 생긴 손해를 보상할 책임을 면하지 못한다.

② 당사자 간에 다른 약정이 있는 때에도 이득금지의 원칙상 신품가액에 의하여 손해액을 산정할 수는 없다.

③ 보험자가 보상할 손해액은 보험계약이 체결된 때와 곳의 가액에 의하여 산정한다.

④ 손해액의 산정에 관한 비용은 보험계약자의 부담으로 한다.

① 보험의 목적에 관하여 보험자가 부담할 손해가 생긴 경우에는 그 후 그 목적이 보험자가 부담하지 아니하는 보험사고의 발생으로 인하여 멸실된 때에도 보험자는 이미 생긴 손해를 보상할 책임을 면하지 못한다. (○) [상법 제675조]

② 당사자 간에 다른 약정이 있는 때에도 이득금지의 원칙상 신품가액에 의하여 손해액을 산정할 수는 없다.(× → 당사자 간에 다른 약정이 있는 때에는 그 신품가액에 의하여 손해액을 산정할 수 있다.) [상법 제676조 제1항]

③ 보험자가 보상할 손해액은 **보험계약이 체결된 때**(× → 그 손해가 발생한 때)와 곳의 가액에 의하여 산정한다. [상법 제676조 제1항]

④ 손해액의 산정에 관한 비용은 **보험계약자**(× → 보험자)의 부담으로 한다. [상법 제676조 제2항]

21 다음 (　　)에 들어갈 상법 규정으로 옳은 것은?

「상법」 제679조(보험목적의 양도)
① 피보험자가 보험의 목적을 양도한 때에는 양수인은 보험계약상의 권리와 의무를 승계한 것으로 추정한다.
② 제1항의 경우에 보험의 목적의 (　　)은 보험자에 대하여 지체없이 그 사실을 통지하여야 한다.

① 양도인　　　　　　　　　　　② 양수인
③ 양도인과 양수인　　　　　　　❹ 양도인 또는 양수인

「상법」 제679조(보험목적의 양도) ① 피보험자가 보험의 목적을 양도한 때에는 양수인은 보험계약상의 권리와 의무를 승계한 것으로 추정한다.
② 제1항의 경우에 보험의 목적의 **양도인 또는 양수인**은 보험자에 대하여 지체없이 그 사실을 통지하여야 한다.

22 손해방지의무 등에 관한 「상법」 규정의 설명으로 옳은 것은?

❶ 피보험자뿐만 아니라 보험계약자도 손해방지의무를 부담한다.

② 손해방지비용과 보상액의 합계액이 보험금액을 초과한 때에는 보험자의 지시에 의한 경우에만 보험자가 이를 부담한다.

③ 「상법」은 피보험자는 보험자에 대하여 손해방지비용의 선급을 청구할 수 있다고 규정한다.

④ 손해의 방지와 경감을 위하여 유익하였던 비용은 보험자가 이를 부담하지 않는다.

> ① 피보험자뿐만 아니라 보험계약자도 손해방지의무를 부담한다. (○) [상법 제680조 제1항]
> ② 손해방지비용과 보상액의 합계액이 보험금액을 **초과한 때에는 보험자의 지시에 의한 경우에만** (× → 초과한 경우라도) 보험자가 이를 부담한다. [상법 제680조]
> ③ 「상법」은 피보험자는 보험자에 대하여 손해방지비용의 선급을 청구할 수 있다고 규정한다. (× → 「상법」에 해당 규정 없음)
> ④ 손해의 방지와 경감을 위하여 유익하였던 비용은 보험자가 이를 **부담하지 않는다.**(× → 부담한다.) [상법 제680조]

23 제3자에 대한 보험자대위에 관한 설명으로 옳지 않은 것은?

① 손해가 제3자의 행위로 인하여 발생한 경우에 보험금을 지급한 보험자는 그 지급한 금액의 한도에서 그 제3자에 대한 보험계약자 또는 피보험자의 권리를 취득한다.

② 보험자가 보상할 보험금의 일부를 지급한 경우에는 피보험자의 권리를 침해하지 아니하는 범위에서 그 권리를 행사할 수 있다.

❸ 보험계약자나 피보험자의 제3자에 대한 권리가 그와 생계를 같이 하는 가족에 대한 것인 경우 보험자는 그 권리를 취득하지 못한다. 다만, 손해가 그 가족의 과실로 인하여 발생한 경우에는 그러하지 아니하다.

④ 보험계약에서 담보하지 아니하는 손해에 해당하여 보험금지급의무가 없음에도 보험자가 피보험자에게 보험금을 지급한 경우라면, 보험자대위가 인정되지 않는다.

> ③ 보험계약자나 피보험자의 제3자에 대한 권리가 그와 생계를 같이 하는 가족에 대한 것인 경우 보험자는 그 권리를 취득하지 못한다. 다만, 손해가 그 가족의 **과실**(× → 고의)로 인하여 발생한 경우에는 그러하지 아니하다. [상법 제682조 제2항]

24 보험자가 손해를 보상할 경우에 보험료의 지급을 받지 아니한 잔액이 있는 경우, 상법 규정으로 옳은 것은?

① 보상할 금액을 전액 지급한 후 그 지급기일이 도래한 때 보험자는 잔액의 상환을 청구할 수 있다.

❷ 그 지급기일이 도래하지 아니한 때라도 보상할 금액에서 이를 공제할 수 있다.

③ 그 지급기일이 도래하지 아니한 때라면 보상할 금액에서 이를 공제할 수 없다.

④ 「상법」은 보험소비자의 보호를 위하여 어떠한 경우에도 보상할 금액에서 이를 공제할 수 없다고 규정한다.

> **「상법」 제677조(보험료체납과 보상액의 공제)** 보험자가 손해를 보상할 경우에 보험료의 지급을 받지 아니한 잔액이 있으면 **그 지급기일이 도래하지 아니한 때라도 보상할 금액에서 이를 공제할 수 있다.**

25 화재보험에 관한 설명으로 옳지 않은 것은?

① 건물을 보험의 목적으로 한 때에는 그 소재지, 구조와 용도를 화재보험증권에 기재하여야 한다.

② 동산을 보험의 목적으로 한 때에는 그 존치한 장소의 상태와 용도를 화재보험증권에 기재하여야 한다.

③ 보험가액을 정한 때에는 그 가액을 화재보험증권에 기재하여야 한다.

❹ 보험계약자의 주소와 성명 또는 상호는 화재보험증권의 기재사항이 아니다.

> **[화재보험증권의 기재사항]**
>
> 1. 보험의 목적
> 2. 보험사고의 성질
> 3. 보험금액
> 4. 보험료와 그 지급방법
> 5. 보험기간을 정한 때에는 그 시기와 종기
> 6. 무효와 실권의 사유
> 7. **보험계약자의 주소와 성명 또는 상호**
> 7의2. 피보험자의 주소, 성명 또는 상호
> 8. 보험계약의 연월일
> 9. 보험증권의 작성지와 그 작성년월일
> 10. 건물을 보험의 목적으로 한 때에는 그 소재지, 구조와 용도
> 11. 동산을 보험의 목적으로 한 때에는 그 존치한 장소의 상태와 용도
> 12. 보험가액을 정한 때에는 그 가액

농어업재해보험법령

26 「농어업재해보험법령」상 재보험사업에 관한 설명으로 옳은 것은?

① 정부는 재해보험에 관한 재보험사업을 할 수 없다.

② 재보험수수료 등 재보험 약정에 포함되어야 할 사항은 농림축산식품부령에서 정하고 있다.

❸ 재보험약정서에는 재보험금의 지급에 관한 사항뿐 아니라 분쟁에 관한 사항도 포함되어야 한다.

④ 농림축산식품부장관이 재보험사업에 관한 업무의 일부를 농업정책보험금융원에 위탁하는 경우에는 해양수산부장관과의 협의를 요하지 않는다.

> ③ 재보험약정서에는 재보험금의 지급에 관한 사항뿐 아니라 분쟁에 관한 사항도 포함되어야 한다. (○) [농어업재해보험법 시행령 제16조 제5호]
>
> ① 정부는 재해보험에 관한 재보험사업을 **할 수 없다.**(× → 할 수 있다.) [농어업재해보험법 제20조 제1항]
>
> ② 재보험수수료 등 재보험 약정에 포함되어야 할 사항은 **농림축산식품부령**(× → 대통령령)에서 정하고 있다. [농어업재해보험법 제20조 제2항 제3호]
>
> ④ 농림축산식품부장관이 재보험사업에 관한 업무의 일부를 농업정책보험금융원에 위탁하는 경우에는 해양수산부장관과의 협의를 요하지 않는다. (× → 농림축산식품부장관은 해양수산부장관과 협의를 거쳐 재보험사업에 관한 업무의 일부를 「농업·농촌 및 식품산업 기본법」 제63조의 2제1항에 따라 설립된 농업정책보험금융원(이하 "농업정책보험금융원"이라 한다)에 위탁할 수 있다.) [농어업재해보험법 제20조 제3항]

27 「농어업재해보험법령」상 농어업재해재보험기금에 관한 설명이다. (   )에 들어갈 내용을 순서대로 옳게 나열한 것은?

> 농림축산식품부장관은 (㉠)과 협의하여 법 제21조에 따른 농어업재해재보험기금의 수입과 지출을 명확히 하기 위하여 한국은행에 (㉡)을 설치하여야 한다.

① ㉠ : 기획재정부장관, ㉡ : 보험계정　　② ㉠ : 기획재정부장관, ㉡ : 기금계정

③ ㉠ : 해양수산부장관, ㉡ : 보험계정　　❹ ㉠ : 해양수산부장관, ㉡ : 기금계정

> **「농어업재해보험법 시행령」 제17조(기금계정의 설치)** 농림축산식품부장관은 **해양수산부장관**과 협의하여 법 제21조에 따른 농어업재해재보험기금(이하 "기금"이라 한다)의 수입과 지출을 명확히 하기 위하여 한국은행에 **기금계정**을 설치하여야 한다.

28 「농어업재해보험법 시행령」에서 정하고 있는 다음 사항에 대한 과태료 부과기준액을 모두 합한 금액은?

- 법 제10조 제2항에서 준용하는 「보험업법」 제95조를 위반하여 보험안내를 한자로서 재해보험사업자가 아닌 경우
- 법 제29조에 따른 보고 또는 관계 서류 제출을 하지 아니하거나 보고 또는 관계서류 제출을 거짓으로 한 경우
- 법 제10조 제2항에서 준용하는 「보험업법」 제97조 제1항을 위반하여 보험계약의 체결 또는 모집에 관한 금지행위를 한 경우

① 1,000만 원   ❷ 1,100만 원
③ 1,200만 원   ④ 1,300만 원

- 「법」 제10조 제2항에서 준용하는 「보험업법」 제95조를 위반하여 보험안내를 한자로서 재해보험사업자가 아닌 경우 → 500만 원 [농어업재해보험법 시행령 별표 3]
- 「법」 제29조에 따른 보고 또는 관계 서류 제출을 하지 아니하거나 보고 또는 관계서류 제출을 거짓으로 한 경우 → 300만 원 [농어업재해보험법 시행령 별표 3]
- 「법」 제10조 제2항에서 준용하는 「보험업법」 제97조 제1항을 위반하여 보험계약의 체결 또는 모집에 관한 금지행위를 한 경우 → 300만 원 [농어업재해보험법 시행령 별표 3]
  과태료 부과기준액 합계 = 500만 원 + 300만 원 + 300만 원 = 1,100만 원

29 「농어업재해보험법령」과 농업재해보험 손해평가요령상 다음의 설명 중 옳지 않은 것은?
❶ 손해평가사나 손해사정사가 아닌 경우에는 손해평가인이 될 수 없다.
② 농업재해보험 손해평가요령은 농림축산식품부고시의 형식을 갖추고 있다.
③ 가축재해보험도 농업재해보험의 일종이다.
④ 손해평가보조인이라 함은 손해평가 업무를 보조하는 자를 말한다.

① 손해평가사나 손해사정사가 아닌 경우에는 손해평가인이 될 수 없다.(× → 손해평가사나 손해사정사가 아닌 경우에도 보험목적물에 관한 지식과 경험을 갖춘 사람 또는 그 밖의 관계 전문가를 손해평가인으로 위촉하여 손해평가를 담당하게 할 수 있다.) [농어업재해보험법 제11조 제1항]

30 「농어업재해보험법령」상 "시범사업"을 하기 위해 재해보험사업자가 농림축산식품부장관에게 제출하여야 하는 사업계획서 내용에 해당하는 것을 모두 고른 것은?

㉠ 사업지역 및 사업기간에 관한 사항
㉡ 보험상품에 관한 사항
㉢ 보험계약사항 등 전반적인 사업운영 실적에 관한 사항
㉣ 그 밖에 금융감독원장이 필요하다고 인정하는 사항

❶ ㉠, ㉡　　　　　　　　　　　　② ㉠, ㉢
③ ㉡, ㉢　　　　　　　　　　　　④ ㉡, ㉣

> 「농어업재해보험법 시행령」 제22조(시범사업 실시) ① 재해보험사업자는 법 제27조 제1항에 따른 시범사업을 하려면 다음 각 호의 사항이 포함된 사업계획서를 농림축산식품부장관 또는 해양수산부장관에게 제출하고 협의하여야 한다.
>
> 1. 대상목적물, **사업지역 및 사업기간에 관한 사항**
> 2. **보험상품에 관한 사항**
> 3. 정부의 재정지원에 관한 사항
> 4. 그 밖에 농림축산식품부장관 또는 해양수산부장관이 필요하다고 인정하는 사항

31 농업재해보험 손해평가요령상 손해평가인의 업무가 아닌 것은?

① 손해액 평가　　　　　　　　　② 보험가액 평가
❸ 보험료의 평가　　　　　　　　④ 피해사실 확인

> **농업재해보험 손해평가요령 제3조(손해평가인의 업무)** ① 손해평가인은 다음 각 호의 업무를 수행한다.
>
> 1. **피해사실 확인**
> 2. **보험가액 및 손해액 평가**
> 3. 그 밖에 손해평가에 관하여 필요한 사항

32 농업재해보험 손해평가요령상 손해평가인의 교육에 관한 설명으로 옳지 않은 것은?

① 재해보험사업자는 위촉된 손해평가인을 대상으로 농업재해보험에 관한 손해평가의 방법 및 절차의 실무교육을 실시하여야 한다.
② 피해유형별 현지조사표 작성실습은 손해평가인 정기교육의 내용이다.
③ 손해평가인 정기교육 시 농업재해보험에 관한 기초지식의 교육내용에는 농어업재해보험법 제정 배경 및 조문별 주요내용 등이 포함된다.
❹ 위촉된 손해평가인의 실무교육 시 재해보험사업자에 대하여 손해평가인은 교육비를 지급한다.

> ④ 위촉된 손해평가인의 실무교육 시 **재해보험사업자에 대하여 손해평가인은 교육비를 지급한다.**(×→ 손해평가인에 대하여 재해보험사업자는 소정의 교육비를 지급하 수 있다.) [농업재해보험 손해평가요령 제5조]

33 농업재해보험 손해평가요령상 재해보험사업자가 손해평가인 업무의 정지나 위촉의 해지를 할 수 있는 사항에 관한 설명으로 옳지 않은 것은?

① 손해평가인이 농업재해보험 손해평가요령의 규정을 위반한 경우 위촉을 해지할 수 있다.

② 손해평가인이 「농어업재해보험법」에 따른 명령을 위반한 때 3개월간 업무의 정지를 명할 수 있다.

❸ 부정한 방법으로 손해평가인으로 위촉된 경우 위촉을 해지할 수 있다.

④ 업무수행과 관련하여 동의를 받지 않고 개인정보를 수집하여 「개인정보보호법」을 위반한 경우 3개월간 업무의 정지를 명할 수 있다.

> ③ 부정한 방법으로 손해평가인으로 위촉된 경우 위촉을 **해지할 수 있다.**(× → 취소하여야 한다.)
> [농업재해보험 손해평가요령 제6조 제1항]

34 농업재해보험 손해평가요령상 손해평가반 구성에 관한 설명으로 옳은 것은?

① 손해평가인은 법에 따른 손해평가를 하는 경우 손해평가반을 구성하고 손해평가반별로 평가일정계획을 수립하여야 한다.

❷ 자기가 모집하지 않았더라도 자기와 생계를 같이하는 친족이 모집한 보험계약이라면 해당자는 그 보험계약에 관한 손해평가의 손해평가반 구성에서 배제되어야 한다.

③ 자기가 가입하였어도 자기가 모집하지 않은 보험계약이라면 해당자는 그 보험 계약에 관한 손해평가의 손해평가반 구성에 참여할 수 있다.

④ 손해평가반에는 손해평가인, 손해평가사, 손해사정사에 해당하는 자를 2인 이상 포함시켜야 한다.

> ② 자기가 모집하지 않았더라도 자기와 생계를 같이하는 친족이 모집한 보험계약이라면 해당자는 그 보험계약에 관한 손해평가의 손해평가반 구성에서 배제되어야 한다. (○) [농업재해보험 손해평가요령 제8조 제3항 제1호]
>
> ① **손해평가인은**(× → 재해보험사업자는) 법에 따른 손해평가를 하는 경우 손해평가반을 구성하고 손해평가반별로 평가일정계획을 수립하여야 한다. [농업재해보험 손해평가요령 제8조 제1항]
>
> ③ 자기가 가입하였어도 자기가 모집하지 않은 보험계약이라면 해당자는 그 보험 계약에 관한 손해평가의 손해평가반 구성에 참여할 수 있다. (× → 자기 또는 자기와 생계를 같이 하는 친족이 가입한 보험계약에 관한 손해평가의 손해평가반 구성에 참여할 수 없다.) [농업재해보험 손해평가요령 제8조 제3항 제1호]
>
> ④ 손해평가반에는 손해평가인, 손해평가사, 손해사정사에 해당하는 자를 **2인 이상 포함시켜야**(× → 1인 이상 포함하여 5인 이내로 구성) 한다. [농업재해보험 손해평가요령 제8조 제2항]

35 「농어업재해보험법」상 농어업재해에 해당하지 않는 것은?

① 농작물에 발생하는 자연재해

② 임산물에 발생하는 병충해

③ 농업용 시설물에 발생하는 화재

❹ 농어촌 주민의 주택에 발생하는 화재

「농어업재해보험법」 제2조(정의) 1. "농어업재해"란 **농작물·임산물·가축 및 농업용 시설물에 발생하는 자연재해·병충해·조수해(鳥獸害)·질병 또는 화재**(이하 "농업재해"라 한다)와 양식수산물 및 어업용 시설물에 발생하는 자연재해·질병 또는 화재(이하 "어업재해"라 한다)를 말한다.

36 「농어업재해보험법령」상 농업재해보험심의회의 심의사항에 해당하는 것을 모두 고른 것은?

㉠ 재해보험목적물의 선정에 관한 사항
㉡ 재해보험사업에 대한 재정지원에 관한 사항
㉢ 손해평가의 방법과 절차에 관한 사항

① ㉠, ㉡

② ㉠, ㉢

③ ㉡, ㉢

❹ ㉠, ㉡, ㉢

[농어업재해보험법 제3조 제1항]

1. 제2조의3 각 호의 사항

  1. 재해보험에서 보상하는 재해의 범위에 관한 사항

  2. **재해보험사업에 대한 재정지원에 관한 사항**

  3. **손해평가의 방법과 절차에 관한 사항**

  4. 농어업재해재보험사업(이하 "재보험사업"이라 한다)에 대한 정부의 책임범위에 관한 사항

  5. 재보험사업 관련 자금의 수입과 지출의 적정성에 관한 사항

  6. 그 밖에 제3조에 따른 농업재해보험심의회의 위원장 또는 「수산업·어촌 발전 기본법」 제8조 제1항에 따른 중앙 수산업·어촌정책심의회의 위원장이 재해보험 및 재보험에 관하여 회의에 부치는 사항

2. **재해보험 목적물의 선정에 관한 사항**

3. 기본계획의 수립·시행에 관한 사항

4. 다른 법령에서 심의회의 심의사항으로 정하고 있는 사항

37 「농어업재해보험법령」상 재해보험사업에 관한 내용으로 옳지 않은 것은?

❶ 재해보험사업을 하려는 자는 기획재정부장관과 재해보험사업의 약정을 체결하여야 한다.

② 재해보험의 종류는 농작물재해보험, 임산물재해보험, 가축재해보험 및 양식수산물재해보험으로 한다.

③ 재해보험에 가입할 수 있는 자는 농림업, 축산업, 양식수산업에 종사하는 개인 또는 법인으로 한다.

④ 재해보험에서 보상하는 재해의 범위는 해당 재해의 발생 빈도, 피해 정도 및 객관적인 손해 평가방법 등을 고려하여 재해보험의 종류별로 대통령령으로 정한다.

> ① 재해보험사업을 하려는 자는 **기획재정부장관**(× → 농림축산식품부장관 또는 해양수산부장관)과 재해보험사업의 약정을 체결하여야 한다. [농어업재해보험법 제8조 제2항]

38 「농어업재해보험법령」상 재해보험사업을 할 수 없는 자는?

① 「수산업협동조합법」에 따른 수산업협동조합중앙회

❷ 「새마을금고법」에 따른 새마을금고중앙회

③ 「보험업법」에 따른 보험회사

④ 「산림조합법」에 따른 산림조합중앙회

> **「농어업재해보험법」 제8조(보험사업자)** ① 재해보험사업을 할 수 있는 자는 다음 각 호와 같다.
>
> 1. 삭제
> 2. 「수산업협동조합법」에 따른 수산업협동조합중앙회(이하 "수협중앙회"라 한다)
> 2의2. 「산림조합법」에 따른 산림조합중앙회
> 3. 「보험업법」에 따른 보험회사

39 「농어업재해보험법령」상 재해보험사업 및 보험료율의 산정에 관한 설명으로 옳지 않은 것은?

① 재해보험사업의 약정을 체결하려는 자는 보험료 및 책임준비금 산출방법서 등을 농림축산식품부장관 또는 해양수산부장관에게 제출하여야 한다.

② 재해보험사업자는 보험료율을 객관적이고 합리적인 통계자료를 기초로 산정하여야 한다.

③ 보험료율은 보험목적물별 또는 보상방식별로 산정한다.

❹ 보험료율은 대한민국 전체를 하나의 단위로 산정하여야 한다.

> 「농어업재해보험법」 제9조 제1항 제8조 제2항에 따라 농림축산식품부장관 또는 해양수산부장관과 재해보험사업의 약정을 체결한 자(이하 "재해보험사업자"라 한다)는 재해보험의 보험료율을 객관적이고 합리적인 통계자료를 기초로 하여 보험목적물별 또는 보상방식별로 산정하되, **다음 각 호의 구분에 따른 단위로 산정하여야 한다.**
>
> 1. 행정구역 단위 : 특별시·광역시·도·특별자치도 또는 시(특별자치시와 「제주특별자치도 설치 및 국제자유도시 조성을 위한 특별법」 제10조 제2항에 따라 설치된 행정시를 포함한다)·군·자치구. 다만, 「보험업법」 제129조에 따른 보험료율 산출의 원칙에 부합하는 경우에는 자치구가 아닌 구·읍·면·동 단위로도 보험료율을 산정할 수 있다.
> 2. 권역 단위 : 농림축산식품부장관 또는 해양수산부장관이 행정구역 단위와는 따로 구분하여 고시하는 지역 단위

40 「농어업재해보험법령」상 재해보험을 모집할 수 있는 자가 아닌 것은?

① 「수산업협동조합법」에 따라 설립된 수협은행의 임직원

❷ 「수산업협동조합법」의 공제규약에 따른 공제모집인으로서 해양수산부장관이 인정하는 자

③ 「산림조합법」에 따른 산림조합중앙회의 임직원

④ 「보험업법」 제83조제1항에 따라 보험을 모집할 수 있는 자

> **「농어업재해보험법」 제10조(보험모집)** ① 재해보험을 모집할 수 있는 자는 다음 각 호와 같다.
>
> 1. **산림조합중앙회와 그 회원조합의 임직원,** 수협중앙회와 그 회원조합 및 **「수산업협동조합법」** 에 따라 설립된 수협은행의 임직원
> 2. 「수산업협동조합법」 제60조(제108조, 제113조 및 제168조에 따라 준용되는 경우를 포함한다)의 공제규약에 따른 공제모집인으로서 수협중앙회장 또는 그 회원조합장이 인정하는 자
> 2의2. 「산림조합법」 제48조(제122조에 따라 준용되는 경우를 포함한다)의 공제규정에 따른 공제모집인으로서 산림조합중앙회장이나 그 회원조합장이 인정하는 자
> 3. **「보험업법」 제83조제1항에 따라 보험을 모집할 수 있는 자**

41 「농어업재해보험법령」상 손해평가사에 관한 설명으로 옳지 않은 것은?

① 농림축산식품부장관은 공정하고 객관적인 손해평가를 촉진하기 위하여 손해평가사 제도를 운영한다.

② 손해평가사 자격이 취소된 사람은 그 취소 처분이 있은 날부터 2년이 지나지 아니한 경우 손해평가사 자격시험에 응시하지 못한다.

③ 손해평가사 자격시험의 제1차 시험은 선택형으로 출제하는 것을 원칙으로 하되, 단답형 또는 기입형을 병행할 수 있다.

❹ 보험목적물 또는 관련 분야에 관한 전문 지식과 경험을 갖추었다고 인정되는 대통령령으로 정하는 기준에 해당하는 사람에게는 손해평가사 자격시험 과목의 전부를 면제할 수 있다.

> ④ 보험목적물 또는 관련 분야에 관한 전문 지식과 경험을 갖추었다고 인정되는 대통령령으로 정하는 기준에 해당하는 사람에게는 손해평가사 자격시험 과목의 **전부**(× → 일부)를 면제할 수 있다. [농어업재해보험법 제11조의4 제2항]

42 「농어업재해보험법령」상 손해평가에 관한 설명으로 옳지 않은 것은?

① 재해보험사업자는 손해평가인을 위촉하여 손해평가를 담당하게 할 수 있다.

② 농림축산식품부장관 또는 해양수산부장관은 손해평가인 간의 손해평가에 관한 기술·정보의 교환을 지원할 수 있다.

❸ 농림축산식품부장관 또는 해양수산부장관은 손해평가인이 공정하고 객관적인 손해평가를 수행할 수 있도록 분기별 1회 이상 정기교육을 실시하여야 한다.

④ 농림축산식품부장관 또는 해양수산부장관은 손해평가 요령을 고시하려면 미리 금융위원회와 협의하여야 한다.

> ③ 농림축산식품부장관 또는 해양수산부장관은 손해평가인이 공정하고 객관적인 손해평가를 수행할 수 있도록 **분기별 1회 이상**(× → 연 1회 이상) 정기교육을 실시하여야 한다. [농어업재해보험법 제11조 제5항]

43 「농어업재해보험법령」상 재정지원에 관한 내용으로 옳지 않은 것은? [기출 수정]

① 정부는 예산의 범위에서 재해보험사업자의 재해보험의 운영 및 관리에 필요한 비용의 전부 또는 일부를 지원할 수 있다.

② 「풍수해·지진재해보험법」에 따른 풍수해·지진재해보험에 가입한 자가 동일한 보험목적물을 대상으로 재해보험에 가입할 경우에는 정부가 재정지원을 하지 아니한다.

③ 보험료와 운영비의 지원 방법 및 지원 절차 등에 필요한 사항은 대통령령으로 정한다.

❹ 지방자치단체는 예산의 범위에서 재해보험가입자가 부담하는 보험료의 일부를 추가로 지원할 수 있으며, 지방자치단체의 장은 지원금액을 재해보험가입자에게 지급하여야 한다.

> ④ 지방자치단체는 예산의 범위에서 재해보험가입자가 부담하는 보험료의 일부를 추가로 지원할 수 있으며, 지방자치단체의 장은 지원금액을 **재해보험가입자**(× → 재해보험사업자)에게 지급하여야 한다. [농어업재해보험법 제19조 제2항]

44 농업재해보험 손해평가요령상 손해평가준비 및 평가결과 제출에 관한 설명으로 옳지 않은 것은?

① 재해보험사업자는 손해평가반이 실시한 손해평가결과를 기록할 수 있는 현지조사서를 마련해야 한다.

② 손해평가반은 보험가입자가 정당한 사유없이 손해평가를 거부하여 손해평가를 실시하지 못한 경우에는 그 피해를 인정할 수 없는 것으로 평가한다는 사실을 보험가입자에게 통지한 후 현지조사서를 재해보험사업자에게 제출하여야 한다.

❸ 보험가입자가 정당한 사유없이 손해평가반이 작성한 현지조사서에 서명을 거부한 경우에는 손해평가반은 그 피해를 인정할 수 없는 것으로 평가한다는 현지조사서를 작성하여 재해보험사업자에게 제출하여야 한다.

④ 보험가입자가 손해평가반의 손해평가결과에 대하여 설명 또는 통지를 받은 날로부터 7일 이내에 손해평가가 잘못되었음을 증빙하는 서류 또는 사진 등을 제출하는 경우 재해보험사업자는 다른 손해평가반으로 하여금 재조사를 실시하게 할 수 있다.

> ③ 보험가입자가 정당한 사유없이 손해평가반이 작성한 현지조사서에 서명을 거부한 경우에는 손해평가반은 그 피해를 인정할 수 없는 것으로 평가한다는 현지조사서를 작성하여 재해보험사업자에게 제출하여야 한다. (× → 보험가입자가 정당한 사유 없이 서명을 거부하는 경우 손해평가반은 보험가입자에게 손해평가 결과를 통지한 후 서명 없이 현지조사서를 재해보험사업자에게 제출하여야 한다.) [농업재해보험 손해평가요령 제10조 제3항]

45 농업재해보험 손해평가요령상 보험목적물별 손해평가의 단위로 옳은 것을 모두 고른 것은?

> ㉠ 벌 : 벌통 단위　　　　　　　　　　㉡ 벼 : 농지별
> ㉢ 돼지 : 개별축사별　　　　　　　　　㉣ 농업시설물 : 보험가입 농가별

❶ ㉠, ㉡　　　　　　　　　　　　　　② ㉠, ㉢
③ ㉡, ㉣　　　　　　　　　　　　　　④ ㉢, ㉣

> **농업재해보험 손해평가요령 제12조(손해평가 단위)** ① 보험목적물별 손해평가 단위는 다음 각 호와 같다.
>
> 1. **농작물 : 농지별**
> 2. 가축 : 개별가축별(단, **벌은 벌통 단위**)
> 3. 농업시설물 : 보험가입 목적물별

46 농업재해보험 손해평가요령상 농작물의 보험가액 산정에 관한 설명이다. (　　　)에 들어갈 내용으로 옳은 것은?

> (　　　) 보험가액은 보험증권에 기재된 보험목적물의 평년수확량에 보험가입 당시의 단위당 가입가격을 곱하여 산정한다. 다만, 보험가액에 영향을 미치는 가입면적, 주수, 수령, 품종 등이 가입당시와 다를 경우 변경할 수 있다.

❶ 종합위험방식　　　　　　　　　　② 적과 전 종합위험방식
③ 생산비보장　　　　　　　　　　　　④ 특정위험방식

> **농업재해보험 손해평가요령 제13조(농작물의 보험가액 및 보험금 산정)** ① 농작물에 대한 보험가액 산정은 다음 각 호와 같다.
>
> 3. **종합위험방식** 보험가액은 보험증권에 기재된 보험목적물의 평년수확량에 보험가입 당시의 단위당 가입가격을 곱하여 산정한다. 다만, 보험가액에 영향을 미치는 가입면적, 주수, 수령, 품종 등이 가입당시와 다를 경우 변경할 수 있다.

47 「농어업재해보험법령」상 정부의 재정지원에 관한 설명이다. (　　)에 들어갈 내용으로 옳은 것은?

보험료 또는 운영비의 지원금액을 지급받으려는 재해보험사업자는 농림축산식품부장관 또는 해양수산부장관이 정하는 바에 따라 (　　)나 운영비 사용계획서를 농림축산식품부장관 또는 해양수산부장관에게 제출하여야 한다.

① 현지조사서　　　　　　　　　　　❷ 재해보험 가입현황서
③ 보험료 사용계획서　　　　　　　　④ 기금결산보고서

「농어업재해보험법 시행령」 제15조(보험료 및 운영비의 지원) ① 법 제19조 제1항 전단 및 제2항에 따라 보험료 또는 운영비의 지원금액을 지급받으려는 재해보험사업자는 농림축산식품부장관 또는 해양수산부장관이 정하는 바에 따라 **재해보험 가입현황서**나 운영비 사용계획서를 농림축산식품부장관 또는 해양수산부장관에게 제출하여야 한다.

48 농업재해보험 손해평가요령상 농업시설물의 보험가액 산정에 관한 설명이다. (　　)에 들어갈 내용으로 옳은 것은?

농업시설물에 대한 보험가액은 보험사고가 발생한 때와 곳에서 평가한 피해목적물의 (　　)에서 내용연수에 따른 감가상각률을 적용하여 계산한 감가상각액을 차감하여 산정한다.

❶ 재조달가액　　　　　　　　　　　② 보험가입금액
③ 원상복구비용　　　　　　　　　　④ 손해액

농업재해보험 손해평가요령 제15조(농업시설물의 보험가액 및 손해액 산정) ① 농업시설물에 대한 보험가액은 보험사고가 발생한 때와 곳에서 평가한 피해목적물의 **재조달가액**에서 내용연수에 따른 감가상각률을 적용하여 계산한 감가상각액을 차감하여 산정한다.

49 농업재해보험 손해평가요령상 종합위험방식 상품에서 조사내용으로 「재정식 조사」를 하는 품목은? [기출 수정]

① 복분자　　　　　　　　　　　　　② 마늘
❸ 양배추　　　　　　　　　　　　　④ 벼

[농업재해보험 손해평가요령 별표 2]

조사내용	조사시기	조사방법	비고
재정식 조사	사고접수 후 지체없이	• 해당농지에 보상하는 손해로 인하여 재정식이 필요한 면적 또는 면적비율 조사	양배추만 해당

50 농업재해보험 손해평가요령상 적과 전 특정위험 5종 한정 보장 특약에 가입한 경우, 「보험계약 체결일 ~ 적과 전」 생육시기에 우박으로 인한 손해수량의 조사내용인 것은? [기출 수정]

① 수확전 사고조사 ❷ 유과타박률 조사
③ 경작불능 조사 ④ 수확량 조사

농업재해보험 손해평가요령 [별표 2]

생육시기	재해	조사내용	조사시기	조사방법	비고
보험계약 체결일 ~ 적과 전	보상하는 재해 전부	피해사실 확인 조사	사고접수 후 지체없이	• 보상하는 재해로 인한 피해발생 여부 조사	피해사실이 명백한 경우 생략 가능
	우박		사고접수 후 지체없이	• 우박으로 인한 유과(어린과실) 및 꽃(눈)등의 타박비율 조사 • 조사방법 : 표본조사	적과종료 이전 특정위험 5종 한정 보장 특약 가입건에 한함
6월1일 ~ 적과 전	태풍(강풍), 우박, 집중호우, 화재, 지진		사고접수 후 지체없이	• 보상하는 재해로 발생한 낙엽피해 정도 조사 – 단감·떫은감에 대해서만 실시 • 조사방법 : 표본조사	

 농학개론 중 재배학 및 원예작물학

51 과실의 구조적 특징에 따른 분류로 옳은 것은?

① 인과류 – 사과, 자두 ❷ 핵과류 – 복숭아, 매실
③ 장과류 – 포도, 체리 ④ 각과류 – 밤, 키위

핵과류 : 과육의 내부에 단단한 핵을 형성하여 이 속에 종자가 있는 과실, 체리, 대추, **매실**, (양)앵두, **복숭아**, 살구, 자두 등

52 토양 입단 형성에 부정적 영향을 주는 것은?

❶ 나트륨 이온 첨가 ② 유기물 시용
③ 콩과작물 재배 ④ 피복작물 재배

토양 입단 파괴요인 : 부적절한 경운, 급격한 습윤/건조/동결/해빙(입단의 팽창과 수축), 강한 비/바람, **나트륨 이온**

53 작물재배에 있어서 질소에 관한 설명으로 옳은 것은?

① 벼과작물에 비해 콩과작물은 질소 시비량을 늘려주는 것이 좋다.

❷ 질산이온(NO_3^-)으로 식물에 흡수된다.

③ 결핍증상은 노엽(老葉)보다 유엽(幼葉)에서 먼저 나타난다.

④ 암모니아태 질소비료는 석회와 함께 시용하는 것이 효과적이다.

---

② 질산이온으로 식물에 흡수된다. (O) → 질소는 토양속에서 질산이온의 형태(질산태와 암모늄태)로 식물 뿌리를 통해서 식물체에 흡수된다.

① 벼과작물에 비해 콩과작물은 질소 시비량을 **늘려주는**(× → 줄여주는) 것이 좋다.

③ 결핍증상은 노엽(老葉)보다 유엽(幼葉)에서(× → 유엽(幼葉)보다 노엽(老葉)에서) 먼저 나타난다.

④ **암모니아태 질소비료는 석회와 함께 시용하는 것이 효과적이다.**(× → 암모니아태 질소비료를 석회와 함께 시용하면 휘발성이 있어 효율이 떨어진다.)

---

54 식물체내 물의 기능을 모두 고른 것은?

㉠ 양분 흡수의 용매   ㉡ 세포의 팽압 유지
㉢ 식물체의 항상성 유지   ㉣ 물질 합성과정의 매개

① ㉠, ㉡   ② ㉠, ㉢, ㉣
③ ㉡, ㉢, ㉣   ❹ ㉠, ㉡, ㉢, ㉣

[식물체내 물의 기능]
- 원형질 상태 유지
- 식물체 구성물질의 성분
- **식물체 필요물질의 흡수와 이동의 용매 역할**
- **필요물질의 합성·분해의 매개체 역할**
- 세포의 팽압 유지
- 각종 효소활성의 촉매역활
- **식물체의 항상성 유지**

---

55 토양 습해 대책으로 옳지 않은 것은?

❶ 밭의 고랑재배   ② 땅속 배수시설 설치
③ 습답의 이랑재배   ④ 토양개량제 시용

[토양 습해 대책]
- 내습성 품종 선택
- **정지(밭에서 이랑재배, 습답에서 이랑재배 등)**
- 표층시비
- 배수(암거배수, 기계배수 등)
- 세사객토, 중경, 토양개량제 사용
- 과산화석회 시용

56 작물재배 시 한해(旱害) 대책을 모두 고른 것은?

> ㉠ 중경제초　　　　㉡ 밀식재배　　　　㉢ 토양입단 조성

① ㉠, ㉡　　　　　　　　　　　　　　　　❷ ㉠, ㉢
③ ㉡, ㉢　　　　　　　　　　　　　　　　④ ㉠, ㉡, ㉢

> **[한해(旱害, 가뭄해) 대책]**
> • 뿌림골을 낮게 하여 땅속의 수분에 가깝도록 한다.
> • 뿌림골을 좁히거나 작물을 **재식하는 밀도를 낮춘다.**
> • 질소의 과다사용을 피하고, 인산·칼리·퇴비를 적절하게 증시한다.
> • 답압을 통해 토양의 건조를 막는다.
> • 내건성인 작물과 품종을 선택하고, 토양 수분은 최대로 보유하고 증발은 억제할 수 있는 조치를 취한다.
> • **토양입단을 조성한다.**
> • **중경제초한다.**

57 다음 ( )에 들어갈 내용을 순서대로 옳게 나열한 것은?

> 과수작물의 동해 및 서리피해에서 ( )의 경우 꽃이 일찍 피는 따뜻한 지역에서 늦서리 피해가 많이 일어난다. 최근에는 온난화의 영향으로 개화기가 빨라져 ( )에서 서리피해가 빈번하게 발생한다. ( )은 상층의 더운 공기를 아래로 불어내려 과수원의 기온 저하를 막아주는 방법이다.

① 사과나무, 장과류, 살수법　　　　　　❷ 배나무, 핵과류, 송풍법
③ 배나무, 인과류, 살수법　　　　　　　④ 사과나무, 각과류, 송풍법

> • 배나무 : 꽃이 일찍 피는 따뜻한 지역에서 늦서리 및 저온 피해가 많이 일어난다.
> • 핵과류 : 겨울철이 따뜻한 남부지방이나 따뜻한 해에는 개화기가 빨라져서 핵과류에서 서리 피해를 받기 쉽다. 최근에는 지구 온난화의 영향으로 개화기가 빨라져서 핵과류에서 서리피해가 빈번하게 발생한다.
> • 송풍법 : 지면보다 상층부의 공기가 보통 2 ~ 3℃ 높으므로, 상층부의 더운 공기를 아래쪽으로 불게하여 과수원의 온도 저하를 막아주는 방법이다.

58 작물의 생육적온에 관한 설명으로 옳지 않은 것은?

① 대사작용에 따라 적온이 다르다.　　　② 발아 후 생육단계별로 적온이 있다.
③ 품종에 따른 차이가 존재한다.　　　　❹ 주간과 야간의 적온은 동일하다.

> 작물의 생육적온은 보통 섭씨 20 ~ 25도 사이이며, 일반적으로 주간의 생육적온은 야간의 생육적온보다 높다.

59 다음 (   )의 내용을 순서대로 옳게 나열한 것은?

광보상점은 광합성에 의한 이산화탄소 (   )과 호흡에 의한 이산화탄소 (   )이 같은 지점이다. 그리고 내음성이 (   ) 작물은 (   ) 작물보다 광보상점이 높다.

① 방출량, 흡수량, 약한, 강한
② 방출량, 흡수량, 강한, 약한
❸ 흡수량, 방출량, 약한, 강한
④ 흡수량, 방출량, 강한, 약한

- 광보상점 : 식물이 광합성에 의한 이산화탄소 흡수량과 호흡에 의한 이산화탄소 방출량이 같은 지점이다.
- 내음성이 약한 작물은 내음성이 강한 작물보다 광보상점이 높다.

60 우리나라 우박 피해로 옳은 것을 모두 고른 것은?

㉠ 전국적으로 7월에 집중적으로 발생한다.
㉡ 돌발적이고 단기간에 큰 피해가 발생한다.
㉢ 피해지역이 비교적 좁은 범위에 한정된다.
㉣ 피해과원의 모든 과실을 제거하여 이듬해 결실률을 높인다.

① ㉠, ㉣
❷ ㉡, ㉢
③ ㉡, ㉢, ㉣
④ ㉠, ㉡, ㉢, ㉣

[우리나라 우박피해]
우리나라의 우박 피해는 주로 과수의 착과기와 성숙기에 해당되는 5 ~ 6월 혹은 9 ~10월에 간헐적이고, **돌발적으로 발생한다.** 단기간에 큰 피해를 발생시키며, 우박이 잘 내리는 곳은 낙동강 상류지역, 청천강 부근, 한강부근 등 대체로 정해져 있지만, **피해지역이 국지적인 경우가 많다.** 1차 우박피해 이후에 2차적으로 병해를 발생시키는 등 간접적인 피해를 유발하기도 한다.

61 다음이 설명하는 재해는?

시설재배 시 토양수분의 증발량이 관수량보다 많을 때 주로 발생하며, 비료성분의 집적으로 작물의 토양수분 흡수가 어려워지고 영양소 불균형을 초래한다.

① 한해
② 습해
❸ 염해
④ 냉해

- 토양수분의 증발량이 관수량보다 많을 때 주로 발생한다.
- 비료 과다 시용으로 생기는 경우가 많다.
- 식물체내의 수분포텐셜이 토양의 수분포텐셜보다 높아서 토양 수분의 흡수가 어려워지고, 영양소 불균형을 초래한다.

62 과수재배에 이용되는 생장조절물질에 관한 설명으로 옳지 않은 것은?

① 삽목 시 발근촉진제로 옥신계 물질을 사용한다.

② 사과나무 적과제로 옥신계 물질을 사용한다.

③ 씨없는 포도를 만들 때 지베렐린을 사용한다.

❹ 사과나무 낙과방지제로 시토키닌계 물질을 사용한다.

삽목 시 발근촉진제, 사과나무 적과제, 사과나무 낙과방지제 모두 **옥신계 물질**을 사용한다.

63 다음이 설명하는 것은?

낙엽과수는 가을 노화기간에 자연적인 기온 저하와 함께 내한성 증대를 위해 점진적으로 저온에 노출되어야 한다.

❶ 경화 ② 동화

③ 적화 ④ 춘화

경화법 : 갑자기 추위가 오기 전에 경화의 성질을 이용하여 내동성을 증가시키는 방법. 정식기가 가까워지면 묘를 외부환경에 미리 노출시켜 적응시키는 것

64 재래육묘에 비해 플러그육묘의 장점이 아닌 것은?

❶ 노동·기술집약적이다.

② 계획생산이 가능하다.

③ 정식 후 생장이 빠르다.

④ 기계화 및 자동화로 대량생산이 가능하다.

[플러그육묘(공정육묘)의 장점]
• 균일한 묘의 대량생산이 가능하다
• 기계화를 통해 **노동력을 절약할 수 있으며**, 그로인해 묘 생산원가 절약할 수 있다.
• 자동화를 통해 품질관리에 용이하다.
• 육묘기간을 단축시킬 수 있다.
• 대규모생산을 통해 육묘의 기업화(상업화)를 가능하게 한다.

65 육묘 재배의 이유가 아닌 것은?

① 과채류 재배 시 수확기를 앞당길 수 있다.

② 벼 재배 시 감자와 1년 2작이 가능하다.

❸ 봄결구배추 재배 시 추대를 유도할 수 있다.

④ 맥류 재배 시 생육촉진으로 생산량 증가를 기대할 수 있다.

> **[육묘의 장점]**
> - 조기수확이 가능해진다.
> - 토지의 이용도를 높일 수 있다.
> - 재해방지에 유리하다.
> - 뿌리의 활착을 증진한다.
> - **추대방지에 유리하다.**
> - 종자를 절약할 수 있다.
> - 직파에 비해 발아가 균일하다.
> - 딸기 등과 같이 직파가 불리한 작물들의 재배에 이점이 있다.
> ※ 추대 : 식물에 꽃줄기가 올라오는 현상

66 삽목번식에 관한 설명으로 옳지 않은 것은?

① 과수의 결실연령을 단축시킬 수 있다.

② 모주의 유전형질이 후대에 똑같이 계승된다.

③ 종자번식이 불가능한 작물의 번식수단이 된다.

❹ 수세를 조절하고 병해충 저항성을 높일 수 있다.

> - 삽목(挿木, 꺾꽂이) : 식물의 가지나 줄기 등을 자르거나 꺾어서 흙속에 꽂아 뿌리를 내리도록 하여 번식시키는 방법. 모주의 유전형질이 후대에 똑같이 계승된다. 과수의 결실연령을 단축시킬 수 있다. 개화결실이 빠르다. 종자번식이 불가능한 작물의 번식수단이 된다.
> - 접목(接木, 접붙이기) : 두 나무를 잘라 연결하여 하나의 개체로 만드는 방법
> - 접붙이기(형성층)의 장점 : 결과 촉진, **수세 조절**, 풍토적응성 증대, **병충해 저항성 증대**, 결과향상, 수세회복 및 품종갱신

67 담배모자이크바이러스의 주요 피해작물이 아닌 것은?

① 가지   ② 사과

③ 고추   ❹ 배추

> 담배모자이크바이러스는 주로 가지과(토마토, 고추, 가지 등), 사과, 고추 등에 가해한다.

68 식용부위에 따른 분류에서 엽경채류가 아닌 것은?

① 시금치   ② 미나리

③ 마늘   ❹ 오이

> 엽경채류(잎줄기채소) : **마늘**, 양파, 브로콜리, 죽순, (양)배추, 상추, **시금치**, **미나리**, 아스파라거스

69 다음 (   )의 내용을 순서대로 옳게 나열한 것은?

저온에 의하여 꽃눈형성이 유기되는 것을 (   )라 말하며, 당근·양배추 등은 (   )으로 식물체가 일정한 크기에 도달해야만 저온에 감응하여 화아분화가 이루어진다.

① 춘화, 종자춘화형
② 이춘화, 종자춘화형
❸ 춘화, 녹식물춘화형
④ 이춘화, 녹식물춘화형

춘화(Vernalization) : 식물의 생육과정 중 일정시기에 일정기간의 저온을 거침으로써 화아가 형성되는 현상

저온춘화	• 대체로 1 ~ 10도의 저온에 의해서 춘화되는 식물 → 월년생(두해살이)장일식물 : 딸기, 배추, 무, 맥류, 유채
고온춘화	• 비교적 고온인 10~30도의 온도에서 춘화되는 식물 → 콩 같은 단일 식물, 글라디올러스, 상추
종자춘화형	• 종자가 물을 흡수하여 배가 활동을 개시한 이후에는 언제든지 저온에 감응하는 식물 → 완두, 봄올무, 보리, 추파맥류, 밀, 무, 배추, 잠두
녹식물춘화형	• 물체가 어느 정도 영양생장을 한 다음에 저온을 받아야 생육상 전환이 일어나는 식물 → 샐러리, 양파, 국화, **양배추**, **당근**, 히요스, 스토크, 브로콜리
탈춘화(이춘화, 춘화소거)	• 저온춘화처리 기간 후에 고온, 건조, 산소부족과 같은 불량환경에 의하여 춘화처리의 효과가 상실되는 현상을 말한다. ㉑ 밀에서 저온춘화처리 직후에 35도 고온에 처리하면 탈춘화됨

70 다음 두 농가가 재배하고 있는 품목은? [기출 수정]

A농가 : 과실이 자람에 따라 서서히 호흡이 저하되다 성숙기를 지나 완숙이 진행되는 전환기에 호흡이 일시적으로 상승하는 과실
B농가 : 성숙기가 되어도 특정한 변화가 일어나지 않는 과실

❶ A농가 : 사과, B농가 : 포도
② A농가 : 살구, B농가 : 키위
③ A농가 : 포도, B농가 : 바나나
④ A농가 : 자두, B농가 : 복숭아

• 호흡 급등형 과실 : 복숭아, **사과**, 멜론, 토마토, 바나나
• 호흡 비급등형 과실 : **포도**, 딸기, 오렌지, 레몬, 파인애플, 밀감, 고추, 가지, 양앵두, 올리브, 오이 등

71 도로건설로 야간 조명이 늘어나는 지역에서 개화 지연에 대한 대책이 필요한 화훼작물은?

① 국화, 시클라멘 ② 장미, 페튜니아

③ 금어초, 제라늄 ❹ 칼랑코에, 포인세티아

단일식물은 밤의 길이가 길어야 꽃이 피는데 도로건설로 야간 조명이 늘어나는 지역은 야간 조명으로 인해 광중단(암기중단) 발생한다. 때문에 개화 지연된다.

- 단일성 화훼 : 한계일장보다 짧을 때 개화하는 화훼. 나팔꽃, **포인세티아**, 국화, 프리지아, **칼랑코에**, 과꽃, **코스모스**, 살비아 등
- 장일성 화훼 : 한계일장보다 길 때 개화하는 화훼. 거베라, 금잔화, 금어초, 페튜니아, 시네라리아 등
- 중일성(중간성, 중성식물) 화훼 : 일장과 관계없이 개화하는 식물. 장미, 시클라멘, 제라늄, 카네이션, 튤립, 수선화, 히아신스 등

72 A농가에서 실수로 2℃ 에 저장하여 저온장해를 받게 될 품목은?

① 장미 ② 백합

❸ 극락조화 ④ 국화

극락조화는 열대성 식물로 저온에서 장해가 발생한다.

73 A농가의 하우스 오이재배 시 낙과가 발생하였다. B 손해평가사가 주요 원인으로 조사할 항목은?

① 유인끈 ② 재배방식

❸ 일조량 ④ 탄산시비

일조량이 부족하면 전반적인 생육 상태가 좋지 않으며, 낙과 또는 낙화가 많아진다.

74 수경재배에 사용 가능한 원수는?

① 철분 함량이 높은 물

② 나트륨, 염소의 함량이 100ppm 이상인 물

❸ 산도가 pH7에 가까운 물

④ 중탄산 함량이 100ppm 이상인 물

수경재배에 이용할 원수에 철이 들어있다면 미리 제거되어야 한다. 철은 공기와 접촉하면 산화되어 침전되기 때문에 작물이 이용할 수 없으며, 산화철은 급액용 노즐을 막히게 할 수 있다. 나트륨과 염소의 함량은 30ppm 미만인 것이 좋고, **산도는 pH 7에 가까운 물이 좋다.** 중탄산 함량은 50ppm 이하가 적정기준이다.

75 시설재배에서 연질 피복재가 아닌 것은?

① 폴리에틸렌 필름   ❷ 폴리에스테르 필름

③ 염화비닐 필름   ④ 에틸렌아세트산비닐 필름

[연질 피복재와 경질 피복재]
1. 연질 피복재
    - PE(폴리에틸렌) 필름
    - EVA(에틸렌아세트산) 필름
    - PVC(염화비닐) 필름
    - PO(폴리오레핀) 필름
2. 경질 피복재
    - RPVC(경질폴리염화비닐 필름)
    - PET(경질**폴리에스테르 필름**)
    - 불소수지 필름

상법(보험편)

1 보험계약의 의의와 성립에 관한 설명으로 옳지 않은 것은?
① 보험계약의 성립은 특별한 요식행위를 요하지 않는다.
② 보험계약의 사행계약성으로 인하여 상법은 도덕적 위험을 방지하고자 하는 다수의 규정을 두고 있다.
❸ 보험자가 「상법」에서 정한 낙부통지 기간 내에 통지를 해태한 때에는 청약을 거절한 것으로 본다.
④ 보험계약은 쌍무·유상계약이다.

> **「상법」 제638조의2(보험계약의 성립)**
> ① 보험자가 보험계약자로부터 보험계약의 청약과 함께 보험료 상당액의 전부 또는 일부의 지급을 받은 때에는 다른 약정이 없으면 30일 내에 그 상대방에 대하여 낙부의 통지를 발송하여야 한다. 그러나 인보험계약의 피보험자가 신체검사를 받아야 하는 경우에는 그 기간은 신체검사를 받은 날부터 기산한다.
> ② 보험자가 제1항의 규정에 의한 기간 내에 낙부의 통지를 해태한 때에는 승낙한 것으로 본다.

2 다음 (　　)에 들어갈 기간으로 옳은 것은?

> 보험자가 파산의 선고를 받은 때에는 보험계약자는 계약을 해지할 수 있으며, 해지하지 아니한 보험계약은 파산선고 후 (　　)을 경과한 때에는 그 효력을 잃는다.

① 10일　　　　　　　　　　② 1월
❸ 3월　　　　　　　　　　④ 6월

> **「상법」 제654조(보험자의 파산선고와 계약해지)**
> ① 보험자가 파산의 선고를 받은 때에는 보험계약자는 계약을 해지할 수 있다.
> ② 제1항의 규정에 의하여 해지하지 아니한 보험계약은 파산선고 후 **3월**을 경과한 때에는 그 효력을 잃는다.

3 일부보험에 관한 설명으로 옳지 않은 것은?

① 일부보험은 보험금액이 보험가액에 미달하는 보험이다.

② 특약이 없을 경우, 일부보험에서 보험자는 보험금액의 보험가액에 대한 비율에 따라 보상할 책임을 진다.

❸ 일부보험에 관하여 당사자 간에 다른 약정이 있는 때에는 보험자는 실제 발생한 손해 전부를 보상할 책임을 진다.

④ 일부보험은 당사자의 의사와 상관없이 발생할 수 있다.

> ③ 일부보험에 관하여 당사자 간에 다른 약정이 있는 때에는 보험자는 **실제 발생한 손해 전부(×
> → 보험금액의 한도내에서 그 손해)를 보상할 책임을 진다. [상법 제674조]**

4 손해액의 산정에 관한 설명으로 옳지 않은 것은?

① 보험자가 보상할 손해액은 그 손해가 발생한 때와 곳의 가액에 의하여 산정하는 것이 원칙이다.

② 손해액 산정에 관하여 당사자 간에 다른 약정이 있는 때에는 신품가액에 의하여 산정할 수 있다.

③ 특약이 없는 한 보험자가 보상할 손해액에는 보험사고로 인하여 상실된 피보험자가 얻을 이익이나 보수를 산입하지 않는다.

❹ 손해액 산정에 필요한 비용은 보험자와 보험계약자가 공동으로 부담한다.

> **「상법」 제676조(손해액의 산정기준)**
> ① 보험자가 보상할 손해액은 그 손해가 발생한 때와 곳의 가액에 의하여 산정한다. 그러나 당사자 간에 다른 약정이 있는 때에는 그 신품가액에 의하여 손해액을 산정할 수 있다.
> ② 제1항의 손해액의 산정에 관한 비용은 **보험자의 부담으로 한다.**

5 보험자가 손해를 보상할 경우에 보험료의 지급을 받지 아니한 잔액이 있을 경우와 관련하여 「상법」 제677조(보험료체납과 보상액의 공제)의 내용으로 옳은 것은?

① 보험자는 보험계약에 대한 납입최고 및 해지예고 통보를 하지 않고도 보험계약을 해지할 수 있다.

② 보험자는 보상할 금액에서 지급기일이 도래하지 않은 보험료는 공제할 수 없다.

③ 보험자는 보험금 전부에 대한 지급을 거절할 수 있다.

❹ 보험자는 보상할 금액에서 지급기일이 도래한 보험료를 공제할 수 있다.

> 「상법」 제677조(보험료체납과 보상액의 공제)에 따르면, 보험자가 손해를 보상할 경우에 보험료의 지급을 받지 아니한 잔액이 있으면 **그 지급기일이 도래하지 아니한 때라도 보상할 금액에서 이를 공제할 수 있다.**라고 명시하고 있다. 때문에 지급기일이 도래한 보험료는 당연히 공제할 수 있다.

6 보험계약에 관한 설명으로 옳은 것은?

❶ 보험의 목적의 성질, 하자 또는 자연소모로 인한 손해는 보험자가 보상할 책임이 없다.

② 피보험자가 보험의 목적을 양도한 때에는 양수인은 보험계약상의 권리와 의무를 승계한 것으로 간주한다.

③ 손해방지의무는 보험계약자에게만 부과되는 의무이다.

④ 보험의 목적이 양도된 경우 보험의 목적의 양도인 또는 양수인은 보험자에 대하여 30일 이내에 그 사실을 통지하여야 한다.

> ① 보험의 목적의 성질, 하자 또는 자연소모로 인한 손해는 보험자가 보상할 책임이 없다. (○) [상법 제678조]
> ② 피보험자가 보험의 목적을 양도한 때에는 양수인은 보험계약상의 권리와 의무를 승계한 것으로 **간주한다.**(× → 추정한다.) [상법 제679조 제1항]
> ③ 손해방지의무는 **보험계약자에게만**(× → 보험계약자와 피보험자에게) 부과되는 의무이다. [상법 제680조 제1항]
> ④ 보험의 목적이 양도된 경우 보험의 목적의 양도인 또는 양수인은 보험자에 대하여 **30일 이내에**(× → 지체없이) 그 사실을 통지하여야 한다. [상법 제679조 제2항]

7 보험목적에 관한 보험대위(잔존물대위)의 설명으로 옳지 않은 것은?

① 일부보험에서도 보험금액의 보험가액에 대한 비율에 따라 잔존물대위권을 취득할 수 있다.

② 잔존물대위가 성립하기 위해서는 보험목적의 전부가 멸실하여야 한다.

③ 피보험자는 보험자로부터 보험금을 지급받기 전에는 잔존물을 임의로 처분할 수 있다.

❹ 잔존물에 대한 권리가 보험자에게 이전되는 시점은 보험자가 보험금액을 전부 지급하고, 물권변동 절차를 마무리한 때이다.

> • 잔존물에 대한 권리가 보험자에게 이전되는 시점은 보험자가 **보험금액을 전부 지급한 때**이다. [상법 제681조]
> • 잔존물 대위에 있어서 별도의 물권변동 절차를 요하지 않는다.

8 화재보험에 관한 설명으로 옳지 않은 것은? (다툼이 있으면 판례에 따름)

❶ 화재보험에서는 일반적으로 위험개별의 원칙이 적용된다.

② 화재가 발생한 건물의 철거비와 폐기물처리비는 화재와 상당인과관계가 있는 건물수리비에 포함된다.

③ 화재보험계약의 보험자는 화재로 인하여 생긴 손해를 보상할 책임이 있다.

④ 보험자는 화재의 소방 또는 손해의 감소에 필요한 조치로 인하여 생긴 손해에 대해서도 보상할 책임이 있다.

> 화재보험에서는 일반적으로 **위험개별**(× → 위험보편)의 원칙이 적용된다. [상법 제683조]

9 화재보험증권에 관한 설명으로 옳은 것은?

① 화재보험증권의 교부는 화재보험계약의 성립요건이다.

② 화재보험증권은 불요식증권의 성질을 가진다.

❸ 화재보험계약에서 보험가액을 정했다면 이를 화재보험증권에 기재하여야 한다.

④ 건물을 화재보험의 목적으로 한 경우에는 건물의 소재지, 구조와 용도는 화재보험증권의 법정기재사항이 아니다.

> 「상법」 제685조(화재보험증권) 화재보험증권에는 제666조에 게기한 사항 외에 다음의 사항을 기재하여야 한다.
>
> 1. 건물을 보험의 목적으로 한 때에는 그 소재지, 구조와 용도
> 2. 동산을 보험의 목적으로 한 때에는 그 존치한 장소의 상태와 용도
> 3. **보험가액을 정한 때에는 그 가액**

10 집합보험에 관한 설명으로 옳은 것은? (다툼이 있으면 판례에 따름)

❶ 집합보험에서는 피보험자의 가족과 사용인의 물건도 보험의 목적에 포함된다.

② 집합보험 중에서 보험의 목적이 특정되어 있는 것을 담보하는 보험을 총괄보험이라고 하며, 보험목적의 일부 또는 전부가 수시로 교체될 것을 예정하고 있는 보험을 특정보험이라한다.

③ 집합된 물건을 일괄하여 보험의 목적으로 한 때에는 그 목적에 속한 물건이 보험기간 중에 수시로 교체된 경우에 보험사고의 발생 시에 현존한 물건에 대해서는 보험의 목적에서 제외된 것으로 한다.

④ 집합보험에서 보험목적의 일부에 대해서 고지의무 위반이 있는 경우, 보험자는 원칙적으로 계약 전체를 해지할 수 있다.

> ① 집합보험에서는 피보험자의 가족과 사용인의 물건도 보험의 목적에 포함된다. (O)
> [상법 제686조]
> ② 집합보험 중에서 보험의 목적이 특정되어 있는 것을 담보하는 보험을 **총괄보험**(× → 특정보험)이라고 하며, 보험목적의 일부 또는 전부가 수시로 교체될 것을 예정하고 있는 보험을 **특정보험**(× → 총괄보험)이라 한다.
> ③ 집합된 물건을 일괄하여 보험의 목적으로 한 때에는 그 목적에 속한 물건이 보험기간 중에 수시로 교체된 경우에 보험사고의 발생 시에 현존한 물건에 대해서는 보험의 목적에 **제외된 것으로 한다.**(× → 포함된 것으로 한다.) [상법 제687조]
> ④ 집합보험에서 보험목적의 일부에 대해서 고지의무 위반이 있는 경우, 보험자는 원칙적으로 계약 전체를 해지할 수 있다. (× → 보험의 목적이 된 수개의 물건 가운데 일부에 대하여만 고지의무 위반이 있는 경우에 보험자는 나머지 부분에 대하여도 동일한 조건으로 그 부분만에 대하여 보험계약을 체결하지 아니하였으리라는 사정이 없는 한 그 고지의무 위반이 있는 물건에 대하여만 보험계약을 해지할 수 있고 나머지 부분에 대하여는 보험계약의 효력에 영향이 없다.)
> [대법원 1999. 4. 23. 선고 99다8599 판결]

11 보험계약의 성립에 관한 설명으로 옳지 않은 것은?

① 보험계약은 보험계약자의 청약과 이에 대한 보험자의 승낙으로 성립한다.

❷ 보험계약자로부터 청약을 받은 보험자는 보험료 지급여부와 상관없이 청약일로부터 30일 이내에 승낙의사표시를 발송하여야 한다.

③ 보험자의 승낙의사표시는 반드시 서면으로 할 필요는 없다.

④ 보험자가 보험계약자로부터 보험계약의 청약과 함께 보험료 상당액의 전부 또는 일부를 받은 경우에 그 청약을 승낙하기 전에 보험계약에서 정한 보험사고가 생긴 때에는 그 청약을 거절할 사유가 없는 한 보험자는 보험계약상의 책임을 진다.

> 「상법」 제638조의2(보험계약의 성립) ① 보험자가 **보험계약자로부터 보험계약의 청약과 함께 보험료 상당액의 전부 또는 일부의 지급을 받은 때에는 다른 약정이 없으면 30일 내에 그 상대방에 대하여 낙부의 통지를 발송하여야 한다.** 그러나 인보험계약의 피보험자가 신체검사를 받아야 하는 경우에는 그 기간은 신체검사를 받은 날부터 기산한다.

12 타인을 위한 보험에 관한 설명으로 옳은 것은?

① 보험계약자는 위임을 받아야만 특정한 타인을 위하여 보험계약을 체결할 수 있다.

② 타인을 위한 손해보험계약의 경우에 보험계약자는 그 타인의 서면위임을 받아야만 보험자와 계약을 체결할 수 있다.

❸ 타인을 위한 손해보험계약의 경우에 보험계약자가 그 타인에게 보험사고의 발생으로 생긴 손해의 배상을 한 때에는 타인의 권리를 해하지 않는 범위 내에서 보험자에게 보험금액의 지급을 청구할 수 있다.

④ 타인을 위해서 보험계약을 체결한 보험계약자는 보험자에게 보험료를 지급할 의무가 없다.

> ③ 타인을 위한 손해보험계약의 경우에 보험계약자가 그 타인에게 보험사고의 발생으로 생긴 손해의 배상을 한 때에는 타인의 권리를 해하지 않는 범위 내에서 보험자에게 보험금액의 지급을 청구할 수 있다. (○) [상법 제639조 제2항]
> ① 보험계약자는 **위임을 받아야만**(× → 위임을 받거나 위임을 받지 아니하고) 특정한 타인을 위하여 보험계약을 체결할 수 있다. [상법 제639조 제1항]
> ② 타인을 위한 손해보험계약의 경우에 **보험계약자는 그 타인의 서면위임을 받아야만 보험자와 계약을 체결할 수 있다.**(× → 그 타인의 위임이 없는 때에는 보험계약자는 이를 보험자에게 고지하여야 하고, 그 고지가 없는 때에는 타인이 그 보험계약이 체결된 사실을 알지 못하였다는 사유로 보험자에게 대항하지 못한다.) [상법 제639조 제1항]
> ④ 타인을 위해서 보험계약을 체결한 보험계약자는 보험자에게 **보험료를 지급할 의무가 없다.** (× → 보험료를 지급할 의무가 있다.) [상법 제639조 제3항]

13 보험증권의 교부에 관한 내용으로 옳은 것을 모두 고른 것은?

㉠ 보험계약이 성립하고 보험계약자가 최초의 보험료를 지급했다면 보험자는 지체없이 보험증권을 작성하여 보험계약자에게 교부하여야 한다.

㉡ 보험증권을 현저하게 훼손한 때에는 보험계약자는 보험증권의 재교부를 청구할 수 있다. 이 경우에 증권 작성비용은 보험자의 부담으로 한다.

㉢ 기존의 보험계약을 연장한 경우에는 보험자는 그 사실을 보험증권에 기재하여 보험증권의 교부에 갈음할 수 있다.

① ㉠, ㉡ ❷ ㉠, ㉢
③ ㉡, ㉢ ④ ㉠, ㉡, ㉢

> ㉠ 보험계약이 성립하고 보험계약자가 최초의 보험료를 지급했다면 보험자는 지체없이 보험증권을 작성하여 보험계약자에게 교부하여야 한다. (○) [상법 제640조 제1항]
> ㉡ 보험증권을 현저하게 훼손한 때에는 보험계약자는 보험증권의 재교부를 청구할 수 있다. 이 경우에 증권작성비용은 **보험자**(× → 보험계약자)의 부담으로 한다. [상법 제642조]
> ㉢ 기존의 보험계약을 연장한 경우에는 보험자는 그 사실을 보험증권에 기재하여 보험증권의 교부에 갈음할 수 있다. (○) [상법 제640조 제2항]

14 보험사고의 객관적 확정의 효과에 관한 설명으로 옳은 것은?

① 보험계약 당시에 보험사고가 이미 발생하였더라도 그 계약은 무효로 하지 않는다.

② 보험계약 당시에 보험사고가 발생할 수 없는 것이라도 그 계약은 무효로 하지 않는다.

③ 보험계약 당시에 보험사고가 이미 발생하였지만 보험수익자가 이를 알지 못한 때에는 그 계약은 무효로 하지 않는다.

❹ 보험계약 당시에 보험사고가 발생할 수 없는 것이었지만 당사자 쌍방과 피보험자가 그 사실을 몰랐다면 그 계약은 무효로 하지 않는다.

> 「상법」제644조(보험사고의 객관적 확정의 효과) 보험계약 당시에 보험사고가 이미 발생하였거나 또는 발생할 수 없는 것인 때에는 그 계약은 무효로 한다. 그러나 당사자 쌍방과 피보험자가 이를 알지 못한 때에는 그러하지 아니하다.

15 보험대리상이 아니면서 특정한 보험자를 위하여 계속적으로 보험계약의 체결을 중개하는 자의 권한을 모두 고른 것은?

> ㉠ 보험자가 작성한 보험증권을 보험계약자에게 교부할 수 있는 권한
> ㉡ 보험자가 작성한 영수증 교부를 조건으로 보험계약자로부터 보험료를 수령할 수 있는 권한
> ㉢ 보험계약자로부터 보험계약의 취소의 의사표시를 수령할 수 있는 권한
> ㉣ 보험계약자에게 보험계약의 체결에 관한 의사표시를 할 수 있는 권한

❶ ㉠, ㉡　　　　　　　　　　　　　② ㉠, ㉢

③ ㉡, ㉢　　　　　　　　　　　　　④ ㉢, ㉣

> 「상법」제646조의2(보험대리상 등의 권한) ① 보험대리상은 다음 각 호의 권한이 있다.
>
> 1. 보험계약자로부터 보험료를 수령할 수 있는 권한
> 2. 보험자가 작성한 보험증권을 보험계약자에게 교부할 수 있는 권한
> 3. 보험계약자로부터 청약, 고지, 통지, 해지, 취소 등 보험계약에 관한 의사표시를 수령할 수 있는 권한
> 4. 보험계약자에게 보험계약의 체결, 변경, 해지 등 보험계약에 관한 의사표시를 할 수 있는 권한
>
> ② 제1항에도 불구하고 보험자는 보험대리상의 제1항 각 호의 권한 중 일부를 제한할 수 있다. 다만, 보험자는 그러한 권한 제한을 이유로 선의의 보험계약자에게 대항하지 못한다.
> ③ 보험대리상이 아니면서 특정한 보험자를 위하여 계속적으로 보험계약의 체결을 중개하는 자는 제1항제1호(보험자가 작성한 영수증을 보험계약자에게 교부하는 경우만 해당한다) 및 제2호의 권한이 있다.
> ④ 피보험자나 보험수익자가 보험료를 지급하거나 보험계약에 관한 의사표시를 할 의무가 있는 경우에는 제1항부터 제3항까지의 규정을 그 피보험자나 보험수익자에게도 적용한다.

16 임의해지에 관한 설명으로 옳지 않은 것은?

① 보험계약자는 원칙적으로 보험사고가 발생하기 전에는 언제든지 계약의 전부 또는 일부를 해지할 수 있다.

② 보험사고가 발생하기 전이라도 타인을 위한 보험의 경우에 보험계약자는 그 타인의 동의를 얻지 못하거나 보험증권을 소지하지 않은 경우에는 계약의 전부 또는 일부를 해지할 수 없다.

❸ 보험사고의 발생으로 보험자가 보험금액을 지급한 때에도 보험금액이 감액되지 아니하는 보험의 경우에는 보험계약자는 그 사고발생 후에도 보험계약을 해지할 수 없다.

④ 보험사고 발생 전에 보험계약자가 계약을 해지하는 경우, 당사자 사이의 특약으로 미경과 보험료의 반환을 제한할 수 있다.

> ③ 보험사고의 발생으로 보험자가 보험금액을 지급한 때에도 보험금액이 감액되지 아니하는 보험의 경우에는 보험계약자는 그 사고발생 후에도 보험계약을 **해지할 수 없다.** (× → 해지할 수 있다.) [상법 제649조 제2항]

17 보험계약자 甲은 보험자 乙과 손해보험계약을 체결하면서 계약에 관한 사항을 고지하지 않았다. 이에 대한 보험자 乙의 「상법」상 계약해지권에 관한 설명으로 옳은 것은?

① 甲의 고지의무 위반 사실에 대한 乙의 계약해지권은 계약체결일로부터 최대 1년 내에 한하여 행사할 수 있다.

② 乙은 甲의 중과실을 이유로 「상법」상 보험계약해지권을 행사할 수 없다.

③ 乙의 계약해지권은 甲이 고지의무를 위반했다는 사실을 계약당시에 乙이 알 수 있었는지 여부와 상관없이 행사할 수 있다.

❹ 甲이 고지하지 않은 사실이 계약과 관련하여 중요하지 않은 것이라면 乙은 「상법」상 고지의무 위반을 이유로 보험계약을 해지할 수 없다.

> ④ 甲이 고지하지 않은 사실이 계약과 관련하여 중요하지 않은 것이라면 乙은 「상법」상 고지의무 위반을 이유로 보험계약을 해지할 수 없다. (○) → 고지의무 위반을 이유로 보험계약을 해지하려면, 보험계약자 또는 피보험자가 고의 또는 중대한 과실로 인하여 중요한 사항을 고지하지 아니하거나 부실의 고지를 해야한다. 여기서 "중요한 사항"이란 보험자가 그 사실을 알았더라면 계약을 체결하지 않거나 적어도 동일조건으로는 계약을 체결하지 않았을 것이라고 객관적으로 생각되는 사항을 말한다. 때문에 보험계약자 甲이 고지하지 않은 사실이 계약과 관련하여 중요하지 않은 것이라면 보험자乙은 「상법」상 고지의무 위반을 이유로 보험계약을 해지할 수 없다.
> ① 甲의 고지의무 위반 사실에 대한 乙의 계약해지권은 **계약체결일로부터 최대 1년 내에**(× → 그 사실을 안 날로부터 1월 내에, 계약을 체결한 날로부터 3년 내에) 한하여 행사할 수 있다. [상법 제651조]
> ② 乙은 甲의 중과실을 이유로 「상법」상 보험계약해지권을 **행사할 수 없다.** (× → 행사할 수 있다.) [상법 제651조]
> ③ 乙의 계약해지권은 甲이 고지의무를 위반했다는 사실을 계약당시에 乙이 **알 수 있었는지 여부와 상관없이 행사할 수 있다.** (× → 알았거나 중대한 과실로 인하여 알지 못한 때에는 계약해지권을 행사할 수 없다.) [상법 제651조]

18 보험계약자 甲은 보험자 乙과 보험계약을 체결하면서 일정한 보험료를 매월 균등하게 10년 간 지급하기로 약정하였다. 이에 관한 설명으로 옳지 않은 것은?

① 甲은 약정한 최초의 보험료를 계약체결 후 지체없이 납부하여야 한다.

❷ 甲이 계약이 성립한 후에 2월이 경과하도록 최초의 보험료를 지급하지 아니하면, 그 계약 은 법률에 의거해 효력을 상실한다. 이에 관한 당사자 간의 특약은 계약의 효력에 영향을 미치지 않는다.

③ 甲이 계속보험료를 약정한 시기에 지급하지 아니하여 乙이 보험계약을 해지하려면 상당한 기간을 정하여 甲에게 최고하여야 한다.

④ 甲이 계속보험료를 지급하지 않아서 乙이 계약해지권을 적법하게 행사하였더라도 해지환 급금이 지급되지 않았다면 甲은 일정한 기간 내에 연체보험료에 약정이자를 붙여 乙에게 지급하고 그 계약의 부활을 청구할 수 있다.

> ② 甲이 계약이 성립한 후에 2월이 경과하도록 최초의 보험료를 지급하지 아니하면, 그 계약은 **법률에 의거해 효력을 상실한다.**(× → 해제된 것으로 본다.) 이에 관한 당사자 간의 특약은 계약의 효력에 **영향을 미치지 않는다.**(× → 영향을 미친다.) [상법 제650조]

19 위험변경증가와 계약해지에 관한 설명으로 옳은 것을 모두 고른 것은?

> ㉠ 위험변경증가의 통지를 해태한 때에는 보험자는 그 사실을 안 날부터 1월 내에 보험료의 증액을 청구하 거나 계약을 해지할 수 있다.
> ㉡ 보험계약자 등의 고의나 중과실로 인하여 위험이 현저하게 변경 또는 증가된 때에는 보험자는 그 사실을 안 날부터 1월 내에 보험료의 증액을 청구하거나 계약을 해지할 수 있다.
> ㉢ 보험사고가 발생한 후라도 보험사가 위험변경증가에 따라 계약을 해지하였을 때에는 보험금을 지급할 책 임이 없고 이미 지급한 보험금의 반환을 청구할 수 있다. 다만, 위험이 현저하게 변경되거나 증가된 사실 이 보험사고 발생에 영향을 미치지 아니하였음이 증명된 경우에는 보험금을 지급할 책임이 있다.

① ㉠, ㉡   ② ㉠, ㉢

❸ ㉡, ㉢   ④ ㉠, ㉡, ㉢

> ㉠ 위험변경증가의 통지를 해태한 때에는 보험자는 그 사실을 안 날부터 1월 내에 **보험료의 증액 을 청구하거나 계약을 해지할 수 있다.**(× → 한하여 계약을 해지할 수 있다.) [상법 제652조 제 1항]
> ㉡ 보험계약자 등의 고의나 중과실로 인하여 위험이 현저하게 변경 또는 증가된 때에는 보험자는 그 사실을 안 날부터 1월 내에 보험료의 증액을 청구하거나 계약을 해지할 수 있다. (○) [상법 제653조]
> ㉢ 보험사고가 발생한 후라도 보험사가 위험변경증가에 따라 계약을 해지하였을 때에는 보험금을 지급할 책임이 없고 이미 지급한 보험금의 반환을 청구할 수 있다. 다만, 위험이 현저하게 변경 되거나 증가된 사실이 보험사고 발생에 영향을 미치지 아니하였음이 증명된 경우에는 보험금 을 지급할 책임이 있다. (○) [상법 제655조]

20 다음은 중복보험에 관한 설명이다. (   )에 들어갈 용어로 옳은 것은?

> 동일한 보험계약의 목적과 동일한 사고에 관하여 수개의 보험계약이 동시에 또는 순차로 체결된 경우에 그 (㉠)의 총액이 (㉡)을 초과한 때에는 보험자는 각자의 (㉢)의 한도에서 연대책임을 진다.

❶ ㉠ : 보험금액,   ㉡ : 보험가액,   ㉢ : 보험금액
② ㉠ : 보험금액,   ㉡ : 보험가액,   ㉢ : 보험가액
③ ㉠ : 보험료,   ㉡ : 보험가액,   ㉢ : 보험금액
④ ㉠ : 보험료,   ㉡ : 보험금액,   ㉢ : 보험금액

> 「상법」 제672조(중복보험) ①동일한 보험계약의 목적과 동일한 사고에 관하여 수개의 보험계약이 동시에 또는 순차로 체결된 경우에 그 **보험금액**의 총액이 **보험가액**을 초과한 때에는 보험자는 각자의 **보험금액**의 한도에서 연대책임을 진다. 이 경우에는 각 보험자의 보상책임은 각자의 보험금액의 비율에 따른다.

21 청구권에 관한 소멸시효 기간으로 옳지 않은 것은?
① 보험금청구권 : 3년   ❷ 보험료청구권 : 3년
③ 적립금반환청구권 : 3년   ④ 보험료반환청구권 : 3년

> 「상법」 제662조(소멸시효) 보험금청구권은 3년간, 보험료 또는 적립금의 반환청구권은 3년간, 보험료청구권은 2년간 행사하지 아니하면 시효의 완성으로 소멸한다.

22 손해보험에 관한 설명으로 옳지 않은 것은?
❶ 보험자는 보험사고로 인하여 생길 보험계약자의 재산상의 손해를 보상할 책임이 있다.
② 금전으로 산정할 수 있는 이익에 한하여 보험계약의 목적으로 할 수 있다.
③ 보험계약의 목적은 「상법」 (보험편) 손해보험 장에서 규정하고 있으나 인보험 장에서는 그러하지 아니하다.
④ 중복보험의 경우에 보험자 1인에 대한 권리의 포기는 다른 보험자의 권리의무에 영향을 미치지 아니한다.

> ① 보험자는 보험사고로 인하여 생길 **보험계약자**(× → 피보험자)의 재산상의 손해를 보상할 책임이 있다. [상법 제665조]
> ② 금전으로 산정할 수 있는 이익에 한하여 보험계약의 목적으로 할 수 있다. (○) [상법 제668조]
> ③ 보험계약의 목적은 상법 보험편 손해보험 장에서 규정하고 있으나 인보험 장에서는 그러하지 아니하다. (○) [상법 제668조 및 제727조 ~ 제729조]
> ④ 중복보험의 경우에 보험자 1인에 대한 권리의 포기는 다른 보험자의 권리의무에 영향을 미치지 아니한다. (○) [상법 제673조]

23 손해보험증권의 법정기재사항이 아닌 것은?

① 보험의 목적   ② 보험금액

❸ 보험료의 산출방법   ④ 무효와 실권의 사유

> **「상법」 제666조(손해보험증권)** 손해보험증권에는 다음의 사항을 기재하고 보험자가 기명날인 또는 서명하여야 한다.
>
> 1. **보험의 목적**
> 2. 보험사고의 성질
> 3. **보험금액**
> 4. 보험료와 그 지급방법
> 5. 보험기간을 정한 때에는 그 시기와 종기
> 6. **무효와 실권의 사유**
> 7. 보험계약자의 주소와 성명 또는 상호
> 7의2. 피보험자의 주소, 성명 또는 상호
> 8. 보험계약의 연월일
> 9. 보험증권의 작성지와 그 작성년월일

24 초과보험에 관한 설명으로 옳지 않은 것은?

① 보험금액이 보험계약의 목적의 가액을 현저하게 초과한 경우에 성립한다.

② 보험가액이 보험기간 중 현저하게 감소된 때에도 초과보험에 관한 규정이 적용된다.

③ 보험계약자 또는 보험자는 보험료와 보험금액의 감액을 청구할 수 있으나 보험료의 감액은 장래에 대하여서만 그 효력이 있다.

❹ 계약이 보험계약자의 사기로 인하여 체결된 때에는 보험자는 그 사실을 안 날로부터 1월 내에 계약을 해지할 수 있다.

> ④ 계약이 보험계약자의 사기로 인하여 체결된 때에는 **보험자는 그 사실을 안 날로부터 1월 내에 계약을 해지할 수 있다.** (× → 그 계약은 무효로 한다.) [상법 제669조 제4항]

25 보험가액에 관한 설명으로 옳지 않은 것은?

① 당사자 간에 보험가액을 정한 때에는 그 가액은 사고발생 시의 가액으로 정한 것으로 추정한다.

❷ 당사자 간에 정한 보험가액이 사고발생 시의 가액을 현저하게 초과할 때에는 그 원인에 따라 당사자 간에 정한 보험가액과 사고발생 시의 가액 중 협의하여 보험가액을 정한다.

③ 「상법」상 초과보험을 판단하는 보험계약의 목적의 가액은 계약당시의 가액에 의하여 정하는 것이 원칙이다.

④ 당사자 간에 보험가액을 정하지 아니한 때에는 사고발생 시의 가액을 보험가액으로 한다.

> ② 당사자 간에 정한 보험가액이 사고발생 시의 가액을 현저하게 초과할 때에는 **그 원인에 따라 당사자 간에 정한 보험가액과 사고발생 시의 가액 중 협의하여 보험가액을 정한다.** (× → 사고발생시의 가액을 보험가액으로 한다.) [상법 제670조]

 농어업재해보험법령

26 「농어업재해보험법령」상 농림축산식품부장관 또는 해양수산부장관이 재해보험사업을 하려는 자와 재해보험사업의 약정을 체결할 때에 포함되어야 하는 사항이 아닌 것은?

① 약정기간에 관한 사항

② 재해보험사업의 약정을 체결한 자가 준수하여야 할 사항

❸ 국가에 대한 재정지원에 관한 사항

④ 약정의 변경·해지 등에 관한 사항

> **「농어업재해보험법 시행령」 제10조(재해보험사업의 약정체결)**
> ② 농림축산식품부장관 또는 해양수산부장관은 법 제8조 제2항에 따라 재해보험사업을 하려는 자와 재해보험사업의 약정을 체결할 때에는 다음 각 호의 사항이 포함된 약정서를 작성하여야 한다.
>
>> 1. 약정기간에 관한 사항
>> 2. 재해보험사업의 약정을 체결한 자(이하 "재해보험사업자"라 한다)가 준수하여야 할 사항
>> 3. 재해보험사업자에 대한 재정지원에 관한 사항
>> 4. 약정의 변경·해지 등에 관한 사항
>> 5. 그 밖에 재해보험사업의 운영에 관한 사항

27 「농어업재해보험법」상 농어업재해에 관한 설명이다. (   )에 들어갈 내용을 순서대로 옳게 나열한 것은?

> "농어업재해"란 농작물·임산물·가축 및 농업용 시설물에 발생하는 자연재해·병충해·(㉠)·질병 또는 화재와 양식수산물 및 어업용 시설물에 발생하는 자연재해·질병 또는 (㉡)를 말한다.

① ㉠ : 지진,　　　　㉡ : 조수해(鳥獸害)
② ㉠ : 조수해(鳥獸害),　㉡ : 풍수해
❸ ㉠ : 조수해(鳥獸害),　㉡ : 화재
④ ㉠ : 지진,　　　　㉡ : 풍수해

> 「농어업재해보험법」 제2조(정의) 1. "농어업재해"란 농작물·임산물·가축 및 농업용 시설물에 발생하는 자연재해·병충해·**조수해(鳥獸害)**·질병 또는 화재(이하 "농업재해"라 한다)와 양식수산물 및 어업용 시설물에 발생하는 자연재해·질병 또는 **화재**(이하 "어업재해"라 한다)를 말한다.

28 「농어업재해보험법령」상 농업재해보험심의회 또는 「수산업·어촌 발전 기본법」 제8조 제1항에 따른 중앙수산업·어촌정책심의회에 관한 설명으로 옳지 않은 것은? [기출 수정]

① 심의회는 위원장 및 부위원장 각 1명을 포함한 21명 이내의 위원으로 구성한다.
❷ 심의회의 위원장은 각각 농림축산식품부장관 및 해양수산부장관으로 하고, 부위원장은 위원 중에서 호선(互選)한다.
③ 심의회의 회의는 재적위원 3분의 1 이상의 요구가 있을 때 또는 위원장이 필요하다고 인정할 때에 소집한다.
④ 심의회의 회의는 재적위원 과반수의 출석으로 개의(開議)하고, 출석위원 과반수의 찬성으로 의결한다.

> ② 심의회의 위원장은 각각 **농림축산식품부장관 및 해양수산부장관**(× → 농림축산식품부차관으로 하고, 부위원장은 위원 중에서 호선(互選)한다. [농어업재해보험법 제3조 제3항]

29 「농어업재해보험법령」상 보험료율의 산정에 있어서 기준이 되는 행정구역 단위가 아닌 것은?

① 특별시
② 광역시
③ 자치구
❹ 읍·면

> **「농어업재해보험법」 제9조 제1항** 제8조 제2항에 따라 농림축산식품부장관 또는 해양수산부장관과 재해보험사업의 약정을 체결한 자(이하 "재해보험사업자"라 한다)는 재해보험의 보험료율을 객관적이고 합리적인 통계자료를 기초로 하여 보험목적물별 또는 보상방식별로 산정하되, 다음 각호의 구분에 따른 단위로 산정하여야 한다.
>
> 1. 행정구역 단위 : **특별시·광역시**·도·특별자치도 또는 시(특별자치시와 「제주특별자치도 설치 및 국제자유도시 조성을 위한 특별법」 제10조 제2항에 따라 설치된 행정시를 포함한다)·군·**자치구**. 다만, 「보험업법」 제129조에 따른 보험료율 산출의 원칙에 부합하는 경우에는 자치구가 아닌 구·읍·면·동 단위로도 보험료율을 산정할 수 있다.

30 「농어업재해보험법령」상 양식수산물재해보험의 손해평가인으로 위촉될 수 있는 자격요건을 갖추지 않은 자는?

❶ 재해보험 대상 양식수산물을 3년 동안 양식한 경력이 있는 어업인
② 고등교육법 제2조에 따른 전문대학에서 보험 관련 학과를 졸업한 사람
③ 「수산생물질병 관리법」에 따른 수산질병관리사
④ 「농수산물 품질관리법」에 따른 수산물품질관리사

> ① 재해보험 대상 양식수산물을 **3년 동안**(× → 5년 이상) 양식한 경력이 있는 어업인 [농어업재해보험법 시행령 별표 2]

31 「농어업재해보험법령」상 재해보험사업에 관한 내용으로 옳지 않은 것은?

① 재해보험의 종류는 농작물재해보험, 임산물재해보험, 가축재해보험 및 양식수산물재해보험으로 한다.
❷ 재해보험에서 보상하는 재해의 범위는 해당 재해의 발생 범위, 피해 정도 및 주관적인 손해평가방법 등을 고려하여 재해보험의 종류별로 대통령령으로 정한다.
③ 정부는 재해보험에서 보상하는 재해의 범위를 확대하기 위하여 노력하여야 한다.
④ 가축재해보험에서 보상하는 재해의 범위는 자연재해, 화재 및 보험목적물별로 농림축산식품부장관이 정하여 고시하는 질병이다.

> ② 재해보험에서 보상하는 재해의 범위는 해당 재해의 **발생 범위**(× → 발생 빈도), 피해 정도 및 **주관적인**(× → 객관적인) 손해평가방법 등을 고려하여 재해보험의 종류별로 대통령령으로 정한다. [농어업재해보험법 제6조 제1항]

32 「농어업재해보험법」상 손해평가사의 감독에 관한 내용이다. (   )에 들어갈 숫자는?

> 농림축산식품부장관은 손해평가사가 그 직무를 게을리하거나 직무를 수행하면서 부적절한 행위를 하였다고 인정하면 (   )년 이내의 기간을 정하여 업무의 정지를 명할 수 있다.

❶ 1   ② 2
③ 3   ④ 5

> **「농어업재해보험법」 제11조의6(손해평가사의 감독)** ① 농림축산식품부장관은 손해평가사가 그 직무를 게을리하거나 직무를 수행하면서 부적절한 행위를 하였다고 인정하면 **1년** 이내의 기간을 정하여 업무의 정지를 명할 수 있다.

33 「농어업재해보험법」상 손해평가사의 자격 취소사유로 명시되지 않은 것은? [기출 수정]

① 손해평가사의 자격을 거짓 또는 부정한 방법으로 취득한 사람
② 업무정지 기간 중에 손해평가업무를 수행한 사람
③ 거짓으로 손해평가를 한 사람
❹ 손해평가 업무를 태만하게 한 사람

> **「농어업재해보험법」 제11조의5(손해평가사의 자격 취소)** ① 농림축산식품부장관은 다음 각 호의 어느 하나에 해당하는 사람에 대하여 손해평가사 자격을 취소할 수 있다. 다만, 제1호 및 제5호에 해당하는 경우에는 자격을 취소하여야 한다.
>
>   1. 손해평가사의 자격을 거짓 또는 부정한 방법으로 취득한 사람
>   2. 거짓으로 손해평가를 한 사람
>   3. 제11조의4 제6항을 위반하여 다른 사람에게 손해평가사의 명의를 사용하게 하거나 그 자격 증을 대여한 사람
>   4. 제11조의4 제7항을 위반하여 손해평가사 명의의 사용이나 자격증의 대여를 알선한 사람
>   5. 업무정지 기간 중에 손해평가 업무를 수행한 사람
>
> ② 제1항에 따른 자격 취소 처분의 세부기준은 대통령령으로 정한다.

34 「농어업재해보험법령」상 재정지원에 관한 설명으로 옳은 것은? [기출 수정]

① 정부는 예산의 범위에서 재해보험사업자가 지급하는 보험금의 일부를 지원할 수 있다.

② 「풍수해·지진재해보험법」에 따른 풍수해·지진재해보험에 가입한 자가 동일한 보험목적물을 대상으로 재해보험에 가입할 경우에는 정부가 재정지원을 하여야 한다.

❸ 재해보험의 운영에 필요한 지원금액을 지급받으려는 재해보험사업자는 농림축산식품부장관 또는 해양수산부장관이 정하는 바에 따라 재해보험 가입현황서나 운영비 사용계획서를 농림축산식품부장관 또는 해양수산부장관에게 제출하여야 한다.

④ 농림축산식품부장관·해양수산부장관이 예산의 범위에서 지원하는 재정지원의 경우 그 지원 금액을 재해보험가입자에게 지급하여야 한다.

> ③ 재해보험의 운영에 필요한 지원금액을 지급받으려는 재해보험사업자는 농림축산식품부장관 또는 해양수산부장관이 정하는 바에 따라 재해보험 가입현황서나 운영비 사용계획서를 농림축산식품부장관 또는 해양수산부장관에게 제출하여야 한다. (O) [농어업재해보험법 시행령 제15조 제1항]
>
> ① 정부는 예산의 범위에서 **재해보험사업자가 지급하는 보험금**(× → 재해보험가입자가 부담하는 보험료)의 일부를 지원할 수 있다. [농어업재해보험법 제19조 제1항]
>
> ② 「풍수해·지진재해보험법」에 따른 풍수해·지진재해보험에 가입한 자가 동일한 보험목적물을 대상으로 재해보험에 가입할 경우에는 정부가 재정지원을 **하여야 한다.**(× → 하지 아니한다.) [농어업재해보험법 제19조 제3항]
>
> ④ 농림축산식품부장관·해양수산부장관이 예산의 범위에서 지원하는 재정지원의 경우 그 지원 금액을 **재해보험가입자**(× → 재해보험사업자)에게 지급하여야 한다. [농어업재해보험법 제19조 제2항]

35 「농어업재해보험법」상 분쟁조정에 관한 내용이다. (   )에 들어갈 법률로 옳은 것은? [기출 수정]

> 재해보험과 관련된 분쟁의 조정(調停)은 (   ) 제33조부터 제43조까지의 규정에 따른다.

① 「보험업법」

② 「풍수해·지진재해보험법」

❸ 「금융소비자 보호에 관한 법률」

④ 「화재로 인한 재해보상과 보험가입에 관한 법률」

> **「농어업재해보험법」 제17조(분쟁조정)** 재해보험과 관련된 분쟁의 조정(調停)은 **「금융소비자 보호에 관한 법률」** 제33조부터 제43조까지의 규정에 따른다.

36 농업재해보험 손해평가요령상 용어의 정의로 옳지 않은 것은?

❶ "농업재해보험"이란 「농어업재해보험법」 제4조에 따른 농작물재해보험, 임산물재해보험 및 양식수산물재해보험을 말한다.

② "손해평가인"이라 함은 「농어업재해보험법」 제11조 제1항과 「농어업재해보험법」 시행령 제12조 제1항에서 정한 자 중에서 재해보험사업자가 위촉하여 손해평가업무를 담당하는 자를 말한다.

③ "손해평가보조인"이라 함은 「농어업재해보험법」에 따라 손해평가인, 손해평가사 또는 손해사정사가 그 피해사실을 확인하고 평가하는 업무를 보조하는 자를 말한다.

④ "손해평가사"라 함은 「농어업재해보험법」 제11조의4 제1항에 따른 자격시험에 합격한 자를 말한다.

> ① "농업재해보험"이란 「농어업재해보험법」 제4조에 따른 농작물재해보험, 임산물재해보험 및 **양식수산물재해보험**(× → **가축재해보험**)을 말한다. [농업재해보험 손해평가요령 제2조]

37 「농어업재해보험법령」상 농어업재해보험기금을 조성하기 위한 재원으로 옳지 않은 것은?

① 재해보험사업자가 정부에 낸 보험료

② 재보험금의 회수 자금

③ 기금의 운용수익금과 그 밖의 수입금

❹ 재해보험가입자가 약정에 따라 재해보험사업자에게 내야 하는 금액

> **「농어업재해보험법」 제22조(기금의 조성)** ① 기금은 다음 각 호의 재원으로 조성한다.
>
> 1. 제20조 제2항 제1호(재해보험사업자가 정부에 내야 할 보험료(이하 "재보험료"라 한다)에 관한 사항)에 따라 받은 재보험료
> 2. 정부, 정부 외의 자 및 다른 기금으로부터 받은 출연금
> 3. 재보험금의 회수 자금
> 4. 기금의 운용수익금과 그 밖의 수입금
> 5. 제2항에 따른 차입금
> 6. 「농어촌구조개선 특별회계법」 제5조 제2항 제7호에 따라 농어촌구조개선 특별회계의 농어촌특별세사업계정으로부터 받은 전입금

38 「농어업재해보험법령」상 시범사업의 실시에 관한 설명으로 옳은 것은?

① 기획재정부장관이 신규 보험상품을 도입하려는 경우 재해보험사업자와의 협의를 거치지 않고 시범사업을 할 수 있다.

② 재해보험사업자가 시범사업을 하려면 사업계획서를 농림축산식품부장관에게 제출하고 기획재정부장관과 협의하여야 한다.

③ 재해보험사업자는 시범사업이 끝나면 정부의 재정지원에 관한 사항이 포함된 사업결과보고서를 제출하여야 한다.

❹ 농림축산식품부장관 또는 해양수산부장관은 시범사업의 사업결과보고서를 받으면 그 사업결과를 바탕으로 신규 보험상품의 도입 가능성 등을 검토·평가하여야 한다.

> ④ 농림축산식품부장관 또는 해양수산부장관은 시범사업의 사업결과보고서를 받으면 그 사업결과를 바탕으로 신규 보험상품의 도입 가능성 등을 검토·평가하여야 한다. (O) [농어업재해보험법 시행령 제22조 제3항]
>
> ① **기획재정부장관이**(× → 재해보험사업자는) 신규 보험상품을 도입하려는 경우 **재해보험사업자와의 협의를 거치지 않고**(× → 농림축산식품부장관 또는 해양수산부장관과 협의하여) 시범사업을 할 수 있다. [농어업재해보험법 제27조 제1항]
>
> ② 재해보험사업자가 시범사업을 하려면 사업계획서를 **농림축산식품부장관에게 제출하고 기획재정부장관과 협의하여야 한다.**(× → 농림축산식품부장관 또는 해양수산부장관에게 제출하고 협의하여야 한다.) [농어업재해보험법 시행령 제22조 제1항]
>
> ③ 재해보험사업자는 시범사업이 끝나면 **정부의 재정지원에 관한 사항**(×)이 포함된 사업결과보고서를 제출하여야 한다. → (정부의 재정지원에 관한 사항은 사업결과보고서에 포함되는 사항이 아니다.) [농어업재해보험법 시행령 제22조 제2항]

39 「농어업재해보험법령」상 농림축산식품부장관이 해양수산부장관과 협의하여 농어업재해재보험기금의 수입과 지출에 관한 사무를 수행하게 하기 위하여 소속 공무원 중에서 임명하는 자에 해당하지 않는 것은?

① 기금수입징수관   ❷ 기금출납원

③ 기금지출관   ④ 기금재무관

> **「농어업재해보험법」 제25조(기금의 회계기관)** ① 농림축산식품부장관은 해양수산부장관과 협의하여 기금의 수입과 지출에 관한 사무를 수행하게 하기 위하여 소속 공무원 중에서 **기금수입징수관, 기금재무관, 기금지출관** 및 기금출납공무원을 임명한다.

40 「농어업재해보험법령」상 농림축산식품부장관 또는 해양수산부장관으로부터 보험상품의 운영 및 개발에 필요한 통계자료의 수집·관리업무를 위탁받아 수행할 수 있는 자를 모두 고른 것은?

> ㉠ 「수산업협동조합법」에 따른 수협은행 　㉡ 「보험업법」에 따른 보험회사
> ㉢ 농업정책보험금융원 　㉣ 지방자치단체의 장

① ㉠, ㉡ ② ㉡, ㉢

③ ㉢, ㉣ ❹ ㉠, ㉡, ㉢

> **「농어업재해보험법 시행령」 제21조(통계의 수집·관리 등에 관한 업무의 위탁)** ① 농림축산식품부장관 또는 해양수산부장관은 법 제26조제4항에 따라 같은 조 제1항 및 제3항에 따른 통계의 수집·관리, 조사·연구 등에 관한 업무를 다음 각 호의 어느 하나에 해당하는 자에게 위탁할 수 있다.
>
> 1. 「농업협동조합법」에 따른 농업협동조합중앙회
> 1의2. 「산림조합법」에 따른 산림조합중앙회
> 2. **「수산업협동조합법」에 따른 수산업협동조합중앙회 및 수협은행**
> 3. 「정부출연연구기관 등의 설립·운영 및 육성에 관한 법률」 제8조에 따라 설립된 연구기관
> 4. **「보험업법」에 따른 보험회사**, 보험요율산출기관 또는 보험계리를 업으로 하는 자
> 5. 「민법」 제32조에 따라 농림축산식품부장관 또는 해양수산부장관의 허가를 받아 설립된 비영리법인
> 6. 「공익법인의 설립·운영에 관한 법률」 제4조에 따라 농림축산식품부장관 또는 해양수산부장관의 허가를 받아 설립된 공익법인
> 7. **농업정책보험금융원**

41 「농어업재해보험법령」상 고의로 진실을 숨기거나 거짓으로 손해평가를 한 손해평가인과 손해평가사에게 부과될 수 있는 벌칙이 아닌 것은?

① 징역 6월 ❷ 과태료 2,000만 원

③ 벌금 500만 원 ④ 벌금 1,000만 원

> **「농어업재해보험법」 제30조(벌칙)** ② 다음 각 호의 어느 하나에 해당하는 자는 **1년 이하의 징역 또는 1천만원 이하의 벌금**에 처한다.
>
> 1. 제10조 제1항을 위반하여 모집을 한 자
> 2. 제11조 제2항 후단을 위반하여 **고의로 진실을 숨기거나 거짓으로 손해평가를 한 자**
> 3. 제11조의4 제6항을 위반하여 다른 사람에게 손해평가사의 명의를 사용하게 하거나 그 자격증을 대여한 자
> 4. 제11조의4 제7항을 위반하여 손해평가사의 명의를 사용하거나 그 자격증을 대여받은 자 또는 명의의 사용이나 자격증의 대여를 알선한 자

42 농업재해보험 손해평가요령상 손해평가인의 위반행위 중 1차 위반행위에 대한 개별 처분기준의 종류가 다른 것은?

① 고의로 진실을 숨기거나 거짓으로 손해평가를 한 경우
❷ 검증조사 결과 부당·부실 손해평가로 확인된 경우
③ 현장조사 없이 보험금 산정을 위해 손해평가행위를 한 경우
④ 정당한 사유없이 손해평가반 구성을 거부하는 경우

[농업재해보험 손해평가요령 별표 3]

위반행위	근거 조문	처분기준		
		1차	2차	3차
2) 고의로 진실을 숨기거나 거짓으로 손해평가를 한 경우		위촉해지		
3) 정당한 사유없이 손해평가반구성을 거부하는 경우		위촉해지		
4) 현장조사 없이 보험금 산정을 위해 손해평가행위를 한 경우		위촉해지		
6) 검증조사 결과 부당·부실 손해평가로 확인된 경우		경고	업무정지 3개월	위촉해지

43 「농어업재해보험법령」상 재해보험사업자가 재해보험사업을 원활히 수행하기 위하여 재해보험 업무의 일부를 위탁할 수 있는 자에 해당하지 않는 것은?

① 「농업협동조합법」에 따라 설립된 지역농업협동조합·지역축산업협동조합 및 품목별·업종별 협동조합
② 「산림조합법」에 따라 설립된 지역산림조합 및 품목별·업종별산림조합
③ 「보험업법」 제187조에 따라 손해사정을 업으로 하는 자
❹ 농어업재해보험 관련 업무를 수행할 목적으로 「민법」 제32조에 따라 기획재정부장관의 허가를 받아 설립된 영리법인

「농어업재해보험법 시행령」 제13조(업무 위탁) 법 제14조에서 "대통령령으로 정하는 자"란 다음 각 호의 자를 말한다.

1. 「농업협동조합법」에 따라 설립된 지역농업협동조합·지역축산업협동조합 및 품목별·업종별 협동조합
1의2. 「산림조합법」에 따라 설립된 지역산림조합 및 품목별·업종별산림조합
2. 「수산업협동조합법」에 따라 설립된 지구별 수산업협동조합, 업종별 수산업협동조합, 수산물 가공 수산업협동조합 및 수협은행
3. 「보험업법」 제187조에 따라 손해사정을 업으로 하는 자
4. 농어업재해보험 관련 업무를 수행할 목적으로 「민법」 제32조에 따라 **농림축산식품부장관 또는 해양수산부장관의 허가를 받아 설립된 비영리법인**

44 농업재해보험 손해평가요령상 손해평가에 관한 설명으로 옳지 않은 것은?

① 교차손해평가에 있어서도 평가인력 부족 등으로 신속한 손해평가가 불가피하다고 판단되는 경우에는 손해평가반구성에 지역손해평가인을 배제할 수 있다.

② 손해평가 단위와 관련하여 농지란 하나의 보험가입금액에 해당하는 토지로 필지(지번) 등과 관계없이 농작물을 재배하는 하나의 경작지를 말한다.

❸ 손해평가반이 손해평가를 실시할 때에는 재해보험사업자가 해당 보험가입자의 보험계약 사항 중 손해평가와 관련된 사항을 해당 지방자치단체에 통보하여야 한다.

④ 보험가입자가 정당한 사유없이 검증조사를 거부하는 경우 검증조사반은 검증조사가 불가능하여 손해평가 결과를 확인할 수 없다는 사실을 보험가입자에게 통지한 후 검증조사결과를 작성하여 재해보험사업자에게 제출하여야 한다.

> ③ 손해평가반이 손해평가를 실시할 때에는 재해보험사업자가 해당 보험가입자의 보험계약 사항 중 손해평가와 관련된 사항을 **해당 지방자치단체에**(× → 손해평가반에게) 통보하여야 한다.
> [농업재해보험 손해평가요령 제9조 제2항]

45 농업재해보험 손해평가요령상 종합위험방식 상품(농업수입보장 포함)의 수확 전 생육시기에 "오디"의 과실손해조사 시기로 옳은 것은?

❶ 결실완료 후 　　　　　　　　② 수정완료 후

③ 조사가능일 　　　　　　　　④ 사고접수 후 지체없이

[농업재해보험 손해평가요령 별표 2 내용 中]

생육시기	재해	조사내용	조사시기	조사방법	비고
수확 전	보상하는 재해 전부	과실손해조사	수정완료 후	살아있는 결과모지수 조사 및 수정 불량(송이)피해율 조사 • 조사방법 : 표본조사	복분자만 해당
			결실완료 후	결실수 조사 • 조사방법 : 표본조사	오디만 해당

46 농업재해보험 손해평가요령 제10조(손해평가준비 및 평가결과 제출)의 일부이다. (   )에 들어갈 내용을 순서대로 옳게 나열한 것은?

> 재해보험사업자는 보험가입자가 손해평가반의 손해평가결과에 대하여 설명 또는 통지를 (㉠)로부터 (㉡) 이내에 손해평가가 잘못되었음을 증빙하는 서류 또는 사진 등을 제출하는 경우 재해보험사업자는 다른 손해평가반으로 하여금 재조사를 실시하게 할 수 있다.

❶ ㉠ : 받은 날, ㉡ : 7일   ② ㉠ : 받은 다음 날, ㉡ : 7일
③ ㉠ : 받은 날, ㉡ : 10일   ④ ㉠ : 받은 다음 날, ㉡ : 10일

> **농업재해보험 손해평가요령 제10조(손해평가준비 및 평가결과 제출)** ⑤ 재해보험사업자는 보험가입자가 손해평가반의 손해평가결과에 대하여 설명 또는 통지를 **받은 날**로부터 **7일** 이내에 손해평가가 잘못되었음을 증빙하는 서류 또는 사진 등을 제출하는 경우 재해보험사업자는 다른 손해평가반으로 하여금 재조사를 실시하게 할 수 있다.

47 농업재해보험 손해평가요령상 "손해평가업무방법서 및 농업재해보험 손해평가요령의 재검토기한"에 관한 설명이다. (   )에 들어갈 내용을 순서대로 옳게 나열한 것은?

> • (㉠)은(는) 이 요령의 효율적인 운용 및 시행을 위하여 필요한 세부적인 사항을 규정한 손해평가업무방법서를 작성하여야 한다.
> • 농림축산식품부장관은 이 고시에 대하여 2020년 1월 1일 기준으로 매 (㉡)이 되는 시점마다 그 타당성을 검토하여 개선 등의 조치를 하여야 한다.

① ㉠ : 손해평가반, ㉡ : 2년   ② ㉠ : 재해보험사업자, ㉡ : 2년
③ ㉠ : 손해평가반, ㉡ : 3년   ❹ ㉠ : 재해보험사업자, ㉡ : 3년

> • **농업재해보험 손해평가요령 제16조(손해평가업무방법서)** **재해보험사업자**는 이 요령의 효율적인 운용 및 시행을 위하여 필요한 세부적인 사항을 규정한 손해평가업무방법서를 작성하여야 한다.
> • **농업재해보험 손해평가요령 제17조(재검토기한)** 농림축산식품부장관은 이 고시에 대하여 2020년 1월 1일 기준으로 매 **3년**이 되는 시점(매 3년째의 12월 31일까지를 말한다)마다 그 타당성을 검토하여 개선 등의 조치를 하여야 한다.

48 농업재해보험 손해평가요령상 농작물의 보험가액 산정에 관한 설명으로 옳지 않은 것을 모두 고른 것은?

> ㉠ 인삼의 특정위험방식 보험가액은 적과 후 착과수 조사를 통해 산정한 기준수확량에 보험가입 당시의 단위당 가입가격을 곱하여 산정한다.
> ㉡ 적과 전 종합위험방식의 보험가액은 적과 후 착과수 조사를 통해 산정한 기준수확량에 보험가입 당시의 단위당 가입가격을 곱하여 산정한다.
> ㉢ 종합위험방식 보험가액은 특별한 사정이 없는 한 보험증권에 기재된 보험목적물의 평년수확량에 최초 보험사고 발생 시의 단위당 가입가격을 곱하여 산정한다.

① ㉠   ② ㉢
❸ ㉠, ㉢   ④ ㉡, ㉢

> **농업재해보험 손해평가요령 제13조(농작물의 보험가액 및 보험금 산정)** ① 농작물에 대한 보험가액 산정은 다음 각 호와 같다.
>
> 1. 특정위험방식 보험가액은 적과 후 착과수 조사를 통해 산정한 기준수확량에 보험가입 당시의 단위당 가입가격을 곱하여 산정한다. 다만, **인삼은 가입면적에 보험가입 당시의 단위당 가입가격을 곱하여 산정**하되, 보험가액에 영향을 미치는 가입면적, 연근 등이 가입당시와 다를 경우 변경할 수 있다.
> 2. **적과 전 종합위험방식의 보험가액은 적과 후 착과수 조사를 통해 산정한 기준수확량에 보험가입 당시의 단위당 가입가격을 곱하여 산정한다.**
> 3. **종합위험방식 보험가액은 보험증권에 기재된 보험목적물의 평년수확량에 보험가입 당시의 단위당 가입가격을 곱하여 산정한다.** 다만, 보험가액에 영향을 미치는 가입면적, 주수, 수령, 품종 등이 가입당시와 다를 경우 변경할 수 있다.
> 4. 생산비보장의 보험가액은 작물별로 보험가입 당시 정한 보험가액을 기준으로 산정한다. 다만, 보험가액에 영향을 미치는 가입면적 등이 가입당시와 다를 경우 변경할 수 있다.
> 5. 나무손해보장의 보험가액은 기재된 보험목적물이 나무인 경우로 최초 보험사고 발생 시의 해당 농지 내에 심어져 있는 과실생산이 가능한 나무 수(피해 나무 수 포함)에 보험가입 당시의 나무당 가입가격을 곱하여 산정한다.

49 「농어업재해보험법령」과 농업재해보험 손해평가요령상 손해평가 및 손해평가인에 관한 설명으로 옳지 않은 것은?

① 「농어업재해보험법」의 구성 및 조문별 주요내용은 농림축산식품부장관 또는 해양수산부장관이 실시하는 손해평가인 정기교육의 세부내용에 포함된다.

② 손해평가인이 적법한 절차에 따라 위촉이 취소된 후 3년이 되었다면 새로이 손해평가인으로 위촉될 수 있다.

❸ 재해보험사업자로부터 소정의 절차에 따라 손해평가 업무의 일부를 위탁받은 자는 손해평가보조인을 운용할 수 없다.

④ 재해보험사업자는 손해평가인의 업무의 정지를 명하고자 하는 때에는 손해평가인이 청문에 응하지 않는 경우가 아닌 한 청문을 실시하여야 한다.

> ③ 재해보험사업자로부터 소정의 절차에 따라 손해평가 업무의 일부를 위탁받은 자는 손해평가보조인을 **운용할 수 없다.**(× → 운용할 수 있다.) [농업재해보험 손해평가요령 제4조 제3항]

50 농업재해보험 손해평가요령상 적과 전 종합위험방식 상품(사과, 배, 단감, 떫은감)의 6월 1일 ~ 적과 전 생육시기에 해당되는 재해가 아닌 것은? (단, 적과종료 이전 특정위험 5종 한정 보장 특약 가입건에 한함)

❶ 일소 ② 화재
③ 지진 ④ 강풍

[농업재해보험 손해평가요령 별표 2 내용 中]

생육시기	재해	조사내용	조사시기	조사방법	비고
보험계약 체결일 ~ 적과 전	보상하는 재해 전부	피해사실 확인 조사	사고접수 후 지체없이	• 보상하는 재해로 인한 피해발생 여부 조사	피해사실이 명백한 경우 생략 가능
	우박		사고접수 후 지체없이	• 우박으로 인한 유과(어린과실) 및 꽃(눈)등의 타박비율 조사 • 조사방법 : 표본조사	적과종료 이전 특정위험 5종 한정 보장 특약 가입건에 한함
6월1일 ~ 적과 전	태풍(강풍), 우박, 집중호우, 화재, 지진		사고접수 후 지체없이	• 보상하는 재해로 발생한 낙엽피해 정도 조사 – 단감·떫은감에 대해서만 실시 • 조사방법 : 표본조사	

농학개론 중 재배학 및 원예작물학

51 인과류에 해당하는 것은?

① 과피가 밀착·건조하여 껍질이 딱딱해진 과실

② 성숙하면서 씨방벽 전체가 다육질로 되는 과즙이 많은 과실

③ 과육의 내부에 단단한 핵을 형성하여 이 속에 종자가 있는 과실

❹ 꽃받기의 피층이 발달하여 과육 부위가 되고 씨방은 과실 안쪽에 위치하여 과심 부위가 되는 과실

> 인과류 : 꽃받기의 피층이 발달하여 과육 부위가 되고 씨방은 과실 안쪽에 위치하여 과심 부위가 되는 과실. 사과, 모과, 배, 비파 등

52 산성 토양에 관한 설명으로 옳은 것은?

① 토양 용액에 녹아 있는 수소 이온은 치환 산성 이온이다.

❷ 석회를 시용하면 산성 토양을 교정할 수 있다.

③ 토양 입자로부터 치환성 염기의 용탈이 억제되면 토양이 산성화된다.

④ 콩은 벼에 비해 산성 토양에 강한 편이다.

> 산성 토양은 석회 등과 같은 알칼리성 물질을 시용하여 교정할 수 있다.

53 작물 생육에 영향을 미치는 토양 환경에 관한 설명으로 옳지 않은 것은?

① 유기물을 투입하면 지력이 증진된다.

❷ 사양토는 점토에 비해 통기성이 낮다.

③ 토양이 입단화되면 보수성과 통기성이 개선된다.

④ 깊이갈이를 하면 토양의 물리성이 개선된다.

> • 점토함량(%)에 따른 토성 분류
>
> 사토 12.5 이하, 사양토 12.5 ~ 25, 양토 25 ~ 37.5, 식양토 37.5 ~ 50, 식토 50 이상
>
> • 통기성
>
> (좋음) 사토 〉 **사양토** 〉 양토 〉 식양토 〉 식토 〉 **점토** (나쁨)

54 가뭄이 지속될 때 작물의 잎에 나타날 수 있는 특징으로 옳지 않은 것은?

① 엽면적이 감소한다.
② 증산이 억제된다.
❸ 광합성이 촉진된다.
④ 조직이 치밀해진다.

- 광합성 = 물 + 이산화탄소 – 빛 → 포도당 + 산소
- 가뭄 지속시에는 광합성에 필요한 수분(물)이 부족하게 되어 광합성은 감소된다.

55 A농가가 작물에 나타나는 토양 습해를 줄이기 위해 실시할 수 있는 대책으로 옳은 것을 모두 고른 것은?

㉠ 이랑 재배   ㉡ 표층 시비   ㉢ 토양 개량제 사용

① ㉠, ㉡
② ㉠, ㉢
③ ㉡, ㉢
❹ ㉠, ㉡, ㉢

[내습성 품종 선택]
- 정지
  - 밭에서는 **휴립휴파(이랑을 만들어 이랑에 파종함**, 휴립재배보다 이랑이 더 높음)하여 고휴재배하고, 습답에서는 휴립재배(이랑재배)와 횡와재배를 한다.
- 유기물은 충분히 부숙(썩혀서 익힘)시켜서 사용하며, 습답에서는 산소가 모자라서 뿌리가 길게 자라지 못하여, 심층시비를 해도 효과가 없으므로 **표층시비를 실시한다.**
- 배수는 습해를 방지하는 데 가장 효과적이고, 적극적인 방책의 하나이다.
- 토양 통기를 조장하기 위하여 세사(가는 모래)를 객토하거나, 중격을 실시하고, 부숙유기물·석회·**토양개량제 등을 사용한다.**
- 과산화석회를 종자에 분의해서 파종하거나 토양에 혼입하면 습지에서 발아 및 생육이 촉진된다.

56 A농가가 과수 작물 재배 시 동해를 예방하기 위해 실시할 수 있는 조치가 아닌 것은?

❶ 과실 수확 전 토양에 질소를 시비한다.
② 과다하게 결실이 되지 않도록 적과를 실시한다.
③ 배수 관리를 통해 토양의 과습을 방지한다.
④ 강전정을 피하고 분지 각도를 넓게 한다.

과실 수확 전 토양에 질소를 시비하게 되면, 작물이 더 늦게까지 자라게 되고, 때문에 동해가 오는 시기에 저장양분 부족 등으로 인해 동해에 대한 저항력이 떨어지게 된다.

57 작물생육의 일정한 시기에 저온을 경과해야 개화가 일어나는 현상은?

① 경화   ② 순화

❸ 춘화   ④ 분화

③ 춘화 : 작물 생육의 일정한 시기에 저온을 경과한 후에 개화가 일어나는 현상

① 경화 : 작물 또는 종자를 외부환경에 미리 노출시켜 적응시키는 것, 내동성 등을 증대시킬 수 있다.

② 순화 : 작물이 환경에 적응하는 체질로 변화하는 현상

④ 분화 : 한 계통의 작물이 두 개 이상의 여러 갈래로 갈라지는 현상

58 벼와 옥수수의 광합성을 비교한 내용으로 옳지 않은 것은?

① 옥수수는 벼에 비해 광 포화점이 높은 광합성 특성을 보인다.

② 옥수수는 벼에 비해 온도가 높을수록 광합성이 유리하다.

❸ 옥수수는 벼에 비해 이산화탄소 보상점이 높은 광합성 특성을 보인다.

④ 옥수수는 벼에 비해 수분 공급이 제한된 조건에서 광합성이 유리하다.

• 광보상점 : 식물이 광합성에 의한 이산화탄소 흡수량과 호흡에 의한 이산화탄소 방출량이 같은 지점이다. (광도가 광보상점 이상일 때 식물이 생장함)

• C4식물인 옥수수는 C3식물인 벼에 비해 이산화탄소 농도가 낮은 환경에서도 광합성을 할 수 있는 특성을 보인다.

59 종자나 눈이 휴면에 들어가면서 증가하는 식물 호르몬은?

① 옥신(Auxin)   ② 시토키닌(Cytokinin)

③ 지베렐린(Gibberellin)   ❹ 아브시스산(Abscisic Acid)

④ 아브시스산(ABA) : 겨울 휴면을 유도하며, 내한성을 증진시킨다. 식물의 수분이 결핍되면 아브시스산이 많이 합성하여 기공을 닫는 방식으로 식물의 수분을 보호한다.(수분스트레스호르몬) 발아를 억제하고, 잎을 노화시키며 낙엽을 촉진한다. **식물의 휴면은 ABA농도가 높고, GA농도가 낮을 때 일어난다.**

60 과수 작물의 조류(鳥類) 피해 방지 대책으로 옳지 않은 것은?

① 방조망 설치   ❷ 페로몬 트랩 설치

③ 폭음기 설치   ④ 광 반사물 설치

• 페로몬 트랩은 해충 방제에 사용된다.

• 과수 작물의 조류(鳥類) 피해 방지 대책 : 방조망 설치, 폭음기 설치, 광 반사물 설치, 보호봉지 (플라스틱보호캡, 망사봉지 등) 등

61 강풍으로 인해 작물에 나타나는 생리적 반응을 모두 고른 것은?

㉠ 세포 팽압 증대   ㉡ 기공 폐쇄   ㉢ 작물 체온 저하

① ㉠, ㉡　　　　　　　　　　　　② ㉠, ㉢
❸ ㉡, ㉢　　　　　　　　　　　　④ ㉠, ㉡, ㉢

> **[강풍이 작물에 미치는 영향]**
> • 강풍으로 기공이 폐쇄 되어 수분흡수가 감소하게 되어, **세포 팽압은 감소**하며, 기공 폐쇄로 이산화탄소의 흡수가 적어져서 광합성이 저해된다. **작물체온이 떨어진다.**
> • **기공 폐쇄**로 광합성률이 감소한다.
> • 수정매개곤충의 활동저하로 수정률이 감소한다.
> • 작물의 체온을 저하시키며, 냉해, 도복 등을 일으킬 수 있다.
> • 과수에 착과피해와 낙과피해를 입힌다.
> • 비닐하우스 등 시설을 파손시킨다.
> • 강풍(태풍) 직후 작물들의 저항성이 떨어져 있는 동안에 병해충에 취약해진다.

62 육묘용 상토에 이용하는 경량 혼합 상토 중 유기물 재료는?

① 버미큘라이트(Vermiculite)　　　❷ 피트모스(Peatmoss)
③ 펄라이트(Perlite)　　　　　　　④ 제올라이트(Zeolite)

> **[육묘용 상토]**
> • 유기물 재료 : **피트모스**, 가축분, 왕겨, 나무껍질 등
> • 무기물 재료 : 버미큘라이트, 펄라이트, 제올라이트, 모래 등

63 작물을 육묘한 후 이식 재배하여 얻을 수 있는 효과를 모두 고른 것은?

㉠ 수량 증대   ㉡ 토지 이용률 증대   ㉢ 뿌리 활착 증진

① ㉠, ㉡　　　　　　　　　　　　② ㉠, ㉢
③ ㉡, ㉢　　　　　　　　　　　　❹ ㉠, ㉡, ㉢

> **[육모의 장점]**
> • 딸기 등과 같이 직파가 불리한 작물들의 재배에 이점이 있다.
> • 조기수확이 가능해진다.
> • **토지의 이용도를 높일 수 있다, 수량증대**
> • 재해방지에 유리하다.
> • **뿌리의 활착을 증진한다.**
> • 추대방지에 유리하다.
> • 종자를 절약할 수 있다.
> • 직파에 비해 발아가 균일하다.

64 다음 (   )에 들어갈 내용으로 옳은 것은?

> 포도·무화과 등에서와 같이 생장이 중지되어 약간 굳어진 상태의 가지를 삽목하는 것을 (㉠)이라 하고, 사과·복숭아·감귤 등에서와 같이 1년 미만의 연한 새순을 이용하여 삽목하는 것을 (㉡)이라고 한다.

① ㉠ : 신초삽, ㉡ : 숙지삽　　　　② ㉠ : 신초삽, ㉡ : 일아삽

③ ㉠ : 숙지삽, ㉡ : 일아삽　　　　❹ ㉠ : 숙지삽, ㉡ : 신초삽

- 신초삽(새순꽂이) : 새순을 이용하여 삽목하는 것으로, 국화, 제라늄, 카네이션, 고구마 등에서 이용한다.
- 숙지삽(묵은가지꽂이) : 묵은 가지를 이용하여 삽목하는 것
- 일아삽 : 하나의 눈을 삽상에 꽂아 새로운 개체를 번식하는 것

65 형태에 따른 영양 번식 기관과 작물이 바르게 짝지어진 것은?

❶ 괴경 – 감자　　　　　　　② 인경 – 글라디올러스

③ 근경 – 고구마　　　　　　④ 구경 – 양파

- 근채류 : 무, 당근, 우엉, 마, 고구마, 감자, 연근, 생강, 토란
- 직근류 : 무, 당근 등
- 괴근류 : 고구마, 마 등
- **괴경류 : 감자**, 토란 등
- 근경류 : 연근, 생강 등

66 A농가가 요소 엽면 시비를 하고자 하는 이유가 아닌 것은?

① 신속하게 영양을 공급하여 작물 생육을 회복시키고자 할 때

② 토양 해충의 피해를 받아 뿌리의 기능이 크게 저하되었을 때

③ 강우 등으로 토양의 비료 성분이 유실되었을 때

❹ 작물의 생식 생장을 촉진하고자 할 때

- 엽면시비 : 액체비료를 식물의 잎을 통해 공급하는 방법
- 엽면시비를 하는 이유 : 뿌리의 흡수에 문제가 있거나 또는 멀칭재배와 같이 토양시비가 곤란한 경우, 특정 영양분이 결핍 등이 예상되거나, 병충해 방제 등을 위해 빠른 수세 회복이 필요한 경우
- 엽면시비의 효과 : 미량원소 공급이 용이하다, 작물 뿌리에 기능에 문제가 있을 시에도 영양 공급을 할 수 있다. 토양시비보다 영양분 공급속도가 빨라서 영양공급을 조절 할 수 있다. 뿌리흡수에 문제가 없는 경우에는 토양시비가 효과가 더 좋다. 엽면시비를 하는 경우에는 잎의 앞면(윗면)보다는 뒷면(아랫면)에 시비하는 것이 효과가 더 좋다. 비료의 흡수율을 높이기 위해 전착제를 첨가하여 살포한다. 고온기는 피한다.

67 해충 방제에 이용되는 천적을 모두 고른 것은?

    ㉠ 애꽃노린재류   ㉡ 콜레마니진디벌   ㉢ 칠레이리응애   ㉣ 점박이응애

① ㉠, ㉣   ❷ ㉠, ㉡, ㉢
③ ㉡, ㉢, ㉣   ④ ㉠, ㉡, ㉢, ㉣

> **[해충별 천적]**
> • 해충 : 총채벌레, 진딧물, 온실가루이, 점박이응애
> • 천적 : 애꽃노린재류, 콜레마니진디벌, 온실가루이좀벌, 칠레이리응애
> ※ 점박이응애는 해충이다.

68 세균에 의해 작물에 발생하는 병해는?

❶ 궤양병   ② 탄저병
③ 역병   ④ 노균병

> **[원인별 병해]**
> • 진균으로 인한 병해 : 노균병, 흰가루병, 역병, 부란병, 탄저병, 점무늬낙엽병, 검은별무늬병 등
> • **세균으로 인한 병해** : 풋마름병, 궤양병, 근두암종병, 화상병, 무름병, 핵과류의 세균성구멍병, **궤양병**, 세균성 검은썩음병 등
> • 바이러스로 인한 병해 : 황화병, 사과나무고접병, 오갈병, 잎마름병, 모자이크병

69 시설 내에서 광 부족이 지속될 때 나타날 수 있는 박과 채소 작물의 생육 반응은?

❶ 낙화 또는 낙과의 발생이 많아진다.   ② 잎이 짙은 녹색을 띤다.
③ 잎이 작고 두꺼워진다.   ④ 줄기의 마디 사이가 짧고 굵어진다.

> 시설 내에서 광부족이 지속될 때에는 광합성이 잘 이루어지지 않아서, **낙화 또는 낙과의 발생이 많아지며**, 잎, 뿌리, 줄기 등의 생장이 저해되고, 결구지연, 과실품질저하 등이 발생한다.

70 백합과에 속하는 다년생 작물로 순을 이용하는 채소는?

① 셀러리   ❷ 아스파라거스
③ 브로콜리   ④ 시금치

> ② 아스파라거스는 어린 순을 이용하는 잎줄기채소이다.
> ① 셀러리는 미나리과 채소로, 줄기와 잎을 주로 이용하며, 뿌리와 씨도 모두 식용할 수 있다.
> ③ 브로콜리는 꽃부분을 이용하는 화채류(꽃채소) 채소이다.
> ④ 시금치는 잎을 이용하는 잎채소이다.

71 사과 과실에 봉지씌우기를 하여 얻을 수 있는 효과를 모두 고른 것은?

> ㉠ 당도 증진 　 ㉡ 병해충 방지 　 ㉢ 과피 착색 증진 　 ㉣ 동록 방지

① ㉠, ㉡, ㉢　　　　　　　　　　② ㉠, ㉡, ㉣
③ ㉠, ㉢, ㉣　　　　　　　　　　❹ ㉡, ㉢, ㉣

> **[봉지씌우기의 효과]**
> • 과피 착색 증진
> • 열과 방지
> • **과실 착색 증진**
> • **동록 방지**
> • **병충해 방지**
> • 농약이 직접 과실에 부착되지 않도록 하여 상품성을 높임

72 과실의 수확 적기를 판정하는 항목으로 옳은 것을 모두 고른 것은?

> ㉠ 만개 후 일수 　 ㉡ 당산비 　 ㉢ 단백질 함량

❶ ㉠, ㉡　　　　　　　　　　　② ㉠, ㉢
③ ㉡, ㉢　　　　　　　　　　　④ ㉠, ㉡, ㉢

> **[과실의 수확 적기를 판정하는 항목]**
> • **만개 후부터 성숙기까지의 일수에 의한 판정**
> • **당 및 산 함량 비율(당산비)에 의한 판정**
> • 전분의 요오드 반응에 의한 판정
> • 착색정도에 의한 판정
> • 품목별 주요 품종의 숙기표

73 절화의 수확 및 수확 후 관리 기술에 관한 설명으로 옳지 않은 것은?

① 스탠더드 국화는 꽃봉오리가 1/2 정도 개화하였을 때 수확하여 출하한다.
② 장미는 조기에 수확할수록 꽃목굽음이 발생하기 쉽다.
❸ 글라디올러스는 수확 후 눕혀서 저장하면 꽃이 구부러지지 않는다.
④ 카네이션은 수확 후 에틸렌 작용 억제제를 사용하면 절화 수명을 연장할 수 있다.

> 글라디올러스 절화는 중량이 무겁고 수분을 많이 요하는 작물로 타 작물 절화류에 비해 비교적 장기간 저장이 어려운 작물이다. 수확 후 눕혀서 저장하게 되면 중력 반대 방향으로 휘어지는 경곡 현상이 나타난다. 때문에 이를 방지하기 위해서 반드시 세워서 저장한다.

74 토양 재배에 비해 무토양 재배의 장점이 아닌 것은?

❶ 배지의 완충능이 높다.　　　② 연작 재배가 가능하다.
③ 자동화가 용이하다.　　　　④ 청정 재배가 가능하다.

[무토양 재배(= 양액재배 = 수경재배)]

장점	단점
• 연작장해를 피할 수 있다. • 기계화로 대규모 재배가 용이하다. • 기업적 농업경영이 가능하다. • 청정 재배가 가능하다. • 환경친화형 농업이 가능하다. • 안정적인 수확이 가능하다. • 동일한 환경에서 장기간 연속재배가 　가능하다. • 농약 사용량을 획기적으로 줄일 수 있다. • 품질과 수량성이 좋다.	• 초기 시설 투자액이 많이 필요하다. • 전문적인 지식과 기술이 필요하다. • **완충능이 낮아 환경에 민감하게 반응한다.** • 재배 가능한 작물의 종류가 제한적이다. • 순환식 양액재배에서는 식물병원균의 오염 　속도가 빠르다. • 작물이 일단 병해를 입으면 치명적인 손실 　을 초래할 수 있다.

75 시설 내의 환경 특이성에 관한 설명으로 옳지 않은 것은?

① 위치에 따라 온도 분포가 다르다.
② 위치에 따라 광 분포가 불균일하다.
❸ 노지에 비해 토양의 염류 농도가 낮아지기 쉽다.
④ 노지에 비해 토양이 건조해지기 쉽다.

[시설토양의 특성]
• 시설 내에는 자연 강우가 전혀 없고 온도가 노지에 비해 상대적으로 높아서 건조해지기 쉽다.
• **노지에 비하여 염류농도가 높다.**
• 시설에서 재배되는 식물은 연작의 가능성이 높아 병원성 미생물 혹은 해충 등의 생존 밀도가 높아지고 미량 원소의 부족 현상이 야기되기 쉽다.
• 특정성분이 결핍되기 쉽다.
• 연작장해가 발생하기 쉽다.
• 통기성이 좋지 않다.

상법(보험편)

1 보험계약에 관한 설명으로 옳지 않은 것은?

① 보험계약은 유상·쌍무계약이다.

❷ 보험계약은 보험자의 청약에 대하여 보험계약자가 승낙함으로써 성립한다.

③ 보험계약은 보험자의 보험금 지급책임이 우연한 사고의 발생에 달려 있으므로 사행계약의 성질을 갖는다.

④ 보험계약은 부합계약이다.

> ② 보험계약은 **보험자**(× → 보험계약자)의 청약에 대하여 **보험계약자**(× → 보험자)가 승낙함으로써 성립한다.

2 타인을 위한 보험에 관한 설명으로 옳은 것은?

① 보험계약자는 위임을 받지 아니하면 특정의 타인을 위하여 보험계약을 체결할 수 없다.

② 타인을 위한 보험계약의 경우에 그 타인은 수익의 의사표시를 하여야 그 계약의 이익을 받을 수 있다.

③ 보험계약자가 불특정의 타인을 위한 보험을 그 타인의 위임 없이 체결할 경우에는 이를 보험자에게 고지할 필요가 없다.

❹ 타인을 위한 보험계약의 경우 보험계약자가 보험료의 지급을 지체한 때에는 그 타인이 그 권리를 포기하지 아니하는 한 그 타인도 보험료를 지급할 의무가 있다.

> ④ 타인을 위한 보험계약의 경우 보험계약자가 보험료의 지급을 지체한 때에는 그 타인이 그 권리를 포기하지 아니하는 한 그 타인도 보험료를 지급할 의무가 있다. (O) [상법 제639조 제3항]

3 「상법」상 보험에 관한 설명으로 옳은 것은?

① 보험증권의 멸실로 보험계약자가 증권의 재교부를 청구한 경우 증권의 작성비용은 보험자의 부담으로 한다.

② 보험기간의 시기는 보험계약 이후로만 하여야 한다.

③ 보험계약 당시에 보험사고가 이미 발생하였을 경우 당사자 쌍방과 피보험자가 이를 알지 못하였어도 그 계약은 무효이다.

❹ 보험계약의 당사자는 보험증권의 교부가 있는 날로부터 일정한 기간 내에 한하여 그 증권 내용의 정부(正否)에 관한 이의를 할 수 있음을 약정할 수 있다.

> ④ 보험계약의 당사자는 보험증권의 교부가 있는 날로부터 일정한 기간 내에 한하여 그 증권내용의 정부(正否)에 관한 이의를 할 수 있음을 약정할 수 있다. (○) [상법 제641조]
>
> ① 보험증권의 멸실로 보험계약자가 증권의 재교부를 청구한 경우 증권의 작성비용은 **보험자**(× → 보험계약자)의 부담으로 한다. [상법 제642조]
>
> ② 보험기간의 시기는 **보험계약 이후로만 하여야 한다.** (× → 그 계약전의 어느 시기를 보험기간의 시기로 할 수 있다) [상법 제643조]
>
> ③ 보험계약 당시에 보험사고가 이미 발생하였을 경우 당사자 쌍방과 피보험자가 이를 알지 **못하였어도 그 계약은 무효이다.** (× → 못한 때에는 그 계약은 무효가 아니다.) [상법 제644조]

4 보험대리상 등의 권한에 관한 설명으로 옳지 않은 것은?

① 보험대리상은 보험계약자로부터 보험계약에 관한 청약의 의사표시를 수령할 수 있다.

② 보험자는 보험계약자로부터 보험료를 수령할 수 있는 보험대리상의 권한을 제한할 수 있다.

❸ 보험대리상은 보험계약자에게 보험계약에 관한 해지의 의사표시를 할 수 없다.

④ 보험대리상이 아니면서 특정한 보험자를 위하여 계속적으로 보험계약의 체결을 중개하는 자는 보험계약자로부터 보험계약에 관한 취소의 의사표시를 수령할 수 없다.

> ③ 보험대리상은 보험계약자에게 보험계약에 관한 해지의 의사표시를 할 수 **없다.** (× → 있다.)
>
> 보험대리상의 권한 [상법 제646조의2 제1항]
>
> • 보험계약자로부터 보험료를 수령할 수 있는 권한
> • 보험자가 작성한 보험증권을 보험계약자에게 교부할 수 있는 권한
> • 보험계약자로부터 청약, 고지, 통지, 해지, 취소 등 보험계약에 관한 의사표시를 수령할 수 있는 권한
> • 보험계약자에게 보험계약의 체결, 변경, 해지 등 보험계약에 관한 의사표시를 할 수 있는 권한

5 보험계약의 해지에 관한 설명으로 옳지 않은 것은?

❶ 보험계약자가 보험계약을 전부 해지했을 때에는 언제든지 미경과보험료의 반환을 청구할 수 있다.

② 타인을 위한 보험의 경우를 제외하고, 보험사고가 발생하기 전에는 보험계약자는 언제든지 보험계약의 전부를 해지할 수 있다.

③ 타인을 위한 보험계약의 경우 보험사고가 발생하기 전에는 그 타인의 동의를 얻으면 그 계약을 해지할 수 있다.

④ 보험금액이 지급된 때에도 보험금액이 감액되지 아니하는 보험의 경우에는 보험계약자는 그 사고발생 후에도 보험계약을 해지할 수 있다.

> **상법 제649조(사고발생전의 임의해지)**
> ① 보험사고가 발생하기 전에는 보험계약자는 언제든지 계약의 전부 또는 일부를 해지할 수 있다. 그러나 제639조의 보험계약의 경우에는 보험계약자는 그 타인의 동의를 얻지 아니하거나 보험증권을 소지하지 아니하면 그 계약을 해지하지 못한다.
> ② 보험사고의 발생으로 보험자가 보험금액을 지급한 때에도 보험금액이 감액되지 아니하는 보험의 경우에는 보험계약자는 그 사고발생 후에도 보험계약을 해지할 수 있다.
> ③ 제1항의 경우에는 보험계약자는 **당사자 간에 다른 약정이 없으면 미경과보험료의 반환을 청구할 수 있다.**

6 보험료의 지급과 지체의 효과에 관한 설명으로 옳은 것은?

❶ 보험계약자는 계약체결 후 지체없이 보험료의 전부 또는 제1회 보험료를 지급하여야 한다.

② 계속보험료가 약정한 시기에 지급되지 아니한 때에는 보험자는 상당한 기간을 정하여 보험계약자에게 최고하고 그 기간 내에 지급되지 아니한 때에는 그 계약은 해지된 것으로 본다.

③ 특정한 타인을 위한 보험의 경우에 보험계약자가 보험료의 지급을 지체한 때에는 보험자는 그 계약을 해제 또는 해지할 수 있다.

④ 보험계약자가 최초보험료를 지급하지 아니한 경우에는 다른 약정이 없는 한 계약성립 후 1월이 경과하면 그 계약은 해제된 것으로 본다.

> **「상법」 제650조(보험료의 지급과 지체의 효과)**
> ① **보험계약자는 계약체결후 지체없이 보험료의 전부 또는 제1회 보험료를 지급하여야 하며,** 보험계약자가 이를 지급하지 아니하는 경우에는 다른 약정이 없는 한 계약성립후 2월이 경과하면 그 계약은 해제된 것으로 본다.
> ② 계속보험료가 약정한 시기에 지급되지 아니한 때에는 보험자는 상당한 기간을 정하여 보험계약자에게 최고하고 그 기간 내에 지급되지 아니한 때에는 그 계약을 해지할 수 있다.
> ③ 특정한 타인을 위한 보험의 경우에 보험계약자가 보험료의 지급을 지체한 때에는 보험자는 그 타인에게도 상당한 기간을 정하여 보험료의 지급을 최고한 후가 아니면 그 계약을 해제 또는 해지하지 못한다.

7 고지의무에 관한 설명으로 옳지 않은 것은?

❶ 고지의무를 부담하는 자는 보험계약상의 보험계약자 또는 보험수익자이다.

② 보험계약자가 고의로 중요한 사항을 고지하지 아니한 경우, 보험자는 계약 체결일로부터 1월이 된 시점에는 계약을 해지할 수 있다.

③ 보험자가 계약당시에 보험계약자의 고지의무 위반 사실을 알았을 때에는 계약을 해지할 수 없다.

④ 보험계약자가 중대한 과실로 중요한 사항을 고지하지 아니한 경우, 보험자는 계약체결일로부터 5년이 경과한 시점에는 계약을 해지할 수 없다.

> 「상법」 제651조(고지의무 위반으로 인한 계약해지) 보험계약 당시에 **보험계약자 또는 피보험자가** 고의 또는 중대한 과실로 인하여 중요한 사항을 고지하지 아니하거나 부실의 고지를 한 때에는 보험자는 그 사실을 안 날로부터 1월 내에, 계약을 체결한 날로부터 3년 내에 한하여 계약을 해지할 수 있다. 그러나 보험자가 계약당시에 그 사실을 알았거나 중대한 과실로 인하여 알지 못한 때에는 그러하지 아니하다.

8 보험약관에 관한 설명으로 옳은 것을 모두 고른 것은? (다툼이 있으면 판례에 따름)

㉠ 보통보험약관이 계약당사자에 대하여 구속력을 가지는 것은 보험계약 당사자 사이에서 계약내용에 포함시키기로 합의하였기 때문이다.

㉡ 보험자가 약관의 교부·설명 의무를 위반한 경우에 보험계약이 성립한 날부터 3개월 이내에는 피보험자 또는 보험수익자도 그 계약을 해지할 수 있다.

㉢ 약관의 내용이 이미 법령에 의하여 정하여진 것을 되풀이 하는 정도에 불과한 경우, 보험자는 고객에게 이를 따로 설명하지 않아도 된다.

① ㉠, ㉡   ❷ ㉠, ㉢
③ ㉡, ㉢   ④ ㉠, ㉡, ㉢

> ㉠ 보통보험약관이 계약당사자에 대하여 구속력을 가지는 것은 보험계약 당사자 사이에서 계약내용에 포함시키기로 합의하였기 때문이다. (○) [대법원 1985. 11. 26. 선고 84다카2543 판결]
> ㉡ 보험자가 약관의 교부·설명 의무를 위반한 경우에 보험계약이 성립한 날부터 3개월 이내에는 **피보험자 또는 보험수익자도**(× → 보험계약자는) 그 계약을 **해지**(× → 취소)할 수 있다. [상법 제638조의3]
> ㉢ 약관의 내용이 이미 법령에 의하여 정하여진 것을 되풀이 하는 정도에 불과한 경우, 보험자는 고객에게 이를 따로 설명하지 않아도 된다. (○) [대법원 2018. 10. 25. 선고 2014다232784 판결]

9 위험변경증가의 통지와 계약해지에 관한 설명으로 옳은 것은?

❶ 보험기간 중에 피보험자가 사고발생의 위험이 현저하게 변경 또는 증가된 사실을 안 때에는 지체없이 보험자에게 통지하여야 한다.

② 보험계약체결 직전에 보험계약자가 사고발생의 위험이 변경 또는 증가된 사실을 안 때에는 지체없이 보험자에게 통지하여야 한다.

③ 보험기간 중에 위험변경증가의 통지를 받은 때에는 보험자는 3개월 내에 보험료의 증액을 청구할 수 있다.

④ 보험기간 중에 위험변경증가의 통지를 받은 때에는 보험자는 3개월 내에 계약을 해지할 수 있다.

> 「상법」 제652조(위험변경증가의 통지와 계약해지)
> ① 보험기간 중에 보험계약자 또는 피보험자가 사고발생의 위험이 현저하게 변경 또는 증가된 사실을 안 때에는 지체없이 보험자에게 통지하여야 한다. 이를 해태한 때에는 보험자는 그 사실을 안 날로부터 1월 내에 한하여 계약을 해지할 수 있다.
> ② 보험자가 제1항의 위험변경증가의 통지를 받은 때에는 1월 내에 보험료의 증액을 청구하거나 계약을 해지할 수 있다.

10 보험계약자 등의 고의나 중과실로 인한 위험증가와 계약해지에 관한 설명으로 옳지 않은 것은? (다툼이 있으면 판례에 따름)

① 보험기간 중에 보험계약자의 중대한 과실로 인하여 사고발생의 위험이 현저하게 증가된 때에는 보험자는 그 사실을 안 날부터 1월 내에 보험료의 증액을 청구할 수 있다.

❷ 위험의 현저한 변경이나 증가된 사실과 보험사고 발생과의 사이에 인과관계가 부존재 한다는 점에 관한 주장·입증책임은 보험자 측에 있다.

③ 보험기간 중에 피보험자의 고의로 인하여 사고발생의 위험이 현저하게 증가된 때에는 보험자는 그 사실을 안 날부터 1월 내에 계약을 해지할 수 있다.

④ 사고 발생의 위험이 현저하게 변경 또는 증가된 사실이라 함은 그 변경 또는 증가된 위험이 보험계약의 체결 당시에 존재하고 있었다면 보험자가 보험계약을 체결하지 않았거나 적어도 그 보험료로는 보험을 인수하지 않았을 것으로 인정되는 정도의 것을 말한다.

> ② 위험의 현저한 변경이나 증가된 사실과 보험사고 발생과의 사이에 인과관계가 부존재 한다는 점에 관한 주장·입증책임은 **보험자**(× → 보험계약자) 측에 있다. [대법원 1997. 9. 5. 선고 95 다25268 판결]

11 보험자의 계약해지와 보험금청구권에 관한 설명으로 옳은 것을 모두 고른 것은?

　　㉠ 보험사고 발생 후라도 보험계약자의 계속보험료 지급지체를 이유로 보험자가 계약을 해지하였을 때에는 보험금을 지급할 책임이 있다.
　　㉡ 보험사고 발생 후에 보험계약자가 고지의무를 위반한 사실이 보험사고 발생에 영향을 미치지 아니하였음이 증명된 경우에는 보험자는 보험금을 지급할 책임이 있다.
　　㉢ 보험수익자의 중과실로 인하여 사고발생의 위험이 현저하게 변경되거나 증가된 사실이 보험사고 발생에 영향을 미치지 아니하였음이 증명된 경우에는 보험자는 보험금을 지급할 책임이 있다.

① ㉢　　　　　　　　　　　　　　　　　② ㉠, ㉡
❸ ㉡, ㉢　　　　　　　　　　　　　　　④ ㉠, ㉡, ㉢

> **제655조(계약해지와 보험금청구권)** 보험사고가 발생한 후라도 보험자가 제650조(보험료의 지급과 지체의 효과), 제651조(고지의무 위반으로 인한 계약해지), 제652조(위험변경증가의 통지와 계약해지) 및 제653조(보험계약자 등의 고의나 중과실로 인한 위험증가와 계약해지)에 따라 계약을 해지하였을 때에는 보험금을 지급할 책임이 없고 이미 지급한 보험금의 반환을 청구할 수 있다. 다만, 고지의무(告知義務)를 위반한 사실 또는 위험이 현저하게 변경되거나 증가된 사실이 보험사고 발생에 영향을 미치지 아니하였음이 증명된 경우에는 보험금을 지급할 책임이 있다.

12 보험사고발생의 통지의무에 관한 설명으로 옳은 것은?

① 「상법」은 보험사고발생의 통지의무위반 시 보험자의 계약해지권을 규정하고 있다.
② 보험계약자는 보험사고의 발생을 안 때에는 상당한 기간 내에 보험자에게 그 통지를 발송하여야 한다.
❸ 피보험자가 보험사고발생의 통지의무를 해태함으로 인하여 손해가 증가된 때에는 보험자는 그 증가된 손해를 보상할 책임이 없다.
④ 보험수익자는 보험사고발생의 통지의무자에 포함되지 않는다.

> **「상법」 제657조(보험사고발생의 통지의무)**
> ① 보험계약자 또는 피보험자나 보험수익자는 보험사고의 발생을 안 때에는 지체없이 보험자에게 그 통지를 발송하여야 한다.
> ② 보험계약자 또는 피보험자나 보험수익자가 제1항의 통지의무를 해태함으로 인하여 손해가 증가된 때에는 보험자는 그 증가된 손해를 보상할 책임이 없다.

13 손해보험에 관한 설명으로 옳지 않은 것은? (단, 다른 약정이 없음을 전제로 함)

❶ 보험사고로 인하여 상실된 피보험자가 얻을 보수는 보험자가 보상할 손해액에 산입하여야 한다.

② 보험계약은 금전으로 산정할 수 있는 이익에 한하여 보험계약의 목적으로 할 수 있다.

③ 무효와 실권의 사유는 손해보험증권의 기재사항이다.

④ 당사자 간에 보험가액을 정하지 아니한 때에는 사고발생 시의 가액을 보험가액으로 한다.

> 「상법」 제667조(상실이익 등의 불산입) 보험사고로 인하여 상실된 피보험자가 얻을 이익이나 보수는 당사자 간에 다른 약정이 없으면 보험자가 보상할 손해액에 **산입하지 아니한다.**

14 보험금액의 지급에 관한 설명으로 옳지 않은 것은? (다툼이 있으면 판례에 따름)

① 보험금액의 지급에 관하여 약정기간이 있는 경우, 보험자는 그 기간 내에 보험금액을 지급하여야 한다.

② 보험금액의 지급에 관하여 약정기간이 없는 경우, 보험자는 보험사고발생의 통지를 받은 후 지체없이 지급할 보험금액을 정하여야 한다.

❸ 보험금액의 지급에 관하여 약정기간이 없는 경우, 보험금액이 정하여진 날부터 1월 내에 보험수익자에게 보험금액을 지급하여야 한다.

④ 보험계약자의 동의없이 보험자와 피보험자 사이에 한 보험금 지급기한 유예의 합의는 유효하다.

> 「상법」 제658조(보험금액의 지급) 보험자는 보험금액의 지급에 관하여 약정기간이 있는 경우에는 그 기간 내에 약정기간이 없는 경우에는 제657조 제1항의 통지를 받은 후 지체없이 지급할 보험금액을 정하고 그 정하여진 날부터 10일 내에 피보험자 또는 보험수익자에게 보험금액을 지급하여야 한다.

15 「상법」 제662조(소멸시효)에 관한 설명으로 옳은 것은?

① 보험금청구권은 2년간 행사하지 아니하면 시효의 완성으로 소멸한다.

❷ 보험료의 반환청구권은 3년간 행사하지 아니하면 시효의 완성으로 소멸한다.

③ 보험료청구권은 1년간 행사하지 아니하면 시효의 완성으로 소멸한다.

④ 적립금의 반환청구권은 2년간 행사하지 아니하면 시효의 완성으로 소멸한다.

> 「상법」 제662조(소멸시효) 보험금청구권은 3년간, 보험료 또는 적립금의 반환청구권은 3년간, 보험료청구권은 2년간 행사하지 아니하면 시효의 완성으로 소멸한다.
>
> 약자(가입자)가 강자(보험회사)에게 달라고 하는 것은 3년
> 강자(보험회사)가 약자(가입자)에게 달라고 하는 것은 2년

16 보험계약자 등의 불이익변경금지에 관한 설명으로 옳지 않은 것은?

❶ 「상법」 보험편의 규정은 당사자 간의 특약으로 피보험자의 이익으로 변경하지 못한다.

② 「상법」 보험편의 규정은 당사자 간의 특약으로 보험수익자의 불이익으로 변경하지 못한다.

③ 해상보험의 경우 보험계약자 등의 불이익변경금지 규정은 적용되지 아니한다.

④ 재보험의 경우 보험계약자 등의 불이익변경금지 규정은 적용되지 아니한다.

> **「상법」 제663조(보험계약자 등의 불이익변경금지)** 이 편의 규정은 당사자 간의 특약으로 보험계약자 또는 피보험자나 보험수익자의 **불이익**으로 변경하지 못한다. 그러나 재보험 및 해상보험 기타 이와 유사한 보험의 경우에는 그러하지 아니하다.

17 중복보험에 관한 설명으로 옳은 것을 모두 고른 것은?

> ㉠ 중복보험의 경우 보험자 1인에 대한 권리의 포기는 다른 보험자의 권리 의무에 영향을 미치지 않는다.
> ㉡ 중복보험계약을 체결하는 경우에는 보험계약자는 각 보험자에 대하여 각 보험계약의 내용을 통지하여야 한다.
> ㉢ 중복보험에서 보험금액의 총액이 보험가액을 초과한 때에는 보험자는 각자의 보험금액의 한도에서 연대책임을 진다.

① ㉠
③ ㉡, ㉢

② ㉠, ㉡
❹ ㉠, ㉡, ㉢

> **「상법」 제672조(중복보험)**
> ① 동일한 보험계약의 목적과 동일한 사고에 관하여 수개의 보험계약이 동시에 또는 순차로 체결된 경우에 그 **보험금액의 총액이 보험가액을 초과한 때에는 보험자는 각자의 보험금액의 한도에서 연대책임을 진다.** 이 경우에는 각 보험자의 보상책임은 각자의 보험금액의 비율에 따른다.
> ② 동일한 보험계약의 목적과 동일한 사고에 관하여 수개의 보험계약을 체결하는 경우에는 **보험계약자는 각 보험자에 대하여 각 보험계약의 내용을 통지하여야 한다.**
> ③ 제669조제4항의 규정은 제1항의 보험계약에 준용한다.
> **「상법」 제673조(중복보험과 보험자 1인에 대한 권리포기)** 제672조의 규정에 의한 수개의 보험계약을 체결한 경우에 보험자 1인에 대한 권리의 포기는 다른 보험자의 권리의무에 영향을 미치지 아니한다.

18 甲은 보험가액이 2억 원인 건물에 대하여 보험금액을 1억 원으로 하는 손해보험에 가입하였다. 이에 관한 설명으로 옳지 않은 것은? (단, 다른 약정이 없음을 전제로 함)

① 일부보험에 해당한다.

② 전손(全損)인 경우에는 보험자는 1억 원을 지급한다.

❸ 1억 원의 손해가 발생한 경우에는 보험자는 1억 원을 지급한다.

④ 8천만 원의 손해가 발생한 경우에는 보험자는 4천만 원을 지급한다.

> 「상법」 제674조(일부보험) 보험가액의 일부를 보험에 붙인 경우에는 보험자는 **보험금액의 보험가액에 대한 비율에 따라 보상할 책임을 진다.** 그러나 당사자 간에 다른 약정이 있는 때에는 보험자는 보험금액의 한도 내에서 그 손해를 보상할 책임을 진다.
>
> 일부보험으로, $\dfrac{1억\ 원(보험가입금액)}{2억\ 원(보험가액)}$ 의 비율로 보상한다.
>
> 1억 원 손해 발생의 경우, 보험자는 손해액 1억원 $\times\ \dfrac{1억\ 원(보험가입금액)}{2억\ 원(보험가액)}$
>
> = 5천만 원을 지급한다.

19 일부보험에 관한 설명으로 옳은 것은?

① 계약체결의 시점에 의도적으로 보험가액보다 낮게 보험금액을 약정하는 것은 허용되지 않는다.

② 일부보험에 관한 상법의 규정은 강행규정이다.

③ 일부보험의 경우에는 잔존물 대위가 인정되지 않는다.

❹ 일부보험에 있어서 일부손해가 발생하여 비례보상원칙을 적용하면 손해액은 보상액보다 크다.

> 「상법」 제674조(일부보험) 보험가액의 일부를 보험에 붙인 경우에는 보험자는 **보험금액의 보험가액에 대한 비율에 따라 보상할 책임을 진다.** 그러나 당사자 간에 다른 약정이 있는 때에는 보험자는 보험금액의 한도내에서 그 손해를 보상할 책임을 진다.
>
> ④ (일부보험 : 보험가입금액 < 보험가액)
>
> 손해액 $\times\ \dfrac{보험가입금액}{보험가액}$ = 보상액, ∴ 손해액 > 보상액

20 손해액 산정에 관한 설명으로 옳지 않은 것은?

① 보험사고로 인하여 상실된 피보험자가 얻을 이익은 당사자 간에 다른 약정이 없으면 보험자가 보상할 손해액에 산입하지 아니한다.

② 당사자 간에 다른 약정이 있는 때에는 신품가액에 의하여 보험자가 보상할 손해액을 산정할 수 있다.

❸ 손해액 산정에 필요한 비용은 보험자와 보험계약자 및 보험수익자가 공동으로 부담한다.

④ 손해보상은 원칙적으로 금전으로 하지만 당사자의 합의로 손해의 전부 또는 일부를 현물로 보상할 수 있다.

> 「상법」 제676조(손해액의 산정기준)
> ① 보험자가 보상할 손해액은 그 손해가 발생한 때와 곳의 가액에 의하여 산정한다. 그러나 당사자 간에 다른 약정이 있는 때에는 그 신품가액에 의하여 손해액을 산정할 수 있다.
> ② 제1항의 손해액의 산정에 관한 비용은 보험자의 부담으로 한다.

21 손해보험에 관한 설명으로 옳지 않은 것은?

① 보험자가 손해를 보상할 경우에 보험료의 지급을 받지 아니한 잔액이 있으면 그 지급 기일이 도래하지 아니한 때라도 보상할 금액에서 이를 공제할 수 있다.

❷ 보험계약자가 손해의 방지와 경감을 위하여 필요 또는 유익하였던 비용과 보상액이 보험금액을 초과한 경우에는 보험자는 보험금액의 한도내에서 이를 부담한다.

③ 보험의 목적에 관하여 보험자가 부담할 손해가 생긴 경우에는 그 후 그 목적이 보험자가 부담하지 아니하는 보험사고의 발생으로 인하여 멸실된 때에도 보험자는 이미 생긴 손해를 보상할 책임을 면하지 못한다.

④ 보험의 목적의 자연소모로 인한 손해는 보험자가 이를 보상할 책임이 없다.

> 「상법」 제680조(손해방지의무) ① 보험계약자와 피보험자는 손해의 방지와 경감을 위하여 노력하여야 한다. 그러나 이를 위하여 필요 또는 유익하였던 비용과 보상액이 보험금액을 초과한 경우라도 보험자가 이를 부담한다.

22 보험대위에 관한 설명으로 옳은 것은? (다툼이 있으면 판례에 따름)

① 손해가 제3자의 행위로 인하여 발생한 경우에 보험금을 지급하기 전이라도 보험자는 그 제3자에 대한 보험계약자의 권리를 취득한다.

❷ 잔존물대위가 성립하기 위해서는 보험목적의 전부가 멸실하여야 한다.

③ 잔존물에 대한 권리가 보험자에게 이전되는 시점은 보험자가 보험금액을 전부 지급하고, 물권변동 절차를 마무리한 때이다.

④ 재보험에 대하여는 제3자에 대한 보험자대위가 적용되지 않는다.

> 「상법」 제681조(보험목적에 관한 보험대위) 보험의 목적의 전부가 멸실한 경우에 보험금액의 전부를 지급한 보험자는 그 목적에 대한 피보험자의 권리를 취득한다. 그러나 보험가액의 일부를 보험에 붙인 경우에는 보험자가 취득할 권리는 보험금액의 보험가액에 대한 비율에 따라 이를 정한다.

23 화재보험에 관한 설명으로 옳은 것은? (다툼이 있으면 판례에 따름)

① 화재가 발생한 건물을 수리하면서 지출한 철거비와 폐기물처리비는 화재와 상당인과 관계가 있는 건물수리비에는 포함되지 않는다.

② 피보험자가 화재 진화를 위해 살포한 물로 보험목적이 훼손된 손해는 보상하지 않는다.

③ 불에 탈 수 있는 목조교량은 화재보험의 목적이 될 수 없다.

❹ 보험자가 손해를 보상함에 있어서 화재와 손해 간에 상당인과관계가 필요하다.

> ④ 보험자가 손해를 보상함에 있어서 화재와 손해 간에 상당인과관계가 필요하다. (○) [상법 제683조]
>
> ① 화재가 발생한 건물을 수리하면서 지출한 철거비와 폐기물처리비는 화재와 상당인과 관계가 있는 건물수리비에는 **포함되지 않는다.**(× → 포함된다.) [대법원 2003. 4. 25. 선고 2002다64520 판결]
>
> ② 피보험자가 화재 진화를 위해 살포한 물로 보험목적이 훼손된 손해는 **보상하지 않는다.**(× → 보상한다.) [상법 제684조]
>
> ③ 불에 탈 수 있는 목조교량은 화재보험의 목적이 **될 수 없다.**(× → 될 수 있다.)

24 건물을 화재보험의 목적으로 한 경우 화재보험증권의 법정기재사항이 아닌 것은?

① 건물의 소재지, 구조와 용도

② 보험가액을 정한 때에는 그 가액

③ 보험기간을 정한 때에는 그 시기와 종기

❹ 설계감리법인의 주소와 성명 또는 상호

> **「상법」 제685조(화재보험증권)** 화재보험증권에는 제666조에 게기한 사항 외에 다음의 사항을 기재하여야 한다.
>
> 1. 건물을 보험의 목적으로 한 때에는 그 소재지, 구조와 용도
> 2. 동산을 보험의 목적으로 한 때에는 그 존치한 장소의 상태와 용도
> 3. 보험가액을 정한 때에는 그 가액

25 집합보험에 관한 설명으로 옳은 것은?

① 피보험자의 가족의 물건은 보험의 목적에 포함되지 않는 것으로 한다.

② 피보험자의 사용인의 물건은 보험의 목적에 포함되지 않는 것으로 한다.

③ 보험의 목적에 속한 물건이 보험기간중에 수시로 교체된 경우에는 보험사고의 발생 시에 현존한 물건이라도 보험의 목적에 포함되지 않는 것으로 한다.

❹ 집합보험이란 경제적으로 독립한 여러 물건의 집합물을 보험의 목적으로 한 보험을 말한다.

> • **「상법」 제686조(집합보험의 목적)** 집합된 물건을 일괄하여 보험의 목적으로 한 때에는 **피보험자의 가족과 사용인의 물건도 보험의 목적에 포함된 것으로 한다.** 이 경우에는 그 보험은 그 가족 또는 사용인을 위하여서도 체결한 것으로 본다.
> • **「상법」 제687조(동전)** 집합된 물건을 일괄하여 보험의 목적으로 한 때에는 그 목적에 속한 물건이 보험기간 중에 수시로 교체된 경우에도 보험사고의 발생 시에 현존한 물건은 보험의 목적에 포함된 것으로 한다.

농어업재해보험법령

26 「농어업재해보험법」상 용어의 설명으로 옳지 않은 것은?

❶ "농어업재해보험"은 농어업재해로 발생하는 인명 및 재산 피해에 따른 손해를 보상하기 위한 보험을 말한다.

② "어업재해"란 양식수산물 및 어업용 시설물에 발생하는 자연재해·질병 또는 화재를 말한다.

③ "농업재해"란 농작물·임산물·가축 및 농업용 시설물에 발생하는 자연재해·병충해·조수해(鳥獸害)·질병 또는 화재를 말한다.

④ "보험료"란 보험가입자와 보험사업자 간의 약정에 따라 보험가입자가 보험사업자에게 내야 하는 금액을 말한다.

농어업재해보험법 제2조(정의)

이 법에서 사용하는 용어의 뜻은 다음과 같다.

1. "농어업재해"란 농작물·임산물·가축 및 농업용 시설물에 발생하는 자연재해·병충해·조수해(鳥獸害)·질병 또는 화재(이하 "농업재해"라 한다)와 양식수산물 및 어업용 시설물에 발생하는 자연재해·질병 또는 화재(이하 "어업재해"라 한다)를 말한다.

2. **"농어업재해보험"이란 농어업재해로 발생하는 재산 피해에 따른 손해를 보상하기 위한 보험을 말한다.**

3. "보험가입금액"이란 보험가입자의 재산 피해에 따른 손해가 발생한 경우 보험에서 최대로 보상할 수 있는 한도액으로서 보험가입자와 보험사업자 간에 약정한 금액을 말한다.

4. "보험료"란 보험가입자와 보험사업자 간의 약정에 따라 보험가입자가 보험사업자에게 내야 하는 금액을 말한다.

5. "보험금"이란 보험가입자에게 재해로 인한 재산 피해에 따른 손해가 발생한 경우 보험가입자와 보험사업자 간의 약정에 따라 보험사업자가 보험가입자에게 지급하는 금액을 말한다.

6. "시범사업"이란 농어업재해보험사업(이하 "재해보험사업"이라 한다)을 전국적으로 실시하기 전에 보험의 효용성 및 보험 실시 가능성 등을 검증하기 위하여 일정 기간 제한된 지역에서 실시하는 보험사업을 말한다.

27 「농어업재해보험법」상 재해보험사업을 할 수 없는 자는?

❶ 「농업협동조합법」에 따른 농업협동조합중앙회
② 「수산업협동조합법」에 따른 수산업협동조합중앙회
③ 「보험업법」에 따른 보험회사
④ 「산림조합법」에 따른 산림조합중앙회

> **[재해보험사업을 할 수 있는 자(농어업재해보험법 제8조 내용 中)]**
> 「수산업협동조합법」에 따른 수산업협동조합중앙회(이하 "수협중앙회"라 한다)
> 「산림조합법」에 따른 산림조합중앙회
> 「보험업법」에 따른 보험회사

28 「농어업재해보험법」상 재해보험에 관한 설명으로 옳지 않은 것은?

① 재해보험에 가입할 수 있는 자는 농림업, 축산업, 양식수산업에 종사하는 개인 또는 법인으로 하고, 구체적인 보험가입자의 기준은 대통령령으로 정한다.
② 「산림조합법」의 공제규정에 따른 공제모집인으로서 산림조합중앙회장이나 그 회원조합장이 인정하는 자는 재해보험을 모집할 수 있다.
③ 재해보험사업자는 사고 예방을 위하여 보험가입자가 납입한 보험료의 일부를 되돌려 줄 수 있다.
❹ 「수산업협동조합법」에 따른 조합이 그 조합원에게 재해보험의 보험료 일부를 지원하는 경우에는 보험업법상 해당 보험계약의 체결 또는 모집과 관련한 특별이익의 제공으로 본다.

> **「농어업재해보험법」 제10조(보험모집)**
> ① 재해보험을 모집할 수 있는 자는 다음 각 호와 같다.
>
> 1. 산림조합중앙회와 그 회원조합의 임직원, 수협중앙회와 그 회원조합 및 「수산업협동조합법」에 따라 설립된 수협은행의 임직원
> 2. 「수산업협동조합법」 제60조(제108조, 제113조 및 제168조에 따라 준용되는 경우를 포함한다)의 공제규약에 따른 공제모집인으로서 수협중앙회장 또는 그 회원조합장이 인정하는 자
> 2의2. 「산림조합법」 제48조(제122조에 따라 준용되는 경우를 포함한다)의 공제규정에 따른 공제모집인으로서 산림조합중앙회장이나 그 회원조합장이 인정하는 자
> 3. 「보험업법」 제83조 제1항에 따라 보험을 모집할 수 있는 자
>
> ② 제1항에 따라 재해보험의 모집 업무에 종사하는 자가 사용하는 재해보험 안내자료 및 금지행위에 관하여는 「보험업법」 제95조·제97조, 제98조 및 「금융소비자 보호에 관한 법률」 제21조를 준용한다. 다만, 재해보험사업자가 수협중앙회, 산림조합중앙회인 경우에는 「보험업법」 제95조제1항제5호를 준용하지 아니하며, **「농업협동조합법」, 「수산업협동조합법」, 「산림조합법」에 따른 조합이 그 조합원에게 이 법에 따른 보험상품의 보험료 일부를 지원하는 경우에는 「보험업법」 제98조에도 불구하고 해당 보험계약의 체결 또는 모집과 관련한 특별이익의 제공으로 보지 아니한다.**

29 「농어업재해보험법령」상 손해평가에 관한 설명으로 옳은 것은?

① 재해보험사업자는 「보험업법」에 따른 손해평가인에게 손해평가를 담당하게 할 수 있다.

② 「고등교육법」에 따른 전문대학에서 임산물재배 관련 학과를 졸업한 사람은 손해평가인으로 위촉될 자격이 인정된다.

③ 농림축산식품부장관은 손해평가사가 공정하고 객관적인 손해평가를 수행할 수 있도록 연 1회 이상 정기교육을 실시하여야 한다.

❹ 농림축산식품부장관 또는 해양수산부장관은 손해평가 요령을 고시하려면 미리 금융위원회와 협의하여야 한다.

> ④ 농림축산식품부장관 또는 해양수산부장관은 손해평가 요령을 고시하려면 미리 금융위원회와 협의하여야 한다. (O) [농어업재해보험법 제11조 제4항]
>
> ① 재해보험사업자는 「보험업법」에 따른 **손해평가인**(× → 손해사정사)에게 손해평가를 담당하게 할 수 있다. [농어업재해보험법 제11조 제1항]
>
> ② 고등교육법에 따른 전문대학에서 **임산물재배**(× → 보험) 관련 학과를 졸업한 사람은 손해평가인으로 위촉될 자격이 인정된다. [농어업재해보험법 시행령 별표 2]
>
> ③ **농림축산식품부장관은 손해평가사가**(× → 농림축산식품부장관 또는 해양수산부장관은 손해평가인이) 공정하고 객관적인 손해평가를 수행할 수 있도록 연 1회 이상 정기교육을 실시하여야 한다. [농어업재해보험법 제11조 제5항]

30 「농어업재해보험법」상 손해평가사에 관한 설명으로 옳은 것은?

① 농림축산식품부장관과 해양수산부장관은 공정하고 객관적인 손해평가를 촉진하기 위하여 손해평가사 제도를 운영한다.

❷ 임산물재해보험에 관한 피해사실의 확인은 손해평가사가 수행하는 업무에 해당하지 않는다.

③ 손해평가사 자격이 취소된 사람은 그 처분이 있은 날부터 3년이 지나지 아니한 경우 손해평가사 자격시험에 응시하지 못한다.

④ 손해평가사는 다른 사람에게 그 자격증을 대여해서는 아니 되나, 손해평가사 자격증의 대여를 알선하는 것은 허용된다.

- 「농어업재해보험법」 제11조의2(손해평가사) 농림축산식품부장관은 공정하고 객관적인 손해평가를 촉진하기 위하여 손해평가사 제도를 운영한다.
- 「농어업재해보험법」 제11조의3(손해평가사의 업무) 손해평가사는 농작물재해보험 및 가축재해보험에 관하여 다음 각 호의 업무를 수행한다.

  1. 피해사실의 확인
  2. 보험가액 및 손해액의 평가
  3. 그 밖의 손해평가에 필요한 사항

- 「농어업재해보험법」 제11조의4(손해평가사의 시험 등)

① 손해평가사가 되려는 사람은 농림축산식품부장관이 실시하는 손해평가사 자격시험에 합격하여야 한다.

② 보험목적물 또는 관련 분야에 관한 전문 지식과 경험을 갖추었다고 인정되는 대통령령으로 정하는 기준에 해당하는 사람에게는 손해평가사 자격시험 과목의 일부를 면제할 수 있다.

③ 농림축산식품부장관은 다음 각 호의 어느 하나에 해당하는 사람에 대하여는 그 시험을 정지시키거나 무효로 하고 그 처분 사실을 지체없이 알려야 한다.

  1. 부정한 방법으로 시험에 응시한 사람
  2. 시험에서 부정한 행위를 한 사람

④ 다음 각 호에 해당하는 사람은 그 처분이 있은 날부터 **2년이 지나지** 아니한 경우 제1항에 따른 손해평가사 자격시험에 응시하지 못한다.

  1. 제3항에 따라 정지·무효 처분을 받은 사람
  2. 제11조의5에 따라 손해평가사 자격이 취소된 사람

⑤ 제1항 및 제2항에 따른 손해평가사 자격시험의 실시, 응시수수료, 시험과목, 시험과목의 면제, 시험방법, 합격기준 및 자격증 발급 등에 필요한 사항은 대통령령으로 정한다.

⑥ 손해평가사는 다른 사람에게 그 명의를 사용하게 하거나 다른 사람에게 그 자격증을 대여해서는 아니 된다.

⑦ 누구든지 손해평가사의 자격을 취득하지 아니하고 그 명의를 사용하거나 자격증을 대여받아서는 아니 되며, 명의의 사용이나 자격증의 대여를 알선해서도 아니 된다.

31 「농어업재해보험법」상 농림축산식품부장관이 손해평가사 자격을 취소하여야 하는 대상을 모두 고른 것은?

> ㉠ 업무정지 기간 중에 손해평가 업무를 수행한 사람
> ㉡ 업무 수행과 관련하여 향응을 제공받은 사람
> ㉢ 손해평가사의 자격을 부정한 방법으로 취득한 사람
> ㉣ 손해평가 요령을 준수하지 않고 손해평가를 한 사람

① ㉠, ㉡ ❷ ㉠, ㉢
③ ㉡, ㉣ ④ ㉢, ㉣

「농어업재해보험법」 제11조의5(손해평가사의 자격 취소)
① 농림축산식품부장관은 다음 각 호의 어느 하나에 해당하는 사람에 대하여 손해평가사 자격을 취소할 수 있다. 다만, **제1호 및 제5호에 해당하는 경우에는 자격을 취소하여야 한다.**

> 1. 손해평가사의 자격을 거짓 또는 부정한 방법으로 취득한 사람
> 2. 거짓으로 손해평가를 한 사람
> 3. 제11조의4 제6항을 위반하여 다른 사람에게 손해평가사의 명의를 사용하게 하거나 그 자격증을 대여한 사람
> 4. 제11조의4 제7항을 위반하여 손해평가사 명의의 사용이나 자격증의 대여를 알선한 사람
> 5. **업무정지 기간 중에 손해평가 업무를 수행한 사람**

② 제1항에 따른 자격 취소 처분의 세부기준은 대통령령으로 정한다.

32 「농어업재해보험법령」상 보험금 수급권에 관한 설명으로 옳은 것은?

① 재해보험사업자는 보험금을 현금으로 지급하여야 하나, 불가피한 사유가 있을 때에는 수급권자의 신청이 없더라도 수급권자 명의의 계좌로 입금할 수 있다.
② 재해보험가입자가 재해보험에 가입된 보험목적물을 양도하는 경우 그 양수인은 재해보험계약에 관한 양도인의 권리 및 의무를 승계한다.
❸ 재해보험의 보험목적물이 담보로 제공된 경우에는 보험금을 지급받을 권리를 압류할 수 있다.
④ 농작물의 재생산에 직접적으로 소요되는 비용의 보장을 목적으로 보험금수급전용계좌로 입금된 보험금의 경우 그 2분의 1에 해당하는 액수 이하의 금액에 관하여는 채권을 압류할 수 있다.

「농어업재해보험법」 제12조(수급권의 보호)
① 재해보험의 보험금을 지급받을 권리는 압류할 수 없다. 다만, 보험목적물이 담보로 제공된 경우에는 그러하지 아니하다.
② 제11조의7 제1항에 따라 지정된 보험금수급전용계좌의 예금 중 대통령령으로 정하는 액수 이하의 금액에 관한 채권은 압류할 수 없다.

33 「농어업재해보험법령」상 재해보험사업자가 재해보험 업무의 일부를 위탁할 수 있는 자가 아닌 것은?

① 「농업협동조합법」에 따라 설립된 지역축산업협동조합

❷ 농업·농촌 및 식품산업 기본법에 따라 설립된 농업정책보험금융원

③ 「산림조합법」에 따라 설립된 품목별·업종별산림조합

④ 「보험업법」에 따라 손해사정을 업으로 하는 자

> • **「농어업재해보험법」 제14조(업무 위탁)** 재해보험사업자는 재해보험사업을 원활히 수행하기 위하여 필요한 경우에는 보험모집 및 손해평가 등 재해보험 업무의 일부를 대통령령으로 정하는 자에게 위탁할 수 있다.
>
> • **농어업재해보험법 시행령 제13조(업무 위탁)** 법 제14조에서 "대통령령으로 정하는 자"란 다음 각 호의 자를 말한다.
>
> > 1. 「농업협동조합법」에 따라 설립된 **지역농업협동조합·지역축산업협동조합 및 품목별·업종별협동조합**
> >
> > 1의2. 「산림조합법」에 따라 설립된 **지역산림조합 및 품목별·업종별산림조합**
> >
> > 2. 「수산업협동조합법」에 따라 설립된 지구별 수산업협동조합, 업종별 수산업협동조합, 수산물가공 수산업협동조합 및 수협은행
> >
> > 3. 「보험업법」 제187조에 따라 **손해사정을 업으로 하는 자**
> >
> > 4. 농어업재해보험 관련 업무를 수행할 목적으로 「민법」 제32조에 따라 농림축산식품부장관 또는 해양수산부장관의 허가를 받아 설립된 비영리법인

34 「농어업재해보험법」상 재정지원에 관한 설명으로 옳은 것은? [기출 수정]

① 정부는 예산의 범위에서 재해보험가입자가 부담하는 보험료의 전부 또는 일부를 지원할 수 있다.

② 지방자치단체는 예산의 범위에서 재해보험사업자의 재해보험의 운영 및 관리에 필요한 비용의 전부 또는 일부를 지원할 수 있다.

③ 농림축산식품부장관은 정부의 보험료 지원 금액을 재해보험가입자에게 지급하여야 한다.

❹ 「풍수해·지진재해보험법」에 따른 풍수해·지진재해보험에 가입한 자가 동일한 보험목적물을 대상으로 재해보험에 가입할 경우에는 제1항에도 불구하고 정부가 재정지원을 하지 아니한다.

> **「농어업재해보험법」 제19조(재정지원)**
> ① 정부는 예산의 범위에서 재해보험가입자가 부담하는 보험료의 일부와 재해보험사업자의 재해보험의 운영 및 관리에 필요한 비용(이하 "운영비"라 한다)의 전부 또는 일부를 지원할 수 있다. 이 경우 지방자치단체는 예산의 범위에서 재해보험가입자가 부담하는 보험료의 일부를 추가로 지원할 수 있다.
> ② 농림축산식품부장관·해양수산부장관 및 지방자치단체의 장은 제1항에 따른 지원 금액을 재해보험사업자에게 지급하여야 한다.
> ③ **「풍수해·지진재해보험법」에 따른 풍수해·지진재해보험에 가입한 자가 동일한 보험목적물을 대상으로 재해보험에 가입할 경우에는 제1항에도 불구하고 정부가 재정지원을 하지 아니한다.**
> ④ 제1항에 따른 보험료와 운영비의 지원 방법 및 지원 절차 등에 필요한 사항은 대통령령으로 정한다.

35 「농어업재해보험법령」상 재보험사업 및 농어업재해재보험기금(이하 "기금"이라 함)에 관한 설명으로 옳지 않은 것은?

❶ 기금은 기금의 관리·운용에 필요한 경비의 지출에 사용할 수 없다.

② 농림축산식품부장관은 해양수산부장관과 협의하여 기금의 수입과 지출을 명확히 하기 위하여 한국은행에 기금계정을 설치하여야 한다.

③ 재보험금의 회수 자금은 기금 조성의 재원에 포함된다.

④ 정부는 재해보험에 관한 재보험사업을 할 수 있다.

> **「농어업재해보험법」 제23조(기금의 용도)**
> 기금은 다음 각 호에 해당하는 용도에 사용한다.
>
> 1. 제20조 제2항 제2호에 따른 재보험금의 지급
> 2. 제22조 제2항에 따른 차입금의 원리금 상환
> 3. **기금의 관리·운용에 필요한 경비(위탁경비를 포함한다)의 지출**
> 4. 그 밖에 농림축산식품부장관이 해양수산부장관과 협의하여 재보험사업을 유지·개선하는 데에 필요하다고 인정하는 경비의 지출

36 「농어업재해보험법」상 농어업재해재보험기금(이하 "기금"이라 함)에 관한 설명으로 옳지 않은 것은?

① 기금은 농림축산식품부장관이 해양수산부장관과 협의하여 관리·운용한다.

② 농림축산식품부장관은 해양수산부장관과 협의를 거쳐 기금의 관리·운용에 관한 사무의 일부를 농업정책보험금융원에 위탁할 수 있다.

③ 농림축산식품부장관은 해양수산부장관과 협의하여 기금의 수입과 지출에 관한 사무를 수행하게 하기 위하여 소속 공무원 중에서 기금수입징수관 등을 임명한다.

❹ 농림축산식품부장관이 농업정책보험금융원의 임원 중에서 임명한 기금지출원인행위 담당 임원은 기금지출관의 업무를 수행한다.

> • **「농어업재해보험법」 제24조(기금의 관리·운용)**
> ① 기금은 농림축산식품부장관이 해양수산부장관과 협의하여 관리·운용한다.
> ② **농림축산식품부장관은 해양수산부장관과 협의를 거쳐 기금의 관리·운용에 관한 사무의 일부를 농업정책보험금융원에 위탁할 수 있다.**
> ③ 제1항 및 제2항에서 규정한 사항 외에 기금의 관리·운용에 필요한 사항은 대통령령으로 정한다.
> • **「농어업재해보험법」 제25조(기금의 회계기관)**
> ① **농림축산식품부장관은 해양수산부장관과 협의하여 기금의 수입과 지출에 관한 사무를 수행하게 하기 위하여 소속 공무원 중에서 기금수입징수관**, 기금재무관, 기금지출관 및 기금출납공무원을 임명한다.
> ② 농림축산식품부장관은 제24조 제2항에 따라 기금의 관리·운용에 관한 사무를 위탁한 경우에는 해양수산부장관과 협의하여 농업정책보험금융원의 임원 중에서 기금수입담당임원과 기금지출원인행위담당임원을, 그 직원 중에서 기금지출원과 기금출납원을 각각 임명하여야 한다. 이 경우 기금수입담당임원은 기금수입징수관의 업무를, **기금지출원인행위담당임원은 기금재무관의 업무를**, 기금지출원은 기금지출관의 업무를, 기금출납원은 기금출납공무원의 업무를 수행한다.

37 「농어업재해보험법령」상 보험가입촉진계획에 포함되어야 하는 사항을 모두 고른 것은?

    ㉠ 전년도의 성과분석 및 해당 연도의 사업계획
    ㉡ 해당 연도의 보험상품 운영계획
    ㉢ 농어업재해보험 교육 및 홍보계획

① ㉠, ㉡
② ㉠, ㉢
③ ㉡, ㉢
❹ ㉠, ㉡, ㉢

> **「농어업재해보험법 시행령」 제22조의2(보험가입촉진계획의 제출 등)**
> ① 법 제28조의2 제1항에 따른 보험가입촉진계획에는 다음 각 호의 사항이 포함되어야 한다.
>
>   1. 전년도의 성과분석 및 해당 연도의 사업계획
>   2. 해당 연도의 보험상품 운영계획
>   3. 농어업재해보험 교육 및 홍보계획
>   4. 보험상품의 개선·개발계획
>   5. 그 밖에 농어업재해보험 가입 촉진을 위하여 필요한 사항
>
> ② 재해보험사업자는 법 제28조의2 제1항에 따라 수립한 보험가입촉진계획을 해당 연도 1월 31일까지 농림축산식품부장관 또는 해양수산부장관에게 제출하여야 한다.

38 「농어업재해보험법」상 벌칙에 관한 설명이다. (   )에 들어갈 내용은?

> 보험업법 제98조에 따른 금품 등을 제공(같은 조 제3호의 경우에는 보험금 지급의 약속을 말한다)한 자 또는 이를 요구하여 받은 보험가입자는 (㉠)년 이하의 징역 또는 (㉡)천만 원 이하의 벌금에 처한다.

① ㉠ : 1, ㉡ : 1
② ㉠ : 1, ㉡ : 3
❸ ㉠ : 3, ㉡ : 3
④ ㉠ : 3, ㉡ : 5

> **「농어업재해보험법」 제30조(벌칙)**
> ① 제10조 제2항에서 준용하는 「보험업법」 제98조에 따른 금품 등을 제공(같은 조 제3호의 경우에는 보험금 지급의 약속을 말한다)한 자 또는 이를 요구하여 받은 보험가입자는 **3년** 이하의 징역 또는 **3천만 원** 이하의 벌금에 처한다.

39 농업재해보험 손해평가요령상 손해평가인 위촉에 관한 규정이다. (　　)에 들어갈 내용은?

> 재해보험사업자는 피해 발생 시 원활한 손해평가가 이루어지도록 농업재해보험이 실시되는 (　　)별 보험가입자의 수 등을 고려하여 적정 규모의 손해평가인을 위촉하여야 한다.

① 시 · 도
② 읍 · 면 · 동
❸ 시 · 군 · 자치구
④ 특별자치도 · 특별자치시

> **농업재해보험 손해평가요령 제4조(손해평가인 위촉)** ② 재해보험사업자는 피해 발생 시 원활한 손해평가가 이루어지도록 농업재해보험이 실시되는 **시 · 군 · 자치구**별 보험가입자의 수 등을 고려하여 적정 규모의 손해평가인을 위촉하여야 한다.

40 농업재해보험 손해평가요령상 손해평가인 정기교육의 세부내용에 명시적으로 포함되어 있지 않은 것은?
① 「농어업재해보험법」 제정 배경
❷ 손해평가 관련 민원사례
③ 피해유형별 보상사례
④ 농업재해보험 상품 주요내용

> **농업재해보험 손해평가요령 제5조의2(손해평가인 정기교육)** ① 법 제11조 제5항에 따른 **손해평가인 정기교육**의 세부내용은 다음 각 호와 같다.
>
> 1. 농업재해보험에 관한 기초지식 : **농어업재해보험법 제정 배경** · 구성 및 조문별 주요내용, 농업재해보험 사업현황
> 2. 농업재해보험의 종류별 약관 : **농업재해보험 상품 주요내용** 및 약관 일반 사항
> 3. 손해평가의 절차 및 방법 : 농업재해보험 손해평가 개요, 보험목적물별 손해평가 기준 및 **피해유형별 보상사례**
> 4. 피해유형별 현지조사표 작성 실습

41 농업재해보험 손해평가요령상 재해보험사업자가 손해평가인에 대하여 위촉을 취소하여야 하는 경우는?

❶ 피한정후견인이 된 때
② 업무수행과 관련하여「개인정보보호법」등 정보보호와 관련된 법령을 위반한 때
③ 업무수행상 과실로 손해평가의 신뢰성을 약화시킨 경우
④ 현지조사서를 허위로 작성한 경우

> **농업재해보험 손해평가요령 제6조(손해평가인 위촉의 취소 및 해지 등)** ① 재해보험사업자는 손해평가인이 다음 각 호의 어느 하나에 해당하게 되거나 위촉당시에 해당하는 자이었음이 판명된 때에는 그 위촉을 취소하여야 한다.
>
> 1. 피성년후견인 또는 **피한정후견인**
> 2. 파산선고를 받은 자로서 복권되지 아니한 자
> 3. 법 제30조에 의하여 벌금이상의 형을 선고받고 그 집행이 종료(집행이 종료된 것으로 보는 경우를 포함한다)되거나 집행이 면제된 날로부터 2년이 경과되지 아니한 자
> 4. 동 조에 따라 위촉이 취소된 후 2년이 경과하지 아니한 자
> 5. 거짓 그 밖의 부정한 방법으로 제4조에 따라 손해평가인으로 위촉된 자
> 6. 업무정지 기간 중에 손해평가업무를 수행한 자

42 농업재해보험 손해평가요령상 손해평가사 甲을 손해평가반 구성에서 배제하여야 하는 경우를 모두 고른 것은?

㉠ 甲의 이해관계자가 가입한 보험계약에 관한 손해평가
㉡ 甲의 이해관계자가 모집한 보험계약에 관한 손해평가
㉢ 甲의 이해관계자가 실시한 손해평가에 대한 검증조사

❶ ㉠, ㉡
② ㉠, ㉢
③ ㉡, ㉢
④ ㉠, ㉡, ㉢

> **농업재해보험 손해평가요령 제8조(손해평가반 구성 등)** ③ 다음 각 호의 어느 하나에 해당하는 손해평가에 대하여는 해당자를 손해평가반 구성에서 배제하여야 한다.
>
> 1. 자기 또는 자기와 생계를 같이 하는 친족(이하 "이해관계자"라 한다)이 가입한 보험계약에 관한 손해평가
> 2. 자기 또는 이해관계자가 모집한 보험계약에 관한 손해평가
> 3. 직전 손해평가일로부터 30일 이내의 보험가입자간 상호 손해평가
> 4. 자기가 실시한 손해평가에 대한 검증조사 및 재조사

43 농업재해보험 손해평가요령상 손해평가에 관한 설명으로 옳지 않은 것은?

① 손해평가반은 손해평가인, 손해평가사, 손해사정사 중 어느 하나에 해당하는 자를 1인이상 포함하여 5인 이내로 구성한다.

❷ 교차손해평가에 있어서 거대재해 발생 등으로 신속한 손해평가가 불가피하다고 판단되는 경우에도 손해평가반 구성에 지역손해평가인을 포함하여야 한다.

③ 재해보험사업자는 손해평가반이 실시한 손해평가결과를 기록할 수 있도록 현지조사서를 마련하여야 한다.

④ 손해평가반이 손해평가를 실시할 때에는 재해보험사업자가 해당 보험가입자의 보험 계약 사항 중 손해평가와 관련된 사항을 손해평가반에게 통보하여야 한다.

> **농업재해보험 손해평가요령 제8조의2(교차손해평가)**
> ① 재해보험사업자는 공정하고 객관적인 손해평가를 위하여 교차손해평가가 필요한 경우 재해보험 가입규모, 가입분포 등을 고려하여 교차손해평가 대상 시·군·구(자치구를 말한다. 이하 같다)를 선정하여야 한다.
> ② 재해보험사업자는 제1항에 따라 선정한 시·군·구 내에서 손해평가 경력, 타지역 조사 가능여부 등을 고려하여 교차손해평가를 담당할 지역손해평가인을 선발하여야 한다.
> ③ **교차손해평가를 위해 손해평가반을 구성할 경우에는 제2항에 따라 선발된 지역손해평가인 1인 이상이 포함되어야 한다. 다만, 거대재해 발생, 평가인력 부족 등으로 신속한 손해평가가 불가 피하다고 판단되는 경우 그러하지 아니할 수 있다.**

44 농업재해보험 손해평가요령상 손해평가결과 검증에 관한 설명으로 옳지 않은 것은?

❶ 검증조사결과 현저한 차이가 발생된 경우 해당 손해평가반이 조사한 전체 보험목적물에 대하여 검증조사를 하여야 한다.

② 보험가입자가 정당한 사유 없이 검증조사를 거부하는 경우 검증조사반은 검증조사가 불가 능하여 손해평가 결과를 확인할 수 없다는 사실을 보험가입자에게 통지한 후 검증조사결과를 작성하여 재해보험사업자에게 제출하여야 한다.

③ 재해보험사업자 및 재해보험사업의 재보험사업자는 손해평가반이 실시한 손해평가결과를 확인하기 위하여 손해평가를 실시한 보험목적물 중에서 일정수를 임의 추출하여 검증조사 를 할 수 있다.

④ 농림축산식품부장관은 재해보험사업자로 하여금 검증조사를 하게 할 수 있다.

> **농업재해보험 손해평가요령 제11조(손해평가결과 검증)**
> ① 재해보험사업자 및 재해보험사업의 재보험사업자는 손해평가반이 실시한 손해평가결과를 확인하기 위하여 손해평가를 실시한 보험목적물 중에서 일정수를 임의 추출하여 검증조사를 할 수 있다.
> ② 농림축산식품부장관은 재해보험사업자로 하여금 제1항의 검증조사를 하게 할 수 있으며, 재해 보험사업자는 특별한 사유가 없는 한 이에 응하여야 한다.
> ③ 제1항 및 제2항에 따른 검증조사결과 현저한 차이가 발생되어 재조사가 불가피하다고 판단될 경우에는 해당 손해평가반이 조사한 전체 보험목적물에 대하여 **재조사를 할 수 있다.**
> ④ 보험가입자가 정당한 사유없이 검증조사를 거부하는 경우 검증조사반은 검증조사가 불가능하 여 손해평가 결과를 확인할 수 없다는 사실을 보험가입자에게 통지한 후 검증조사결과를 작성 하여 재해보험사업자에게 제출하여야 한다.

45 농업재해보험 손해평가요령상 보험목적물별 손해평가 단위이다. (   )에 들어갈 내용은?

- 농작물 : (㉠)
- 가축(단, 벌은 제외) : (㉡)
- 농업시설물 : (㉢)

① ㉠ : 농지별,　㉡ : 축사별,　㉢ : 보험가입 목적물별

② ㉠ : 품종별,　㉡ : 축사별,　㉢ : 보험가입자별

❸ ㉠ : 농지별,　㉡ : 개별가축별,　㉢ : 보험가입 목적물별

④ ㉠ : 품종별,　㉡ : 개별가축별,　㉢ : 보험가입자별

> **농업재해보험 손해평가요령 제12조(손해평가 단위)**
> ① 보험목적물별 손해평가 단위는 다음 각 호와 같다.
>
> 　1. 농작물 : **농지별**
> 　2. 가축 : **개별가축별**(단, 벌은 벌통 단위)
> 　3. 농업시설물 : **보험가입 목적물별**

46 농업재해보험 손해평가요령상 종합위험방식 수확감소보장에서 "벼"의 경우, 다음의 조건으로 산정한 보험금은? [기출 수정]

- 보험가입금액 : 100만 원
- 평년수확량 : 1,000kg
- 미보상감수량 : 50kg
- 자기부담비율 : 20%
- 수확량 : 500kg

① 10만 원　　　　　　　　　　　② 20만 원

❸ 25만 원　　　　　　　　　　　④ 45만 원

> - 종합위험방식 수확감소보장 보험금 = 보험가입금액 × (피해율 − 자기부담비율)
> 　= 100만 원 × (0.45−0.2) = 25만 원
> - 피해율(벼) = (평년수확량 − 수확량 − 미보상감수량) ÷ 평년수확량
> 　= (1,000kg − 500kg − 50kg) ÷ 1,000kg = 0.45

47 농업재해보험 손해평가요령에 따른 종합위험방식 상품의 조사내용 중 "재정식 조사"에 해당되는 품목은?

① 벼   ② 콩

❸ 양배추   ④ 양파

[농업재해보험 손해평가요령 별표 2 中]

조사내용	조사시기	조사방법	비고
재정식 조사	사고접수 후 지체없이	• 해당농지에 보상하는 손해로 인하여 재정식이 필요한 면적 또는 면적비율 조사	양배추만 해당

48 농업재해보험 손해평가요령상 종합위험방식 "마늘"의 재파종 보험금 산정에 관한 내용이다. ( )에 들어갈 내용은?

보험가입금액 × ( )% × 표준출현피해율
단, 10a당 출현주수가 30,000주보다 작고, 10a당 30,000주 이상으로 재파종한 경우에 한함

① 10   ② 20

③ 25   ❹ 35

[농업재해보험 손해평가요령 별표 1 中]

재파종	보험가입금액 × 35% × 표준출현피해율 단, 10a당 출현주수가 30,000주보다 작고, 10a당 30,000주 이상으로 재파종한 경우에 한함 ※ 표준출현피해율(10a 기준) 　 = (30,000 − 출현주수) ÷ 30,000	마늘

49 농업재해보험 손해평가요령상 농작물의 품목별·재해별·시기별 손해수량 조사방법 중 적과 전 종합위험방식 "떫은감"에 관한 기술이다. ( )에 들어갈 내용은?

생육시기	재해	조사내용	조사시기	조사방법
적과 후 ~ 수확기 종료	가을 동상해	(㉠)	(㉡)	• 재해로 인하여 달려있는 과실의 피해과실 수 조사 – (㉠)는 보험약관에서 정한 과실피해분류기준에 따라 구분하여 조사 • 조사방법 : 표본조사

① ㉠ : 피해사실 확인 조사,　㉡ : 사고접수 후 지체없이
② ㉠ : 피해사실 확인 조사,　㉡ : 수확 직전
③ ㉠ : 착과피해조사,　㉡ : 사고접수 후 지체없이
❹ ㉠ : 착과피해조사,　㉡ : 수확 직전

[농업재해보험 손해평가요령 별표 2 中]

생육시기	재해	조사내용	조사시기	조사방법	비고
적과 후 ~ 수확기 종료	보상하는 재해 전부	낙과피해 조사	사고접수 후 지체없이	• 재해로 인하여 떨어진 피해과실수 조사 – 낙과피해조사는 보험약관에서 정한 과실피해분류기준에 따라 구분하여 조사 • 조사방법 : 전수조사 또는 표본조사	
				• 낙엽률 조사(우박 및 일소 제외) – 낙엽피해정도 조사 • 조사방법 : 표본조사	단감· 떫은감
	우박, 일소, **가을동상해**	**착과피해 조사**	**수확 직전**	• 재해로 인하여 달려있는 과실의 피해과실 수 조사 – **착과피해 조사**는 보험약관에서 정한 과실피해분류기준에 따라 구분 하여 조사 • 조사방법 : 표본조사	

50 농업재해보험 손해평가요령상 가축 및 농업시설물의 보험가액 및 손해액 산정에 관한 설명으로 옳은 것은?

① 가축에 대한 보험가액은 보험사고가 발생한 때와 곳에서 평가한 보험목적물의 수량에 적용가격을 곱한 후 감가상각액을 차감하여 산정한다.

❷ 보험가입당시 보험가입자와 재해보험사업자가 가축에 대한 보험가액 및 손해액 산정 방식을 별도로 정한 경우에는 그 방법에 따른다.

③ 농업시설물에 대한 보험가액은 보험사고가 발생한 때와 곳에서 평가한 재조달가액으로 한다.

④ 농업시설물에 대한 손해액은 보험사고가 발생한 때와 곳에서 산정한 피해목적물 수량에 적용가격을 곱하여 산정한다.

> **농업재해보험 손해평가요령 제14조(가축의 보험가액 및 손해액 산정)**
> ① 가축에 대한 보험가액은 보험사고가 발생한 때와 곳에서 평가한 보험목적물의 수량에 적용가격을 곱하여 산정한다.
> ② 가축에 대한 손해액은 보험사고가 발생한 때와 곳에서 폐사 등 피해를 입은 보험목적물의 수량에 적용가격을 곱하여 산정한다.
> ③ 제1항 및 제2항의 적용가격은 보험사고가 발생한 때와 곳에서의 시장가격 등을 감안하여 보험약관에서 정한 방법에 따라 산정한다. 다만, **보험가입당시 보험가입자와 재해보험사업자가 보험가액 및 손해액 산정 방식을 별도로 정한 경우에는 그 방법에 따른다.**

 ## 농학개론 중 재배학 및 원예작물학

51 채소의 식용부위에 따른 분류 중 화채류에 속하는 것은?

① 양배추   ❷ 브로콜리

③ 우엉   ④ 고추

엽경채류 (잎줄기 채소)	마늘, 양파, 브로콜리, 죽순, (양)배추, 상추, 시금치, 미나리, 아스파라거스
	• 엽채류 : (양)배추, 시금치 등 • **화채류(꽃채소) : 브로콜리 등** • 경채류 : 죽순, 아스파라거스 등 • 인경채류 : 마늘, 양파 등
근채류	무, 당근, 우엉, 마, 고구마, 감자, 연근, 생강, 토란
	• 직근류 : 우엉, 무, 당근 등 • 괴근류 : 고구마, 마 등 • 괴경류 : 감자, 토란 등 • 근경류 : 연근, 생강 등
과채류	강낭콩, 호박, 완두, 토마토, 고추, 가지, 오이
	• 콩과(두과) : 완두 등 • 박과 : 호박, 오이 등 • 가지과 : 토마토, 고추, 가지 등

52 작물의 건물량을 생산하는데 필요한 수분량을 말하는 요수량이 가장 작은 것은?

① 호박 ❷ 기장

③ 완두 ④ 오이

- 요수량 : 식물체가 건조 물질 1g을 생산하는 데 소요되는 수분량
- 작물별 요수량 : 명아주 〉호박 〉완두 〉오이 〉(옥)수수 〉**기장**

53 수분과잉 장해에 관한 설명으로 옳지 않은 것은?

① 생장이 쇠퇴하며 수량도 감소한다.

② 건조 후에 수분이 많이 공급되면 열과 등이 나타난다.

❸ 뿌리의 활력이 높아진다.

④ 식물이 웃자라게 된다.

[수분과잉 장해]

- 토양에 산소가 부족하게 되어 생장이 불량해지며, 이로 인해 증산 또한 잘 되지 않는다.
- 쉽게 병해충에 취약한 상태가 되며, 수분과잉의 정도가 심하면 뿌리가 썩는다.
- 과실이 수분을 배출하면서 과실이 갈라지는 열과가 나타날 수 있다.
- 웃자람 현상이 나타날 수 있다.

54 고온 장해에 관한 증상으로 옳지 않은 것은?

① 발아 불량 ② 품질 저하

③ 착과 불량 ❹ 추대 지연

[고온장해 증상]

- 유기물과잉소모
- 과도한 증산
- 생장이 불량해짐에 따른 품질저하
- 황백화 현상
- 발아 불량
- 착과 불량
- **조기추대**

55 다음에서 설명하는 냉해로 올바르게 짝지어진 것은?

㉠ 작물생육기간 중 특히 냉온에 대한 저항성이 약한 시기에 저온의 접촉으로 뚜렷한 피해를 받게 되는 냉해
㉡ 오랜 기간 동안 냉온이나 일조 부족으로 생육이 늦어지고 등숙이 충분하지 못해 감수를 초래하게 되는 냉해

① ㉠ : 지연형 냉해, ㉡ : 장해형 냉해
② ㉠ : 접촉형 냉해, ㉡ : 감수형 냉해
❸ ㉠ : 장해형 냉해, ㉡ : 지연형 냉해
④ ㉠ : 피해형 냉해, ㉡ : 장기형 냉해

[냉해의 종류]
- 지연형 냉해 : 오랜 기간 동안 냉온이나 일조 부족으로 생육이 늦어지고 등숙이 충분하지 못해 감수를 초래하게 되는 냉해
- 장해형 냉해 : 작물생육기간 중 특히 냉온에 대한 저항성이 약한 시기에 저온의 접촉으로 뚜렷한 피해를 받게 되는 냉해
- 병해형 냉해 : 저온으로 인해 생육부진, 광합성과 질소 대사의 이상으로 도열병균 등에 취약해짐으로 인해 병이 발생하는 냉해를 말한다.
- 혼합형 냉해 : 장기적으로 저온이 계속되는 경우에 발생하는 것으로, 여러형태의 냉해가 혼합된 형태로 나타나는 냉해로, 작물에 입히는 피해가 치명적이다.

56 C4 작물이 아닌 것은?
❶ 보리
② 사탕수수
③ 수수
④ 옥수수

[광합성 특성에 따른 분류]
- C3식물 : 벼, 밀, 보리, 콩
- **C4식물 : (옥)수수, 사탕수수, 조, 기장**
- CAM식물 : 선인장, 난, 파인애플

57 작물의 일장형에 관한 설명으로 옳지 않은 것은?

① 보통 16 ~ 18시간의 장일조건에서 개화가 유도, 촉진되는 식물을 장일식물이라고 하며 시금치, 완두, 상추, 양파, 감자 등이 있다.

❷ 보통 8 ~ 10시간의 단일조건에서 개화가 유도, 촉진되는 식물을 단일식물이라고 하며 가지, 콩, 오이, 호박 등이 있다.

③ 일장의 영향을 받지 않는 식물을 중성식물이라고 하며 토마토, 당근, 강낭콩 등이 있다.

④ 좁은 범위에서만 화성이 유도, 촉진되는 식물을 정일식물 또는 중간식물이라고 한다.

- 장일식물 : 장일상태(16 ~ 18시간)에서 화성이 유도·촉진되는 식물로, 단일상태에서는 개화가 저해된다.
  - ㉑ 완두, 상추, 시금치, 양귀비, 추파맥류, 보리, 아마, 아주까리, 밀, 감자, 무, 배추, 누에콩, 양파
- 단일식물 : 단일상태(보통 8 ~ 10시간)에서 화성이 유도·촉진되는 식물로, 장일상태에서는 개화가 저해된다.
  - ㉑ 조, 기장, 들깨, 담배, 피, 콩, 국화, 수수, 코스모스, 목화, 옥수수, 나팔꽃, 벼
- **중성식물**(중일성식물) : 개화하는데 있어 일정한 한계일장이 없는 식물
  - ㉑ 토마토, 고추, 메밀, **호박**, 강낭콩, 당근, **가지**, 장미
- 중간식물(정일식물) : 좁은 범위의 일장에서만 화성이 유도·촉진되며 2개의 한계일장이 있다. 사탕수수의 F106 품종은 12시간과 12시45분의 아주 좁은 일장 범위에서만 개화된다.

58 과수원의 바람 피해에 관한 설명으로 옳지 않은 것은?

❶ 강풍은 증산작용을 억제하여 광합성을 촉진한다.

② 강풍은 매개곤충의 활동을 저하시켜 수분과 수정을 방해한다.

③ 작물의 열을 빼앗아 작물체온을 저하시킨다.

④ 해안지방은 염분 피해를 받을 수 있다.

[강풍이 작물에 미치는 영향]
- 강풍으로 기공이 폐쇄 되어 수분흡수가 감소하게 되어, 세포 팽압은 감소하며, 기공 폐쇄로 이산화탄소의 흡수가 적어져서 **광합성이 저해된다.** 작물체온이 떨어진다.
- 기공 폐쇄로 광합성률이 감소한다.
- 수정매개곤충의 활동저하로 수정률이 감소한다.
- 작물의 체온을 저하시키며, 냉해, 도복 등을 일으킬 수 있다.
- 과수에 착과피해와 낙과피해를 입힌다.
- 비닐하우스 등 시설을 파손시킨다.
- 강풍(태풍) 직후 작물들의 저항성이 떨어져 있는 동안에 병해충에 취약해진다.

59 식물의 필수 원소 중 엽록소의 구성성분으로 다양한 효소반응에 관여하는 것은?

① 아연(Zn)　　　　　　　　　　② 몰리브덴(Mo)

③ 칼슘(Ca)　　　　　　　　　　❹ 마그네슘(Mg)

- 아연(Zn) : 촉매 또는 반응조절물질로 작용한다. 결핍시 황백화, 조기낙엽, 괴사 등이 발생한다.
- 몰리브덴(Mo) : 질산환원효소의 구성성분이며, 콩과작물의 고정에 필요하다. 결핍시 잎이 황백화되고, 모자이크병 유사증상이 나타난다.
- 칼슘(Ca) : 세포막 중간막의 주성분으로서, 부족할 때에는 막의 투과성이 감퇴된다. 칼슘이 결핍되면 초기에는 생장점과 어린 잎에서 모양이 일그러지며 황화되고, 심하면 잎의 주변이 고사한다.
- 마그네슘(Mg) : **엽록소의 구성원소로 다양한 효소반응에 관여한다.** 체내에서 이동성이 비교적 높아 부족하면 늙은 조직에서 새 조직으로 이동한다. 결핍시 황백화 현상이 발생하고, 줄기나 뿌리의 생장점 발육이 저해된다.

60 염류 집적에 대한 대책이 아닌 것은?

① 흡비작물 재배　　　　　　　　❷ 무기물 시용

③ 심경과 객토　　　　　　　　　④ 담수 처리

[염류 집적에 대한 대책]
- 흡비작물 재배
- **유기물 시용**
- 심경과 객토
- 담수처리

61 벼의 수발아에 관한 설명으로 옳지 않은 것은?

① 결실기에 종실이 이삭에 달린 채로 싹이 트는 것을 말한다.

② 결실기의 벼가 우기에 도복이 되었을 때 자주 발생한다.

③ 조생종이 만생종보다 수발아가 잘 발생한다.

❹ 휴면성이 강한 품종이 약한 것보다 수발아가 잘 발생한다.

벼의 수발아는 벼의 이삭이 도복이나 강우로 젖은 상태가 오래 지속되면 이삭에서 싹이 나는 현상을 말한다. 휴면성이 강한 만생종보다는 휴면성이 약한 조생종에서 더 많이 발생한다.

62 정식기에 가까워지면 묘를 외부환경에 미리 노출시켜 적응시키는 것은?

① 춘화   ② 동화
③ 이화   ❹ 경화

> 경화법 : 갑자기 추위가 오기 전에 경화의 성질을 이용하여 내동성을 증가시키는 방법. 정식기가 가까워지면 묘를 외부환경에 미리 노출시켜 적응시키는 것

63 다음이 설명하는 번식 방법으로 올바르게 짝지어진 것은?

> ㉠ 식물의 잎, 줄기, 뿌리를 모체로부터 분리하여 상토에 꽂아 번식하는 방법
> ㉡ 뿌리 부근에서 생겨난 포기나 부정아를 나누어 번식하는 방법

❶ ㉠ : 삽목, ㉡ : 분주   ② ㉠ : 취목, ㉡ : 삽목
③ ㉠ : 삽목, ㉡ : 접목   ④ ㉠ : 접목, ㉡ : 분주

> **[인공영양번식]**
> • 분주(分株, 포기나누기) : 본주에서 발생한 흡지를 뿌리와 함께 분리하여 따로 옮겨 심어 번식시키는 방법
> • 삽목(揷木, 꺾꽂이) : 식물의 가지나 줄기 등을 자르거나 꺾어서 흙속에 꽂아 뿌리를 내리도록 하여 번식시키는 방법
> • 취목(取木, 휘묻이법, 언지법) : 식물의 가지를 휘어서 땅 속에 묻고 뿌리 내리도록 하여 번식시키는 방법
> • 접목(接木, 접붙이기) : 두 나무를 잘라 연결하여 하나의 개체로 만드는 방법

64 육묘에 관한 설명으로 옳지 않은 것은?

① 직파에 비해 종자가 절약된다.   ❷ 토지이용도가 낮아진다.
③ 직파에 비해 발아가 균일하다.   ④ 수확기 및 출하기를 앞당길 수 있다.

> **[육묘의 장점]**
> • 딸기 등과 같이 직파가 불리한 작물들의 재배에 이점이 있다.
> • 조기수확이 가능해진다.
> • 토지의 이용도를 높일 수 있다, 수량증대
> • 재해방지에 유리하다.
> • 뿌리의 활착을 증진한다.
> • 추대방지에 유리하다.
> • 종자를 절약할 수 있다.
> • 직파에 비해 발아가 균일하다.

65 한계일장보다 짧을 때 개화하는 식물끼리 올바르게 짝지어진 것은?

❶ 국화, 포인세티아　　　　　② 장미, 시클라멘
③ 카네이션, 페튜니아　　　　④ 금잔화, 금어초

> **[일장에 따른 화훼구분]**
> • 단일성 화훼 : 한계일장보다 짧을 때 개화하는 화훼. 나팔꽃, **포인세티아**, **국화**, 프리지아, 칼랑코에, 과꽃, 코스모스, 살비아 등
> • 장일성 화훼 : 한계일장보다 길 때 개화하는 화훼. 거베라, 금잔화, 금어초, 페튜니아, 시네라리아 등
> • 중일성(중간성, 중성식물) 화훼 : 일장과 관계없이 개화하는 식물. 장미, 시클라멘, 제라늄, 카네이션, 튤립, 수선화, 히아신스 등

66 4℃에 저장 시 저온장해가 발생하는 절화류로 짝지어진 것은?

① 장미, 카네이션　　　　　② 백합, 금어초
❸ 극락조화, 안스리움　　　④ 국화, 글라디올러스

> 극락조화와 안스리움은 고온에 적합한 식물로, 저온에 노출되는 시간이 길어질수록 저온 장해로 인한 피해의 정도가 심해진다.

67 채소 작물의 온도 적응성에 따른 분류가 같은 것끼리 짝지어진 것은?

① 가지, 무　　　　　　② 고추, 마늘
❸ 딸기, 상추　　　　　④ 오이, 양파

호온성	• 과수 : 참외, 무화과, 감, 복숭아, 살구 • 채소 : 토마토, 고추, 가지, 고구마, 생강, 오이, 수박, 호박
호냉성	• 과수 : 배, 사과, 자두 • 채소 : 시금치, **상추**, 완두, 무, 당근, **딸기**, 감자, 마늘, 양파, 양배추, 배추, 잠두

68 저장성을 향상시키기 위한 저장 전 처리에 관한 설명으로 옳지 않은 것은?

① 수박은 고온기 수확 시 품온이 높아 바로 수송할 경우 부패하기 쉬우므로 예냉을 실시한다.

② 감자는 수확 시 생긴 상처를 빨리 아물게 하기 위해 큐어링을 실시한다.

③ 마늘은 휴면이 끝나면 싹이 자라 상품성이 저하될 수 있으므로 맹아 억제 처리를 한다.

❹ 결구배추는 수분 손실을 줄이기 위해 수확한 후 바로 저장고에 넣어 보관한다.

- 배추는 저장 전 예냉을 실시하여 저장함으로써 저장 중 품질 저하 가능성을 획기적으로 낮출 수 있다.
- 예냉 : 과실 수확 직후 신속하게 온도를 낮추어 과실의 호흡과 성분 변화를 억제 시키는 것을 말한다. 예냉 처리를 한 작물은 운송 중 신선도가 유지되고 증산과 부패가 억제되어 저장기간을 연장하는 효과가 있다.

69 식물 분류학적으로 같은 과(科)에 속하지 않는 것은?

① 배　　　　　　　　　　　　　❷ 블루베리

③ 복숭아　　　　　　　　　　　④ 복분자

배, 복숭아, 복분자는 장미과, 블루베리는 진달래과이다.

70 멀칭의 목적으로 옳은 것은?

① 휴면 촉진　　　　　　　　　　② 단일 촉진

❸ 잡초발생 억제　　　　　　　　④ 단위결과 억제

- 멀칭 : 농작물을 재배할 때, 짚이나 비닐 따위로 토양의 표면을 덮어주는 것.
- 멀칭의 효과 : 지온상승, 토양수분 유지(토양건조 방지), 토양 및 비료유실 방지, **잡초 발생 억제**, 병충해 방제, 신장·증수 촉진, 조기수확 가능

71 물리적 병충해 방제방법을 모두 고른 것은?

| ㉠ 토양 가열 | ㉡ 천적 곤충 이용 |
| ㉢ 증기 소독 | ㉣ 윤작 등 작부체계의 변경 |

❶ ㉠, ㉢　　　　　　　　　　　② ㉠, ㉣

③ ㉡, ㉢　　　　　　　　　　　④ ㉡, ㉣

[병충해 방제법]
- 경종적 방제법 : 토지선정, 혼식, 윤작, 생육기의 조절, 중간 기주식물의 제거
- 생물적 방제법 : 천적이용
- **물리적 방제법 : 포살 및 채란, 가열, 소각, 소독, 소토, 담수, 차단, 유살**
- 화학적 방제법 : 살균제, 살충제, 유인제, 기피제

72 과수에서 세균에 의한 병으로만 나열한 것은?

❶ 근두암종병, 화상병, 궤양병
② 근두암종병, 탄저병, 부란병
③ 화상병, 탄저병, 궤양병
④ 화상병, 근두암종병, 부란병

- 진균으로 인한 병해 : 노균병, 흰가루병, 역병, 부란병, 탄저병, 점무늬낙엽병, 검은별무늬병 등
- **세균으로 인한 병해** : 풋마름병, 중생병, **근두암종병**, **화상병**, 무름병, 핵과류의 세균성구멍병, **궤양병**, 세균성 검은썩음병 등
- 바이러스로 인한 병해 : 황화병, 사과나무고접병, 오갈병, 잎마름병, 모자이크병

73 다음이 설명하는 온실형은?

- 처마가 높고 폭이 좁은 양지붕형 온실을 연결한 형태이다.
- 토마토, 파프리카(착색단고추) 등 과채류 재배에 적합하다.

① 양쪽지붕형
② 터널형
❸ 벤로형
④ 쓰리쿼터형

[유리온실]
- 외지붕형 : 지붕이 한쪽만 있는 온실로, 동서방향으로 짓는 것이 좋다. 소규모 취미오락용 시설로 적합하며, 겨울철 채광과 보온에 유리하다.
- 쓰리쿼터형(3/4형) : 남쪽 지붕의 면적이 전체 지붕 면적의 3/4정도 되게 생겼다. 동서방향으로 짓는 것이 좋다. 채광이나 보온성이 좋아서 가정용이나 학교 교육용 등으로 적합하다.
- 양지붕형 : 양쪽 지붕의 길이가 같은 온실로 채광이 균일하고, 통풍이 잘된다. 남북방향으로 짓는 것이 좋다.
- 둥근지붕형 : 외관이 둥근 모양으로, 표본전시용으로 많이 이용된다.
- 연동형 : 양지붕형 온실을 연결한 온실로, 대규모 시설재배에 많이 이용되고 있다.
  - 장점 : 건축비·난방비 절감, 토지이용율 증대, 대규모 시설재배에 적합
  - 단점 : 상대적으로 광분포가 균일하지 못하고, 환기 및 적설에 불리하다.
- 벤로형 : **처마가 높고 폭이 좁은 양지붕형 온실을 연결한 형태이다. 토마토, 파프리카(착색단고추) 등 과채류 재배에 적합하다.** 동서방향으로 짓는 것이 좋다. 연동형 온실의 단점을 보완한 형태

74 다음 피복재 중 장파투과율이 가장 높은 연질 필름은?

① 염화비닐(PVC) 필름   ② 불소계수지(ETFE) 필름
③ 에틸렌아세트산비닐(EVA) 필름   ❹ 폴리에틸렌(PE) 필름

- PE(폴리에틸렌) 필름
  - 연질피복재로, 값이 싸고, 필름 표면에 먼지가 잘 부착되지 않으며, 필름 성질상 서로 잘 달라붙지 않는 등 사용하는데 편리하여 우리나라 기초피복재 가운데 가장 많이 사용된다
  - 광투과율이 좋지만, 장파투과율도 높아 보온성이 떨어진다.
- EVA(에틸렌아세트산) 필름
  - 연질피복재이며, 내구성은 PE(폴리에틸렌) 필름과 PVC(염화비닐) 필름의 중간 정도이다.
  - 가격은 PE(폴리에틸렌) 필름보다는 비싸고 PVC(염화비닐) 필름보다는 저렴하다.
- PVC(염화비닐) 필름
  - 연질피복재 중 보온성이 가장 높다.
- ETFE (불소계수지) 필름
  - 경질피복재로, 광투과율이 높은 편이다.

※ 장파투과율 : 장파투과율이 높을수록 보온력이 약해진다. PVC(염화비닐) 필름 〈 EVA(에틸렌아세트산) 필름 〈 PE(폴리에틸렌) 필름

75 담액수경의 특징에 관한 설명으로 옳은 것은?

❶ 산소 공급 장치를 설치해야 한다.
② 베드의 바닥에 일정한 구배를 만들어 양액이 흐르게 해야 한다.
③ 배지로는 펄라이트와 암면 등이 사용된다.
④ 베드를 높이 설치하여 작업효율을 높일 수 있다.

① 산소 공급 장치를 설치해야 한다. (○)
   담액수경의 경우 수조 속의 배양액에 산소가 부족하기 쉬어 산소 공급 장치를 설치한다.
② 베드의 바닥에 일정한 구배를 만들어 양액이 흐르게 해야 한다. (× → 박막수경(NFT)에 관한 설명이다.)
③ 배지로는 펄라이트와 암면 등이 사용된다. (× → 담액수경의 경우 양액이 배지의 역할을 한다.)
④ 베드를 높이 설치하여 작업효율을 높일 수 있다. (× → 베드의 높이는 작업하기에 편한 허리 높이 정도가 적합하다.)

상법(보험편)

1 「상법」상 손해보험계약에 관한 설명으로 옳은 것은?

① 피보험자는 보험계약에서 정한 불확정한 사고가 발생한 경우 보험금의 지급을 보험자에게 청구할 수 없다.

❷ 보험자가 보험계약자로부터 보험계약의 청약과 함께 보험료 상당액의 전부 또는 일부의 지급을 받은 때는 다른 약정이 없으면 30일 이내에 낙부통지를 발송해야 한다.

③ 보험자는 보험사고가 발생한 경우 보험금이 아닌 형태의 보험급여를 지급할 것을 약정할 수 없다.

④ 보험기간의 시기(始期)는 보험계약 체결 시점과 같아야 한다.

> ② 보험자가 보험계약자로부터 보험계약의 청약과 함께 보험료 상당액의 전부 또는 일부의 지급을 받은 때는 다른 약정이 없으면 30일 이내에 낙부통지를 발송해야 한다. (O) [상법 제638조의2 제1항]
>
> ① 피보험자는 보험계약에서 정한 불확정한 사고가 발생한 경우 보험금의 지급을 보험자에게 청구할 수 **없다**. (× → 있다.) [상법 제638조]
>
> ③ 보험자는 보험사고가 발생한 경우 보험금이 아닌 형태의 보험급여를 지급할 것을 약정할 수 **없다**.(× → 있다.) [상법 제638조]
>
> ④ 보험기간의 시기(始期)는 보험계약 체결 시점과 같아야 **한다**. (× → 하는 것은 아니다.) [상법 제643조]

2 甲보험회사의 화재보험 약관에는 보험계약자에게 설명해야 하는 중요한 내용을 포함하고 있으나 甲 회사가 이를 설명하지 않고 보험계약을 체결하였다. 이에 관한 설명으로 옳지 않은 것은? (다툼이 있으면 판례에 따름)

① 보험계약이 성립한 날로부터 1개월이 된 시점이라면 보험계약자는 보험계약을 취소할 수 있다.

② 甲보험회사는 화재보험약관을 보험계약자에게 교부해야 한다.

③ 보험계약이 성립한 날로부터 4개월이 된 시점이라면 보험계약자는 보험계약을 취소할 수 없다.

❹ 보험계약자가 보험계약을 취소하지 않았다면 甲보험회사는 중요한 약관조항을 계약의 내용으로 주장할 수 있다.

> ④ 보험계약자가 보험계약을 취소하지 않았다면 甲보험회사는 중요한 약관조항을 계약의 내용으로 주장할 수 **있다.** (× → 없다.) [대법원 2019. 5. 30. 선고 2016다276177 판결]
> ① 보험계약이 성립한 날로부터 1개월이 된 시점이라면 보험계약자는 보험계약을 취소할 수 있다. (○) [상법 제638조의3 제2항]
> ② 甲보험회사는 화재보험약관을 보험계약자에게 교부해야 한다. (○) [상법 제638조의3 제1항]
> ③ 보험계약이 성립한 날로부터 4개월이 된 시점이라면 보험계약자는 보험계약을 취소할 수 없다. (○) [상법 제638조의3 제2항]

3 「상법」상 보험증권에 관한 설명으로 옳은 것은?

❶ 보험계약자가 보험증권을 멸실한 경우에는 보험자에 대하여 증권의 재교부를 청구할 수 있으며, 그 증권 작성의 비용은 보험계약자가 부담한다.

② 기존의 보험계약을 변경한 경우 보험자는 그 보험증권에 그 사실을 기재함으로써 보험증권의 교부에 갈음할 수 없다.

③ 타인을 위한 보험계약이 성립된 경우에는 보험자는 그 타인에게 보험증권을 교부해야 한다.

④ 보험계약자가 최초의 보험료를 지급하지 아니한 경우에도 보험계약이 성립한 때에는 보험자는 지체없이 보험증권을 작성하여 보험계약자에게 교부하여야 한다.

> ① 보험계약자가 보험증권을 멸실한 경우에는 보험자에 대하여 증권의 재교부를 청구할 수 있으며, 그 증권 작성의 비용은 보험계약자가 부담한다. (○) [상법 제642조]
> ② 기존의 보험계약을 변경한 경우 보험자는 그 보험증권에 그 사실을 기재함으로써 보험증권의 교부에 갈음할 수 **없다.** (× → 있다.) [상법 제640조 제2항]
> ③ 타인을 위한 보험계약이 성립된 경우에는 보험자는 **그 타인**(× → 보험계약자)에게 보험증권을 교부해야 한다. [상법 제640조 제1항]
> ④ 보험계약자가 최초의 보험료를 지급하지 아니한 경우에도 보험계약이 성립한 때에는 보험자는 지체없이 보험증권을 작성하여 보험계약자에게 교부하여야 한다. (×) [상법 제640조 제1항]

4 타인을 위한 손해보험계약(보험회사 A, 보험계약자 B, 타인 C)에서 보험사고의 객관적 확정이 있는 경우 그 보험계약의 효력에 관한 설명으로 옳지 않은 것은?

① 보험계약 당시에 보험사고가 이미 발생하였음을 B가 알고서 보험계약을 체결하였다면 그 계약은 무효이다.

❷ 보험계약 당시에 보험사고가 이미 발생하였음을 A와 B가 알았을지라도 C가 알지 못했다면 그 계약은 유효하다.

③ 보험계약 당시에 보험사고가 발생할 수 없음을 A가 알면서도 보험계약을 체결하였다면 그 계약은 무효이다.

④ 보험계약 당시에 보험사고가 발생할 수 없음을 A, B, C가 알지 못한 때에는 그 계약은 유효하다.

> ② 보험계약 당시에 보험사고가 이미 발생하였음을 A와 B가 알았을지라도 C가 알지 못했다면 그 계약은 **유효**(× → 무효)하다. [상법 제644조]

5 「상법」상 보험대리상 등에 관한 설명으로 옳은 것은 모두 몇 개인가?

> • 보험대리상은 보험계약자로부터 보험료를 수령할 수 있는 권한을 갖는다.
> • 보험대리상이 아니면서 특정한 보험자를 위하여 계속적으로 보험계약의 체결을 중개하는 자는 보험자가 작성한 보험증권을 보험계약자에게 교부할 수 있는 권한을 갖는다.
> • 대리인에 의하여 보험계약을 체결한 경우 대리인이 안 사유는 그 본인이 안 것과 동일한 것으로 한다.
> • 보험자는 보험대리상이 보험계약자로부터 청약, 고지, 통지 등 보험계약에 관한 의사표시를 수령할 수 있는 권한을 제한할 수 없다.

① 1개 　　　　　　　　　　　② 2개
❸ 3개 　　　　　　　　　　　④ 4개

> • 보험대리상은 보험계약자로부터 보험료를 수령할 수 있는 권한을 갖는다. (○) [상법 제646조의2 제1항 제1호]
>   – 보험대리상이 아니면서 특정한 보험자를 위하여 계속적으로 보험계약의 체결을 중개하는 자는 보험자가 작성한 보험증권을 보험계약자에게 교부할 수 있는 권한을 갖는다. (○) [상법 제646조의2 제3항]
> • 대리인에 의하여 보험계약을 체결한 경우 대리인이 안 사유는 그 본인이 안 것과 동일한 것으로 한다. (○) [상법 제646조]
> • 보험자는 보험대리상이 보험계약자로부터 청약, 고지, 통지 등 보험계약에 관한 의사표시를 수령할 수 있는 권한을 제한할 수 **없다.** (× → 있다.) [상법 제646조의2 제2항]

6 「상법」상 보험계약자가 보험자와 보험료를 분납하기로 약정한 경우에 관한 설명으로 옳지 않은 것은?

① 보험계약 체결 후 보험계약자가 제1회 보험료를 지급하지 아니한 경우, 다른 약정이 없는 한 계약 성립 후 2월이 경과하면 보험계약은 해제된 것으로 본다.

② 계속보험료가 연체된 경우 보험자는 즉시 그 계약을 해지할 수는 없다.

❸ 계속보험료가 연체된 경우 보험대리상이 아니면서 특정한 보험자를 위하여 계속적으로 보험계약의 체결을 중개하는 자는 보험계약자에 대해 해지의 의사표시를 할 수 있는 권한이 있다.

④ 보험대리상이 아니면서 특정한 보험자를 위하여 계속적으로 보험계약의 체결을 중개하는 자는 보험자가 작성한 영수증을 보험계약자에게 교부하는 경우에 한하여 보험료를 수령할 권한이 있다.

> ③ 계속보험료가 연체된 경우 보험대리상이 아니면서 특정한 보험자를 위하여 계속적으로 보험계약의 체결을 중개하는 자는 보험계약자에 대해 해지의 의사표시를 할 수 있는 권한이 **있다.** (× → 없다.) [상법 제646조의2 제3항]
> ① 보험계약 체결 후 보험계약자가 제1회 보험료를 지급하지 아니한 경우, 다른 약정이 없는 한 계약 성립 후 2월이 경과하면 보험계약은 해제된 것으로 본다. (○) [상법 제650조 제1항]
> ② 계속보험료가 연체된 경우 보험자는 즉시 그 계약을 해지할 수는 없다. (○) [상법 제650조 제2항]
> ④ 보험대리상이 아니면서 특정한 보험자를 위하여 계속적으로 보험계약의 체결을 중개하는 자는 보험자가 작성한 영수증을 보험계약자에게 교부하는 경우에 한하여 보험료를 수령할 권한이 있다. (○) [상법 제646조의2 제3항]

7 「상법」상 특정한 타인(이하 "A"라고 함)을 위한 손해보험계약에 관한 설명으로 옳은 것은?

❶ 보험계약자는 A의 동의를 얻지 아니하거나 보험증권을 소지하지 아니하면 그 계약을 해지하지 못한다.

② A가 보험계약에 따른 이익을 받기 위해서는 이익을 받겠다는 의사표시를 하여야 한다.

③ 보험계약자가 계속보험료의 지급을 지체한 때에는 보험자는 A에게 보험료 지급을 최고하지 않아도 보험계약을 해지할 수 있다.

④ 보험계약자가 A를 위해 보험계약을 체결하려면 A의 위임을 받아야 한다.

> ① 보험계약자는 A의 동의를 얻지 아니하거나 보험증권을 소지하지 아니하면 그 계약을 해지하지 못한다. (○) [상법 제649조 제1항]
> ② A가 보험계약에 따른 이익을 받기 위해서는 이익을 받겠다는 의사표시를 하여야 한다. (× → 이익을 받겠다는 의사표시가 없더라도 당연히 그 계약의 이익을 받는다.) [상법 제639조 제2항]
> ③ 보험계약자가 계속보험료의 지급을 지체한 때에는 보험자는 A에게 보험료 지급을 최고하지 않아도 보험계약을 해지할 수 있다. (× → 상당한 기간을 정하여 보험료의 지급을 최고한 후가 아니면 그 계약을 해제 또는 해지하지 못한다.) [상법 제650조 제3항]
> ④ 보험계약자가 A를 위해 보험계약을 체결하려면 A의 위임을 받아야 한다. (× → 보험계약자는 위임을 받거나 위임을 받지 아니하고 특정 또는 불특정의 타인을 위하여 보험계약을 체결할 수 있다.) [상법 제639조 제1항]

8 「상법」상 손해보험계약의 부활에 관한 설명으로 옳지 않은 것은?

❶ 제1회 보험료의 지급이 이루어지지 않아 보험계약이 해제된 경우 보험계약자는 보험 계약의 부활을 청구할 수 있다.

② 계속보험료의 연체로 인하여 보험계약이 해지되고 해지환급금이 지급되지 아니한 경우 보험계약자는 보험계약의 부활을 청구할 수 있다.

③ 계속보험료의 연체로 인하여 보험계약이 해지된 경우 보험계약자가 보험계약의 부활을 청구하려면 연체보험료에 약정이자를 붙여 보험자에게 지급해야 한다.

④ 보험계약자가 「상법」상의 요건을 갖추어 계약의 부활을 청구하는 경우 보험자는 30일 이내에 낙부통지를 발송해야 한다.

① 제1회 보험료의 지급이 이루어지지 않아 보험계약이 해제된 경우 보험계약자는 보험 계약의 부활을 청구할 수 있다. (× → 계속보험료 미지급으로 인하여 계약이 해지되고, 해지환급금이 지급되지 아니한 경우에 보험계약자는 일정한 기간 내에 연체보험료에 약정이자를 붙여 보험자에게 지급하고 그 계약의 부활을 청구할 수 있다.) [상법 제650조의2]

9 「상법」상 고지의무에 관한 설명으로 옳은 것은?

① 타인을 위한 손해보험계약에서 그 타인은 고지의무를 부담하지 않는다.

② 보험자가 서면으로 질문한 사항은 중요한 사항으로 본다.

❸ 고지의무자가 고의 또는 중과실로 중요한 사항을 불고지 또는 부실고지 한 사실을 보험자가 보험계약 체결직후 알게 된 경우, 보험자가 그 사실을 안 날로부터 1월이 경과하면 보험계약을 해지할 수 없다.

④ 고지의무자가 고의 또는 중과실로 중요한 사항을 불고지 또는 부실고지한 경우 보험자가 계약 당시에 그 사실을 알았을지라도 보험자는 보험계약을 해지할 수있다.

③ 고지의무자가 고의 또는 중과실로 중요한 사항을 불고지 또는 부실고지 한 사실을 보험자가 보험계약 체결직후 알게 된 경우, 보험자가 그 사실을 안 날로부터 1월이 경과하면 보험계약을 해지할 수 없다. (○) [상법 제651조]
① 타인을 위한 손해보험계약에서 그 타인은 고지의무를 부담하지 **않는다.** (× → 부담한다.)
② 보험자가 서면으로 질문한 사항은 중요한 사항으로 **본다.** (× → 추정한다.) [상법 제651조의2]
④ 고지의무자가 고의 또는 중과실로 중요한 사항을 불고지 또는 부실고지한 경우 보험자가 계약 당시에 그 사실을 알았을**지라도**(× → 때는) 보험자는 보험계약을 해지할 수 **있다.** (× → 없다.)
[상법 제651조]

10 보험기간 중 사고발생의 위험이 현저하게 변경된 경우에 관한 설명으로 옳은 것을 모두 고른 것은?

ⓐ 보험수익자가 이 사실을 안 때에는 지체없이 보험자에게 통지하여야 한다.
ⓑ 보험자가 보험계약자로부터 위험변경의 통지를 받은 때로부터 2월이 경과하면 계약을 해지할 수 없다.
ⓒ 보험수익자의 고의로 인하여 위험이 현저하게 변경된 때에는 보험자는 보험료의 증액을 청구할 수 있다.
ⓓ 피보험자의 중대한 과실로 인하여 위험이 현저하게 변경된 때에는 보험자는 계약을 해지할 수 없다.

① ㉠, ㉡   ❷ ㉡, ㉢
③ ㉢, ㉣   ④ ㉠, ㉡, ㉢, ㉣

ⓐ **보험수익자**(× → 보험계약자 또는 피보험자)가 이 사실을 안 때에는 지체없이 보험자에게 통지하여야 한다. [상법 제652조 제1항]
ⓑ 보험자가 보험계약자로부터 위험변경의 통지를 받은 때로부터 2월이 경과하면 계약을 해지할 수 없다. (○) [상법 제652조 제2항]
ⓒ 보험수익자의 고의로 인하여 위험이 현저하게 변경된 때에는 보험자는 보험료의 증액을 청구할 수 있다. (○) [상법 제653조]
ⓓ 피보험자의 중대한 과실로 인하여 위험이 현저하게 변경된 때에는 보험자는 계약을 해지할 수 **없다.** (× → 있다.) [상법 제653조]

11 보험계약의 해지에 관한 설명으로 옳지 않은 것은? (다툼이 있으면 판례에 따름)
① 보험자가 파산의 선고를 받은 때에는 보험계약자는 계약을 해지할 수 있다.
❷ 보험자가 보험기간 중에 사고발생의 위험이 현저하게 증가하여 보험계약을 해지한 경우 이미 지급한 보험금의 반환을 청구할 수 없다.
③ 보험자가 파산의 선고를 받은 경우 해지하지 아니한 보험계약은 파산선고 후 3월을 경과한 때에는 그 효력을 잃는다.
④ 보험자가 보험기간 중 사고발생의 위험이 현저하게 변경되었음을 이유로 계약을 해지 하려는 경우 그 사실을 입증하여야 한다.

② 보험자가 보험기간 중에 사고발생의 위험이 현저하게 증가하여 보험계약을 해지한 경우 이미 지급한 보험금의 반환을 청구할 수 **없다.** (× → 있다.) [상법 제655조]
① 보험자가 파산의 선고를 받은 때에는 보험계약자는 계약을 해지할 수 있다. (○) [상법 제654조 제1항]
③ 보험자가 파산의 선고를 받은 경우 해지하지 아니한 보험계약은 파산선고 후 3월을 경과한 때에는 그 효력을 잃는다. (○) [상법 제654조 제2항]
④ 보험자가 보험기간 중 사고발생의 위험이 현저하게 변경되었음을 이유로 계약을 해지 하려는 경우 그 사실을 입증하여야 한다. (○) [대법원 1996. 7. 26. 선고 95다52505 판결]

12 「상법」상 보험사고의 발생에 따른 보험자의 책임에 관한 설명으로 옳은 것은?

① 보험수익자가 보험사고의 발생을 안 때에는 보험자에게 그 통지를 할 의무가 없다.

❷ 보험사고가 보험계약자의 고의로 인하여 생긴 때에는 보험자는 보험금액을 지급할 책임이 없다.

③ 보험자는 보험금액의 지급에 관하여 약정기간이 없는 경우 지급할 보험금액이 정하여진 날로부터 5일 내에 지급하여야 한다.

④ 보험자의 책임은 당사자 간에 다른 약정이 없으면 보험계약자가 보험계약의 체결을 청약한 때로부터 개시한다.

> ② 보험사고가 보험계약자의 고의로 인하여 생긴 때에는 보험자는 보험금액을 지급할 책임이 없다. (○) [상법 제659조 제1항]
> ① 보험수익자가 보험사고의 발생을 안 때에는 보험자에게 그 통지를 할 의무가 **없다. (× → 있다.)** [상법 제657조 제1항]
> ③ 보험자는 보험금액의 지급에 관하여 약정기간이 없는 경우 지급할 보험금액이 정하여진 날로부터 **5일(× → 10일)**내에 지급하여야 한다. [상법 제658조]
> ④ 보험자의 책임은 당사자 간에 다른 약정이 없으면 **보험계약자가 보험계약의 체결을 청약한(× → 최초의 보험료의 지급을 받은)** 때로부터 개시한다. [상법 제656조]

13 「상법」 보험편에 관한 설명으로 옳지 않은 것은? (다툼이 있으면 판례에 따름)

① 재보험에서는 당사자 간의 특약에 의하여 「상법」 보험편의 규정을 보험계약자의 불이익으로 변경할 수 있다.

② 보험계약자 등의 불이익변경 금지원칙은 보험계약자와 보험자가 서로 대등한 경제적 지위에서 계약조건을 정하는 기업보험에 있어서는 그 적용이 배제된다.

③ 「상법」 보험편의 규정은 그 성질에 반하지 아니하는 범위에서 공제에도 준용된다.

❹ 「상법」 보험편의 규정은 약관에 의하여 피보험자나 보험수익자의 이익으로 변경할 수 없다.

> ④ 「상법」 보험편의 규정은 약관에 의하여 피보험자나 보험수익자의 **이익(× → 불이익)**으로 변경할 수 없다. [상법 제663조]
> ① 재보험에서는 당사자 간의 특약에 의하여 상법 보험편의 규정을 보험계약자의 불이익으로 변경할 수 있다. (○) [상법 제663조]
> ② 보험계약자 등의 불이익변경 금지원칙은 보험계약자와 보험자가 서로 대등한 경제적 지위에서 계약조건을 정하는 기업보험에 있어서는 그 적용이 배제된다. (○) [대법원 2005. 8. 25. 선고 2004다18903 판결]
> ③ 「상법」 보험편의 규정은 그 성질에 반하지 아니하는 범위에서 공제에도 준용된다. (○) [상법 제664조]

14 「상법」상 손해보험증권에 기재되어야 하는 사항으로 옳은 것은 모두 몇 개인가?

- 보험수익자의 주소, 성명 또는 상호
- 무효의 사유
- 보험사고의 성질
- 보험금액

① 1개   ② 2개
❸ 3개   ④ 4개

> 「상법」 제666조(손해보험증권) 손해보험증권에는 다음의 사항을 기재하고 보험자가 기명날인 또는 서명하여야 한다.
>
> 1. 보험의 목적
> 2. **보험사고의 성질**
> 3. **보험금액**
> 4. 보험료와 그 지급방법
> 5. 보험기간을 정한 때에는 그 시기와 종기
> 6. **무효와 실권의 사유**
> 7. 보험계약자의 주소와 성명 또는 상호
> 7의2. 피보험자의 주소, 성명 또는 상호
> 8. 보험계약의 연월일
> 9. 보험증권의 작성지와 그 작성년월일

15 「상법」상 손해보험에 관한 설명으로 옳지 않은 것은?

❶ 당사자 간에 보험가액을 정한 때에는 그 가액은 사고발생 시의 가액으로 정한 것으로 본다.
② 당사자는 약정에 의하여 보험사고로 인하여 상실된 피보험자가 얻을 보수를 보험자가 보상할 손해액에 산입할 수 있다.
③ 화재보험의 보험자는 화재의 소방 또는 손해의 감소에 필요한 조치로 인하여 생긴 손해를 보상할 책임이 있다.
④ 보험계약은 금전으로 산정할 수 있는 이익에 한하여 보험계약의 목적으로 할 수 있다.

> ① 당사자 간에 보험가액을 정한 때에는 그 가액은 사고발생 시의 가액으로 정한 것으로 **본다.**(× → 추정한다.) [상법 제670조]
> ② 당사자는 약정에 의하여 보험사고로 인하여 상실된 피보험자가 얻을 보수를 보험자가 보상할 손해액에 산입할 수 있다. (O) [상법 제667조]
> ③ 화재보험의 보험자는 화재의 소방 또는 손해의 감소에 필요한 조치로 인하여 생긴 손해를 보상할 책임이 있다. (O) [상법 제684조]
> ④ 보험계약은 금전으로 산정할 수 있는 이익에 한하여 보험계약의 목적으로 할 수 있다. (O) [상법 제668조]

16 손해보험에서의 보험가액에 관한 설명으로 옳은 것은?

① 초과보험에 있어서 보험계약의 목적의 가액은 사고 발생 시의 가액에 의하여 정한다.

② 보험금액이 보험계약의 목적의 가액을 현저하게 초과한 때에는 보험계약자는 소급하여 보험료의 감액을 청구할 수 있다.

③ 보험가액이 보험계약 당시가 아닌 보험기간 중에 현저하게 감소된 때에는 보험자는 보험료와 보험금액의 감액을 청구할 수 없다.

❹ 초과보험이 보험계약자의 사기로 인하여 체결된 때에는 그 계약은 무효이며 보험자는 그 사실을 안 때까지의 보험료를 청구할 수 있다.

④ 초과보험이 보험계약자의 사기로 인하여 체결된 때에는 그 계약은 무효이며 보험자는 그 사실을 안 때까지의 보험료를 청구할 수 있다. (O) [상법 제669조 제4항]

① 초과보험에 있어서 보험계약의 목적의 가액은 **사고 발생시**(× → 계약당시)의 가액에 의하여 정한다. [상법 제669조 제2항]

② 보험금액이 보험계약의 목적의 가액을 현저하게 초과한 때에는 보험계약자는 **소급하여**(× → 내용삭제) 보험료의 감액을 청구할 수 있다. [상법 제669조 제1항]

③ 보험가액이 보험계약 당시가 아닌 보험기간 중에 현저하게 감소된 때에는 보험자는 보험료와 보험금액의 감액을 청구할 수 **없다.** (× → 있다.) [상법 제669조 제3항)

17 「상법」상 소멸시효에 관하여 (   )에 들어갈 내용으로 옳은 것은?

보험금청구권은 (㉠)년간, 보험료청구권은 (㉡)년간, 적립금의 반환청구권은 (㉢)년간 행사하지 아니하면 시효의 완성으로 소멸한다.

① ㉠ : 2, ㉡ : 3, ㉢ : 2　　　　　　② ㉠ : 2, ㉡ : 3, ㉢ : 3

❸ ㉠ : 3, ㉡ : 2, ㉢ : 3　　　　　　④ ㉠ : 3, ㉡ : 3, ㉢ : 2

「상법」 제662조(소멸시효) 보험금청구권은 **3년간**, 보험료 또는 적립금의 반환청구권은 **3년간**, 보험료청구권은 **2년간** 행사하지 아니하면 시효의 완성으로 소멸한다.

18 「상법」상 중복보험에 관한 설명으로 옳지 않은 것은?

❶ 보험계약자가 중복보험의 체결사실을 보험자에게 통지하지 아니한 경우 보험자는 보험계약을 취소할 수 있다.

② 중복보험을 체결한 경우 보험계약자는 각 보험자에 대하여 각 보험계약의 내용을 통지하여야 한다.

③ 중복보험이라 함은 동일한 보험계약의 목적과 동일한 사고에 관하여 수개의 보험계약이 동시에 또는 순차로 체결된 경우를 말한다.

④ 중복보험은 하나의 보험계약을 수인의 보험자와 체결한 공동보험과 구별된다.

① 보험계약자가 중복보험의 체결사실을 보험자에게 통지하지 아니한 경우 보험자는 보험계약을 취소할 수 있다. (× → 근거없음. 참고 : 사기로 인하여 체결된 중복보험은 무효이다. [상법 제672조 제3항], 하지만, 단지 통지의무를 게을리 하였다는 사유만으로 사기로 인한 중복보험계약이 체결되었다고 추정할 수는 없다. [대법원 2000. 1. 28. 선고 99다50712 판결])

② 중복보험을 체결한 경우 보험계약자는 각 보험자에 대하여 각 보험계약의 내용을 통지하여야 한다. (○) [상법 제672조 제2항]

③ 중복보험이라 함은 동일한 보험계약의 목적과 동일한 사고에 관하여 수개의 보험계약이 동시에 또는 순차로 체결된 경우를 말한다. (○) [상법 제672조 제1항]

④ 중복보험은 하나의 보험계약을 수인의 보험자와 체결한 공동보험과 구별된다. (○) [상법 제672조]

19 다음 사례에 관한 설명으로 옳은 것은? (단, 다른 약정이 없고, 보험사고 당시 보험가액은 보험계약 당시와 동일한 것으로 전제함)

> [사례 1] 甲은 보험가액이 3억 원인 자신의 아파트를 보험목적으로 하여 A보험회사 및 B보험회사와 보험금액을 3억 원으로 하는 화재보험계약을 각각 체결하였다.
>
> [사례 2] 乙은 보험가액이 10억 원인 자신의 건물을 보험목적으로 하여 C보험회사와 보험금액을 5억 원으로 하는 화재보험계약을 체결하였다.

① 화재로 인하여 甲의 아파트가 전부 소실된 경우 甲은 A와 B로부터 각각 3억 원의 보험금을 수령할 수 있다.

② 화재로 인하여 甲의 아파트가 전부 소실된 경우 甲이 A에 대한 보험금 청구를 포기하였다면 甲에게 보험금 3억 원을 지급한 B는 A에 대해 구상금을 청구할 수 없다.

③ 화재로 인하여 乙의 건물에 5억 원의 손해가 발생한 경우 C는 乙에게 5억 원을 보험금으로 지급하여야 한다.

❹ 화재로 인하여 甲의 아파트가 전부 소실된 경우 A는 甲에 대하여 3억 원의 한도에서 B와 연대책임을 부담한다.

> ④ 화재로 인하여 甲의 아파트가 전부 소실된 경우 A는 甲에 대하여 3억 원의 한도에서 B와 연대책임을 부담한다. (O) [상법 제672조 제1항]
>
> ① 화재로 인하여 甲의 아파트가 전부 소실된 경우 甲은 A와 B로부터 **각각**(× → A와 B 합산하여 최대) 3억 원의 보험금을 수령할 수 있다. [상법 제672조 제1항]
>
> ② 화재로 인하여 甲의 아파트가 전부 소실된 경우 甲이 A에 대한 보험금 청구를 포기 하였다면 甲에게 보험금 3억 원을 지급한 B는 A에 대해 구상금을 청구할 수 **없다.** (× → 있다.) [상법 제673조]
>
> ③ 화재로 인하여 乙의 건물에 5억 원의 손해가 발생한 경우 C는 乙에게 **5억**(× → 2.5억)원을 보험금으로 지급하여야 한다. [상법 제674조]

20 화재보험에 있어서 보험자의 보상의무에 관한 설명으로 옳지 않은 것은? (다툼이 있으면 판례에 따름)

① 보험사고의 발생은 보험금 지급을 청구하는 보험계약자 등이 입증해야 한다.

② 보험자의 보험금지급의무는 보험기간 내에 보험사고가 발생하고 그 보험사고의 발생으로 인하여 피보험자의 피보험이익에 손해가 생기면 성립된다.

③ 손해란 피보험이익의 전부 또는 일부가 멸실되었거나 감손된 것을 말한다.

❹ 보험의 목적에 관하여 보험자가 부담할 손해가 생긴 경우에는 그 후 그 목적이 보험자가 부담하지 아니하는 보험사고의 발생으로 인하여 멸실된 때에는 보험자는 이미 생긴 손해를 보상할 책임을 면한다.

> ④ 보험의 목적에 관하여 보험자가 부담할 손해가 생긴 경우에는 그 후 그 목적이 보험자가 부담하지 아니하는 보험사고의 발생으로 인하여 멸실된 때에는 보험자는 이미 생긴 손해를 보상할 책임을 **면한다.** (× → 면하지 못한다.) [상법 제675조]
>
> ① 보험사고의 발생은 보험금 지급을 청구하는 보험계약자 등이 입증해야 한다. (○)
>
> ② 보험자의 보험금지급의무는 보험기간 내에 보험사고가 발생하고 그 보험사고의 발생으로 인하여 피보험자의 피보험이익에 손해가 생기면 성립된다. (○) [대법원 2005. 12. 8. 선고 2003다40729 판결]
>
> ③ 손해란 피보험이익의 전부 또는 일부가 멸실됐거나 감손된 것을 말한다. (○) [대법원 2005. 12. 8. 선고 2003다40729 판결]

21 「상법」상 손해보험에서 손해액의 산정기준 등에 관한 설명으로 옳지 않은 것은?

① 보험자가 보상할 손해액은 그 손해가 발생한 때와 곳의 가액에 의하여 산정하는 것이 원칙이다.

❷ 손해액의 산정에 관한 비용은 보험계약자의 부담으로 한다.

③ 보험자가 손해를 보상할 경우에 보험료의 지급을 받지 아니한 잔액이 있으면 그 지급 기일이 도래하지 아니한 때라도 보상할 금액에서 이를 공제할 수 있다.

④ 보험자는 약정에 따라 신품가액에 의하여 손해액을 산정할 수 있다.

> ② 손해액의 산정에 관한 비용은 **보험계약자**(× → 보험자)의 부담으로 한다. [상법 제676조 제2항]
>
> ① 보험자가 보상할 손해액은 그 손해가 발생한 때와 곳의 가액에 의하여 산정하는 것이 원칙이다. (○) [상법 제676조 제1항]
>
> ③ 보험자가 손해를 보상할 경우에 보험료의 지급을 받지 아니한 잔액이 있으면 그 지급 기일이 도래하지 아니한 때라도 보상할 금액에서 이를 공제할 수 있다. (○) [상법 제677조]
>
> ④ 보험자는 약정에 따라 신품가액에 의하여 손해액을 산정할 수 있다. (○) [상법 제676조 제1항]

22 「상법」상 손해보험에 있어 보험자의 면책 사유로 옳은 것을 모두 고른 것은?

> ⊙ 보험의 목적의 성질로 인한 손해
> ⓛ 보험의 목적의 하자로 인한 손해
> ⓒ 보험의 목적의 자연소모로 인한 손해
> ② 보험사고가 보험계약자의 고의 또는 중대한 과실로 인하여 생긴 경우

① ⊙, ⓛ
② ⓛ, ⓒ
③ ⓒ, ②
❹ ⊙, ⓛ, ⓒ, ②

- **「상법」 제678조(보험자의 면책사유)** 보험의 목적의 성질, 하자 또는 자연소모로 인한 손해는 보험자가 이를 보상할 책임이 없다.
- **「상법」 제659조(보험자의 면책사유)** ① 보험사고가 보험계약자 또는 피보험자나 보험수익자의 고의 또는 중대한 과실로 인하여 생긴 때에는 보험자는 보험금액을 지급할 책임이 없다.

23 「상법」상 손해보험에서 손해방지의무에 관한 설명으로 옳지 않은 것은? (다툼이 있으면 판례에 따름)

① 손해방지의무의 주체는 보험계약자와 피보험자이다.
② 손해방지를 위하여 필요 또는 유익하였던 비용은 보험자가 부담한다.
❸ 손해방지를 위하여 필요 또는 유익하였던 비용과 보상액이 보험금액을 초과한 경우에는 보험금액의 한도에서만 보험자가 이를 부담한다.
④ 피보험자가 손해방지의무를 고의 또는 중과실로 위반한 경우 보험자는 손해방지의무 위반과 상당인과관계가 있는 손해에 대하여 배상을 청구할 수 있다.

③ 손해방지를 위하여 필요 또는 유익하였던 비용과 보상액이 보험금액을 초과한 경우에는 **보험금액의 한도에서만**(× 내용 삭제) 보험자가 이를 부담한다. [상법 제680조 제1항]
① 손해방지의무의 주체는 보험계약자와 피보험자이다. (○) [상법 제680조 제1항]
② 손해방지를 위하여 필요 또는 유익하였던 비용은 보험자가 부담한다. (○) [상법 제680조 제1항]
④ 피보험자가 손해방지의무를 고의 또는 중과실로 위반한 경우 보험자는 손해방지의무 위반과 상당인과관계가 있는 손해에 대하여 배상을 청구할 수 있다. (○) [대법원 2016. 1. 14. 선고 2015다6302 판결]

24 보험목적에 관한 보험대위에 관한 설명이다. (   )에 들어갈 내용으로 옳은 것은?

> 보험의 목적의 전부가 멸실한 경우에 (㉠)의 (㉡)를 지급한 보험자는 그 목적에 대한 (㉢)의 권리를 취득한다. 그러나 (㉣)의 일부를 보험에 붙인 경우에는 보험자가 취득할 권리는 보험금액의 보험가액에 대한 비율에 따라 이를 정한다.

❶ ㉠ : 보험금액,　㉡ : 전부,　㉢ : 피보험자,　㉣ : 보험가액
② ㉠ : 보험금액,　㉡ : 일부,　㉢ : 보험계약자,　㉣ : 보험금액
③ ㉠ : 보험가액,　㉡ : 일부,　㉢ : 피보험자,　㉣ : 보험가액
④ ㉠ : 보험가액,　㉡ : 전부,　㉢ : 피보험자,　㉣ : 보험가액

> 「상법」 제681조(보험목적에 관한 보험대위) 보험의 목적의 전부가 멸실한 경우에 **보험금액의 전부**를 지급한 보험자는 그 목적에 대한 **피보험자**의 권리를 취득한다. 그러나 **보험가액**의 일부를 보험에 붙인 경우에는 보험자가 취득할 권리는 보험금액의 보험가액에 대한 비율에 따라 이를 정한다.

25 제3자에 대한 보험대위에 관한 설명으로 옳지 않은 것은? (다툼이 있으면 판례에 따름)

① 제3자에 대한 보험대위의 취지는 이득금지 원칙의 실현과 부당한 면책의 방지에 있다.
② 보험자는 피보험자와 생계를 같이 하는 가족에 대한 피보험자의 권리는 취득하지 못하는 것이 원칙이다.
③ 보험금을 지급한 보험자는 그 지급한 금액의 한도에서 그 제3자에 대한 피보험자의 권리를 취득한다.
❹ 보험약관상 보험자가 면책되는 사고임에도 불구하고 보험자가 보험금을 지급한 경우 피보험자의 제3자에 대한 권리를 대위취득할 수 있다.

> ④ 보험약관상 보험자가 면책되는 사고임에도 불구하고 보험자가 보험금을 지급한 경우 피보험자의 제3자에 대한 권리를 대위취득할 수 **있다.** (× → 없다.) [대법원 1994. 4. 12. 선고 94다200 판결]
> ① 제3자에 대한 보험대위의 취지는 이득금지 원칙의 실현과 부당한 면책의 방지에 있다. (○) [대법원 1989. 4. 25. 선고 87다카1669 판결]
> ② 보험자는 피보험자와 생계를 같이 하는 가족에 대한 피보험자의 권리는 취득하지 못하는 것이 원칙이다. (○) [상법 제682조 제2항]
> ③ 보험금을 지급한 보험자는 그 지급한 금액의 한도에서 그 제3자에 대한 피보험자의 권리를 취득한다. (○) [상법 제682조 제1항]

농어업재해보험법령

26 「농어업재해보험법」상 재해보험 발전 기본계획에 포함되어야 하는 사항으로 명시되지 않은 것은?

① 재해보험의 종류별 가입률 제고 방안에 관한 사항

❷ 손해평가인의 정기교육에 관한 사항

③ 재해보험사업에 대한 지원 및 평가에 관한 사항

④ 재해보험의 대상 품목 및 대상 지역에 관한 사항

> **「농어업재해보험법」 제2조의2(기본계획 및 시행계획의 수립·시행)**
>
> ② 기본계획에는 다음 각 호의 사항이 포함되어야 한다.
>
> 1. 재해보험사업의 발전 방향 및 목표
> 2. **재해보험의 종류별 가입률 제고 방안에 관한 사항**
> 3. **재해보험의 대상 품목 및 대상 지역에 관한 사항**
> 4. **재해보험사업에 대한 지원 및 평가에 관한 사항**
> 5. 그 밖에 재해보험 활성화를 위하여 농림축산식품부장관 또는 해양수산부장관이 필요하다고 인정하는 사항

27 「농어업재해보험법」상 농업재해보험심의회의 심의 사항에 해당되는 것을 모두 고른 것은?

ㄱ 재해보험에서 보상하는 재해의 범위에 관한 사항
ㄴ 손해평가의 방법과 절차에 관한 사항
ㄷ 농어업재해재보험사업에 대한 정부의 책임범위에 관한 사항
ㄹ 농어업재해재보험사업 관련 자금의 수입과 지출의 적정성에 관한 사항

① ㄱ, ㄴ
② ㄴ, ㄷ
③ ㄱ, ㄷ, ㄹ
❹ ㄱ, ㄴ, ㄷ, ㄹ

[농어업재해보험법 제3조 제1항]
1. 제2조의3 각 호의 사항

1. 재해보험에서 보상하는 재해의 범위에 관한 사항
2. 재해보험사업에 대한 재정지원에 관한 사항
3. 손해평가의 방법과 절차에 관한 사항
4. 농어업재해재보험사업(이하 "재보험사업"이라 한다)에 대한 정부의 책임범위에 관한 사항
5. 재보험사업 관련 자금의 수입과 지출의 적정성에 관한 사항
6. 그 밖에 제3조에 따른 농업재해보험심의회의 위원장 또는 「수산업·어촌 발전 기본법」제8조 제1항에 따른 중앙 수산업·어촌정책심의회의 위원장이 재해보험및 재보험에 관하여 회의에 부치는 사항

2. 재해보험 목적물의 선정에 관한 사항
3. 기본계획의 수립·시행에 관한 사항
4. 다른 법령에서 심의회의 심의사항으로 정하고 있는 사항

28 「농어업재해보험법」상 재해보험을 모집할 수 있는 자에 해당하지 않는 것은?
① 산림조합중앙회의임직원
② 「수산업협동조합법」에 따라 설립된 수협은행의 임직원
❸ 「산림조합법」제48조의 공제규정에 따른 공제모집인으로서 농림축산식품부장관이 인정하는 자
④ 「보험업법」제83조제1항에 따라 보험을 모집할 수 있는 자

「농어업재해보험법」제10조(보험모집) ① 재해보험을 모집할 수 있는 자는 다음 각 호와 같다.

1. 산림조합중앙회와 그 회원조합의 임직원, 수협중앙회와 그 회원조합 및 「수산업협동조합법」에 따라 설립된 수협은행의 임직원
2. 「수산업협동조합법」제60조(제108조, 제113조 및 제168조에 따라 준용되는 경우를 포함한다)의 공제규약에 따른 공제모집인으로서 수협중앙회장 또는 그 회원조합장이 인정하는 자
2의2. 「산림조합법」제48조(제122조에 따라 준용되는 경우를 포함한다)의 공제규정에 따른 공제모집인으로서 산림조합중앙회장이나 그 회원조합장이 인정하는 자
3. 「보험업법」제83조제1항에 따라 보험을 모집할 수 있는 자

29 「농어업재해보험법」상 손해평가 등에 관한 설명으로 옳은 것은?

① 재해보험사업자는 동일 시·군·구 내에서 교차손해평가를 수행할 수 없다.

❷ 농림축산식품부장관은 손해평가인이 공정하고 객관적인 손해평가를 수행할 수 있도록 연 1회 이상 정기교육을 실시하여야 한다.

③ 농림축산식품부장관이 손해평가 요령을 정한 뒤 이를 고시하려면 미리 금융위원회의 인가를 거쳐야 한다.

④ 농림축산식품부장관은 손해평가인 간의 손해평가에 관한 기술·정보의 교환을 금지하여야 한다.

> ② 농림축산식품부장관은 손해평가인이 공정하고 객관적인 손해평가를 수행할 수 있도록 연 1회 이상 정기교육을 실시하여야 한다. (○) [농어업재해보험법 제11조 제5항]
>
> ① 재해보험사업자는 동일 시·군·구 내에서 교차손해평가를 수행할 수 **없다**. (× → 있다) [농어업재해보험법 제11조 제3항]
>
> ③ 농림축산식품부장관이 손해평가 요령을 정한 뒤 이를 고시하려면 미리 금융위원회의 **인가를 거쳐야 한다.** (× → 와 협의하여야 한다.) [농어업재해보험법 제11조 제4항]
>
> ④ 농림축산식품부장관은 손해평가인 간의 손해평가에 관한 기술·정보의 교환을 **금지하여야 한다.** (× → 지원할 수 있다.) [농어업재해보험법 제11조 제6항]

30 「농어업재해보험법령」상 손해평가사의 자격 취소사유로 명시되지 않은 것은?

① 손해평가사의 자격을 거짓 또는 부정한 방법으로 취득한 경우

② 거짓으로 손해평가를 한 경우

❸ 업무 수행과 관련하여 보험계약자로부터 향응을 제공받은 경우

④ 「법」제11조의4 제7항을 위반하여 손해평가사 명의의 사용이나 자격증의 대여를 알선한 경우

> **「농어업재해보험법」제11조의5(손해평가사의 자격 취소)** ① 농림축산식품부장관은 다음 각 호의 어느 하나에 해당하는 사람에 대하여 손해평가사 자격을 취소할 수 있다. 다만, 제1호 및 제5호에 해당하는 경우에는 자격을 취소하여야 한다.
>
> 1. 손해평가사의 자격을 거짓 또는 부정한 방법으로 취득한 사람
> 2. 거짓으로 손해평가를 한 사람
> 3. 제11조의4 제6항을 위반하여 다른 사람에게 손해평가사의 명의를 사용하게 하거나 그 자격증을 대여한 사람
> 4. 제11조의4 제7항을 위반하여 손해평가사 명의의 사용이나 자격증의 대여를 알선한 사람
> 5. 업무정지 기간 중에 손해평가 업무를 수행한 사람

31 「농어업재해보험법령」상 보험금의 압류 금지에 관한 조문의 일부이다. (   )에 들어갈 내용은?

법 제12조 제2항에서 "대통령령으로 정하는 액수"란 다음 각 호의 구분에 따른 보험금 액수를 말한다.
1. 농작물·임산물·가축 및 양식수산물의 재생산에 직접적으로 소요되는 비용의 보장을 목적으로 법 제11조의7 제1항 본문에 따라 보험금수급전용계 좌로 입금된 보험금 : 입금된 (㉠)
2. 제1호 외의 목적으로 법 제11조의7 제1항 본문에 따라 보험금수급전용계좌로 입금된 보험금 : 입금된 (㉡)에 해당하는 액수

① ㉠ : 보험금의 2분의 1,　㉡ : 보험금의 3분의1
② ㉠ : 보험금의 2분의 1,　㉡ : 보험금의 3분의2
③ ㉠ : 보험금 전액,　　　㉡ : 보험금의 3분의1
❹ ㉠ : 보험금 전액,　　　㉡ : 보험금의 2분의1

「농어업재해보험법 시행령」 제12조의12(보험금의 압류 금지) 법 제12조 제2항에서 "대통령령으로 정하는 액수"란 다음 각 호의 구분에 따른 보험금 액수를 말한다.
1. 농작물·임산물·가축 및 양식수산물의 재생산에 직접적으로 소요되는 비용의 보장을 목적으로 법 제11조의7 제1항 본문에 따라 보험금수급전용계좌로 입금된 보험금 : 입금된 **보험금 전액**
2. 제1호 외의 목적으로 법 제11조의7 제1항 본문에 따라 보험금수급전용계좌로 입금된 보험금 : 입금된 **보험금의 2분의 1**에 해당하는 액수

32 「농어업재해보험법령」상 재해보험사업자가 보험모집 및 손해평가 등 재해보험 업무의 일부를 위탁할 수 있는 자에 해당하지 않는 것은?
① 「농업협동조합법」에 따라 설립된 지역농업협동조합
② 「수산업협동조합법」에 따라 설립된 지구별수산업협동조합
③ 「보험업법」 제187조에 따라 손해사정을 업으로 하는 자
❹ 농어업재해보험 관련 업무를 수행할 목적으로 「민법」에 따라 설립된 영리법인

「농어업재해보험법 시행령」 제13조(업무 위탁) 법 제14조에서 "대통령령으로 정하는 자"란 다음 각 호의 자를 말한다.

1. 「농업협동조합법」에 따라 설립된 지역농업협동조합·지역축산업협동조합 및 품목별·업종별 협동조합
1의2. 「산림조합법」에 따라 설립된 지역산림조합 및 품목별·업종별산림조합
2. 「수산업협동조합법」에 따라 설립된 지구별 수산업협동조합, 업종별 수산업협동조합, 수산물 가공 수산업협동조합 및 수협은행
3. 「보험업법」 제187조에 따라 손해사정을 업으로 하는 자
4. 농어업재해보험 관련 업무를 수행할 목적으로 「민법」 제32조에 따라 농림축산식품부장관 또는 해양수산부장관의 허가를 받아 설립된 **비영리법인**

33 「농어업재해보험법」상 재정지원에 관한 설명으로 옳지 않은 것은? [기출 수정]

❶ 정부는 재해보험사업자의 재해보험의 운영 및 관리에 필요한 비용의 전부를 지원하여야 한다.

② 지방자치단체는 예산의 범위에서 재해보험가입자가 부담하는 보험료의 일부를 추가로 지원할 수 있다.

③ 「풍수해·지진재해보험법」에 따른 풍수해·지진재해보험에 가입한 자가 동일한 보험목적물을 대상으로 재해보험에 가입할 경우에는 정부가 재정지원을 하지 아니한다.

④ 「법」 제19조 제1항에 따른 보험료와 운영비의 지원 방법 및 지원 절차 등에 필요한 사항은 대통령령으로 정한다.

> ① 정부는 재해보험사업자의 재해보험의 운영 및 관리에 필요한 비용의 **전부를 지원하여야 한다.**
> (× → 전부 또는 일부를 지원할 수 있다.) [농어업재해보험법 제19조 제1항]

34 「농어업재해보험법령」상 손해평가인의 자격요건에 관한 내용의 일부이다. (　　)에 들어갈 숫자는?

> 「학점인정 등에 관한 법률」 제8조에 따라 전문대학의 보험 관련 학과 졸업자와 같은 수준 이상의 학력이 있다고 인정받은 사람이나 「고등교육법」 제2조에 따른 학교에서 (㉠)학점(보험 관련 과목 학점이 (㉡)학점 이상이어야 한다) 이상을 이수한 사람 등 제7호에 해당하는 사람과 같은 수준 이상의 학력이 있다고 인정되는 사람

① ㉠ : 60, ㉡ : 40 　　② ㉠ : 60, ㉡ : 45
③ ㉠ : 80, ㉡ : 40 　　❹ ㉠ : 80, ㉡ : 45

> **「농어업재해보험법 시행령」 별표 2 손해평가인의 자격요건**
> 「학점인정 등에 관한 법률」 제8조에 따라 전문대학의 보험 관련 학과 졸업자와 같은 수준 이상의 학력이 있다고 인정받은 사람이나 「고등교육법」 제2조에 따른 학교에서 80학점(보험 관련 과목 학점이 45학점 이상이어야 한다) 이상을 이수한 사람 등 제7호에 해당하는 사람과 같은 수준 이상의 학력이 있다고 인정되는 사람

35 「농어업재해보험법」상 농어업재해재보험기금의 재원에 포함되는 것을 모두 고른 것은?

　⊙ 재해보험가입자가 재해보험사업자에게 내야 할 보험료의 회수 자금
　ⓒ 정부, 정부 외의 자 및 다른 기금으로부터 받은 출연금
　ⓒ 농어업재해재보험기금의 운용수익금
　ⓔ 「농어촌구조개선 특별회계법」 제5조 제2항 제7호에 따라 농어촌구조개선 특별회계의 농어촌특별세사업
　　계정으로부터 받은 전입금

① ⊙, ⓒ, ⓒ　　　　　　　　　　　② ⊙, ⓒ, ⓔ
③ ⊙, ⓒ, ⓔ　　　　　　　　　　　❹ ⓒ, ⓒ, ⓔ

> **「농어업재해보험법」 제22조(기금의 조성)** ① 기금은 다음 각 호의 재원으로 조성한다.
>
> 　1. 제20조 제2항 제1호에 따라 받은 재보험료
> 　2. **정부, 정부 외의 자 및 다른 기금으로부터 받은 출연금**
> 　3. 재보험금의 회수 자금
> 　4. **기금의 운용수익금과 그 밖의 수입금**
> 　5. 제2항에 따른 차입금
> 　6. **「농어촌구조개선 특별회계법」 제5조제2항제7호에 따라 농어촌구조개선 특별회계의 농어촌**
> 　　**특별세사업계정으로부터 받은 전입금**

36 「농어업재해보험법령」상 농어업재해재보험기금(이하 "기금"이라 한다)에 관한 설명으로 옳은 것은?
① 농림축산식품부장관은 행정안전부장관과 협의를 거쳐 기금의 관리·운용에 관한 사무의 일부를 농업정책보험금융원에 위탁할 수 있다.
② 농림축산식품부장관은 기금의 수입과 지출을 명확히 하기 위하여 농업정책보험금융원에 기금계정을 설치하여야 한다.
❸ 기금의 관리·운용에 필요한 경비의 지출은 기금의 용도에 해당한다.
④ 기금은 농림축산식품부장관이 환경부장관과 협의하여 관리·운용한다.

> ③ 기금의 관리·운용에 필요한 경비의 지출은 기금의 용도에 해당한다. (O) [농어업재해보험법 제23조 제3호]
> ① 농림축산식품부장관은 **행정안전부장관**(× → 해양수산부장관)과 협의를 거쳐 기금의 관리·운용에 관한 사무의 일부를 농업정책보험금융원에 위탁할 수 있다. [농어업재해보험법 제24조 제2항]
> ② 농림축산식품부장관은 기금의 수입과 지출을 명확히 하기 위하여 **농업정책보험금융원**(× → 한국은행)에 기금계정을 설치하여야 한다. [농어업재해보험법 시행령 제17조]
> ④ 기금은 농림축산식품부장관이 **환경부장관**(× → 해양수산부장관)과 협의하여 관리·운용한다. [농어업재해보험법 제24조 제1항]

37 「농어업재해보험법」상 보험사업의 관리에 관한 설명으로 옳지 않은 것은?

① 농림축산식품부장관 또는 해양수산부장관은 재해보험사업을 효율적으로 추진하기 위하여 손해평가인력의 육성 업무를 수행한다.

❷ 농림축산식품부장관은 손해평가사의 업무 정지 처분을 하는 경우 청문을 하지 않아도 된다.

③ 농림축산식품부장관은 손해평가사 자격시험의 실시 및 관리에 관한 업무를 「한국산업인력공단법」에 따른 한국산업인력공단에 위탁할 수 있다.

④ 정부는 농어업인의 재해대비의식을 고양하고 재해보험의 가입을 촉진하기 위하여 교육·홍보 및 보험가입자에 대한 정책자금 지원, 신용보증 지원 등을 할 수 있다.

> ② 농림축산식품부장관은 손해평가사의 업무 정지 처분을 하는 경우 청문을 **하지 않아도 된다.**(×
> → 하여야 한다.) [농어업재해보험법 제29조의2]
> ① 농림축산식품부장관 또는 해양수산부장관은 재해보험사업을 효율적으로 추진하기 위하여 손해
> 평가인력의 육성 업무를 수행한다. (○) [농어업재해보험법 제25조의2 제1항]
> ③ 농림축산식품부장관은 손해평가사 자격시험의 실시 및 관리에 관한 업무를 「한국산업인력공단
> 법」에 따른 한국산업인력공단에 위탁할 수 있다. (○) [농어업재해보험법 제25조의2 제3항]
> ④ 정부는 농어업인의 재해대비의식을 고양하고 재해보험의 가입을 촉진하기 위하여 교육·홍보
> 및 보험가입자에 대한 정책자금 지원, 신용보증 지원 등을 할 수 있다. (○) [농어업재해보험법
> 제28조]

38 「농어업재해보험법」상 손해평가사의 자격을 취득하지 아니하고 그 명의를 사용하거나 자격증을 대여받은 자에게 부과될 수 있는 벌칙은?

① 과태료 5백만 원

② 벌금 2천만 원

❸ 징역 6월

④ 징역 2년

> **「농어업재해보험법」 제30조(벌칙)** ② 다음 각 호의 어느 하나에 해당하는 자는 **1년 이하의 징역
> 또는 1천만 원 이하의 벌금**에 처한다.
>
> 1. 제10조 제1항을 위반하여 모집을 한 자
> 2. 제11조 제2항 후단을 위반하여 고의로 진실을 숨기거나 거짓으로 손해평가를 한 자
> 3. 제11조의4 제6항을 위반하여 다른 사람에게 손해평가사의 명의를 사용하게 하거나 그 자격
>   증을 대여한 자
> 4. 제11조의4 제7항을 위반하여 **손해평가사의 명의를 사용하거나 그 자격증을 대여받은 자** 또
>   는 명의의 사용이나 자격증의 대여를 알선한 자

39 농업재해보험 손해평가요령상 용어의 정의에 관한 내용의 일부이다. (   )에 들어갈 내용은?

"(   )"(이)라 함은 「농어업재해보험법」 제11조 제1항과 「농어업재해보험법 시행령」 제12조 제1항에서 정한 자 중에서 재해보험사업자가 위촉하여 손해평가업무를 담당하는 자를 말한다.

❶ 손해평가인
② 손해평가사
③ 손해사정사
④ 손해평가보조인

농업재해보험 손해평가요령 제2조(용어의 정의) 이 요령에서 사용하는 용어의 정의는 다음 각호와 같다.

1. "손해평가"라 함은 「농어업재해보험법」(이하 "법"이라 한다) 제2조 제1호에 따른 피해가 발생한 경우 법 제11조 및 제11조의3에 따라 손해평가인, 손해평가사 또는 손해사정사가 그 피해사실을 확인하고 평가하는 일련의 과정을 말한다.
2. **"손해평가인"**이라 함은 법 제11조 제1항과 「농어업재해보험법 시행령」(이하 "시행령"이라 한다) 제12조 제1항에서 정한 자 중에서 재해보험사업자가 위촉하여 손해평가업무를 담당하는 자를 말한다.
3. "손해평가사"라 함은 법 제11조의4 제1항에 따른 자격시험에 합격한 자를 말한다.
4. "손해평가보조인"이라 함은 제1호에서 정한 손해평가 업무를 보조하는 자를 말한다.
5. "농업재해보험"이란 법 제4조에 따른 농작물재해보험, 임산물재해보험 및 가축재해보험을 말한다.

40 농업재해보험 손해평가요령상 손해평가인의 업무로 명시되지 않은 것은?

① 보험가액평가
❷ 보험료율산정
③ 피해사실 확인
④ 손해액 평가

농업재해보험 손해평가요령 제3조(손해평가인의 업무) ① 손해평가인은 다음 각 호의 업무를 수행한다.

1. 피해사실 확인
2. 보험가액 및 손해액 평가
3. 그 밖에 손해평가에 관하여 필요한 사항

41 농업재해보험 손해평가요령상 손해평가인의 위촉과 교육에 관한 설명으로 옳은 것은?

① 손해평가인 정기교육의 세부내용 중 농업재해보험 상품 주요내용은 농업재해보험에 관한 기초지식에 해당한다.

② 손해평가인 정기교육의 세부내용에 피해유형별 현지조사표 작성 실습은 포함되지 않는다.

❸ 재해보험사업자 및 「농어업재해보험법」 제14조에 따라 손해평가 업무를 위탁받은 자는 손해평가 업무를 원활히 수행하기 위하여 손해평가보조인을 운용할 수 있다.

④ 실무교육에 참여하는 손해평가인은 재해보험사업자에게 교육비를 납부하여야한다.

> ③ 재해보험사업자 및 「농어업재해보험법」 제14조에 따라 손해평가 업무를 위탁받은 자는 손해평가 업무를 원활히 수행하기 위하여 손해평가보조인을 운용할 수 있다. (O) [농업재해보험 손해평가요령 제4조 제3항]
> ① 손해평가인 정기교육의 세부내용 중 농업재해보험 상품 주요내용은 농업재해보험에 관한 기초지식(× → 의 종류별 약관)에 해당한다. [농업재해보험 손해평가요령 제5조의2 제1항 제2호]
> ② 손해평가인 정기교육의 세부내용에 피해유형별 현지조사표 작성 실습은 포함되지 않는다.(× → 된다.) [농업재해보험 손해평가요령 제5조의2 제1항 제4호]
> ④ 실무교육에 참여하는 손해평가인은 재해보험사업자에게 교육비를 납부하여야 한다.(× → 에 대하여 재해보험사업자는 소정의 교육비를 지급할 수 있다.) [농업재해보험 손해평가요령 제5조 제3항]

42 농업재해보험 손해평가요령상 손해평가인 위촉의 취소에 관한 설명이다. (　　)에 들어갈 내용은?

> 재해보험사업자는 손해평가인이 「농어업재해보험법」 제30조에 의하여 벌금이상의 형을 선고받고 그 집행이 종료(집행이 종료된 것으로 보는 경우를 포함한다)되거나 집행이 면제된 날로부터 (㉠)년이 경과되지 아니한 자, 또는 (㉡) 기간 중에 손해평가업무를 수행한 자인 경우 그 위촉을 취소하여야 한다.

① ㉠ : 1, ㉡ : 자격정지　　　❷ ㉠ : 2, ㉡ : 업무정지
③ ㉠ : 1, ㉡ : 업무정지　　　④ ㉠ : 3, ㉡ : 자격정지

> **농업재해보험 손해평가요령 제6조(손해평가인 위촉의 취소 및 해지 등)** ① 재해보험사업자는 손해평가인이 다음 각 호의 어느 하나에 해당하게 되거나 위촉당시에 해당하는 자이었음이 판명된 때에는 그 위촉을 취소하여야 한다.
>
> 1. 피성년후견인 또는 피한정후견인
> 2. 파산선고를 받은 자로서 복권되지 아니한 자
> 3. 법 제30조에 의하여 벌금이상의 형을 선고받고 그 집행이 종료(집행이 종료된 것으로 보는 경우를 포함한다)되거나 집행이 면제된 날로부터 2년이 경과되지 아니한 자
> 4. 동 조에 따라 위촉이 취소된 후 2년이 경과하지 아니한 자
> 5. 거짓 그 밖의 부정한 방법으로 제4조에 따라 손해평가인으로 위촉된 자
> 6. **업무정지** 기간 중에 손해평가업무를 수행한 자

43 농업재해보험 손해평가요령상 손해평가반 구성에 관한 설명으로 옳은 것은?

❶ 자기가 실시한 손해평가에 대한 검증조사 및 재조사에 해당하는 손해평가의 경우 해당자를 손해평가반 구성에서 배제하여야 한다.

② 자기가 가입하였어도 자기가 모집하지 않은 보험계약에 관한 손해평가의 경우 해당자는 손해평가반 구성에 참여할 수 있다.

③ 손해평가인은 손해평가를 하는 경우에는 손해평가반을 구성하고 손해평가반별로 평가 일정계획을 수립하여야 한다.

④ 손해평가반은 손해평가인을 3인 이상 포함하여 7인 이내로 구성한다.

> ① 자기가 실시한 손해평가에 대한 검증조사 및 재조사에 해당하는 손해평가의 경우 해당자를 손해평가반 구성에서 배제하여야 한다. (O) [농업재해보험 손해평가요령 제8조 제3항]
>
> ② 자기가 가입하였어도 자기가 모집하지 않은 보험계약에 관한 손해평가의 경우 해당자는 손해평가반 구성에 참여할 수 **있다.**(× → 없다.) [농업재해보험 손해평가요령 제8조 제3항 제1호]
>
> ③ **손해평가인은**(× → 재해보험사업자는) 손해평가를 하는 경우에는 손해평가반을 구성하고 손해평가반별로 평가 일정계획을 수립하여야 한다. [농업재해보험 손해평가요령 제8조 제1항]
>
> ④ 손해평가반은 손해평가인을 **3인**(× → 1인) 이상 포함하여 **7인**(× → 5인) 이내로 구성한다. [농업재해보험 손해평가요령 제8조 제2항]

44 농업재해보험 손해평가요령상 손해평가준비 및 평가결과 제출에 관한 설명으로 옳은 것은?

① 손해평가반은 재해보험사업자가 실시한 손해평가결과를 기록할 수 있도록 현지조사서를 마련하여야 한다.

② 손해평가반은 손해평가를 실시하기 전에 현지조사서를 재해보험사업자에게 배부하고 손해평가에 임하여야 한다.

③ 손해평가반은 보험가입자가 7일 이내에 손해평가가 잘못되었음을 증빙하는 서류 등을 제출하는 경우 다른 손해평가반으로 하여금 재조사를 실시하게 할수 있다.

❹ 손해평가반은 보험가입자가 정당한 사유없이 손해평가를 거부하여 손해평가를 실시하지 못한 경우에는 그 피해를 인정할 수 없는 것으로 평가한다는 사실을 보험가입자에게 통지한 후 현지조사서를 재해보험사업자에게 제출하여야 한다.

④ 손해평가반은 보험가입자가 정당한 사유없이 손해평가를 거부하여 손해평가를 실시하지 못한 경우에는 그 피해를 인정할 수 없는 것으로 평가한다는 사실을 보험가입자에게 통지한 후 현지조사서를 재해보험사업자에게 제출하여야 한다. [농업재해보험 손해평가요령 제10조 제4항]

① **손해평가반은 재해보험사업자가**(× → 재해보험사업자는 손해평가반이) 실시한 손해평가결과를 기록할 수 있도록 현지조사서를 마련하여야 한다. [농업재해보험 손해평가요령 제10조 제1항]

② **손해평가반은**(× → 재해보험사업자는) 손해평가를 실시하기 전에 현지조사서를 **재해보험사업자에게**(× → 손해평가반에) 배부하고 **손해평가에 임하여야 한다.** (× → 손해평가시의 주의사항을 숙지시킨 후 손해평가에 임하도록 하여야 한다.) [농업재해보험 손해평가요령 제10조 제2항]

③ **손해평가반은**(× → 재해보험사업자는) 보험가입자가 (손해평가반의 손해평가결과에 대하여 설명 또는 통지를 받은 날로부터) 7일 이내에 손해평가가 잘못되었음을 증빙하는 서류 등을 제출하는 경우 다른 손해평가반으로 하여금 재조사를 실시하게 할수 있다. [농업재해보험 손해평가요령 제10조 제5항]

45 농업재해보험 손해평가요령상 손해평가결과 검증에 관한 설명으로 옳은 것은?

❶ 재해보험사업자 및 재해보험사업의 재보험사업자는 손해평가반이 실시한 손해평가결과를 확인하기 위하여 손해평가를 실시한 보험목적물 중에서 일정수를 임의 추출하여 검증조사를 할 수 있다.

② 손해평가반은 농림축산식품부장관으로 하여금 검증조사를 하게 할 수 있다.

③ 손해평가결과와 임의 추출조사의 결과에 차이가 발생하면 해당 손해평가반이 조사한 전체 보험목적물에 대하여 재조사를 하여야 한다.

④ 보험가입자가 검증조사를 거부하는 경우 검증조사반은 손해평가 검증을 강제할 수 있다는 사실을 보험가입자에게 통지하여야 한다.

---

① 재해보험사업자 및 재해보험사업의 재보험사업자는 손해평가반이 실시한 손해평가결과를 확인하기 위하여 손해평가를 실시한 보험목적물 중에서 일정수를 임의 추출하여 검증조사를 할 수 있다. (O) [농업재해보험 손해평가요령 제11조 제1항]

② **손해평가반**(× → 농림축산식품부장관)은 **농림축산식품부장관**으(× → 재보험사업자)로 하여금 검증조사를 하게 할 수 있다. [농업재해보험 손해평가요령 제11조 제2항]

③ 손해평가결과와 임의 추출조사의 결과에 차이가 발생하면 해당 손해평가반이 조사한 전체 보험목적물에 대하여 재조사를 하여야 한다. (× → 검증조사결과 현저한 차이가 발생되어 재조사가 불가피하다고 판단될 경우에는 해당 손해평가반이 조사한 전체 보험목적물에 대하여 재조사를 할 수 있다.) [농업재해보험 손해평가요령 제11조 제3항]

④ 보험가입자가 검증조사를 거부하는 경우 검증조사반은 손해평가 검증을 강제할 수 있다는 사실을 보험가입자에게 통지하여야 한다. (× → 보험가입자가 정당한 사유없이 검증조사를 거부하는 경우 검증조사반은 검증조사가 불가능하여 손해평가 결과를 확인할 수 없다는 사실을 보험가입자에게 통지한 후 검증조사결과를 작성하여 재해보험사업자에게 제출하여야 한다.) [농업재해보험 손해평가요령 제11조 제4항]

---

46 농업재해보험 손해평가요령상 특정위험방식 중 "인삼"의 경우, 다음의 조건으로 산정한 보험금은?

- 보험가입금액 : 1,000만 원
- 보험가액 : 1,000만 원
- 피해율 : 50%
- 자기부담비율 : 20%

① 200만 원   ❷ 300만 원
③ 500만 원   ④ 700만 원

[농업재해보험 손해평가요령 별표 1]

보험금 = 보험가입금액 × (피해율 − 자기부담비율)

= 1,000만원 × (0.5 − 0.2) = 300만 원

47 농업재해보험 손해평가요령상 종합위험방식 「이앙·직파불능보장」에서 "벼"의 경우, 보험가입금액이 1,000만 원이고 보험가액이 1,500만 원이라면 산정한 보험금은? (단, 다른 사정은 고려하지 않음) [기출 수정]

① 100만 원　　　　　　　　　　❷ 150만 원
③ 250만 원　　　　　　　　　　④ 375만 원

> **[농업재해보험 손해평가요령 별표 1]**
> 이앙·직파불능보험금 = 보험가입금액 × 15%
> = 1,000만 원 × 0.15 = 150만 원

48 농업재해보험 손해평가요령상 종합위험방식 상품의 조사내용 중 "착과수 조사"에 해당되는 품목은? [기출 수정]

① 양배추　　　　　　　　　　② 벼
❸ 자두　　　　　　　　　　　④ 마늘

> **[농업재해보험 손해평가요령 별표 2]**
> 착과수 조사 : 포도, 복숭아, 자두, 감귤(만감류)만 해당

49 농업재해보험 손해평가요령상 농작물의 품목별·재해별·시기별 손해수량 조사방법 중 종합위험방식 상품에 관한 표의 일부이다. (　　)에 들어갈 내용은?

생육시기	재해	조사 내용	조사시기	조사방법	비고
수확 시작 후 ~ 수확 종료	태풍(강풍), 우박	(㉠)	사고접수 후 지체없이	• 전체 열매수(전체 개화수) 및 수확 가능 　열매수 조사 　– 6월1일 ~ 6월20일 사고건에 한함 • 조사방법 : 표본조사	(㉡)만 해당

❶ ㉠ : 과실손해조사, ㉡ : 복분자　　　② ㉠ : 과실손해조사, ㉡ : 무화과
③ ㉠ : 수확량조사,　㉡ : 복분자　　　④ ㉠ : 수확량조사,　㉡ : 무화과

> **[농업재해보험 손해평가요령 별표 2]**
>
> | 생육시기 | 재해 | 조사내용 | 조사시기 | 조사방법 | 비고 |
> |---|---|---|---|---|---|
> | 수확
시작 후
~
수확 종료 | 태풍(강풍),
우박 | **과실손해
조사** | 사고접수 후
지체없이 | • 전체 열매수(전체 개화수) 및 수확 가능
　열매수 조사
　– 6월1일 ~ 6월20일 사고건에 한함
• 조사방법 : 표본조사 | **복분자만**
해당 |

50 농업재해보험 손해평가요령상 농업시설물의 보험가액 및 손해액 산정에 관한 설명이다.
(   )에 들어갈 내용은?

- 농업시설물에 대한 보험가액은 보험사고가 발생한 때와 곳에서 평가한 피해목적물의 (㉠)에서 내용연수에 따른 감가상각률을 적용하여 계산한 감가상각액을 (㉡)하여 산정한다.
- 농업시설물에 대한 손해액은 보험사고가 발생한 때와 곳에서 산정한 피해목적물의 (㉢)을 말한다.

① ㉠ : 시장가격,   ㉡ : 곱,   ㉢ : 시장가격
② ㉠ : 시장가격,   ㉡ : 차감,   ㉢ : 원상복구비용
③ ㉠ : 재조달가액,   ㉡ : 곱,   ㉢ : 시장가격
❹ ㉠ : 재조달가액,   ㉡ : 차감,   ㉢ : 원상복구비용

> **농업재해보험 손해평가요령 제15조(농업시설물의 보험가액 및 손해액 산정)**
> ① 농업시설물에 대한 보험가액은 보험사고가 발생한 때와 곳에서 평가한 피해목적물의 **재조달가액**에서 내용연수에 따른 감가상각률을 적용하여 계산한 감가상각액을 **차감**하여 산정한다.
> ② 농업시설물에 대한 손해액은 보험사고가 발생한 때와 곳에서 산정한 피해목적물의 **원상복구비용**을 말한다.
> ③ 제1항 및 제2항에도 불구하고 보험가입당시 보험가입자와 재해보험사업자가 보험가액 및 손해액 산정 방식을 별도로 정한 경우에는 그 방법에 따른다.

🌱 농학개론 중 재배학 및 원예작물학

51 작물 분류학적으로 과명(Family Name)별 작물의 연결이 옳은 것은?
① 백합과 – 수선화   ❷ 가지과 – 감자
③ 국화과 – 들깨   ④ 장미과 – 블루베리

> - 가지과 – 토마토, 고추, 가지, **감자** 등
> - 백합과 – 백합, 양파, 부추, 양파 등(수선화는 수선화과)
> - 국화과 – 국화, 과꽃, 해바라기 등(들깨는 꿀풀과)
> - 장미과 – 배, 복숭아, 복분자 등(블루베리는 진달래과)

52 토양침식이 우려될 때 재배법으로 옳지 않은 것은?
❶ 점토함량이 높은 식토 경지에서 재배한다.
② 토양의 입단화를 유지한다.
③ 경사지에서는 계단식 재배를 한다.
④ 녹비작물로 초생재배를 한다.

> 점토함량이 높은 식토 경지는 강우 등에 의해 토양이 침식되기 쉽다.

53 토양의 생화학적 환경에 관한 내용이다. (　　)에 들어갈 내용으로 옳은 것은?

> 높은 강우 또는 관수량의 토양에서는 용탈작용으로 토양의 (㉠)가 촉진되고, 이 토양에서는 아연과 망간의 흡수율이 (㉡)진다. 반면, 탄질비가 높은 유기물 토양에서는 미생물 밀도가 높아져 부숙 시 토양 질소함량이 (㉢)하게 된다.

❶ ㉠ : 산성화, ㉡ : 높아, ㉢ : 감소　　② ㉠ : 염기화, ㉡ : 낮아, ㉢ : 증가

③ ㉠ : 염기화, ㉡ : 높아, ㉢ : 감소　　④ ㉠ : 산성화, ㉡ : 낮아, ㉢ : 증가

> 높은 강우 또는 관수량의 토양에서는 용탈작용으로 토양의 **산성화**가 촉진되고, 이 토양에서는 아연과 망간의 흡수율이 **높아**진다. 반면, 탄질비가 높은 유기물 토양에서는 미생물 밀도가 높아져 부숙 시 토양 질소함량이 **감소**하게 된다.

54 토양수분 스트레스를 줄이기 위한 재배방법으로 옳지 않은 것은?

① 요수량이 낮은 품종을 재배한다.

② 칼륨결핍이 발생하지 않도록 재배한다.

③ 질소과용이 발생하지 않도록 한다.

❹ 밭 재배시 재식밀도를 높여 준다.

> 밭 재배 시 재식밀도를 높이면 토양수분 스트레스가 가중된다.

55 내건성 작물의 생육특성을 모두 고른 것은?

> ㉠ 기공 크기의 증가
> ㉡ 지상부보다 근권부 발달
> ㉢ 낮은 호흡에 따른 저장물질의 소실 감소

① ㉠, ㉡　　　　　　　　　　　② ㉠, ㉢

❸ ㉡, ㉢　　　　　　　　　　　④ ㉠, ㉡, ㉢

> 내건성 작물은 건조 또는 가뭄에 잘 견디는 작물로, 기공의 크기가 작고, 지상부보다 근권부가 발달한 특징이 있다. 때문에 체내 수분 상실이 적고, 수분의 흡수능 및 수분보유력이 크고, 수분함량이 낮은 상태에서도 비교적 잘 생육할 수 있으며, 건조할 때는 호흡을 급격하게 줄여 저장물질의 손실을 줄인다.

56 다음 (　　)에 들어갈 내용으로 옳은 것은?

> 저온에서 일정 기간 이상 경과하게 되면 식물체 내 화아분화가 유기되는 것을 (㉠)라 말하며, 이 후 25 ~ 30℃에 3 ~ 4주 정도 노출시켜 이미 받은 저온감응을 다시 상쇄시키는 것을 (㉡)라 한다.

① ㉠ 춘화, ㉡ 일비　　　　　　　　② ㉠ 이춘화, ㉡ 춘화
❸ ㉠ 춘화, ㉡ 이춘화　　　　　　　④ ㉠ 이춘화, ㉡ 일비

- 춘화 : 식물의 생육과정 중 일정시기에 일정기간의 저온을 거침으로써 화아가 형성되는 현상
- 이춘화(탈춘화, 춘화소거) : 저온춘화처리 기간 후에 고온, 건조, 산소부족과 같은 불량환경에 의하여 춘화처리의 효과가 상실되는 현상

57 A손해평가사가 어떤 농가에게 다음과 같은 조언을 하고 있다. 다음 (　　)에 들어갈 내용으로 옳은 것은?

- 농가 : 저희 농가의 딸기가 최근 2℃ 이하에서 생육스트레스를 받았습니다.
- A : 딸기의 (㉠)를 잘 이해해야 합니다. 그리고 30℃를 넘지 않도록 관리해야 됩니다.
- 농가 : 그럼, 30℃는 딸기 생육의 (㉡)라고 생각해도 되는군요.

① ㉠ : 생육가능온도, ㉡ : 최적적산온도
② ㉠ : 생육최적온도, ㉡ : 최적한계온도
❸ ㉠ : 생육가능온도, ㉡ : 최고한계온도
④ ㉠ : 생육최적온도, ㉡ : 최고적산온도

> 작물의 생육가능온도는 생육최적온도, 최저한계온도, 최고한계온도로 나뉜다. 생육최적온도에서 생육이 가장 잘 이루어진다. 최저/최고한계온도까지는 생육이 가능하지만, 생육최적온도에서 멀어질수록 생육이 둔화되고, 최저/최고한계온도를 벗어나면 여러 형태의 장해가 나타난다. 딸기의 생육최적온도는 18~23℃, 최저한계온도는 5℃, 최고한계온도는 30℃이다.

58 광도가 증가함에 따라 작물의 광합성이 증가하는데 일정 수준 이상에 도달하게 되면 더 이상 증가하지 않는 지점은?
① 광순화점　　　　　　　　　　　② 광보상점
③ 광반응점　　　　　　　　　　　❹ 광포화점

> 광포화점 : 식물에 빛을 더 강하게 비추어도 광합성량이 증가하지 않는 시점의 빛의 세기를 말한다. 광합성량은 빛의 세기에 정비례하여 증가하지만, 광포화점에 이르면 빛의 세기가 더 증가하여도 광합성량은 증가하지 않는다.

59 과수재배에 있어 생장조절물질에 관한 설명으로 옳지 않은 것은?

① 지베렐린 – 포도의 숙기촉진과 과실비대에 이용

② 루톤분제 – 대목용 삽목 번식 시 발근 촉진

③ 아브시스산 – 휴면 유도

❹ 에틸렌 – 과실의 낙과 방지

> 에틸렌은 무색무취 가스 형태로, 작물의 노화, 낙엽, 낙과 등을 촉진 시키는 숙성(노화)호르몬이다.

60 도복 피해를 입은 작물에 대한 피해 경감대책으로 옳지 않은 것은?

① 왜성품종 선택   ❷ 질소질 비료 시용

③ 맥류에서의 높은 복토   ④ 밀식재배 지양

> 질소질 비료 시용, 병해충으로 인한 피해, 칼륨/규산의 부족, 밀식재배, 키가 크고 대가 약한 품종 선택 등은 도복을 유발하는 요인이 된다.

61 정식기에 어린 묘를 외부환경에 미리 적응시켜 순화시키는 과정은?

❶ 경화   ② 왜화

③ 이화   ④ 동화

> 경화 : 작물 또는 종자를 외부환경에 미리 노출시켜 적응시키는 것을 말한다. 내동성 등을 증대시킬 수 있다.

62 무성생식에 비해 종자번식이 갖는 상업적 장점이 아닌 것은?

① 대량생산 용이   ❷ 결실연령 단축

③ 원거리이동 용이   ④ 우량종 개발

> 종자번식(유성번식) : 종자를 이용해서 번식하는 것을 '종자번식'이라고 한다. 종자는 수술의 화분과 암술의 난세포의 결합으로 만들어 진다. 자성 배우자와 웅성 배우자의 수정에 의해 이루어지기 때문에 '유성번식'이라고도 한다.
>
> - 다양한 유전적 특징을 가지는 자손이 생겨난다.
> - 유전적 변이를 만들어 이용한다.
> - 불량환경을 극복하는 수단으로 이용할 수 있다.
> - 양친의 형질이 전달되지 않는다.
> - 번식체의 취급이 간편하고 수송 및 저장이 용이하다.
> - 대량채종과 번식이 가능하다.
> - **개화와 결실이 길다.**

63 P손해평가사는 '가지'의 종자발아율이 낮아 고민하고 있는 육묘 농가를 방문하였다. 이 농가에서 잘못 적용한 영농법은?

① 보수성이 좋은 상토를 사용하였다.

② 통기성이 높은상토를 사용하였다.

❸ 광투과가 높도록 상토를 복토하였다.

④ pH가 교정된 육묘용 상토를 사용하였다.

가지의 종자는 혐광성으로 광투과가 잘 되지 않을 정도로 상토를 복토하여야 한다.

64 토양 표면을 피복해 주는 멀칭의 효과가 아닌 것은?

① 잡초 억제   ❷ 로제트 발생

③ 토양수분 조절   ④ 지온 조절

멀칭이란 농작물을 재배할 때 비닐, 플라스틱, 짚 등의 피복재로 토양의 표면을 덮어주는 것을 말한다. 멀칭을 통해 **지온 조절**, **잡초 억제**, **토양수분 조절**, 토양 및 비료유실 방지 등과 같은 효과를 볼 수 있다.

65 경종적 방제차원의 병충해 방제가 아닌 것은?

① 내병성 품종선택   ② 무병주 묘 이용

❸ 콜히친 처리   ④ 접목재배

경종적 방제법으로는 윤작, 생육기의 조절, 내병성 품종선택, 무병주 묘 이용, 접목재배 등의 방법이 있다.

66 농가에서 널리 이용하는 엽삽에 유리한 작물이 아닌 것은?

① 렉스베고니아   ② 글록시니아

③ 페페로미아   ❹ 메리골드

엽삽(잎꽂이)하는 작물로는 렉스베고니아, 글록시니아, 페페로미아, 산세베리아 등이 있다. 메리골드는 주로 녹지삽(푸른가지꽂이)하는 작물이다.

67 화훼작물에 있어 진균에 의한 병이 아닌 것은?

① 잘록병　　　　　　　　　　　② 역병
③ 잿빛곰팡이병　　　　　　　　　❹ 무름병

> • 진균에 의한 병 : 노균병, 흰가루병, 역병, 잿빛곰팡이병, 부란병, 탄저병, 잘록병, 점무늬낙엽병, 검은별무늬병 등
> • 세균에 의한 병 : 풋마름병, 중생병, 근두암종병, 화상병, **무름병**, 핵과류의 세균성구멍병, 궤양병, 세균성 검은썩음병 등
> • 바이러스에 의한 병 : 황화병, 사과나무고접병, 오갈병, 잎마름병, 모자이크병

68 '잎들깨'를 생산하는 농가에서 생산량 증대를 위해 야간 인공조명을 설치하였다. 이 야간 조명으로 인하여 옆 농가에서 피해가 있을 법한 작물은?

① 장미　　　　　　　　　　　　❷ 칼랑코에
③ 페튜니아　　　　　　　　　　　④ 금잔화

> 야간 인공조명은 광중단(빛으로 암기를 끊근 것)현상이 발생하여 칼랑코에와 같은 단일식물은 피해를 입을 수 있다. 장미는 중성식물, 페튜니아와 금잔화는 장일식물이다.

69 오이의 암꽃 수를 증가시킬 수 있는 육묘 관리법은?

① 지베렐린 처리　　　　　　　　② 질산은 처리
❸ 저온 단일조건　　　　　　　　　④ 고온 장일조건

> 오이, 호박 등은 단일조건에서 암꽃이 많아지고, 장일조건에서 숫꽃이 많아진다.

70 다음의 해충 방제법은?

> 친환경농산물을 생산하는 농가가 최근 엽채류에 해충이 발생하여 제충국에서 살충성분('피레트린')을 추출 및 살포하여 진딧물 해충을 방제하였다.

❶ 화학적 방제법　　　　　　　　② 물리적 방제법
③ 페로몬 방제법　　　　　　　　④ 생물적 방제법

> 제충국에서 추출한 피레트린은 일종의 천연 살충제이다. 살균제, 살충제, 유인제, 기피제 등을 이용한 해충 방제법은 화학적 방제법이다.

71 다음이 설명하는 과수의 병은?

- 기공이나 상처 및 표피를 뚫고 작물 내 침입
- 일정 기간 또는 일생을 기생하면서 병 유발
- 시들음, 부패 등의 병징 발견

① 포도 근두암종병　　　　　　　　❷ 사과 탄저병
③ 감귤 궤양병　　　　　　　　　　④ 대추나무 빗자루병

사과 탄저병	• 과실에 주로 발생하지만, 가지나 줄기에도 발생한다. • 과실의 표면에 갈색의 작은 반점이 형성되고 확대되면서 병반 중앙부가 움폭해진다. • 주로 사과나무 가지의 상처부위나 과실이 달렸던 곳, 잎이 떨어진 부위에 침입하여 균사의 형태로 겨울을 난 후 5월경부터 분생포자를 형성하게 되며 비가 올 때 빗물에 의하여 비산되어 제1차 전염이 이루어지고 과실에 침입하여 발병한다. • 병원균의 전반은 빗물에 의해서 이루어져 기주체 표면에서 각피 침입하여 감염되며, 파리나 기타 곤충 및 조류 등에 의해서도 분산 전반되어 전염이 이루어지는 것으로 알려져 있다.
포도 근두암종병	• 대부분 상처를 통해 침입한다. • 주로 나무의 근두와 뿌리 등에 혹이 생기며, 처음에 흰색이던 것이 차차 흑갈색으로 변하고, 표면에는 가는 금이 생기며 거칠어진다.
감귤 궤양병	• 병반 내에서 겨울을 난 균이 이른 봄부터 15℃ 이상이 되면 조직 내에서 증식하기 시작하고, 강우 시에 균이 비산하여 기공 및 상처를 통해서 침입한다. • 증상은 잎, 가지, 열매에 발생한다. 반점 형태로 외관을 해치고, 심한 경우 잎이 뒤틀리고 낙엽이 발생하며, 새순의 경우 순 전체가 죽고 과실은 낙과되기 쉽다.
대추나무 빗자루병	• 매미충, 접목, 토양해충 등에 의해서 전염된다. • 가지가 심하게 분지되어 잎이 매우 작아지고, 황록색의 작은 잎이 밀생하여 마치 빗자루와 같은 모양을 형성한다. • 과실은 작아지고 품질이 떨어지게 된다.

72 과수의 결실에 관한 설명으로 옳지 않은 것은?

① 타가수분을 위해 수분수는 20% 내외로 혼식한다.
② 탄질비(C/N Ratio)가 높을수록 결실률이 높아진다.
❸ 꽃가루관의 신장은 저온조건에서 빨라지므로 착과율이 높아진다.
④ 엽과비(Leaf/Fruitratio)가 높을수록 과실의 크기가 커진다.

꽃가루관의 신장은 고온조건에서 빨라진다.

73 종자춘화형에 속하는 작물은?

① 양파, 당근　　　　　　　　　　　② 당근, 배추
③ 양파, 무　　　　　　　　　　　　❹ 배추, 무

- 종자춘화형 : 종자가 물을 흡수하여 배가 활동을 개시한 이후에는 언제든지 저온에 감응하는 식물 → 완두, 봄올무, 보리, 추파맥류, 밀, **무**, **배추**, 잠두
- 녹식물춘화형 : 물체가 어느 정도 영양생장을 한 다음에 저온을 받아야 생육상 전환이 일어나는 식물 → 셀러리, 양파, 국화, 양배추, 당근, 히요스, 스토크, 브로콜리

74 A농가가 선택한 피복재는?

A농가는 재배시설의 피복재에 물방울이 맺혀 광투과율의 저하와 병해 발생이 증가하였다. 그래서 계면활성제가 처리된 필름을 선택하여 필름의 표면장력을 낮춤으로써 물방울의 맺힘 문제를 해결하였다.

① 광파장변환 필름　　　　　　　　② 폴리에틸렌 필름
③ 해충기피 필름　　　　　　　　　❹ 무적 필름

무적(無滴) 필름은 물방울이 맺히지 않는 필름이란 뜻이다. 재배시설의 내부가 따뜻해지면 땅속의 수분이 증발하면서 재배시설의 피복재에 성에가 끼고 또 밤에 온도가 내려가면 이슬이 맺힌다. 그로인해 재배시설 내 광투과율이 저하되고 시설작물의 병해 발생이 증가한다. 피복재에 계면활성제 처리를 하면 물방울이 표면을 따라 밑으로 흘러내리게 되어 물방울 맺힘 문제를 해결할 수 있다.

75 다음이 설명하는 재배법은?

- 양액재배 베드를 허리높이까지 설치
- 딸기 '설향' 재배에 널리 활용
- 재배 농가의 노동환경 개선 및 청정재배사 관리

❶ 고설 재배　　　　　　　　　　　② 토경 재배
③ 고랭지 재배　　　　　　　　　　④ NFT 재배

고설재배	• 양액재배 베드를 허리높이 정도에 설치하고 딸기를 재배하는 방식이다. • 토경 재배에 비해 훨씬 편안한 자세로 재배관리 및 수확 등을 할 수 있다는 장점이 있으며, 현재는 설향 재배에 많이 이용되고 있다.
토경재배	• 노지에서 재배하는 방식이다.
고랭지재배	• 표고 600m 이상인 지역에서 평지에 비해 비교적 낮은 온도를 이용하여 작물을 재배하는 방식이다.
NFT 재배	• 베드에 작물을 위치시키고, 그 안에 배양액을 계속적으로 흘려보내는 방법으로 재배하는 방식이다. • 배양액을 계속 순환시키기 위해서 베드, 양액탱크, 급배액장치가 필요하다.

상법(보험편)

1 「상법」상 보험자가 보험계약자로부터 손해보험계약의 청약과 함께 보험료 상당액의 전부 또는 일부를 받은 경우 이 보험계약에 관한 설명으로 옳지 않은 것은?

① 보험계약은 낙성계약이므로 보험자가 승낙하면 성립한다.

② 다른 약정이 없으면 보험자는 30일내에 보험계약자에 대하여 낙부의 통지를 발송하여야 한다.

③ 보험자가 상법이 정하는 낙부의 통지기간내에 그 통지를 해태한 때에는 승낙한 것으로 본다.

❹ 승낙하기 전에 발생한 보험사고에 대해서 청약을 거절할 사유가 있더라도 보험자는 보험계약상의 책임을 진다.

> 「상법」 제638조의2 제3항 보험자가 보험계약자로부터 보험계약의 청약과 함께 보험료 상당액의 전부 또는 일부를 받은 경우에 그 청약을 승낙하기 전에 보험계약에서 정한 보험사고가 생긴 때에는 그 청약을 거절할 사유가 없는 한 보험자는 보험계약상의 책임을 진다.

2 「상법」상 타인을 위한 보험에 관한 설명으로 옳지 않은 것은?

① 보험계약자는 보험자에 대하여 보험료를 지급할 의무가 있다.

② 보험계약자는 위임을 받지 아니하고 타인을 위하여 보험계약을 체결할 수 있다.

❸ 타인은 계약 성립 시 특정되어야 한다.

④ 보험계약자가 파산선고를 받은 때에는 그 타인이 그 권리를 포기하지 아니하는 한 그 타인도 보험료를 지급할 의무가 있다.

> 「상법」 제639조 제1항 보험계약자는 위임을 받거나 위임을 받지 아니하고 **특정 또는 불특정의 타인**을 위하여 보험계약을 체결할 수 있다. (× → 타인이 반드시 계약 성립시 특정되어야 하는 것은 아니다.)

3 「상법」상 보험증권에 관한 설명으로 옳은 것은?

❶ 기존의 보험계약을 변경한 경우 보험자는 그 보험증권에 그 사실을 기재함으로써 보험증권의 교부에 갈음할 수 있다.

② 보험자는 보험계약자의 청약이 있는 경우 보험료의 지급 여부와 상관없이 지체없이 보험증권을 작성하여 보험계약자에게 교부하여야 한다.

③ 보험계약의 당사자는 보험증권의 교부가 있은 날부터 14일 내에 한하여 그 증권내용의 정부(正否)에 관한 이의를 할 수 있음을 약정할 수 있다.

④ 보험계약자가 보험증권을 멸실한 경우 보험계약자는 보험자에게 증권의 재교부를 청구할 수 있으며, 그 증권작성의 비용은 보험자의 부담으로 한다.

> ① 기존의 보험계약을 연장하거나 변경한 경우에는 보험자는 그 보험증권에 그 사실을 기재함으로써 보험증권의 교부에 갈음할 수 있다. [상법 제640조 제2항]
> ② 보험자는 **보험계약자의 청약이 있는 경우 보험료의 지급 여부와 상관없이**(× → 보험계약이 성립한 때에는) 지체없이 보험증권을 작성하여 보험계약자에게 교부하여야 한다. [상법 제640조 제1항] → 보험계약의 성립을 위해서는 보험계약자로부터 보험계약의 청약과 함께 보험료 상당액의 전부 또는 일부의 지급이 있어야 한다.
> ③ 보험계약의 당사자는 보험증권의 교부가 있은 날부터 14일내에 한하여 그 증권내용의 정부(正否)에 관한 이의를 할 수 있음을 약정할 수 **있다.**(× → 없다.) [상법 제641조]
> ④ 보험계약자가 보험증권을 멸실한 경우 보험계약자는 보험자에게 증권의 재교부를 청구할 수 있으며, 그 증권작성의 비용은 **보험자**(× → 보험계약자)의 부담으로 한다. [상법 제642조]

4 「상법」상 보험사고 등에 관한 설명으로 옳지 않은 것은?

① 보험계약은 그 계약전의 어느 시기를 보험기간의 시기(始期)로 할 수 있다.

❷ 보험계약 당시에 보험사고가 발생할 수 없음이 객관적으로 확정된 경우 당사자 쌍방과 피보험자가 이를 알았는지 여부에 관계없이 그 계약은 무효로 한다.

③ 자기를 위한 보험계약에서 보험사고가 발생하기 전에는 언제든지 보험계약자는 계약의 전부 또는 일부를 해지할 수 있다.

④ 피보험자는 보험사고의 발생을 안 때에는 지체없이 보험자에게 그 통지를 발송하여야 한다.

> **「상법」 제644조** 보험계약 당시에 보험사고가 이미 발생하였거나 또는 발생할 수 없는 것인 때에는 그 계약은 무효로 한다. 그러나 당사자 쌍방과 피보험자가 이를 알지 못한 때에는 그러하지 아니하다.
> ① 보험계약은 그 계약 전의 어느 시기를 보험기간의 시기(始期)로 할 수 있다. [상법 제643조]
> ③ 자기를 위한 보험계약에서 보험사고가 발생하기 전에는 언제든지 보험계약자는 계약의 전부 또는 일부를 해지할 수 있다. [상법」 제649조 제1항]
> ④ 피보험자는 보험사고의 발생을 안 때에는 지체없이 보험자에게 그 통지를 발송하여야 한다. [상법 제657조 제1항]

5 甲은 보험대리상이 아니면서 특정한 보험자 乙을 위하여 계속적으로 보험계약의 체결을 중개하는 자로서 丙이 乙과 보험계약을 체결하도록 중개하였다. 甲의 권한에 관한 설명으로 옳지 않은 것은?

❶ 甲은 자신이 작성한 영수증을 丙에게 교부하는 경우 丙으로부터 보험료를 수령할 권한이 있다.

② 甲은 乙이 작성한 보험증권을 丙에게 교부할 수 있는 권한이 있다.

③ 甲은 丙으로부터 청약, 고지, 통지, 해지, 취소 등 보험계약에 관한 의사표시를 수령할 수 있는 권한이 없다.

④ 甲은 丙에게 보험계약의 체결, 변경, 해지 등 보험계약에 관한 의사표시를 할 수 있는 권한이 없다.

① 甲은 **자신이**(× → 보험자가) 작성한 영수증을 丙에게 교부하는 경우 丙으로부터 보험료를 수령할 권한이 있다. [상법 제646조의2 제3항]

6 「상법」상 보험료의 지급 및 반환 등에 관한 설명으로 옳은 것은?

① 보험사고가 발생하기 전에 보험계약자가 계약을 해지한 경우 당사자 간에 약정을 한 경우에 한해 보험계약자는 미경과보험료의 반환을 청구할 수 있다.

② 보험계약자가 계약체결 후 제1회 보험료를 지급하지 아니하는 경우 다른 약정이 없는 한 보험자가 계약성립 후 2월이내에 그 계약을 해제하지 않으면 그 계약은 존속한다.

③ 계속보험료가 약정한 시기에 지급되지 아니한 때에는 보험자는 보험계약자에 대하여 최고 없이 그 계약을 해지할 수 있다.

❹ 특정한 타인을 위한 보험의 경우에 보험계약자가 보험료의 지급을 지체한 때에는 보험자는 그 타인에게 상당한 기간을 정하여 보험료의 지급을 최고한 후가 아니면 그 계약을 해제 또는 해지하지 못한다.

④ 특정한 타인을 위한 보험의 경우에 보험계약자가 보험료의 지급을 지체한 때에는 보험자는 그 타인에게 상당한 기간을 정하여 보험료의 지급을 최고한 후가 아니면 그 계약을 해제 또는 해지하지 못한다. [상법 제650조 제3항]

① 보험사고가 발생하기 전에 보험계약자가 계약을 해지한 경우 당사자 간에 **약정을 한 경우에 한해**(× → 다른 약정이 없으면) 보험계약자는 미경과보험료의 반환을 청구할 수 있다. [상법 제649조 제3항]

② 보험계약자가 계약체결후 제1회 보험료를 지급하지 아니하는 경우 다른 약정이 없는 한 **보험자가 계약성립후 2월이내에 그 계약을 해제하지 않으면 그 계약은 존속한다.**(× → 계약성립 후 2월이 경과하면 그 계약은 해제된 것으로 본다.) [상법 제650조 제1항]

③ 계속보험료가 약정한 시기에 지급되지 아니한 때에는 보험자는 **보험계약자에 대하여 최고 없이**(× → 상당한 기간을 정하여 보험계약자에게 최고하고 그 기간내에 지급되지 아니한 때에는) 그 계약을 해지할 수 있다. [상법 제650조 제2항]

7 「상법」상 보험계약자가 부활을 청구할 수 있는 경우는 모두 몇 개인가? (단, 어느 경우든 해지환급금은 지급되지 않음)

> • 보험계약자가 계속보험료를 지급하지 않아 보험자가 계약을 해지한 경우
> • 피보험자의 고지의무 위반을 이유로 보험자가 계약을 해지한 경우
> • 위험이 현저하게 변경되어 보험자가 계약을 해지한 경우
> • 위험이 현저하게 증가하여 보험자가 계약을 해지한 경우

❶ 1개　　　　　　　　　　　　② 2개
③ 3개　　　　　　　　　　　　④ 4개

> 「상법」 제650조의2 (보험계약의 부활) 제650조 제2항에 따라(보험계약자가 계속보험료를 지급하지 않아) 보험계약이 해지되고 해지환급금이 지급되지 아니한 경우에 보험계약자는 일정한 기간 내에 연체보험료에 약정이자를 붙여 보험자에게 지급하고 그 계약의 부활을 청구할 수 있다.

8 「상법」상 고지의무에 관한 설명으로 옳은 것은?
① 보험수익자는 고지의무를 부담한다.
② 보험계약 당시에 고지의무와 관련 보험자가 서면으로 질문한 사항은 중요한 사항으로 의제한다.
③ 고지의무자의 고지의무 위반을 이유로 보험자가 계약을 해지한 경우 보험자는 이미 받은 보험료의 전부를 반환하여야 한다.
❹ 고지의무자가 고지의무를 위반한 사실이 보험사고 발생에 영향을 미치지 아니하였음이 증명된 경우 보험자는 보험금을 지급할 책임이 있다.

> 「상법」 제655조 : 보험사고가 발생한 후라도 보험자가 제650조(보험료의 지급과 지체의 효과), 제651조(고지의무위반으로 인한 계약해지), 제652조(위험변경증가의 통지와 계약해지) 및 제653조(보험계약자 등의 고의나 중과실로 인한 위험증가와 계약해지)에 따라 계약을 해지하였을 때에는 보험금을 지급할 책임이 없고 이미 지급한 보험금의 반환을 청구할 수 있다. 다만, 고지의무(告知義務)를 위반한 사실 또는 위험이 현저하게 변경되거나 증가된 사실이 보험사고 발생에 영향을 미치지 아니하였음이 증명된 경우에는 보험금을 지급할 책임이 있다.

9 「상법」상 보험계약 관련 소멸시효의 기간으로 옳은 것은?

① 보험금청구권 : 2년   ② 보험료청구권 : 3년

③ 보험료의 반환청구권 : 2년   ❹ 적립금의 반환청구권 : 3년

> 「상법」 제662조(소멸시효) 보험금청구권은 3년간, 보험료 또는 적립금의 반환청구권은 3년간, 보험료청구권은 2년간 행사하지 아니하면 시효의 완성으로 소멸한다.

10 「상법」상 손해보험증권에 관한 설명으로 옳지 않은 것은?

① 보험사고의 성질을 기재하여야 한다.   ② 보험증권의 작성지를 기재하여야 한다.

❸ 보험계약자가 기명날인하여야 한다.   ④ 무효와 실권의 사유를 기재하여야 한다.

> 「상법」 제666조(손해보험증권)
> 손해보험증권에는 다음의 사항을 기재하고 **보험자가 기명날인** 또는 서명하여야 한다.
>
> 1. 보험의 목적
> 2. **보험사고의 성질**
> 3. 보험금액
> 4. 보험료와 그 지급방법
> 5. 보험기간을 정한 때에는 그 시기와 종기
> 6. **무효와 실권의 사유**
> 7. 보험계약자의 주소와 성명 또는 상호
> 7의2. 피보험자의 주소, 성명 또는 상호
> 8. 보험계약의 연월일
> 9. **보험증권의 작성지**와 그 작성년월일

11 「상법」상 초과보험에 관한 설명으로 옳은 것은?

❶ 보험자 또는 보험계약자는 보험료와 보험금액의 감액을 청구할 수 있다.

② 보험계약자가 청구한 보험료의 감액은 계약체결일부터 소급하여 그 효력이 있다.

③ 보험가액이 보험기간 중에 현저하게 감소된 때에도 보험계약자는 보험료의 감액을 청구할 수 없다.

④ 보험계약자의 사기로 인하여 체결된 초과보험의 경우 보험자는 그 계약을 체결한 날부터 1월내에 계약을 해지할 수 있다.

> ① 보험자 또는 보험계약자는 보험료와 보험금액의 감액을 청구할 수 있다. [상법 제669조 제1항]
> ② 보험계약자가 청구한 보험료의 감액은 **계약체결일부터 소급하여 그 효력이 있다.**(× → 장래에 대하여서만 그 효력이 있다.) [상법 제669조 제1항]
> ③ 보험가액이 보험기간 중에 현저하게 감소된 때에도 보험계약자는 보험료의 감액을 청구할 수 **없다.**(× → 있다.) [상법 제669조 제3항]
> ④ 보험계약자의 사기로 인하여 체결된 초과보험의 경우 **보험자는 그 계약을 체결한 날부터 1월내에 계약을 해지할 수 있다.**(× → 그 계약은 무효로 한다.) [상법 제669조 제4항]

12 「상법」상 보험가액에 관한 설명으로 옳지 않은 것은?

① 보험가액이란 피보험이익을 금전적으로 산정 또는 평가한 액수이다.

❷ 당사자 간에 보험가액을 정한 때에는 그 가액은 사고발생시의 가액으로 정한 것으로 본다.

③ 당사자 간에 보험가액을 정하지 아니한 때에는 사고발생시의 가액을 보험가액으로 한다.

④ 기평가보험에서 당사자 간에 정한 보험가액이 사고발생시의 가액을 현저하게 초과할때에는 사고발생시의 가액을 보험가액으로 한다.

> ② 당사자 간에 보험가액을 정한 때에는 그 가액은 사고발생시의 가액으로 정한 것으로 **본다.**(× → 추정한다.) [상법 제670조]

13 「상법」상 손해보험계약에서 보험금액의 지급에 관한 설명으로 옳지 않은 것은?

① 보험자는 보험금액의 지급에 관하여 약정기간이 있는 경우에는 그 기간내에 지급할 보험금액을 정하여야 한다.

❷ 보험사고가 전쟁으로 인하여 생긴 때에도 당사자 간에 다른 약정이 없으면 보험자는 보험금액을 지급할 책임이 있다.

③ 보험사고가 피보험자의 중대한 과실로 인하여 생긴 때에는 보험자는 보험금액을 지급할 책임이 없다.

④ 보험자는 보험금액의 지급에 관하여 약정기간이 없는 경우에는 보험사고 발생의 통지를 받은 후 지체없이 지급할 보험금액을 정하고 그 정하여진 날부터 10일내에 피보험자에게 보험금액을 지급하여야 한다.

> ② 보험사고가 전쟁으로 인하여 생긴 때에도 당사자 간에 다른 약정이 없으면 보험자는 보험금액을 지급할 책임이 있다.(× → 없다.) [상법 제660조]
> ① 보험자는 보험금액의 지급에 관하여 약정기간이 있는 경우에는 그 기간내에 지급할 보험금액을 정하여야 한다. [상법 제658조]
> ③ 보험사고가 피보험자의 중대한 과실로 인하여 생긴 때에는 보험자는 보험금액을 지급할 책임이 없다. [상법 제659조]
> ④ 보험자는 보험금액의 지급에 관하여 약정기간이 없는 경우에는 보험사고 발생의 통지를 받은 후 지체없이 지급할 보험금액을 정하고 그 정하여진 날부터 10일내에 피보험자에게 보험금액을 지급하여야 한다. [상법 제658조]

14 「상법」 제663조(보험계약자 등의 불이익변경금지) 규정이다. (　　)에 들어갈 내용은?

> 이 편의 규정은 당사자 간의 특약으로 보험계약자 또는 피보험자나 보험수익자의 불이익으로 변경하지 못한다. 그러나 (㉠) 및 (㉡) 기타 이와 유사한 보험의 경우에는 그러하지 아니하다.

① ㉠ : 책임보험,　㉡ : 해상보험　　　　② ㉠ : 책임보험,　㉡ : 화재보험
❸ ㉠ : 재보험,　　㉡ : 해상보험　　　　④ ㉠ : 재보험,　　㉡ : 화재보험

> **「상법」 제663조** 이 편의 규정은 당사자 간의 특약으로 보험계약자 또는 피보험자나 보험수익자의 불이익으로 변경하지 못한다. 그러나 **재보험** 및 **해상보험** 기타 이와 유사한 보험의 경우에는 그러하지 아니하다.

15 「상법」상 보험기간 중에 사고발생의 위험이 현저하게 변경 또는 증가된 경우에 관한 설명으로 옳은 것은?
① 보험수익자가 사고발생의 위험이 현저하게 변경된 사실을 안 때에는 지체없이 보험자에게 통지하여야 한다.
② 통지의무자가 사고발생의 위험이 현저하게 증가된 사실의 통지를 해태한 때에는 보험자는 그 사실을 안 날부터 3월내에 한하여 계약을 해지할 수 있다.
③ 보험수익자의 중대한 과실로 인하여 사고발생의 위험이 현저하게 증가된 때에는 보험자는 그 사실을 안 날부터 2월내에 계약을 해지할 수 있다.
❹ 보험자가 사고발생의 위험변경증가의 통지를 받은 때에는 1월 내에 보험료의 증액을 청구할 수 있다.

> ④ 보험자가 사고발생의 위험변경증가의 통지를 받은 때에는 1월내에 보험료의 증액을 청구할 수 있다. [상법 제652조 제2항]
> ① **보험수익자**(× → 보험계약자 또는 피보험자)가 사고발생의 위험이 현저하게 변경된 사실을 안 때에는 지체없이 보험자에게 통지하여야 한다. [상법 제652조 제1항]
> ② 통지의무자가 사고발생의 위험이 현저하게 증가된 사실의 통지를 해태한 때에는 보험자는 그 사실을 안 날부터 **3월**(× → 1월) 내에 한하여 계약을 해지할 수 있다. [상법 제652조 제1항]
> ③ 보험수익자의 중대한 과실로 인하여 사고발생의 위험이 현저하게 증가된 때에는 보험자는 그 사실을 안 날부터 **2월**(× → 1월) 내에 계약을 해지할 수 있다. [상법 제653조]

16 「상법」상 보험계약해지 및 보험사고발생에 관한 설명으로 옳지 않은 것은?

① 보험자가 파산의 선고를 받은 때에는 보험계약자는 계약을 해지할 수 있다.

❷ 보험수익자는 보험사고의 발생을 안 때에는 지체없이 보험계약자에게 그 통지를 발송하여야 한다.

③ 보험계약자가 사고발생의 통지의무를 해태함으로 인하여 손해가 증가된 때에는 보험자는 그 증가된 손해를 보상할 책임이 없다.

④ 보험자의 파산선고에도 불구하고 보험계약자가 해지하지 아니한 보험계약은 파산선고 후 3월을 경과한 때에는 그 효력을 잃는다.

> ② 보험수익자는 보험사고의 발생을 안 때에는 지체없이 **보험계약자**(× → 보험자)에게 그 통지를 발송하여야 한다. [상법 제657조 제1항]
> ① 보험자가 파산의 선고를 받은 때에는 보험계약자는 계약을 해지할 수 있다. [상법 제654조 제1항]
> ③ 보험계약자가 사고발생의 통지의무를 해태함으로 인하여 손해가 증가된 때에는 보험자는 그 증가된 손해를 보상할 책임이 없다. [상법 제657조 제2항]
> ④ 보험자의 파산선고에도 불구하고 보험계약자가 해지하지 아니한 보험계약은 파산선고 후 3월을 경과한 때에는 그 효력을 잃는다. [상법 제654조 제2항]

17 「상법」상 손해보험에 관한 설명으로 옳은 것은?

① 보험자는 보험사고로 인하여 생길 보험수익자의 재산상의 손해를 보상할 책임이 있다.

② 보험사고로 인하여 상실된 피보험자가 얻을 이익이나 보수는 보험자가 보상할 손해액에 산입한다.

③ 대리인에 의하여 손해보험계약을 체결한 경우에 대리인이 안 사유는 그 본인이 안 것과 동일한 것으로 할 수 없다.

❹ 보험계약은 금전으로 산정할 수 있는 이익에 한하여 보험계약의 목적으로 할 수 있다.

> ④ 보험계약은 금전으로 산정할 수 있는 이익에 한하여 보험계약의 목적으로 할 수 있다. [상법 제668조]
> ① 보험자는 보험사고로 인하여 생길 **보험수익자**(× → 피보험자)의 재산상의 손해를 보상할 책임이 있다. [상법 제665조]
> ② 보험사고로 인하여 상실된 피보험자가 얻을 이익이나 보수는 보험자가 보상할 손해액에 **산입한다.**(× → 산입하지 아니한다.) [상법 제667조]
> ③ 대리인에 의하여 손해보험계약을 체결한 경우에 대리인이 안 사유는 그 본인이 안 것과 동일한 것으로 **할 수 없다.**(× → 한다.) [상법 제646조]

18 「상법」상 손해보험에서 중복보험에 관한 설명으로 옳지 않은 것은?

① 중복보험은 동일한 보험계약의 목적과 동일한 사고에 관하여 수개의 보험계약이 동시에 또는 순차로 체결되는 방식으로 성립할 수 있다.

② 중복보험에서 그 보험금액의 총액이 보험가액을 초과한 때에는 보험자는 각자의 보험금액의 한도에서 연대책임을 지며 이 경우 각 보험자의 보상책임은 각자의 보험금액의 비율에 따른다.

❸ 보험계약자의 사기로 인하여 중복보험 계약이 체결된 경우 보험자는 그 사실을 안 때까지의 보험료를 청구할 수 없다.

④ 보험자 1인에 대한 권리의 포기는 다른 보험자의 권리의무에 영향을 미치지 아니한다.

> ③ 보험계약자의 사기로 인하여 중복보험 계약이 체결된 경우 보험자는 그 사실을 안 때 까지의 보험료를 청구할 수 **없다.**(× → 있다.) [상법 제672조 제3항]
> ① 중복보험은 동일한 보험계약의 목적과 동일한 사고에 관하여 수개의 보험계약이 동시에 또는 순차로 체결되는 방식으로 성립할 수 있다. [상법 제672조 제1항]
> ② 중복보험에서 그 보험금액의 총액이 보험가액을 초과한 때에는 보험자는 각자의 보험금액의 한도에서 연대책임을 지며 이 경우 각 보험자의 보상책임은 각자의 보험금액의 비율에 따른다. [상법 제672조 제1항]
> ④ 보험자 1인에 대한 권리의 포기는 다른 보험자의 권리의무에 영향을 미치지 아니한다. [상법 제673조]

19 「상법」상 손해보험에서 일부보험에 관한 설명으로 옳은 것은?

① 일부보험이란 보험가액이 보험금액에 미달되는 경우를 말한다.

② 당사자 간에 다른 약정이 없는한 보험자는 보험가액의 보험금액에 대한 비율에 따라 보상할 책임을 진다.

❸ 보험자는 보험금액의 한도내에서 그 손해를 전부 보상할 책임을 지는 내용의 약정을 할 수 있다.

④ 전부보험계약 체결 후 물가등귀로 인하여 보험가액이 현저히 인상되더라도 일부보험은 발생하지 아니한다.

> ③ 보험자는 보험금액의 한도내에서 그 손해를 전부 보상할 책임을 지는 내용의 약정을 할 수 있다. [상법 제674조]
> ① 일부보험이란 **보험가액이 보험금액**(× → 보험금액이 보험가액)에 미달되는 경우를 말한다. [상법 제674조]
> ② 당사자 간에 다른 약정이 없는한 보험자는 **보험가액의 보험금액**(× → 보험금액의 보험가액)에 대한 비율에 따라 보상할 책임을 진다. [상법 제674조]
> ④ 전부보험계약 체결후 물가등귀로 인하여 보험가액이 현저히 인상되더라도 **일부보험은 발생하지 아니한다.**(× → 되어 일부보험이 발생하기도 한다.)

20 「상법」상 손해보험에서 손해액의 산정기준 등에 관한 설명으로 옳지 않은 것은?

① 보험자가 보상할 손해액의 산정에 관한 비용은 보험자의 부담으로 한다.

❷ 당사자 간에 다른 약정이 없는 경우 보험자가 보상할 손해액은 그 손해가 발생한 때의 보험 계약 체결지의 가액에 의하여 산정한다.

③ 당사자 간의 약정에 의하여 보험의 목적의 신품가액에 의하여 손해액을 산정할 수 있다.

④ 보험의 목적의 성질, 하자 또는 자연소모로 인한 손해는 보험자가 이를 보상할 책임이 없다.

> ② 당사자 간에 다른 약정이 없는 경우 보험자가 보상할 손해액은 그 손해가 발생한 **때의 보험계약 체결지**(× → 때와 곳의) 가액에 의하여 산정한다. [상법 제676조 제1항]
>
> ① 보험자가 보상할 손해액의 산정에 관한 비용은 보험자의 부담으로 한다. [상법 제676조 제2항]
>
> ③ 당사자 간의 약정에 의하여 보험의 목적의 신품가액에 의하여 손해액을 산정할 수 있다. [상법 제676조 제1항]
>
> ④ 보험의 목적의 성질, 하자 또는 자연소모로 인한 손해는 보험자가 이를 보상할 책임이 없다. [상법 제678조]

21 甲이 자기 소유 건물에 대하여 A보험회사와 화재보험을 체결한 경우에 관한 설명으로 옳지 않은 것은?

❶ A보험회사가 甲으로부터 보험료의 지급을 받지 아니한 잔액이 있더라도 그 지급기일이 아직 도래하지 아니한 때에는, A보험회사는 甲에게 손해를 보상할 경우에 보상할 금액에서 그 잔액을 공제하여서는 아니된다.

② A보험회사는 보험사고로 인하여 부담할 책임에 대하여 다른 보험자와 재보험계약을 체결할 수 있다.

③ 甲이 보험의 목적인 건물을 乙에게 양도한 때에는 乙은 보험계약상의 권리와 의무를 승계한 것으로 추정한다.

④ 甲이 보험의 목적인 건물을 乙에게 양도한 경우 甲 또는 乙은 A보험회사에 대하여 지체없이 그 사실을 통지하여야 한다.

> ① A보험회사가 甲으로부터 보험료의 지급을 받지 아니한 잔액이 있더라도 그 지급기일이 아직 도래하지 아니한 때에는, A보험회사는 甲에게 손해를 보상할 경우에 보상할 금액에서 그 잔액을 공제**하여서는 아니된다.**(× → 할 수 있다.) [상법 제677조]
>
> ② A보험회사는 보험사고로 인하여 부담할 책임에 대하여 다른 보험자와 재보험계약을 체결할 수 있다. [상법 제661조]
>
> ③ 甲이 보험의 목적인 건물을 乙에게 양도한 때에는 乙은 보험계약상의 권리와 의무를 승계한 것으로 추정한다. [상법 제679조 제1항]
>
> ④ 甲이 보험의 목적인 건물을 乙에게 양도한 경우 甲 또는 乙은 A보험회사에 대하여 지체없이 그 사실을 통지하여야 한다. [상법 제679조 제2항]

22 다음 사례와 관련하여 손해방지의무 등에 관한 설명으로 옳지 않은 것은?

甲은 乙이 소유한 창고(시가 1억 원)에 대하여 A보험회사와 화재보험계약(보험금액 1억 원)을 체결하였다. 이후 보험기간 중 해당 창고에 화재가 발생하였는데 화재사고 당시 甲은 창고의 연소로 인한 손해방지를 위한 비용을 1천만 원 지출하였고, 乙은 창고의 연소로 인한 손해의 경감을 위하여 비용을 3천만 원 지출하였다.

① 甲과 乙 모두 손해의 방지와 경감을 위하여 노력하여야 한다.

② 甲이 지출한 1천만 원이 손해방지를 위하여 필요하였던 비용일 경우 A보험회사는 甲이 지출한 1천만 원의 비용을 부담한다.

③ 乙이 지출한 3천만 원이 손해경감을 위하여 유익하였던 비용일 경우 A보험회사는 乙이 지출한 3천만 원의 비용을 부담한다.

❹ 위 사고로 인하여 乙에 대한 보상액이 8천만 원으로 책정될 경우 A보험회사는 甲 및 乙이 지출한 비용과 보상액을 합쳐서 1억 원의 한도에서 부담한다.

④ 위 사고로 인하여 乙에 대한 보상액이 8천만원으로 책정될 경우 A보험회사는 甲 및 乙이 지출한 비용과 보상액을 합쳐서 1억 원의 **한도에서 부담한다.**(× → 을 초과하더라도 부담한다.)
[상법 제680조 제1항]

23 다음 사례와 관련하여 보험자대위에 관한 설명으로 옳은 것은?

> 보리 농사를 대규모로 영위하는 甲은 금년에 수확하여 팔고남은 보리를 자신의 창고에 보관하면서, 해당 보리 재고를 보험목적으로 하고 자신을 피보험자로 하는 화재보험계약을 A보험회사와 체결하였다. 그런데 甲의 창고를 방문한 乙이 화재를 일으켰고 그 결과 위 보리 재고가 전소되었다. 이에 A보험회사는 甲에게 보험금을 전액 지급하였다.

① 중과실로 화재를 일으킨 乙이 甲의 이웃집 친구일 경우, A보험회사는 乙에게 보험금 지급 사실의 통지를 발송하는 시점에 乙에 대한 甲의 권리를 취득한다.

❷ 경과실로 화재를 일으킨 乙이 甲의 거래처 지인일 경우, A보험회사는 그 지급한 금액의 한도에서 乙에 대한 甲의 권리를 취득한다.

③ 중과실로 화재를 일으킨 乙이 甲과 생계를 달리 하는 자녀일 경우, A보험회사는 乙에 대한 甲의 권리를 취득하지 못한다.

④ 고의로 방화한 乙이 甲과 생계를 같이 하는 배우자일 경우, A보험회사는 乙에 대한 甲의 권리를 취득하지 못한다.

> ② 경과실로 화재를 일으킨 乙이 甲의 거래처 지인일 경우, A보험회사는 그 지급한 금액의 한도에서 乙에 대한 甲의 권리를 취득한다. [상법 제682조 제1항]
>
> ① 중과실로 화재를 일으킨 乙이 甲의 이웃집 친구일 경우, A보험회사는 乙에게 **보험금 지급사실의 통지를 발송하는 시점**(× → 보험금을 지급한 시점)에 乙에 대한 甲의 권리를 취득한다. [상법 제682조 제1항]
>
> ③ 중과실로 화재를 일으킨 乙이 甲과 생계를 **달리**(× → 같이) 하는 자녀일 경우, A보험회사는 乙에 대한 甲의 권리를 취득하지 못한다. [상법 제682조 제2항]
>
> ④ 고의로 방화한 乙이 甲과 생계를 같이 하는 배우자일 경우, A보험회사는 乙에 대한 甲의 권리를 **취득하지 못한다.**(× → 취득할 수 있다.) [상법 제682조 제2항]

24 「상법」상 화재보험계약에 관한 설명으로 옳지 않은 것은?

① 보험자는 화재와 상당인과관계에 있는 손해를 보상하여야 한다.

② 보험자는 화재의 소방 또는 손해의 감소에 필요한 조치로 인하여 생긴 손해를 보상할 책임이 있다.

❸ 동일한 건물에 관한 화재보험계약일 경우 그 소유자와 담보권자가 갖는 피보험이익은 같다.

④ 연소 작용이 아닌 열의 작용으로 발생한 손해는 보험자가 보상하지 아니한다.

③ 동일한 건물에 관한 화재보험계약일 경우 그 소유자와 담보권자가 갖는 피보험이익은 같다.(×
→ 소유자는 건물의 손실에 대한 피보험이익이, 담보권자는 자신의 채권 보전에 대한 피보험이익이 존재한다.)
① 보험자는 화재와 상당인과관계에 있는 손해를 보상하여야 한다. [상법 제683조 (화재보험자의 책임)]
② 보험자는 화재의 소방 또는 손해의 감소에 필요한 조치로 인하여 생긴 손해를 보상할 책임이 있다. [상법 제684조]
④ 연소 작용이 아닌 열의 작용으로 발생한 손해는 보험자가 보상하지 아니한다. [상법 제683조 (화재보험자의 책임)]

25 「상법」상 집합된 물건을 일괄하여 화재보험의 목적으로 한 경우 해당 화재보험에 관한 설명으로 옳은 것을 모두 고른 것은?

㉠ 집합된 물건에 피보험자의 가족의 물건이 있는 경우 해당 물건도 보험의 목적에 포함된 것으로 한다.
㉡ 집합된 물건에 피보험자의 사용인의 물건이 있는 경우 그 보험은 그 사용인을 위하여서도 체결한 것으로 본다.
㉢ 보험의 목적에 속한 물건이 보험기간중에 수시로 교체된 경우 보험계약의 체결 시에 현존한 물건은 그 보험의 목적에 포함된 것으로 한다.

❶ ㉠, ㉡   ② ㉠, ㉢
③ ㉡, ㉢   ④ ㉠, ㉡, ㉢

㉠ 집합된 물건에 피보험자의 가족의 물건이 있는 경우 해당 물건도 보험의 목적에 포함된 것으로 한다. [상법 제686조]
㉡ 집합된 물건에 피보험자의 사용인의 물건이 있는 경우 그 보험은 그 사용인을 위하여서도 체결한 것으로 본다. [상법 제686조]
㉢ 보험의 목적에 속한 물건이 보험기간중에 수시로 교체된 경우 **보험계약의 체결 시**(× → 보험사고의 발생 시)에 현존한 물건은 그 보험의 목적에 포함된 것으로 한다. [상법 제687조]

농어업재해보험법령

26 「농어업재해보험법」상 용어의 정의로 옳지 않은 것은?

① "농업재해"란 농작물·임산물·가축 및 농업용 시설물에 발생하는 자연재해·병충해·조수해(鳥獸害)·질병 또는 화재를 말한다.

② "농어업재해보험"이란 농어업재해로 발생하는 재산 피해에 따른 손해를 보상하기 위한 보험을 말한다.

❸ "보험금"이란 보험가입자와 보험사업자 간의 약정에 따라 보험가입자가 보험사업자에게 내야 하는 금액을 말한다.

④ "보험가입금액"이란 보험가입자의 재산 피해에 따른 손해가 발생한 경우 보험에서 최대로 보상할 수 있는 한도액으로서 보험가입자와 보험사업자 간에 약정한 금액을 말한다.

③ "보험금"이란 보험가입자와 보험사업자 간의 약정에 따라 **보험가입자가 보험사업자에게 내야** (× → 보험사업자가 보험가입자에게 지급)하는 금액을 말한다. [농어업재해보험법 제2조 제5호]

① "농업재해"란 농작물·임산물·가축 및 농업용 시설물에 발생하는 자연재해·병충해·조수해(鳥獸害)·질병 또는 화재를 말한다. [농어업재해보험법 제2조 제1호]

② "농어업재해보험"이란 농어업재해로 발생하는 재산 피해에 따른 손해를 보상하기 위한 보험을 말한다. [농어업재해보험법 제2조 제2호)]

④ "보험가입금액"이란 보험가입자의 재산 피해에 따른 손해가 발생한 경우 보험에서 최대로 보상할 수 있는 한도액으로서 보험가입자와 보험사업자 간에 약정한 금액을 말한다. [농어업재해보험법 제2조 제3호]

27 「농어업재해보험법령」상 농업재해보험심의회에 관한 설명으로 옳지 않은 것은? [기출 수정]

① 심의회는 위원장 및 부위원장 각 1명을 포함한 21명 이내의 위원으로 구성한다.

❷ 심의회의 위원장은 농림축산식품부장관이 위촉한다.

③ 심의회는 그 심의 사항을 검토·조정하고, 심의회의 심의를 보조하게 하기 위하여 심의회에 분과위원회를 둔다.

④ 심의회의 회의는 재적위원 과반수의 출석으로 개의(開議)하고, 출석위원 과반수의 찬성으로 의결한다.

> ② 심의회의 위원장은 **농림축산식품부장관이 위촉한다.**(× → 각각 농림축산식품부차관으로 하고, 부위원장은 위원 중에서 호선한다.) [농어업재해보험법 제3조 제3항]
>
> ① 심의회는 위원장 및 부위원장 각 1명을 포함한 21명 이내의 위원으로 구성한다. [농어업재해보험법 제3조 제2항]
>
> ③ 심의회는 그 심의 사항을 검토·조정하고, 심의회의 심의를 보조하게 하기 위하여 심의회에 분과위원회를 둔다. [농어업재해보험법 제3조 제6항]
>
> ④ 심의회의 회의는 재적위원 과반수의 출석으로 개의(開議)하고, 출석위원 과반수의 찬성으로 의결한다. [농어업재해보험법 시행령 제3조 제3항]

28 「농어업재해보험법」상 재해보험에 관한 설명으로 옳지 않은 것은?

① 재해보험에서 보상하는 재해의 범위는 해당 재해의 발생 빈도, 피해 정도 및 객관적인 손해평가방법 등을 고려하여 재해보험의 종류별로 대통령령으로 정한다.

❷ 양식수산업에 종사하는 법인은 재해보험에 가입할 수 없다.

③ 「수산업협동조합법」에 따른 수산업협동조합중앙회는 재해보험사업을 할 수 있다.

④ 정부는 재해보험에서 보상하는 재해의 범위를 확대하기 위하여 노력하여야 한다.

> ② 양식수산업에 종사하는 법인은 재해보험에 가입할 수 **없다.**(× → 있다.) [농어업재해보험법 제7조]
>
> ① 재해보험에서 보상하는 재해의 범위는 해당 재해의 발생 빈도, 피해 정도 및 객관적인 손해평가방법 등을 고려하여 재해보험의 종류별로 대통령령으로 정한다. [농어업재해보험법 제6조 제1항]
>
> ③ 「수산업협동조합법」에 따른 수산업협동조합중앙회는 재해보험사업을 할 수 있다. [농어업재해보험법 제8조 제1항 제2호]
>
> ④ 정부는 재해보험에서 보상하는 재해의 범위를 확대하기 위하여 노력하여야 한다. [농어업재해보험법 제6조 제2항]

29 농어업재해보험법상 보험료율의 산정에 관한 내용이다. (   )에 들어갈 용어는?

> 농림축산식품부장관 또는 해양수산부장관과 재해보험사업의 약정을 체결한 자는 재해보험의 보험료율을 객관적이고 합리적인 통계자료를 기초로 하여 (㉠) 또는 (㉡)로 산정하되, 행정구역과 권역의 구분에 따른 단위로 산정하여야 한다.

❶ ㉠ : 보험목적물별,　㉡ : 보상방식별　　② ㉠ : 보상방식별,　　㉡ : 보험종류별
③ ㉠ : 보험종류별,　　㉡ : 보험가입금액별　④ ㉠ : 보험가입금액별, ㉡ : 보험료별

> **「농어업재해보험법」 제9조 제1항** 제8조 제2항에 따라 농림축산식품부장관 또는 해양수산부장관과 재해보험사업의 약정을 체결한 자(이하 "재해보험사업자"라 한다)는 재해보험의 보험료율을 객관적이고 합리적인 통계자료를 기초로 하여 **보험목적물별** 또는 **보상방식별**로 산정하되, 다음 각 호의 구분에 따른 단위로 산정하여야 한다.
> 1. 행정구역 단위 : 특별시·광역시·도·특별자치도 또는 시(특별자치시와 「제주특별자치도 설치 및 국제자유도시 조성을 위한 특별법」 제10조 제2항에 따라 설치된 행정시를 포함한다)·군·자치구. 다만, 「보험업법」 제129조에 따른 보험료율 산출의 원칙에 부합하는 경우에는 자치구가 아닌 구·읍·면·동 단위로도 보험료율을 산정할 수 있다.
> 2. 권역 단위 : 농림축산식품부장관 또는 해양수산부장관이 행정구역 단위와는 따로 구분하여 고시하는 지역 단위

30 「농어업재해보험법령」상 농작물재해보험 손해평가인의 자격요건에 관한 내용의 일부이다. (   )에 들어갈 숫자는?

> 「보험업법」에 따른 보험회사의 임직원이나 「농업협동조합법」에 따른 중앙회와 조합의 임직원으로 영농 지원 또는 보험·공제 관련 업무를 (㉠)년 이상 담당하였거나 손해평가 업무를 (㉡)년 이상 담당한 경력이 있는 사람

① ㉠ : 2, ㉡ : 1　　　　　　　　② ㉠ : 1, ㉡ : 2
❸ ㉠ : 3, ㉡ : 2　　　　　　　　④ ㉠ : 2, ㉡ : 3

> **「농어업재해보험법 시행령」 [별표 2]** 농작물재해보험 손해평가인의 자격요건 제5호 「보험업법」에 따른 보험회사의 임직원이나 「농업협동조합법」에 따른 중앙회와 조합의 임직원으로 영농 지원 또는 보험·공제 관련 업무를 **3**년 이상 담당하였거나 손해평가 업무를 **2**년 이상 담당한 경력이 있는 사람

31 「농어업재해보험법령」상 손해평가사의 시험 등에 관한 설명으로 옳은 것은?

① 금융감독원에서 손해사정 관련 업무에 2년 종사한 경력이 있는 사람에게는 손해평가사 자격시험 과목의 일부를 면제할 수 있다.

② 농림축산식품부장관은 부정한 방법으로 시험에 응시한 사람에 대하여는 그 시험을 정지시키고 그 처분 사실을 14일 이내에 알려야 한다.

③ 농림축산식품부장관은 시험에서 부정한 행위를 한 사람에 대하여는 그 시험을 취소하고 그 처분 사실을 7일 이내에 알려야 한다.

❹ 손해평가사는 다른 사람에게 그 명의를 사용하게 하거나 다른 사람에게 그 자격증을 대여해서는 아니 된다.

> ④ 손해평가사는 다른 사람에게 그 명의를 사용하게 하거나 다른 사람에게 그 자격증을 대여해서는 아니 된다. [농어업재해보험법 제11조의4 제6항]
>
> ① 금융감독원에서 손해사정 관련 업무에 **2년**(× → 3년) 종사한 경력이 있는 사람에게는 손해평가사 자격시험 과목의 일부를 면제할 수 있다. [농어업재해보험법 시행령 제12조의5 제1항 제3호]
>
> ② 농림축산식품부장관은 부정한 방법으로 시험에 응시한 사람에 대하여는 그 시험을 정지시키고 **그 처분 사실을 14일 이내에 알려야 한다.**(× → 시키거나 무효로 하고 그 처분 사실을 지체 없이 알려야 한다.) [농어업재해보험법 제11조의4 제3항 제1호]
>
> ③ 농림축산식품부장관은 시험에서 부정한 행위를 한 사람에 대하여는 그 시험을 **취소하고 그 처분 사실을 7일 이내에 알려야 한다.**(× → 정지시키거나 무효로 하고 그 처분 사실을 지체 없이 알려야 한다.) [농어업재해보험법 제11조의4 제3항 제2호]

32 「농어업재해보험법령」상 손해평가사의 자격취소 사유에 해당하지 않은 것은?

❶ 심신장애로 인하여 직무를 수행할 수 없게 된 경우

② 거짓으로 손해평가를 한 경우

③ 업무정지 기간 중에 손해평가 업무를 수행한 경우

④ 손해평가사의 자격을 거짓 또는 부정한 방법으로 취득한 경우

> **「농어업재해보험법」 제11조의5 제1항(손해평가사의 자격 취소)**
>
> ① 농림축산식품부장관은 다음 각 호의 어느 하나에 해당하는 사람에 대하여 손해평가사 자격을 취소할 수 있다. 다만, 제1호 및 제5호에 해당하는 경우에는 자격을 취소하여야 한다.
>
> 1. 손해평가사의 자격을 거짓 또는 부정한 방법으로 취득한 사람
> 2. 거짓으로 손해평가를 한 사람
> 3. 제11조의4 제6항을 위반하여 다른 사람에게 손해평가사의 명의를 사용하게 하거나 그 자격증을 대여한 사람
> 4. 제11조의4 제7항을 위반하여 손해평가사 명의의 사용이나 자격증의 대여를 알선한 사람
> 5. 업무정지 기간 중에 손해평가 업무를 수행한 사람
>
> ② 제1항에 따른 자격 취소 처분의 세부기준은 대통령령으로 정한다.

33 「농어업재해보험법」상 재해보험사업에 관한 설명으로 옳은 것은?

① 농림축산식품부장관은 손해평가사가 그 직무를 수행하면서 부적절한 행위를 하였다고 인정하면 1년 이상의 기간을 정하여 업무의 정지를 명할 수 있다.

❷ 재해보험사업자는 정보통신장애나 그 밖에 대통령령으로 정하는 불가피한 사유로 보험금을 보험금수급계좌로 이체할 수 없을 때에는 현금으로 보험금을 지급할 수 있다.

③ 보험목적물이 담보로 제공된 경우에는 이를 압류할 수 없다.

④ 재해보험가입자가 재해보험에 가입된 보험목적물을 양도하는 경우 재해보험계약에 관한 양도인의 의무는 그 양수인에게 승계되지 않는다.

> ② 재해보험사업자는 정보통신장애나 그 밖에 대통령령으로 정하는 불가피한 사유로 보험금을 보험금수급계좌로 이체할 수 없을 때에는 현금으로 보험금을 지급할 수 있다. [농어업재해보험법 제11조의7 제1항]
>
> ① 농림축산식품부장관은 손해평가사가 그 직무를 수행하면서 부적절한 행위를 하였다고 인정하면 1년 **이상**(× → 이내)의 기간을 정하여 업무의 정지를 명할 수 있다. [농어업재해보험법 제11조의6 제1항]
>
> ③ 보험목적물이 담보로 제공된 경우에는 이를 압류할 수 **없다**.(× → 있다.) [농어업재해보험법 제12조 제1항]
>
> ④ 재해보험가입자가 재해보험에 가입된 보험목적물을 양도하는 경우 재해보험계약에 관한 양도인의 의무는 그 양수인에게 승계**되지 않는다**.(× → 한 것으로 추정한다.) [농어업재해보험법 제13조]

34 「농어업재해보험법령」상 재보험 약정에 포함되는 사항을 모두 고른 것은?

> ⊙ 재보험 약정의 변경·해지 등에 관한 사항
> ⓒ 재보험 책임범위에 관한 사항
> ⓒ 재보험금 지급 및 분쟁에 관한 사항

① ㉠, ㉡   ② ㉠, ㉢

③ ㉡, ㉢   ❹ ㉠, ㉡, ㉢

「농어업재해보험법」 제20조 제2항
② 농림축산식품부장관 또는 해양수산부장관은 재보험에 가입하려는 재해보험사업자와 다음 각 호의 사항이 포함된 재보험 약정을 체결하여야 한다.

    1. 재해보험사업자가 정부에 내야 할 보험료(이하 "재보험료"라 한다)에 관한 사항
    2. 정부가 지급하여야 할 보험금(이하 "재보험금"이라 한다)에 관한 사항
    3. 그 밖에 재보험수수료 등 재보험 약정에 관한 것으로서 대통령령으로 정하는 사항

「농어업재해보험법 시행령」 제16조
법 제20조 제2항 제3호에서 "대통령령으로 정하는 사항"이란 다음 각 호의 사항을 말한다.

  1. 재보험수수료에 관한 사항
  2. 재보험 약정기간에 관한 사항
  3. 재보험 책임범위에 관한 사항
  4. 재보험 약정의 변경·해지 등에 관한 사항
  5. 재보험금 지급 및 분쟁에 관한 사항
  6. 그 밖에 재보험의 운영·관리에 관한 사항

35 「농어업재해보험법」상 과태료 부과대상인 것은?
① 거짓으로 손해평가를 한 손해평가사
② 재해보험을 모집할 수 없는 자로서 모집을 한 자
③ 다른 사람에게 손해평가사 자격증을 대여한 손해평가사
❹ 농림축산식품부장관이 재해보험사업에 관한 업무처리 상황을 보고하게 하였으나 보고 하지 아니한 재해보험사업자

④ 농림축산식품부장관이 재해보험사업에 관한 업무처리 상황을 보고하게 하였으나 보고하지 아니한 재해보험사업자 [농어업재해보험법 제32조 제3항 제3호]
① 거짓으로 손해평가를 한 손해평가사 → 1년 이하의 징역 또는 1천만 원 이하의 벌금에 해당 [농어업재해보험법 제30조 제2항 제2호]
② 재해보험을 모집할 수 없는 자로서 모집을 한 자 → 1년 이하의 징역 또는 1천만 원 이하의 벌금에 해당 [농어업재해보험법 제30조 제2항 제1호]
③ 다른 사람에게 손해평가사 자격증을 대여한 손해평가사 → 1년 이하의 징역 또는 1천만 원 이하의 벌금에 해당 [농어업재해보험법 제30조 제2항 제3호]

36 다음 중 농림축산식품부 장관과 해양수산부장관이 협의하여 하는 것이 아닌 것은?
[기출 수정]
① 농어업재해재보험기금의 설치
② 농어업재해재보험기금의 관리·운용
③ 농어업재해재보험기금의 부담으로 금융기관으로부터 자금을 차입하는 것
❹ 손해평가사의 자격 취소

> ④ 손해평가사의 자격 취소 → 해양수산부장관과 협의× [농어업재해보험법 제11조의5 제1항]
> ① 기금의 설치 [농어업재해보험법 제31조]
> ② 기금의 관리·운용 [농어업재해보험법 제24조 제1항]
> ③ 기금의 부담으로 금융기관으로부터 자금을 차입하는 것 [농어업재해보험법 제22조 제2항]

37 「농어업재해보험법령」상 보험사업의 관리에 관한 설명으로 옳은 것은? [기출 수정]
❶ 농림축산식품부장관은 손해평가사 제도 운용 관련 업무를 농업정책보험금융원에 위탁할
수 있다.
② 정부가 하는 재해보험 가입 촉진을 위한 조치로서 신용보증 지원을 할 수 없다.
③ 농림축산식품부장관은 손해평가인의 자격요건에 대하여 매년 그 타당성을 검토하여야 한
다.
④ 농림축산식품부장관은 보험가입촉진계획을 매년 수립한다.

> ① 농림축산식품부장관은 손해평가사 제도 운용 관련 업무를 농업정책보험금융원에 위탁할 수 있
> 다. [농어업재해보험법 제25조의2 제2항 제3호]
> ② 정부가 하는 재해보험 가입 촉진을 위한 조치로서 신용보증 지원을 할 수 **없다.**(× → 있다.)
> [농어업재해보험법 제28조]
> ③ 농림축산식품부장관은 손해평가인의 자격요건에 대하여 **매년**(× → 3년마다) 그 타당성을 검토
> 하여야 한다. [농어업재해보험법 시행령 제22조의4]
> ④ **농림축산식품부장관은**(× → 재해보험사업자는) 보험가입촉진계획을 매년 수립한다. [농어업재
> 해보험법 제28조의2 제1항]

38 농업재해보험 손해평가요령상 손해평가반의 구성에 관한 설명으로 옳지 않은 것은?

① 손해평가반은 재해보험사업자가 구성한다.

②「보험업법」제186조에 따른 손해사정사는 손해평가반에 포함될 수 있다.

❸ 손해평가인 2인과 손해평가보조인 3인으로는 손해평가반을 구성할 수 없다.

④ 자기 또는 이해관계자가 모집한 보험계약에 관한 손해평가에 대하여는 해당자를 손해평가반 구성에서 배제하여야 한다.

> ③ 손해평가인 2인과 손해평가보조인 3인으로는 손해평가반을 구성할 수 **없다**.(× → 있다.) [농업재해보험 손해평가요령 제8조 제2항]
>
> ① 손해평가반은 재해보험사업자가 구성한다. [농업재해보험 손해평가요령 제8조 제1항]
>
> ②「보험업법」제186조에 따른 손해사정사는 손해평가반에 포함될 수 있다. [농업재해보험 손해평가요령 제8조 제2항 제3호]
>
> ④ 자기 또는 이해관계자가 모집한 보험계약에 관한 손해평가에 대하여는 해당자를 손해 평가반 구성에서 배제하여야 한다. [농업재해보험 손해평가요령 제8조 제3항 제2호]

39 농업재해보험 손해평가요령상 손해평가인에 관한 설명으로 옳지 않은 것은?

① 손해평가인은 농업재해보험이 실시되는 시·군·자치구별 보험가입자의 수 등을 고려하여 적정 규모로 위촉하여야 한다.

❷ 손해평가인증은 농림축산식품부장관 또는 해양수산부장관이 발급한다.

③ 재해보험사업자는 손해평가 업무를 원활히 수행하기 위하여 손해평가보조인을 운용할 수 있다.

④ 재해보험사업자는 실무교육을 받는 손해평가인에 대하여 소정의 교육비를 지급할 수 있다.

> ② 손해평가인증은 **농림축산식품부장관 또는 해양수산부장관이**(× → 재해보험사업자가) 발급한다. [농업재해보험 손해평가요령 제4조 제1항]
>
> ① 손해평가인은 농업재해보험이 실시되는 시·군·자치구별 보험가입자의 수 등을 고려하여 적정 규모로 위촉하여야 한다. [농업재해보험 손해평가요령 제4조 제2항]
>
> ③ 재해보험사업자는 손해평가 업무를 원활히 수행하기 위하여 손해평가보조인을 운용할 수 있다. [농업재해보험 손해평가요령 제4조 제3항]
>
> ④ 재해보험사업자는 실무교육을 받는 손해평가인에 대하여 소정의 교육비를 지급할 수 있다. [농업재해보험 손해평가요령 제5조 제3항]

40 농업재해보험 손해평가요령상 농업재해보험의 종류에 해당하지 않는 것은?

① 농작물재해보험
❷ 양식수산물재해보험
③ 가축재해보험
④ 임산물재해보험

> **농업재해보험 손해평가요령 제2조 제5호**
> "농업재해보험"이란 법 제4조에 따른 **농작물재해보험, 임산물재해보험** 및 **가축재해보험**을 말한다.

41 농업재해보험 손해평가요령상 손해평가인의 업무에 해당하는 것은?

❶ 피해사실 확인
② 재해보험사업의 약정 체결
③ 보험료율의 산정
④ 재해보험상품의 연구와 보급

> **농업재해보험 손해평가요령 제3조(손해평가인의 업무)**
> ① 손해평가인은 다음 각 호의 업무를 수행한다.
>
>> 1. **피해사실 확인**
>> 2. 보험가액 및 손해액 평가
>> 3. 그 밖에 손해평가에 관하여 필요한 사항
>
> ② 손해평가인은 제1항의 임무를 수행하기 전에 보험가입자("피보험자"를 포함한다. 이하 동일)에게 손해평가인증을 제시하여야 한다.

42 농업재해보험 손해평가요령상 손해평가인 위촉의 취소 사유에 해당하는 것은?

① 업무수행과 관련하여 「개인정보보호법」을 위반한 경우
② 업무수행과 관련하여 보험사업자로부터 금품 또는 향응을 제공받은 경우
❸ 손해평가인이 피한정후견인이 된 경우
④ 손해평가인 위촉이 취소된 후 3년이 경과한 때에 다시 손해평가인으로 위촉된 경우

> **농업재해보험 손해평가요령 제6조**
> ① 재해보험사업자는 손해평가인이 다음 각 호의 어느 하나에 해당하게 되거나 위촉당시에 해당하는 자이었음이 판명된 때에는 그 위촉을 취소하여야 한다.
>
>> 1. 피성년후견인 또는 **피한정후견인**
>> 2. 파산선고를 받은 자로서 복권되지 아니한 자
>> 3. 법 제30조에 의하여 벌금이상의 형을 선고받고 그 집행이 종료(집행이 종료된 것으로 보는 경우를 포함한다)되거나 집행이 면제된 날로부터 2년이 경과되지 아니한 자
>> 4. 동 조에 따라 위촉이 취소된 후 2년이 경과하지 아니한 자
>> 5. 거짓 그 밖의 부정한 방법으로 제4조에 따라 손해평가인으로 위촉된 자
>> 6. 업무정지 기간 중에 손해평가업무를 수행한 자

43 농업재해보험 손해평가요령상 교차손해평가에 관한 설명으로 옳지 않은 것은?

① 평가인력 부족 등으로 신속한 손해평가가 불가피하다고 판단되는 경우 손해평가반의 구성에 지역손해평가인을 포함시키지 않을 수 있다.

❷ 교차손해평가를 위해 손해평가반을 구성할 경우 농업재해보험 손해평가요령에 따라 선발된 지역손해평가인 2인 이상이 포함되어야 한다.

③ 재해보험사업자가 교차손해평가를 담당할 지역손해평가인을 선발할 때 타지역 조사 가능 여부는 고려사항이다.

④ 재해보험사업자는 교차손해평가가 필요한 경우 재해보험 가입규모, 가입분포 등을 고려하여 교차손해평가 대상 시·군·구를 선정하여야 한다.

---

② 교차손해평가를 위해 손해평가반을 구성할 경우 농업재해보험 손해평가요령에 따라 선발된 지역손해평가인 **2인(× → 1인)** 이상이 포함되어야 한다. [농업재해보험 손해평가요령 제8조의2 제3항]

① 평가인력 부족 등으로 신속한 손해평가가 불가피하다고 판단되는 경우 손해평가반의 구성에 지역손해평가인을 포함시키지 않을 수 있다. [농업재해보험 손해평가요령 제8조의2 제3항]

③ 재해보험사업자가 교차손해평가를 담당할 지역손해평가인을 선발할 때 타지역 조사가능 여부는 고려사항이다. [농업재해보험 손해평가요령 제8조의2 제2항]

④ 재해보험사업자는 교차손해평가가 필요한 경우 재해보험 가입규모, 가입분포 등을 고려하여 교차손해평가 대상 시·군·구를 선정하여야 한다. [농업재해보험 손해평가요령 제8조의2 제1항]

44 농업재해보험 손해평가요령상 손해평가결과 검증에 관한 설명으로 옳지 않은 것은?

① 농림축산식품부장관은 재해보험사업자로 하여금 검증조사를 하게 할 수 있으며, 재해보험 사업자는 특별한 사유가 없는 한 이에 응하여야 한다.

❷ 보험가입자가 정당한 사유없이 검증조사를 거부하는 경우 검증조사반은 검증조사가 불가 능하여 손해평가 결과를 확인할 수 없다는 사실을 지체없이 농림축산식품부장관에게 보고 하여야 한다.

③ 검증조사결과 현저한 차이가 발생되어 재조사가 불가피하다고 판단될 경우에는 해당 손해 평가반이 조사한 전체 보험목적물에 대하여 재조사를 할 수 있다.

④ 재해보험사업자 및 재해보험사업의 재보험사업자는 손해평가반이 실시한 손해평가 결과 를 확인하기 위하여 손해평가를 실시한 보험목적물 중에서 일정수를 임의 추출하여 검증조 사를 할 수 있다.

② 보험가입자가 정당한 사유없이 검증조사를 거부하는 경우 검증조사반은 검증조사가 불가능하 여 손해평가 결과를 확인할 수 없다는 사실을 **지체없이 농림축산식품부장관 에게 보고하여야 한다.**(× → 보험가입자에게 통지한 후 검증조사결과를 작성하여 재해보험사업자에게 제출하여 야 한다.) [농업재해보험 손해평가요령 제11조 제4항]

① 농림축산식품부장관은 재해보험사업자로 하여금 검증조사를 하게 할 수 있으며, 재해보험사업 자는 특별한 사유가 없는 한 이에 응하여야 한다. [농업재해보험 손해평가요령 제11조 제2항]

③ 검증조사결과 현저한 차이가 발생되어 재조사가 불가피하다고 판단될 경우에는 해당 손해평가 반이 조사한 전체 보험목적물에 대하여 재조사를 할 수 있다. [농업재해보험 손해평가요령 제 11조 제3항]

④ 재해보험사업자 및 재해보험사업의 재보험사업자는 손해평가반이 실시한 손해평가결과를 확인 하기 위하여 손해평가를 실시한 보험목적물 중에서 일정수를 임의 추출하여 검증조사를 할 수 있다. [농업재해보험 손해평가요령 제11조 제1항]

45 농업재해보험 손해평가요령상 보험목적물별 손해평가 단위로 옳은 것을 모두 고른 것은?

> ㉠ 농작물 : 농지별(농지라 함은 하나의 보험가입금액에 해당하는 토지로 필 지에 따라 구획된 경작지를 말함)
> ㉡ 가축 : 개별가축별(단, 벌은 벌통 단위)
> ㉢ 농업시설물 : 보험가입 목적물별

① ㉠, ㉡

② ㉠, ㉢

❸ ㉡, ㉢

④ ㉠, ㉡, ㉢

농업재해보험 손해평가요령 제12조(손해평가 단위)

① 보험목적물별 손해평가 단위는 다음 각 호와 같다.

> 1. 농작물 : 농지별
> 2. 가축 : 개별가축별(단, 벌은 벌통 단위)
> 3. 농업시설물 : 보험가입 목적물별

② 제1항 제1호에서 정한 농지라 함은 하나의 보험가입금액에 해당하는 토지로 **필지(지번) 등과 관계없이** 농작물을 재배하는 하나의 경작지를 말하며, 방풍림, 돌담, 도로(농로 제외) 등에 의해 구획된 것 또는 동일한 울타리, 시설 등에 의해 구획된 것을 하나의 농지로 한다. 다만, 경사지에서 보이는 돌담 등으로 구획되어 있는 면적이 극히 작은 것은 동일 작업 단위 등으로 정리하여 하나의 농지에 포함할 수 있다.

46 농업재해보험 손해평가요령상 '농작물의 품목별·재해별·시기별 손해수량 조사방법' 중 '특정위험방식 상품(인삼)'에 관한 것으로 (   )에 들어갈 내용은?

생육시기	재해	조사내용	조사시기
보험기간	태풍(강풍)	수확량 조사	( )

① 수확 직전

② 사고접수 후 지체 없이

③ 수확완료 후 보험 종기 전

❹ 피해 확인이 가능한 시기

농업재해보험 손해평가요령 [별표 2] 특정위험방식 상품(인삼)

생육 시기	재해	조사내용	조사시기	조사방법
보험 기간 내	태풍(강풍)·폭설·집 중호우·침수·화재· 우박	수확량 조사	피해 확인이 가능한 시기	보상하는 재해로 인하여 감소된 수확량 조사 • 조사방법: 전수조사 또는 표본조사

47 농업재해보험 손해평가요령상 종합위험방식의 과실손해보장 보험금 산정시 피해율로 옳지 않은 것은?

① 감귤 : (등급내 피해과실수 + 등급외 피해과실수 × 70%) ÷ 기준과실수

② 복분자 : 고사결과모지수 ÷ 평년결과모지수

③ 오디 : (평년결실수 − 조사결실수 − 미보상감수결실수) ÷ 평년결실수

❹ 7월 31일 이전에 사고가 발생한 무화과 : (1 − 수확전사고 피해율) × 경과비율 × 결과지 피해율

> ④ 7월 31일 이전에 사고가 발생한 무화과 : (1 − 수확전사고 피해율) × 경과비율 × 결과지 피
> 해율 → (평년수확량 − 수확량 − 미보상감수량) ÷ 평년수확량

48 농업재해보험 손해평가요령상 가축의 보험가액 및 손해액 산정 등에 관한 설명으로 옳은 것은?

① 가축에 대한 보험가액은 보험사고가 발생한 때와 곳에서 평가한 보험목적물의 수량에 시장가격을 곱하여 산정한다.

② 가축에 대한 손해액 산정시 보험가입당시 보험가입자와 재해보험사업자가 별도로 정한 방법은 고려하지 않는다.

③ 가축에 대한 보험가액 산정시 보험목적물에 대한 감가상각액을 고려해야 한다.

❹ 가축에 대한 손해액은 보험사고가 발생한 때와 곳에서 폐사 등 피해를 입은 보험목적물의 수량에 적용가격을 곱하여 산정한다.

> ④ 가축에 대한 손해액은 보험사고가 발생한 때와 곳에서 폐사 등 피해를 입은 보험목적물의 수량
> 에 적용가격을 곱하여 산정한다. [농업재해보험 손해평가요령 제14조 제2항]
> ① 가축에 대한 보험가액은 보험사고가 발생한 때와 곳에서 평가한 보험목적물의 수량에 **시장**(×
> → 적용)가격을 곱하여 산정한다. [농업재해보험 손해평가요령 제14조 제1항]
> ② 가축에 대한 손해액 산정시 보험가입당시 보험가입자와 재해보험사업자가 별도로 정한 방법은
> **고려하지 않는다.**(× → 도 고려한다.) [농업재해보험 손해평가요령 제14조 제3항]
> ③ **가축**(× → 농업시설물)에 대한 보험가액 산정시 보험목적물에 대한 감가상각액을 고려해야 한
> 다. [농업재해보험 손해평가요령 제15조 제1항]

49 농업재해보험 손해평가요령상 농작물의 보험가액 산정에 관한 설명이다. (   )에 들어갈 내용은?

> 적과 전 종합위험방식의 보험가액은 적과 후 착과수조사를 통해 산정한 (㉠)에 보험가입 당시의 단위당 (㉡)을 곱하여 산정한다.

❶ ㉠ : 기준수확량, ㉡ : 가입가격   ② ㉠ : 보장수확량, ㉡ : 가입가격
③ ㉠ : 기준수확량, ㉡ : 시장가격   ④ ㉠ : 보장수확량, ㉡ : 시장가격

> 농업재해보험 손해평가요령 제13조 제1항 제2호 : 적과전종합위험방식의 보험가액은 적과후착과수조사를 통해 산정한 **기준수확량에** 보험가입 당시의 단위당 **가입가격을** 곱하여 산정한다.

50 농업재해보험 손해평가요령에 관한 설명으로 옳은 것은?
① 농림축산식품부장관은 요령에 대하여 매년 그 타당성을 검토하여 개선 등의 조치를 하여야 한다.
❷ 농업시설물에 대한 손해액은 보험사고가 발생한 때와 곳에서 산정한 피해목적물의 원상복구비용을 말한다.
③ 농업시설물에 대한 보험가액은 보험사고가 발생한 때와 곳에서 평가한 피해목적물의 재조달가액으로 한다.
④ 농림축산식품부장관은 요령의 효율적인 운용 및 시행을 위하여 필요한 세부적인 사항을 규정한 손해평가업무방법서를 작성하여야 한다.

> ② 농업시설물에 대한 손해액은 보험사고가 발생한 때와 곳에서 산정한 피해목적물의 원상복구비용을 말한다. [농업재해보험 손해평가요령 제15조 제2항]
> ① 농림축산식품부장관은 요령에 대하여 **매년**(× → 2020년 1월 1일 기준으로 매 3년이 되는 시점마다) 그 타당성을 검토하여 개선 등의 조치를 하여야 한다. [농업재해보험 손해평가요령 제17조]
> ③ 농업시설물에 대한 보험가액은 보험사고가 발생한 때와 곳에서 평가한 피해목적물의 재조달가액**으로 한다.**(× → 에서 내용연수에 따른 감가상각률을 적용하여 계산한 감가상각액을 차감하여 산정한다.) [농업재해보험 손해평가요령 제15조 제1항]
> ④ **농림축산식품부장관은**(× → 재해보험사업자는) 요령의 효율적인 운용 및 시행을 위하여 필요한 세부적인 사항을 규정한 손해평가업무방법서를 작성하여야 한다. [농업재해보험 손해평가요령 제16조]

농학개론 중 재배학 및 원예작물학

51 작물 분류학적으로 가지과에 해당하는 것을 모두 고른 것은?

| ⊙ 고추 | ⓒ 토마토 | ⓒ 감자 | ⓔ 딸기 |

① ⊙, ⓔ
❷ ⊙, ⓒ, ⓒ
③ ⓒ, ⓒ, ⓔ
④ ⊙, ⓒ, ⓒ, ⓔ

가지과	**토마토, 고추**, 가지, **감자** 등
장미과	딸기, 배, 복숭아, 복분자 등

52 콩과작물의 작황부족으로 어려움을 겪고 있는 농가를 찾은 A손해평가사의 재배지에 대한 판단으로 옳은 것은?

- 작물의 칼슘 부족증상이 발생했다.
- 근류균 활력이 떨어졌다.
- 작물의 망간 장해가 발생했다.

① 재배지의 온도가 높다.
② 재배지에 질소가 부족하다.
③ 재배지의 일조량이 부족하다.
❹ 재배지가 산성화되고 있다.

재배지의 pH는 작물의 생육에 큰 영향을 미치는 매우 중요한 요소이다. 재배지의 pH 변화는 식물의 뿌리가 수분과 영양분을 흡수하는 능력을 변화시키고, 토양 미생물의 활동성에도 영향을 미친다. 때문에 재배지가 산성화 되면, 작물이 제대로 자라지 못하게 된다. 시금치, 양파, 콩, 팥, 알팔파, 자운영 등의 작물은 산에 약한 대표적인 작물들로, 콩과작물 재배지에서 작물의 칼슘 부족증상이 확인되고, 근류균 활력이 떨어져있으며, 작물의 망간 장해가 발생했다면, 재배지가 산성화되고 있다고 판단할 수 있다. 재배지를 산성화하는 요인에는 여러 가지가 있으며, 과도한 비료사용, 공해물질의 유입, 산성비 등이 그 예다.

53 작물의 질소에 관한 내용이다. ( )에 들어갈 내용을 순서대로 옳게 나열한 것은?

작물재배에서 ( )작물에 비해 ( )작물은 질소 시비량을 늘려 주는 것이 좋으며, 잎의 질소 결핍 증상은 ( )보다 ( )에서 먼저 나타난다.

❶ 콩과, 벼과, 유엽, 성엽
② 벼과, 콩과, 유엽, 성엽
③ 콩과, 벼과, 성엽, 유엽
④ 벼과, 콩과, 성엽, 유엽

- 콩과작물은 질소고정 능력이 있기 때문에, **콩과**작물에 비해 **벼과**작물은 질소 시비량을 늘려주는 것이 좋다.
- 질소화합물은 성엽 또는 노엽에서 유엽으로 이동하기 때문에, 질소 결핍 증상은 **유엽**보다 **성엽** (또는 노엽)에서 먼저 나타난다.

54 한해피해 조사를 마친 A손해평가사가 농가에 설명한 작물 내 물의 역할로 옳은 것은 몇 개인가?

- 물질 합성과정의 매개
- 양분 흡수의 용매
- 세포의 팽압 유지
- 체내의 항상성 유지

① 1개
② 2개
③ 3개
❹ 4개

[물(수분)의 역할(기능)]
- 원형질 상태유지
- 식물체 구성물질의 성분
- 식물체 필요물질 흡수와 이동의 용매
- 필요물질의 합성과 분해과정 매개
- 세포의 팽압 형성 및 유지
- 각종 효소활성의 촉매
- 식물체의 항상성 유지

55 과수작물의 서리피해에 관한 내용이다. 밑줄 친 부분이 옳은 것을 모두 고른 것은?

최근 지구온난화에 따른 기상이변으로 개화기가 빠른 (㉠)핵과류에서 피해가 빈번하게 발생한다. 특히, 과수원이 (㉡)강이나 저수지 옆에 있을 때 발생률이 높다. 따라서 일부 농가에서는 상층의 더운 공기를 아래로 불어내려 과수원의 기온 저하를 막아주는 (㉢)송풍법을 사용하고 있다.

① ㉠
② ㉠, ㉡
③ ㉡, ㉢
❹ ㉠, ㉡, ㉢

- 최근 지구온난화에 따른 기상이변으로 개화기가 빠른 (㉠)**핵과류**에서 피해가 빈번하게 발생한다. (O) → 최근에는 온난화의 영향으로 개화기가 빨라져 핵과류에서 서리피해가 빈번하게 발생한다.
- 과수원이 (㉡)**강이나 저수지 옆**에 있을 때 발생률이 높다. (O) → 강이나 저수지 근처의 과수원은 안개가 자주 발생하는 특성으로 인해 서리피해 발생률이 높다.
- 일부 농가에서는 상층의 더운 공기를 아래로 불어내려 과수원의 기온 저하를 막아주는 (㉢)**송풍법**을 사용하고 있다. (O) → 송풍법은 상층의 더운 공기를 아래로 불어내려 과수원의 기온 저하를 막아주는 방법이다.

56 작물의 생장에 영향을 주는 광질에 관한 내용이다. (   )에 들어갈 내용을 순서대로 옳게 나열한 것은?

가시광선 중에서 (   )은 광합성·광주기성·광발아성 종자의 발아를 주도하는 중요한 광선이다. 근적외선은 식물의 신장을 촉진하여 적색광과 근적외선의 비가 (   ) 절간신장이 촉진되어 초장이 커진다.

① 청색광, 작으면
② 적색광, 크면
❸ 적색광, 작으면
④ 청색광, 크면

가시광선 중에서 (적색광)은 광합성·광주기성·광발아성 종자의 발아를 주도하는 중요한 광선이다. 근적외선은 식물의 신장을 촉진하여 적색광과 근적외선의 비가 (작으면) 절간신장이 촉진되어 초장이 커진다.

- 가시광선 중에서 광합성·광주기성·광발아성 종자의 발아를 주도하는 중요한 광선은 650nm 전후의 적색광이다.
- 절간신장이란 마디와 마디의 사이가 자라는 것을 말하며, 적색광과 근적외선의 비가 작으면 절간신장이 촉진되어 초장이 커진다.

57 생육적온이 달라 동일 재배사에서 함께 재배할 경우 재배효율이 떨어지는 조합은?

❶ 상추, 고추   ② 당근, 시금치

③ 가지, 호박   ④ 오이, 토마토

> 상추는 호냉성 채소로 생육적온은 15~20℃이고, 고추는 호온성 채소로, 생육적온은 20 ~ 28℃
> 이다.
> - 호온성 채소 : 토마토, 고추, 가지, 고구마, 생강, 오이, 수박, 호박
> - 호냉성 채소 : 시금치, 상추, 완두, 무, 당근, 딸기, 감자, 마늘, 양파, 양배추, 배추, 잠두

58 소비자의 기호 변화로 씨가 없는 샤인머스캣 포도가 인기를 모으고 있다. 샤인머스캣을 무핵화하고 과립 비대를 위해 처리하는 생장조절물질은?

① 아브시스산   ❷ 지베렐린

③ 옥신   ④ 에틸렌

> - 지베렐린 : 줄기와 잎의 생장을 촉진하며 단위결과를 유도한다. **씨없는 포도를 만들 때 사용한다.** 작물의 로제트 현상을 타파한다.
> - 아브시스산 : 발아를 억제하고, 잎의 노화 및 낙엽을 촉진하며, 휴면을 유도하는 등의 기능을 한다.
> - 옥신 : 식물체의 성장과 발근을 촉진하며, 굴광성 등 식물생장의 방향을 조절한다.
> - 에틸렌 : 무색 무취의 가스형태로, 식물의 성숙을 촉진하며, 잎의 노화를 가속화한다.

59 저온자극을 통해 화아분화가 촉진되는 작물이 아닌 것은?

① 양파   ❷ 상추

③ 배추   ④ 무

> ② 상추 : 비교적 고온인 10 ~ 30℃의 온도에서 춘화되는 식물로, 고온춘화형 작물이다.
> ① 양파 : 물체가 어느 정도 영양생장을 한 다음에 저온을 받아야 생육상 전환이 일어나는 식물로, 녹식물춘화형 작물이다.
> ③ 배추, ④ 무 : 종자가 물을 흡수하여 배가 활동을 개시한 이후에는 언제든지 저온에 감응하는 식물로, 종자춘화형 작물이다.

60 식물의 생육과정에서 강풍의 외부환경에 따른 영향으로 옳지 않은 것은?

① 화분매개곤충의 활동을 억제한다.

② 상처를 유발하여 호흡량을 증가시킨다.

❸ 증산작용은 억제되나 광합성은 촉진된다.

④ 상처를 통한 병해충의 발생을 촉진한다.

> **[강풍이 작물에 미치는 영향]**
> - 기공이 폐쇄되어 수분흡수가 감소하게 되고, 이산화탄소의 흡수가 적어져서 **광합성이 저해된다.**
> - 수정매개곤충의 활동이 저하되고, 이로 인해 수정률이 감소한다.
> - 과실에 상처를 유발하고, 호흡량을 증가시킨다.
> - 상처를 통해 병해충의 발생을 촉진한다.
> - 작물체온이 떨어진다.
> - 냉해, 도복 등의 피해를 일으킬 수 있다.

61 식물의 종자 또는 눈이 휴면에 들어가면서 증가하는 것은?

① 호흡량

② 옥신

③ 지베렐린

❹ 아브시스산

> - 아브시스산(ABA) : 겨울 휴면을 유도하며, 내한성을 증진시킨다. 식물의 수분이 결핍되면 아브시스산이 많이 합성하여 기공을 닫는 방식으로 식물의 수분을 보호한다.(수분스트레스호르몬) 발아를 억제하고, 잎을 노화시키며 낙엽을 촉진하다. 식물의 휴면은 아브시스산 농도가 높고, 지베렐린 농도가 낮을 때 일어난다.

62 시설재배 농가를 찾은 A손해평가사의 육묘에 관한 조언으로 옳지 않은 것은?

① 출하기 조절이 가능하다.

② 유기질 육묘상토로 피트모스를 추천하였다.

③ 단위면적당 생산량을 증가시킬 수 있다.

❹ 공간활용도를 높이기 위해 이동식 벤치보다 고정식 벤치를 추천하였다.

> 공간활용도를 높이기 위해서라면 고정식 벤치보다 이동식 벤치를 추천했어야 한다.

63 수박재배 농가에서 대목을 사용하는 접목재배로 방제할 수 있는 것은?

❶ 덩굴쪼김병　　　　　　　　　　② 애꽃노린재

③ 진딧물　　　　　　　　　　④ 잎오갈병

> 수박 덩굴쪼김병은 줄기가 세로로 쪼개지는 증상이 나타난다. 연작 재배지에서 잘 나타나기 때문에 연작을 피하거나, 덩굴쪼김병에 강한 대목(박 또는 호박 등)에 접목하여 재배함으로써 방제할 수 있다.

64 최종 적과 후 우박피해를 입은 사과농가의 대처로 옳은 것을 모두 고른 것은?

> A농가 – 피해 정도가 심한 가지에는 도포제를 발라준다.
> B농가 – 수세가 강한 피해 나무에 질소 엽면시비를 한다.
> C농가 – 90 % 이상의 과실이 피해를 입은 나무의 과실은 모두 제거한다.
> D농가 – 병해충 방제를 위해 살균제를 살포한다.

① A, C　　　　　　　　　　❷ A, D

③ B, C　　　　　　　　　　④ B, D

> • A농가 – 피해 정도가 심한 가지에는 도포제를 발라준다. (○) → 도포제가 상처를 보호하는 역할을 한다.
> • B농가 – 수세가 강한(x → 약한) 피해 나무에 질소 엽면시비를 한다. (x)
> • C농가 – 90 % 이상의 과실이 피해를 입은 나무의 과실은 모두 제거한다. (x) → 빠른 수세 회복을 위해서 남길 수 있는 과실은 남겨두는 것이 좋다.
> • D농가 – 병해충 방제를 위해 살균제를 살포한다. (○) → 우박, 태풍 등 자연재해 직후에 면역력이 떨어진 틈을 타서 병충해가 오는 경우가 많다. 때문에 살균제를 살포하여 상처 부위를 통한 2차 감염을 미연에 방지할 수 있다.

65 다음은 벼의 수발아에 관한 내용이다. ( )에 들어갈 내용을 순서대로 옳게 나열한 것은?

> 수발아는 ( )에 종실이 이삭에 달린 채로 싹이 트는 것을 말하며, 벼가 우기에 도복이 되었을 때 자주 발생한다. 또한 ( )이 ( )보다 수발아가 잘 발생한다.

① 수잉기, 조생종, 만생종 　　❷ 결실기, 조생종, 만생종
③ 수잉기, 만생종, 조생종 　　④ 결실기, 만생종, 조생종

> • 수발아는 (결실기)에 종실이 이삭에 달린 채로 싹이 트는 것을 말하며, 벼가 우기에 도복이 되었을 때 자주 발생한다. 또한 (조생종)이 (만생종)보다 수발아가 잘 발생한다.
> • 벼의 결실기에 종실이 이삭에 달린 채로 싹이 트는 것을 말한다. 태풍으로 벼가 도복이 되었을 때, 고온·다습 조건에서 자주 발생한다. 조생종이 만생종보다 수발아가 잘 발생한다. 휴면성이 약한 품종이 강한 품종보다 수발아가 잘 발생한다.

66 전염성 병해가 아닌 것은?

❶ 토마토 배꼽썩음병 　　② 벼 깨씨무늬병
③ 배추 무름병 　　④ 사과나무 화상병

> • 토마토 배꼽썩음병은 칼슘결핍에 의해 나타나는 증상으로, 전염성 병해가 아니고 생리장해에 해당한다. 이런 경우에는 엽면 시비를 처방한다.
> • 작물별 칼슘결핍 증상
> 　– 딸기·(양)배추 : 잎끝마름증상(팁번현상)
> 　– 토마토·고추 : 배꼽썩음증상
> 　– 사과 : 고두병
> 　– 땅콩 : 빈꼬투리(쭉정이)발생 현상
> 　– 감자 : 내부 갈변과 속이 빈 괴경 유발

67 0℃에서 저장할 경우 저온장해가 발생하는 채소만을 나열한 것은?

① 배추, 무 　　② 마늘, 양파
③ 당근, 시금치 　　❹ 가지, 토마토

> • 가지와 토마토는 대표적인 호온성 채소로 0℃에서 저장할 경우 저온장해가 발생한다.
> • 호온성 채소 : 토마토, 고추, 가지, 고구마, 생강, 오이, 수박, 호박
> • 호냉성 채소 : 시금치, 상추, 완두, 무, 당근, 딸기, 감자, 마늘, 양파, 양배추, 배추, 잠두

68 다음 ( )에 들어갈 필수원소에 관한 내용을 순서대로 옳게 나열한 것은?

> ( )원소인 ( )은 엽록소의 구성성분으로 부족 시 잎이 황화된다.

❶ 다량, 마그네슘
② 다량, 몰리브덴
③ 미량, 마그네슘
④ 미량, 몰리브덴

> (다량)원소인 (마그네슘)은 엽록소의 구성성분으로 부족 시 잎이 황화된다.
> • 다량원소 : 탄소, 산소, 수소, 질소, 인, 칼륨, 칼슘, 마그네슘, 황
> • 미량원소 : 철, 망간, 구리, 아연, 붕소, 몰리브덴, 염소

69 자가수분으로 수분수가 필요 없는 과수는?

① 신고 배
② 후지 사과
❸ 캠벨얼리 포도
④ 미백도 복숭아

> 캠벨얼리 포도는 우리나라에서 가장 많이 재배되는 포도 품종으로, 수분수 없이 자가수분이 가능하고, 추위에 강한 것이 특징이다.

70 다음 설명에 해당하는 해충은?

> • 흡즙성 해충이다.
> • 포도나무 가지와 잎을 주로 가해한다.
> • 약충이 하얀 솜과 같은 왁스 물질로 덮여 있다.

① 꽃매미
❷ 미국선녀벌레
③ 포도유리나방
④ 포도호랑하늘소

> **[미국선녀벌레]**
> • 노린재목 선녀벌레과
> • 성충은 몸길이가 7~8.5mm로 회식을 띠고, 약충은 몸길이가 약 5mm로 하얀 솜과 같은 왁스물질로 덮여 있다.
> • 연 1회 발생하며 가지에서 알로 월동한다.
> • 성충과 약충 모두 과수나 정원수 등 다양하고 많은 수목에 발생한다.
> • 성충과 약충이 가지와 잎에 집단으로 기생하며 흡즙피해를 입히며, 부생성 그을음병이 유발된다.
> • 왁스물질을 분비해 잎이 지저분하게 된다.

71 장미의 블라인드 현상의 직접적인 원인은?

① 수분 부족
② 칼슘 부족
❸ 일조량 부족
④ 근권부 산소 부족

> **[장미의 블라인드 현상]**
> 불개화 현상이라고도 하며, 품종이나 환경조건 등에 따라서 분화된 꽃눈이 정상적으로 꽃봉오리로 발달하지 못하거나, 꽃봉오리가 만들어지던 중 퇴화하거나 탈락 혹은 쇠약해지는 현상을 말한다. 블라인드 피해 가지는 정상 개화 가지에 비해 매우 가늘고 짧으며, 잎의 수가 적고 생장이 느린 특징이 있다. 또 장기간 생장하지 못하고 휴지상태로 존재하게 된다. 주요 발생 원인으로는 저광도와 저온재배를 꼽을 수 있다. 품종마다 차이는 있지만 대부분 일조량이 부족하고 저온인 환경에서 재배시에 많이 나타난다(영양 상태가 불량한 경우에도 발생함). 이런 블라인드 현상 방지방법은 꽃눈이 생성될 무렵 지베렐린을 살포하고, 빛이 부족해지지 않게 관리하며, 야간 온도를 18℃에서 24℃ 사이로 유지하는 것이다.

72 근경으로 영양번식을 하는 화훼작물은?

❶ 칸나, 독일붓꽃
② 시클라멘, 다알리아
③ 튤립, 글라디올러스
④ 백합, 라넌큘러스

> • 칸나, 독일붓꽃 : 근경(뿌리줄기)으로 영양번식
> • 시클라멘 : 괴경(덩이줄기)으로 영양번식
> • 다알리아, 라넌큘러스 : 괴근(덩이뿌리)으로 영양번식
> • 튤립, 백합 : 인경(비늘줄기)으로 영양번식
> • 글라디올러스 : 구경(구슬줄기)으로 영양번식

73 유리온실 내 지면으로부터 용마루까지의 길이를 나타내는 용어는?

① 간고
❷ 동고
③ 측고
④ 헌고

> • 동고 : 지붕높이, 시설의 최고 높이로 지면으로부터 용마루까지의 길이
> • 간고 : 처마높이, 측고 또는 헌고라고도 부른다.

74 베드의 바닥에 일정한 크기의 기울기로 얇은 막상의 양액이 흘러 순환하도록 하고 그 위에 작물의 뿌리 일부가 닿게 하여 재배하는 방식은?

① 매트재배   ② 심지재배

❸ NFT재배   ④ 담액재배

[NFT 재배]

박막식 수경, 베드의 바닥에 일정한 크기의 기울기로 얇은 막상의 양액이 흘러 순환하도록 하고 그 위에 작물의 뿌리 일부가 닿게 하여 재배하는 방식. 순환식으로 양액의 손실이 적고, 양액이 지속적으로 순환하기 때문에 작물 생장에 수분 부족과 같은 문제가 발생하지 않으며, 양액의 영양성분, 공급량 또는 공급 간격 등을 조절하여 식물 생육 조절이 용이한 장점이 있다. 하지만, 예상치 못한 정전이나 양액 순환장치 고장 등으로 양액 순환이 제대로 되지 않는 경우 작물 피해를 입기 쉽고, 양액이 계속 순환하기 때문에 병균이 발생하는 경우 양액을 매개로 단시간에 전체 식물이 감염될 수 있는 단점이 있다.

매트재배	토양 대신 매트 위에 식물을 식재하여 양액을 공급하는 방식으로 재배하는 방식이다.
심지재배	가장 단순한 수경재배 형태로, 전기, 펌프, 공기 주입기 등도 필요없다. 면 등 끈으로 된 심지를 연결하여 모세관 현상을 이용하여 양액을 뿌리 쪽으로 흡수시키는 방식이다. 유지 및 관리하기 쉬운 장점이 있지만, 식물이 물과 영양소를 흡수하는 데에 제한이 있다.
담액재배	양분과 산소가 충분한 양액에 담가 재배하는 방식으로, 공기 펌프 등 장치를 설치해서 식물의 뿌리가 질식하지 않도록 관리해야 한다.

75 시설재배에서 필름의 장파 투과율이 큰 것부터 작은 것 순으로 옳게 나타낸 것은? [기출 수정]

❶ PE 〉 EVA 〉 PVC   ② EVA 〉 PE 〉 PVC

③ PE 〉 PVC 〉 EVA   ④ PVC 〉 PE 〉 EVA

- PE(폴리에틸렌 필름) : 필름 표면에 먼지가 잘 부탁되지 않으며, 필름 상호간에 잘 달라붙지 않는 성질이 있어 사용하는데 편리하다. 장파투과율이 높아 보온성이 떨어지며, 가격이 싸다.
- EVA(에틸렌아세트산 필름) : 저온에서 굳지 않고 고온에서 흐물거리지 않는 특질이 있다. 이용 시 가스발생이나 독성에 대한 염려가 없다는 장점이 있다. 장파투과율은 PE와 PVC의 중간 정도이다.
- PVC(염화비닐필름) : 장파투과율과 열전도율이 낮아 보온성이 높다.

상법(보험편)

1 「상법」상 보험계약관계자에 관한 설명으로 옳지 않은 것은?

① 손해보험의 보험자는 보험사고가 발생한 경우 보험금 지급의무를 지는 자이다.

② 손해보험의 보험계약자는 자기명의로 보험계약을 체결하고 보험료 지급의무를 지는 자이다.

③ 손해보험의 피보험자는 피보험이익의 주체로서 보험사고가 발생한 때에 보험금을 받을 자이다.

❹ 손해보험의 보험수익자는 보험사고가 발생한 때에 보험금을 지급받을 자로 지정된 자이다.

> 손해보험에서는 일반적으로 보험수익자 개념이 존재하지 않는다. 보험수익자는 주로 생명보험과 같은 인보험에서 사용되는 개념으로, 손해보험에서는 피보험자가 보험금을 청구하고 수령하는 주체가 된다.

2 「상법」상 보험계약의 체결에 관한 설명으로 옳은 것은?

① 보험계약은 청약과 승낙에 의한 합의와 보험증권의 교부로 성립한다.

❷ 기존의 보험계약을 연장하거나 변경한 경우에는 보험자는 그 보험증권에 그 사실을 기재함으로써 보험증권의 교부에 갈음할 수 있다.

③ 보험자는 보험계약이 성립된 후 보험계약자에게 보험약관을 교부하고 그 약관의 중요한 내용을 설명하여야 한다.

④ 보험자가 보험계약자로부터 보험계약의 청약과 함께 보험료 상당액의 전부 또는 일부의 지급을 받은 때에는 계약이 성립한 것으로 본다.

> **「상법」 제640조(보험증권의 교부) 제2항**
> 기존의 보험계약을 연장하거나 변경한 경우에는 보험자는 그 보험증권에 그 사실을 기재함으로써 보험증권의 교부에 갈음할 수 있다.

3 「상법」상 보험증권에 관한 설명으로 옳지 않은 것은?

❶ 타인을 위한 보험계약이 성립된 경우에는보험자는 그타인에게 보험증권을 교부해야 한다.

② 보험계약의 당사자는 보험증권의 교부가 있은 날로부터 일정한 기간 내에 한하여 그 증권내용의 정부(正否)에 관한 이의를 할 수 있음을 약정할 수 있다. 이 기간은 1월을 내리지 못한다.

③ 보험증권을 멸실 또는 현저하게 훼손한 때에는 보험계약자는 보험자에 대하여 증권의 재교부를 청구할 수 있고, 그 증권작성의 비용은 보험계약자의 부담으로 한다.

④ 보험자는 보험계약이 성립한 때에는 지체없이 보험증권을 작성하여 보험계약자에게 교부하여야 한다.

① 타인을 위한 보험계약이 성립된 경우에는 보험자는 **그 타인**(× → 보험계약자)에게 보험증권을 교부해야 한다. [상법 제640조 제1항]
② 보험계약의 당사자는 보험증권의 교부가 있은 날로부터 일정한 기간 내에 한하여 그 증권내용의 정부(正否)에 관한 이의를 할 수 있음을 약정할 수 있다. 이 기간은 1월을 내리지 못한다. [상법 제641조]
③ 보험증권을 멸실 또는 현저하게 훼손한 때에는 보험계약자는 보험자에 대하여 증권의 재교부를 청구할 수 있고, 그 증권작성의 비용은 보험계약자의 부담으로 한다. [상법 제642조]
④ 보험자는 보험계약이 성립한 때에는 지체없이 보험증권을 작성하여 보험계약자에게 교부하여야 한다. [상법 제640조 제1항]

4 보험설계사가 가진 「상법」상 권한으로 옳은 것은?

① 보험계약자로부터 고지에 관한 의사표시를 수령할 수 있는 권한
② 보험계약자에게 영수증을 교부하지 않고 보험료를 수령할 수 있는 권한
❸ 보험자가 작성한 보험증권을 보험계약자에게 교부할 수 있는 권한
④ 보험계약자로부터 통지에 관한 의사표시를 수령할 수 있는 권한

보험대리상이 아니면서 특정한 보험자를 위하여 계속적으로 보험계약의 체결을 중개하는 자의 권한 [상법 제646조의2 제3항]
1) 보험자가 작성한 영수증을 보험계약자에게 교부하는 경우, 보험계약자로부터 보험료를 수령할 수 있는 권한
2) 보험자가 작성한 보험증권을 보험계약자에게 교부할 수 있는 권한

5 「상법」상 보험료에 관한 설명으로 옳은 것을 모두 고른 것은?

> ㉠ 보험계약의 당사자가 특별한 위험을 예기하여 보험료의 액을 정한 경우에 보험기간 중 그 예기한 위험이 소멸한 때에는 보험계약자는 그 후의 보험료의 감액을 청구할 수 있다.
> ㉡ 보험계약의 전부 또는 일부가 무효인 경우에 보험계약자와 피보험자가 선의이며 중대한 과실이 없는 때에는 보험자에 대하여 보험료의 전부 또는 일부의 반환을 청구할 수 있다.
> ㉢ 보험계약자는 계약체결후 지체없이 보험료의 전부 또는 제1회 보험료를 지급하여야 하며, 이를 지급하지 아니하는 경우에는 보험자는 다른 약정이 없는 한 계약성립 후 2월이 경과 하면 그 계약을 해제할 수 있다.
> ㉣ 계속보험료가 약정한 시기에 지급되지 아니한 때에는 보험자는 상당한 기간을 정하여 보험계약자에게 최고하고 그 기간 내에 지급되지 아니한 때에는 그 계약은 해지된 것으로 본다.

❶ ㉠, ㉡   ② ㉠, ㉢

③ ㉡, ㉣   ④ ㉢, ㉣

> ㉠ 보험계약의 당사자가 특별한 위험을 예기하여 보험료의 액을 정한 경우에 보험기간 중 그 예기한 위험이 소멸한 때에는 보험계약자는 그 후의 보험료의 감액을 청구할 수 있다. (O) [상법 제647조]
> ㉡ 보험계약의 전부 또는 일부가 무효인 경우에 보험계약자와 피보험자가 선의이며 중대한 과실이 없는 때에는 보험자에 대하여 보험료의 전부 또는 일부의 반환을 청구할 수 있다. (O) [상법 제648조]
> ㉢ 보험계약자는 계약체결후 지체없이 보험료의 전부 또는 제1회 보험료를 지급하여야 하며, 이를 지급하지 아니하는 경우에는 보험자는 다른 약정이 없는 한 계약성립 후 2월이 경과하면 **그 계약을 해제할 수 있다.** (× → 그 계약은 해제된 것으로 본다.) [상법 제650조 제1항]
> ㉣ 계속보험료가 약정한 시기에 지급되지 아니한 때에는 보험자는 상당한 기간을 정하여 보험계약자에게 최고하고 그 기간 내에 지급되지 아니한 때에는 **그 계약은 해지된 것으로 본다.**
> (× → 그 계약을 해지할 수 있다.) [상법 제650조 제2항]

6 甲이 乙 소유의 농장에 대해 乙의 허락 없이 乙을 피보험자로 하여 A보험회사와 화재보험계약을 체결한 경우, 그 법률관계에 관한 설명으로 옳지 않은 것은?

① 보험계약 체결 시 A보험회사가 서면으로 질문한 사항은 중요한 사항으로 추정한다.

❷ 보험사고가 발생하기 전에는 甲은 언제든지 계약의 전부 또는 일부를 해지할 수 있다.

③ 甲이 乙의 위임이 없음을 A보험회사에게 고지하지 않은 때에는 乙이 그 보험계약이 체결된 사실을 알지 못하였다는 사유로 A보험회사에게 대항하지 못한다.

④ 보험계약 당시에 甲 또는 乙이 고의 또는 중대한 과실로 인하여 중요한 사항을 고지하지 아니하거나 부실의 고지를 한 때에는 A보험회사는 그 사실을 안 날로부터 1월 내에, 계약을 체결한 날로부터 3년 내에 한하여 계약을 해지할 수 있다.

① 보험계약 체결 시 A보험회사가 서면으로 질문한 사항은 중요한 사항으로 추정한다. (O) [상법 제651조의2]

② 보험사고가 발생하기 전에는 甲은 언제든지 계약의 전부 또는 일부를 해지할 수 있다. (×) 문제의 경우는 타인을 위한 보험계약으로 상법 제649조 제1항 단서조항에 따라 타인의 동의를 얻지 아니하거나 보험증권을 소지하지 아니하면 그 계약을 해지하지 못한다.

③ 甲이 乙의 위임이 없음을 A보험회사에게 고지하지 않은 때에는 乙이 그 보험계약이 체결된 사실을 알지 못하였다는 사유로 A보험회사에게 대항하지 못한다. (O) [상법 제639조 제1항]

④ 보험계약당시에 甲 또는 乙이 고의 또는 중대한 과실로 인하여 중요한 사항을 고지하지 아니하거나 부실의 고지를 한 때에는 A보험회사는 그 사실을 안 날로부터 1월 내에, 계약을 체결한 날로부터 3년 내에 한하여 계약을 해지할 수 있다. (O) [상법 제651조]

7 「상법」상 보험사고에 관한 설명으로 옳지 않은 것은?

① 보험계약 당시에 보험사고가 이미 발생하였거나 또는 발생할 수 없는 것인 때에는 그 계약은 무효로 한다.

② 보험계약 당시에 보험사고가 발생할 수 없는 것이었지만 당사자 쌍방과 피보험자가 이를 알지 못한 때에는 그 계약은 유효하다.

③ 보험사고의 발생으로 보험자가 보험금액을 지급한 때에도 보험금액이 감액되지 아니하는 보험의 경우에는 보험계약자는 그 사고발생 후에도 보험계약을 해지할 수 있다.

❹ 보험사고가 발생하기 전에 보험계약을 해지한 보험계약자는 미경과보험료의 반환을 청구할 수 없다.

> ① 보험계약 당시에 보험사고가 이미 발생하였거나 또는 발생할 수 없는 것인 때에는 그 계약은 무효로 한다. (O) [상법 제644조]
> ② 보험계약 당시에 보험사고가 발생할 수 없는 것이었지만 당사자 쌍방과 피보험자가 이를 알지 못한 때에는 그 계약은 유효하다. (O) [상법 제644조]
> ③ 보험사고의 발생으로 보험자가 보험금액을 지급한 때에도 보험금액이 감액되지 아니하는 보험의 경우에는 보험계약자는 그 사고발생 후에도 보험계약을 해지할 수 있다. (O) [상법 제649조 제2항]
> ④ 보험사고가 발생하기 전에 보험계약을 해지한 보험계약자는 미경과보험료의 반환을 청구할 수 **없다.** (× → 있다.) [상법 제649조 제3항]

8 「상법」상 보험대리상의 권한을 모두 고른 것은?

> ㉠ 보험료수령권한　　　　㉡ 고지수령권한
> ㉢ 보험계약의 해지권한　　㉣ 보험금수령권한

❶ ㉠, ㉡, ㉢

② ㉠, ㉡, ㉣

③ ㉠, ㉢, ㉣

④ ㉡, ㉢, ㉣

> **「상법」 제646조의2(보험대리상 등의 권한)** ① 보험대리상은 다음 각 호의 권한이 있다.
>
> 1. 보험계약자로부터 **보험료를 수령할 수 있는** 권한
> 2. 보험자가 작성한 보험증권을 보험계약자에게 교부할 수 있는 권한
> 3. 보험계약자로부터 **청약, 고지, 통지, 해지, 취소** 등 보험계약에 관한 의사표시를 수령할
> 4. 보험계약자에게 **보험계약의 체결, 변경, 해지** 등 보험계약에 관한 의사표시를 할 수 있는 권한

9 보험기간 중에 보험사고의 발생 위험이 현저하게 변경 또는 증가된 경우의 법률관계에 관한 설명으로 옳은 것은?

① 보험수익자의 고의로 인하여 사고 발생의 위험이 현저하게 증가된 때에는 보험자는 그 사실을 안 날로부터 1월 내에 보험계약을 해지할 수 있을 뿐이고, 보험료의 증액을 청구할 수는 없다.

② 보험계약자가 지체없이 위험변경증가의 통지를 한 때에는 보험자는 1월 내에 보험료 증액을 청구할 수 있을 뿐이고 보험계약을 해지할 수는 없다.

❸ 보험계약자가 위험변경증가의 통지를 해태한 때에는 보험자는 그 사실을 안 날로부터 1월 내에 한하여 계약을 해지할 수 있다.

④ 타인을 위한 손해보험의 타인이 사고발생 위험이 현저하게 변경 또는 증가된 사실을 알게 된 경우 이를 보험자에게 통지할 의무는 없다.

① 보험수익자의 고의로 인하여 사고 발생의 위험이 현저하게 증가된 때에는 보험자는 그 사실을 안 날로부터 1개월 내에 **보험계약을 해지할 수 있을 뿐이고, 보험료의 증액을 청구할 수는 없다.** (× → 보험료의 증액을 청구하거나 계약을 해지할 수 있다.) [상법 제653조]

② 보험계약자가 지체없이 위험변경증가의 통지를 한 때에는 보험자는 1월내에 **보험료 증액을 청구할 수 있을 뿐이고 보험계약을 해지할 수는 없다.** (× → 보험료의 증액을 청구하거나 계약을 해지할 수 있다.) [상법 제 652조 제2항]

③ 보험계약자가 위험변경증가의 통지를 해태한 때에는 보험자는 그 사실을 안 날로부터 1월 내에 한하여 계약을 해지할 수 있다. (O) [상법 제652조 제1항]

④ 타인을 위한 손해보험의 타인이 사고발생 위험이 현저하게 변경 또는 증가된 사실을 알게 된 경우 이를 보험자에게 통지할 **의무는 없다.** (× → 하여야 한다.) [상법 제652조 제1항]

10 보험사고가 발생한 경우 그 법률관계에 관한 설명으로 옳지 않은 것은?

① 보험수익자가 보험사고의 발생을 안때에는 지체없이 보험자에게 그 통지를 발송하여야 한다.

❷ 보험계약자가 보험사고의 발생을 알았음에도 지체없이 보험자에게 그 통지를 발송하지 않은 경우 보험자는 계약을 해지할 수 있다.

③ 보험계약 당사자 간에 다른 약정이 없으면 최초보험료를 보험자가 지급받은 때로부터 보험자의 책임이 개시된다.

④ 위험이 현저하게 변경 또는 증가된 사실이 보험사고 발생에 영향을 미친 경우, 보험자가 위험변경증가의 통지를 못 받았음을 이유로 유효하게 계약을 해지하면 보험금을 지급할 책임이 없다.

① 보험수익자가 보험사고의 발생을 안 때에는 지체없이 보험자에게 그 통지를 발송하여야한다. (O) [상법 제657조 제1항]

② 보험계약자가 보험사고의 발생을 알았음에도 지체없이 보험자에게 그 통지를 발송하지 않은 경우 보험자는 계약을 해지할 수 있다. (× 사고발생 통지의무를 해태함으로 인하여 증가된 손해에 대하여 보상 책임을 면할 수 있을 뿐이다. [상법 제657조 제2항]

③ 보험계약 당사자간에 다른 약정이 없으면 최초보험료를 보험자가 지급받은 때로부터 보험자의 책임이 개시된다. (O) [상법 제656조]

④ 위험이 현저하게 변경 또는 증가된 사실이 보험사고 발생에 영향을 미친 경우, 보험자가 위험변경증가의 통지를 못 받았음을 이유로 유효하게 계약을 해지하면 보험금을 지급할 책임이 없다. (O) [상법 제655조]

11 보험자의 보험금액의 지급에 관한 설명으로 옳지 않은 것은?

① 보험수익자의 중과실로 인하여 보험사고가 생긴 때에는 보험자는 보험금액을 지급할 책임이 없다.

② 보험계약자의 고의로 보험사고가 생긴 때에는 보험자는 보험금액을 지급할 책임이 없다.

③ 보험금액의 지급에 관하여 약정기간이 없는 경우에는 보험자는 보험사고 발생의 통지를 받은 후 지체없이 지급할 보험금액을 정해야 한다.

❹ 보험자가 파산선고를 받았으나 보험계약자가 계약을 해지하지 않은 채 3월이 경과한 후에 보험사고가 발생하여도 보험자는 보험금액 지급 책임이 있다.

① 보험수익자의 중과실로 인하여 보험사고가 생긴 때에는 보험자는 보험금액을 지급할 책임이 없다. (O) [상법 제659조 제1항]

② 보험계약자의 고의로 보험사고가 생긴 때에는 보험자는 보험금액을 지급할 책임이 없다. (O) [상법 제659조 제1항]

③ 보험금액의 지급에 관하여 약정기간이 없는 경우에는 보험자는 보험사고 발생의 통지를 받은 후 지체없이 지급할 보험금액을 정해야 한다. [상법 제658조]

④ 보험자가 파산선고를 받았으나 보험계약자가 계약을 해지하지 않은 채 3월이 경과한 후에 보험사고가 발생하여도 보험자는 보험금액 지급 책임이 있다. (× 보험자가 파산선고를 받았으나 보험계약자가 계약을 해지하지 않은 채 3월이 경과한 때에는 그 효력을 잃는다. [상법 제654조 제2항]

12 甲은 자기 소유의 건물에 대해 A보험회사와 화재보험계약을 체결하였고, A보험회사는 이 화재보험계약으로 인하여 부담할 책임에 대하여 B보험회사와 재보험계약을 체결한 경우 그 법률관계에 관한 설명으로 옳은 것은?

❶ 화재보험계약의 보험기간 개시 전에 화재가 발생한 경우 B보험회사는 A보험회사에게 보험금 지급의무가 없다.

② 甲의 고의로 화재보험계약의 보험기간 중에 화재가 발생한 경우 B보험회사는 A보험회사에게 보험금 지급의무가 있다.

③ A보험회사의 B보험회사에 대한 보험금청구권은 1년간 행사하지 아니하면 시효의 완성으로 소멸한다.

④ B보험회사의 A보험회사에 대한 보험료청구권은 6개월간 행사하지 아니하면 시효의 완성으로 소멸한다.

> ① 화재보험계약의 보험기간 개시 전에 화재가 발생한 경우 B보험회사는 A보험회사에게 보험금 지급의무가 없다. (O) [상법 제665조]
> ② 甲의 고의로 화재보험계약의 보험기간 중에 화재가 발생한 경우 B보험회사는 A보험회사에게 보험금 지급의무가 **있다. (X→없다)** [상법 제659조]
> ③ A보험회사의 B보험회사에 대한 보험금청구권은 **1년(× → 3년)**간 행사하지 아니하면 시효의 완성으로 소멸한다. [상법 제662조]
> ④ B보험회사의 A보험회사에 대한 보험료청구권은 **6개월(× → 2년)**간 행사하지 아니하면 시효의 완성으로 소멸한다. [상법 제662조]

13 가계보험의 약관조항 중 「상법」상 불이익변경금지원칙에 위반되지 않는 것은?

① 보험계약자가 계약체결 시 과실없이 중요한사항을 불고지한경우에도 보험자의 해지권을 인정한 약관조항

❷ 보험료청구권의 소멸시효기간을 단축하는 약관조항

③ 보험수익자가 보험계약 체결 시 고지의무를 부담하도록 하는 약관조항

④ 보험사고 발생 전이지만 일정한기간동안 보험계약자의 계약해지를 금지하는 약관조항

> ② 보험료청구권의 소멸시효기간을 단축하는 약관조항(×) 보험료청구권의 소멸시효기간을 단축하는 약관조항은 보험계약자 등에게 유리한 약관 조항으로 불이익변경금지원칙 위반에 해당하지 않는다. [상법 제663조]

14 「상법」상 손해보험증권에 기재해야 할 사항으로 옳지 않은 것은?

❶ 피보험자의 주민등록번호

② 보험기간을 정한 경우 그 시기와 종기

③ 보험료와 그 지급방법

④ 무효와 실권의 사유

「상법」 제666조(손해보험증권) 손해보험증권에는 다음의 사항을 기재하고 보험자가 기명날인 또는 서명하여야 한다.
1. 보험의 목적
2. 보험사고의 성질
3. 보험금액
4. **보험료와 그 지급방법**
5. **보험기간을 정한 때에는 그 시기와 종기**
6. **무효와 실권의 사유**
7. 보험계약자의 주소와 성명 또는 상호
7의2. 피보험자의 주소, 성명 또는 상호
8. 보험계약의 연월일
9. 보험증권의 작성지와 그 작성년월일

15 「상법」상 물건보험의 보험가액에 관한 설명으로 옳지 않은 것은?

① 보험가액과 보험금액은 일치하지 않을 수 있다.

② 보험계약 당사자 간에 보험가액을 정하지 아니한 때에는 사고발생 시의 가액을 보험가액으로 한다.

❸ 보험계약의 당사자 간에 보험가액을 정한 경우 그 가액이 사고발생 시의 가액을 현저하게 초과할 경우 보험계약은 무효이다.

④ 보험계약의 당사자 간에 보험가액을 정한 경우 그 가액은 사고발생 시의 가액으로 정한 것으로 추정한다.

③ 보험계약의 당사자간에 보험가액을 정한 경우 그 가액이 사고발생시의 가액을 현저하게 초과할 경우 **보험계약은 무효이다**(× → 사고발생 시의 가액을 보험가액으로 한다). [상법 제670조]

16 「상법」상 초과보험에 관한 설명으로 옳은 것을 모두 고른 것은?

⊙ 보험계약자의 사기에 의하여 보험금액이 보험가액을 현저하게 초과하는 보험계약이 체결된 경우 보험기간 중에 보험사고가 발생하면 보험자는 보험가액의 한도 내에서 보험금 지급의무가 있다.
ⓒ 보험계약 체결 이후 보험기간 중에 보험가액이 보험금액에 비해 현저하게 감소된 때에는 보험자 또는 보험계약자는 보험료와 보험금액의 감액을 청구할 수 있다.
ⓒ 보험계약 체결 이후 보험기간 중에 보험가액이 보험금액에 비해 현저하게 감소된 때에는 보험자 또는 보험계약자는 보험계약을 취소할 수 있다.
ⓔ 보험계약자의 사기에 의하여 보험금액이 보험가액을 현저하게 초과하는 계약이 체결된 경우 보험자는 그 사실을 안 때까지의 보험료를 청구할 수 있다.

① ⊙, ⓒ   ② ⊙, ⓔ   ③
ⓒ, ⓒ   ❹ ⓒ, ⓔ

⊙ 보험계약자의 사기에 의하여 보험금액이 보험가액을 현저하게 초과하는 보험계약이 체결된 경우 보험기간 중에 보험사고가 발생하면 보험자는 보험가액의 한도 내에서 보험금 지급의무가 있다. (× 보험계약자의 사기에 의하여 보험금액이 보험가액을 현저하게 초과하는 보험계약이 체결된 때에는 그계약을 무효로 한다. [상법 제669조 제4항]
ⓒ 보험계약 체결 이후 보험기간 중에 보험가액이 보험금액에 비해 현저하게 감소된 때에는 보험자 또는 보험계약자는 보험료와 보험금액의 감액을 청구할 수 있다. (O) [상법 제669조 제3항]
ⓒ 보험계약 체결 이후 보험기간 중에 보험가액이 보험금액에 비해 현저하게 감소된 때에는 보험자 또는 보험계약자는 **보험계약을 취소할 수 있다.** (× → 보험금액의 감액을 청구할 수 있다)
[상법 제669조 제3항]
ⓔ 보험계약자의 사기에 의하여 보험금액이 보험가액을 현저하게 초과하는 계약이 체결된 경우 보험자는 그 사실을 안 때까지의 보험료를 청구할 수 있다. (O) [상법 제669조 제4항]

17 甲이 가액이 10억 원인 자기 소유의 재산에 대해 A, B보험회사와 보험기간이 동일하고, 보험금액 10억 원인 화재보험계약을 순차적으로 각각 체결한 경우 그 법률관계에 관한 설명으로 옳지 않은 것은? (甲의 사기는 없었음)

① 만약 甲이 사기에 의하여 두 개의 화재보험계약을 체결하였다면 보험계약은 무효이다.

❷ 보험기간 중 화재가 발생하여 甲의 재산이 전소되어 10억 원의 손해를 입은 경우 甲은 A, B보험회사에게 각각 5억 원까지 보험금청구권을 행사할 수 있다.

③ 甲은 B보험회사와 화재보험계약을 체결할 때 A보험회사와의 화재보험계약의 내용을 통지할 의무가 있다.

④ 甲이 A보험회사에 대한 권리를 포기하더라도 B보험회사의 권리의무에 영향을 미치지 않는다.

> ① 만약 甲이 사기에 의하여 두 개의 화재보험계약을 체결하였다면 보험계약은 무효이다. (O) [상법 제672조 제4항]
> ② 보험기간 중 화재가 발생하여 甲의 재산이 전소되어 10억 원의 손해를 입은 경우 甲은 A, B보험회사에게 각각 5억원까지 보험금청구권을 행사할 수 있다. (× 甲은 A, B보험회사에게 10억원의 한도 내에서 보험금청구권을 행사할 수 있다. 그리고 각 보험회사는 각자의 보험금의 한도에서 연대책임을 진다. 이 경우에는 각 보험회사(보험자)의 보상책임은 각자의 보험금액의 비율에 따른다. [상법 제672조 제1항]
> ③ 甲은 B보험회사와 화재보험계약을 체결할 때 A보험회사와의 화재보험계약의 내용을 통지할 의무가 있다. (O) [상법 제672조 제2항]
> ④ 甲이 A보험회사에 대한 권리를 포기하더라도 B보험회사의 권리의무에 영향을 미치지 않는다. (O) [상법 제673조]

18 손해보험의 목적에 관한 설명으로 옳은 것은?

① 피보험자가 보험의 목적을 양도한 때에는 양수인은 보험계약상의 권리와 의무를 승계한 것으로 본다.

② 금전으로 산정할 수 있는 이익에 한하여 보험의 목적으로 할 수 있다.

❸ 보험의 목적에 관하여 보험자가 부담할 손해가 생긴 경우에는 그 후 그 목적이 보험자가 부담하지 아니하는 보험사고의 발생으로 인하여 멸실된 때에도 보험자는 이미 생긴 손해를 보상할 책임을 면하지 못한다.

④ 보험의 목적의 성질, 하자 또는 자연소모로 인한 손해는 보험자가 이를 보상할 책임이 있다.

> ① 피보험자가 보험의 목적을 양도한 때에는 양수인은 보험계약상의 권리와 의무를 승계한 것으로 **본다.** (× →추정한다.) [상법 제679조 제1항]
> ② 금전으로 산정할 수 있는 이익에 한하여 **보험의 목적**(× → 보험계약의 목적)으로 할 수 있다. [상법 제668조]
> ③ 보험의 목적에 관하여 보험자가 부담할 손해가 생긴 경우에는 그 후 그 목적이 보험자가 부담하지 아니하는 보험사고의 발생으로 인하여 멸실된 때에도 보험자는 이미 생긴 손해를 보상할 책임을 면하지 못한다. (O) [상법 제675조]
> ④ 보험의 목적의 성질, 하자 또는 자연소모로 인한 손해는 보험자가 이를 보상할 책임**이 있다.** (× → 없다) [상법 제678조]

19 손해보험에서 손해액의 산정에 관한 설명으로 옳은 것은?

① 보험자가 보상할 손해액은 보험계약을 체결한 때와 곳의 가액에 의하여 산정한다.

② 보험사고로 인하여 상실된 피보험자가 얻을 이익이나 보수는 보험자가 보상할 손해액에 산입하여야 한다.

③ 손해액의 산정에 관한 비용은 보험계약자의 부담으로 한다.

❹ 당사자 간에 다른 약정이 있는 때에는 그 신품가액에 의하여 손해액을 산정할 수 있다.

> ① 보험자가 보상할 손해액은 **보험계약을 체결한**(× → 그 손해가 발생한) 때와 곳의 가액에 의하여 산정한다. [상법 제676조 제1항]
> ② 보험사고로 인하여 상실된 피보험자가 얻을 이익이나 보수는 보험자가 보상할 손해액에 산입**하여야 한다.** (× → 하지 아니한다) [상법 제667조]
> ③ 손해액의 산정에 관한 비용은 **보험계약자**(× → 보험자)의 부담으로 한다. [상법 제676조 제2항]
> ④ 당사자간에 다른 약정이 있는 때에는 그 신품가액에 의하여 손해액을 산정할 수 있다. (O) [상법 제676조 제1항]

20 보험자가 손해를 보상할 때에 보험료의 지급을 받지 아니한 잔액이 있는 경우에 관한 설명으로 옳은 것은?

① 보험자는 보험료의 지급을 받지 아니한 잔액이 있으면 보험계약을 즉시 해지할 수 있다.

② 보험자는 지급기일이 도래하였으나 지급받지 않은 보험료 잔액을 보상할 금액에서 공제하여야 한다.

❸ 보험자는 지급받지 않은 보험료 잔액이 있으면 그 지급기일이 도래하지 아니한 때라도 보상할 금액에서 이를 공제할 수 있다.

④ 보험자는 지급기일이 도래한 보험료 잔액의 지급이 있을 때까지 그 손해보상을 전부 거절할 수 있다.

> 「상법」 제667조 (보험료체납과 보상액의 공제) 보험자가 손해를 보상할 경우에 보험료의 지급을 받지 아니한 잔액이 있으면 그 지급기일이 도래하지 아니한 때라도 보상할 금액에서 이를 공제할 수 있다.

21 「상법」상 손해방지의무에 관한 설명으로 옳은 것은? (다툼이 있으면 판례에 따름)

① 손해방지의무는 보험계약자는 부담하지 않고 피보험자만 부담하는 의무이다.

❷ 손해방지의무의 이행을 위하여 필요 또는 유익하였던 비용과 보상액이 보험금액을 초과한 경우라도 보험자가 이를 부담한다.

③ 손해방지의무는 보험사고가 발생하기 이전에 부담하는 의무이다.

④ 손해방지의무의 이행을 위하여 필요 또는 유익하였던 비용은 실제로 손해의 방지와 경감에 유효하게 영향을 준 경우에만 보험자가 이를 부담한다.

> 「상법」 제680조(손해방지의무) 제1항 보험계약자와 피보험자는 손해의 방지와 경감을 위하여 노력하여야 한다. 그러나 이를 위하여 필요 또는 유익하였던 비용과 보상액이 보험금액을 초과한 경우라도 보험자가 이를 부담한다.

22 보험목적에 관한 보험대위(잔존물대위)의 설명으로 옳지 않은 것은?

① 보험의 목적의 전부가 멸실한 경우에 보험대위가 인정된다.

② 피보험자가 보험자로부터 보험금액의 전부를 지급받은 후에는 잔존물을 임의로 처분할 수 없다.

❸ 일부보험의 경우에는 잔존물대위가 인정되지 않는다.

④ 보험자가 보험금액의 전부를 지급한 때 잔존물에 대한 권리는 물권변동절차 없이 보험자에게 이전된다.

> ③ 일부보험의 경우에는 잔존물대위가 인정되지 않는다. (× 일부보험의 경우에도 잔존물대위는 인정된다. 다만 일부보험의 경우에는 보험자가 취득할 권리는 보험금액의 보험가액에 대한 비율에 따라 이를 정한다. [상법 제681조]

23 화재보험자가 보상할 손해에 관한 설명으로 옳은 것을 모두 고른 것은?

㉠ 화재가 발생한 건물의 철거비와 폐기물처리비
㉡ 화재의 소방 또는 손해의 감소에 필요한 조치로 인하여 생긴 손해
㉢ 화재로 인하여 다른 곳에 옮겨놓은 물건의 도난으로 인한 손해

❶ ㉠, ㉡   ② ㉠, ㉢   ③ ㉡, ㉢   ④ ㉠, ㉡, ㉢

㉠ 화재가 발생한 건물의 철거비와 폐기물처리비(O) [상법 제683조 및 대법2002다64520]
㉡ 화재의 소방 또는 손해의 감소에 필요한 조치로 인하여 생긴 손해(O) [상법 제684조]
㉢ 화재로 인하여 다른 곳에 옮겨놓은 물건의 도난으로 인한 손해(× [상법 제683조 및 화재보험표준약관 제4조 제2호]
- 대법2002다64520 : 판결요지 [4] 화재로 인한 건물 수리시에 지출한 철거비와 폐기물처리비는 화재와 상당인과관계가 있는 건물수리비에 포함된다고 보아야 할 것이고, 이를 손해액에 산입되지 아니하는 별도의 비용으로 볼 것은 아니다.
- 화재보험표준약관 제4조(보상하지 않는 손해) 회사는 아래의 사유로 인한 손해는 보상하여 드리지 않는다.

1. 계약자, 피보험자 또는 이들의 법정대리인의 고의 또는 중대한 과실
2. 화재가 발생했을 때 생긴 도난 또는 분실로 생긴 손해
3. 보험의 목적의 발효, 자연발열, 자연발화로 생긴 손해. 그러나, 자연발열 또는 자연발화로 연소된 다른 보험의 목적에 생긴 손해는 보상하여 드립니다.
4. 화재에 기인되지 않는 수도관, 수관 또는 수압기 등의 파열로 생긴 손해
5. 발전기, 여자기(정류기 포함), 변류기, 변압기, 전압조정기, 축전기, 개폐기, 차단기, 피뢰기, 배전반 및 그 밖의 전기기기 또는 장치의 전기적 사고로 생긴 손해. 그러나 그 결과로 생긴 화재손해는 보상하여 드립니다.
6. 원인의 직접, 간접을 묻지 않고 지진, 분화 또는 전쟁, 혁명, 내란, 사변, 폭동, 소요, 노동쟁의, 기타 이들과 유사한 사태로 생긴 화재 및 연소 또는 그 밖의 손해
7. 핵연료물질 또는 핵연료 물질에 의하여 오염된 물질의 방사성, 폭발성 그 밖의 유해한 특성 또는 이들의 특성에 의한 사고로 인한 손해
8. 위 제7호 이외의 방사선을 쬐는 것 또는 방사능 오염으로 인한 손해
9. 국가 및 지방자치단체의 명령에 의한 재산의 소각 및 이와 유사한 손해

※ 【핵연료물질】사용된 연료를 포함한다.
※ 【핵연료물질에 의하여 오염된 물질】원자핵 분열 생성물을 포함한다.

24 화재보험에 관한 설명으로 옳지 않은 것은?

① 건물을 보험의 목적으로 한 때에는 그 소재지, 구조와 용도를 화재보험증권에 기재하여야 한다.

② 동산을 보험의 목적으로 한 때에는 그 존치한 장소의 상태와 용도를 화재보험증권에 기재하여야 한다.

③ 동일한 건물에 대하여 소유권자와 저당권자는 각각 다른 피보험이익을 가지므로, 각자는 독립한 화재보험계약을 체결할 수 있다.

❹ 건물을 보험의 목적으로 한 때 그 보험가액의 일부를 보험에 붙인 경우, 당사자 간에 다른 약정이 없다면 보험자는 보험금액의 한도 내에서 그 손해를 보상할 책임을 진다.

> ① 건물을 보험의 목적으로 한 때에는 그 소재지, 구조와 용도를 화재보험증권에 기재하여야 한다. (O) [상법 제685조]
> ② 동산을 보험의 목적으로 한 때에는 그 존치한 장소의 상태와 용도를 화재보험증권에 기재하여야 한다. (O) [상법 제685조]
> ③ 동일한 건물에 대하여 소유권자와 저당권자는 각각 다른 피보험이익을 가지므로, 각자는 독립한 화재보험계약을 체결할 수 있다. (O)
> ④ 건물을 보험의 목적으로 한 때 그 보험가액의 일부를 보험에 붙인 경우, 당사자 간에 다른 약정이 **없다면**(×→ 있는 때에는) 보험자는 보험금액의 한도 내에서 그 손해를 보상할 책임을 진다. [상법 제674조]

25 집합보험에 관한 설명으로 옳지 않은 것은?

① 집합보험은 집합된 물건을 일괄하여 보험의 목적으로 한다.

❷ 보험의 목적에 속한 물건이 보험기간 중에 수시로 교체된 경우에도 보험계약의 체결 시에 현존한 물건은 보험의 목적에 포함된 것으로 한다.

③ 피보험자의 가족과 사용인의 물건도 보험의 목적에 포함된 것으로 한다.

④ 보험의 목적에 피보험자의 가족의 물건이 포함된 경우, 그 보험은 피보험자의 가족을 위하여서도 체결한 것으로 본다.

> ① 집합보험은 집합된 물건을 일괄하여 보험의 목적으로 한다. (O) [상법 보험편 686조]
> ② 보험의 목적에 속한 물건이 보험기간중에 수시로 교체된 경우에도 **보험계약의 체결 시**(× → 보험사고의 발생 시)에 현존한 물건은 보험의 목적에 포함된 것으로 한다. [상법 보험편 687조]
> ③ 피보험자의 가족과 사용인의 물건도 보험의 목적에 포함된 것으로 한다. (O) [상법 보험편 686조]
> ④ 보험의 목적에 피보험자의 가족의 물건이 포함된 경우, 그 보험은 피보험자의 가족을 위하여서도 체결한 것으로 본다. (O) [상법 보험편 686조]

농어업재해보험법령

26 「농어업재해보험법령」상 농업재해보험심의회(이하 '심의회')에 관한 설명으로 옳지 않은 것은?

❶ 심의회의 위원장은 농림축산식품부차관으로 하고, 부위원장은 위원 중에서 농림축산식품부차관이 지명한다.

② 심의회의 회의는 재적위원 과반수의 출석으로 개의(開議)하고, 출석위원 과반수의 찬성으로 의결한다.

③ 심의회는 위원장 및 부위원장 각 1명을 포함한 21명 이내의 위원으로 구성한다.

④ 심의회의 회의는 재적위원 3분의 1 이상의 요구가 있을 때 또는 위원장이 필요하다고 인정할 때에 소집한다.

① 심의회의 위원장은 농림축산식품부차관으로 하고, 부위원장은 위원 중에서 **농림축산식품부차관이 지명**(× →호선(互選))한다. [농어업재해보험법 제3조 제3항]

② 심의회의 회의는 재적위원 과반수의 출석으로 개의(開議)하고, 출석위원 과반수의 찬성으로 의결한다. (O) [농어업재해보험법 시행령 제3조 제3항]

③ 심의회는 위원장 및 부위원장 각 1명을 포함한 21명 이내의 위원으로 구성한다. (O) [농어업재해보험법 제3조 제2항]

④ 심의회의 회의는 재적위원 3분의 1 이상의 요구가 있을 때 또는 위원장이 필요하다고 인정할 때에 소집한다. (O) [농어업재해보험법 시행령 제3조 제2항]

27 「농어업재해보험법령」상 재해보험의 종류 등에 관한 설명으로 옳지 않은 것은?

① 재해보험의 종류는 농작물재해보험, 임산물재해보험, 가축재해보험 및 양식수산물재해 보험으로 한다.

② 가축재해보험의 보험목적물은 가축 및 축산시설물이다.

❸ 양식수산물재해보험과 관련된 사항은 농림축산식품부장관이 관장한다.

④ 정부는 보험목적물의 범위를 확대하기 위하여 노력하여야 한다.

① 재해보험의 종류는 농작물재해보험, 임산물재해보험, 가축재해보험 및 양식수산물재해보험으로 한다. (O) [농어업재해보험법 제4조]

② 가축재해보험의 보험목적물은 가축 및 축산시설물이다. (O) [농어업재해보험법 제5조 제1항 제2호]

③ 양식수산물재해보험과 관련된 사항은 **농림축산식품부장관**(× → 해양수산부장관)이 관장한다. [농어업재해보험법 제4조]

④ 정부는 보험목적물의 범위를 확대하기 위하여 노력하여야 한다. (O) [농어업재해보험법 제5조 제2항]

28 「농어업재해보험법령」상 재해보험사업을 할 수 있는 자를 모두 고른 것은?

> ㉠ 「수산업협동조합법」에 따른 수산업협동조합중앙회
> ㉡ 「산림조합법」에 따른 산림조합중앙회
> ㉢ 「보험업법」에 따른 보험회사
> ㉣ 「새마을금고법」에 따른 새마을금고중앙회

① ㉠, ㉣   ② ㉠, ㉡, ㉢
❸ ㉡, ㉢, ㉣   ④ ㉠, ㉡, ㉢, ㉣

① 재해보험의 종류는 농작물재해보험, 임산물재해보험, 가축재해보험 및 양식수산물재해보험으로 한다. (O) [농어업재해보험법 제4조]
② 가축재해보험의 보험목적물은 가축 및 축산시설물이다. (O) [농어업재해보험법 제5조 제1항 제2호]
③ 양식수산물재해보험과 관련된 사항은 **농림축산식품부장관(✕ → 해양수산부장관)**이 관장한다. [농어업재해보험법 제4조]
④ 정부는 보험목적물의 범위를 확대하기 위하여 노력하여야 한다. (O) [농어업재해보험법 제5조 제2항]

29 「농어업재해보험법령」상 손해평가인의 정기교육에 관한 설명이다. ( )에 들어갈 숫자로 옳은 것은? [기출 수정]

> • 농림축산식품부장관 또는 해양수산부장관은 손해평가인이 공정하고 객관적인 손해평가를 수행할 수 있도록 연 (㉠)회 이상 정기교육을 실시하여야 한다.
> • 정기교육의 교육시간은 (㉡)시간 이상으로 한다.

❶ ㉠ : 1, ㉡ : 4   ② ㉠ : 1, ㉡ : 5
③ ㉠ : 2, ㉡ : 4   ④ ㉠ : 2, ㉡ : 6

• **[농어업재해보험법 제11조 제5항]** 농림축산식품부장관 또는 해양수산부장관은 제1항에 따른 손해평가인이 공정하고 객관적인 손해평가를 수행할 수 있도록 연 1회 이상 정기교육을 실시하여야 한다.
• **[농어업재해보험법 시행령 제12조 제3항]** 법 제11조 제5항에 따른 정기교육에는 다음 각 호의 사항이 포함되어야 하며, 교육시간은 **4시간** 이상으로 한다.

30 「농어업재해보험법령」상 손해평가사의 자격 취소 사유에 해당하는 위반 행위를 한 경우, 1회 위반 시에는 자격 취소를 하지 않고 시정명령을 하는 경우는?

① 손해평가사의 자격을 거짓 또는 부정한 방법으로 취득한 경우
❷ 거짓으로 손해평가를 한 경우
③ 다른 사람에게 손해평가사의 명의를 사용하게 하거나 그 자격증을 대여한 경우
④ 업무정지 기간 중에 손해평가 업무를 수행한 경우

[농어업재해보험법 시행령 (별표 2의 3)] 손해평가사 자격 취소 처분의 세부기준(12조의9 관련)
2. 개별기준

위반행위	근거 법조문	처분기준	
		1회 위반	2회 이상 위반
가. 손해평가사의 자격을 거짓 또는 부정한 방법으로 취득한 경우	법 제11조의5 제1항 제1호	자격 취소	
나. 거짓으로 손해평가를 한 경우	**법 제11조의5 제1항 제2호**	**시정명령**	자격 취소
다. 법 제11조의4 제6항을 위반하여 다른 사람에게 손해평가사의 명의를 사용하게 하거나 그 자격증을 대여한 경우	법 제11조의5 제1항 제3호	자격 취소	
라. 법 제11조의4 제7항을 위반하여 손해평가사 명의의 사용이나 자격증의 대여를 알선한 경우	법 제11조의5 제1항 제4호	자격 취소	
마. 업무정지 기간 중에 손해평가 업무를 수행한 경우	법 제11조의5 제1항 제5호	자격 취소	

31 「농어업재해보험법령」상 보험금 수급권 등에 관한 설명으로 옳지 않은 것은?

❶ 재해보험의 보험목적물이 담보로 제공된 경우 보험금을 지급받을 권리는 압류할 수 없다.

② 재해보험사업자는 정보통신장애로 보험금을 보험금수급계좌로 이체할 수 없을 때에는 현금 지급 등 대통령령으로 정하는 바에 따라 보험금을 지급할 수 있다.

③ 보험금수급전용계좌의 해당 금융기관은 「농어업재해보험법」에 따른 보험금만이 보험금수급전용계좌에 입금되도록 관리하여야 한다.

④ 재해보험가입자가 재해보험에 가입된 보험목적물을 양도하는 경우 그 양수인은 재해보험계약에 관한 양도인의 권리 및 의무를 승계한 것으로 추정한다.

> ① 재해보험의 보험목적물이 담보로 제공된 경우 보험금을 지급받을 권리는 압류할 수 **없다.** (×
> → **있다**) [농어업재해보험법 제12조 제1항]
> ② 재해보험사업자는 정보통신장애로 보험금을 보험금수급계좌로 이체할 수 없을 때에는 현금 지급 등 대통령령으로 정하는 바에 따라 보험금을 지급할 수 있다. (O) [농어업재해보험법 제11조의7 제1항]
> ③ 보험금수급전용계좌의 해당 금융기관은 「농어업재해보험법」에 따른 보험금만이 보험금수급전용계좌에 입금되도록 관리하여야 한다. (O) [농어업재해보험법 제11조의7 제2항]
> ④ 재해보험가입자가 재해보험에 가입된 보험목적물을 양도하는 경우 그 양수인은 재해보험계약에 관한 양도인의 권리 및 의무를 승계한 것으로 추정한다. (O) [농어업재해보험법 제13조]

32 「농어업재해보험법령」상 재해보험사업자가 재해보험 업무의 일부를 위탁할 수 있는 자에 해당하지 않는 자는?

① 「수산업협동조합법」에 따라 설립된 수산물가공 수산업협동조합

② 「농업협동조합법」에 따라 설립된 품목별·업종별협동조합

③ 「산림조합법」에 따라 설립된 지역산림조합

❹ 「보험업법」제83조 제1항에 따라 보험을 모집할 수 있는 자

> • **「농어업재해보험법」 제14조(업무 위탁)** 재해보험사업자는 재해보험사업을 원활히 수행하기 위하여 필요한 경우에는 보험모집 및 손해평가 등 재해보험 업무의 일부를 대통령령으로 정하는 자에게 위탁할 수 있다
> • **「농어업재해보험법 시행령」 제13조(업무 위탁)** 법 제14조에서 "대통령령으로 정하는 자"란 다음 각 호의 자를 말한다.
>
> 1. 「농업협동조합법」에 따라 설립된 지역농업협동조합·지역축산업협동조합 및 **품목별·업종별협동조합**
>   1의2. 「산림조합법」에 따라 설립된 **지역산림조합** 및 품목별·업종별산림조합
> 2. 「수산업협동조합법」에 따라 설립된 지구별 수산업협동조합, 업종별 수산업협동조합, 수산물가공 수산업협동조합 및 수협은행
> 3. 「보험업법」 제187조에 따라 손해사정을 업으로 하는 자
> 4. 농어업재해보험 관련 업무를 수행할 목적으로 「민법」 제32조에 따라 농림축산식품부장관 또는 해양수산부장관의 허가를 받아 설립된 비영리법인

33 「농어업재해보험법령」상 재정지원에 관한 설명으로 옳은 것은?

① 정부는 예산의 범위에서 재해보험가입자가 부담하는 보험료의 전부를 지원할 수 있다.

② 지방자치단체는 정부의 재정지원 외에 예산의 범위에서 재해보험사업자의 재해보험의 운영 및 관리에 필요한 비용 일부를 추가로 지원할 수 있다.

❸ 지방자치단체의 장은 정부의 재정지원 외에 보험료의 일부를 추가 지원하려는 경우 재해보험 가입현황서와 보험가입자의 기준 등을 확인하여 보험료의 지원금액을 결정·지급한다.

④ 「풍수해·지진재해보험법」에 따른 풍수해·지진재해보험에 가입한 자가 동일한 보험목적물을 대상으로 재해보험에 가입할 경우에는 정부가 재정지원을 할 수 있다.

> ① 정부는 예산의 범위에서 재해보험가입자가 부담하는 보험료의 **전부(× → 일부)**를 지원할 수 있다. [농어업재해보험법 제19조 제1항]
> ② 지방자치단체는 정부의 재정지원 외에 예산의 범위에서 **재해보험사업자의 재해보험의 운영 및 관리에 필요한 비용(× → 재해보험가입자가 부담하는 보험료의)** 일부를 추가로 지원할 수 있다. [농어업재해보험법 제19조 제1항]
> ③ 지방자치단체의 장은 정부의 재정지원 외에 보험료의 일부를 추가 지원하려는 경우 재해보험 가입현황서와 보험가입자의 기준 등을 확인하여 보험료의 지원금액을 결정·지급한다. (O) [농어업재해보험법 시행령 제15조 제3항]
> ④ 「풍수해·지진재해보험법」에 따른 풍수해·지진재해보험에 가입한 자가 동일한 보험목적물을 대상으로 재해보험에 가입할 경우에는 정부가 재정지원을 **할 수 있다. (× → 하지 아니한다)** [농어업재해보험법 제19조 제3항]

34 「농어업재해보험법령」상 농림축산식품부장관이 농어업재해재보험기금(이하 '기금')의 관리·운용에 관한 사무를 농업정책보험금융원에 위탁한 경우 기금의 관리·운용에 관한 설명으로 옳지 않은 것은?

① 농림축산식품부장관은 해양수산부장관과 협의하여 농업정책보험금융원의 임원 중에서 기금수입담당임원과 기금지출원인행위담당임원을 임명하여야 한다.

❷ 기금수입담당임원은 기금수입징수관의 업무를, 기금지출원인행위담당임원은 기금지출관의 업무를 담당한다.

③ 농림축산식품부장관은 해양수산부장관과 협의하여 농업정책보험금융원의 직원 중에서 기금지출원과 기금출납원을 임명하여야 한다.

④ 기금출납원은 기금출납공무원의 업무를 수행한다.

> **「농어업재해보험법」 제25조 제2항** 농림축산식품부장관은 제24조 제2항에 따라 기금의 관리·운용에 관한 사무를 위탁한 경우에는 해양수산부장관과 협의하여 농업정책보험금융원의 임원 중에서 기금수입담당임원과 기금지출원인행위담당임원을, 그 직원 중에서 기금지출원과 기금출납원을 각각 임명하여야 한다. 이 경우 기금수입담당임원은 기금수입징수관의 업무를, 기금지출원인행위담당임원은 **기금재무관**의 업무를, 기금지출원은 기금지출관의 업무를, 기금출납원은 기금출납공무원의 업무를 수행한다.

35 「농어업재해보험법령」상 농어업재해보험사업의 관리에 관한 설명으로 옳지 않은 것은?

① 농림축산식품부장관 또는 해양수산부장관은 보험상품의 운영 및 개발에 필요한 통계자료를 수집·관리하여야 한다.

② 농림축산식품부장관 및 해양수산부장관은 보험상품의 운영 및 개발에 필요한 통계의 수집·관리, 조사·연구 등에 관한 업무를 대통령령으로 정하는 자에게 위탁할 수 있다.

❸ 재해보험사업자는 농어업재해보험 가입 촉진을 위하여 보험가입촉진계획을 3년 단위로 수립하여 농림축산식품부장관 또는 해양수산부장관에게 제출하여야 한다.

④ 농림축산식품부장관이 손해평가사의 자격 취소를 하려면 청문을 하여야 한다.

> ① 농림축산식품부장관 또는 해양수산부장관은 보험상품의 운영 및 개발에 필요한 통계자료를 수집·관리하여야 한다. (O) [농어업재해보험법 제26조 제1항]
> ② 농림축산식품부장관 및 해양수산부장관은 보험상품의 운영 및 개발에 필요한 통계의 수집·관리, 조사·연구 등에 관한 업무를 대통령령으로 정하는 자에게 위탁할 수 있다. (O) [농어업재해보험법 제26조 제4항]
> ③ 재해보험사업자는 농어업재해보험 가입 촉진을 위하여 보험가입촉진계획을 **3년 단위로(× → 매년)** 수립하여 농림축산식품부장관 또는 해양수산부장관에게 제출하여야 한다. [농어업재해보험법 제28조의2 제1항]
> ④ 농림축산식품부장관이 손해평가사의 자격 취소를 하려면 청문을 하여야 한다. (O) [농어업재해보험법 제29조의2 제1호]

36 「농어업재해보험법령」상 재보험사업 및 농어업재해재보험기금(이하 '기금')에 관한 설명으로 옳지 않은 것은?

① 정부는 재해보험에 관한 재보험사업을 할 수 있다.

② 농림축산식품부장관은 해양수산부장관과 협의를 거쳐 재보험사업에 관한 업무의 일부를 농업정책보험금융원에 위탁할 수 있다.

③ 농림축산식품부장관은 해양수산부장관과 협의하여 공동으로 재보험사업에 필요한 재원에 충당하기 위하여 기금을 설치한다.

❹ 농림축산식품부장관은 해양수산부장관과 협의하여 기금의 수입과 지출을 명확하게 하기 위하여 대통령령으로 정하는 시중 은행에 기금계정을 설치하여야 한다.

> ① 정부는 재해보험에 관한 재보험사업을 할 수 있다. (O) [농어업재해보험법 제20조 제1항]
> ② 농림축산식품부장관은 해양수산부장관과 협의를 거쳐 재보험사업에 관한 업무의 일부를 농업정책보험금융원에 위탁할 수 있다. (O) [농어업재해보험법 제20조 제3항]
> ③ 농림축산식품부장관은 해양수산부장관과 협의하여 공동으로 재보험사업에 필요한 재원에 충당하기 위하여 기금을 설치한다. (O) [농어업재해보험법 제21조]
> ④ 농림축산식품부장관은 해양수산부장관과 협의하여 기금의 수입과 지출을 명확하게 하기 위하여 대통령령으로 정하는 **시중(× → 한국)** 은행에 기금계정을 설치하여야 한다. [농어업재해보험법 시행령 제17조]

37 「농어업재해보험법령」상 "재해보험사업자는 재해보험사업의 회계를 다른 회계와 구분하여 회계처리함으로써 손익관계를 명확히 하여야 한다."라는 규정을 위반하여 회계를 처리한 자에 대한 벌칙은?

① 500만 원 이하의 과태료

❷ 500만 원 이하의 벌금

③ 1,000만 원 이하의 벌금

④ 1년 이하의 징역

- 「농어업재해보험법」 제15조 재해보험사업자는 재해보험사업의 회계를 다른 회계와 구분하여 회계처리함으로써 손익관계를 명확히 하여야 한다.
- 「농어업재해보험법」 제20조 제3항 제15조를 위반하여 회계를 처리한 자는 **500만원 이하의 벌금**에 처한다.

38 「농어업재해보험법령」상 과태료 부과권자가 금융위원회인 경우는?

❶ 「보험업법」제133조에 따른 검사를 거부·방해 또는 기피한 재해보험사업자의 임원에게 과태료를 부과하는 경우

② 「보험업법」제95조를 위반하여 보험안내를 한 자로서 재해보험사업자가 아닌 자에게 과태료를 부과하는 경우

③ 「보험업법」제97조 제1항을 위반하여 보험계약의 체결 또는 모집에 관한 금지행위를 한 자에게 과태료를 부과하는 경우

④ 재해보험사업에 관한 업무 처리 상황의 보고 또는 관계 서류 제출을 하지 아니하거나 보고 또는 관계 서류 제출을 거짓으로 한 자에게 과태료를 부과하는 경우

「농어업재해보험법」 제32조(과태료)

① 재해보험사업자가 제10조 제2항에서 준용하는 「보험업법」 제95조를 위반하여 보험안내를 한 경우에는 1천만 원 이하의 과태료를 부과한다.

② 재해보험사업자의 발기인, 설립위원, 임원, 집행간부, 일반간부직원, 파산관재인 및 청산인이 다음 각 호의 어느하나에 해당하면 500만 원 이하의 과태료를 부과한다.

> 1. 제18조 제1항에서 적용하는 「보험업법」 제120조에 따른 책임준비금과 비상위험준비금을 계상하지 아니하거나 이를 따로 작성한 장부에 각각 기재하지 아니한 경우
> 2. 제18조 제1항에서 적용하는 「보험업법」 제131조 제1항·제2항 및 제4항에 따른 명령을 위반한 경우
> 3. 제18조 제1항에서 적용하는 「보험업법」 제133조에 따른 검사를 거부·방해 또는 기피한 경우

③ 다음 각 호의 어느 하나에 해당하는 자에게는 500만 원 이하의 과태료를 부과한다.

> 1. 제10조 제2항에서 준용하는 「보험업법」 제95조를 위반하여 보험안내를 한 자로서 재해보험사업자가 아닌 자
> 2. 제10조 제2항에서 준용하는 「보험업법」 제97조 제1항 또는 「금융소비자 보호에 관한 법률」 제21조를 위반하여 보험계약의 체결 또는 모집에 관한 금지행위를 한 자
> 3. 제29조에 따른 보고 또는 관계 서류 제출을 하지 아니하거나 보고 또는 관계 서류 제출을 거짓으로 한 자

④ 제1항, 제2항 제1호 및 제3항에 따른 과태료는 농림축산식품부장관 또는 해양수산부장관이, **제2항 제2호 및 제3호에 따른 과태료는 금융위원회가 대통령령으로 정하는 바에 따라 각각 부과징수한다.**

39 「농어업재해보험법령」상 용어의 정의에 따를 때 "보험가입자와 보험사업자 간의 약정에 따라 보험가입자가 보험사업자에게 내야 하는 금액"은?

① 보험금 **❷ 보험료** ③ 보험가액 ④ 보험가입금액

> 「농어업재해보험법」 제2조(정의) 이 법에서 사용하는 용어의 뜻은 다음과 같다.
>
> 1. "농어업재해"란 농작물·임산물·가축 및 농업용 시설물에 발생하는 자연재해·병충해·조수해(鳥獸害)·질병 또는 화재(이하 "농업재해"라 한다)와 양식수산물 및 어업용 시설물에 발생하는 자연재해·질병 또는 화재(이하 "어업재해"라 한다)를 말한다.
> 2. "농어업재해보험"이란 농어업재해로 발생하는 재산 피해에 따른 손해를 보상하기 위한 보험을 말한다.
> 3. "보험가입금액"이란 보험가입자의 재산 피해에 따른 손해가 발생한 경우 보험에서 최대로 보상할 수 있는 한도액으로서 보험가입자와 보험사업자 간에 약정한 금액을 말한다.
> 4. **"보험료"란 보험가입자와 보험사업자 간의 약정에 따라 보험가입자가 보험사업자에게 내야 하는 금액**을 말한다.
> 5. "보험금"이란 보험가입자에게 재해로 인한 재산 피해에 따른 손해가 발생한 경우 보험가입자와 보험사업자 간의 약정에 따라 보험사업자가 보험가입자에게 지급하는 금액을 말한다.
> 6. "시범사업"이란 농어업재해보험사업(이하 "재해보험사업"이라 한다)을 전국적으로 실시하기 전에 보험의 효용성 및 보험 실시 가능성 등을 검증하기 위하여 일정 기간 제한된 지역에서 실시하는 보험사업을 말한다.

40 농업재해보험 손해평가요령상 손해평가인의 손해평가 업무에 관한 설명으로 옳지 않은 것은?

❶ 손해평가인은 피해사실 확인, 보험료율의 산정 등의 업무를 수행한다.

② 재해보험사업자가 손해평가인을 위촉한 경우에는 그 자격을 표시할 수 있는 손해평가 인증을 발급하여야 한다.

③ 재해보험사업자는 손해평가인을 대상으로 농업재해보험에 관한 기초지식, 보험상품 및 약관 등 손해평가에 필요한 실무교육을 실시하여야 한다.

④ 재해보험사업자는 실무교육을 받는 손해평가인에 대하여 소정의 교육비를 지급할 수 있다.

> ① 손해평가인은 피해사실 확인, **보험료율의 산정 등(× → 보험가액 및 손해액 평가, 그 밖에 손해평가에 관하여 필요한 사항)**의 업무를 수행한다. [농업재해보험 손해평가요령 제3조 제1항]
> ② 재해보험사업자가 손해평가인을 위촉한 경우에는 그 자격을 표시할 수 있는 손해평가 인증을 발급하여야 한다. (O) [농업재해보험 손해평가요령 제4조 제1항]
> ③ 재해보험사업자는 손해평가인을 대상으로 농업재해보험에 관한 기초지식, 보험상품 및 약관 등 손해평가에 필요한 실무교육을 실시하여야 한다. (O) [농업재해보험 손해평가요령 제5조 제1항]
> ④ 재해보험사업자는 실무교육을 받는 손해평가인에 대하여 소정의 교육비를 지급할 수 있다. (O) [농업재해보험 손해평가요령 제5조 제3항]

41 농업재해보험 손해평가요령상 손해평가인 위촉 취소에 관한 설명이다. (   )에 들어갈 내용으로 옳은 것은?

> 재해보험사업자는 손해평가인이 「농어업재해보험법」 제30조에 의하여 벌금 이상의 형을 선고받고 그 집행이 종료되거나 집행이 면제된 날로부터 (㉠)이 경과되지 아니한 자, 위촉이 취소된 후 (㉡)이 경과되지 아니한 자 또는 (㉢) 기간 중에 손해평가업무를 수행한 자에 해당되거나 위촉 당시에 해당하는 자이었음이 판명된 때에는 그 위촉을 취소하여야 한다.

❶ ㉠ : 2년, ㉡ : 2년, ㉢ : 업무정지   ② ㉠ : 2년, ㉡ : 3년, ㉢ : 업무정지
③ ㉠ : 3년, ㉡ : 2년, ㉢ : 자격정지   ④ ㉠ : 3년, ㉡ : 3년, ㉢ : 자격정지

> **「농업재해보험 손해평가요령」 제5조 제1항** 재해보험사업자는 손해평가인이 다음 각 호의 어느 하나에 해당하게 되거나 위촉당시에 해당하는 자이었음이 판명된 때에는 그 위촉을 취소하여야 한다.
>
> 1. 피성년후견인
> 2. 파산선고를 받은 자로서 복권되지 아니한 자
> 3. 법 제30조에 의하여 벌금이상의 형을 선고받고 그 집행이 종료(집행이 종료된 것으로 보는 경우를 포함한다)되거나 집행이 면제된 날로부터 **2년**이 경과되지 아니한 자
> 4. 동 조에 따라 위촉이 취소된 후 **2년**이 경과하지 아니한 자
> 5. 거짓 그 밖의 부정한 방법으로 제4조에 따라 손해평가인으로 위촉된 자
> 6. **업무정지** 기간 중에 손해평가업무를 수행한 자

42 농업재해보험 손해평가요령상 손해평가반에 관한 설명으로 옳지 않은 것은?

① 재해보험사업자는 손해평가를 하는 경우 손해평가반을 구성하고 손해평가반별로 평가 일정계획을 수립하여야 한다.

❷ 손해평가반은 손해평가인, 손해평가사, 손해사정사, 손해평가보조인 중 어느 하나에 해당하는 자로 구성한다.

③ 손해평가반은 5인 이내로 구성한다.

④ 손해평가반이 손해평가를 실시할 때에는 재해보험사업자가 해당 보험가입자의 보험 계약사항 중 손해평가와 관련된 사항을 손해평가반에게 통보하여야 한다.

> ① 재해보험사업자는 손해평가를 하는 경우 손해평가반을 구성하고 손해평가반별로 평가일정계획을 수립하여야 한다. (O) [농업재해보험 손해평가요령 제8조 제1항]
> ② 손해평가반은 손해평가인, 손해평가사, 손해사정사, **손해평가보조인(✕ 삭제)** 중 어느 하나에 해당하는 자로 구성한다. [농업재해보험 손해평가요령 제8조 제2항]
> ③ 손해평가반은 5인 이내로 구성한다. (O) [농업재해보험 손해평가요령 제8조 제2항]
> ④ 손해평가반이 손해평가를 실시할 때에는 재해보험사업자가 해당 보험가입자의 보험 계약사항 중 손해평가와 관련된 사항을 손해평가반에게 통보하여야 한다. (O) [농업재해보험 손해평가요령 제9조 제2항]

43 농어업재해보험법 및 농업재해보험 손해평가요령상 교차손해평가에 관한 설명으로 옳지 않은 것을 모두 고른 것은?

> ㉠ 교차손해평가란 공정하고 객관적인 손해평가를 위하여 재해보험사업자 상호 간에 농어업재해로 인한 손해를 교차하여 평가하는 것을 말한다.
> ㉡ 동일 시·군·구(자치구를 말한다) 내에서는 교차손해평가를 수행할 수 없다.
> ㉢ 교차손해평가를 위해 손해평가반을 구성할 때, 거대재해 발생으로 신속한 손해평가가 불가피하다고 판단되는 경우에는 지역손해평가인을 포함하지 않을 수 있다.

❶ ㉠, ㉡　　　　　　　　　　　　② ㉠, ㉢
③ ㉡, ㉢　　　　　　　　　　　　④ ㉠, ㉡, ㉢

> ㉠ 교차손해평가란 공정하고 객관적인 손해평가를 위하여 **재해보험사업자(× → 손해평가인)** 상호 간에 농어업재해로 인한 손해를 교차하여 평가하는 것을 말한다. [농어업재해보험법 제11조 제3항]
> ㉡ 동일 시·군·구(자치구를 말한다) 내에서는 교차손해평가를 수행할 수 **없다(× → 있다)**. [농어업재해보험법 제11조 제3항]
> ㉢ 교차손해평가를 위해 손해평가반을 구성할 때, 거대재해 발생으로 신속한 손해평가가 불가피하다고 판단되는 경우에는 지역손해평가인을 포함하지 않을 수 있다. (O) [농업재해보험 손해평가요령 제8조의2 제3항]

44 「농업재해보험 손해평가요령」상 손해평가결과 검증에 관한 설명으로 옳은 것은?

① 재해보험사업자 이외의 자는 검증조사를 할 수 없다.

② 손해평가반이 실시한 손해평가결과를 확인하기 위하여 검증조사를 할 때 손해평가를 실시한 보험목적물 중에서 일정수를 임의 추출하여 검증조사를 하여서는 아니 된다.

❸ 검증조사결과 현저한 차이가 발생되어 재조사가 불가피하다고 판단될 경우에는 해당 손해평가반이 조사한 전체 보험목적물에 대하여 재조사를 할 수 있다.

④ 보험가입자가 정당한 사유없이 검증조사를 거부하는 경우 검증조사반은 검증조사가 불가능하여 손해평가 결과를 확인할 수 없다는 사실을 재해보험사업자에게 통지한 후 검증조사결과를 작성하여 농림축산식품부장관에게 제출하여야 한다.

> ① 재해보험사업자 이외의 자는 검증조사를 할 수 없다. (× → 재해보험사업자 이외에도 법 제25 조의2에 따라 농어업재해보험사업의 관리를 위탁받은 기관(이하 "사업 관리 위탁 기관"이라 한다)은 검증조사를 할 수 있다. [농업재해보험 손해평가요령 제11조 제1항]
> ② 손해평가반이 실시한 손해평가결과를 확인하기 위하여 검증조사를 할 때 손해평가를 실시한 보험목적물 중에서 일정수를 임의 추출하여 검증조사를 **하여서는 아니 된다.** (× → **할 수 있다**) [농업재해보험 손해평가요령 제11조 제1항]
> ③ 검증조사결과 현저한 차이가 발생되어 재조사가 불가피하다고 판단될 경우에는 해당 손해평가반이 조사한 전체 보험목적물에 대하여 재조사를 할 수 있다. (O) [농업재해보험 손해평가요령 제11조 제3항]
> ④ 보험가입자가 정당한 사유없이 검증조사를 거부하는 경우 검증조사반은 검증조사가 불가능하여 손해평가 결과를 확인할 수 없다는 사실을 **재해보험사업자(× → 보험가입자)**에게 통지한 후 검증조사결과를 작성하여 **농림축산식품부장관(재해보험사업자)**에게 제출하여야 한다. [농업재해보험 손해평가요령 제11조 제4항]

45 「농업재해보험 손해평가요령」상 보험목적물별 손해평가 단위가 농지인 경우에 관한 설명으로 옳은 것은? (단, 농지는 하나의 보험가입금액에 해당하는 토지임)

① 농작물을 재배하는 하나의 경작지의 필지가 2개 이상인 경우에는 하나의 농지가 될 수 없다.

② 농작물을 재배하는 하나의 경작지가 농로에 의해 구획된 경우 구획된 토지는 각각 하나의 농지로 한다.

③ 농작물을 재배하는 하나의 경작지의 지번이 2개 이상인 경우에는 하나의 농지가 될 수 없다.

❹ 경사지에서 보이는 돌담 등으로 구획되어 있는 면적이 극히 작은 것은 동일 작업 단위 등으로 정리하여 하나의 농지에 포함할 수 있다.

> 「농업재해보험 손해평가요령」 제12조 제2항 제1항 제1호에서 정한 농지라 함은 하나의 보험가입금액에 해당하는 토지로 필지(지번) 등과 관계없이 농작물을 재배하는 하나의 경작지를 말하며, 방풍림, 돌담, 도로(농로 제외) 등에 의해 구획된 것 또는 동일한 울타리, 시설 등에 의해 구획된 것을 하나의 농지로 한다. 다만, **경사지에서 보이는 돌담 등으로 구획되어 있는 면적이 극히 작은 것은 동일 작업 단위 등으로 정리하여 하나의 농지에 포함할 수 있다.**

46 「농업재해보험 손해평가요령」상 농작물의 보험가액 산정에 관한 조문의 일부이다. (   )에 들어갈 내용으로 옳은 것은?

> 적과전종합위험방식의 보험가액은 적과후착과수(달린 열매 수)조사를 통해 산정한 (   )수확량에 보험가입 당시의 단위당 가입가격을 곱하여 산정한다.

① 평년 　　　　　　　　　　　　❷ 기준
③ 피해 　　　　　　　　　　　　④ 적용

> **「농업재해보험 손해평가요령」 제13조 제1항 제2호** 적과전종합위험방식의 보험가액은 적과후착과수(달린 열매 수)조사를 통해 산정한 **기준**수확량에 보험가입 당시의 단위당 가입가격을 곱하여 산정한다.

47 「농업재해보험 손해평가요령」상 종합위험방식의 과실손해보장 보험금 산정을 위한 피해율 계산식이 "고사결과모지수 ÷ 평년결과모지수"인 농작물은?

① 오디 　　　　　　　　　　　　② 감귤
③ 무화과 　　　　　　　　　　　❹ 복분자

48 「농업재해보험 손해평가요령」상 농작물의 품목별·재해별·시기별 손해수량 조사방법 중 종합위험방식 상품에 관한 표의 일부이다. (   )에 들어갈 농작물에 해당하지 않는 것은?

② 수확감소보장·과실손해보장 및 농업수입보장

생육시기	재해	조사내용	조사시기	조사방법	비고
수확전	보상하는 재해 전부	경작불능 조사	사고접수 후 지체없이	해당 농지의 피해면적비율 또는 보험목적인 식물체 피해율 조사	( )만 해당

① 벼 　　　　　　　　　　　　　② 밀
❸ 차(茶) 　　　　　　　　　　　④ 복분자

「농업재해보험 손해평가요령」[별표 2] ② 수확감소보장·과실손해보장 및 농업수입보장

생육시기	재해	조사내용	조사시기	조사방법	비고
수확전	보상하는 재해전부	경작불능 조사	사고접수 후 지체 없이	해당 농지의 피해면적비율 또는 보험목적인 식물체 피해율 조사	벼·밀, 밭작물(차(茶) 제외), 복분자만 해당

49 「농업재해보험 손해평가요령」상 가축의 보험가액 및 손해액 산정에 관한 설명이다. ( )에 들어갈 내용으로 옳은 것은?

- 가축에 대한 보험가액은 보험사고가 발생한 때와 곳에서 평가한 보험목적물의 수량에 (㉠)을 곱하여 산정한다.
- 가축에 대한 손해액은 보험사고가 발생한 때와 곳에서 폐사 등 피해를 입은 보험목적물의 수량에 (㉡)을 곱하여 산정한다.

① ㉠ : 시장가격, ㉡ : 시장가격
② ㉠ : 시장가격, ㉡ : 적용가격
③ ㉠ : 적용가격, ㉡ : 시장가격
❹ ㉠ : 적용가격, ㉡ : 적용가격

「농업재해보험 손해평가요령」 제14조(가축의 보험가액 및 손해액 산정) ① 가축에 대한 보험가액은 보험사고가 발생한 때와 곳에서 평가한 보험목적물의 수량에 **적용가격**을 곱하여 산정한다.
② 가축에 대한 손해액은 보험사고가 발생한 때와 곳에서 폐사 등 피해를 입은 보험목적물의 수량에 **적용가격**을 곱하여 산정한다.

50 「농업재해보험 손해평가요령」상 농업시설물의 손해액 산정에 관한 설명이다. ( )에 들어갈 내용으로 옳은 것은?

보험가입당시 보험가입자와 재해보험사업자가 손해액 산정 방식을 별도로 정한 경우를 제외하고는, 농업시설물에 대한 손해액은 보험사고가 발생한 때와 곳에서 산정한 피해목적물의 ( )을 말한다.

① 감가상각액
② 재조달가액
③ 보험가입금액
❹ 원상복구비용

「농업재해보험 손해평가요령」 제15조(농업시설물의 보험가액 및 손해액 산정) ① 농업시설물에 대한 보험가액은 보험사고가 발생한 때와 곳에서 평가한 피해목적물의 재조달가액에서 내용연수에 따른 감가상각률을 적용하여 계산한 감가상각액을 차감하여 산정한다.
② 농업시설물에 대한 손해액은 보험사고가 발생한 때와 곳에서 산정한 피해목적물의 **원상복구비용**을 말한다.
③ 제1항 및 제2항에도 불구하고 보험가입당시 보험가입자와 재해보험사업자가 보험가액 및 손해액 산정 방식을 별도로 정한 경우에는 그 방법에 따른다.

농학개론 중 재배학 및 원예작물학

51 작물의 분류에서 공예작물에 해당하는 것을 모두 고른 것은?

㉠ 목화	㉡ 아마	㉢ 모시풀	㉣ 수세미

① ㉠, ㉣　　　　　　　　　　　　　② ㉠, ㉡, ㉢

③ ㉡, ㉢, ㉣　　　　　　　　　　　❹ ㉠, ㉡, ㉢, ㉣

> 공예작물은 크게 유료작물, 섬유작물, 전분작물, 약용작물, 기호작물로 나눌 수 있다. 그 중 섬유작물에는 목화, 모시풀, 삼, 닥나무, 수세미, 아마, 왕골 등이 있다.

52 장기간 재배한 시설 내 토양의 일반적인 특성으로 옳지 않은 것은? [기출 수정]

① 강우의 차단으로 염류농도가 높다.

❷ 노지에 비해 염류집적으로 토양 염류농도가 낮다.

③ 연작장해가 발생하기 쉽다.

④ 답압과 잦은 관수로 토양통기가 불량하다.

> 염류집적으로 토양 염류농도가 높다.

53 토양 환경에 관한 설명으로 옳은 것은?

① 사양토는 점토에 비해 통기성이 낮다.

② 토양이 입단화되면 보수성이 감소된다.

③ 퇴비를 투입하면 지력이 감소된다.

❹ 깊이갈이를 하면 토양의 물리성이 개선된다.

> ① 사양토는 점토에 비해 통기성이 **낮다. (× → 좋다)**
> ② 토양이 입단화되면 보수성이 **감소(× → 개선)**된다.
> ③ 퇴비를 투입하면 지력이 **감소(× → 증진)**된다.
> ④ 깊이갈이를 하면 토양의 물리성이 개선된다. (O)

54 작물의 요수량에 관한 설명으로 옳은 것은?

① 작물의 건물 1kg을 생산하는 데 소비되는 수분량(g)을 말한다.

② 내건성이 강한 작물이 약한 작물보다 요수량이 더 많다.

❸ 호박은 기장에 비해 요수량이 높다.

④ 요수량이 작은 작물은 생육 중 많은 양의 수분을 요구한다.

> ① 작물의 건물 1kg(× → 1g)을 생산하는 데 소비되는 수분량(g)을 말한다.
> ② 내건성이 강한 작물이 약한 작물보다 요수량이 더 **많다. (× → 적다)**
> ③ 호박은 기장에 비해 요수량이 높다. (O)
>   작물별 요수량 : (큰편) 명아주 〉 호박,알팔파,클로버,완두,오이 〉〉〉 옥수수,수수,기장(작은편)
> ④ 요수량이 작은 작물은 생육 중 **많은(× → 적은)** 양의 수분을 요구한다.

55 플라스틱 파이프나 튜브에 미세한 구멍을 뚫어 물이 소량씩 흘러나와 근권부의 토양에 집중적으로 관수하는 방법은?

❶ 점적관수　　　　　　　　　　　② 분수관수

③ 고랑관수　　　　　　　　　　　④ 저면급수

> ① 점적관수 : 플라스틱 파이프나 튜브에 미세한 구멍을 뚫어 물이 소량씩 흘러나와 근권부의 토양에 집중적으로 관수하는 방법
> ② 분수관수 : 플라스틱 파이프나 튜뷰에 구멍을 뚫어 압력을 가해 물을 분수처럼 분출시켜 토양에 수분을 공급하는 방법
> ③ 고랑관수 : 고랑에 물을 대어 노작물의 뿌리 부분에 수분을 공급하는 방법
> ④ 저면급수 : 모세관 현상에 의하여 배수공으로 스며든 물이 위로 올라가게 하여 작물에 수분을 공급하는 방법

56 다음 ( )에 들어갈 내용을 순서대로 옳게 나열한 것은?

작물에서 저온장해의 초기 증상은 지질성분의 이중층으로 구성된 ( )에서 상전환이 일어나며 지질성분에 포함된 포화지방산의 비율이 상대적으로 ( )수록 저온에 강한 경향이 있다.

① 세포막, 높을
② 세포벽, 높을
❸ 세포막, 낮을
④ 세포벽, 낮을

작물에서 저온장해의 초기 증상은 지질성분의 이중층으로 구성된 (세포막)에서 상전환이 일어나며 지질성분에 포함된 포화지방산의 비율이 상대적으로 (낮을)수록 저온에 강한 경향이 있다.

세포막	세포막은 인지질 이중층으로 구성되어 있으며, 외부 환경에서 세포 내부로의 물질 이동을 조절하는 역할을 한다. 따라서, 이중층의 지질 성분이 상전환되는 부분은 세포막을 가리키며, 이는 온도 변화에 매우 민감하다.
세포벽	주로 구조적 지지 역할을 한다.
포화지방산	포화지방산은 불포화지방산에 비해 이중 결합이 없어, 분자가 더 촘촘하게 결합한다. 그 결과, 포화지방산이 많이 포함된 세포막은 상대적으로 딱딱하고, 상전환이 더 빨리 일어난다. 반대로, 불포화지방산이 많을수록 세포막은 유동적이고, 상전환이 늦게 일어나므로 저온에서 더 잘 견딘다. 따라서, 포화지방산의 비율이 낮을수록 저온에 더 강하다.

57 식물 생육에서 광에 관한 설명으로 옳지 않은 것은?

① 광포화점은 상추보다 토마토가 더 높다.

② 광보상점은 글록시니아보다 초롱꽃이 더 낮다.

③ 광포화점이 낮은 작물은 고온기에 차광을 해주어야 한다.

④ 광도가 증가할수록 작물의 광합성량이 비례적으로 계속 증가한다.

① 광포화점은 상추보다 토마토가 더 높다. (O)
- 광포화점은 광합성이 더 이상 증가하지 않는 광도의 수준을 말한다. 즉, 일정 수준 이상의 빛이 있더라도 그 이상은 광합성이 더 이상 활발해지지 않는 한계를 말한다.
- 상추는 상대적으로 빛을 많이 필요로 하지 않는 작물이고, 토마토는 더 많은 빛을 필요로 하므로, 토마토의 광포화점이 상추보다 더 높다는 것은 사실이다.

② 광보상점은 글록시니아보다 초롱꽃이 더 낮다. (O)
- 광보상점은 광합성에 의해 생성되는 양의 산소와 호흡에 의해 소비되는 양의 산소가 같아지는 광도의 수준이다. 즉, 광보상점이 낮을수록 적은 빛에서도 생장이 가능하다는 뜻이다.
- 글록시니아는 상대적으로 광보상점이 높은 식물이고, 초롱꽃은 더 낮은 광보상점을 가진다. 이는 글록시니아보다 초롱꽃이 더 적은 빛에서 생육할 수 있음을 의미한다.

③ 광포화점이 낮은 작물은 고온기에 차광을 해주어야 한다. (O)
- 광포화점이 낮다는 것은 빛에 대한 한계치가 낮다는 의미이므로, 강한 빛이 필요한 상황에서 오히려 빛을 차단해 주어야 고온과 광 과다에 따른 손상을 막을 수 있다. 특히 고온기에는 과도한 광이 식물에 스트레스를 줄 수 있다.

④ 광도가 증가할수록 작물의 광합성량이 비례적으로 계속 증가한다. (×)
- 광도가 증가할수록 광합성량이 증가하는 것은 사실이지만, 이는 광포화점에 도달할 때까지의 이야기이다.
- 광포화점 이후에는 빛의 세기가 더 강해지더라도 광합성 속도는 더 이상 증가하지 않는다. 또한, 과도한 광도는 오히려 광합성에 해가 될 수 있다.

58 A지역에서 2차 생장에 의한 벌마늘 피해가 일어났다. 이와 같은 현상이 일어나는 원인이 아닌 것은?

① 겨울철 이상고온
② 2 ~ 3월경의 작은 강우
③ 흐린 날씨에 의한 일조량 감소
❹ 흰가루병 조기출현

① 겨울철 이상고온 (O)
겨울철의 이상고온은 마늘의 휴면 상태를 방해해 생장에 이상을 초래할 수 있다. 일반적으로 겨울 동안 마늘은 휴면기에 들어가야 하는데, 온도가 높아지면 휴면이 빨리 깨지거나 불안정해져 2차 생장이 촉진될 수 있다.

② 2~3월경의 잦은 강우 (O)
2~3월경은 마늘이 본격적으로 생장하는 시기이다. 이때 잦은 강우는 토양의 과도한 수분을 유발하고, 이로 인해 마늘 구근이 정상적으로 자라지 못할 수 있다. 또한 과습한 환경은 2차 생장을 촉진할 수 있다.

③ 흐린 날씨에 의한 일조량 감소 (O)
일조량 감소는 마늘의 정상적인 광합성 작용을 방해하고 생장에 부정적인 영향을 미칠 수 있다. 이는 구근의 발달을 저해하여 2차 생장을 촉진할 가능성이 있습니다. 특히 일조량이 줄어들면 생리적 변화로 인해 벌마늘 현상이 일어날 수 있다.

④ 흰가루병 조기출현 (×)
흰가루병은 마늘을 포함한 여러 작물에서 발생하는 곰팡이병으로, 주로 잎에 영향을 미치며, 광합성에 문제를 일으킨다. 하지만 흰가루병 자체는 2차 생장을 유발하지 않으며, 벌마늘 피해의 직접적인 원인이 아니다. 흰가루병은 주로 병해충과 관련된 문제일 뿐, 벌마늘과는 관련이 없다.

59 다음이 설명하는 식물호르몬은?

- 극성수송 물질이다.
- 합성물질로 4–CPA, 2,4–D 등이 있다.
- 측근 및 부정근의 형성을 촉진한다.

❶ 옥신
② 지베렐린
③ 시토키닌
④ 아브시스산

① 옥신(O) : 식물에서 극성수송을 하며, 줄기 신장, 뿌리 형성, 측근 및 부정근 발달에 관여하는 호르몬이다. 합성 유사체로는 4–CPA와 2,4–D가 있으며, 이들은 제초제로도 사용된다. 옥신은 식물의 상단부에서 아래로 이동하여 생장을 조절한다.

② 지베렐린(× : 주로 줄기 신장과 발아를 촉진하지만, 극성수송과는 무관하다.

③ 시토키닌(× : 세포 분열을 촉진하고, 뿌리보다는 주로 잎과 줄기 발달에 관여하는 호르몬이다. 극성수송이나 합성물질인 4–CPA, 2,4–D와는 관련이 없다.

④ 아브시스산(× : 주로 스트레스 반응, 종자 휴면 유지, 기공 조절과 관련된 호르몬으로, 극성수송이나 측근 형성 촉진과는 관련이 없다.

60 공기의 조성성분 중 광합성의 주원료이며 호흡에 의해 발생되는 것은?

❶ 이산화탄소   ② 질소
③ 산소   ④ 오존

> ① 이산화탄소 : 이산화탄소는 광합성의 주원료이며, 또한 호흡에 의해 방출되는 물질이다.
> ② 질소 : 질소는 공기 중 가장 많은 비율을 차지하는 성분이지만, 광합성이나 호흡과 직접적으로 관련되지 않는다.
> ③ 산소 : 산소는 광합성의 결과로 생성되는 물질이며, 호흡에 의해 소비되지만, 광합성의 주원료는 아니다.
> ④ 오존 : 오존은 대기 중에 미량 존재하는 성분이며, 광합성이나 호흡과는 직접적인 관련이 없다.

61 채소 육묘에 관한 설명으로 옳은 것을 모두 고른 것은?

> ㉠ 직파에 비해 종자가 절약된다.   ㉡ 토지이용도가 높아진다.
> ㉢ 수확기 및 출하기를 앞당길 수 있다.   ㉣ 유묘기의 환경관리 및 병해충 방지가 어렵다.

① ㉠, ㉢   ② ㉡, ㉣
❸ ㉠, ㉡, ㉢   ④ ㉠, ㉡, ㉢, ㉣

> ㉠ 직파에 비해 종자가 절약된다. (O)
> 직파는 종자를 직접 밭에 뿌리는 방식이고, 육묘는 종자를 먼저 모판이나 육묘장에서 발아시킨 후 옮겨 심는 방식이다. 직파는 종자가 손실될 가능성이 높아 더 많은 양의 종자가 필요할 수 있다. 반면, 육묘는 관리가 잘 되는 환경에서 발아시키기 때문에 종자를 더 절약할 수 있다.
> ㉡ 토지이용도가 높아진다. (O)
> 육묘는 종자를 미리 발아시켜 옮겨 심는 방식이므로, 이를 통해 성장 기간을 줄일 수 있고, 또한 같은 공간에서 더 많은 작물을 재배할 수 있는 장점이 있다.
> ㉢ 수확기 및 출하기를 앞당길 수 있다. (O)
> 육묘는 종자를 미리 발아시켜 건강한 묘목을 재배한 뒤 옮겨 심는 방식이기 때문에, 작물의 생육을 앞당기고 수확 시기를 빠르게 할 수 있다.
> ㉣ 유묘기의 환경 관리 및 병해충 방지가 어렵다. (×)
> 육묘장은 보통 통제된 환경에서 재배되므로, 유묘기의 환경 관리 및 병해충 방지에 유리하다.

62 파종 방법 중 조파(드릴파)에 관한 설명으로 옳은 것은?

① 포장 전면에 종자를 흩어 뿌리는 방법이다.

❷ 뿌림 골을 만들고 그곳에 줄지어 종자를 뿌리는 방법이다.

③ 일정한 간격을 두고 하나 내지 여러 개의 종자를 띄엄띄엄 파종하는 방법이다.

④ 점파할 때 한 곳에 여러 개의 종자를 파종하는 방법이다.

> ① 포장 전면에 종자를 흩어 뿌리는 방법이다. – 산파
> ② 뿌림 골을 만들고 그곳에 줄지어 종자를 뿌리는 방법이다. – 조파(드릴파)
> ③ 일정한 간격을 두고 하나 내지 여러 개의 종자를 띄엄띄엄 파종하는 방법이다. – 점파
> ④ 점파할 때 한곳에 여러개의 종자를 파종하는 방법이다. – 적파

63 다음이 설명하는 취목 번식 방법으로 올바르게 짝지어진 것은?

> ㉠ 고무나무와 같은 관상 수목에서 줄기나 가지를 땅속에 휘어 묻을 수 없는 경우에 높은 곳에서 발근시켜 취목하는 방법
> ㉡ 모식물의 기부에 새로운 측지가 나오게 한 후 끝이 보일 정도로 흙을 덮어서 뿌리가 내리면 잘라서 번식시키는 방법

❶ ㉠ : 고취법, ㉡ : 성토법   ② ㉠ : 보통법, ㉡ : 고취법

③ ㉠ : 고취법, ㉡ : 선취법   ④ ㉠ : 선취법, ㉡ : 성토법

고취법	• 가지를 땅속에 휘어 묻을 수 없는 경우에 높은 곳에서 발근시켜 취목하는 방법 • 오래된 가지를 발근시켜 떼어낼 때 사용한다. • 발근시키고자 하는 부분에 미리 박피를 해준다. • 양취법이라고도 한다. (예) **고무나무**
성토법	• 모식물의 기부에 새로운 측지를 나오게 한 후에 끝이 보일 정도로 흙을 덮어서 뿌리가 내리게 한 후에 잘라서 번식시키는 방법 (예) 양앵두, 사과나무, 자두, 뽕나무, 환엽해당
보통법	• 가지를 보통으로 휘어서 일부를 흙 속에 묻는 방법 (예) 양앵두, 자두, 포도
선취법	• 가지의 선단부를 휘어서 묻는 방법 (예) 나무딸기

64 다음은 탄질비(C/N율)에 관한 내용이다. (   )에 들어갈 내용을 순서대로 옳게 나열한 것은?

작물체내의 탄수화물과 질소의 비율을 C/N율이라 하며, 과수재배에서 환상박피를 함으로서 환상박피 윗부분의 C/N율이 (   ), (   )이/가 (   )된다.

① 높아지면, 영양생장, 촉진
② 낮아지면, 영양생장, 억제
❸ 높아지면, 꽃눈분화, 촉진
④ 낮아지면, 꽃눈분화, 억제

- 작물 체내의 탄수화물과 질소의 비율을 C/N율이라 하며, 과수재배에서 환상박피를 함으로서 환상박피 윗부분의 C/N율이 (높아지면), (꽃눈분화)이/가 (촉진)된다.
- C/N율(탄질비) : 탄수화물과 질소의 비율로, C/N율이 높아지면 생식 생장이 촉진되고, C/N율이 낮아지면 영 양 생장이 촉진된다.
- 환상박 피 : 박피 윗부분에 탄수화물이 축적되어 C/N율이 높아지고, 그 결과 꽃눈 분화와 같은 생식 생장이 촉진된다.

65 질소비료의 유효성분 중 유기태 질소가 아닌 것은?
① 단백태 질소　　　　　　　　　② 시안아미드태 질소
❸ 질산태 질소　　　　　　　　　④ 아미노태 질소

- 유기태 질소 : 식물이나 동물의 유기물 속에서 발견되는 질소로, 단백질, 아미노산 등의 형태로 존재하며, 이를 통해 분해되어 식물에 공급된다.
- 무기태 질소 : 이미 분해된 형태로, 식물이 직접 흡수할 수 있는 질소입니다. 질산태 질소 (NO_3^-), 암모니아태 질소(NH_4^+) 등이 여기에 속한다.

단백태 질소	단백질 형태로 존재하는 질소로, 유기태 질소이다. 단백질이 분해되어 식물에 질소를 공급한다.
시안아미드태 질소	시안아미드태 질소는 질소를 포함한 유기화합물입니다. 이는 유기태 질소로 분류되며, 비료로 사용될 때 물에 녹아 분해되어 식물에 흡수된다.
질산태 질소	무기태 질소로, 식물이 직접 흡수할 수 있는 형태입니다. 무기태 질소 중 하나로, 화학적으로 이미 분해된 상태로 존재한다.
아미노태 질소	아미노태 질소는 아미노산 형태로 존재하며, 이는 유기물 속에 포함된 질소이다. 따라서 유기태 질소에 해당한다.

66 채소 작물에서 진균에 의한 병끼리 짝지어진 것은?

❶ 역병, 모잘록병　　　　　　　　② 노균병, 무름병

③ 균핵병, 궤양병　　　　　　　　④ 탄저병, 근두암종병

> 진균에 의한 병 : 노균병, 흰가루병, 역병, 잿빛곰팡이병, 부란병, 탄저병, 모잘록병, 점무늬낙엽병, 검은별 무늬병 등

67 식용부위에 따른 분류에서 화채류끼리 짝지어진 것은?

① 양배추, 시금치　　　　　　　　② 죽순, 아스파라거스

③ 토마토, 파프리카　　　　　　　❹ 브로콜리, 콜리플라워

> ① 양배추, 시금치 – 엽채류(잎채소)
> ② 죽순, 아스파라거스 – 경채류(줄기채소)
> ③ 토마토, 파프리카 – 과채류(열매채소)
> ④ 브로콜리, 콜리플라워 – 화채류(꽃채소)

68 다음이 설명하는 과수의 병은?

> • 세균에 의한 병
> • 염성이 강하고, 5 ~ 6월경 주로 발생
> • 꽃, 잎, 줄기 등이 검게 변하며 서서히 고사

① 대추나무 빗자루병　　　　　　② 포도 갈색무늬병

❸ 배화상병　　　　　　　　　　④ 사과 부란병

> ① 대추나무 빗자루병 : 파이토플라스마에 의해 발생하는 병이다. 대추나무에서 가지가 비정상적으로 많이 발생하며, 빗자루 모양으로 자라나는 증상을 보인다.
> ② 포도 갈색무늬병 : 진균에 의한 병으로, 포도 캠벨얼리 품종에서 많이 발생하며, 초기에는 흑색의 작은 반점으로 시작하여 점점 점무늬가 확대되고 잎이 떨어진다.
> ③ 배화상병 : 세균성 병으로, 전염성이 매우 강하며, 특히 봄과 초여름 즉 5~6월 사이에 발생하는 경향이 있다. 곤충을 통해 쉽게 전염되며, 비와 바람을 통해서도 빠르게 확산된다. 꽃, 잎, 가지 등이 검게 변하며 말라 죽는 증상을 보인다. 이 증상은 마치 식물이 불에 타서 검게 그을린 것처럼 보이기 때문에 화상병이라고 불린다.
> ④ 사과 부란병 : 진균에 의한 병으로 주간이나 가지에서 발생한다. 초기에는 나무껍질이 갈색으로 변색되어 부풀어오르고 쉽게 벗겨지며 시큼한 냄새가 난다.

69 블루베리 작물에 관한 설명으로 옳지 않은 것은? [기출 수정]

① 과실은 포도와 유사하게 일정기간의 비대정체기를 가진다.

❷ pH5 정도의 산성토양에서 생육이 불량하다.

③ 묘목을 키우는 방법에는 삽목, 취목, 조직배양 등이 있다.

④ 블루베리 꽃은 일반적으로는 총상꽃차례이고 한줄기 신장지에 작은 꽃자루가 있고 여기에 꽃이 붙는 단일화서이다.

> ① 과실은 포도와 유사하게 일정기간의 비대정체기를 가진다. (O)
> ② pH 5 정도의 산성토양에서 생육이 **불량하다. (× → 적합하다)**
> ③ 묘목을 키우는 방법에는 삽목, 취목, 조직배양 등이 있다. (O)
> ④ 블루베리 꽃은 일반적으로는 총상꽃차례이고 한줄기 신장지에 작은 꽃자루가 있고 여기에 꽃이 붙는 단일화서이다. (O)

70 호흡 급등형 과실인 것은?

① 포도　　　　　　　　　　　② 딸기

❸ 사과　　　　　　　　　　　④ 감귤

> 호흡 급등형 과실 : 복숭아, **사과**, 멜론, 토마토, 바나나
> 호흡 비급등형 과실 : 포도, 딸기, 오렌지, 레몬, 파인애플, 밀감, 고추, 가지, 양앵두, 올리브, 오이

71 절화장미의 수명연장을 위해 자당을 사용하는 주된 목적은?

① pH 조절　　　　　　　　　② 미생물 억제

③ 과산화물가(POV) 증가　　　❹ 양분 공급

> 절화 장미의 수명 연장을 위해 자당을 사용하는 주된 목적은 절화의 양분 공급이다. 자당은 절화된 장미가 광합성을 할 수 없게 된 상태에서 필수적인 탄수화물 공급원 역할을 하여 꽃이 더 오래 생기를 유지하고, 시들지 않도록 돕는다.

72 관목성 화목류끼리 짝지어진 것은?

① 철쭉, 목련, 산수유　　　　② 라일락, 배롱나무, 이팝나무

③ 장미, 동백나무, 노각나무　❹ 진달래, 무궁화, 개나리

> • 관목성 화목류의 주요 특징으로는 낮은 키, 다중 줄기, 관상적 가치, 내한성 및 내건성을 꼽을 수 있다. 대표적인 관목성 화목류로는 개나리, 진달래, 철쭉, 무궁화, 회양목 등이 있다.
> • 교목성 화목류의 주요 특징으로는 높은 키, 단일 줄기, 수관 구조를 꼽을 수 있다. 교목성 화목류로는 은행나무, 단풍나무, 이팝나무, 배롱나무, 동백나무, 노각나무 등이 있다.

73 온실의 처마가 높고 폭이 좁은 양지붕형 온실을 연결한 형태의 온실형은?

① 둥근지붕형   ❷ 벤로형
③ 터널형   ④ 쓰리쿼터형

> ① 둥근지붕형 : 외관이 둥근 모양으로, 표본전시용으로 많이 이용된다.
> ② 벤로형 : 처마가 높고 폭이 좁은 양지붕형 온실을 연결한 형태이다. 토마토, 파프리카 등 과채류 재배에 적합하다. 연동형 온실의 단점을 보완한 형태이다.
> ③ 터널형 : 바람에 강하고 채광도 좋은 편이지만, 환기가 불량하다. 무게를 잘 견디지 못하기 때문에 적설량이 많은 지역에는 부적합하다.
> ④ 쓰리쿼터형 : 남쪽 지붕의 면적이 전체 지붕 면적의 3/4 정도 되게 생겼다. 동서방향으로 짓는 것이 좋다. 채광이나 보온성이 좋아서 가정용이나 학교 교육용 등

74 다음이 설명하는 양액 재배방식은?

> • 고형배지를 사용하지 않음
> • 베드의 바닥에 일정한 기울기를 만들어 양액을 흘려보내는 방식
> • 뿌리의 일부는 공중에 노출하고, 나머지는 양액에 닿게 하여 재배

① 담액수경   ❷ 박막수경
③ 암면경   ④ 펄라이트경

담액수경	• 담액수경은 양액을 고정된 수조나 용기에 담아놓고 그 안에 뿌리를 담그는 방식이다. • 고형배지를 사용하지 않으며, 뿌리 전체가 양액에 잠긴다.
박막수경	• 고형배지를 사용하지 않고, 식물의 뿌리를 직접 양액에 노출시키는 방식이다. • 베드 바닥에 작은 기울기를 만들어 얇은 양액의 층을 형성한 후, 이를 식물의 뿌리 부분에 공급한다. • 뿌리가 공중에 일부 노출되면서 얇은 층의 양액이 뿌리에 흘러가 공급된다.
암면경	• 암면을 고형배지로 사용하는 수경재배 방식이다. 뿌리가 고형배지에 자리 잡아 양액을 흡수하는 형태이다.
펄라이트경	• 펄라이트를 고형배지로 사용하는 수경재배 방식이다.

75 시설원예 피복자재에 관한 설명으로 옳지 않은 것은?

❶ 연질필름 중 PVC 필름의 보온성이 가장 낮다.
② PE 필름, PVC 필름, EVA 필름은 모두 연질필름이다.
③ 반사필름, 부직포는 커튼보온용 추가피복에 사용된다.
④ 한랭사는 차광피복재로 사용된다.

> ① 연질필름 중 PVC 필름의 보온성이 가장 **낮다. (× → 높다)**
> ② PE 필름, PVC 필름, EVA 필름은 모두 연질필름이다. (O)
> ③ 반사필름, 부직포는 커튼보온용 추가피복에 사용된다. (O)
> ④ 한랭사는 차광피복재로 사용된다. (O)

메모